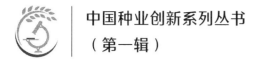

中国种业创新系列丛书
（第一辑）

# 中国
# 无籽西瓜
# 育种学

孙小武　张　显————主编

CSK 湖南科学技术出版社·长沙

# 《中国无籽西瓜育种学》编写人员

（按姓氏笔画排序）

马　跃　（中国农业科学院郑州果树研究所）

马三梅　（暨南大学）

马建祥　（西北农林科技大学）

王永飞　（暨南大学）

孙小武　（湖南农业大学）

孙龙俊　（湖南雪峰种业有限责任公司）

李文信　（广西壮族自治区农业科学院）

李桂芬　（广西壮族自治区农业科学院）

张　显　（西北农林科技大学）

杨红波　（湖南农业大学）

肖光辉　（湖南省农业科学院）

黄学森　（中国农业科学院郑州果树研究所）

廖新福　（新疆维吾尔自治区葡萄瓜果开发研究中心）

戴思慧　（湖南农业大学）

# 序

由孙小武教授、张显教授主编的《中国无籽西瓜育种学》一书即将付梓出版。小武、张显是我的研究生，盛情委我作序，当然责无旁贷，不能推辞，乃欣然命笔，为之作序。向业内广大读者推荐我国西瓜科技领域中的这部力作，也是我应尽的义务。

兹就本书的两个关键词"无籽西瓜"和"育种"，发表一些个人的解读和体会，与读者切磋。首先谈谈"育种"。国内外育种学图书曾对"育种"给出一些定义，各有特点。个人认为其中最精准、最全面、最深刻的莫过于史密斯（Smith）1996 年提出的定义，它揭示了"育种"的本质和灵魂。兹引述该定义原文如下：

"Plant breeding was defined by Smith（1966）as the art and science for improving genetic pattern of plants in relation to their economic use."

我们可以从以下三方面来解读此定义的要旨：

1. Smith 提出植物育种学不仅是一门"科学"（science），而且是一种"艺术"（art），它与精密科学（如数学、物理学、化学等）不同，这些学科只是科学而非艺术；它与文学、音乐等也不同，后者只是艺术而非科学。而植物育种学则既是科学，又是艺术，是二者的结合或融合，因此它的内涵更为丰富、复杂和深刻。植物（特别是园艺植物）育种家不仅需要有高深的科学造诣，而且也需要有丰厚的艺术修养，而无籽西瓜正是科学与艺术巧妙结合的杰作。

2. 该定义切中要害地指出育种的任务是"改进植物的遗传模式"（genetic pattern）即遗传型或"基因型"（genotype）。遗传学有一个经典的公式为：

P（表型，phenotype）＝G（遗传型，genotype）＋E（环境，environment）

即植物的性状"表型"，是由其"遗传型"（G）和"环境"（E）共同作用的结果，然而 G 和 E 的作用又绝不是等量齐观的，其中 G 是核心，即"遗传物质"，DNA 及其载体（染色体），是决定生物遗传变异的内因或根据，E 只是实现生物遗传变异的外因或条件。欲有效地达到此目的，就必须采用各种传统的和现代的育种方法和手段，在改变 G 上做文章，而成功地育成无籽西瓜的关键技术手段，正是通过"染色体工程"，改变遗传物质的载体——染色体的数量，而成功地育成三倍体无籽西瓜。此外，通过"染色体易位"（chromosome translocation）也可育成少籽／无籽西瓜。

3. 该定义的第三个重点是强调育种的目的在于改变那些与经济用途（economic use）有关的遗传模式，而不是任何遗传模式。园艺作物（含蔬菜、瓜类）作为一种"cash crop"（经济作物），其育种的目标之一就是要创造比粮、棉、油等大田作物高出数倍乃至十数倍的具有更高经济价值的作物新品种，也就是能够生产出具有更高经济价值的农产品。这里可以看出 Smith 的定义非常重视育种的实践意义及市场作用。也就是强调科学技术转化为生产力，为发展经济服务，而不是只搞"纯科学"（pure science）的理论研究。

由此可看见，无籽西瓜的育种及生产，充分体现和落实了 Smith 给"育种"下的精辟定义。

关于"无籽西瓜"。有史以来，西瓜都是有籽的，人们期望得到无籽西瓜，曾被嘲笑为幻想或"天方夜谭"，甚至连成就卓著的美国育种家布尔班克（Ruther Burbank）也曾对无籽西瓜作出错误的论断。他曾宣称：培育无籽西瓜的企图简直是"开玩笑"，"因为瓜类每年要用种子繁殖，取消种子就等于使瓜类在一年中绝种"。但是由于遗传学的发展和进步，通过科学家的不懈努力，终于消除了这种"杞人忧天"的悲观论调，使育成无籽西瓜的"玩笑"变成了现实。

"今后育成的品种，要具备国际级的资格，就必须是无核性的。"这是近代国际上对瓜果类育种提出的一项更高标准追求。有些园艺作物品种仅仅因为无核或无籽而身价倍增。特别是西瓜，其种子嵌在瓜瓤中，食用很不方便，因此育成无籽品种就更有独特的价值，因此成为许多有远见卓识的育种家孜孜不倦追求的目标。

无籽品种的育种是有很大难度的，成功的事例并不多。其中最辉煌的成就莫过于三倍体无籽西瓜（triploid seedless watermelon）了。吾人不应忘记曾对此作出重要贡献的科学家们。

1937 年，勃莱克斯利（Blakeslee）和艾费瑞（Avery）发现用秋水仙碱（colchicine）能十分有效地诱导植物染色体加倍。1939 年，日本的木原均与山下孝介等首先获得了四倍体西瓜，其后用四倍体西瓜和普通二倍体西瓜杂交，育成了三倍体无籽西瓜。1942 年，日本篠原舍喜发表《多倍性新大和西瓜》，同年，日本寺田甚七、益田健三发表了《西瓜的秋水仙碱处理和单性结果》；1943 年，他们又报道了《三倍性西瓜的单性结果》。1947 年，木原均、西山市三发表了《利用三倍体的无籽西瓜之研究》，1949 年起，无籽西瓜即批量销售于市场，至此，三倍体无籽西瓜宣告育成。这一育种新创举的出现，立即引起了各国育种界的重视，竞相开展研究。继木原均工作之后，美国、意大利、印度、罗马尼亚、匈牙利、智利、土耳其、苏联及我国的科学工作者都先后开展了这方面的工作。不过，目前真正将无籽西瓜大面积应用于生产的国家，主要是我国。美国、以色列等国在无籽西瓜育种及生产方面也取得了显著的进展。

我国进行三倍体无籽西瓜育种最早的是江苏省农业科学院，于 1957 年首先用"华东 24 号"西瓜育成了四倍体西瓜，并配制成三倍体无籽西瓜"新秋 3 号"。1961 年后，中国农业科学院果树研究所及郑州果树研究所也开展了四倍体和三倍体西瓜的育种工作，育成的"四倍体一号"首先在我国生产应用，并以它为母本选配三倍体无籽西瓜组合，培育成功"无籽 3 号"品种，20 世纪 60 年代中期开始较大面积栽培，并出口外销。"无籽 3 号"是我国第一个有生产价值和商品价值的三倍体无籽西瓜品种，1965 年，广东省农科院育成"农育 1 号"四倍体。

"文化大革命"期间，我国无籽西瓜的研究、育种工作一度中断，改革开放以后得以恢复，发展迅速，成绩显著。无籽西瓜育种全国协作组的成立，对无籽西瓜的育种和推广起到了积极作用。河南、湖南、广西、广东、北京等省（市、自治区）成果更为突出，育成的四倍体品系不下百余个，并配成了许多三倍体品种推广生产。主要成果有：新青、72404、郑果 401、北京 1 号等四倍体品种；蜜宝无籽、旭马无籽、郑果 301、郑引 401、黄玫四倍体和杂育 401 等几个四倍体品种以及广西 1 号、广西 2 号、郑引 301 和无籽 304（后定名为"雪峰无籽"）等三倍体无籽西瓜。

目前，我国西瓜生产的总面积基本稳定在 100 万 $hm^2$ 左右，其中无籽西瓜的比例逐年提高，栽培面积不断扩大，发展势头迅猛。根据全国无籽西瓜科研与生产协作组的不完全统计，2009 年全国无籽西瓜栽培面积约为 23 万 $hm^2$。广大科研人员通过无籽西瓜新品种选育、西瓜多倍体基础研究及栽培技术研究，选育出大批无籽西瓜新品种，并制定出配套栽培技术，极大地推动了全国无籽西瓜生产发展。

随着世界各国人民生活水平不断改善，对西瓜的消费要求也随之增加，无籽西瓜作为西瓜发展的方向，在发达国家愈加明显。据美国商业部统计，2010 年美国进口的无籽西瓜占进口西瓜的 80.2％，以满足消费者对无籽西瓜日益增长的需求。澳大利亚和西班牙等发达国家，其国民消费的西瓜种类也主要是无籽西瓜。日本作为世界上较早研究和推广无籽西瓜的国家，无籽西瓜的研究、应用进展较快，早在 1949 年就开始在日本推广和栽培。20 世纪 60 年代日本的无籽西瓜在生产上应用面积最大，其果实出口到中国香港地区和智利等地。

中国是世界第一西瓜大国，无论栽培面积、总产量还是西瓜科研机构和专业研究人员的数量等方面，均堪称世界之首。然而在单位面积产量、科学技术水平和创新能力以及市场化高效产销体制的构建方面，与发达国家相比，尚有一定差距，亟需业内同仁共同努力，为将世界第一西瓜大国提升为世界第一西瓜强国做出积极贡献。

西北农林科技大学教授、博士研究生导师　王鸣

# 前　言

中国是世界上最大的西瓜生产国和消费国，根据联合国粮农组织的统计数据，2021 年，全球西瓜种植面积 303 万 hm²，产量 1.01 亿 t，而中国的西瓜播种面积 147.56 万 hm²，产量 6086 万 t，占全球总产量的 60%。

西瓜（Citrullus lanatus）是葫芦科西瓜属一年生蔓生藤本植物。根据染色体的不同，有二倍体、四倍体有籽西瓜和三倍体无籽西瓜。1947 年，日本培养出世界上最早的无籽西瓜，并且在 1949 年投入生产。中国是世界上无籽西瓜第一种植大国。由于具有多倍体的特殊优势，所以在栽培上比普通西瓜抗病、抗虫、耐旱和耐湿。无籽西瓜的突出特点是其无籽性，食用方便，耐贮运，适于长途运输。

我国无籽西瓜发展十分迅速，在乡村振兴和发展农村经济方面发挥了重要作用，取得了显著的经济效益和社会效益。广大科研人员通过无籽西瓜新品种选育、西瓜多倍体基础研究及栽培技术研究，选育出大批无籽西瓜新品种，并制定出配套栽培技术，极大地推动了全国无籽西瓜生产发展。

为了全面系统地总结我国在无籽西瓜育种方面的经验和成果，进一步推动我国无籽西瓜产业的发展；同时为了满足广大科技、生产工作者的需要，为育种工作者提供较新的育种理论与实践经验，选育更多、更好的新品种，促进无籽西瓜产业的可持续发展及人才的培养，我们组织国内相关的专家和学者编写了《中国无籽西瓜育种学》一书。

本书的作者大多从事西瓜育种研究二三十载，经验丰富，成绩斐然。在无籽、有籽西瓜育种领域取得了丰硕的成果。本书的作者将多年育种实践积累的宝贵经验加以整理总结，并参考国内外有关文献资料，汇集成书，与业内同仁分享，是一件颇有意义的事情。

　　本书是国内较为系统和全面总结无籽西瓜育种方面的专著。以无籽西瓜为重点，同时较系统地阐述了西瓜育种基本理论与实践，包括西瓜的起源、分类、种质资源、生物学及遗传学基础、二倍体及三倍体自交系选育和无籽西瓜育种、种子生产（制种），以及生物技术在西瓜育种中的应用等。反映了国内外在上述领域中的研究进展。其突出特点是理论与实践紧密结合，科技与产业紧密结合，是一部内容丰富、深入浅出、图文并茂的佳著。对开展无籽西瓜育种、制种、栽培诸方面的工作，具有重要的参考价值和指导作用，对推动我国乃至世界无籽西瓜科研与产业的发展及人才培养也具有一定作用。

　　本书的编写得到了湖南农业大学的指导和关心。本书的出版得到了国家西甜瓜产业技术体系基金的资助。湖南科学技术出版社对本书的出版也付出了大量辛勤的劳动。在此表示感谢！

　　感谢王鸣教授为本书作序。王鸣教授是西瓜研究领域德高望重的前辈，在西瓜研究和育种方面均取得了斐然的成绩。我们有幸得到王先生的教诲和帮助，深感荣幸。我们会牢记王先生的"向下扎根，向上结果"的教诲，不断努力、进步。

　　限于编者的水平和经验，书中难免有不足之处，恳请读者批评指正，以便再版时修正。

# 目 录

# 第五章 西瓜育种的遗传学基础

# 第六章　二倍体育种

# 第七章　四倍体育种

# 第八章　三倍体育种

# 第九章 生物技术在西瓜育种中的应用

# 第十章　亲本繁殖与种子生产技术

# 第一章 概　述

## 第一节　西瓜生产的意义

### 一、营养与药用价值

西瓜是我国和世界重要的园艺作物，位列世界十大水果第三位（马跃，2009），深受各国人民的喜爱。西瓜果实主要用途是鲜食水果，主要食用部分为果肉，同时西瓜皮和西瓜种子也具有较高的营养和药用价值。

西瓜瓜瓤脆嫩，味甜多汁，含有丰富的葡萄糖、苹果酸、果糖、氨基酸、番茄红素及维生素 C 等物质。成熟果实除含有大量水分外，在瓜藤上的西瓜瓤肉含糖量一般为 5%～12%，包括葡萄糖、果糖和蔗糖，甜度随成熟后期蔗糖的增加而增加，不含淀粉，采后贮藏期间甜度会因双糖水解为单糖而降低，西瓜除不含脂肪和胆固醇外，几乎含有人体所需的各种营养成分，是一种富有营养、纯净、食用安全的食品，也是夏季主要的消暑果品。西瓜一般都为鲜食水果，也可制作成饮料（Wani A. A. et al，2008；翟金兰等，1998）和罐头（胡文忠，1988）等储存食用。

西瓜营养丰富，同时药用价值也很高。西瓜中含有大量的水分，在急性热病发热、口渴汗多、烦躁时，吃上一块又甜又沙、水分十足的西瓜，症状会马上改善。因此，西瓜有"天然的白虎汤"之称。西瓜果肉所含瓜氨酸、精氨酸成分（Collins J. K. et al，2007），能增加大鼠肝中的尿素形成，而导致利尿作用并消除肾脏炎症，而果肉的蛋白酶能把不溶性蛋白质转化为可溶性蛋白质，增加肾炎病人的营养。因此，西瓜对治疗肾炎、糖尿病及膀胱炎等疾病有辅助疗效（Wu G. et al，2007）。西瓜的番茄红素含量比西红柿的还要高，番茄红素有"抗癌素"之称，是类胡萝卜素的一种，具有极强的抗氧化作用，不仅可以预防前列腺癌、胃癌、皮肤癌、乳腺癌等癌症和心脑血管疾病，而且可以延缓衰老、保护容颜。西瓜中含有大量的瓜氨酸，能够替代"伟哥"的作用，治疗性功能障碍。西瓜汁中所含的糖、蛋白质和微量的盐，能降低血脂、软化血管，对心血管疾病有一定的疗效。

西瓜果皮既可食用也可入药，可凉拌、腌渍，制蜜饯、果酱和饲料。江浙一带的夏季时令菜"炒青丝"就是用西瓜皮、肉丝、茭白丝、豆腐干丝合炒而成；又如苏州名菜"西瓜鸡"是把先在砂锅中煨熟的嫩鸡放入嫩西瓜壳内，再加上各种配料蒸煮而成，各地的"西瓜盅"即为此菜。新鲜的西瓜皮与经过酸化处理后的西瓜茎叶均可喂猪，另有一种专用的饲料西瓜，在国外用于饲养奶牛。关于西瓜皮的药用价值民间记载丰富，例如：用绿豆 100 g，加水 1 500 mL，煮汤，沸后 10 min 去绿豆，西瓜皮（不用削去外皮）500 g，煮沸后冷却，饮汤，一日数次，可治疗夏季痤疮。方中绿豆甘凉，可消肿下气、清热解毒；西瓜皮甘寒，可清热解暑、除烦止渴。又如：新鲜西瓜皮 100 g，大枣 10 枚，共煎汤，每日当茶饮，可健脾消暑。再如：将西瓜皮切丝，开水焯后捞出，与熟鸡丝、瘦肉丝加调料食用，有壮阳功效。最近研究发现，用西瓜皮代替柑橘皮为原材料提取果胶可大大提高果胶产量（高梦祥等，2005）。

西瓜种子含极高的不饱和脂肪酸，可用于降低血液中的胆固醇含量。种子含油量达 50%，可榨油、炒食或作糕点配料。西瓜种子还含有蛋白质、维生素 $B_2$、淀粉、戊聚糖、丙酸、尿素、蔗糖等。西瓜中的籽瓜，也称打瓜，是专供生产食用西瓜籽的西瓜类型，其种子片大皮薄而具有芳香味，各地配以各种拌料，炒熟加工成具有各种风味的食用嗑食瓜子，如苏州、上海的五香瓜子、奶油瓜子，芜湖的胡大瓜子，常熟的阿里山瓜子，北方的酱油瓜子等。此外，瓜子仁可作为多种糕点的配料，如五仁月饼、油茶等。此外，西瓜种子有降血压作用，还有缓解急性膀胱炎的功能。

我国历史悠久，西瓜在古今用于民俗治病和食疗保健的资料也非常丰富。例如：《本经逢源》记载，西瓜能引心包之热，从小肠、膀胱下泻。能解太阳、阳明中暍及热病大渴，故有"天生白虎汤"之称，白虎汤为东汉《伤寒论》方，功能清热生津、解渴除烦，西瓜皮与其同功故喻之。而春、夏伏气发瘟热，觅得隔年收藏者啖之，如汤沃雪。又如《松漠记闻》云："有人苦于目病，令以西瓜切片曝干，日日服之，遂愈，由其性冷降火故也。"《随息居饮食谱》云："食瓜腹胀者，以冬腌菜瀹汤饮即消。目赤口疮用西瓜肉曝干腌食之。"唇内生疮用西瓜皮烧研噙之；糖尿病、尿混浊，用西瓜皮、冬瓜皮各 16 g，天花粉 12 g，以水煎服；高血压用西瓜枝干品 13 g，草决明子 10 g，以水煎代茶饮。

西瓜是最自然的天然饮料，营养丰富，对人体益处多多，但西瓜优点虽然很多，大量或长期吃副作用也不可忽视，中国古代对食用西瓜的宜忌也有很充分的记载。例如：明代汪颖《食物本草》记载："西瓜，性寒解热，有天生白虎汤之号，然亦不宜多食。"李时珍《本草纲目》记载："西瓜、甜瓜，皆属生冷，世俗以为醍醐灌顶，甘露洒心，取其一时之快，不知其伤脾助湿之害也。"元代李鹏飞《延寿书》记载："北人禀厚，食之犹惯，南人禀薄，多食易致霍乱。"又云："防州太守陈逢原，避暑食瓜过多，至秋忽腰腿痛，不能举动，皆食瓜之患也。"

随着医学的发展，现代医学也证明口腔溃疡者不宜多吃西瓜，糖尿病患者更不宜吃西瓜，感冒初期的病人不宜吃西瓜；贫血胃寒、大便稀溏、消化不良者，夜尿多和常遗精者，以及产后妇女、病后者，不宜多吃西瓜。肾功能不全者不宜短时间内大量食西瓜（俞晔，2009）。

西瓜变质后不可以吃，否则容易引起胃肠病而下痢。唯清代张璐《本经逢源》记载："西瓜，甘寒降泻。子仁甘温性升，开豁痰涩之理是其本性（张璐，1996）。"又如《相感志》记载："食西瓜后食其子，即不噫瓜气，其温散之力可知（释赞宁，1997）。"过食瓜果类致使胃肠寒积腹痛者，酌服中药理中汤可治。西瓜裨益于人虽多，慎记台湾民间俚语云："日吃西瓜，半夜反症。"

## 二、社会经济效益

西瓜汁多味甜，性凉爽口，是广大城乡居民普遍喜食的消暑解渴佳品。中国人民的西瓜食用量一般都比较大，据统计城市居民平均每年西瓜消费量为 15 kg，有的城市则更高达 25 kg。每年最热的 6—8 月份，在各地大中城市夏季水果供应量中西瓜占 70% 以上，一旦西瓜上市，其他水果、冷饮品的销售均受到一定的影响，由于西瓜在夏令水果中独占鳌头，首屈一指，无法取代，故有"夏季水果之王"的美称。盛夏季节，西瓜已成为城乡居民日常生活不可缺少的夏季食用商品。因此，各级人民政府均十分重视西瓜生产的安排和市场供应，发展西瓜生产已成为各地城市郊区"菜篮子工程"的重要内容之一。

种植西瓜对农民来讲也有明显的收益。首先，种瓜的经济效益比较好，每公顷收入比较高，正常年份种植露地西瓜每公顷少则收入 7 500～9 000 元，多则可达万元以上；保护地栽培的西瓜收益更高，高者达几万元，大棚西瓜每公顷收入最高者竟达 15 万元，农民常利用西瓜收入购买化肥、农药等进行农业生产投入，直接促进夏季大田作物生产，这种以瓜促粮（棉）和瓜粮（棉）双丰收的先进事例南北各地到处可见。

其次，西瓜的生育期短，生育期只有 90～120 d，故有"百日庄稼"之称。同时，它的株距较大，前期行间又有一段较长的空闲时期，又行匍匐生长，因此，比较适于进行行间作套种，这在热量资源比较丰富，全年种植二作有余而三作不足的地区最为适用，如华北区和长江中下游区的瓜田作间套种应该比较广泛，从而可以增加复种指数，提高土地利用率，增加单位面积年产量，有效促进了瓜区农业生产的全面发展。例如：广西扶绥县山圩镇那任屯 143 户农民在 73 hm² 甘蔗地里套种无籽西瓜，2008 年仅收获西瓜就达 165 万 kg，产值 198 万元，户均增收 5 500 多元。瓜农说："农作物间套种就是好，让我们 1 hm² 地种出了 1.4 hm² 的庄稼，产出 3.7 hm² 的产值，得到 4.5 hm² 收益。"（刘文革，2010）又如，在广西木薯套种西瓜，每亩最高收益为 1 801.71 元，比单纯种木薯增收 1 352.88 元，增产增效显著（李文信等，2010）。

再次，西瓜是个好茬口，可以有效促进后茬作物的增产。由于西瓜地一般均要进行深翻瓜沟和增施细肥，故有改良土壤的作用，各地农民普遍认为西瓜是一个比较理想的好茬口。河南开封沙区的小麦产量很低，而西瓜茬的小麦产量却成倍增长，当地农民都习惯留出瓜茬地种一季高产小麦；南方水田区的西瓜茬晚稻一般可比双季晚稻增产 20% 左右。因此，有西瓜销路的稻区农民，普遍推广麦—瓜—稻或油（菜）—瓜—稻的间套作方式，利用瓜茬稻可以增产的优势，以达到增加产量的目的。

最后，随着社会的发展和科技的进步，人们生活水平日益提高，对食用的西瓜不只讲究其营养价值和口感，开始注重外观造型。西瓜套袋印字技术生产出来的产品（李坤山等，2010）以及用模具生产出的"方形西瓜"（李德智，2008；邢后银等，2010；章继刚，2010）作为人们探亲访友和节日馈赠的佳品，表达了人际的温馨和良好的祝愿。这些新奇的西瓜，丰富了西瓜市场，既可提高西瓜的经济效益，同时也提高了人们的生活品位。

由于西瓜的经济效益突出，深受各地农户的喜爱。据统计，中国西瓜播种面积在"十一五"期间超过麻类、糖料、烟叶、药材等传统经济作物，约占蔬菜面积的 11%，种植业播种总面积的 1.5%，但其产值约为种植业总产值的 6%，在部分主产区约为 20%。因此，在农村种植业中，西瓜是农民快速实现经济增收的高效园艺作物，在实现农民收入 2020 年增收翻番的规划中发挥了重要作用。

西瓜生产规模的扩大也带动了相关产业特别是种子营销企业的发展。20 世纪 80 年代以来，西瓜种子企业累计近百家，其中安徽合肥市种子公司抓住产业发展机遇逐步做大做强。到 20 世纪 90 年代中期依靠每年逾 30 万 kg 种子销量，逾 1 000 万元种子营销利润，占据了西瓜种子 1/3 以上的市场；1997 年改制为合肥丰乐种业有限责任公司，作为第一家种业公司在证券市场成功上市，成为种子行业一个标志性事件。此外，随着西瓜生产规模的扩大，西瓜嫁接育苗产业也得到很大的发展（别之龙，2011）。

西瓜的经济效益还体现在出口创汇上。1998 年黑龙江省黑河市和苏联阿穆尔州企业以一船西瓜换回一船化肥的经典易货贸易，成为中国与苏联边境贸易的第一个成功范例。据联合国粮农组织（FAO）统计，1998 年世界贸易西瓜进出口量占西瓜总产量的 6%，中国大陆西瓜出口量 4.7 万 t，仅占世界出口量的 3%，2004 年中国大陆鲜西瓜出口额超过 600 万美元，约占蔬菜出口总值的 6%。同年中国大陆仅从缅甸进口鲜西瓜就达 4.6 万 t，价值 310 万美元；2007 年更超过 10 万 t，总值上千万美元。表明西瓜产业已开始走出国门，寻找到更广阔的发展空间。

改革开放 30 年的产业发展表明西瓜是帮助农民实现经济增收的高效园艺作物。海南、山东、浙江、江苏等省西瓜平均每亩（1 亩≈667 m²，全书同）收入已达 3 000 元，西瓜产业已成为具有国际竞争力和较大经济增长空间的重要产业。

# 第二节　西瓜生产概况

## 一、世界西瓜生产概况

世界西瓜分布据 FAO 统计，2010 年世界西瓜栽种总面积为 316.10 万 hm²，比 1991 年（261.87 万 hm²）增加约 55 万 hm²，增幅 21%。若按洲际间比较，则以亚洲面积最大，为 232.54 万 hm²，占世界西瓜栽种总面积的 73.6%；其次是欧洲，为 29.67 万 hm²，占 9.41%；第三位是非洲，为 24.25 万 hm²，占 7.69%；第四位是南美洲，为 16.39 万 hm²，占 5.20%；第五位是北美洲、中美洲，为 11.97 万 hm²，占 3.79%；大洋洲的西瓜栽种面积最少，为 0.50 万 hm²，占 0.16%（图 1 - 1）。

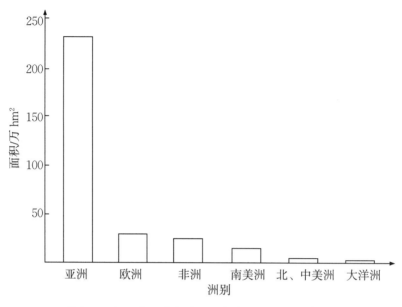

图 1-1 2010 年世界各洲西瓜栽种面积（FAO 前 6 名）

若以国家为单位比较，西瓜栽种面积超过 0.667 万 hm² 的国家共有 48 个，比 1991 年增加 20 个国家。中国是世界上西瓜栽种面积最大的国家，面积为 153.17 万 hm²，占世界西瓜栽种总面积的 66%；其次是土耳其，栽种面积为 15.00 万 hm²，占世界西瓜栽种总面积的 7%。栽种面积超过 6.67 万 hm² 的国家还有 4 个，分别是伊朗（13.60 万 hm²）、俄罗斯（11.78 万 hm²）、巴西（9.04 万 hm²）和阿尔及利亚（6.71 万 hm²）。其他种植面积加大的国家有亚洲的乌克兰（6.21 万 hm²）、哈萨克斯坦（4.32 万 hm²）、乌兹别克斯坦（5.60 万 hm²），泰国（4.15 万 hm²）、越南（2.75 万 hm²）、叙利亚（2.73 万 hm²）、巴基斯坦（2.72 万 hm²）、印度（2.65 万 hm²）、土库曼斯坦（2.65 万 hm²）等，非洲的埃及（5.41 万 hm²），美国（5.37 万 hm²）、墨西哥（4.40 万 hm²）、巴拉圭（3.16 万 hm²）等（图1-2、表1-1）。值得一提的是，近 20 年来，在这些国家中，美国的西瓜栽种面积减少了近 3 万 hm²，中国的西瓜栽种面积则翻了一番。新增的西瓜产地主要分布在中亚国家和北非国家。

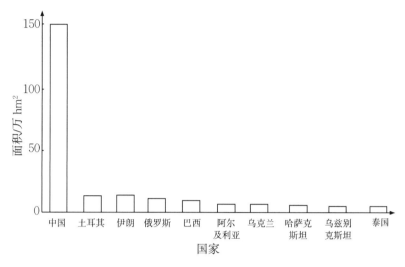

图 1-2 2010 年世界各国西瓜栽种面积（FAO 前 10 位）

表 1-1 2010 年世界西瓜栽种面积分布（FAO）

| 洲别与面积 | 66.7 万 hm² 以上 | 6.67 万～ 66.7 万 hm² | 3.33 万～ 6.67 万 hm² | 2 万～ 3.33 万 hm² | 1 万～ 2 万 hm² |
|---|---|---|---|---|---|
| 亚洲（232.54 万 hm²） | 中国（153.17 万 hm²） | 土耳其（15.00 万 hm²）伊朗（13.60 万 hm²） | 乌兹别克斯坦（5.60 万 hm²）哈萨克斯坦（4.32 万 hm²）泰国（4.15 万 hm²） | 越南（2.75 万 hm²）叙利亚（2.73 万 hm²）巴基斯坦（2.72 万 hm²）印度（2.65 万 hm²）土库曼斯坦（2.65 万 hm²）阿富汗（2.61 万 hm²）印度尼西亚（2.60 万 hm²）阿塞拜疆（2.25 万 hm²）塔吉克斯坦（2.10 万 hm²）伊拉克（2.09 万 hm²） | 韩国（1.64 万 hm²）沙特阿拉伯（1.45 万 hm²）也门（1.38 万 hm²）马来西亚（1.22 万 hm²）日本（1.13 万 hm²） |

续表

| 洲别与面积 | 66.7万hm²以上 | 6.67万~66.7万hm² | 3.33万~6.67万hm² | 2万~3.33万hm² | 1万~2万hm² |
|---|---|---|---|---|---|
| 北美洲<br>（5.44万hm²） | | | 美国<br>（5.37万hm²） | | |
| 中美洲<br>（6.53万hm²） | | | 墨西哥<br>（4.40万hm²） | | |
| 南美洲<br>（16.39万hm²） | | 巴西<br>（9.04万hm²） | | 巴拉圭<br>（3.16万hm²） | 哥伦比亚<br>（1.12万hm²）<br>委内瑞拉<br>（1.01万hm²） |
| 欧洲<br>（29.67万hm²） | | 俄罗斯<br>（11.78万hm²） | 乌克兰<br>（6.21万hm²） | 罗马尼亚<br>（2.71万hm²） | 西班牙<br>（1.70万hm²）<br>塞尔维亚<br>（1.41万hm²）<br>意大利<br>（1.26万hm²）<br>希腊<br>（1.00万hm²） |
| 非洲<br>（24.25万hm²） | | 阿尔及利亚<br>（6.71万hm²） | 埃及<br>（5.41万hm²） | 马里<br>（2.38万hm²）<br>塞内加尔<br>（2.34万hm²）<br>突尼斯<br>（2.07万hm²） | 利比亚<br>（1.80万hm²）<br>摩洛哥<br>（1.30万hm²） |
| 大洋洲<br>（0.50万hm²） | | | | | |

注：①全世界西瓜栽种总面积为316.10万hm²。②表中只统计栽种面积1万hm²以内的西瓜主要生产国，栽种面积小于1万hm²的国家未做统计。

从以上世界西瓜主产国的地理分布情况看，绝大部分国家均处于北纬23°~45°，这些地区属于北温带中、南部范围。由此可见，这个地理气候带可能是世界西瓜生产的最适宜地区，它包括了中国的华北地区、长江中下游地区，美国南部的6个州，俄罗斯的中亚地区以及中东、北非、南欧的西瓜主产国。此外，热带地区除了巴西拥有较大的西瓜种植面积外，中美洲地区（哥伦比亚、

委内瑞拉）、南亚地区（印度、印尼）、中非地区（塞内加尔）和大洋洲地区
（澳大利亚）均只有零星西瓜分布，说明这些地区的热带雨林气候、热带草原气
候和热带季风气候不是西瓜的最适宜生产地区。

## （一）世界西瓜分布变化

从图1-3可以看到，据FAO统计，从1990年到2010年，世界西瓜分布面积
总体趋势保持增长。从1990年到1997年，世界西瓜分布面积从210.66万 hm² 缓
慢增长到253.32万 hm²，平均每年增加6.09万 hm²；从1997年到2003年，世
界西瓜分布面积增长速度最快，从253.32万 hm² 增长到346.43万 hm²，平均
每年增加15.52万 hm²；从2003年到2010年，世界西瓜面积有所回落，出现交
替升降的波动变化。

此外，从图1-3中还可知，近20年来，欧洲的西瓜面积减少了，这是由于
苏联的解体导致的；非洲和美洲的西瓜面积略有增长，大洋洲的西瓜栽培面积
基本不变，而亚洲的西瓜栽培面积有大幅度增加，其中中国的西瓜栽培面积增
长曲线和亚洲及世界的变化趋势保持一致，说明中国的西瓜产业和世界西瓜产
业息息相关。

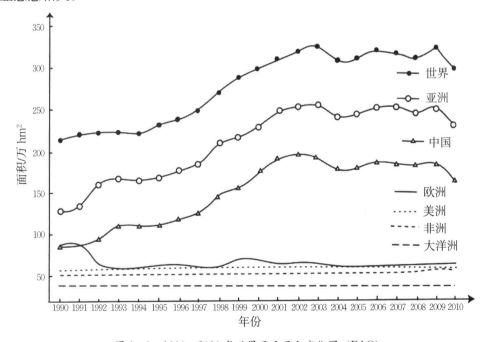

图1-3 1990—2010年世界西瓜面积变化图（FAO）

### （二）世界西瓜产量

据 FAO 统计，随着种植面积的快速增长，2010 年世界西瓜总产量为 8 900.481万 t，比 1990 年的 3 483.51 万 t 增长了 5 416.97 万 t，增长了 1.56 倍。其中中国的西瓜产量增幅最大，这得益于其种植面积的不断增长（图 1-4）。此外，世界西瓜的亩产量也从 1990 年的 1 102.41 kg/亩增长到 2010 年的 1 877.12 kg/亩，增幅 70.27%。

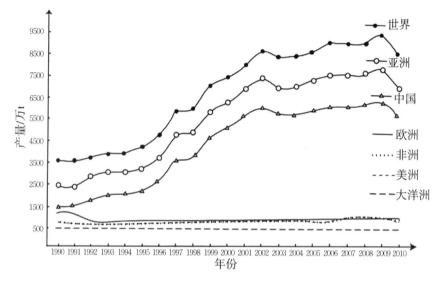

图 1-4 1990—2010 年世界西瓜产量变化图（FAO）

## 二、中国西瓜生产概况

### （一）生产发展历史

中国社会与经济经过 30 年改革开放，发生了巨大而深刻的变化，有了长足的里程碑式的进步，在这个历史大背景下，西瓜行业在产业经济发展、产业技术与研究进步、产业文化繁荣等方面都取得了辉煌成就（马跃，2008）。

1. 产业经济发展

在 1978 年前，西瓜生产是由政府在以粮为纲方针指导下安排的。据 FAO 统计，1980 年前后我国西甜瓜总面积约 37 万 hm²，产量不能满足市场需求。随着改革开放的深入，1984 年，政府对瓜果生产由计划经济改为产销放开、市场调节，这一政策全面促进了西瓜产业的快速发展。1985 年西瓜播种面积由 1984 年逾 49 万 hm² 一跃超过 72 万 hm²，1988 年超过 86 万 hm²。

20 世纪 80 年代中后期，西瓜与大田作物生产比较效益十分突出。如 1985

年新疆西瓜每亩产量约 1 650 kg，产值约 195 元，是大田作物产值的几倍；在山东、河南、河北、江苏、安徽等东部产区，西瓜每亩产量 1 000～1 600 kg，产值 120～260 元，也比当地大田作物产值高数倍。栽培西瓜能给以种植业为主要经济来源的广大农民提供迅速增收的有效途径，是西瓜产业快速发展的重要原因。

1993 年西瓜生产规模在 89 万 hm² 以上，全国主产区首次出现区域性西瓜市场价跌卖难现象。宏观分析表现出产品供给总量在季节性、区域性大于需求总量的态势。其后 1998 年、2002 年在西瓜集中采收上市季节，各主产区西瓜市场都曾出现过价跌卖难情况，"瓜贱伤农"问题引起了有关部门和政府领导的重视最终都得以解决。但专家指出，在产业经济发展的现有格局下，如发生气候异常与调控不当，出现季节性、区域性的产销严重失衡，生产经营者陷入丰产不增收甚至亏损的危险始终存在。西瓜产业经过多次产销规模的调整，2007 年的生产规模已超过 174 万 hm²，2010 年虽有所回落，但面积、产量和人均消费占有量仍然位居世界第一。同时，丰富多样的西瓜品种充分满足了城乡居民对市场的周年消费需求。

随着西瓜生产规模的不断扩大，我国商品西瓜产区也从传统的华北、西北地区扩展到长江中下游地区和华南地区，逐步形成了一些新的商品瓜生产基地。其中，湖北、湖南、江西、安徽等省无籽西瓜发展很快，规模约占各省西瓜栽种总面积的 1/2 以上（洪日新等，2010；孙小武等，2010）。另外，浙江台州地区瓜农创造了西瓜产销家族企业发展模式，而华南地区以其得天独厚的高温湿热气候，形成了全国反季节西瓜的生产基地。

2. 产业技术与研究进步

20 世纪 80—90 年代，西瓜产业技术进步的主要标志是在品种上实现了由常规品种向杂优一代品种的转变；在栽培方面则利用塑料薄膜覆盖技术实现了早熟栽培、反季节栽培等对传统露地栽培方式的转变，同时间作套种、嫁接育苗等技术的推广应用也对产业技术进步发挥了重要作用。

第一，20 世纪 90 年代，大陆培育的杂优品种逐渐替代台湾地区及海外西瓜品种，成为生产的主流品种，不仅降低了生产成本，促进了产业进步，而且创造了巨大的社会效益与经济效益。而无籽西瓜品种与栽培技术研发应用也是 20 年发展的主要成就之一。20 世纪 80 年代末，全国无籽西瓜生产面积仅 0.66 万 hm²，通过组织技术研发与应用推广，解决了制约无籽西瓜生产发展的低发芽率、低成苗率、低采种量等关键问题，使三倍体无籽西瓜种子发芽率从 30%～50% 提高到 75%～95%，成苗率从 50%～70% 提高到 80% 左右。三倍体无籽西瓜制种量从每亩 1 kg 左右提高到 2 kg 以上。无籽西瓜因具有生产适应性强和效益较高优势，20 世纪 90 年代后得到了更快发展，2009 年大陆无籽西瓜生产规模已超过 23 万 hm²，主栽品种有黑蜜系列、郑抗无籽系列、雪峰系列、台湾农友无籽新 1 号等，无籽西瓜生产区域主要分布在河南、山东、湖北、湖南、江西、广西、安徽、贵州、海南等省区。

第二，西瓜保护地栽培自 20 世纪 80 年代由露地地膜覆盖开始，逐步发展为小棚栽培、大棚栽培和日光温室栽培。塑膜覆盖设施栽培技术在生产中的普及，对扩大西瓜栽培适宜区、提早上市、增加产量、提高效益等起到了显著作用。

第三，20 世纪 80 年代中后期研究推广的西瓜与粮棉作物间作套种的技术模式，在西瓜生产发展中发挥了重要作用。通过将西瓜套种在粮棉产量低、适合种瓜的沙区、滩地，将西瓜与小麦等越冬作物或棉花、玉米、花生、木薯、甘蔗等夏秋作物间作套种的 2 种间作套种模式，获得了瓜粮（棉）等双丰收，取得了显著的经济效益。随着西瓜主产区生产年限的增加，耕地的轮作倒茬逐步困难。为进一步发展生产，西瓜嫁接育苗技术首先在山东、海南、广西、安徽、湖南等主产区应用推广。其中海南的嫁接育苗栽培已占生产总面积 90% 以上，广西、山东、安徽等产区也在 1/3 以上。特别是在大棚等保护地生产中嫁接育苗已成为西瓜常规栽培技术，对促进设施栽培的发展起到了重要作用。同时在经济较发达的西瓜设施栽培产区，也应用推广了无土栽培技术，主要在广东、海南、江苏、北京、山东等产区的厚皮甜瓜和小西瓜保护地生产中应用面积较大。

第四，西瓜产业发展较快的主产区，为了规范生产技术，保证商品瓜的统一质量，公布实施了一批产业技术标准，如河北、安徽、江苏等省的西瓜无公害生产标准与技术规范。2002 年农业部也公布实施了西瓜无公害生产的行业生产标准与技术规范。这些行业和地方标准的制定与公布实施，对规范西瓜产业栽培技术，促进无公害生产普及，提高商品瓜质量都起到了重要作用。

为促进产业技术交流与进步，由中国农业科学院郑州果树研究所牵头成立了全国科研生产协作组，并分抗病育种、无籽西瓜、嫁接等专业协作组和西北、南方、华东等产区协作组。在 1987 年、1993 年、1997 年、2003 年分别召开了 4 次全国性科研与生产协作大会。同时专业协作组和产区协作组每年都有 1～2 次活动。通过协作与交流，促进了产业技术进步和产业经济发展，取得了公认的社会效益。

第五，改革开放后，西瓜产业快速发展离不开科研成果与人才的强力支撑。目前国家种质资源库中收集保存的西瓜种质材料在 1 500 份以上，西瓜科技人员利用现代生物技术，开展了西瓜优异种质的创新研究，重点是利用分子标记技术结合大孢子培养，通过与常规杂交技术的结合，进行规模快速转育获得抗病优异育种新材料。同时利用基因工程与辐射、诱变技术获得具有新性状的育种材料。1998 年以来，西北农林科技大学园艺学院西农 8 号西瓜品种培育与推广，广西壮族自治区园艺研究所广西 3 号、广西 5 号无籽西瓜品种培育与推广获得了国家科技进步二等奖，中国农业科学院郑州果树研究所蜜枚无籽 1 号西瓜品种培育与推广获得了国家科技进步三等奖。

3. 产业文化繁荣

西瓜产业的兴旺也促进了产业文化交流与传播的发展。1988 年，顺应产业发展与科技交流的需要，中国农业科学院郑州果树研究所在全国同行的支持下创办了《中国西瓜甜瓜》杂志，2005 年扩大专业范围，更名为《中国瓜菜》。此外，由中国农业科学院郑州果树研究所王坚研究员主编的《中国西瓜甜瓜》专著，集合了全国逾 30 位西瓜、甜瓜权威专家，编著历时 5 年，于 2002 年由中国农业出版社出版，是西瓜、甜瓜行业第一本权威专著。

此外，还有中国农业科学院郑州果树研究所王坚研究员等主编的《西瓜育种与栽培》，中国农业科学院郑州果树研究所谭素英研究员等主编的《无籽西瓜育种与栽培》，新疆农业大学林德佩教授等主编的《新疆甜瓜西瓜志》等专著，均在业内产生了重要影响。

随着西瓜产业经济的发展，为扩大产业影响，提升地方显示度，各主产区纷纷举办"西瓜节"，建设西瓜博览会、博物馆，展示了各地西瓜产业的历史、现状分布、技术沿革进步、经济发展动态、文化交流等内容。这些措施均很好地反映了中国西瓜产业的发展历史与现状，促进了西瓜产业文化交流与发展。

## （二）生产面积和主产区（无籽西瓜）

我国是全球西瓜生产与消费第一大国，截止到 2010 年，西瓜的播种面积超过 180 万 $hm^2$（2 700 万亩），约占蔬菜播种面积的 10%，在我国农业结构调整与农民增收中发挥着重要作用。无籽西瓜以其质优、食用方便、抗病、耐涝、丰产稳产、耐贮运而受到消费者和生产者的欢迎。因此，在全国西瓜面积有所收缩的情况下，无籽西瓜的栽培面积却不断扩大。据 2007 年全国无籽西瓜科研与生产协作组不完全统计，全国无籽西瓜栽培面积由 2000 年的 6.7 万 $hm^2$ 增加为 2007 年的 21.87 万 $hm^2$（刘文革，2007），2009 年全国无籽西瓜栽培面积继续增长到 23 万 $hm^2$（刘文革，2010）。

20 世纪 70—80 年代，在无籽西瓜生产发展的第 1 次高潮中，形成了以湖南邵阳、广西藤县、河南中牟等主产区为代表的无籽西瓜商品生产基地，全国无籽西瓜面积达 1 万多公顷。20 世纪 90 年代，无籽西瓜生产发展达到第 2 次高潮，在湖北荆州、河南孟津、湖南岳阳、江西抚州、广西北海、安徽宿州、海南等地建立了一批新的无籽西瓜商品生产基地。无籽西瓜生产面积已经达到 10 万 $hm^2$。

2000 年以来，无籽西瓜由于适应性和商品性等方面的比较优势突出，在全国得到迅速推广，无籽西瓜的栽培面积不断扩大，2009 年全国无籽西瓜栽培面积约为 23 万 $hm^2$，遍及全国 20 多个省市，除了青海省未栽培无籽西瓜外，全国其他各省市均有栽培。

表 1-2 为我国各省市无籽西瓜的面积产量和分布。无籽西瓜面积最大的几个省市为河南开封（康宇静，2006；马志伟等，2010）、湖北荆州（曾凡雄等，2010）、湖南岳阳（陈晓陆等，2010；孙小武等，2010）、江西抚州、安徽宿州、广西北海和藤县、海南（党选民等，2005；梁胜权，2009）。这些地区是 20 世纪 90 年代发展起来的无籽西瓜基地，现在已经发展到相当的面积，占全国无籽西瓜的 60% 以上。其中广西和海南无籽西瓜面积已经占当地西瓜生产总面积的 70% 以上（洪日新等，2010），是我国冬春季西瓜生产供应的主要产区，其单位面积的产值和效益是全国最高的。值得一提的是，与 2007 年相比，2009 年广西的无籽西瓜面积翻了一番，是全国无籽西瓜面积增长最快的地区。

进入 21 世纪以来，无籽西瓜种植在许多新的地区得到迅猛发展，诸如河南周口、江苏泗洪、贵州黄平、陕西蒲城、安徽明光、甘肃徽县、湖南怀化、湖北襄阳等地，其中许多县市无籽西瓜面积已经发展到 3 300 $hm^2$ 以上。从地域发展看，南方湿润地区无籽西瓜发展趋缓或者有减少的趋势，河南、湖北等地发展迅速，东北、陕西、山东、内蒙古等地无籽西瓜面积在增加。

在以前没有种过无籽西瓜的地区，通过品种和技术引进，改进无籽西瓜栽培技术，克服当地不利气候的影响，使无籽西瓜已经成为当地的知名品牌。内蒙古奈曼旗从 2001 年开始引进适合当地生长的无籽西瓜特色种植产业，获得了良好的经济效益，每亩均增收 1 000 元以上，2009 年无籽西瓜种植面积已经超过

4 700 hm²。黑龙江省大庆市大同区 2009 年种植的近 2 000 hm² 无籽西瓜供不应求。宁夏中卫戈壁滩、西藏八宿县高寒地、新疆农八师 144 团戈壁等荒漠地种植无籽西瓜的成功，都证明无籽西瓜具有顽强的生命力。

从无籽西瓜生产布局可以看出，全国 60% 以上的无籽西瓜生产面积分布在长江以南地区，90% 以上的无籽西瓜生产基地在黄河以南（Wenge L et al.，2006）。可以说有有籽西瓜栽培的地方，就有无籽西瓜栽培。许多地区有籽西瓜每亩产量多为 2 000～2 500 kg，而无籽西瓜产量可达 3 000～5 000 kg。无籽西瓜栽培方式主要为露地晚熟栽培，保护地早熟栽培在长江以北有小规模面积。

表 1-2　我国无籽西瓜面积、产量及分布地区（2009 年）

| 省（自治区） | 面积/万 hm² | 亩产量/kg | 收获期/月 | 主栽地区 |
| --- | --- | --- | --- | --- |
| 河南 | 4.67 | 3 000～5 000 | 6—8 | 开封、周口、郑州、商丘等 |
| 湖南 | 2.67 | 2 500～3 500 | 6—7 | 岳阳、邵阳、怀化、常德等 |
| 湖北 | 3.33 | 3 000～5 000 | 6—7 | 荆州、襄阳、武汉等 |
| 海南 | 2.13 | 2 500～5 000 | 12—2 | 三亚、陵水、琼海、文昌等 |
| 江西 | 2.13 | 2 000～3 500 | 6—7 | 抚州、赣州 |
| 广西 | 2.00 | 2 000～4 000 | 4—10 | 南宁、北海、梧州、柳州 |
| 安徽 | 1.73 | 3 000～5 000 | 6—7 | 宿州、阜阳、六安、合肥、滁州 |
| 内蒙古 | 0.53 | 3 000～4 000 | 8—9 | 河套地区、赤峰 |
| 陕西 | 0.47 | 4 000～5 000 | 5—7 | 渭南 |
| 山东 | 0.40 | 3 000～5 000 | 5—8 | 潍坊、菏泽 |
| 广东 | 0.33 | 2 000～3 500 | 4—10 | 粤北 |
| 贵州 | 0.33 | 2 000～3 500 | 7—9 | 黄平、贵阳 |
| 北京 | 0.27 | 4 000～5 000 | 7—8 | 顺义、大兴 |
| 甘肃 | 0.27 | 2 500～4 000 | 7—9 | 徽县、兰州 |
| 黑龙江 | 0.20 | 3 000～4 500 | 8—9 | 大庆 |
| 四川 | 0.13 | 2 000～4 000 | 5—7 | 绵阳、成都 |
| 云南 | 0.13 | 2 000～4 000 | 1—4 | 比较分散 |
| 宁夏 | 0.13 | 2 000～4 000 | 8—9 | 银川 |
| 山西 | 0.13 | 2 000～4 000 | 7—8 | 运城 |

续表

| 省（自治区） | 面积/万 hm² | 亩产量/kg | 收获期/月 | 主栽地区 |
|---|---|---|---|---|
| 其他省市 | 1.33 | | | |
| 总计 | 23.07 | 2 500～3 500 | 6—7 | |

### （三）西瓜生产的主要栽培模式

我国疆域辽阔，地形、气候复杂，科研人员通过研究总结出了南北两大气候类型区域无籽西瓜关键栽培技术（全国无籽西瓜科研协作组，2001），并针对北方寒冷地区、南方湿热地区、高寒地区、西北荒漠地区、贵州山地等相应的小气候，研究总结出了相应的栽培技术，对西瓜在这些地区的推广起了很重要的作用。

露地栽培虽仍是中国西瓜主要生产方式，而地膜覆盖栽培已得到普遍推广，设施栽培近年来已广泛应用。北方日光温室塑料大棚和小拱棚等在西瓜设施栽培中得到了迅速发展，南方则普遍利用塑料大棚和竹木中棚等进行设施生产，设施栽培面积已占到总面积的 20% 左右。此外，针对西北干旱少雨的情况，甘肃、宁夏发展完善了压砂栽培模式，"十一五"期间在年均降雨 200 mm 以下的干旱区实现了西甜瓜的优质栽培，种植面积快速发展到 7 万 hm²，取得了巨大成绩。根据中国土地利用情况，西瓜生产仍主要采用间作套种模式。在北方原来的麦-瓜、瓜-棉等间作套种模式基础上，还利用设施条件开发了瓜-菜等多种套种模式，南方则主要发展了麦-瓜-稻、麦（或油菜）-瓜-稻（或玉米）、甘蔗（或木薯）-瓜的套种模式（黄武艺，2009；袁展汽等，2008；张慧娟等，2010）。

1. 华北栽培区主要栽培模式

华北栽培区大体指淮河以北、甘肃以东的华北平原为主体的广大地区，主要包括山东、北京、天津三省、直辖市全部和河南大部、河北大部、山西、陕西大部以及苏北、皖北、辽南、陇东等地，是中国最大的西瓜栽培区。由于华北区具有春季气候条件适宜、早春气温回升快、薄膜覆盖效果优于其他地区、有精耕细作传统等有利生产因素。同时，初夏季节缺少大宗性水果，市场对消暑产品的需求迫切。因此，在 20 世纪 80 年代中大面积推广地膜覆盖的基础上，山东淄博，河北石家庄、保定以及各大城市郊区采用地膜覆盖加小拱棚农膜覆盖的双覆盖栽培，达到了很好的早熟增产增值的效果。

另外，由于华北西瓜产区的西瓜绝大部分是在平原地区种植，种瓜的经济效益比较高，因此，在发展西瓜生产中必然要占用大片粮棉好田，瓜农为了减缓西瓜与粮棉争地矛盾,在长期的生产实践中,因地制宜创造出了多种多样的瓜粮、瓜棉合理间套作技术,达到了瓜粮、瓜棉双丰收的目的。

2. 东北栽培区主要栽培模式

东北栽培区主要包括黑龙江、吉林二省和辽宁省大部、内蒙古东部以及河北省北部、山西省北部等部分地区。东北区的西瓜面积主要集中在黑龙江省,由于气候比较冷凉,生长季节晚,种植面积大,人少地多,因此栽培管理比较粗放。栽培方式主要分为露地栽培和保护地栽培两大类,黑龙江省的陆地栽培以旱地一般栽培和晚瓜栽培为主,育苗栽培比较少,而辽宁省则以一般灌溉栽培方式最普遍,育苗早瓜栽培也有一定比例,但很少见晚瓜栽培,旱地栽培也有一定面积。

东北区西瓜保护地栽培主要有小拱棚栽培、大棚栽培与温室栽培三种,小拱棚栽培的面积较大,各大城市郊区均有一定发展,南部地区的发展面积比较大。另外,由于地多人少,一家一户的种瓜面积较大,因此,东北区尤其是黑龙江省的西瓜生产均为单作,很少进行间套种。

3. 西北栽培区主要栽培模式

西北区主要包括新疆的农业区、甘肃的河西走廊与兰州周围的中部地区、青海的东部地区、宁夏的银川平原,以及内蒙古西部河套平原等地。西北区地处内地,远离海洋,为典型的大陆性气候地区,降水稀少,空气干燥,有的地方甚至终年没有雨雪;另一方面,晴天多,云量少,日照强,昼夜温差大,热量资源丰富。这些优越的自然条件,对西瓜的生长发育极为有利,因此,西北区的西瓜生产绝大部分都是采用露地直播方法,育苗技术与保护地栽培仅在城市郊区部分应用。

由于20世纪80年代地膜覆盖技术的推广,现在的露地栽培都改变为地膜下的浅播种,出苗后及时破膜放苗的栽培方式。此外,西北区的兰州一带、银川平原以及青海东部的农民在与干旱作斗争中,创造了沙田栽培方式。沙田的增温、保墒、压碱作用,明显改善了小气候,从而达到早熟、增产与改进品质的作用。

4. 长江中下游栽培区主要栽培模式

长江中下游区包括湖南、湖北、浙江、江西、上海全省(直辖市)和安徽、江苏的大部(淮河以南地区)以及河南(信阳地区)、陕西(汉中地区)部分地区。区内温光条件优越,基本满足西瓜发育的需要,但6月中下旬的梅雨季节是制约西瓜生产的不利因素,因此,大面积采用育苗移植的露地覆膜栽培是该区的一大特点。

具体做法是：3月中下旬通过保护地提前育苗，4月中下旬带土定植，这样就可以充分利用5—6月份的有利生长季节，赶在梅雨前坐果。另由于长江中下游区同时也是中国水稻、棉花生产的重要产区，因此，区内瓜田的间套作形式较多，主要有以下几种：麦-西瓜-晚稻、油菜-西瓜-晚稻、麦-西瓜＋棉花、马铃薯-西瓜-育苗或秋冬蔬菜、幼龄果园、竹园套种西瓜。

5. 华南栽培区主要栽培模式

华南栽培区主要包括福建、广东、广西、海南、台湾五个省（自治区），本区位于热带、亚热带地域，区内各省（市）温、光、水资源丰富，作物生长周期短，因此，有利于西瓜的多茬栽培，但也因雨水多，湿度大，经常受台风暴雨侵袭，病虫害严重，栽培难度大。广大瓜农在生产实践中趋利避害，总结出一套相应的栽培模式。

其中，本区的沿海地区采用两季栽培模式，即在春、秋两季栽种西瓜，并以春季为主。于2月中下旬播种，采用保护设施育苗，一般在5月底前收获完毕，避免端午节前后的大雨危害。秋季栽培一般在7月中下旬播种，采用露地直播，地膜覆盖，在国庆节前后收获供应。

另外，本区的海南省和广东省的雷州半岛，全年旱、雨两季分明，冬季气温高，一年四季可种植西瓜，但以秋、冬两季种植为宜。第一季在10月初播种，12月底收获。第二季在1月种植，3—4月收获，90％地区两季均采用露地爬地栽培，5％～10％采用小拱棚栽培（周曼等，2010）。此外，由于海南省南端的三亚市、崖县、乐东等地冬春季节优越的气候条件，可以避开当地正常生长季节繁忙工作，进行加代繁育，加速了育种进程。因此备受全国西瓜育种工作者的关注，20世纪70年代以来已成为中国西瓜等作物重要的南繁基地。

台湾地区的西瓜生产主要集中在南部地区，气候条件优越，一年可进行多季栽培，大型品种可以进行春、秋二作，小型品种可以进行春、夏、秋三作。

6. 西南栽培区主要栽培模式

西南区主要包括四川、云南、贵州三省。本区内山多水少，阴雨多湿，海拔高低悬殊，自然条件千差万别，西瓜产区主要分布在区内盆地、河谷地带。由于春季气温不稳定，常出现倒春寒天气，露地栽培面积日益缩小，双膜覆盖的小拱棚栽培逐渐发展起来。另由于本区地少人多，所以较多瓜田进行间作套种技术。间套作的形式按灌溉条件分为：有灌溉条件的麦-瓜-稻、油菜-瓜-稻和没有灌溉条件的麦-瓜-秋玉米（或甘薯）、大麦-瓜-夏玉米-秋马铃薯。此外，还有与花生、甘蔗、蔬菜等作物间套作的，以及在幼龄果树行间间种西瓜的（王坚等，2000）。

# 第三节　中国西瓜育种的历史与发展

## 一、地方品种搜集与整理

### （一）西瓜地方品种搜集与整理概况

地方品种亦称"农家品种""传统品种""地区性品种"，在当地自然或栽培条件下，经长期自然或人为选择形成的品种。其具有种子大，生长旺盛，果形大，皮厚耐贮运等特点。对当地自然或栽培环境具有高度的适应性，是不可多得的宝贵资源。

我国对西瓜地方品种调查、收集、整理工作始于中华人民共和国成立以后，由中国农业科学院果树研究所组织各省农业科学院进行，该工作为我国西瓜地方品种资源的调查收集创造了条件。在调查整理的基础上，1963 年由中国农业科学院果树研究所汇编了《全国西瓜甜瓜地方品种名录》，收录西瓜甜瓜地方品种 135 个；1979 年由新疆维吾尔自治区农业厅、新疆生产建设兵团、新疆八一农学院等单位联合组成的新疆甜瓜西瓜资源调查组在新疆进行了甜瓜西瓜资源调查，收集地方品种 277 份，整理完成了我国第一部地方甜瓜西瓜志《新疆甜瓜西瓜志》，为全面认识我国西瓜甜瓜地方品种起到了积极推动作用。通过对编目入国家长期库的西瓜统计分析表明，收录西瓜地方品种 261 个，占编目西瓜总数的 24.9%。

### （二）代表性的地方品种

参照《中国西瓜甜瓜》里的地方品种和《德州西瓜地方品种资源》。

1. 邓广西瓜

来源于广西壮族自治区武鸣县城东镇邓广村。

特征特性：为农家长期自留种植品种。全生育期 100 d 左右，果实发育期 30 d。植株长势中等，生长较快，分枝力强，提早开花，易坐果。第一雌花着生在主蔓第 7～8 节，间隔 5～6 节再现一雌花。果实高圆形，果形指数 1.1～1.2。果皮青绿色，覆有深绿色宽条带，果面饱满光滑，果皮厚度 0.9～1.1 cm，果皮硬度 10~12 kg/cm²，较耐贮运。单果重 4.6 kg，最大单果重 6.0 kg。果肉深红色，肉质沙脆，中心含糖量 10.0%，边糖量 7.0%，品质中上。种子中偏大，种皮褐色，千粒重 58 g。

本品种主要特点是抗病抗逆性较强，栽培粗放，坐果稳定，高产稳产。品质优良，是很好的种子资源，目前还有栽培，但品种已逐渐混杂。

2. 茅桥西瓜

来源于广西南宁市茅桥村（现广西南宁市兴宁区长罡岭）。

特性特征：为农家长期自留种，全生育期 90 d。果实发育 26~28 d。植株长势中下，生长快，提早开花结果，易坐果，生育期短。第一雌花生在主蔓第 6~7 节，间隔 4~5 节再现 1 个雌花。果实长筒形，果形指数 1.5~1.6。浅绿色果皮覆盖绿细散网纹，果皮表面光滑，果皮厚度 0.4~0.5 cm，果皮硬度 1.5 kg/cm²，皮较脆，易裂果，不耐贮运。果实小，平均单果重 1.5 kg，最大单果重 2.5 kg。果肉黄色，肉质松沙，中心含糖量 13% 以上，边糖量 10% 以上，含糖梯度小，品质特优。种子中等偏上，种皮棕褐色，千粒重 75 g，单果含种子数 120~150 粒。

本品种主要特点是果实小巧玲珑，皮薄，可食率高，含糖量高，品质特优，植株生长快，生育期短。缺点是易裂果，最适合可调控水分的大棚栽培。

3. 武鸣大红西瓜

来源于广西武鸣县。

特性特征：生育期 110 d，属中熟品种，为农家长期自留品种。果实发育期 30 d。植株生长势中等，生长较快，分枝力强，开花早，易坐果。第一雌花着生在主蔓第 6~8 节，间隔 5~6 节再出现 1 个雌花。果实圆形，果形指数 1.0~1.1。果皮黑色，果实饱满，果皮表面光滑。果皮厚度 1.0~1.1 cm，果皮硬度 15 kg/cm²，皮质坚韧，不易裂果，较耐贮运。果实中大，平均单果重 3.7 kg，最大单果重 6.0 kg。果肉深红色，肉质沙脆，果实中心含糖量 10%，边糖量 7%，品质中等。种子中等偏小，种皮灰褐色，有麻点，种子千粒重 42 g，单果种子数 180~250 粒。

本品种主要特点是果实中小，均匀，正形果商品率 95% 以上，畸形果极少。植株生长较快，分枝力强，开花早，坐果性能好，不易徒长，是很有发展前景的种质资源。

**（三）地方品种筛选与提纯改良作用**

20 世纪 50 年代，我国西瓜种植面积还很少，各地栽培品种主要是一些传统的地方品种和直接从国外引进的品种，这些品种全部都是固定品种。如在抗日战争时期从日本引入大和系统品种以后，陆续在各地推广，如华北的小洋瓜（新大和）、辽宁的差平西瓜（旭大和）、上海的解放瓜（新大和）等。20世纪50年代引入美国和苏联品种，其中已经推广的是美国的蜜宝（台黑）、查理斯顿，苏联的苏联1号、苏联2号、苏联3号。

地方品种大多是从国内和国外引进品种中自交筛选出新的品系，瓜农也采用自交劣汰筛选的方法，在生产群体总瓜农选择节位合适、子房端正、发育良好的雌花，用同一植株的雄花授粉后套袋，用人工授粉套袋坐上的果实的种子作为下一步生产用种。如此长期地自交留种，久而久之，便成为固定的农家品种。如20世纪50年代在广西流行、推广面积较大的武鸣邓广西瓜，其最先来源于日本，开始种植时仍处于杂合体，出现不同的颜色和果形，果农为了找到理想品系，便采取自交筛选方法，最终选出一个固定品种——邓广西瓜。

许多农家固定品种经长期自交优存劣汰后，其综合性状比原品种性状优良很多。如20世纪40年代从美国引进的查理斯顿，最先落户在广东省湛江地区的雷州市。此品种引进种植时，果形呈椭圆形，果形指数1.5～1.6。果肉呈现淡红色，果肉质地软绵，含糖量仅8%～9%，味微酸。风味口感均不理想。但此品种最大的优点是非常抗土传枯萎病，是中华人民共和国成立后西瓜中抗枯萎病最强品种，农户连年种植很少发生枯萎病。在栽培技术很落后，生产栽培任意、粗放的年代，该品种种植产量高而稳定，深受广大瓜农欢迎。该品种因此得到长期应用保留。而在长期应用保存过程中，瓜农也是年年自交优选，最终优选出果形指数超过2.0以上的长果形，果肉大红，肉质带沙脆，含糖量达10%以上，皮质坚韧，皮厚度仅1.0左右的新品系，取名"海康瓜"。并在我国的广西、广东、湖南、海南、云南等省（自治区）大面积推广。1975年，广东省澄海县（今澄海市）白沙良种繁殖场许卓才、袁心玲等利用自己选育的新青西瓜自交系作母本，用优选后的查理斯顿作父本，组配成"新澄杂交一代"西瓜品种，并在广东、广西、安徽、浙江、江苏、江西等省（自治区）迅速应用推广，走出中国大陆西瓜杂交一代品种选育和应用的新路子。到20世纪80年代后期，我国基本实现了西瓜栽培品种的杂交一代化。

1. 早熟品种

（1）小籽1号。来源于内蒙古自治区凌源市。

特征特性：早熟品种，全生育期100 d，果实发育期30 d，植株生长势中等，叶绿包，裂片中等宽，易坐果。第一雌花着生在主蔓上 7～8 节，间隔 6～7 节再现1 个雌花。果实圆形，果形指数 1.2。果皮绿色覆有浓绿细网条，表面光滑，果皮厚度 0.8 cm，果皮硬度 $1.55\times10^6$ Pa（1 bt/cm² $=4.45\times10^4$ Pa，1 kgt/cm² $=9.8\times10^4$ Pa），皮较脆，不耐贮运。果实个小，最大单瓜重 3.0 kg，平均单瓜重2.0 kg。果肉红色，肉质脆沙，果肉中心含糖量约 9.0%，近皮处 7.5%，品质中等。种子特小，种皮褐色，千粒重 114 g。

本品种主要特点是果实小，皮薄，种子小，是一种稀有的种质资源，栽培时应适当密植。

（2）北瓜。来源于河南郑州地区。

特征特性：早熟品种，全生育期 100 d，果实发育期 30 d。植株生长势中等偏旺，易坐果。第一雌花着生在主蔓上 8～9 节，间隔 7 节再现一个雌花。果实椭圆形，果形指数 1.3～1.4。果皮颜色花纹有两种类型，其一是绿白色有绿色网纹，果实表面有浅沟；其二是绿色有深绿色窄花条，果皮厚 0.5 cm，果皮硬度 $1.33\times10^6$ Pa。最大单瓜重 2.5 kg，平均单瓜重 1.5 kg。果肉红色，肉质脆沙，果肉中心含糖量约 8.5%，近皮处 7.5%。种子大，种皮黑色，千粒重115 g。

本品种的主要特点是果实小，种子大，皮薄，品质中上，常削皮食用，一株多果。

（3）黑崩筋。来源于北京市。

特征特性：早熟品种，全生育期 100 d。果实发育期 30 d。梢株生长势旺盛，易坐果。第一雌花着生在主蔓上 8 节左右，间隔 6 节再现一个雌花，果实椭圆形，果形指数 1.3。果皮黑色，表面有棱沟，果皮厚 1.0 cm，果皮硬度$2.23\times10^6$ Pa，较耐贮运。最大单瓜重 4.0 kg，平均单瓜重 3.0 kg。果肉黄色，肉质脆，果肉中心含糖量约 8.0%，近皮处 7.0%。种子大，红色，千粒重133 g。

（4）小花狸虎。来源于河南省开封市。

特征特性：早熟品种，全生育期 100 d，果实发育期 30 d。植株生长势旺盛，易坐果。主蔓上 7～8 节出现第一雌花，间隔 8 节左右再现一个雌花，果实圆形，果形指数 1.1。果皮绿色，覆有浓绿宽齿条，果皮厚 1.0 cm，果皮硬度 $2.4\times10^6$ Pa，耐贮运。最大单瓜重 5.0 kg，平均单瓜重 3.5～4.0 kg。果肉鲜红，肉质沙，果肉中心含糖量约 8.5%，近皮处 7.0%，品质中等。种子中等偏大，种皮黄白色有黑眼，俗称玉米籽，千粒重 89.2 g。

本品种曾是开封地区的主栽品种之一，20 世纪 60 年代初用该品种作亲本在杂交后代中选育出著名早熟品种早花，又用早花作亲本选配出全国栽培面积最大的早熟杂交一代品种郑杂 5 号。由此可见，本品种是一种宝贵的种质资源材料。

（5）三异瓜。来源于山东省德州地区。

特征特性：中熟品种，全生育期 90～97 d，果实发育期 33～36 d，植株生长势较强。果实椭圆形，果形指数 1.28，果皮淡绿色，表面有纵沟，厚度 1.2 cm。平均单瓜重 8～10 kg，最大 15 kg。果肉红色，果肉中心含糖量约 7.5%，品质中等。种子黑色，表面有裂纹，千粒重 136.7 g。

2. 中熟品种

（1）浜瓜。来源于上海市。

特征特性：中熟品种，全生育期 105 d，果实发育期 34 d。植株生长势中等偏旺，易坐果。第一雌花着生在主蔓上 8～9 节，间隔 7 节再现一个雌花。果实长椭圆形，果形指数 1.8。果皮绿色，有深绿细网条，表面光滑，果皮厚 0.5 cm，果皮硬度 $1.51 \times 10^6$ Pa，不耐贮运。果肉橘黄色，肉质细，脆沙，口感好，果肉中心含糖量约 9.8%，近皮处 9.0%，品质中等偏上。种子中等偏大，种皮红色，千粒重 95 g。

本品种在 20 世纪 60 年代中期以前是上海市郊区的主栽品种，由于该品种种皮薄，肉细，色鲜美，很受消费者欢迎。但目前已很少栽培。

（2）喇嘛瓜。来源于山东省德州地区。

特征特性：中熟品种，全生育期 105 d，果实发育期 35 d。植株生长势中等偏旺，易坐果。主蔓上 10 节前后出现第一雌花，间隔 7～9 节再现一个雌花。果实长椭圆形，果形指数 1.8。果皮浅绿色，有绿色网纹，果皮较粗糙，果皮厚 1.5 cm，果皮硬度 $1.87 \times 10^6$ Pa，耐贮运。最大单瓜重 7.5 kg，平均单瓜重 5.0 kg。果肉淡橘黄色，汁多而肉质细，脆沙，果肉中心含糖量约 8.5%，近皮处 6.5%。种子大，朱红色，千粒重 116 g。

本品种产量高，品质甚好，耐贮运，过去曾是德州地区的主栽品种，但目前栽培极少。兴城红就是用该品种与旭大和杂交选育而成。

（3）马铃瓜。来源于浙江省平湖市。

特征特性：中熟品种，全生育期 105 d，果实发育期 33 d，植株生长势旺盛，易坐果，抗性较强。主蔓上 9 节前后出现第一雌花，间隔 7 节再现一个雌花。果实长椭圆形，果形指数 2.0，果皮底色绿色，有浓绿色不规则宽花条，果皮厚 1.1 cm，果皮硬度 $1.78×10^6$ Pa，较耐贮运。最大单瓜重 6.0 kg，平均单瓜重 4.2 kg。果肉橘黄色，肉质细而脆沙，果肉中心含糖量约 8.0%，近皮处 6.0%。种子大，种皮黑色有裂纹，千粒重 102 g。

（4）广州花皮。来源于广州市。

特征特性：中熟品种，全生育期 105 d，果实发育期 34 d。植株生长势中等偏旺，易坐果，主蔓上 7 节出现第一雌花，间隔 6 节再现一个雌花。果实圆形，果形指数 1.1。果皮黄绿色，有绿色窄花条。果皮厚 1.2 cm，果皮硬度 $1.55×10^6$ Pa，果皮脆，不宜长途运输。最大单瓜重 7.0 kg，平均单瓜重 4~5 kg。果肉粉红色，肉质脆沙，果肉中心含糖量约 9.0%，近皮处 7.5%。种子中等大小，种皮褐色，千粒重 51 g。

本品种目前已无栽培。

（5）钢皮。来源于安徽省北部地区。

特征特性：中熟品种，全生育期 105~110 d，果实发育期 35 d。植株生长势旺盛，较易坐果。主蔓上 10 节前后出现第一雌花，间隔 7~8 节再现一个雌花。果实圆形，果形指数 1.2。果皮黄绿色，有绿色细网纹，表面光滑。果皮厚 1.1 cm，果皮硬度 $1.87×10^6$ Pa。最大单瓜重 7.5 kg，平均单瓜重 5.5 kg。果肉红色，肉质软，果肉中心含糖量约 7.0%，近皮处 6.0%。种子大，种皮黑色有白色裂纹，千粒重 123 g。

本品种高产，耐贮运，目前已无栽培。

（6）抚州西瓜。来源于江西省抚州地区。

特征特性：中熟品种，全生育期 105 d，果实发育期 35 d。植株生长势旺盛，较易坐果。主蔓上 8~9 节出现第一雌花，间隔 8 节再现一个雌花。果实圆形，果形指数 1.1。果皮绿白色，表面有浅沟，果皮厚 1.5 cm，果皮硬度 $2.67×10^6$ Pa，耐贮运。最大单瓜重 12 kg，平均单瓜重 9 kg。果肉黄色，肉质脆沙，果肉中心含糖量约 8.0%，近皮处 6.0%，品质中等。种子大，种形指数 1.7，种皮黑色有白色裂纹，千粒重 121 g。

3. 晚熟品种

（1）三白。来源于河南、山东、安徽、陕西等省。

特征特性：晚熟品种，全生育期 110 d，果实发育期 37 d。植株生长势旺盛，抗性较强。主蔓上 10 节出现第一雌花，间隔 8 节左右再现一个雌花。果实圆形，果形指数 1.2。果皮白绿，表面有浅沟，果皮厚 1.3 cm，果皮硬度 $2.67 \times 10^6$ Pa，耐贮运。最大单瓜重 11 kg，平均单瓜重 8 kg。果肉白色，肉质细而脆沙，果肉中心含糖量约 8.5%，近皮处 7.0%。种子大，种皮白黄色，种形指数 1.6，千粒重 95 g。

本品种高产，肉细，品质较好，是曾经栽培面积较大的品种，很受消费者喜爱。目前一些地方仍有少量栽培。

（2）黑油皮。来源于河南、山东、安徽等省。

特征特性：晚熟品种，全生育期 110 d，果实发育期 40 d。植株生长势旺盛，叶大，裂片宽，抗性较强，主蔓上 10 节左右出现第一雌花，间隔 9 节再现一个雌花。果实圆形，果形指数 1.2。果皮黑色，表面光滑，果皮厚 1.5 cm，果皮硬度 $2.58 \times 10^6$ Pa，果皮韧性好，耐贮运。最大单瓜重 10 kg，平均单瓜重 7.0 kg。果肉鲜红，肉质脆沙，纤维较多，果肉中心含糖量约 9.0%，近皮处 7.0%，品质中等偏高。种子大，种皮黑色，光滑，千粒重 160 g。

本品种是高产优质的地方品种，目前仍有少量栽培。

（3）手巾条。来源于河南、山东等省。

特征特性：晚熟品种，全生育期 110 d，果实发育期 37 d。植株生长势旺盛，较易坐果，主蔓上 12 节前后出现第一雌花，间隔 8 节上下再现一个雌花。果实椭圆形，果形指数 1.3。果皮绿色，有 18 条深绿色宽花条和浅沟。果皮厚度 1.2 cm，果皮硬度 $1.78 \times 10^6$ Pa，果皮硬度虽小，但韧性较好，因而储运性较好。最大单瓜重 10 kg 左右，平均单瓜重 6 kg。果肉鲜红色，肉质松软，果肉中心含糖量约 8.7%，近皮处 7.4%，品质中等偏上。种子大，种皮黑色，千粒重 105 g。

本品种高产，耐贮运，品质较好，是曾经的主栽品种，目前几乎没有商品栽培。

（4）核桃纹。来源于河南、山东等省。

特征特性：晚熟品种，全生育期 110 d 左右，果实发育期 38 d 左右。植株生长势旺盛，管理不当坐果性差，抗旱性较强。主蔓上 10 节左右出现第一雌花，间隔 7～8 节再现一个雌花。果实椭圆形，果形指数 1.4，果皮绿色，有深绿色细网纹，果皮厚 1.2 cm，果皮硬度 $2.45 \times 10^6$ Pa，耐储运。最大单瓜重 10 kg 左右，平均单瓜重 6 kg。果肉橘黄，肉质脆沙，果肉中心含糖量约 7.5%，近皮处

6.0%。种子大，种皮红色，千粒重 126 g。

本品种在 20 世纪 70 年代以前是开封、商丘、德州、菏泽等地的主栽品种之一，目前栽培甚少。

（5）桃尖。来源于山东省。

特征特性：晚熟品种，全生育期 110 d，果实发育期 36 d。植株生长势旺盛，较易坐果。主蔓上 10 节左右出现第一雌花，间隔 6～7 节再现一个雌花。果实椭圆形，果形指数 1.4。果皮绿色、有深绿色宽花条。果皮厚度 1.2 cm，果皮硬度 $2.27×10^6$ Pa，较耐贮运。最大单瓜重 8.5 kg，平均单瓜重 5.0 kg。果肉黄色，肉质沙。果肉中心含糖量约 7.5%，近皮处 7.0%。种子大，种皮白色，嘴部红色，似桃尖，千粒重 129 g。

本品种是山东独有的地方品种，外观、肉色、种子颜色比较美观。

（6）陕西红籽。来源于陕西省。

特征特性：晚熟品种，全生育期 105～110 d。果实发育期 40 d。植株生长势旺盛，叶大，裂片较宽。主蔓上 10 节左右出现第一雌花，间隔 8 节前后再现一个雌花。果实圆形，果形指数 1.2。果皮白色，表面光滑，果皮厚 1.4 cm。果皮硬度大于 $2.67×10^6$ Pa，耐贮运。最大单瓜重 13.5 kg，平均单瓜重 7.0 kg。果肉白色微黄，肉质细而软，果肉中心含糖量约 8.0%，近皮处 6.5%，品质中等。种子大，种皮红色，千粒重 125 g。

（7）兰州黑皮。来源于兰州市。

特征特性：晚熟品种，全生育期 110 d，果实发育期 40 d。植株生长势旺盛，分枝性强，叶大，裂片较宽。主蔓上 8 节左右出现第一雌花，间隔 7 节再现一个雌花。果实圆形，果形指数 1.2。果皮黑绿色，表面光滑，略有浅沟，果皮厚 1.2 cm，果皮硬度大于 $2.67×10^6$ Pa，耐贮运。最大单瓜重 10 kg 以上，平均单瓜重 5.0 kg。果肉鲜红色，肉质沙，果肉中心含糖量约 8.5%，近皮处 7.0%，品质中等。种子大，种皮黑色有白色裂纹，千粒重 121 g。

（8）兰州花皮。来源于兰州市。

特征特性：晚熟品种，全生育期 120 d，果实发育期 40 d。植株生长势旺盛，叶片大，裂片宽，分枝力强，主蔓上 8 节左右出现第一雌花，间隔 7 节再现一个雌花。果实椭圆形，果形指数 1.3。果皮绿色，有 12 条深绿色宽条带，表面光滑，果皮厚 1.0 cm，果皮硬度大于 $2.67×10^6$ Pa，耐贮运。最大单瓜重 13 kg 左右，平均单瓜重 6～7 kg。果肉鲜红色，肉质沙，果肉中心含糖量约 8.6%，近皮处7.0%，品质中等偏上。种子大，种皮白色，千粒重150 g左右。

本品种高产，耐贮运，品质较好，曾经是甘肃省栽培面积较大的品种，目前栽培甚少。

（9）阿克塔吾孜。来源于新疆维吾尔自治区。

特征特性：晚熟品种，在鄯善全生育期90~105 d，果实发育期45~58 d。植株生长势旺盛，叶片大，缺刻中等深，叶色深绿。雌花为两性花，主蔓上第14节以上出现第一雌花，间隔5节再现一个雌花，坐瓜较晚。果实圆形，果形指数1.06。平均单瓜重7.3 kg，平均株产10.3 kg。果皮绿白色，有15~20条绿色细核桃纹，并有10余条浅沟。果皮厚1.9 cm。果肉浅粉红色，肉质软，果肉中心含糖量约8.7%，品质中等。种子大，种皮黑色或黄白色带黑边，黑嘴，千粒重180 g。

（10）卡拉塔吾孜。来源于新疆维吾尔自治区，主要分布在南疆、吐鲁番盆地及伊犁一带。

特征特性：晚熟品种，全生育期100~110 d，果实发育期42~60 d。植株生长势旺盛，分枝力中等，叶片中等大小，缺刻中等深，叶色深绿。雌花单性或两性，主蔓上11~13节出现第一雌花。果实圆形稍扁，果形指数0.93。单瓜重4.8~10.5 kg，株产10.2~13.1 kg。果皮绿色或墨绿色，有10余条等宽的墨绿色条带，果面蜡粉较多，果皮厚1.8~3.0 cm。果肉粉红色，肉质脆，较粗，果肉中心含糖量约9.1%，品质中等。种子大，种皮黑色、白色或褐色，千粒重167~185 g。

本品种高产，极耐贮运，故可作为冬食品种栽培。

（11）梨皮。来源于山东省德州地区。

特征特性：晚熟品种，全生育期110~120 d，果实发育天数为35~40 d。因果皮为绿色像梨皮的颜色而得名，主要在德州市周围种植。植株长势强。依果实形状和大小有大梨皮和小梨皮之分，大梨皮果实椭圆形，果形指数1.4。平均单瓜重10~15 kg，最大可达25 kg，产量高。果皮底色为绿色，表面略有纵沟，成熟后起棱，果皮厚度1.5~2.0 cm。果肉淡黄色，质地较细而沙，果肉中心含糖量约7.9%。种子红色，千粒重111.2 g。小梨皮果形较大梨皮略短，果形指数为1.29。平均单瓜重6~8 kg，最大重15 kg。果皮底色淡绿，有不太明显的带状条纹，果皮光滑。果肉黄色，可溶性固形物含量约8.6%，最高达10%，品质略次于喇嘛瓜。种子红色，千粒重114.5 g。

（12）将军盔。来源于山东省德州地区。

特征特性：晚熟品种，全生育期 110 d，果实发育期 39 d。植株长势中庸。果实短椭圆形，果形指数 1.24。果皮黑色，表面有纵沟，厚度 1.3 cm。平均单瓜重 6 kg，最大单瓜重 9 kg。果肉红色，果肉中心含糖量约 8.1%，纤维较多，品质中等。种子白色，千粒重 129.4 g。

## 二、地方品种提纯复壮

提纯复壮是保持良种种性、延长良种使用年限、发挥良种增产增益的一项重要工作。古老的宝贵的地方品种由于多代的繁殖，产生分离和变异现象，加之生产过程中的机械混杂和生物学混杂等原因，品种的混杂退化是必然的，是代代发生的。提纯复壮就是通过一定的生产程序，不断排除混杂、退化、变异的个体，始终保持群体基因型的相对稳定，从而保持品种典型、一致的优良种性。

提纯复壮的研究主要从两个方面进行，一是对栽培品种采取单株选择，分系比较，混系繁殖或在不同株系内进行品种内杂交，即所谓"三年三圃"制进行复壮。二是利用改变环境条件复壮种子，例如异地种植（换种），"倒种春"等。西瓜地方品种的提纯复壮一般采用第一种方法。

方法是：选用瓜形较为一致的西瓜原始材料，累代套袋单株自交（以本株雄花花粉给本株雌花授粉），自交瓜混合采种，将种子成片种植，在自交种的瓜田内再进行套袋单株自交，根据自交瓜的重量、纵横径、皮厚及糖度（可溶性固形物）等指标，只保留目标性状类型并淘汰糖度低的瓜，混合采种。次年将种子成片栽植，分别进行单株自交，并进行调查保留目标性状类型并淘汰糖度低的瓜，混合采种。在下一年将种子分别成片栽植，分别进行单株自交，并进行调查，保留目标性状类型，淘汰糖度低的瓜，并混合采种，如此经过多代品种内杂交，得到目标性状类型且糖度高的后代，在此后代中进行单株自交，在自交瓜中留种，即作为初步提纯复壮后代的原种。

## 三、西瓜杂种优势的利用

### （一）杂种优势的概念和度量

1. 杂种优势的概念

杂种优势现象最早于 1776 年由德国学者 Kolrevter 在进行烟草种间杂交时

发现的，并提出了利用烟草杂交种的建议。Charles Darwin 在 1876 年观察到杂交玉米的后代株高比自花授粉的植株高出 25%，之后首次对杂种优势进行了描述，提出了异花授粉有利和自花授粉有害的观点（Darwin，1876）。1908 年，Shull 首次提出杂种优势（heterosis）的现象，用来描述基因型不同的配子结合后产生的一种刺激发育效应的现象（Shull，1908）。

杂种优势在生物学上指杂交子代在生长活力、育性和种子产量等方面都优于双亲均值的现象。在遗传学中指杂交子代在生长、成活、繁殖能力或生产性能等方面均优于双亲均值的现象。

杂种优势是生物界的一种普遍现象，其表现是多方面的。在营养生长方面表现为出苗快、生长势强、营养体增大、结实性增强；在生理功能方面，表现为适应性提高、抗病性和耐病性增强、光合效率增加等；在品质性状方面，表现为熟期一致、有效成分含量和整齐度提高等。在利用杂种优势时，我们可以根据实际需要偏重某一个或几个指标。

2. 杂种优势的度量

杂种优势可以通过测算配合力来估计，比较简便而粗放的估计是直接用亲代和 $F_1$ 的值来计算。对杂种优势强弱进行简单的度量是为了在不同组合和不同性状之间，比较它们的基因效应中可以利用但不易固定部分的大小，以评价开展优势育种的实用价值，并为选择亲本提供依据。控制某种性状的基因效应中可以利用但不易固定部分的大小，并不与 $F_1$ 该性状的平均值大小成比例，另外在几种性状综合考虑时，由于各性状所用的单位不同，也不能直接用各性状和的 $F_1$ 值作为选择亲本组合的依据。因此，需要有一种普遍适用于各种性状和各种量度单位的能够反映优势强度的简单度量法，根据衡量优势强度所用的基数不同可将通常所用的简便度量方法分为中亲优势、超亲优势（又分为超高亲优势和超低亲优势）、超标优势。

（1）中亲优势（mid-parentheterosis）。

中亲优势是指杂种 $F_1$ 的产量或某一数量性状的平均值与双亲（$P_1$ 和 $P_2$）同一性状的平均值差数除以双亲（$P_1$ 和 $P_2$）同一性状的平均值。计算公式为：

$$中亲优势（\%）= [F_1 - (P_1 + P_2)] / (P_1 + P_2) \times 100\%$$

（2）超亲优势（over-parent heterosis）。

超高亲优势（over hight parent heterosis）是指杂种 $F_1$ 的产量或某一数量性状的数值与高值亲本（HP）同一性状平均值差数除以高值亲本同一性状的值，

计算公式为：

$$超高亲优势（\%）=（F_1-HP）/HP\times100\%$$

超低亲优势（over low parent heterosis）是指杂种 $F_1$ 的产量或某一数量性状的数值与低高值亲本（LP）同一性状平均值差数除以低高值亲本同一性状的值，计算公式为：

$$超低亲优势（\%）=（F_1-LP）/LP\times100\%$$

（3）超标优势（over-standard heterosis）。

超标优势是指杂种 $F_1$ 的产量或某一数量性状的平均值与当地推广品种或对照品种（CK）同一性状平均值差数除以当地推广品种或对照品种同一性状的值，也有称之为竞争优势或对照优势，计算公式为：

$$超标优势（\%）=（F_1-CK）/CK\times100\%$$

**（二）杂种优势的遗传机制**

当一个群体比较小或者是由自交系组成，那么这个群体随着自交繁殖的进行，其遗传多样性会随之变小，遗传背景变窄，从而丧失它的适应性，随着自交系的重组，一些不利适应的性状，甚至致死的隐性基因纯合，而出现性状衰退。杂种优势则是利用远缘杂交后代在适应性等方面具有超过亲本的表现。

首次提出杂种优势理论的是达尔文，他认为杂交有益，自交有害；并证实了杂交活力是普遍存在的。但对杂种优势的遗传机制的解释，是从孟德尔关于遗传定律的结论被重新发现以后开始的。有关杂种优势的遗传机制，存在很多的假说，有显性假说、超显性假说、上位假说等理论，以下就这三种理论作简要说明。

1. 显性假说（dominance hypothesis）

显性假说又被称为有利显性基因假说，是由 Davenport 于 1908 年最先提出来的，1917 年 Jones 又对此假说进行了补充完善，使之成为解释杂种优势的一个重要理论学说。其主要论点是：多数显性基因是有利基因，而隐性基因多是不利基因，当两个遗传组成不同的亲本交配时，来自一个亲本的显性有利基因就会将来自另一个亲本的隐性不利基因遮盖住，从而使杂种个体表现出优势。

在显性学说中有三种不同的遗传效应来解释杂种优势：显性有利基因对隐性不利基因起到抑制作用；显性基因的累加效应，如果两个亲本具有的基因不全部是显性的，那么它们杂交的后代会因为显性基因的累加效应而产生杂种优势现象；非等位基因间的互作，也即一个基因座受到另外一个或多个基因座的影响，因而会使某个性状受到抑制或增强，这种抑制作用或增强作用可通过杂交而表现出杂种优势（胡建广等，1999）。但是，显性学说却不能解释以下现象。

（1）若显性假说成立，培育含有所有优良等位基因的品系理论上是可以实现的，而且这样的品系杂交后代不会表现出杂种优势，但在实践中并没有培育出这样的品系。

（2）如果杂种优势是由于显性有益基因对隐性有害基因的掩盖或互补作用，长期的选育使自交品系汇集了许多优良基因，相对于亲本而言，其杂交后代所表现出的中亲优势或超亲优势应当越来越小。然而，尽管水稻自交品系经过多年的选育不断得到改良，但其杂交后代所表现出的优势并未减少，相反，还稍有所增加。

（3）按照显性假说，两个优良自交品系的杂交后代应当具有更好的表现，然而在实践中经常发现事实并非如此。目前依赖亲本的性状表现对杂种后代的表现进行预测还相当困难，还需要通过观察杂交后代的表现才能确定。

2. 超显性假说（overdominance hypothesis）

这一假说首先由 Shull 于 1911 年提出，认为杂种优势是基因型不同的配子结合后产生的一种刺激发育的效应，之后由 East 于 1936 年用基因理论将其具体化，认为杂种优势来源于双亲基因型的异质结合而引起等位基因间的互作而刺激生长的功能。这一假说认为两个自交系基因型差异程度越大，杂种优势就越大。杂种的这种差异发生于同一基因位点上，这一位点具有众多的复等位微效基因，它们有着不同的遗传组成和不同的生理功能。复等位微效基因间并没有显隐性关系，但它们集合在一起时却能相互作用显示出超出显性基因的效果。假定一对纯合等位基因 $a1a1$ 能支配一种代谢功能，生长量为 1 个单位，另一对纯合等位基因 $a2a2$ 支配另一种代谢功能，生长量为 2 个单位。那么，杂种的等位基因 $a1a2$ 就能同时支配 $a1$ 和 $a2$ 两种代谢功能，于是可使杂种的生长量超过最优亲本，而达 3 个单位以上。这说明异质等位基因优于同质等位基因的作用，即杂合态优于纯合态。由于这一假说很好地解释了杂种表现远远大于最优亲本的现象，所以称为超显性假说。

越来越多的实验资料支持超显性假说。但这一假说也存在某些片面性，它完全排除了事实上存在的、决定性状的等位基因之间的差别，不承认显性效应在杂种优势中的作用，而且在自花授粉植物中，一些杂种并不一定比其亲本表现优势，也就是异质结合不一定就有优势，这种现象与超显性假说是背离的。超显性假说适于解释亲缘关系比较远、生态差别比较大的生物类群间的杂交，但很难解释在常规育种中通过聚合改良和性状渗透所获得的优势强大的纯合品系这一现象。

显性假说强调显性基因的作用，超显性假说则强调基因间的相互作用，它们虽然不相互排斥，但也不能概括一切。而根据作物数量性状的遗传分析，杂种优势的遗传实质应是显性效应、累加效应以及异位显性、互补作用和超显性等各种基因效应的综合。在某一组合中可能以某一作用为主；不同的性状、基因作用方式也可能不一样。

3. 上位性效应（epistatic effect）

显性假说和超显性假说并不能解释杂种优势所有的现象。这两种假说没有考虑不同基因间的相互作用，而且都忽视了胞质基因对杂种优势的影响。上位性效应假说由 Hayman 和 Mather（1955）提出，是不同基因位点之间相互作用，也是决定杂种优势的一个重要遗传因素。其主要强调的是非等位基因间的互作，有时表现显性上位，有时表现隐性上位。不同对基因对某一性状起抑制作用，也就是说当两对基因互作时，其中一对基因抑制另一对基因的作用。这种不同对基因之间的抑制作用称为上位作用，起抑制作用的基因称为上位基因，被抑制的基因称为下位基因。上位作用的基因又分显性上位和隐性上位。一对等位显性基因的表现受到另一对非等位基因的作用，这种非等位基因间的抑制或遮盖作用叫上位效应。原来的含意是指某一基因受不同位点上别的基因抑制而不能表达的现象。如果 $b$ 基因存在时 $A$ 与 $a$ 的表型效果难以区别，此时 $b$ 基因便是 $A$ 基因的上位，$A$ 基因是 $b$ 基因的下位。现在上位性的含义已有了扩展，在群体遗传学和数量遗传学中非等位基因的遗传效应为非相加性时，常统称为上位性，也就是位于不同座位上的基因间的非相加性相互作用。

超显性假说强调基因的杂合性和相互作用，而排斥了显性基因在杂种优势中的作用，这与杂种优势利用的实践结果不完全吻合，有时还发现杂合体的表现并不比纯合体好。近年来，随着所采用的方法和群体的不断改进，杂种优势的遗传基础研究有了进一步进展，并且逐渐发现显性、超显性及上位性并不是相互孤立的。杂种优势可能是由于双亲显性基因的聚合和互补、异质等位基因互作和非等位基因互作的单一作用，也可能是由于这些因素的综合作用和累加作用，对杂种优势遗传基础的认识似乎正在逐步趋向于统一。

### （三）我国西瓜品种杂种优势利用的进展

我国在20世纪60年代以前，西瓜品种主要是地方农家品种，果形大，可溶性固形物含量低，种植者自己留种，代表品种有核桃纹、黑油皮、手巾条、黑崩筋、花狸虎、北瓜、马铃瓜、抚州西瓜、兰州黑皮、花皮、新疆阿克塔吾孜、精河西瓜、广州花皮喇嘛瓜、三白、滨瓜等。进入70年代，开始由国外引入优良品种，主要是引自日本、美国等国家，代表品种有新大和、旭大和系列、蜜宝（Sugar Baby）、久比利（Jubilee）、查里斯顿（Charleston Gray）、克伦生（Crimson Sweet）等。70年代中期以后，开始还是以常规育种为主，主要亲本材料是地方品种、日本品种和美国品种，代表品种有中育系列品种、早花、兴城红、郑州3号、苏蜜1号等。70年代末我国开始进行西瓜杂优育种工作，我国最早推广的一代杂种是1967年在广东省澄海县（今澄海市）的白沙原种场育成了"新澄"杂交一代，它是丰产、优质和适应性较强的品种，迅速在全国许多省区推广。

到20世纪80年代，由于西瓜杂种一代较易出现超中优势和超亲优势，品种间一代杂种具有高产、品质优、商品率高、抗病性增强（尤其是在有抗病亲本参加的情况下）等特点，品种杂种化发展迅速，杂种优势的研究利用成为我国西瓜育种的重点，我国先后育成了许多不同类型、不同成熟期的一代杂种西瓜新品种，代表品种有郑杂系列品种、京欣一号、早佳、金兰、爱耶一号、湘蜜、浙蜜1号、金花宝（P2）、汴杂5号、开杂2号、丰收2号、聚宝1号、新红宝、收2号、红优2号、西农8号、郑抗系列、京抗系列、金钟冠龙、优红宝、新1号等。

20世纪90年代末，随着我国经济的发展，人们食用西瓜不再以消暑解渴为唯一目的，取而代之的是保健与周年均衡供应和品种多元化的需求。无籽西瓜品种及特色礼品瓜品种成为新宠。无籽西瓜具有代表性的品种主要有黑蜜2号、蜜玫1号、无籽3号、郑抗无籽系列、广西无籽系列、雪峰无籽系列、洞庭无籽系列、津蜜无籽系列以及小型无籽西瓜小玉红无籽、小宝贝、小华及小冠等。礼品瓜及特色西瓜代表品种有红玲、秀玲、宝冠、小兰、金兰、新金兰、黑美人、新小凤、红小玉、黄小玉、金福、红小帅、黄小帅、小红铃、小金铃、秀丽及爱耶丽系列西瓜等。目前杂种一代已在我国的西瓜生产中达90%，使用的品种已基本实现了"杂种化"和良种化。

### （四）西瓜雄性不育的研究与利用

1. 雄性不育的概念

雄性不育是指雄性器官异常、退化或发育不正常，无花粉或不能产生正常花粉，而雌性器官正常，但自交不结实，异交才能结实的现象。雄性不育性在高等植物中普遍存在。早在 1763 年 Kolreuter 就观察到雄性不育现象。一个世纪后，Coleman（1876）首先引入"植物雄性不育"概念。自 1921 年 Bateson 和 Gairdne 首先在亚麻（*Linum usitatissimum*）中发现雄性不育现象以来，迄今已在 43 个科、162 个属、320 个种的 617 个品种或种间杂种中发现了雄性不育现象（Kaul，1988；黄青阳等，1997），植物雄性不育是作物杂种优势利用的重要途径，杂种优势利用已成为许多作物育种的主要方向和目标，并在生产上取得很大的成功。

2. 雄性不育的类型

根据雄蕊表现，雄性不育可分为雄蕊退化、花粉败育、功能不全 3 种类型。前人根据雄蕊败育特征做了详细分类，将雄性不育分为 6 种表现型：①不能形成花药或不能形成雄花；②不能发育成具有正常功能的花药；③小孢子发育异常，不能形成正常花粉；④花粉生活力差，不能在柱头上萌发；⑤花粉发育正常但花药不能开裂释放出花粉；⑥花粉与柱头可以识别，但花粉不能进入胚珠的现象（Kaul，1988）。

植物雄性不育的发生机制十分复杂，涉及细胞核基因、细胞质基因、质核互作以及与生物环境的协调表达和共同作用，是一系列生理生化和形态建成的综合结果。

目前对于雄性不育的类型和遗传方式主要有以下观点：

（1）三型学说。Sear（1947）将雄性不育划为 3 类，即细胞核不育型、细胞质不育型和质核互作不育型，认为植物雄性不育或可育是细胞内基因固有的属性，不因受精过程或个体发育而发生任何本质性的变化，不因内外环境条件的影响而发生改变。

细胞核雄性不育表现为细胞核遗传，由一对或少数几对显性或隐性主效核基因控制，这种类型材料的育性容易恢复，但不易保持。

细胞质雄性不育表现为细胞质遗传，即母性遗传，通常由一种特定的细胞质雄性不育基因（S）控制，与细胞核基因无关，带有 S 细胞质的植株均表现为雄性不育，其育性容易保持，但不易恢复。

质核互作雄性不育的雄性不育性由不育的细胞质与不育的核基因间的相互作用而产生，不但需要细胞质有不育基因 S，而且需要细胞核里有纯合的不育基因（*rfrf*），二者同时存在，方能使植株表现为雄性不育，这种不育性既容易保持，又容易恢复，容易在生产上应用（Sears，1947）。

（2）二型学说。Ewdarson（1956）将 Sears "三型学说"中的质核互作型和细胞质合并为一类，即凡是受核、质基因互作控制的雄性不育类型统称为细胞质雄性不育，而把细胞核控制的雄性不育仍归为细胞核雄性不育这一类，称之为"二型学说"。随着与细胞质不育基因特异作用的核基因的发现，已经证实，细胞质雄性不育仅仅是核质互作雄性不育的一个短暂的过程，不能被认为是一种雄性不育类型。因此，目前"二型学说"被广泛接受。

质核互作雄性不育（CMS）的雄性不育性是由核不育基因和细胞质不育基因相互作用而产生的，为了与核雄性不育对应，称为细胞质雄性不育（cytoplasmic male sterility，CMS）。近年来，对 CMS 基因的研究集中在不育系与保持系在叶绿体和线粒体基因组的结构、转录和翻译产物方面的差异以及和雄性不育之间的可能关系上；恢复系中的恢复基因分子水平的研究。对 CMS 的研究已经取得很多成果，在产生机制上取得了相当大的进展，CMS 的产生主要与以下几个方面有关：①叶绿体 DNA 及其产物；②线粒体 DNA 及其产物；③质核互作；④环境因素。其中最主要的是质核互作和线粒体 DNA，及其产物对植物雄性配子体形成过程的影响。

细胞核雄性不育（GMS）的不育性受核内基因控制，与细胞质无关，因此，这种类型的雄性不育性的遗传和表达完全遵循孟德尔遗传规律，简称核不育（genie male sterility，GMS 或 nuclear male sterility，NMS）。该类型的雄性不育性是由细胞核不育基因控制，不受细胞质影响，没有正、反交遗传效应。根据不育基因与对应的可育基因之间的显隐性关系，又可分为隐性核不育和显性核不育，大多数的雄性核不育都属于隐性核不育。核不育十分普遍，已经在 216 个种和 17 个种间杂种中发现了核不育现象，其中隐性核不育占 88%，而显性核不育仅占 10%。

核雄性不育分子机制主要是一些基因的突变导致一些与植物花粉发育和配子形成有关的物质缺失或组织发育异常，从而使植株不能产生正常花粉。任何干扰雄蕊发育、孢原细胞分化、减数分裂、自由小孢子发育、小孢子有丝分裂和花粉分化的因素或开花的基因突变，均有可能导致植物的雄性不育（Glover，1998）。

3. 西瓜雄性不育的研究与利用进展

西瓜属于雌雄异花，雄性不育属"核不育型"类型，与其他作物相比，它的花器相对较大，去雄和人工杂交授粉操作比较容易，且单果结籽数较多，从而导致人们对于西瓜雄性不育系的研究利用重视不够，投入较少。西瓜第一个雄性不育基因是由美国 Arkansas 大学 Watts 于 1962 年用 γ 射线 1.65 C/kg 处理蜜宝品种诱发获得的，并命名为光滑无毛雄性不育（*gms*）基因。光滑无毛和雄性不育分别由两对隐性核基因控制，有着非常紧密的连锁关系（Watts，1967；Day，1988）。该不育材料生长势十分衰弱，且结籽量较少，抗病性差，因此一直未能有很大的研究进展。

中国西瓜雄性不育的研究开始于 20 世纪 70 年代，新疆石河子蔬菜研究所李树贤等用 γ 射线照射西瓜种子，获得西瓜雄性不育的突变体；1983 年夏锡桐等在"龙蜜 100 号"自交后代中发现雄性不育株，并从中选育出西瓜 G17AB 雄性不育两用系，该雄性不育两用系为早熟西瓜品系。1993 年，李茜报道了一个短蔓的西瓜雄性不育材料，该短蔓雄性不育株在植物学特性方面与一般可育株有明显区别，经多年观察和遗传分析表明，该不育材料的不育性由一对隐性基因控制，不育性稳定，其遗传符合孟德尔定律。1996 年，王伟等在引自美国的品系 Mikylee 中发现雄性不育株，该不育株与可育株在农艺性状上无明显差异，且不育性非常稳定，不会因种植年份、种植地点、气候状况及生育阶段的不同而改变，该不育性为一对稳性基因控制。谭素英等（2001）也发现不育性状同样由一对核隐性基因控制，并将西瓜雄性不育株诱导成四倍体。马建祥等（2005）对西瓜核型雄性不育两用系 POD 同工酶进行了研究，刘海河等（1998、2006）也对西瓜雄性不育花药的形态学、细胞学、组织化学及同工酶等方面进行了研究。

在雄性不育发育的细胞学研究上，刘海河（1998）、张显（2005）、陈雨（2008）等的研究发现西瓜雄性不育是由于绒毡层细胞多、体积小，影响绒毡层细胞与小孢子母细胞之间营养物质的传递，由此导致小孢子败育。王伟（1998）对发现的 S351-1 西瓜雄性不育的细胞学进行了研究，其结果表明，败育发生在次级造孢细胞到小孢子母细胞或小孢子四分体阶段，多数不育雄花花药中绒毡层始终未分化，药壁常由 7～8 层细胞组成，少数不育花药中出现绒毡层徒长现象；次级造孢细胞败育不同步出现多核及多核仁现象，败育后期，药壁细胞逐渐解体，药室瓦解，花粉囊收缩变形。在遗传学和细胞学分析的基础上，对雄性不育的超微结构进行观察，其结果表明：次级造孢细胞在败育过程中，除细胞质壁分离、核解体消失外，细胞质中的细胞器（内质网、溶酶体、液泡、线粒体等）的形态与结构亦表现异常，尤其是溶酶体及液泡数目与形态的变化，认为液泡等变化及内质网的结构异常与不育细胞中的酶合成和蛋白质合成有关系。

在雄性不育发生的分子机制研究上，刘海河等（2004）和张显等（2005）先后筛选到了两个 RAPD 标记。RAPD 标记虽然具有快速、简便、成本低等优点，但由于存在稳定性和可靠性较差的缺点，在实际应用上存在一定的难度。AFLP 技术结合了 RFLP 的稳定性和 RAPD 的高效性，已被广泛应用于许多植物基因的分子标记研究。郭守鹏和刘海河等在 2009 年利用 AFLP 标记技术，结合 BSA 法，用 256 个引物组合对西瓜核雄性不育两用系 G17AB 进行分析，都得到一条特异的扩增条带 E31M50。用该引物对后代分离群体进行分析，确定了 E31M50 与育性基因的遗传距离为 5.0 cM。该标记可以用于分子辅助育种和不育株早期筛选。

## 四、多倍体育种

### （一）多倍体育种的发展进程

自然界的植物多数是二倍体（diploid），但有些物种经过染色体的自然或人工加倍，形成了含有多个染色体组的新物种，称之为多倍体（polyploid），如三倍体（triploid）、四倍体（tetraploid）、六倍体（hexa-ploid）和八倍体（octploid）等。1916 年，Winker 在嫁接龙葵（*Solanum nigrum*）时从愈伤组织发现了四倍体，从此引进了多倍体的概念（Winker H，1916；Ramsey J，1998）。

西瓜也为二倍体植物，其染色体数目为 $2n=2x=22$。1937 年勃莱克斯利（Blakslee）和艾弗瑞（Averry）发现秋水仙碱可以诱导染色体加倍，日本生物学家木原均等于 1939 年用秋水仙碱诱导二倍体旭大和，获得世界上第一个四倍体西瓜。1947 年，木原均、西山寺三发表了"利用三倍体的无籽西瓜之研究"，到 1950 年，育成"无籽旭都""无籽旭大"和"无籽向阳"等 9 个三倍体无籽西瓜品种，此后日本大量栽培和销售三倍体无籽西瓜。以色列 Karchi 在 1981 年以蜜宝为材料，用秋水仙碱处理获得并育成四倍体西瓜 Alena。美国、意大利、罗马尼亚、印度等国家先后也开展了西瓜多倍体育种研究。

我国从 20 世纪 50 年代末开始研究多倍体西瓜，江苏省农业科学院于 1957 年首先用华东 24 号西瓜育成了四倍体西瓜并选育出了无籽西瓜"新秋 3 号"。

1961 年后，中国农业科学院果树所和郑州果树所也进行了四倍体西瓜的选育，并选育出了多倍体西瓜"四倍体 1 号"和"无籽 3 号"。1974 年在南宁召开了"全国第一次无籽西瓜科研协作会"，掀起了我国 20 世纪 70 年代无籽西瓜科研和生产热潮。相继有广东省农业科学院、湖南省瓜类研究所等几十个科研、教学和生产单位从多倍体西瓜育种、栽培和基地建设等方面进行研究，选育出新青、72404、郑果 401、北京 1 号等四倍体品种并选育成蜜宝无籽、郑果 301、旭马无籽等三倍体品种。1985 年至 1987 年全国无籽、少籽西瓜专题研究协作组又组织了全国第二批无籽、少籽西瓜品种区域试验，选出黑蜜 2 号、邵阳 304 等几个表现优良的品种。1989 年在湖南邵阳召开全国无籽、少籽西瓜育种开发研讨会，掀起了全国无籽西瓜生产和科研的第二次高潮。1992 年九江会议以后，全国多倍体协作组再一次组织了全国无籽西瓜区域试验，掀起了无籽西瓜生产和科研的第三次高潮。

截止到 2009 年，通过国家审定或鉴定的无籽西瓜品种有郑抗无籽 1 号、郑抗无籽 2 号、郑抗无籽 3 号、郑抗无籽 5 号、广西三号、广西五号、黑蜜 5 号、黄宝石、湘西瓜 11 号、湘西瓜 19 号、雪峰花皮无籽、蜜黄无籽、蜜红无籽、小玉红无籽、丰乐无籽 1 号、丰乐无籽 2 号、丰乐无籽 3 号、津蜜 20、暑宝雪峰黑牛无籽、黑马王子等。另外，还有许多品种通过各省市审定。这些品种都成为现在无籽西瓜的主要栽培品种，其中广西农业科学院选育的"广西三号"和"广西五号"无籽西瓜，继中国农科院郑州果树研究所的"高配合力蜜枚四倍体和蜜枚无籽一号西瓜优良品种的培育与推广"获国家科技进步三等奖后，2005 年度获国家科技进步二等奖，也是迄今为止无籽西瓜获得的最高奖项。

### （二）多倍体西瓜特征

#### 1. 三倍体西瓜的特性

三倍体无籽西瓜是三倍体水平的杂交一代西瓜，具有多倍体和杂交一代的双重优势，适应性和抗逆性强、含糖量高、无籽、耐贮运、产量高（乔永刚，2002）。三倍体西瓜的最大特点是无籽。三倍体细胞进行减数分裂时，三组同源染色体联会，就某一号染色体来说，可能形成一个三价体或一个二价体和一个单价体。同源染色体分向两极时，无论哪种情况，都难以均等地分配，难以形成染色体数均等的配子，从而造成配子的不育。三倍体的不育程度比四倍体的更高。因为四倍体中染色体如果按 2/2 分向两极，则形成配子体数均等的配子，这部分配子是可育的，而三倍体几乎不可能形成配子体数均等的配子。因此，三倍体的不育程度比四倍体的更高。在生产上，通常把四倍体西瓜叫少籽西瓜，把三倍体西瓜叫无籽西瓜。

### 2. 四倍体西瓜的特性

四倍体西瓜具有种子少、果肉含糖量高、风味好、植株分枝力弱、抗性强、管理方便等特点，可直接作为商品瓜，以它为母本与优良二倍体西瓜杂交可生产三倍体无籽西瓜。四倍体西瓜的最大特点是种子少，这是由它的染色体数决定的。它的细胞中含有 4 组同源染色体，在减数分裂过程中，同源染色体要联会，就某一点或区段来说，4 个中只能 2 个连在一起。第一号染色体的某一区段第一组与第二组联会，因此，2 组染色体联会可能很松弛，从而有可能形成一个四价体、一个三价体和一个单价体、两个二价体、一个二价体和两个单价体，染色体分向两极时，就会出现 2/2 或 3/1 等分离方式。3/1 分离造成了配子内染色体数和组合成分的不平衡，从而造成部分配子不育。因此，四倍体西瓜的种子数量比二倍体西瓜的少。

### 3. 多倍体获得途径与方法

西瓜多倍体产生的途径主要有自然突变和人工诱变 2 种方法。

（1）自然突变。植物自然形成多倍体的途径主要有两条：①体细胞染色体的加倍；②二倍体所形成的未减数配子的受精结合。自然突变的发生频率低，生产上主要利用人工诱导。

（2）人工诱变。人工诱变多倍体有物理方法、化学方法和离体培养等方法。

1）物理方法。利用各种射线、异常温度、超速离心力、高电压、切割、嫁接方法等可诱导西瓜产生多倍体。但这些方法由于效率低、嵌合率高、危害性大而逐渐被淘汰（赵辉等，2006）。

2）化学方法。在化学活体诱导加倍处理法中，普遍采用注射法、涂抹法、浸种法。但用注射法易刺伤生长点，造成生长点霉烂死亡，诱导效率低，所以一般不采用此法。谭素英等（1993）对二倍体西瓜品种进行了提高秋水仙碱诱导率的试验研究，结果表明：剥去生长点外幼叶后用秋水仙碱溶液滴苗、涂抹、浸芽处理，其变异株率均有所提高，可代替常规的滴苗、涂抹和浸种方法。

3）离体培养。离体培养又分为单倍体植株离体培养和二倍体植株离体培养。单倍体植株离体培养是通过杂种后代的雌配子或雄配子进行离体培养，诱导产生单倍或双单倍体植株，单倍体通过自然或人工加倍可形成双单倍体和多倍体植株，从而在短期内进一步产生高度纯合的自交系（纯系）。二倍体植株离体培养加倍法与传统的在整体水平上染色体加倍方法相比，具有增殖迅速，容易控制实验条件，诱变率高，减少或避免嵌合体等优点。

Compton 等（1993，1994）的研究表明，采用子叶作外植体进行西瓜离体培养可产生可育、非嵌合四倍体植株，比用秋水仙碱处理二倍体西瓜幼苗获得的四倍体植株纯合率高。Ezura（1992）、Adelberg（1993）、Rhodes（1994）等用西瓜和甜瓜的未成熟子叶、子叶和真叶作为外植体进行离体培养，在诱导再生植株过程中，用秋水仙碱处理使染色体数目发生变异，获得了较高频率的四倍体变异植株。Li 等（1999）把西瓜的茎尖放入含 0.1 mg/L 秋水仙碱的液体培养基中，在弱散射光下，用摇床摇动 24 h，再接种到固体培养基上培养，此法最有利于西瓜四倍体产生。

4. 多倍体鉴定

多倍体的鉴定有染色体直接计数法、流失细胞测定等方法。

（1）染色体直接计数法。染色体计数是确定倍性最基本和最精确的手段，目前主要有压片法和去壁低渗法。根尖是染色体计数最常用的材料，但当根尖获取困难或材料珍贵不宜摘取时，有必要寻找其他材料来计数染色体。郭启高等（2000）在离体培养过程中利用西瓜不定芽叶尖染色体计数，可以在组织培养早期 100％检出倍性，即可转入分化培养基进行扩繁。

（2）流式细胞测定法。采用扫描细胞光度仪（也叫倍性分析仪）进行鉴定，用流式细胞测定法迅速测定叶片单个细胞核内 DNA 含量，根据 DNA 含量的曲线图推断出细胞的倍性。特别是在离体培养过程中，试管中的芽或小植株很小且很嫩时，很容易决定其材料倍性，从而能快速地在试管苗时期进行染色体倍性分析（刘文革，2005）。该方法可以节约大量的时间和种植费用，而且不受植物取材部位和细胞所处时期的限制，可以是叶片、茎、根、花、果皮和种子等。近些年在许多作物上都得到应用，如 Zhang X P（1999）用此法来鉴定西瓜倍性，但该法测定费用较高。

（3）逆境胁迫法。郭启高等（2000）在西瓜子叶离体组织培养中利用西瓜二倍体和四倍体对高温和低温的不同反应进行倍性鉴定，通过此方法鉴定的倍性符合度为 90％和 80％。这种方法省掉了独立的单株倍性鉴定过程，只需对试管再生苗进行一次短时处理，即可筛选出四倍体，但此方法还需要进一步研究。

（4）细胞形态学鉴定法。谭素英等（1993）研究认为，西瓜叶片保卫细胞的大小、单位面积上的气孔数及保卫细胞中叶绿体的大小和数目与倍性具有高度的相关性。Mccuistion（1994）、Sari（1999）等报道，根据保卫细胞的大小、单位面积上的气孔数及保卫细胞中叶绿体的数目，可以有效区分倍性。Compton（1999）、刘文革（2005）等用二乙酸盐荧光黄涂抹在西瓜离体幼叶的下表皮上，在显微镜和紫外光下观察保卫细胞叶绿体的荧光，二倍体和四倍体的每对保卫细胞的叶绿体数目平均为9.7和17.8。Cohen和Yao（1996）认为用气孔长度比其他方法都简单易行，不需要昂贵的设备，仅需要用胶带揭掉表皮，用塑料印膜印记即可，采用测定气孔保卫细胞的大小与染色体数目检验相结合的方法，可以快速准确地筛选出加倍植株。

（5）植株形态学鉴定法。四种倍性（单倍体、二倍体、三倍体、四倍体）的葫芦科植株在形态上有比较明显的差别，主要表现在子叶、真叶、花的形状和颜色、果实形状及种子的形态上。在植株生长的不同时期抓住这些肉眼易辨的典型特征，就能够有效地将变异成的四倍体植株筛选出来。生长期四倍体西瓜植株比二倍体叶片肥厚、裂片宽大、叶色深绿、茎节缩短（图1-5）。开花期花瓣颜色深黄，花朵变大，花瓣增宽、肥厚、皱折，花蕊和子房增大，种子增大加厚、横径和种脐部加宽（图1-6）。三倍体的子叶多数畸形或色浅，叶片薄而不对称（刘文革，2002）。

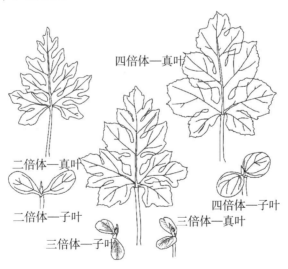

图1-5 不同倍性西瓜的子叶和真叶

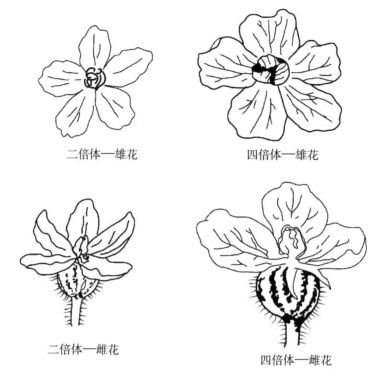

二倍体—雄花　　　　　　四倍体—雄花

二倍体—雌花　　　　　　四倍体—雌花

图 1-6　不同倍性西瓜的雄花和雌花

（6）分子生物学鉴定法。随着分子生物学技术的发展，人们开始从分子水平入手研究多倍体，对其倍性、来源进行鉴定。目前，分子技术主要应用在西瓜多倍体育种中材料的选择，植株种子、幼苗的纯度鉴定等领域。刘文革等（2004）以蜜枚和 JM 西瓜品种的纯合二倍体及其人工诱导的同源四倍体、三倍体为材料，对不同倍性西瓜 AFLP 标记的分子遗传变异进行了比较。其中，蜜枚品种西瓜具有多态性的条带有 3 条，四倍体、三倍体和二倍体各有一条特异带；JM 西瓜具有多态性的条带有 7 条，3 条为 JM4x 特有带，2 条为 JM3x 特有带，2 条为 JM2x 特有带。

5. 西瓜多倍体育种的应用

（1）利用多倍体获得高产优质多抗的西瓜。利用多倍体的巨大性获得大的果实，使西瓜增产多倍体植株由于染色体的加倍，使植株的器官和细胞表现出"巨型性"的显著特征，能增加作物的营养器官，生产上利用多倍体可以提高西瓜的产量。多倍体西瓜由于种子较少或不形成种子而减少了营养物质和能量的消耗，且能一株多果、多次结果和结大果。所以多倍体西瓜和二倍体西瓜相比，都表现出高产的特性。西瓜通过人工诱变成为四倍体后，某些性状比二倍体更加优越，例如果皮增厚不易开裂，更耐储运；甜度增加；植株维持绿色的时间更长；果肉中营养物质含量提高等。

番茄红素是一种有较强的防癌抗癌作用的类胡萝卜素。Perkins 等人（2002）对不同倍性西瓜中的番茄红素含量测定结果表明，三倍体红瓤无籽西瓜中番茄红素含量显著高于二倍体红瓤西瓜。在多倍体抗性方面，可进行耐盐性、耐低温、抗病品种选育，例如三倍体和四倍体西瓜对枯萎病表现出较强的抵抗力。也可以利用多倍体西瓜抗盐、耐湿以及耐低温等，扩大西瓜的栽植区域和栽植周期。

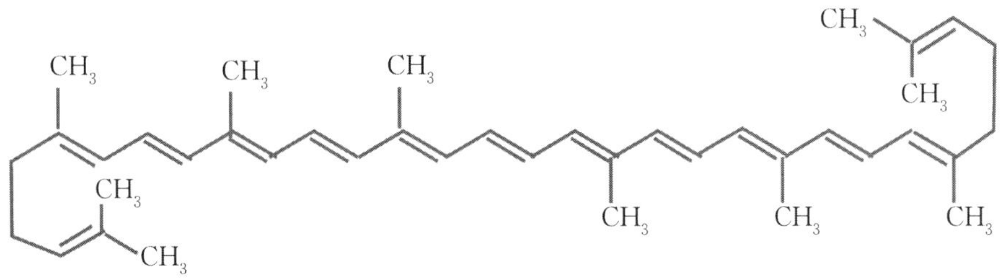

图 1-7　番茄红素的结构

（2）利用多倍体可孕性低获得少籽、无籽果实。无核果实在商业上具有特别的价值，三倍体无籽西瓜是目前在生产上利用同源多倍体面积最大的作物品种之一。三倍体无籽西瓜是杂交一代西瓜，具有多倍体和杂交一代的双重优势，其适应性和抗逆性更强，含糖量高，无籽，耐贮运，产量高，深受消费者和种植者欢迎。广西三号、蜜枚无籽 1 号、黑蜜无籽 2 号、郑抗无籽、雪峰无籽、洞庭无籽等无籽西瓜一度成为我国西瓜的主栽品种。

（3）利用四倍体培育新品种。利用四倍体可以直接育成稳定品种，也可以在四倍体水平上进行杂种优势育种。直接利用四倍体西瓜品种（系）之间的杂交也可以培育少籽西瓜，并且还能够克服三倍体无籽西瓜发芽率低和成苗率低等缺陷。湖南省邵阳农科所利用该途径在 1989 年育成雪峰少籽西瓜，中国农业科学院郑州果树研究所育出四杂一号等品种，广西农业科学院园艺研究所也育出了四倍体少籽西瓜杂交新组合 403×B15（何毅，2011）。

（4）创造新的种质材料。通过各种途径获得的四倍体对于育种工作都是种质材料，由于染色体结构和数量变异以及基因突变，其原始四倍体在若干世代都将产生分离，这些分离出的不同类型也是重要的种质材料。在西瓜的多倍体育种中，已获得了西瓜四倍体的短秧系、无缺刻叶系、黄苗系、无权系、雄性不育系等种质材料（李树贤，2003）。

## 五、抗病育种

西瓜的病虫害比较多，主要有枯萎病、炭疽病、蔓枯病和病毒病等，其中以枯萎病、蔓枯病和炭疽病发病最为广泛。早在1902年，西瓜抗病育种的先驱，美国的奥顿（Orton）在饲料西瓜中发现了抗病材料，并将其与栽培品种伊甸园进行杂交，于1911年育成世界上第一个抗枯萎病的西瓜品种，开创了西瓜抗枯萎病育种的研究。美国在西瓜枯萎病的病原、专化型、生理小种、抗病育种程序以及抗性遗传等方面的研究取得了很大的成就，育成了一批抗病性强、农艺性状较优良的西瓜品种。

我国开展西瓜抗病育种比较晚，1986年成立西瓜抗病育种协作组。通过引进和利用美国等外国抗病种质资源，针对这些病害的抗性育种取得了成功，不少单位相继培育成功了抗病西瓜品种，如北京市农林科学院蔬菜研究中心的京抗，齐齐哈尔园艺研究所的齐抗1号，中国农业科学院郑州果树研究所推出的郑抗1号、郑抗2号等品种，江苏省农业科学院蔬菜研究所选育的抗病苏蜜，西北农业大学选育推广的西农8号，上海市农业科学院园艺研究所的抗病948等品种。其中抗病性及耐重茬性最突出的是西农8号，在全国抗病性联合鉴定试验中其抗病性名列第一，在生产实践中也表现出了比较高的抗病性和耐重茬性，解决了大多数地区西瓜的连作障碍；而抗病948则成为目前南方多阴雨地区推广潜力较大的多抗、优质、早中熟、丰产西瓜新品种，自2003年育成推广以来，累计示范面积已达3 hm$^2$以上，取得了巨大的社会效益和经济效益。

20世纪90年代以来，中国农业科学院郑州果树研究所开展了我国葫芦科作物病毒的调查和病原鉴定，明确了我国西瓜病毒的种类和优势种，北京市农林科学院蔬菜研究中心开展了抗病毒基因的分子标记和抗病毒育种研究，山西金鼎生物种业有限公司开展了转基因抗病毒研究，都取得了很好的进展。在西瓜枯萎病抗性遗传规律的研究方面，湖南省园艺研究所用瓠瓜DNA导入西瓜选育的两份高抗枯萎病材料与感病品种"蜜宝"杂交进行抗性遗传研究，结果表明瓠瓜DNA导入西瓜的枯萎病抗性遗传也是受单基因或单DNA片段控制的显性遗传。而肖光辉等采用生物技术方法首次将瓠瓜DNA导入西瓜，获得了变异性状，并用这些抗性材料为亲本选育出了商品性状优良的三个高抗、两个中抗枯萎病的杂交组合新品系，这表明我国西瓜抗枯萎病育种取得了重大突破。

蔓枯病（*Didymella bryoniae*）和炭疽病［*Colletotrichum biculare*（Berk &

Mont) Arx〕也是世界性病害，对西瓜的危害仅次于枯萎病，在高温多雨的地区更为严重。西瓜蔓枯病目前尚未发现有生理小种分化，西瓜炭疽病菌已发现 7 个生理小种，其中以小种 1 和小种 3 的流行最广、危害最重，是西瓜抗性育种的主要对象。

美国农业部的 Orton 在 19 世纪末就已开始进行西瓜抗炭疽病育种研究。1931 年，Layton 和 Wilsor 报道"Lowe Belle"品种无论在温室及田间都能表现出比"Iowa King"或"Priede of Muscatine"似乎具有较强的抗性后，人们开始认为选育抗炭疽病的西瓜品种是可能的。1937 年，Layton（Whitaker，1962）对炭疽病的抗性首先发现于来自非洲的某些西瓜品种上。Podle 和 Andrus 用抗枯萎病的品种"Iowa Belle"与"Africa 8"杂交后经选择获得的自交系与"Garrison""Dude Greek""Leesburg"及"Haukesburg"品种杂交，于 20 世纪 50 年代初选出了既抗炭疽病又抗枯萎病的品种"Charleston Gray"和"Fairfax"，以及抗炭疽病但不抗枯萎病的"Congo"，并且得到迅速的推广（俞大钹，1977；Metraux，1988）。Norton 等（1993、1995）于 1971 年着手培育多抗、优质、高产西瓜新品种，他们将抗炭疽病小种 2 和抗蔓枯病的 PI189225、PI271778 分别与抗炭疽病小种 1 和枯萎病的 Jubilee、Crimson Sweet 杂交，再经回交、苗期抗性筛选及反复自交选择，育成了抗 3 种病害的 2 个品种 U-Golden Producer 和 AU-SweetScarlet。1990 年则由美国佛罗里达大学培育出了一种高品质的冰箱型西瓜 SSDL，该品种抗枯萎病和炭疽病，可溶性固形物含量达 11.7%（Crall，1994），使西瓜抗病育种工作迈向一个新的台阶。

我国在西瓜抗病育种协作组成立后，原西北农业大学西瓜甜瓜研究室先后开展了西瓜枯萎病和西瓜炭疽病人工接种最佳技术规程的研究，并首次提出西瓜炭疽病离体叶人工接种技术以及"AD（Average Diameter）评价法"，用以取代传统的"DI（Disease Inde：K）评价法"，并采用镰刀菌酸（Fusaric acid）对西瓜外植体进行抗枯萎病的抗性突变体筛选（文生仓，1994）。

近年来，随着我国西瓜栽培面积的不断扩大，尤其是南方采用大棚西瓜嫁接育苗，在高温高湿的条件下西瓜细菌性果斑病（BFB）的发生日趋严重。细菌性果斑病是造成西瓜减产，甚至大面积绝收的主要病害之一，该病最早于 1969 年由 Crall 和 Schenck 在美国佛罗里达州发现，我国从 1985 年开始发现和报道瓜类果斑病的发生和危害。至目前为止，在北京、陕西、河北、山西、黑龙江、新疆、海南、台湾、内蒙古、吉林、河南、福建和广西等省（市、自治区）都有不同程度的发生和危害。对于西瓜细菌性果斑病的研究多集中在检测方法、致病机制、遗传多样性以及各种防治措施上,迄今并没有发现对果斑病免疫或高抗的品种,而使用抗病品种是防治该病最根本最有效的措施,因此须加速抗病材料的选育速度,开展生物技术育种,利用生物技术辅助选择甚至转基因手段创造新型的瓜类抗病材料,以期培育出抗果斑病品种。

## 六、存在的问题与对策

尽管我国西瓜育种取得了不少的成就,但同时也存在不少的问题。首先,是缺乏对西瓜种质资源的收集和鉴定,例如四倍体西瓜的种质资源创新仍不够,无籽西瓜品种更新缓慢,同物异名多,独特创新育种不够;抗病育种方面虽然从国外引进了种质资源并培育出一些抗病品种,但尚缺乏高抗枯萎病的种质资源,使得到现在为止还没能培育出具有高病抗性的西瓜品种;还有就是除了对西瓜枯萎病、蔓枯病、根结线虫病以外,缺少大规模的种质资源抗病鉴定,并且除了对西瓜枯萎病抗病性鉴定方法和抗病性评价标准统一外,对其他病害均没有统一的标准,这就造成了研究结果比较混乱,从而对我国西瓜种质资源的抗病性情况缺乏全面的认识,使抗病育种严重滞后。

其次,是西瓜遗传育种研究的深度还不够,多数单位育种还停留在常规育种水平上,仅涉及生物学、形态学、生理学、生物化学等传统领域,在细胞生物学、分子生物学等方面的研究还远远滞后。再者是对西瓜主要病害的病原菌生理小种分化的研究还不够,我国一些病菌的生理小种仍然不明确,例如西瓜的白粉病菌、炭疽病菌等,由于对生理小种不明确,使得我们在抗病鉴定、抗病性遗传和育种研究方面均受到了影响,从而我们的研究结果很难与国际同行进行交流,在生产中推广也容易出现问题。还有对砧木的抗病育种显得不够重视,而日本和韩国均开展了抗 CGMMV、MNSV 的砧木育种。最后就是育种目标盲目,过于追求西瓜早熟性和丰产性,在针对西瓜枯萎病、蔓枯病、病毒病和细菌性果腐病的西瓜多倍体抗病育种方面显得不足。

针对以上问题,有必要采取一定的对策:第一,加强西瓜种质资源的收集、选育和鉴定,包括从国外引进一系列优良抗病品种,以及收集野生西瓜种质资源,通过物理、化学、生物等手段进行选育获得更优良性状的品种;统一每种病害的鉴定方法和抗病性评价标准,制定相对容易操作和规范的抗病性鉴定方法。第二,进一步加强西瓜遗传育种在细胞生物学、分子生物学等方面的研究,例如西瓜主要经济性状的遗传机制、分子标记、分子克隆和基因转移等领域。第三,进一步拓宽和深化西瓜主要病害的病原菌生理小种分化的研究,例如对西瓜病毒病的株系分化、抗原鉴定、筛选及抗病毒病育种。第四,加强抗 CGM-MV、根结线虫和根腐病等的砧木品种选育。第五,调整育种目标,选育出品质多样化、抗多种病害兼高品质的品种。

# 第二章　西瓜的起源与分类

## 第一节　西瓜的起源

西瓜起源于非洲。西蒙兹（N. W. Simmonds，1976）的专著《栽培植物的进化》一书中指出：西瓜作物的野生祖先，一是非洲南部的卡拉里沙漠；二是非洲东部苏丹共和国的科尔多凡省。美国惠特克（T. W. Whitaker，1962）指出：早在1882年，德·堪多尔（De Candolle）就收集到大量标本，证明西瓜原产于热带非洲。大卫·利文斯顿（David Livingston）还目睹了一些野生动物在非洲西瓜原产地啃食野生西瓜。惠特克还进一步证实：原产卡拉哈里的非洲野生西瓜包括两个生化类型，一种果实含有葫芦素，具苦味；另一种无苦味，不含葫芦素。后一种野生西瓜是当地布须曼人（Bushman）的食物和水的供应者。这种野生西瓜的果肉坚硬，绿瓤，大籽。

根据瓦维洛夫院士（Vavilov，1935）的植物起源中心学说，在西瓜植物的原产地非洲，还应分布着一批野生近缘种。福尔萨（T.，1972）证明，西瓜植物的3个近缘种，全部产在非洲，药西瓜（*citrullus colocynthis*）产在北非地中海沿岸，缺须西瓜（*C. ecirrhosus*）产在西南非纳米比亚，诺丹西瓜（*C. naudianianus*）产在南非安哥拉到莫桑比克一带。

联合国粮农组织的国际植物遗传资源委员会（IBPGR-FAO）1983年发现了由艾斯奎纳斯-阿尔卡扎和利克（J. T. Esquinas-Alcazar and P. J. Gulick）署名的全球报告"葫芦科的遗传资源"指出：西瓜（*Citrullus*）起源于非洲，在半沙漠地区发现了西瓜属的野生类型，很可能在古代就引进埃及并延伸到印度栽培。其栽培类型的多样化中心在印度和非洲热带及亚热带。南美洲的墨西哥是西葫芦、南瓜、佛手瓜的起源中心；非洲是西瓜、葫芦、甜瓜的起源中心；印度是黄瓜、苦瓜、丝瓜、葫芦、蛇瓜的起源中心；中国和日本是野生甜瓜的起源中心。东南亚是冬瓜的起源中心。

至于西瓜种植的传播，最早是在邻近其起源地的北非埃及、地中海沿岸的希腊一带。据考古学家对埃及古墓中发掘出来的种子和残存叶子的测定，认为早在5 000～6 000年前的古埃及就已经有了栽培西瓜，4 000多年前的古埃及壁画上绘图有包括西瓜茎蔓和果实在内的图案，更证实了这一点。公元前5世纪，希腊和意大利等国也开始种植西瓜。此后，随着十字军东征和海上贸易，西瓜被带到西亚和印度。从西亚经波斯（今伊朗）、阿富汗、翻越葱岭（帕米尔高原）进入中国，新疆的陆上丝绸之路很可能是西瓜传入中国内地和东亚的主要途径。

中国内地有产西瓜的最早文字记载是10世纪，指明来自西域回纥（新疆维吾尔族）。13—14世纪，随着贸易发展和经济的进步，西瓜栽培范围迅速扩大。到了16世纪，欧洲已经有了种植西瓜的文字记载。1492年，哥伦布发现新大陆后，随着移民将西瓜带到美洲，最初是在密西西比河流域，1664年在佛罗里达已有了西瓜栽培。西瓜引入日本的最早文字记载是在江户时代的1624—1643年。

# 第二节　西瓜的分类

## 一、分类史

1775年，福斯卡尔（Forskal）在《埃及——阿拉伯植物志》（*Flora Ae-gyptiaco—Arabica*）中最早把西瓜定名为 *Citrullus*，但他未能作出属的判断。因此按照国际植物命名法规，不能予以承认。

1794年，桑伯格（Thunbeng）最早发表了西瓜种名 *lanatus*，但他却将之归在苦瓜属（*Momordica*）下，因此也不能予以承认。

1834—1838年，分类学家施奈德（Schrader）第一次将西瓜划成属，并给予 *Citrullus Schrad*. 的属名。此名被1954年召开的第七届国际植物学大会认为合法而采用至今（国际植物命名法规，附件Ⅲ，1959）。与此同时，施氏还订出了西瓜的种名 *Citrullus vulgaris*，药西瓜的种名 *C. colocynthis*，以及另外两个种名 *C. caffer*（非洲野生的卡费尔西瓜）和 *C. amaru*。

1838—1884年，斯柏齐（Spach）和斯维因费尔特（Schweinfurt，1959）发表了在埃及绿洲中栽培的药西瓜变种 *C. colocynthis* var. *colocynthoides*。

1866年，产植物学家阿列菲尔德（Alefeld.）提出了西瓜种下的分类。但他的分类未被后人使用，原因是他仅简短地记载了一些品种，而未揭示其间联系。

1901年，伦（Rane）根据西瓜果实的颜色和形状，建立了北美西瓜品种的清楚分类，但他所划分的种按现代观点看，应该是品种群。伦的分类也不能予以承认，因为它是建立在北美范围的有限材料上的。

1924 年，科尼奥（A. Cogniax）和哈姆斯（Harms）在其著名专集中将西瓜属下划分成 4 个种：*C. vulgaris*、*C. colocynthis*、*C. ecirrhousus* 和 *C. naudinianus*，其中前两种采用了施奈德的分类，后两种是新建设议，从而奠定了近代西瓜属分种的基础。

1930 年，贝利（Bailey）将普通西瓜种 *C. vulgaris* 下划分出 2 个变种：毛西瓜变种 var. *lanatus* 和饲用西瓜变种 var. *citroides*。但他却没有划分出食用西瓜，因此是不完全的。

1930 年，潘加洛（Pangalo）清楚地划分出了食用西瓜和饲用西瓜。

1959 年，曼斯菲尔德（Mansfeld）发现了西瓜种新的学名 *Citrullus lanatus* (Thunb.) Mansf.，代替施奈德的 *vulgaris*，同时订正了桑伯格的错误。原因是施奈德的种名 *vulgaris* 不能容纳普通西瓜的野生变种和类型，而桑伯格的 *lanatus* 属名又不正确。从此西瓜种的正确双名沿用至今。与此同时，曼斯菲尔德还在西瓜种下划分出 3 个变种：var. *lanatus*、var. *caffer* 和 var. *citroides*，第一个变种泛指饲用西瓜。问题出在第二变种上，因为卡费尔西瓜产在非洲南部，稍有甜味，多为野生，与食用西瓜在全球的广泛分布、十分多样化的形态、鲜明的色泽、甜美的风味大相径庭。因此，曼氏的分类不能完全接受。

1969 年，日本哈拉（H. Hara）在《分类学》（*Taxonomy science*）18 卷第 3 期上著文"西瓜种的正确定名人"提出：在 1920 年的日本，Matsum 和 Nakai 就使用了 *lanatus* 这个种名，按优先法则，应将 Mansf. 定名人地位用 Matsum 和 Nakai 代替。

1972 年，苏联学者福尔萨（Fursa）对苏联作物栽培研究所（BNP）从世界征集来的 2 400 多份西瓜样本进行了深入研究，在西瓜种 *C. lanatus* 下设立了亚种，即毛西瓜亚种 sp. *lanatus*、普通西瓜亚种 sp. *vulgaris*、黏籽西瓜亚种 sp. *mucosspermus*；在这些亚种下再分别划出 7 个变种，即卡费尔西瓜变种 var. *caffer*、开普西瓜变种 var. *capensis*、饲用西瓜变种 var. *citroides*（以上属毛西瓜亚种），普通西瓜变种 var. *vulgaris*、科尔多凡西瓜变种 var. *cordophanus*（以上属普通西瓜亚种），黏籽西瓜变种 var. *mucosospermus*、塞内加尔西瓜变种 var. *senegalicus*（以上属黏籽醇正瓜亚种）。此外，还在药西瓜种 *C. colocynthis* 下设立 2 个亚种，即野生药西瓜亚种 sp. *stenotomus* 和淡味药西瓜亚种 sp. *insipidus*。福尔萨的西瓜分类综合了前人的研究成果，掌握大量第一手的样本资料，实属当今世界最全面的分类系统。

1985年，林德佩等在《新疆甜瓜西瓜志》专著中，将中国特有的籽用西瓜（打瓜）划为一个变种 var. *megalaspermus*，归属于普通西瓜亚种下，使福氏西瓜分类中西瓜属辖4个种、5个亚种、8个变种。

## 二、西瓜属检索表

1. 卷须发达，2~5叉，果皮表面光滑 ································· 2

卷须短，单生，刺状，果面瘤状 ········· 4. 诺丹西瓜 *C. naudinianus* (Sond.) Hook. f.

2. 茸毛密、软，果实大，无瘤状物 ··········· 1. 普通西瓜 *C. lanatus* (Thunb.) Matsum & Nakai

茸毛硬，果皮苦 ···································· 3

3. 叶片狭窄，深裂，果实圆球形 ············ 2. 药西瓜 *C. colocynthis* (L.) Schrad.

叶片宽，有皱折，果实有棱 ············ 3. 缺须西瓜 *C. ecirrhasus* Cogn.

## 三、西瓜属、种和亚种、变种的描述及分布

西瓜属（*Citrullus* Schras.）为一年或多年生植物，蔓生。茎分枝，带软或硬的茸毛，卷须分2~5叉。叶倒卵形，3裂，稀全缘。花单性或两性。萼片与花瓣基部合生。花冠黄色，5裂，雄蕊3，成对合生，柱头3，子房下位，3室。果实为瓠果，多胚，胎座发达，多汁，为可食部分。果实与果柄不脱落。种子扁卵圆形。染色体数 $2n=2x=22$，起源于非洲，分布在热带、亚热带、温带地区，野生、半栽培和栽培植物。属下4种。

### （一）西瓜 [*Citrullus lanatus* (Thunb.) Matsum et Nakai]

西瓜有多样型种，包括野生和栽培、食品用和饲用种类。

1. 亚种1——毛西瓜 sp. *lanatus*

特征为植物密生软柔毛，尤其是幼果和嫩枝上，故称 *lanatus*（拉丁语有毛的）。植株蔓长，叶片浅裂，稍大。花冠鲜黄色，花瓣尖。果肉紧实，白色或淡黄色，有时带苦味。种子先端突出，无脐。

本亚种包括非洲南部及西南非洲的野生西瓜和非洲大陆及其以外的栽培饲

料西瓜，下分 3 个变种。

【变种 1】卡弗尔西瓜 var. *caffer*（Schras.）Mansf.：生长势旺，被密生柔毛。茎粗，有棱。叶征大，宽度达 25 cm，浅裂，叶裂片圆，叶片具有令人不愉快的特殊臭味。花大，鲜黄色，雌花常两性。果实重达 30 kg，通常果形不正。果皮上条纹不明显，呈断续状或斑点状条带。果肉多汁，稍有甜叶，可溶性固形物含量 4%～5%。种子大，红色或褐色。

原产博瓦纳共和国的卡拉哈里荒漠及其邻近地区，野生的食用西瓜，当地土名称"查马"（tsamma）。

【变种 2】开普西瓜 var. *capensis*（Alef.）Fursa：植株蔓长，叶征和果实均较卡弗尔西瓜小。花单性，果实圆球形，浅黄红色，复有花斑条带。果肉硬，白色，常有苦味。种子橄榄色或褐色。

南非（阿扎尼亚）开普省分布较多，并因此得名。野生，该地田间的常见杂草。

【变种 3】饲用西瓜 var. *citroides*（Bailey.）Mansf：形态近似卡费尔西瓜，但较接齐。花常为单性。果实圆形或圆球形，有斑点或隐花条带。果肉白色或淡黄色，紧实，果胶质含量高。种子橄榄色，少有红色。

在英国和苏联等国粗放栽培，大多作牛的饲料。果实可贮藏几个月。

2. 亚种 2——普通西瓜 sp. *vulgaris*（Schrad.）Fursa

蔓中等长，圆或有棱，柔毛较稀。叶片灰绿色，无气味，叶裂征中等、深或浅裂。雌花单性或两性，花冠鲜黄色，花瓣圆。果实的形状和颜色十分多样化。果肉多汁、甜或淡甜。种子有脐。本亚种包括全世界各地的栽培和半栽培西瓜，尤其是在各大洲亚热带及干旱地区以及东北非、西亚地区栽培最多。

【变种 1】普通西瓜 var. *vulgaris*：蔓有棱或圆形，长 2 m 以上，柔毛较稀。叶片有裂，个别突变型全缘。雌花单性或两性。肉色红、橙黄、黄或白色，质地脆或沙，多汁。可溶性固形物含量 8%～10%，个别大于 12%。种子大小和颜色差别很大。

广泛栽培在北纬 25°～48° 地区。中国、苏联栽培面积最大。

福尔萨（1965）曾将本变种在全世界不同生态气候条件下，不同地域的西瓜划分成 4 个生态型——华北生态型、东亚生态型、俄罗斯生态型、美国生态型。为各地引种和育种选择原始材料、种质资源和亲本提供参考。

【变种 2】科尔多凡西瓜 var. *cordophanus*（Ter-Avan）Fursa：植株蔓长。

叶面粗糙，叶片匍匐地面。雌花两性。果实球形，有或无条纹，黄瓤。可溶性固形物含量 5%～6%。果实可贮藏几个月，倒瓤。

本变种是苏丹、古埃及、肯尼亚等地常见的半栽培植物。在干旱的热带稀树草原上，可提供水源。

【变种 3】籽瓜（新拟）var. *megalaspermus* Lin et Caho.：茎圆具棱，细。叶小，叶裂片狭窄，深裂。生长势弱。晚熟。果实圆球形，中、小型果，浅绿皮常覆有 10 余条绿色核桃纹带。淡黄色瓤，味酸，汁多，质地滑柔，食用品质下等，可溶性固形物含量仅 4%。种子大或极大，常为淡黄色底加黑褐色边，千粒重达 250 g，种仁肥厚，味美，供食用，单瓜种子数可达 200 粒，单瓜产籽65 g 左右。本变种为原产中国西北的栽培植物，耐粗放管理。

3. 亚种 3——黏籽西瓜 sp. *mucosospermus* Fursa

蔓细，长 1.5 m，节间长。花单性。果实球形，直径 12～14 cm，果实苦，质硬或淡、无味。种子扁平，大如南瓜籽并包被在黏瓤中，十分独特，具有多样的种皮结构。原产西非的野生和半栽培种。

【变种 1】黏籽西瓜 var. *mucosospermus*：蔓细，有棱。叶片浅裂匍匐地面，颜色深绿。果实有或无条纹，果肉很硬，常有苦味。籽大。野生和半栽培植物，生长在尼日利亚和加纳。种子富含脂肪和蛋白质，常采种榨油供食用。

【变种 2】塞内加尔西瓜 var. *senegalicus* Fursa：叶片直立，有裂。雌花两性花。果实直径达 20 cm，有条带。果肉白色或淡红色，可食，但味淡。种子较var. *mucosospermus* 小，长仅 0.7 cm。

## （二）药西瓜 [*Citrullus colocynthis* (L.) Schrad.]

药西瓜分布在北非、阿拉伯半岛、以色列、伊朗、阿富汗、印度直到澳大利亚。苏联卡良格登耶夫（H. H. Kap，1950）在土库曼共和国的德占河谷也发现有野药西瓜。本种包括 2 个亚种。

亚种 1——野生药西瓜 sp. *stenotomus* (Pang.) Fursa 一年生或多年生，有时带木质根。蔓短，叶片小约 10 cm，叶色深绿，茸毛硬，裂片深。卷须分 2叉，充分发育。花单性，小约 2.5 cm，花瓣圆，淡黄色。果实小，直径 5～12 cm，成熟后干枯，果实熟时暗黄色，瓤紧实，白色，干燥，味苦，有毒，医药上用来治胃病。种子小，直径 0.5～0.7 cm，无脐，褐色。分布在北非—印度一带。

亚种 2——淡味药西瓜 sp. *Imsipidus* (Pang.) Fursa 蔓细，较长。叶片直立，茸毛较短。花单性。果实大，直径 18 cm，常为不正多角形，熟时赭红色，带条纹。果肉白色或玫瑰红色。味淡，有时具苦味。种子较大，有时带脐。分布在北非—西亚的地中海沿岸国家，突尼斯、阿尔及利亚、埃及、约旦。

### （三）缺须西瓜（*Citrullus ecirrhosus* Cong.）

多年生植物，带木质根。蔓长约 3 m，圆或有棱，粗，带稀疏而坚硬的茸毛，节间长 13～15 cm。叶片小，直径 6～8 cm，深裂，带圆裂片，叶面有皱，具不愉快气味，半匍匐地面。自然状态下常无卷须，人工栽培下有卷须，分 2 叉。花单性，长 3.5～4 cm，花瓣黄色，圆形。果实直径 15～17 cm，多角形，灰绿色带暗条。果肉白色，紧实，味苦。种子小，宽，深褐色。本种只有野生，产在非洲南纳米比亚的恩德蒙。

### （四）诺丹西瓜 [*Citrullus maudianianus*（Sond.）Hook. f]

多年生雌雄异株植物，带块状根。蔓细，长 3～4 m，几乎光裸。叶片小，6～8 cm，粗糙，深裂至基部，裂片窄而长。卷须不分叉，退化成刺。花单性，花冠鲜黄色，子房和果实上覆短棱刺，果实椭圆形，果面有瘤状物，果小，长 6～12 cm，宽 4～8 cm，果皮可以像橘子那样剥下，肉可食，叶甜酸。种子光滑，白色，长约 0.8 cm，种皮构造特殊，皮下有多层石细胞，极难发芽。

分布在非洲南部安哥拉、津巴布韦、赞比亚、莫桑比克、南非德兰士瓦省。只有野生，高度抗病，栽培西瓜上常见的病害均不感染本种。

## 四、栽培西瓜的生态型

生态型是指同一个种的植物在不同的自然条件和生物条件的影响下，经过长期的自然选择，产生适应一定条件的不同类型。作物生态型（品种生态型）的形成，不仅受自然条件和生物条件的影响，同时还受耕作制度和栽培技术等人为条件的影响，尤其是人工选择起重要的作用。

西瓜品种生态型的划分，主要依据的生态因素是地理位置，即地域的不同而划分成不同的生态型。最早划分西瓜生态型的是苏联作物栽培研究所（BNP）福尔萨（1965），她称之为"生态地理型"。1965 年，福尔萨将 BNP 从全世界采集的 2000 多份西瓜样本分为 10 个生态地理型：阿富汗、印度、中亚、美国、俄罗斯、东亚、西欧、外高加索、小亚（即西亚，亦称中东）、远东。

1980 年，林德佩将中国原产及引种栽培的西瓜品种，按地理起源划分成 5 个生态型：新疆、华北、东亚、俄罗斯、美国，供各地引种和育种选择亲本参考。

1993 年，王坚等在《西瓜栽培与育种》一书中将中国现有的西瓜栽培品种，包括地方品种、引进品种及新育成品种，划分为 5 个生态型材：华北型、东北型、东亚型、美国型、新疆-俄罗斯型。

现据多年的引种、育种实践，以及对中国各地原产农家品种的观察，林德佩建议将中国范围的西瓜品种划分成 3 个生态地理型，即华北型（包括华北、东北）、华南型（包括华东、西南）、西北型（包括内蒙古自治区）；并介绍国外与中国现有西瓜品种有密切关系的 3 个生态地理型，即日本型、美国型、俄罗斯型。

### （一）华北生态地理型

产于中国黄河及其以北的西瓜品种尽属之，包括陕西、河南、山东、山西、河北及东北三省。这是中国的传统生产区，许多著名的农家品种在此起源：如山东的三白瓜、喇嘛瓜、梨皮；河南的花狸虎、手巾条、核桃纹、冻瓜皮；陕西的同州西瓜、黑油皮带；北京的黑崩筋等。

地处华北暖温带半干旱和东北温带气候条件下，本型西瓜品种的特点是：生长势旺，果型大（农家品种果重常达 5～10 kg），成熟较晚（中熟或晚熟），耐旱不耐湿。果皮中等厚，瓤质沙软，过熟常空心倒瓤，较耐运不耐贮，果实含糖量大多不高（7%～9%），籽较大，果形、皮色、瓤色、种皮颜色等十分多样化。本生态型品种除产地外，只适宜在干旱的西北地区引种栽培。

### （二）华南生态地理型

产于中国长江及其以南的西瓜品种尽属之，包括华东、华中的浙江、湖北、安徽、江苏、江西及华南、西南各省（自治区）。本型原产农家品种很少，著名的只有滨瓜、马铃瓜等几种。

地处在夏季湿热、多雨的东亚季风区和云贵高原、四川盆地寡照气候条件下。本型西瓜品种的特点是：生长势偏弱，果型大多较小（常不超过 2～4 kg），成熟较早（早熟或早中熟），耐阴雨。果皮较薄，瓤质软，不耐贮运，果实含糖量不高（6%～9%），籽中等大或较小。

本生态型品种与日本生态地理型实为一类，即东亚型，因此大量日本改良小籽品种，如旭大和、新大和等被引进栽培，表现良好。华北和西北型的西瓜品种引进后常表现徒长，不易坐果，难于引种成功，但本型品种都可引至全国各地种植。

### （三）西北生态地理型

产于中国西北的甘肃、宁夏、新疆以及内蒙古的西瓜品种尽属之。著名的本地农家品种有阿克塔吾孜（白皮瓜）、卡拉塔吾孜（黑皮瓜）、精河黑皮冬熟西瓜、阿克苏少籽红等，以及兰州大板、宁夏红瓜籽等籽瓜品种。

地处在夏季干热、少雨、日照充足、昼夜温差大的极端大陆性气候条件下。本型西瓜品种的特点是：生长势旺至极旺，果型大至极大（$10 \sim 15$ kg 或以上），生育期长（$100 \sim 120$ d 或以上），坐瓜节位高，成熟晚，耐旱；果皮厚（常达 1.5 cm 以上），瓤质粗，耐贮运，果实含糖量 $8\% \sim 9\%$，籽大。

本生态型品种与中亚生态地理型为一类，从乌兹别克斯坦、土库曼斯坦和哈萨克斯坦等国引进俄罗斯的西瓜品种十分成功。华北型和华南型的品种均可在本区范围内种植，因此成为我国最有前景的西瓜良繁制种基地。

### （四）日本生态地理型

产于日本及中国台湾地区的西瓜尽属之。著名的改良育成品种有旭大和、新大和、大和冰淇淋、富研（$F_1$）、新红宝（$F_1$）等。

由于日本与中国华东及华南生态类型相似，因此本生态型西瓜品种的特点与华南生态型相同。苏联福尔萨（1972）把日本型与华南型合称为东亚型，其经济性状表现为：出苗至成熟的全生育期 $83 \pm 0.7$ d，平均果重 $3.6 \pm 0.06$ kg，含糖量 $9.0\% \pm 0.11\%$，高糖类型占 $34\%$。

本生态型品种适应性广，成熟早，经改良后含糖量高、品质佳，因而引进中国后被广泛用作种植和育种材料。当前中国大多数主栽品种均有本型品种亲缘，如早花、郑州 3 号、伊选、京欣一号（$F_1$）、郑杂 5 号（$F_1$）、早佳（$F_1$）、金花宝（$F_1$）、新澄（$F_1$）以及几乎所有的四倍体品种。

### （五）美国生态地理型

产于美国东南部及墨西哥湾区和中西部各州的西瓜品种尽属之。著名品种有 Charleston Gray（1954rh，S. Carolina）、Crimson Sweet（1964rh，Kansas）、Jubilee（1963，Florida）、Sugar Baby（1956，Oklahoma）、Klondike R－7（1937，California）等。

地处北美亚热带湿热和干旱，暖温带湿润、干旱、半干旱，阳光充足的气候条件下，本型西瓜品种的特点是：生长势强，果型大（常达 $9 \sim 15$ kg），生育期长，多为晚熟，喜光，喜热，对肥水需求量大，常因肥水供应不足罹病和出现畸形瓜。果皮坚韧，瓤质脆，不易空心倒瓤，耐贮运，果实含糖量较高

（9%～11%），籽中等大或稍大。据福尔萨（1972）报道，其经济性状表现为：出苗至成熟的全生育期 86±0.7 d，平均果重 4.2±0.14 kg，含糖量 9.4%±0.8%，高糖类型占 42%。

本生态型品种大多适应性广，抗病力强，品质较好，果大产量高，耐贮运，在中国南、北各地瓜产区均得到广泛应用。尤其是 20 世纪 80 年代以来，中国育成的杂种一代品种中，几乎都有本型品种作为亲本参加，如红优 2 号、新澄、金花宝、浙密、郑杂 5 号等。

### （六）俄罗斯生态地理型

产于俄罗斯伏尔加河中下游、北高加索、乌克兰草原带的西瓜品种尽属之。中国引进的品种有功 1 号、苏 2 号、苏 3 号，以及小红籽、美丽等。

地处俄罗斯温带草原半干旱，阳光充足的气候条件下。本型西瓜的特点是：茎蔓生长势旺，花器的性型常见雄花两性花同株（可占样本总数的 81%，福尔萨），多中型果，中熟，耐旱不耐湿，喜光，瓤质脆，品质较好，果实含糖量较高（9%～10.5%），籽多为小型。据福尔萨（1972）报道，其经济性状表现为：出苗至成熟的全生育期为 86±0.4 d，平均单瓜重 3.5±0.06 kg，高糖类型占 33%。

本生态型品种仅适于干旱、半干旱地区，丰产，在中国西北地区的新疆、甘肃、宁夏、内蒙古引种和作为亲本表现较好。育成品种有红优 2 号等。

# 第三章　西瓜种质资源

植物种质资源是人类的共同宝贵财富。种质资源是作物育种、发展农业生产、开展生物技术研究不可缺少的重要原始材料或物质基础，同样也是农业生产可持续发展的物质保障。种质资源的拥有数量、质量，以及对其特征和遗传规律研究的深度，是衡量一个国家或单位育种水平的重要标志，也是决定育种成效的关键，直接关系一个国家的农业战略安全，种质资源在农业生产中所起的重要作用已引起越来越多国家的重视。因此，对种质资源的广泛搜集、深入研究、科学地保存、有效地利用，是育种的基础工作，是国内外农业科学研究的重点课题。

有人认为，"人类的命运将取决于人类理解和发掘植物种质资源的能力"。甚至有人提出了"种子战"或"基因战"的口号，并认为"谁控制种子（种质资源），就能控制未来"。因此，没有好的种质资源，就不可能育成好的品种。当代植物育种中的每一个重大成就与突破性品种的育成，几乎都和种质资源方面的重大发现和开发利用联系在一起。中国种质资源工作的方针是"广泛搜集（包括近缘野生植物和国外引种）、妥善保存、深入研究、积极创新、充分利用，为作物育种服务，为加速农业现代化建设服务"。

## 第一节　种质资源的种类

西瓜起源于非洲，由于西瓜的栽培历史悠久，分布地区广阔，因而种质资源极为丰富多样。为了更有效地搜集、保存、研究、利用西瓜种质资源，有必要对西瓜种质资源的种类进行了解。西瓜的种质资源大致可分为以下四种。

### 一、本地种质资源

本地种质资源是在本地区的自然、栽培环境条件下，在长期的栽培过程中经过人工选择和自然选择而形成的种质材料，通常称为地方品种或农家品种，是不可多得的宝贵资源，其在育种中占有极为重要的地位，是选育西瓜新品种的基本材料。

中华人民共和国成立初期至 20 世纪 60 年代，生产上以地方品种或农家品种为主，生产上应用的许多优良西瓜品种都是从本地种质材料中选育出来的。如核桃纹、黑油皮、手巾条、花狸虎、马铃瓜、喇嘛瓜、三白瓜、滨瓜等。德州西瓜地方品种喇嘛瓜和三白瓜是 2 种独具特色的西瓜种质资源，喇嘛瓜果形椭圆，瓤色橘黄；三白瓜的果皮、瓜瓤、瓜籽均为白色。

本地种质资源的最大特点是对当地的自然条件和栽培方法有高度的适应性，用本地种质资源育成的品种，其适应性一般不会有问题。所以，不少优良的西瓜品种其亲本之一都是本地品种，如兴城红的亲本之一为山东的地方品种喇嘛瓜，早花的母本为河南的地方品种小花狸虎。

本地种质资源的另一特点是往往为一个复杂的群体，其中常包含许多不同的类型，品种的一致性较差，良莠不齐，需要经过分离选择或提纯复壮后，才能使品种的种性得到提高。利用这一特点，也可以对混杂的地方品种采用选择优良单株进行自交分离和连续多代选育的方法，育成优良的自交系或品种，然后将其在生产上应用或用作杂交育种的亲本材料。如中国农业科学院郑州果树研究所选育的郑州 2 号，其母本就是地方品种核桃纹经多代自交选育而成。

应该强调指出，尽管近代育种事业有了突飞猛进的发展，各种改良品种层出不穷，但是地方品种仍未失去其重要作用，古老的地方品种中有用的遗传变异很多，有些虽然目前无用，但对解决将来的育种问题却可能会起到很大的作用。但随着现代农业的不断发展，新品种日新月异，凡不适合目前需要的地方品种均有可能被陆续放弃，致使曾给人类带来无限财富的地方品种正在逐渐消失。为了人类将来的利益，在祖先遗留下来的基因资源尚未全部断绝之前，我们应立即着手搜集、保存，特别是重点抢救濒危种质资源。

## 二、外地种质资源

由外地或外国引入，供进一步选育新品种之用的植物种质材料称为外地种质资源。外地种质资源初引入时，对当地的环境条件往往适应性较差，然而从世界不同地区搜集的各种材料，反映着各地自然气候条件、土壤条件和生物环境（病虫害等因素）的多样性，可能具有极不相同的适应性和多种多样的生物学及经济上的宝贵特征、特性。

当随着生产的发展提出新的育种目标时，或当某种病虫害在当地严重发生而缺乏抗病材料时，以及为了克服当地种质资源的局限性，给育种工作输入"新血液"时，外地种质资源往往是育种工作的重要后备力量。因此，为了适应现代育种发展的各种要求，有必要尽可能广泛地征集引入外地、外国的种质资源。

从美国引进的西瓜品种虽然表现抗病性强，单果重大，但成熟期偏晚，品质差，坐果性差，特别是在南方多阴雨弱光照地区不能正常坐果。苏联品种不耐湿，只局限于新疆、甘肃等地栽培。从日本引进的品种，虽然抗病性差，单果重小，但具有早熟、优质、易坐果的特点，同时具有较强的耐湿性和耐弱光性，与欧美生态型的品种有较大的遗传差异，可通过具互补性状的品种间杂交和系统选育，选育出适合于我国南方多阴雨地区栽培，兼具早熟、优质、抗病、耐湿性状的抗病西瓜新种质。

## 三、野生种质资源

与栽培植物相关的或近缘的野生、半野生植物类型用作育种材料时，称为野生种质资源。野生西瓜在严酷自然条件的长期选择下，其适应性和抗逆性很强（如耐瘠薄、抗寒、抗旱、抗盐碱、抗病虫害等），或具有栽培西瓜所缺乏的某些独特性状，在西瓜育种上具有独特的作用。因为生产的发展对西瓜品种的要求日益提高和复杂，单纯依靠西瓜栽培类型已经显然不够，特别是进行抗病育种及其他抗逆性育种时，如果没有野生种质资源的帮助几乎是不可能的。现代育种中由于远缘杂交、体细胞杂交以及基因工程的进展，进一步扩大了野生种质资源的重要性。

许多不同类型的野生、半野生的非洲西瓜种质资源具有对多种病害的抗性。1984年及1989年西北农业大学王鸣从非洲博茨瓦纳（Botswana）引入20多种非洲西瓜材料，这批非洲西瓜与普通栽培西瓜属于同一个种，杂交亲和力强，果型较大，丰产性好，耐贮运性极强，虽含糖量很低（4%左右），大多无苦味及异味，其中有一些抗病性极强。这批野生西瓜种质在育种中无论作为杂交亲本还是作为抗病砧木，均优于其他野生西瓜。通过与栽培品种杂交和回交改造其品质，育成新品种较利用其他远缘野生西瓜品种为易。西北农业大学西瓜甜瓜研究室用它们与栽培品种进行成对杂交及多亲杂交，进行多抗及高抗西瓜新品种选育，取得良好的进展。

此外，非洲西瓜也是选育抗病砧木品种的重要种质资源，西北农业大学选育的 AMK2、AW3 等非洲西瓜，在田间一般不感病，是良好的砧木品种。台湾农友公司选育的西瓜砧木新品种勇十也是用非洲西瓜育成的。

西瓜属及葫芦科中的近缘野生种、亚种、变种类型极多，具有极为丰富的遗传多样性，西瓜野生种质资源将会在未来的西瓜育种中发挥重要作用。

## 四、人工创造的种质材料

由于生产和科学的发展，对品种的要求也越来越高，现有的种质资源已不能直接满足人类的要求，各种野生资源虽有许多独特的优点，但同时也存在着不少严重缺点（如产量低、食用品质差等），直接利用难度较大，这就要求通过现代育种学的方法，人工创造所需的新的遗传变异类型。用人工方法诱发的变异类型并不是新品种，只是进一步选育新品种的种质资料，或称原始材料，它们还必须经过必要的选育过程才能育成符合生产需要的新品种。如用辐射诱变的西瓜染色体易位系，用秋水仙碱诱变的西瓜四倍体，用远缘杂交所获得的西瓜远缘杂种，用基因工程方法所获得的转基因细胞或组织等，都不能直接在生产上利用。

易位系需要纯合后与纯合二倍体品种杂交才能获得少籽西瓜；四倍体西瓜变异材料需要选育成四倍体品种或自交系后，再与二倍体西瓜杂交才能育成三倍体无籽西瓜；远缘杂交的 $F_1$ 常需进行胚胎培养以克服不稔性，其后代还需要经过多代回交或多亲杂交，才能最终育成抗病、丰产、优质的新品种。而获得了新的 DNA 片断的转基因细胞或组织还必须通过组织培养再生植株，并在实验室及田间鉴定转入基因的表达及其综合经济性状，以及对人类健康和生态平衡是否有不利影响之后，才能确定其价值，并需经有关部门审查通过，才能在生产上推广应用。

# 第二节　种质资源的搜集与保存

种质资源的搜集、保存和繁殖更新是西瓜种质资源的基础工作，也是一项长期、艰苦而又烦琐的工作，需要几代人坚持不懈地努力才能初见成效，中间若有中断，多年的心血可能付诸东流，一些珍贵的种质一旦灭失则很难找回。

由于我国种质资源工作起步较晚，许多西瓜种质资源亟须搜集保存。

# 一、种质资源的搜集

我国西瓜种质资源的搜集工作已取得了显著成绩。从 1959 年开始着手组织各地进行西瓜地方品种种质资源的调查、搜集整理工作，中国农业科学院郑州果树研究所承担全国西瓜品种的搜集、整理与保存工作，到 1995 年底进入中国农业科学院国家品种资源库的全国西瓜种质材料有 795 份。目前中国作物种质资源信息系统（CGRIS）中有西瓜种质材料 1 099 份（韩金星等，2009）。

## （一）种质资源搜集的方式

种质资源搜集的方式主要是通过对种质资源的调查、引种等途径进行搜集。西瓜种质资源搜集的具体方式可以采用以下几种。

（1）组织种质资源调查队或考察团，深入原产地（包括栽培品种的原产地及野生西瓜资源的起源地）进行现场调查和搜集。

（2）与国内、国外的有关植物研究机构（如引种处、植物园、国家基因库及种子公司等）、农业机关和院校建立联系或订立合同，定期交换种质资源材料。

（3）定期召开农业展览会或品种观摩评比会，进行品种交换和相互引种。

（4）通过查阅资料及电脑互联网检索，向保存有关种质材料的农业研究单位或农业院校函索征集。

## （二）西瓜地方品种资源调查搜集

中华人民共和国成立以来，中国政府曾组织了 3 次全国范围的种质（品种）资源调查搜集工作，对西瓜的地方品种有了较全面的了解，并搜集保存了一批重要的地方品种，如核桃纹、黑油皮、手巾条、花狸虎、马铃瓜、喇嘛瓜、三白瓜、滨瓜等。中国农业科学院郑州果树研究所组织各省农业科学院开展了西瓜地方品种的调查、搜集、整理工作，为我国西瓜甜瓜地方品种资源的调查搜集创造了条件。在调查整理的基础上，1963 年由中国农业科学院郑州果树研究所汇编了《全国西瓜甜瓜地方品种名录》，收录西瓜甜瓜地方品种 135 个。1979—1981 年，由新疆维吾尔自治区农业厅、新疆生产建设兵团、新疆八一农学院等单位组成联合调查组，对新疆的西瓜甜瓜资源进行了调查，搜集地方品种 277 份，其中西瓜资源 61 份，并鉴定记载和拍照，编写了《新疆甜瓜西瓜志》，为全面认识我国西瓜甜瓜地方品种起到了积极推动作用。

### （三）国外西瓜种质资源的引种

我国不是西瓜的原产地，种质资源相对匮乏，鉴于中国本土的西瓜品种资源并不很丰富，引入国外种质资源对推动中国的西瓜育种发展具有十分重要的意义。历史上曾多方面从美国、日本等国大量引种，为我国西瓜生产和育种发挥了重要作用。中华人民共和国成立前及 20 世纪 50—60 年代，中国曾从日本引入许多优良西瓜品种，主要是新大和、旭大和系统的品种。

中华人民共和国成立初期曾从苏联引进苏联 1 号、苏联 2 号和苏联 3 号等西瓜品种。20 世纪 70 年代中国西瓜引种的重点开始转向美国，美国的著名商业品种大多被引入中国，最主要的有蜜宝（Sugar Baby）、久比利（Jubilee）、查里斯顿（Charleston Gray）、克伦生（Crimson Sweet）等。这些品种均为国外生产上大面积推广的优良品种，引进试种后大部分能在各地生产推广应用。1990 年数据统计，在我国 284 个西瓜品种中，从国外引进的品种有 100 个，占 35.2%。对不同时期表现优良的 110 个西瓜品种，按照亲缘关系分类，具有日本品种血缘的 91 份，占 82.7%；有美国品种血缘的 49 份，占 44.5%；有中国品种血缘的 44 份，占 40.0%；有苏联品种血缘的 7 份，占 6.3%；有埃及品种血缘的 2 份，占 1.8%（韩金星等，2009）。

我国的西瓜引种主要是通过中国农业科学院国外引种组织进行，委托中国农业科学院郑州果树研究所瓜类室统一负责。此外，有关教学、科研单位及西瓜科技工作者通过出国学习、考察、学术交流等渠道也从国外搜集了许多有用的西瓜种质资源。

鉴于中国目前拥有的西瓜种质资源的数目与世界上实际存在的数目之间尚有很大的差距，而且在世界西瓜种质资源信息的掌握上系统性不够，引种和利用的种质资源范围、类型和数量局限性较大，有计划地走出去搜集引进也不够，未能充分发掘利用世界西瓜种质资源的多样性。随着科学研究进展的需要，组织西瓜种质资源国外考察组（队），深入西瓜种质资源丰富的地区，特别是西瓜的原产地非洲进行实地考察，发掘和征集种质资源很有必要，对促进中国西瓜育种事业再上一个新台阶将具有重要意义。所以，应加强从西瓜起源地南非引入有关野生种和近缘野生种等种质材料的力度，系统地引进美国的核心种质和抗病种质。中国台湾自 20 世纪 60 年代初就不断派出科技工作者到南美、西印度群岛、中东及东南亚等地搜集种质资源，对台湾地区西瓜育种起了积极作用。

## 二、种质资源的保存

随着全球生态环境的日益恶化，种质资源流失的速度逐渐加快，如不采取有效的保护措施，许多珍贵的种质资源将一去不复返。人们已经认识到种质资源的重要性，许多国家纷纷建立了大型国家种质库，广泛搜集和保存原产本土和外来的种质资源。美国最早建立了国家长期库，保存作物种质40余万份（其中西瓜2 000余份，甜瓜3 000余份）（http：//www. ars-grin. gov），我国于20世纪70年代建立了国家长期库，作物种质保存数量30余万份，印度也于1997年新建了国家种质库，种质保存容量可达100万份（http：//icgr. caas. net. cn）。

### （一）种质资源保存的分类

根据种质资源保存时间的长短，可分为短期保存（几个月到几年）、中期保存（10～30年）、长期保存（30年以上）。

1. 短期保存

短期保存通常是将种子晒干至含水量低于8%时进行简单保存，适合种质繁殖期间的临时保存。

2. 中期保存

中期保存是采用干燥法或者一般低温干燥法保存。一般低温干燥法保存的温度为（0±5）℃，空气相对湿度＜50%。国家西瓜、甜瓜中期库未建立种质保存冷库时采用干燥法保存，如采用装有硅胶的干燥器保存种质。种质保存冷库建成以后则采用的是一般低温干燥法保存，即西瓜种子经过干燥后装进塑料瓶密封，保存在0～5℃的冷库中。

3. 长期保存

长期保存是采取低温干燥（温度为－20℃，空气相对湿度＜50%）或者超低温（－196℃的液氮）保存，如国家长期库将西瓜种子保存在低温冷库中。美国国家种质库为了实现种质长期保存，将大量种质保存在－20℃的冷库中，少量种质放在－196℃的液氮中保存。由于低温条件下保存种质需要建造专业的冷库，购置必要的制冷和除湿设备，在保存种质过程中还需要消耗大量的电能，保存和维护成本较高。

为了降低种质保存成本，近年来人们纷纷研究利用种子超干燥储存技术来保存种质资源。种子超干燥储存又称超低含水量贮藏，是指将种子的水分含量降至5％以下，密封后置于常温条件下贮藏。通过降低水分，以干燥代替低温，使种子在常温条件下具有低温贮藏的效应，可以降低种子保存成本。但目前这种保存技术尚未大规模用于种质保存实践，仍处于探索阶段。

**（二）种质资源的保存方式**

种质资源是活的生物，它的保存与博物馆保存古物或化石标本不同。对种质资源必须进行科学、妥善保存。种质资源保存的基本任务，首先是要防止丢失、错乱，保持种质的生命力不丧失，能够进行世代更替；其次是降低种质产生自然突变的概率，保持种质的完整性，要避免发生生物学混杂（自然杂交）或其他变异，这对异花授粉的西瓜尤为重要。在保持种质资源生活力的前提下，要尽量维持其原有特征特性，使育种所需之性状不至于消失。所以，需要对搜集的种质资源按一定的制度进行播种保存。国际植物种质资源委员会（IBPGR）十分重视自然生态保护区的建设，即在种质资源的原产地种植进行原位保存。

西瓜种质资源的保存，过去都是采用连年或隔年播种留种的方法保存，但这种方法工作量大，世代进展快，易发生变异，从而丧失某些独特的优良性状。同时，由于种植株数很少，栽培条件优越，年复一年就会使地方品种失去对外界条件的适应能力。因此，10余年来，许多国家都对种质资源的保存工作进行了研究和改进。

除原位保存外，另一种保存种质资源的方法是移位保存。移位保存又分为田园种质库（种质田间保存）、种子种质库、试管苗种质库及低温冷冻保存等。低温冷冻保存的温度低于−20℃，如−40℃、−196～−80℃，后者即以液态氮进行超低温冷冻保存（通常用于组织培养材料的保存）。种子种质库又因其设置温度的不同分为长期库、中期库和短期库。种质库是种质资源保存的基础，其他保存方法是对种子种质库的补充和扩展。

1. 国外种质资源的保存

美国于1958年采用大规模保存种质种子的库存法，建立了设于科罗拉多州（Colorado）的现代化大型国家种子贮藏库（NSSL）。美国西瓜种质的搜集和保存由美国农业部负责，西瓜种质资源除了保存在国家种子贮藏库外，位于佐治亚州的Griffin试验站也在保存。对引进种质资源进行一次大量种植和采种后，将种子长期贮藏在受到严格科学管理的低温种子库内，短期库的贮存期可达10

年。截至 2000 年，位于佐治亚州的 Griffin 试验站引进保存的西瓜属种质有 1 644 份，西瓜种质都被统一编号进入遗传资源信息网（GRIN），其中 1 393 份（占 85%）是可以提供给研究者使用的。美国国家种子贮藏库（NSSL）主要贮存的是西瓜品种或品系，696 份种质中有 300 多个栽培品种（韩金星等，2009）。美国在西瓜种质资源共享上做得相当好，凡是进入 GRIN 且种子的贮存数量足够多的，填写申请表说明利用目的及具体编号，即可得到所需的种质材料。根据美国葫芦科作物种质委员会（CCGCR）1996 年的报告，1980—1988 年，共有 2 459 份葫芦科种质提供给世界各地，其中 1 155 份美国国内需用，1 304 份国际需用。其他保存西瓜种质资源较多的国家有：俄罗斯 2 292 份，印度 529 份，保加利亚 172 份，菲律宾 55 份，土耳其 50 份，尼日利亚 48 份，南非 42 份，日本 33 份。这些是仅限于纳入国际植物种质资源委员会（IBPGR）种质资源网络体系的材料。

日本对低温种子库保存法加以改进，采用二重贮存法保存种质资源，即先将搜集到的种子在防疫隔离温室内进行无土栽培，防止病虫害入侵，采种后将种子经干燥处理，分装密封，在低温条件下贮藏。干燥程度和贮藏期温度因作物种类而异。贮藏温度分为两种：一种是 -10℃，可使种子保存 30 年以上，每份种子存放 3 000 粒；另一种是 -1℃，可贮存 10 年以上，每份种子存放 300 粒，其保存的种子作为育种交换材料，可随用随取，当这部分种子用完后，可从保存 30 年的库中取出一部分种子繁殖采种，补充库存量。采用这种方法保存种质资源除可大大节省工作量以外，最大的优点是种子的世代进展慢（为 30 年左右），有利于保持品种的原始遗传性状。此法已在联合国粮农组织（FAO）遗传因子研究中心开始推广。

目前全世界已建立的低温种质资源库共有 481 座，其中最重要的有设于英国伦敦皇家植物园的 Wakehurst Place 的种子库（Seed Bank）及设于 Wellesboure 的英国国家种子基因库，均为世界著名的种质资源保存中心。韩国设有隶属于农村振兴厅（RDA）的国家基因库（Gene Bank），也拥有十分先进的设备和先进的技术及管理。还有俄罗斯的国家世界植物资源搜集种子库，共保存有 30 万份以上的世界各地栽培植物及其近亲种子。土耳其的濒危植物资源保存库，德国、墨西哥、菲律宾等也已建成这样的植物资源保存库。现将世界各地保存西瓜种质资源的基因库名称（缩写）、所在国家及保存的西瓜种质材料数目列表如下，供引种参考（表3-1）。

表3-1　世界各地保存西瓜种质资源的基因库及资源数量

| 基因库名称<br>（英文缩写） | 所在国家及地点 | 保存西瓜<br>种质数目 | 备注 |
|---|---|---|---|
| IPLGR | 保加利亚 Sadovo | 172 | |
| RIPP | 原捷克 Prague | 3 | |
| ZJGUK | 德国 Gatersleben | 8 | |
| NIAVT<br>VCRI | 匈牙利 Tapioszele<br>Budapest | 44 | |
| IIHR<br>NBPGR<br>NBPGR<br>NBPGR<br>KAU<br>VPAS | 印度<br>New Belhi<br>Phalgi<br>Vellenikhara<br>Vellenikhara<br>Uttar Pradesh | 181<br>500<br>29 | 未定名的葫芦科植物 |
| ARC | 伊拉克 Abu Ghraib | 5 | |
| LG | 意大利 Bari | 11 | |
| NIAS<br>PGI | 日本 Lbaraki<br>Kyoto | 33 | |
| NIHORT<br>ARC<br>UNA<br>IPG<br>DPSC<br>ARARI | 尼日利亚 Ibadan<br>巴基斯坦 Islmabad<br>秘鲁 Lima<br>菲律宾 Laguna<br>南非 Pretoria<br>土耳其 Lzmir | 48<br>5<br>15<br>55<br>42<br>50 | 野生种 |
| VIR（俄文：BNP） | 俄罗斯 Leningrad | 2 292 | |
| NSSL<br>SRPIS<br>IVCRC<br>Robinson's 10 | 美国 Colorado<br>Georgia<br>California<br>Geneva，N Y | 696<br>983<br>数目不详<br>10 | 突变体 |

注：此表所列资料只限于纳入 IBPGR 种质资源网络系统的材料。

2. 中国种质资源的保存

我国的西瓜种质资源统一由中国农业科学院品种资源研究所的国家种质库保存，而搜集工作则由中国农业科学院郑州果树研究所负责。建立大型现代化的种质资源保存中心（基因库）是对种质资源进行有效保存的重要手段。中国已建立了世界上库容量最大、设备先进的大型现代化国家种质资源长期库。

20 世纪 70 年代末，首先在中国农业科学院品种资源研究所建立了第一座国家种质库（National Genebank），也称 1 号库，总面积 1 100 m²，种子库分为两间，一间面积 110 m²，温度－10℃，库容量 8 万份种子；另一间面积为 210 m²，温度为 0℃，库容量 15 万份种子。1986 年又建成库容量为 50 万份种子的国家种质库，也称 2 号库，总面积 3 000 m²，有 2 个低温库，面积各为 150 m²，温度－18℃，相对湿度在 50％以下，种子含水量在 7％以下放入密闭容器中，可安全贮存 30～100 年；另有 4 个可调库，温度为－18～－8℃。

国家种质库对各种作物的种质材料从登记、分类、清选、分级、干燥处理、包装贮藏，到种子检验、检疫以及发送交换等，全部实现了机械化、自动化、仪表化及电脑化管理。同时，我国还在青海建立了战略复份库，作为种质资源的长期备份保存。这些长期库的建立为作物种质资源的长期安全保存创造了条件，目前共保存各种作物计 35 科 192 属 712 种，种质保存数量 33 万余份，其中保存的西瓜甜瓜种质资源 3 000 余份。

"七五"至"九五"期间，西瓜甜瓜种质资源的搜集、整理、保存和入库被列为国家科技攻关项目，"十五"期间又被列为国家科技基础项目和农作物种质资源保护项目，由中国农业科学院郑州果树研究所牵头，先后有中国农业科学院果树研究所、新疆葡萄瓜果开发研究中心、中国农业科学院作物品种资源研究所等 8 个单位参加，共完成西瓜甜瓜编目入国家长期库近 2 000 份（马双武等，2003），为后人留下一笔宝贵的资源财富。其中共搜集西瓜种质资源 1 100 余份，经整理、鉴定，送入国家品种资源长期库的西瓜资源有 1 048 份，为进一步开展西瓜育种和遗传理论的研究奠定了可靠的物质基础。马双武等（2003）通过对编目入国家长期库的 1 048 份西瓜种质资源统计分析表明，收录的西瓜地方品种有 261 个，占编目西瓜总数的 24.9％；有来自国外的西瓜种质资源 448 份，占编目西瓜总数的 42.7％。其中引自美国的最多，有 314 份，占引种西瓜的 70.1％；其次为日本，有 74 份，占引种西瓜的 16.5％；引自苏联的有 12 份，占引种西瓜的 2.7％。

为实现种质和信息的社会共享，更好地为农业生产和育种服务，"十五"以后，国家先后筹建了一批种质资源保存的中期库，各中期库均有专业人员直接参与，从事作物的中期保存和分发利用，其中有 2 个中期库保存有西瓜甜瓜种质资源。蔬菜中期库设在中国农业科学院蔬菜花卉研究所，主要采用低温保存（0℃左右）方法保存种质资源，现保存蔬菜种质资源 2.8 万份，其中西瓜甜瓜种质资源 500 余份，并建立了网上数据库。西瓜甜瓜中期库于 2001 年立项，设在中国农业科学院郑州果树研究所，主要负责西瓜甜瓜种质资源的搜集、保存、入库（国家长期库）、整理和分发利用等工作，现搜集和保存西瓜甜瓜种质资源1 500余份，品种种类相对齐全（马双武等，2003）。西瓜甜瓜中期库暂时采用密封干燥保存法（种子含水量7％以下）保存种子，安全保存期10年左右，每年对库存种子进行芽率测试，种子芽率低于85％时及时繁种更新。

3. 种质资源档案材料的管理

为了系统、科学地对种质资源进行保存，便于检索利用和交流，应建立必要的种质资源档案制度，对所有种质资源要按作物的种类分别进行登记，制定一个固定编号、永久保存的品种基本档案，并实行种质资源档案材料的电子化、网络化管理。

美国农业研究局的种质资源信息网络（GRIN）已并入电子计算机网络系统，拥有60万份植物样本特征特性的信息，供与该网络建立联系的国家检索利用，欧洲、日本等已建立了种质资源的信息网络，如日本已建立了遗传资源育种情报综合管理利用系统，存储了有关种质资源的信息30万条，编入数据库，此信息可供全国各地农业试验研究机构和民间育种机构的电脑终端进行联机检索。欧、美的种质资源信息可通过网络进行国际交流。

中国也正在逐步建立这种网络系统，以实现种质资源信息管理的电脑化和网络化。已在国家种质库中建立了电子计算机储存管理的全国最大的种质资源信息库，完成了包括西瓜、甜瓜在内的数据输入规范，建立了种质资源数据库、种质特性评价数据库及国外种质交换数据库3个子系统，可迅速准确地提供查询服务，并为已入库的20余万份种质材料建立了相应的数据库，存入种质资源信息1 000万条以上。在西瓜方面，对繁殖入库的种质材料的部分植物学性状和生物学特性做了鉴定，并已将有关资料输入相应的数据库，所鉴定的性状包括：果实发育天数、分枝性、叶形、第1雌花节位、瓜形、瓜皮皮色、瓜面花纹和颜色、单瓜重、肉质、水分、甜度、栽培季节、抗逆性、抗病性、单位面积产量等。

西瓜甜瓜中期库对搜集保存的西瓜甜瓜初步建立了数据库，进行计算机管理。其中西瓜数据库主要包括：编号（入长期库统一编号）、保存单位、品种名称、入长期库年份、入中期库年份、来源、果实形状、单瓜重、果皮底色及覆色特征、果皮硬度、瓤色、瓤质、可溶性固形物含量、种子外观特征及千粒重等数据。国家西瓜甜瓜中期库保存的种质资源还建立了种质资源农艺性状数据库和图片库，并提交给国家农作物共享平台进行网上发布，引种者可根据需要查询数据库和图片库，有目的地引进所需种质，大大提高了种质的分发利用价值。

资源和信息共享是西瓜甜瓜中期库种质资源保存的主要目的之一，通过资源和信息共享可以将种质持有单位和育种者有效地联系起来，使种质资源得到及时合理的利用，同时也有利于资源的搜集和保存。中国农业科学院郑州果树研究所的国家西瓜甜瓜中期库的西瓜种质资源可以申请发放使用。目前正在计划对中期库改造和扩建，新建成的中期库将会进一步提高西瓜甜瓜种质资源的搜集、保存、研究和分发、利用的能力。

### （三）种质资源档案材料的电子化、网络化管理

为了系统地、科学地对种质资源进行保存，便于检索利用和交流，应建立必要的种质材料档案制度，对所有材料要按作物的种类分别进行登记，制定一个固定编号、永久保存的"品种基本档案"。

目前中国不同单位和地区对同一作物种质资源所采用的鉴定方法及记载标准不够统一，尚未实现标准化，这样就降低了各地研究资料的可比性，难以有效地进行交流和利用。建议尽量采用国际种质资源委员会（IBPGR）所拟订的各类主要作物的记载标准，使性状描述数字化，便于输入电脑存储、检索和交流。美国农业研究局的种质资源信息网络（GRIN）已并入电子计算机系统，拥有60万份植物样本特征特性的信息，供与该网络建立联系的国家检索利用。欧洲、日本等已建立了种质资源的信息网络，如日本已建立了"遗传资源育种情报综合管理利用系统"，存储了有关种质资源的信息30万条，编入数据库，并已输入汉字系统，此信息可供全国各地农业试验研究机关和民间育种机构的电脑终端进行联机检索。欧、美的信息网络可进行国际交流，中国也正在逐步建立此种网络系统，以实现种质资源信息工作"网络化"和"电子化"。中国已在国家种质库中建立了电子计算机存储管理的全国最大的种质资源信息库，完成了包括西瓜、甜瓜在内的数据输入规范，建立了种质资源数据库、种质特性评价数据库及国外种质交换数据库3个子系统，可迅速准确地提供查询服务，并为已入库的20余万份种质材料建立了相应的数据库，存入资源信息1 000万个以上的数据项。

中国从"七五"计划开始，将包括西瓜、甜瓜在内的主要农作物的种质资源收集、鉴定、保存、繁殖入库作为国家重点攻关课题，开展了全国协作研究。对繁殖入库的种质材料的部分植物学性状和生物学特性作了鉴定，并将已有相关资料输入数据库，所鉴定的性状包括：果实始收天数、分枝性、叶形、雌首花节位、瓜形、瓜皮皮色、瓜面花斑、花斑色、单瓜重、肉质、水分、甜味、栽培季节、抗逆性、抗病性、公顷产量等。

### （四）种质资源研究的现代化及中国西瓜种质资源研究新进展

由于现代育种的目标日益复杂和提高，只靠感观测定和简单称量的鉴定方法及常规的分析测定方法已远远不能满足要求。因为现代育种对种质材料的研究已不再局限为"表征"性状，而是要求"由表及里""由宏观到微观"深入植物内部研究有关生理、生化指标、微观结构和遗传机制，而且研究材料又常常是大量的，因此采用先进技术手段（如采用各种现代化测试仪器设备，以及计算机"联机"的使用等）使其研究由外部形态学深入内部解剖学、生理学、生物化学、细胞学、遗传学、病理学等领域，进行多学科的综合研究。当然，传统的形态学、分类学及生物学特征的研究仍不可忽视。

此外，新的领域如数量分类学、孢粉学、同工酶分析及其他生理分析、生化分析、抗病性鉴定、核型分析、染色体分带、基因定位、RFLP、RAPD 等生物技术的应用等对于深入了解种质资源内部特性、遗传机制、亲缘关系等均有重要作用，必能促进对种质资源更为合理地利用，从而显著提高育种效率和水平。

近 10 年来，中国西瓜育种科技工作者对西瓜种质资源的研究逐步采用了一些先进的技术手段和实验方法，开展了一些较为深入的研究，限于篇幅此处只列出研究项目、研究单位及主要研究人员供读者参考：同工酶的电泳分析（西北农业大学王鸣、张兴平、刘莉等，1986、1990；湖南农学院郑素秋等，1993；湖南省园艺研究所陶抵辉，1994），染色体分带及核型分析（湖南农学院郑素秋，1988；河北农业大学马德伟等，1993），孢粉学（河北农业大学马德伟等，1989；西北农业大学王鸣等，1988）；数量遗传研究（山东省莱州市农业局贾文海，山东省昌乐县果品公司杨际华、夏瑞芝，1994），利用聚类分析研究瓜类炭疽病病原菌的致病性分类（西北农业大学文生仓、王鸣，1994），用生物间遗传学原理和方法研究西瓜枯萎病、炭疽病病原菌抗性基因（西北农业大学王浩波、文生仓、王鸣等，1994），西瓜枯萎病病原菌专化型及生理小种分化研究（上海市园艺研究所王燕华等，1988；江苏省农业科学院刘秀芳、徐润芳等，1990；西北农业大学王鸣、张兴平、张显等，1988、1991；王浩波、王鸣，1993）。

## 第三节　种质资源的评价与利用

为了提高种质资源的保存效率和分发利用价值，需要对现有的种质资源进行观察鉴定，并建立相应的数据库和图像库。近年来国家加大了对种质资源工作的扶持力度，并正在进行农作物种质资源平台建设，以更好地实现种质资源信息和实物的共享。届时必将促进我国西瓜种质资源工作的快速发展。

# 一、种质资源的评价

种质资源是决定育种成功与否的重要因素，准确描述西瓜种质资源的相关性状，是西瓜育种的重要基础。如果仅仅搜集了大量的种质资源，而未进行系统地整理和深入地研究，便无法了解和掌握各种种质资源的特征特性，也就无法合理地利用这些种质资源，或者降低种质资源的利用价值，使许多有用的种质资源只能作为"标本"，甚至成为育种机构的包袱。

因此，对种质资源的研究越深入，则对种质资源的利用就越充分，其作用也就越大，育种工作也就越有把握。未经鉴定研究的种质材料，是不具备信息的种质资源，是无法利用的材料。开展西瓜种质资源的深入研究与评价，摸清并掌握相关种质资源的生物学特性，逐步完善和建立西瓜种质资源的数据化评价体系，是西瓜种质资源的改良和合理利用，特别是新品种选育的基础。

## （一）西瓜种质资源评价的内容

对西瓜种质资源的评价，除形态学特征和生物学特性外，应主要围绕产量、品质、成熟期、抗病性、耐贮运性，以及对其他环境压力（逆境）的抵抗性等。进行西瓜种质资源评价的主要内容如下。

1. 品种在当地条件下各主要物候期的长短和时期及其所需求的条件

西瓜物候期的长短、发育条件与果实成熟期有密切关系。对于一个用于育种的种质材料，简单地讲早熟或晚熟是不够的，应该进一步了解各个主要物候期的长短及所需要的外界条件，才便于选择和选配亲本时参考，并在各个不同发育期中进行人工控制、培育和选择。

2. 对本地不良条件的抵抗性

北方应着重研究抗寒性、抗旱性、抗盐碱性等；南方则应着重研究耐湿性、耐热性、耐酸性等。

3. 对病虫害的抵抗性

特别是对当地主要病虫害的抗性，不仅要了解其一般的抗性，而且还要进一步了解其各个不同发育时期的抗性，因为不同发育时期的抗性表现可能不同。此外，还应进一步了解其对病原菌的不同生理小种的抗性。应重点研究西瓜对枯萎病、炭疽病、蔓枯病、疫病、病毒病（WMV‑2为主）及线虫的抗性。对近年新出现的一种毁灭性的病害——西瓜细菌性果腐病也应开展研究，并进行抗病性鉴定和筛选。

4. 产品品质

西瓜的品种包括果实形状、化学成分、经济性状以及耐贮运的能力和加工品质等。对西瓜应特别重视其可溶性固形物（以折光糖度表示）含量及分布（中心糖及边糖），维生素、果胶、纤维素等的含量，果皮硬度（以 Pa 表示）、果肉色泽、质地、果实外观、果实大小及整齐度等的研究。

5. 生产率及产量

生产率是指平均单株产量（kg/株）；产量是指单位面积产量（kg/hm²）。品种的生产率和产量的高低，可能是一致的，也可能是不一致的，这说明较大面积上的产量决定于很多因素，如种子直播出苗率、营养面积（单位面积的株数）及坐果率等。因此，用生产率折算出来的产量并不都是很可靠的。引种及育种的初期由于株数少，小区面积小，这时只能以生产率来折算产量。但在育种工作的后期阶段，则必须要用较大面积进行生产试验，才能确定品种真实产量的高低。

目前中国不同单位和地区对西瓜种质资源所采用的鉴定方法及记载标准还没有完全统一，尚未实现标准化，这就降低了各地研究资料的可比性，难以有效地进行交流和利用。建议尽量采用国际种质资源委员会（IBPGR）所拟定的记载标准，使性状描述数字化，以便于输入电脑存储、检索和交流。

### （二）西瓜种质资源研究进展

1. 国外西瓜种质资源研究

西瓜抗病育种的先驱奥顿（Orton）于 1902 年开始研究西瓜种质资源的抗病性，研究结果表明，普通栽培西瓜品种在后代测验中均不产生抗病个体，仅饲料西瓜（Citron）具有明显的抗病性。Citron 是一个极有价值的抗原材料，不仅抗枯萎病，而且抗病毒病。他用栽培西瓜品种伊甸园（Eden）和饲料西瓜杂交，F2 代分离出了抗病类型，再与栽培西瓜杂交，经 8 代系统选择，于 1911 年育成了美国第一个，也是世界上第一个抗枯萎病的西瓜新品种胜利者（Conqueror）。

美国是世界上西瓜育种起步最早、影响最大、成果最显著的国家，也是搜集西瓜种质资源最多、鉴定研究最深入、利用最有效的国家。美国资源库（America National Germplasm Resources Laboratory）中保存着从全世界搜集到的西瓜材料 1 839 份（www. ars-grin. gov），在西瓜资源的保存与研究方面居国际领先地位（范敏等，2004）。

国际上一向重视种质资源的研究。不仅在西瓜农艺性状上做过系统鉴定和遗传表现研究，而且特别重视抗病、抗逆性的鉴定（韩金星等，2009）。美国农业部南部地区植物引种试验站等完成了 700 份种质材料的抗性鉴定。佛罗里达大学试验站的瓜类专家和植物病理学专家对西瓜栽培品种进行抗枯萎病的鉴定，查明了 40 多份商品品种的抗感程度。抗枯萎病生理小种 1 基因 $Fo\text{-}1$ 为显性基因，$Fo\text{-}1$ 来源于 Calhoun Gray 和 Summit（Todd C Wehner，2007）。西瓜枯萎病 2 号生理小种是 1985 年首先在得克萨斯州发现的，目前这种病害还没有广泛传播于各生产区，但有进一步传播的可能。现在尚未发现抗 2 号生理小种的杂种一代和常规品种，但已鉴定出唯一的抗原正是我国引进的野生资源 PI 296341FR。北卡罗来纳州立大学对 1 585 份种质材料进行了多年多次重复鉴定，筛选出 12 份抗蔓枯病的种质材料，最抗病的材料为 PI 279461、PI 254744、PI 482379、PI 244019、PI 526233、PI 482276、PI 164248、PI 482284、PI 296332、PI 490383、PI 271771 和 PI 379243，另外鉴定出 6 份最感病的材料。美国对西瓜种质的抗炭疽病也进行过较系统的研究，发现抗 1 号生理小种的材料同样抗 3 号小种，但不抗 2 号小种。先后选育出抗 1 号和 3 号小种的品种：Charleston Gray、Crimson Sweet、Congon、Fairfax、Jubilee、Dixielee 和 Sugarlee。筛选出抗 2 号小种的种质材料：PI 270550、PI 326515、PI 271775、PI 271779、PI 203551、PI 299379、PI 189225 和 PI 512385（王浩波、陈会中，2003）。目前他们正在开展抗病材料和感病材料的深入研究，利用抗病遗传规律筛选西瓜种质资源并进一步开展育种工作。

1996 年美国葫芦科作物种质委员会明确划定了西瓜种质研究领域，在 10 个优先鉴定的特性中，有 7 个就是抗病或抗虫方面的（韩金星等，2009）。在 20 世纪 80—90 年代，美国将新出现的西瓜细菌性果腐病作为鉴定研究的重点。细菌性果腐病由种传细菌引起，这种病害于 1989 年在商品生产中首次发现，目前主要为害东部几个州。这种病害与果皮的颜色有一定的相关性，最感病的品种是像 Charleston Gray 这样的浅绿皮的西瓜品种，较耐病的是 Crimson Sweet 类的绿皮花条带品种，最抗病的是 Sugar Baby 类的深绿皮（黑皮）品种，然而在最适于病菌生长的环境下，商品品种的抗性仍然不够高。

2. 中国西瓜种质资源研究

中国幅员辽阔，历史悠久，拥有极为丰富的植物种质资源（包括野生的、半野生的及栽培品种或类型），这些种质资源成为中国和世界各国开展育种工作的宝库。著名遗传学家 H. H. 瓦洛夫在其经典的"栽培作物起源中心理论"中，曾将"中国起源中心"列为世界上历史最早、范围最大、种类最多的一个独立的起源中心。它是许多重要的农作物及蔬菜瓜果的起源地或次级起源地。但我国的西瓜品种资源并不十分丰富，经过 20 多年的努力，目前在我国农作物资源中长期库中保存的西瓜种质材料只有约 1500 份，其覆盖面并不宽（范敏等，2004）。我国西瓜育种与新品种的选育正处于爬坡状态，引入国外种质资源对推动中国的西瓜育种具有十分重要的意义。

我国的西瓜种质资源研究在深度和广度上尚需加强。20 世纪 80 年代，中国农业科学院郑州果树研究所对搜集的 473 份西瓜材料进行种质观察与种质评价，记载了其农艺性状和植物学性状，进行了粗略分类，积累了较系统的资料（韩金星等，2009）。范敏等（2004）在新疆栽培条件下，对 2003 年从美国资源库引进的 1 373 份西瓜种质资源的 12 项农艺性状进行了详细调查、记载，并应用聚类分析和主成分分析方法对观测结果进行了分析。聚类分析得到的树状图可将它们分为 3 个类型并归并为 5 个类群、8 大分支。类型间、类群间的遗传差异大于类型内、类群内样本间的遗传差异，类间距离在 25～45 Euclidean。体现了西瓜种质资源的丰富的变异类型。主成分分析结果表明：划分西瓜种质资源类群的依据首先是果实特征，其次是茎叶特征，再次是种子特征。该研究为西瓜种质资源的利用提供了可参考的信息。

2001 年在农业部"农作物种质资源的收集、保存、更新"项目支持下，中国农业科学院郑州果树研究所成立了第 1 个专业的西瓜种质资源研究机构——国家西瓜甜瓜中期库，标志着我国西瓜种质资源研究步入了新时代。2005 年在科技部国家自然科技资源共享平台项目的支持下，出版了《西瓜种质资源描述规范和数据标准》一书，对西瓜种质资源的 144 个性状进行了规范化描述，对性状数据的采集方法做了标准化的解释。西瓜资源性状描述的规范化和数据采集的标准化，为西瓜种质资源的评价、共享、利用创造了条件。尚建立等（2010）针对西瓜种质资源性状描述中遇到的易混淆性状（子叶颜色和子叶颜色稳定性、叶片姿态和叶柄姿态、叶片缺刻类型和叶片缺刻级数）和不易描述性状（果实形状、果皮覆纹形状、果肉颜色）做了详细的解释和说明，在具体数据采集方法上进行了总结，可为西瓜种质资源性状描述和数据采集者提供参考。

我国对西瓜种质资源的抗病性鉴定和利用起步较晚。20 世纪 80 年代后期，我国在西瓜枯萎病菌小种分化、抗西瓜枯萎病的种质筛选及抗病育种等方面集中开展过较系统的研究，发现国内缺乏抗病种质材料而且栽培品种绝大部分是感病品种。经过 10 多年的努力已有少量几个优良的抗枯萎病品种在生产中应用，但远没有满足生产上对多种花色西瓜品种抗枯萎病的需要，并且在对其他病害如炭疽病、蔓枯病、果腐病、疫病、病毒病等抗性鉴定方面的工作也较少开展。目前，我国的西瓜病害越来越严重，一些过去并不严重的病害已上升成为重要的病害类型，应开展新的抗病种质资源的鉴定、筛选和育种工作。

由于现代育种的目标日益复杂和提高，只靠感观测定和简单称量的鉴定方法及常规的分析测定方法已远远不能满足要求，因为现代育种对种质材料的研究已不再局限为"表征"性状，而是要求"由表及里""由宏观到微观"，深入植物内部研究有关生理、生化指标、微观结构和遗传机制等。而且研究材料又常常是大量的，需要采用先进技术手段，如采用各种现代化测试仪器设备，并借助计算机等，使研究由外部形态学深入到内部解剖学、生理学、生物化学、细胞学、遗传学、病理学等领域，进行多学科的综合研究。当然，传统的形态学、分类学及生物学特征的研究仍不可忽视。

此外，新的领域如基因定位、RFLP、RAPD 等生物技术的应用等对于深入了解种质资源内部特性、遗传机制、亲缘关系等均有重要作用。各种先进生物技术的应用必会促进种质资源更为合理地利用，从而显著提高育种效率和水平。

中国西瓜育种科技工作者对西瓜种质资源的研究也逐步采用了一些先进的技术手段和实验方法，开展了一些较为深入的研究。例如：同工酶分析、染色体分带及核型分析、孢粉学、数量遗传学研究、利用聚类分析研究瓜类炭疽病病原菌的致病性分类、用生物间遗传学原理和方法研究西瓜枯萎病、炭疽病病原菌抗性基因、西瓜枯萎病病原菌专化型及生理小种分化研究等。

西瓜遗传资源在用同工酶、RAPD 及 SSR 技术对西瓜种质资源进行鉴定时，发现很难将品种完全区分开来。西瓜栽培品种间的 RAPD 多态性较低，而与野生类型间的多态性较丰富。西瓜遗传多样性研究已经做了大量的工作，均证明西瓜的遗传基础比较狭窄。车克鹏等（2003）利用高效可靠的 AFLP 技术，对 30 个西瓜核心种质材料进行了遗传分析，最终建立了这 30 个材料的 DNA 指纹图谱。在该图谱中，每个材料均有其独特的"指纹"，材料之间可以相互区分开来。北京市农林科学院蔬菜研究中心许勇研究团队在西瓜全基因组测序的基础上，通过大规模标记筛选，发掘出 23 对西瓜核心 SSR 引物，构建了 100 份西瓜育种材料的 DNA 指纹（Zhang H. Y.，2012）。目前，西瓜 DNA 指纹图谱鉴定技术标准已通过国家审定，借鉴标准中引用的西瓜核心 SSR 引物构建中国无籽西瓜主栽品种的 DNA 指纹图谱，对客观评价中国无籽西瓜品种的遗传多样性以及强化品种知识产权保护具有重要的意义。赵胜杰等（2013）利用 SSR 标记构建了 27 份中国无籽西瓜主栽品种的 DNA 指纹图谱（图 3 - 1）并进行了遗传多样性分析。研究表明，核心 SSR 标记适用于构建无籽西瓜品种的 DNA 指纹图谱，中国无籽西瓜品种遗传相似度较高，亟须加强无籽西瓜种质创新。

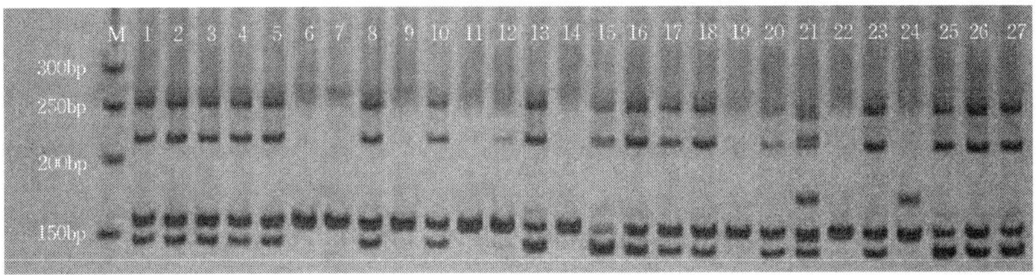

1. 雪峰花皮无籽；2. 雪峰大玉无籽 5 号；3. 雪峰蜜黄无籽；4. 郑抗无籽 1 号；5. 郑抗无籽 3 号；6. 红伟无籽；7. 莱卡红无籽 2 号；8. 郑抗无籽 5 号；9. 绿野无籽；10. 洞庭 1 号；11. 黑童宝无籽；12. 金丽黄无籽；13. 神玉无籽；14. 津蜜 1 号；15. 津蜜 10 号；16. 津蜜 30 号；17. 花蜜；18. 暑宝；19. 广西 3 号；20. 桂冠 1 号；21. 鄂西瓜 12 号；22. 鄂西瓜 8 号；23. 新优 38 号；24. 新优 39 号；25. 菊城无籽 6 号；26. 菊城无籽 3 号；27. 小玉无籽。

图 3-1 中国无籽西瓜主栽品种 DNA 指纹图谱（赵胜杰等，2013）

李朋飞等（2013）运用 SRAP 分子标记技术分析了 80 份西瓜种质资源的遗传多样性，28 对不同的引物组合共扩增出 308 条谱带，其中多态性谱带 68 条。引物组合的多态性频率最低为 9.1%，最高为 45.5%，平均 22.1%。基于全部材料的 SRAP 基因型数据评价品种间的遗传关系，80 份西瓜种质的遗传相似系数变化范围在 0.94～1.00，来源于美国和日本的品种与国内的种质材料在遗传背景方面也有很高的遗传相似度，表明供试西瓜种质资源的遗传背景比较狭窄，品种间亲缘关系较近，迫切需要新种质的融入。利用 NTSYS 软件聚类分析，构成了供试材料的树状图（图 3-2），80 份西瓜材料被划分为 3 个类群，类群间相似度较高。来源地不同的西瓜材料也被划分到一个类群，进一步说明供试材料遗传背景狭窄。西瓜品种的遗传背景狭窄已成为西瓜新品种选育的关键限制因素，种质资源创新亟待加强。西瓜育种要取得突破性进展，必须加强种质资源的引进与创新。因此，需要加快种质资源的创新和筛选，尤其是加强野生西瓜种质资源的搜集、鉴定和利用工作，拓宽西瓜的种质遗传基础，为培育有突破性的西瓜新品种提供关键种质材料。

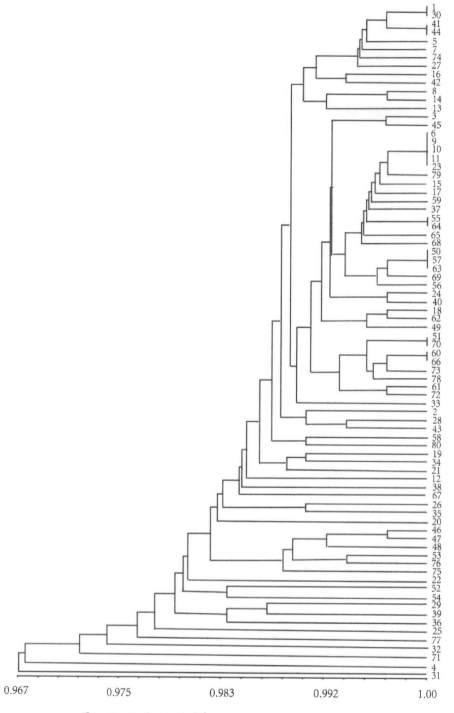

图 3 - 2  80 份西瓜种质资源 SRAP 标记的 UPGMA 聚类

## 二、种质资源的利用

### （一）种质资源的利用方式

种质资源收集、研究、保存的目的是对其有效而充分地利用。根据种质资源种类及特点的不同，利用方式也不相同，一般可分为直接利用、间接利用等。

1. 直接利用

对于当地的种质资源或生态条件相似地区引入的种质资源，经研究鉴定后，证明对当地气候、土壤等环境条件适应性强，且经济价值高，则可直接加以推广利用。有时需要进行提纯复壮以提高品种纯度（地方品种）或增强其适应性（引入品种）后再加以利用。如美国的查理斯顿引入中国经多代人工选育后，在广东、江西、宁夏等地推广栽培，并称之为马兰瓜或冬瓜段；克伦生引入中国后在兰州等地推广栽培，并称之为美国 108；华东 24 是从新大和西瓜中经多代单瓜混合选择而育成；华东 26 则是从大和冰淇淋中经多代单瓜混合选择而育成；澄选 1 号是从查里斯顿中分离选育而成的；长灰是从查里斯顿中选育出来的。应该指出，如果原品种的性状没有发生明显的变化，不宜另行命名，否则有侵犯知识产权之嫌。

2. 间接利用

对从外地、外国引入的种质资源，由于对当地生态环境适应性差，不能直接利用；或者由于种质资源综合性状不符合生产要求，但具有某些优良基因可以利用时，可以通过适当的育种途径加以改造，然后再加以利用，即间接利用。

改造的方法可以通过电离辐射或化学诱变等手段。但更常用的方法是通过杂交育种（包括远缘杂交）和杂种优势利用，即通过基因重组，将其优良基因结合到新的杂交品种或一代杂种中。从国外引进的西瓜品种对中国西瓜新品种选育作出了重要贡献，我国自己选育的西瓜优良品种中几乎每个品种都有来自国外西瓜种质的血缘。

在杂交育种方面，采用华北类型与优质日本大和系统品种杂交，经多代分离自交选择，先后育成我国首批杂交育种方法选育的固定品种早花（小花狸虎×旭大和 6 号）和兴城红（喇嘛瓜×旭大和 6 号），均有日本品种旭大和 6 号作亲本。以后全国各地又陆续育成一批固定优良品种，其中推广面积较大的西瓜品种主要有：郑州 2 号（核桃纹×早花）、郑州 3 号（郑州 2 号×兴城红）、中育 1 号（早花×红玫）、庆丰（早花×核桃纹）、中育 2 号（庆丰×蜜宝）、中育

6号（从中育2号中选育而成）、琼酥（旭大和×葫芦皮）、龙蜜100（华东24号×早花）、伊选（从日本杂交一代伊吹中选育而成）、苏蜜1号（蜜宝×兴城红）、汴梁1号（庆丰×中育1号）、无叉早（安无叉×苏联3号）、火洲1号（克隆代克7号×浅绿皮夏西瓜×蜜宝×伊吹）。所有这些品种中都有来自国外西瓜种质资源的血缘，都是对引进西瓜种质资源的间接利用。

在杂种优势利用方面，我国各育种单位培育出一大批门类齐全、品种配套的杂交一代品种，通过省级以上鉴定且在生产上大面积推广的品种有：新澄1号（新青×澄选1号）、红优2号（苏联3号×久比利）、郑杂5号（早花×长灰）、郑杂7号（法国西瓜×红花）、郑杂9号（郑州3号×长灰）、金花宝即P2（中育1号×久比利）、丰收2号（中育10号×中育6号）、丰收3号（中育9号×中育6号）、京欣1号（桂多×日本固定品种）、8155（54×52）、齐红（新青×中育10号）、蜜桂（蜜宝×桂引6号）、浙蜜1号（蜜宝×克伦生）、浙蜜2号（蜜宝×兴城红）、冰台（冰淇淋×蜜宝）、平湖1号（中育1号×克伦生）等。它们都有来自国外西瓜种质资源的血缘，在这些杂交亲本中，新青、红花、54、52、桂引6号引自日本，久比利、长灰和克伦生引自美国，法国西瓜则来自法国，中育9号是从中育2号与马兰瓜杂交后代中选育而成。

由此可见，日本和美国种质资源在我国西瓜育种中起了很大作用，为我国育种工作的发展奠定了良好的基础。一方面说明它们在我国的适应性和与我国种质的互补性及亲和性很强，应继续加强引种；另一方面也说明我国西瓜引种的局限性。加强引进其他国家的西瓜种质资源，将有利于提高我国西瓜育种水平和改善我国引种的局限性。

国外抗病种质作为亲本在我国西瓜抗病育种中也作出了非常重要的贡献（宋荣浩等，2009）。美国育成的抗病西瓜品种均属晚熟、北美生态型，适应于阳光充足的干旱气候条件栽培，且因果实品质不符合国内消费者的习惯，我国大部分地区难以直接应用。根据我国各地的气候、土壤条件及消费习惯，以Calhoun Gray、Smokylee、Charleston Gray、Dixielee、Crimson Sweet、Mickylee、Sugarlee、Jubilee等一批美国引进的抗病西瓜种质材料为基础，经过对其综合农艺性状的观察、鉴评及其品质的分析检测，发现这些品种材料不仅地理远缘，抗病性和适应性差异大，而且优势性状与国内及东亚品种互补。根据西瓜品种的主要园艺学性状及其遗传规律，直接进行组合配制，结合多点区试鉴定及苗期人工接种鉴定，育成了一批综合农艺性状优良的杂交一代抗病西瓜新品种。

由表 3-2 的育种亲本应用情况可以看出，目前国内育成推广的有影响的抗病西瓜品种，西农 8 号、郑抗 1 号、郑抗 2 号、抗病苏蜜、聚宝 1 号、红优 2 号等都是以美国引进的抗病西瓜品种为亲本之一，育成的杂交一代抗病西瓜新品种。而且，杂交一代西瓜的选配一般是以自主育成的品系或固定品种作为母本，以国外引进的抗病西瓜种质作为父本。10 个西瓜抗病品种中，仅西农 8 号和聚宝 1 号的母本是直接利用国外抗病种质，其他 8 个品种的母本则为国内各单位自主育成的品系或固定品种，其父本则是利用国外引进的抗病品种，国外引进抗病亲本的遗传贡献率达 50%。

表 3-2　美国引进抗病种质作为亲本在我国西瓜抗病育种中的应用

| 品种名称 | 母本 | 父本 | 育成年份 | 育成单位 | 主要特征 |
|---|---|---|---|---|---|
| 西农 8 号 | Sugarlee | 自选品系 | 1991 | 西北农林科技大学 | 椭圆果、绿底、宽花条、大果、中晚熟 |
| 抗病苏蜜 | 苏蜜 1 号 | Smokylee | 1994 | 江苏省农业科学院 | 椭圆果、墨绿皮、大果、中熟 |
| 抗病苏红宝 | 自选品系 | Calhoun Gray | 1994 | 江苏省农业科学院 | 椭圆果、绿皮、大果、中晚熟 |
| 聚宝 1 号 | 红 5-2 | 长灰 | 1995 | 合肥市西瓜研究所 | 长椭圆、浅绿皮细网纹、中熟、丰产 |
| 皖杂 1 号 | 蜜宝 | Charleston Gray | 1990 | 合肥市西瓜研究所 | 椭圆果、墨绿皮覆隐网纹、中熟、丰产 |
| 郑抗 1 号 | 自选品系 | Crimson Sweet | 1993 | 中国农业科学院郑州果树研究所 | 椭圆果、绿底、宽花条、中大果、中熟 |
| 郑抗 2 号 | 自选品系 | Charleston Gray | 1993 | 中国农业科学院郑州果树研究所 | 椭圆果、绿皮网纹、大红瓤、小褐籽、早中熟 |
| 齐抗 901 | 自选品系 | Sugarlee | 1993 | 齐齐哈尔市园艺研究所 | 椭圆果、绿底、宽花条、大果、中晚熟 |
| 红优 2 号 | 苏联 3 号 | Jubilee | 1985 | 新疆农业大学与昌吉园艺场 | 椭圆果、绿底宽花条、大果、晚熟 |

续表

| 品种名称 | 母本 | 父本 | 育成年份 | 育成单位 | 主要特征 |
|---|---|---|---|---|---|
| 新优2号 | 自选品系 | Jubilee | 1987 | 新疆生产建设兵团222团农科所 | 椭圆果、绿底宽花条带、中果型、中熟 |

近年来，我国育种工作者以国外引进的抗病品种为种质基础，通过与本地优良品种杂交，再对其遗传变异后代经系统分离和鉴定筛选，培育出遗传性稳定、具有不同优异农艺性状的抗病种质，经与本地（或东亚生态型）优质、早熟易坐果的品种杂交和杂种优势的多点区试鉴定，育成了一批适合我国不同地区栽培的新一代抗病西瓜新品种。例如：京抗1号、京抗2号是以美国引进的高抗枯萎病品种为主要抗病种质，与自选育成的优质品系，经杂交与多代回交选择和逐代双接种筛选得到的抗枯萎病兼抗炭疽病的抗病新种质，再经配组与组合力测定、多点区试鉴定而育成的杂种一代抗病西瓜新品种。这些品种的育成推广对减轻我国各地西瓜枯萎病的危害，稳定我国西瓜生产供应起到了极其重要的作用。

杨红娟等（2009）以引自美国的抗枯萎病西瓜品种 Sugurlee 及抗蔓枯病和抗炭疽病的西瓜品种 All-sweet scarlet、Au-producer，与东亚生态型的早熟、优质西瓜种质材料日本引进的红小玉杂交，并对分离后代进行连续自交和回交选择，借助抗病性的人工接种鉴定，育成优质的具不同早熟性状的抗病西瓜新种质 W6-8、W6-9 和 W23-18-7，为选育适合南方多阴雨地区栽培的抗病、早熟、优质西瓜新品种奠定了种质基础。

我国西瓜育种利用美国和日本的种质材料较多，但对美国种质来说，是少数几个品种利用得较多，而核心种质的利用却很有限，而且大都是采用简单杂交育种或杂种优势利用进行引进种质资源的利用。除个别品种外较少采取多亲杂交等手段选育出融合有不同国家西瓜种质的固定品种或杂交一代品种的亲本。今后应注意创制出融合有中国-美国，中国-日本，美国-日本，甚至中-日-美3国种质来源的新种质，还应重视由西瓜起源地南非引入西瓜属（*Citrullus*）中的有关野生种和野生近缘种，这应当成为我国西瓜育种的当务之急。

3. 潜在利用

有一些种质资源材料，虽有宝贵的优点或特点，但又有较多的缺陷，若加以改造需要花费较多的人力、物力和经历较长的育种过程，一时难以直接利用和间接利用。但对此类具有重要利用潜力的种质材料万万不可忽视和丢弃，而应制订长远的研究利用计划，以满足未来西瓜育种及生产发展的需求。如西北农业大学从非洲博茨瓦纳引种的一批非洲西瓜，虽然含糖量很低，可溶性固形物含量仅 4% 左右，暂时不能在生产上应用，但具有高抗多种病害、极耐贮运和其他的有利特性，如种子含油量中不饱和脂肪酸含量高，果皮中的果胶物质含量是普通西瓜的 2～3 倍等。可将其作为高抗、多抗育种或具特殊性状育种的杂交亲本，进行多亲杂交育种等。在这些非洲西瓜材料中已选育出了抗病性强的优良砧木品系及可综合利用以提取高级植物油和提取果胶的种质材料，可以满足未来西瓜生产及提高人民生活和健康水平的更高需求。因此，应重视引进和挖掘西瓜野生种和野生近缘种中蕴藏着的许多有用的，特别是抗病、抗逆性强的宝贵基因，为我国西瓜育种服务。

赵瑞等（1998）在种质资源调查中，发现山西省晋东南地区的高平市有一种菜用西瓜（*Citrullus lanatus*），其温度适应范围较广，几乎整个无霜期内均可生长，抗热性较强；对土壤要求不严，瘠薄的土壤中仍可栽培；根系有很强的吸水和抗旱能力；具有极强的抗病性。这一发现对我国西瓜资源的研究和利用有重要意义，特别是在抗病育种中将起到重要作用。其有利性状如优良的抗旱耐热性、极强的生长势、耐贮藏性和果肉致密等特性均可资利用，菜用西瓜的发现将有利于充实我国西瓜种质资源和抗病育种工作，但对这些性状的利用将是一个长期而艰巨的工作。

## （二）西瓜特异种质资源的利用

西瓜特异种质资源是指具有一些特殊性状的种质资源，是进行科学研究的重要材料。特异种质资源是西瓜种质资源的重要组成部分，因其具有一些符合特殊育种目标和重要研究价值的特异性状而日益受到人们的重视。由于这些特殊性状是普通西瓜种质资源所不具有的，因此合理利用西瓜特异种质资源可以实现特殊的育种目标，以提高西瓜品种的技术含量和应用价值，解决生产中的技术难题。国内研究和利用的西瓜特异种质资源主要有以下几种。

### 1. 无杈西瓜

无杈西瓜由无卷须基因 *tl* 控制，基因 *tl* 导致第 5 或第 6 节之后分枝无卷须，在第 4 节或第 5 节以后，营养腋芽转变成花芽，并且叶片形状发生改变。无杈西瓜的植株只有正常植株类型一半的分枝，其营养分生组织逐渐变成花，卷须和营养芽被花取代（大部分是完全花），所以，这种植株类似于有限生长类型。基因 *tl* 来源于 Early Branchless，可以通过杂交方法转育利用。利用无卷须基因 *tl* 可以选育出不需要整枝的、分枝少的西瓜品种，实现简约化栽培。

1967年，由新疆石河子141团的技术员徐利元在苏联2号西瓜的生产田中偶然发现无杈西瓜突变株，名叫安无杈；1984年，黎盛显利用它培育出了无杈西瓜新品种无杈早，并获审定推广（马双武等，2006）。该品种果实圆球形、皮色浅绿，有绿色网条，果肉粉红色，单瓜重3～4 kg。植株除基部5节以内有分枝外，在主蔓中、上部基本无分枝，而且主蔓粗短有弯曲，叶片肥大，只有一对缺刻，3个裂片。茎尖生长点在生长后期会停止生长，有自封顶现象，适于密植栽培。

2. 短蔓西瓜

影响西瓜蔓长和植物习性的矮化基因有4个。矮化基因 $dw-1$ 和 $dw-1s$ 是等位基因；$dw-1$、$dw-2$ 和 $dw-3$ 是非等位基因。具有 $dw-1$ 基因植株的节间细胞由于比正常植株类型的少而短形成短节间。$dw-1$ 来源于 Bush Desert King（和 Bush Charleston Gray、Bush Jubilee、Sugar Bush）。具有 $dw-1s$ 基因的植株蔓长介于正常植株和矮化植株之间，其下胚轴比正常植株的稍长，但比矮化植株的长很多。$dw-1s$ 基因对正常植株呈隐性，$dw-1s$ 来源于 Somali Local。具有 $dw-2$ 基因植株的节间细胞比正常植株的少，所以其植株的节间短。$dw-2$ 来源于自交系 WB-2。具有 $dw-3$ 基因植株的叶片比正常叶片的裂刻小，为正常叶与全缘叶的中间类型。$dw-3$ 来源于短蔓雄性不育西瓜（DM-SW）。

由于瓜蔓短可用于密植栽培，我国很早就从国外引进短蔓西瓜资源，主要有2种类型：一种叫日本短蔓，属于细胞少而短的类型（$dw-1$），叶色深绿、丛生，主蔓不明显，果实高圆形，皮色绿，有浓绿色网条，果肉红色，单瓜重1～2 kg；另一种叫美国短蔓，属于细胞少的类型（$dw-2$），叶色浅绿有主蔓，果实圆球形，皮色浅绿有绿色网条，果肉红色，单瓜重2～3 kg。2种短蔓基因不等位，杂交后代表现为长蔓，但都有果实小、坐果难的缺点，因此作为纯短蔓品种直接利用价值较小，一般都作亲本材料，用来培育早熟小果形西瓜品种。

如中国农业科学院郑州果树研究所用红花×日本短蔓育成了极早熟西瓜新品种端阳一号；台湾育出了小果形黄色果皮的西瓜新品种宝冠等。2004年，从1份来自台湾的小西瓜材料 AG11 中，分离出了1份日本短蔓型材料，极易坐果，单瓜重3～4 kg，果实圆球形，皮色浅绿，有绿色网条，果肉红色，果肉中心可溶性固形物含量9%～10%，说明短蔓性状和难坐果、果实小的性状不一定连锁，对短蔓性状可以进一步研究和利用（马双武等，2006）。另外，日本短蔓（$dw-1$）材料具有下胚轴极短、不徒长、叶色浓绿的特点，用作杂交母本，可作为杂交纯度苗期鉴定的标记性状。

马国斌等（2004）研究认为：从美国引进的 1 份短蔓材料（P1）受 2 对隐性短蔓基因控制，基因型可表示为 $dw-1dw-1\ dw-2dw-2$，1 份中蔓材料（P2）受 1 对隐性短蔓基因控制，基因型可表示为 $Dw-1Dw-1\ dw-2dw-2$，自选的 1 份长蔓材料（P3）不含短蔓基因，基因型可表示为 $Dw1Dw1\ Dw2Dw2$。短蔓材料通过与优质普通长蔓西瓜 P3 的杂交和后代分离，以矮生、花叶、叶片中等大小、耐弱光、易坐果、果实外观美、瓤红、中心糖含量 12％以上、早熟、品质优良为选育目标，经南繁北育共 7 代选育，共得到 20 个不同株型的矮生西瓜品系，其中 SS17 表现最为优良，经田间综合考评，认为是符合生产栽培要求的矮生西瓜新品系。该品系中蔓，最大蔓长 1 m 左右，果实圆球形，花皮，单瓜重 2 kg 左右，红瓤，易坐果，早熟性好，中心糖含量 11％～12％，雌花开放期比原始亲本提早 7 d 左右，综合性状已达到预期改良目标。

3. 全缘叶西瓜

全缘叶也叫板叶，由基因 $nl$ 控制，呈不完全显性，$nl$ 来源于 Black Diamond 的自发突变，也有可能来源于 Sunshade。由于全缘叶西瓜和一般的裂叶西瓜能在瓜苗 3～4 片叶时看出明显的区别，$nl$ 在杂交种子生产上可作为苗期标志性状进行 $F_1$ 代种子的纯度鉴定，用全缘叶母本与非全缘叶父本杂交，$F_1$ 代苗期可根据叶片性状表现进行种子纯度鉴定，还可在苗期淘汰非杂种苗（全缘叶母本）。随着我国西瓜杂种优势育种的推广和普及，全缘叶品系的选育和利用将越来越受到重视。

西瓜板叶 1 号是吉林省白城地区农科所选育的品种，果实圆球形、皮色绿白、果肉粉红色，单瓜重 6～7 kg。从板叶 1 号×苏联 3 号的后代中选育出了板叶 2 号，其果实圆球形、皮色墨绿、果肉桃红色，单瓜重 5 kg 左右，并已诱变出了板叶 1 号、2 号西瓜四倍体（马双武等，2006）。之后，中国农业科学院果树所（辽宁兴城）在早花西瓜品种田中发现了板叶突变，选育出了综合性状较好的板叶西瓜新品种中育 3 号（大叶红）。黄仕杰（1988）用蜜宝×中育 3 号培育出了全缘叶新品种重凯 1 号，其果实圆球形、皮色墨绿、果肉红色。崔德祥等（1996）以自选单系 X-4×重凯 1 号选育出了全缘叶新品系新凯，其果实圆球形，皮色绿，有浓绿网条，果肉大红色。

4. 雄性不育西瓜

因雄性不育系的利用，可以降低杂交种子的生产成本，提高种子质量，因而得到育种者的关注。已报道的雄性不育基因有 5 个：无毛雄性不育基因 *gms* 是唯一与无茸毛叶相联系的基因，其雄性不育由染色体不联会引起，不育性状和叶片、瓜蔓表面光滑没有茸毛的性状连锁，不育株和一般植株从幼苗真叶露出就有明显区别，性状标记作用明显，*gms* 来源于 Sugar Baby 用 γ 射线辐射；基因 *ms‑1* 产生小的、收缩的花药和败育的花粉，*ms‑1* 来源于 Nongmei 100；基因 *ms‑dw* 出现矮化现象，并且这个矮化基因与 3 个已知的矮化基因不同，它被称为短蔓雄性不育，*ms-dw* 来源于短蔓雄性不育西瓜（DMSW）；基因 *ms‑2* 是一个具有正常的高结实率的雄性不育自发突变基因，*ms‑2* 来源于 Kamyzyak-skii；基因 *ms‑3* 是一个具有独特叶片特性的雄性不育突变基因。

雄性不育已被用于杂交种子生产，但雄性不育基因 *gms*、*ms‑1* 和 *ms‑dw* 也降低雌花的育性，制种时往往导致种子产量低，所以，这些雄性不育用于杂交种子生产并不是很成功。具有高结实率的雄性不育基因 *ms‑2* 的发现，将使雄性不育在杂交种子生产上得到更广泛地应用。

G17AB 雄性不育（*ms* 型）是最早由夏锡桐在国内发现报道（马双武等，2006），定名为 G17AB 雄性不育两用系。该雄性不育两用系不仅本身综合性状很好，易坐果、果实圆球形。皮色浅绿，有墨绿齿条带，果肉大红，果肉中心可溶性固形物含量高达 12%，而且具有很高的配合力。G17AB 雄性不育两用系所携带的不育性状（*ms*）可以通过杂交方法顺利转育，已选育出了不同果形、皮色和肉色的新不育系十几个，且具有很高的杂交配合力，$F_1$ 可增产 10%～30%。

5. 叶片延迟变绿西瓜

叶片延迟变绿基因 *dg* 导致子叶和前几节的叶片为淡绿色，后来生长的叶片为正常的绿色，*dg* 来源于选育株系 Pale 90。

马双武等（2006）在 4 份间接引自美国的西瓜材料中发现了叶片延迟变绿植株，并通过多代自交选育获得了优良的叶片延迟变绿品系 96B90。该品系新生组织或器官的颜色随着植株逐渐生长成熟表现为从黄白—白绿—正常绿的变化过程。刚出土的子叶颜色黄白，随着子叶逐渐长大颜色也逐渐变为白绿，最后成熟子叶变为品种的固有绿色。以后陆续长出的新生芽尖、嫩叶和幼茎等均如此。这一性状和正常绿植株有明显区别，而且最早在子叶期（播种后 7～10 d）就能表现出来，是目前最理想的杂种纯度早期鉴定标记性状，有极高的研究利用价值。96B90品系本身果实圆球形、皮色墨绿、果肉红色、品质优，无不良性状连锁，可杂交转育或直接用于杂交育种的亲本，已培育出了西瓜新品种郑果5506。

综上所述，国内关于西瓜特异种质资源的研究目的明确，效果也很明显。无权和短蔓种质主要用于密植栽培研究和简约化栽培，全缘叶和延迟变绿种质主要用于杂交种子纯度的早期鉴定，雄性不育种质主要用于简化制种程序，降低种子生产成本，提高种子质量等。并且都培育出了相应的品种，且在生产中应用推广，解决了一些西瓜生产栽培中存在的技术问题。同时，也反映出一些不足，主要表现在：①特异种质资源缺乏归口管理，不能及时上交国家种质库保存，以至于先前经一些单位发现搜集和研究过的资源，最后却因人员、机构变动或经费不足、保存条件欠缺等导致丢失。②缺乏资源交流和共享，重复研究较多，研究成果社会化程度低。③研究技术手段比较简单，仅限于宏观特异种质的遗传规律和杂交转育研究等。因此，稳定对西瓜种质资源的搜集保存和分发共享工作，同时加强资源研究利用中的产权保护，鼓励资源创新，是促进我国西瓜特异种质资源研究利用，保证我国西瓜育种持续发展的关键。

# 第四节 种质资源创新

我国的栽培西瓜品种已进行了多次更新换代，目前主栽品种的品质和生产潜力已达到相当高的水平，但市场对西瓜品种的要求在不断提高。要选育出不断提高的优良西瓜品种，除了引进和挖掘现有西瓜种质资源外，进行西瓜种质创新以获得优异的种质资源非常重要。应用新技术、新方法，特别是高新生物技术与常规育种技术相结合的复合技术的应用，是实现种质创新突破的关键。应在开展多元杂交、远缘杂交研究的同时，结合离体培养技术、分子育种与转基因技术等进行种质资源创新，加速分离世代的纯合，以丰富和扩大种质资源的遗传基础及多样性。同时，多元杂交育种等常规育种技术可以有效地利用搜集到的种质资源，将不同来源的种质进行多方融合，对我国西瓜种质创新及新品种选育仍将产生积极作用。利用多元杂交选育出的新品种具备多种抗性，适应性广，在栽培上具有广阔的前景。西瓜种质资源的创新方法主要有自然突变、杂交转育等。

## 一、自然突变

在生产和育种过程中，由于自然环境条件中不确定因素的作用，使一些西瓜材料产生自然的基因突变，是西瓜资源创新的一条很有价值的途径。比如无权西瓜、板叶西瓜大叶红（中育 3 号）、西瓜 G17AB 雄性不育两用系、西瓜子叶失绿致死基因携带株等，都是自然突变的结果。所以，科研人员应深入田间进行仔细观察，发现突变株应加以有效地研究与利用。

## 二、杂交转育创新

杂交转育是把两个或多个具有不同优良性状的资源杂交，然后逐代选育出一个综合性状较好的新品种。比较熟悉的通过杂交转育创新的西瓜品种有：早花、兴城红、中育 1 号、中育 2 号、汴梁 1 号、郑州 2 号、郑州 3 号、庆丰、龙蜜 100、苏蜜 1 号、无权早、火洲 1 号、重凯 1 号、新凯以及石红 1 号、石红 2 号（郑州 3 号×中育 6 号）、中育 9 号（中育 2 号×手巾条）、中育 10 号（中育 5 号×中育 6 号）等。

品种间的杂交只是现有基因的组合，不能改变基因结构，它的创新类型是有限的，并且不能从根本上扩大遗传基础。因此，现代育种把远缘杂交作为基本手段，把远缘野生或半栽培类型的有用基因导入栽培品种，创造新品种已成为一条重要的育种途径（韩金星等，2009）。西瓜属内种间的杂交没有完全隔离，任何种间的杂交都可成功。野生种质资源由于其适应性、抗逆性如抗寒、抗旱、抗盐碱、抗病虫害等表现突出，在现代育种中特别是抗病育种及其他抗逆性育种中，都离不开野生西瓜种质的参与。世界上第一个抗枯萎病西瓜品种（Conqueror）就是用西瓜抗病材料饲料西瓜（Citron）与栽培品种伊甸园杂交经多代选育而成。肖光辉等（1998、1999）将分别以栽培西瓜品种新青、春蜜、蜜宝为母本，高抗西瓜枯萎病的野生西瓜 $S_{142}$、$S_{143}$、$S_{144}$ 和 $S_{148}$ 为父本进行杂交的后代，以及高抗西瓜枯萎病的非洲西瓜与栽培西瓜的杂交后代在土壤带菌量为 $2.4×10^2～4.3×10^3$ 个孢子/g 干土的病圃中直播进行抗性筛选，同时进行自交纯化，淘汰感病单株或感病株系。抗病单株或株系下一年在病圃中分株系直播，继续进行抗性筛选和自交纯化，经过 1990—1996 年连续 7 代的抗性筛选和自交纯化，选育出了 4 份性状稳定的抗性种质材料。苗期接种鉴定和疫土自然接种鉴定的结果都表明，选育出的 4 份材料对西瓜枯萎病表现中抗，对炭疽病的抗性也较强。

## 三、诱变创新

西瓜的诱变创新有化学诱变和物理诱变等。西瓜秋水仙碱的四倍体诱变和体细胞培养中添加病菌毒素筛选抗病突变体都是结合化学诱变进行的。物理诱变包括$^{60}$Coγ照射、激光辐射、质子束辐射、太空搭载育种等方法。利用物理辐射可诱发比自发突变频率高几百倍甚至上千倍的突变，而且有较广的变异谱，可以诱发产生自然界少有的或一般难以获得的新性状、新类型，以丰富西瓜种质资源。但物理诱变创新的目的性不强，可用变异的概率小，后代的选择难度较大。

## 四、生物技术创新

西瓜种质的生物技术创新包括单倍体育种、基因遗传转化、外源DNA导入等方法。分子生物学的发展及其与其他学科、技术的结合，使遗传工程这一新兴技术领域为创造新的种质开辟了一条新的途径。自1983年第1例转基因植物获得成功后，植物基因工程广泛应用在多种作物上并取得成功。黄学森等（2007）利用西瓜花叶病毒2号（$WMV$-$2$）外壳蛋白（CP）基因、小西葫芦黄花叶病毒（$ZYMV$）复制酶（Nib）基因和黄瓜花叶病毒（$CMV$）复制酶基因构建三价基因的植物表达载体，通过农杆菌介导转化四倍体西瓜植株，经分子检测证明目的基因成功地导入西瓜植株，并在后代中稳定遗传。经温室及大田接种鉴定，T3代转基因西瓜抗病毒性达中抗水平，为抗病毒无籽西瓜新品种的培育提供了可能性。

与基因工程相比，外源总DNA导入则以其方便、高效、实用的特点而在西瓜种质创新上得到了成功应用。肖光辉等（1999、2002）采用浸胚法将对西瓜枯萎病免疫的弧瓜的基因组DNA导入西瓜，$D_1$代308株中有1株发生变异，变异率为0.32%，变异株的果形由圆球形变成高圆形，种子由黑褐色变成黄褐色。该变异株在$D_2$代的性状变异特别大，植株外部性状、果皮颜色、果实形状、种子形状和色泽等都有较大变异。$D_3$代在连作西瓜3年、前茬西瓜枯萎病发病率30%以上、土壤带菌量为$4.3×10^3$个/g干土的病圃中直播时，表现抗枯萎病。$D_3$代各种变异类型$D_4$代继续在病圃中直播时，其中$D_3$-1～$D_3$-4四种类型不仅表现抗枯萎病，而且性状已完全稳定。果实形状和皮色均无分离现象，其他植物学性状也已稳定。$D_3$ - 1 和 $D_3$ - 2 在病圃中完全不发病，$D_3$ - 3 和 $D_3$ - 4 的枯萎病发病率分别为 1.7％和 3.3％，表现抗枯萎病。苗期接种鉴定和疫土自然接种鉴定的结果都表明，$D_3$ - 1 和 $D_3$ - 2 对西瓜枯萎病高抗，$D_3$ - 3 和 $D_3$ - 4 对西瓜枯萎病中抗。利用这些抗性材料选育出了 3 个性状优良的高抗枯萎病组合。外源 DNA 导入虽然还难以进行准确的分子验证，但已经显示其实用性，值得在育种实践中应用。

（肖光辉　张显）

# 第四章　西瓜的生物学基础

## 第一节　植物学特征

### 一、根和根系

西瓜的根为主根系，呈圆锥形，由主根分生出多次侧根，形成根群、根系，分生的次侧根产生根毛，在各级次侧根的细小根表皮层及根毛区是根系的主要吸收部分（图4-1）。主根是分生多层侧根源头基础，起到扩大根系范围和支持固定作用。主根生长状况决定着侧根抽生量，根群构建、分布及吸收范围。主根生长粗大，延伸长，抽生的多层侧根、次根越多，根系越发达，植株生长越健壮，抗病及抗逆性越好。所以在生产栽培上须从土壤、肥料及水分管理营造有利于主根及其他侧根系生长的良好环境条件，才能防止植株早衰，确保高产稳产。

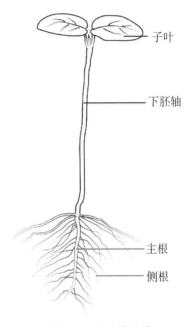

图4-1　西瓜的幼苗

胚根是根的初生根，其顶端约1 mm处是根冠和分生组织，是根细胞和组织分化的区域。幼根长约1 mm时细胞开始伸长，幼根长约1.5 mm后生长加快，由幼根的表皮细胞延伸为根毛，从中柱分化出侧根，侧根伸长逐渐形成根系。主根一般向下伸长，侧根则向水平方向延伸。在20～30 cm耕作层的主根上抽生第一次侧根，一般抽生20多条，第二次侧根的抽生与第一次侧根的抽生在同一土层与主根呈40°～70°的角度抽生。根的分生级数与耕作层的深浅度和土壤结构状况，种植地地下水位的高低等因素密切相关。耕作层深厚，土壤团粒结构好，土块细碎均匀，土层疏松，通氧通气性好，有利于根系生长和分枝抽生，根的分生级数就多。若土壤黏性大，易板结，耕作层浅，土块大小不均匀，通氧通气性差，则不利于根系生长。根的分生基础差，分生级数就相对少。

另外，若种植地处于低洼地，地下水位高，主根不能向深层伸长，根的分生级数也相对减少。根的分生级数还与品种的遗传性状特性有关，早熟品种一般形成了3~4级侧根，中熟品种4~5级，晚熟品种5~6级。四倍体和三倍体无籽西瓜的根系比普通西瓜的根系发达，根粗壮，侧根分枝多，分布范围深而广。在适宜的土壤条件下，四倍体和三倍体无籽西瓜可分6级以上侧根，根伸长深度可达 2.5 m 以上，分布范围可达 4 m² 以上，而普通二倍体西瓜在同样的土壤条件下，只形成 3~5 级侧根，根伸长深度也仅 2 m 以内，分布范围约为 3 m²。四倍体和三倍体无籽西瓜较耐湿性，这与其发达的根系有密切关系。

西瓜的根属于好气性根，在土层深厚，土壤团粒结构细小均匀，通气性良好，地下水位低，土壤保持湿润、疏松，根系入土深，分布广，根的分布范围以植株为中心，垂直伸长可达 2 m，横向伸长可达 4~5 m，分布范围可达 3 m²多的幅度。可充分利用较大土壤容积的水分和营养，是耐旱的特征。

地上部的茎也能长出根须，俗称不定根。一般在离根茎较近的茎节容易产生。压蔓或土壤湿润时，在较老熟的茎节处就能形成并长出不定根，在适宜条件下不定根可长为 40~50 cm，甚至更长。不定根也分生侧根，形成局部根系根群，一方面起到固定植株，防止大风吹翻吹乱瓜藤，另一方面能正常吸收水分和营养，扩大根系的吸收范围，提高植株抗性，防止植株衰老。

西瓜的根由表皮、皮层和输导组织三部分构成。表皮和皮层细胞壁薄，娇嫩，容易被机械擦伤；施肥或施农药浓度过高，容易引起细胞损伤、脱水，造成烧根伤根。作为输导组织的木质部木质化程度低，而木栓化程度高，根的韧性差，同时纤细，容易损伤，断根。由于西瓜根系再生能力较差，一旦损伤、断根，植株生长很快受阻，并难以恢复。为避免伤根、断根，生产多以采用种子催芽后直接点种，不移苗种植的方法，或者采用营养杯育苗种植。在生产管理过程中应施用经发酵、堆沤腐熟的农家肥或有机质肥；追施液肥时避免过多过高浓度；在伸蔓至果实成熟期尽量不拔除根系周围杂草和不中耕松土，以免引起拉伤或断根；瓜田周边搞好疏通排水系统，以避免雨季瓜田因排水不良引起淹渍、沤根、烂根。

## 二、茎

西瓜的茎为草质蔓生，前期呈直立状，倒蔓后匍匐地面生长。西瓜的茎包括下胚轴和地上茎。下胚轴呈圆形或椭圆形，地上茎的横切面呈五棱形，维管束 10 束，为双韧维管束，以木质部为中心，外侧、内侧都有筛管。

茎具节，节间着生叶片，每个茎节都可以发生侧芽、花器、苞片和卷须。茎与叶柄被茸毛，茎节在条件适宜时长出不定根。

节间的长短因品种、着生位置及栽培条件而不同。丛生或短蔓型品种节间较短，分枝较少。四倍体西瓜比二倍体西瓜节间短而粗，分枝能力弱，侧枝少。这类品种其分枝特性主要是节间短缩，蔓的长度很短，蔓的分布范围较小。

西瓜蔓茎节间的长短在不同生长阶段表现不一样。幼苗阶段节间短缩紧贴，叶片紧凑，株形成直立状。倒蔓后从第 5 片真叶伸蔓开始节间逐渐伸长。至开花期一般茎粗达 6～7 mm，节间长 18～25 cm。坐果以后在果实发育膨大期，由于大部分水分、养分向果实输送、抑制茎蔓生长，节间逐渐缩短。在果实接近成熟期，主蔓或结果蔓叶片逐渐衰退，节间随之明显缩短。

气候环境因素对植株茎节伸长长短程度影响很大。气温偏低，且持续时间较长时，植株生长缓慢，节间缩短；气温较高，植株生长快，节间变长，持续高温，加上空气湿度大，节间拉长更快，是植株徒长的象征；光照不足，加上适应的温度和空气湿度，节间明显增长，茎秆变细，植株生长脆弱。

水分调控对茎秆生长发育影响也大。干旱季节，土壤持水量少，根系吸收水分满足不了地上部生长需求，植株生长缓弱，茎秆细小，节间缩短，甚至造成拔不出节，长不出苗；水分调节合适，土壤保持湿润，植株生长正常，茎秆变粗壮，节间不长也不短，保持在 10～15 cm 合适的尺度；水分过多，影响植株生长，茎秆的粗细、节间的长短不能随之增大，反而停止生长。

氮、磷、钾肥对植株茎秆生长发育情况也不一样。氮素肥料明显促进植株生长，茎秆变粗、变嫩，节间变长。过多偏施氮肥，植株容易徒长、疯长，不易坐果，抗病及抗逆能力也下降；钾能保证植株匀速、健康生长，其作用是加固茎秆纤维组织，防止徒长，使茎秆变硬、变粗，提高植株抗病及抗逆能力；磷能在植株代谢过程中起到调节作用，合理施用磷肥能提高细胞液浓度，使茎秆细胞组织得到充实，节间变短变粗，增加叶片的厚度和光泽度，有效控制植株徒长，提高植株抗逆能力。

西瓜茎蔓的分枝性强。在子叶节有数个侧蔓原基，在一般的情况下很少形成侧蔓。在真叶节，每个叶腋均有侧枝的原基，各个侧枝的生长情况则因所处的部位和环境条件而异。一般在主蔓上第 3～4 个叶腋最先形成子蔓，靠近根基的子蔓生长较快，其生长势接近主蔓，形成基本蔓，对于增加雌花和扩大叶面积非常有利，在生产上也作为储备蔓或第二次留结果蔓。主蔓的第2、第3朵雌花在开花前和初坐果时，由于植株体内营养分配比较均衡，还未影响其他枝叶的抽生。因此，前后几节也容易抽生侧枝。但坐果后，随着果实的发育膨大，植株水分、营养分配逐渐转向果实，从而抑制其他枝叶抽生，侧枝的形成变弱，甚至难以抽生，生产上也同时出现一植株同期进行多雌花授粉难形成多果，或者第一批坐果果实还未发育膨大到一定程度（俗称"定个"），第2、第3批雌花授粉也难以坐稳果现象。但当第一批果实膨大基本定型和成熟、摘除后，植株体内水分、营养重新得到均衡分配，其他节位侧枝又开始抽生，基部叶腋再次形成的侧枝可以正常开花结果，形成第2、第3批生产果实。在放任生长的情况下，可以形成4～5级侧枝，扩大光合面积，有利于一株生产多果。

茎秆分枝的强弱与品种和栽培条件有关。品种方面，早熟、中熟、晚熟品种分枝强、弱差异不是很大，但阶段性分枝强弱、快慢差异大。早熟品种一般前期分枝能力较强较快使之提早成形。提早开花结果，而中、晚熟品种则在临花期和开花坐果期的中期以后大量抽生侧枝，生产上此时需投入人工疏枝打芽，防止植株疯长，影响坐果和果实发育膨大。特别是晚熟品种，在果实发育膨大期和果实临近成熟期仍有大量侧枝叶片抽生，充分显示晚熟品种的长势和生命力。

另外，不同倍性西瓜之间的分枝强弱和阶段性分枝状况也不一样。四倍体西瓜前、中、后期的分枝能力均比二倍体和三倍体西瓜弱，全生长期侧枝抽生很少，一般只形成1～2级侧枝；二倍体西瓜前、中期分枝力最快最强，在果实膨大的中后期分枝能力逐渐变弱，已抽生的侧枝也逐渐收缩，再无法形成下一级的侧枝。全生长期一般形成3～4级侧枝；三倍体西瓜前期分枝力较弱，临近中期分枝力逐渐增强，开花、坐果期最旺盛，枝叶抽生快而多，坐果期和果实发育膨大期仍保持强盛长势，全生长期一般形成4～5级侧枝。在栽培条件方面：分枝能力与土壤养分及结构状况、耕作层的深浅状况，施肥种类，光、温、水、气的调节等因素都密切相关。种植土壤疏松，不板结，耕作层深厚，土地养分较肥沃，含量较高，植株根系生长良好，植株长势旺盛，分枝能力强，侧枝抽生次数、所形成的级数也高。若土地贫瘠，耕作层浅，土质黏结，黄土易板结，根系生长不良，植株生长缓弱，分枝能力明显弱。在氮、磷、钾肥料三要素中，氮肥对促进植株生长、分枝最快，而过多施磷、钾肥反而使植株生长变缓，茎秆变硬变细，分枝力弱。施有机肥比施无机肥分枝能力强，侧枝抽生次数和形成的级数多；光是光合作用制造有机营养的能源，光照充足，光合作用良好，有利于根系生长和吸收，促进植株旺盛生长，枝叶抽生快，分枝力强。若光照不足，植株生长整体受影响，长势弱，分枝力相应弱；温度对植株分枝能力的强弱影响更明显，适宜的温度（注：在植株生长过程一般气温保持在28～32 ℃为宜）植株生长正常良好，枝叶抽生快，分枝力强，温度偏低，植株生长缓慢、脆弱，枝叶抽生少，甚至难以抽生。温度偏高，会影响或抑制植株生长，从而影响枝叶的抽生；水分也是影响枝叶抽生因素之一，根据不同生长阶段植株生长能均衡供应水分，植株能协调正常生长，枝叶抽生正常，形成的侧枝级数也能保证，尤其在植株进入旺盛的营养生长期，科学调节供水，保持土壤湿润，植株分枝最旺盛、最强。若营养生长期水分供应不足或缺水，植株生长受影响，甚至萎蔫。但过多水分也引起根系生长不良，直接影响植株长势和分枝能力；"气"虽然对植株分枝强弱影响不是很大，但有害气体的直接影响却是致命的，如空气中和土壤中的有害气体可直接使植株生长受阻受害，造成凋萎死亡。总而言之，气候及生态环境条件、生产栽培条件都能改变品种的生长特性，分枝能力弱的品种在适宜的气候及良好的生产栽培条件下能促进生长，加快分枝。而分枝能力强的品种若达不到其生长条件要求，则其生长分枝能力均受到影响，从而无法体现其遗传基因的优势性和生长特性。此外，如果在上述适宜气候及良好生产栽培条件下科学种植密度、科学整枝、改善光照环境兼调整植株体内营养，也能达到分枝快，生长健旺，早开花结果的目标。

西瓜茎的详细生理解剖描述：胚轴从外面起有表皮、厚壁组织（5～6层细胞，具有叶绿体）、厚角组织及薄壁组织。在薄壁细胞中，维管束纵向排列，中央髓部出现空腔。胚轴的维管束数目是6束，横切面为椭圆形，在子叶伸展的方向较粗。茎的横切面，略呈五棱形，维管束数目为10束。

与其他瓜类一样，西瓜的维管束也是双韧维管束，以木质部为中心，内侧和外侧都有韧皮部，随着茎节的增高和发育，纵列维管束随之增加，往往一部分表现为同心维管束，环状维管束及放射性维管束。在真叶出现时，维管束的基本数目增加，产生一些初生、次生维管束，接着局部形成辅助维管束、横向维管束、皮层内维管束及髓部内维管束。

西瓜茎的解剖特点是具有大的导管，食用西瓜较其他的种更大，以保证其地下根系吸收水分及大量无机营养、矿物元素等物质往地上部输送，满足植株的强烈蒸腾代谢和供给生长开花结果及果实发育膨大的需要。

## 三、叶

西瓜的叶由子叶和真叶组成。子叶呈椭圆形，两瓣对称，子叶的大小与种子的大小有关，种粒小子叶小，种粒大则子叶大。子叶的大小与西瓜育苗（尤其是西瓜嫁接育苗）成苗率、幼苗壮、弱的健康状况及植株早生快发都有很大关系。小粒种子因底物不足，出芽后长势缓弱，抗病及抗逆性较差。大粒种子底物较大，出芽快，长势猛，幼苗健壮，抗病及抗逆性强，是培育壮苗、健康苗木基础。在真叶还未抽生前，植株的光合作用、制造营养、促进幼苗生长则暂时依靠子叶来完成，子叶宽大，幼苗生长健壮，拔苗生长快；子叶细小，幼苗生长缓慢、细弱。四倍体西瓜的子叶较圆较厚，向下微翻。三倍体无籽西瓜子叶较四倍体西瓜和二倍体西瓜子叶片薄而小，多数畸形成不对称，贮藏的营养物质少，这一点与二倍体和四倍体西瓜有很大差别。生产上一般以子叶完整，宽厚，浓绿，茎秆粗且浓绿作为健康壮苗标准。

西瓜的真叶为单叶，互生，叶序为 2/5。由叶柄、叶脉和叶片组成。成长叶掌状深裂刻，叶缘具细锯齿，全叶被茸毛。真叶的形状因着生的位置而不同，幼苗期第一真叶小，近矩形，裂刻不明显，叶片短而宽，以后叶形逐渐增大，叶形指数提高，裂刻由少到多，植株具 4～5 片真叶即开始倒蔓，匍匐伸长。裂刻和叶子形状代表品种的特征。如四倍体西瓜和三倍体无籽西瓜的叶形指数比二倍体西瓜叶形指数小，先端和裂片较圆钝，裂片较大，而缺刻则较浅，叶色较深绿，叶片较厚，叶面较粗糙，功能叶较多，一般无籽西瓜在坐果期可达 32 片，比二倍体西瓜多 21% 以上，在果实成熟期可达 54 片，比二倍体西瓜多约 8%。最大功能叶片节位较高，在主蔓 30 节左右，侧蔓 25 节左右。最大功能叶的单位叶面积可达 230 cm²，比二倍体西瓜大 24% 以上。四倍体西瓜虽然叶片数目比二倍体西瓜少，但由于其抗病及抗衰老能力强，加上叶面平展、宽大，所以有效功能叶所占比例较多，最大功能叶的单位叶面积也与三倍体无籽西瓜最大功能叶的单位叶面积相差无几。

西瓜叶片根据其裂叶的宽窄和裂刻的深浅可分为狭裂片型和宽圆叶片型。前者裂片狭长，裂刻深；后者裂片宽圆，裂刻较浅，狭裂型和宽圆型因其程度不同又可以分为若干类型。

西瓜另外一种叶形称全缘叶（甜瓜叶型），其叶片几乎没有裂片，叶边缘呈浅凹波纹，从苗期就可以与裂叶型的品种有明显区别。这是一对基因控制的隐性遗传性状，已被应用于遗传学方面的研究和杂种一代幼苗的识别，如在西瓜杂交制种的种子生产过程中，选择一个全缘叶优良自交系作杂交亲本，对杂交一代种子纯度的鉴定通过幼苗期鉴定就可鉴别，对西瓜杂交生产制种具有特殊意义。

西瓜叶形的大小和数目与着生位置和种植密度、整枝等因素有关。靠近根基部的叶形较小，随着叶位的升高叶形逐渐增大，在主蔓雌花节前后的叶形最大。西瓜叶形的大小与品种之间差异不大，中果型、小果型和大果型三种类型区别不是很明显，而是与各品种的特征特性有关。大体性状是在生长正常的情况下，叶柄的长度与叶身的长度相近，宽 18～25 cm，叶身长度较宽度稍大，单叶面积 200～250 cm$^2$，这部分是西瓜同化能力最强的功能叶。在生长过程中，叶片群体受到互相挤压，叶柄伸长，叶片也显得狭而长，生产上可根据叶柄的长度和叶身的形状来判断植株的生长势。种植密度也可以改变叶的形状和大小，种植密度大，枝叶密集，受到互相挤压，叶片只能向上伸长，显然叶柄变长，叶形也变细长；种植密度小，叶片生长伸展空间大，不互相重叠，通风透光性也好，有利于叶片伸长发育，所以叶柄显短而粗，叶片显宽而厚。通过适当整枝，减少叶片的数目，也能使叶柄不过度伸长，而能增加或保持叶形的长、宽幅度和厚度。

西瓜叶片数如果按植株结果产量目标到终结的自然生长规律，则因不同品种而异。晚熟品种数目最多，依次为中熟品种和早熟品种。晚熟品种生育期长，在植株整个生长过程，需要大量叶片支撑生长发育，植株侧枝抽生次数及所形成侧枝级数多，叶片数目就相对多。而早熟品种生育期短，植株侧枝抽生期限短，抽生次数少，所形成的侧枝级数及叶片数目也相对少。

西瓜叶片数目还作为调节和平衡植株内部营养的依据。叶片抽生过多，则意味着植株营养生长过旺，对开花结果的生殖生长不利。过多的枝叶抽生，则耗掉大量营养，形成同化小于异化，植株内部营养分配比例失衡，大量营养转给枝叶生长发育，果实发育膨大所需营养受到限制，从而直接影响产量和品质的形成。所以生产上须通过合理密植和科学整枝、留叶，以利于同化效能的提高，达到合理调节植株营养，延长衰老衰退、增产增质的目标。

## 四、花

西瓜的花为单花，着生于叶腋。花单性，雌雄同株，有些品种和部分植株有出现雌型两性花，两性发育完全，其花粉具有正常的活力，为雌型两性花。西瓜雌型两性花的出现，一是遗传生理因素，二是受气候及栽培条件变化的影响，在杂交生产制种过程中，如不提前将雄蕊除净，则会变成自交种瓜，使生产种子的杂交纯度得不到保证。

西瓜的花萼 5 枚，花瓣 5 枚，基部成筒状，鲜黄色。绝大部分为雌雄异花同株，偶尔出现雌雄同座的两性花。雄性花药 3 枚，背裂，花粉滞重。雌花子房下位，花柱粗短，柱头先端 3 裂，有蜜腺 3 枚，个别有 4～5 枚。雌花的柱头和雄花的花药均具蜜腺，靠昆虫或人工自交或杂交传粉，为典型的异花授粉作物，品种间极易造成天然杂交，使品种混杂退化，给西瓜品种纯化保存和杂交制种带来一定困难。

二倍体和四倍体西瓜雄花花粉粒较完整，发育正常、完全，尤其是二倍体西瓜雄花花粉粒非常饱满，表皮细胞结构层薄，容易开裂散发花药，自交或杂交授粉更容易坐果。四倍体西瓜雄花花粉粒虽然也发育完全、饱满，但花粉粒表皮层较厚，较难开裂散发出花药，自交或杂交授粉坐果率低，是多倍体西瓜育种繁种所遇到的一大难题。三倍体无籽西瓜雄花高度不育，是因为其花粉粒极不规则，且发育不正常，绝大部分皱缩、空秕，无生活力，不能起到授粉受精作用。所以三倍体无籽西瓜不能利用自身雄花授粉结果实，必须用普通二倍体西瓜的雄花花粉授粉刺激其雌花子房膨大，并发育成无籽果实。

雌花在主蔓上着生的节位依品种不同而异。早熟品种出现较早，一般于第 4～5 节就发生第一雌花，以后每隔 3～4 节出现雌花。雌花的出现不仅早，而且较紧密。中熟和晚熟品种一般于 7～9 节发生第一朵雌花，在第一朵雌花后间隔 5～7 节再发生 1 朵雌花。在主蔓正常生长的情况下，一般能连续发生 5～6 朵雌花（早熟品种一般发生 4～5 朵），在第 3、第 4 朵雌花节位后出现的雌花相隔节位相对减少。子蔓上雌花发生的节位较低。

雌雄花的开放同在一个时间。在正常情况下清晨开放，午后闭花。但开花受温度影响很大，如上午气温较低，空气清凉，开花时间会推迟。低温甚至造成不能开花授粉，即使午后气温回升变暖，花瓣能勉强开放，但雌花柱头干涩，无分泌物，雄花也无花粉散发，形成开了花，但不能授粉受精的情况。一般在气温 28～32 ℃的正常情况下，清晨 6～7 点花开始开放，此时进行传粉受精效果最好。正常传粉后已完成受精的雌花，一般不再开放，而没有受精的雌花，次日清晨仍可重新开放，但失去受精能力，重复授粉一般坐不上果，所以生产上不要错过最佳坐果节位雌花的授粉时机。

雌花子房的大小和形态与品种及栽培条件有关。长果形品种（无论是大果型、中果型、小果型以及早、中、晚熟品种）子房一般都比较长、细，花梗也比较长。圆形和短椭圆形或椭圆形品种的子房一般比较粗大，尤其是椭圆形品种子房体积更较大，花梗也较粗短。植株的营养条件和雌花的着生节位与子房大小有关，植株长势细弱，雌花发育不良，子房也相对较小；一般靠近根部、初期形成的雌花子房最小，这是因为植株体内营养分配还达不到均衡的情况下，大部分营养被用在大量的枝叶抽生生长，从而抑制了雌花的形成和发育，这种营养生长过旺的局势若得不到控制，就会使雌花的子房不能发育膨大，甚至萎缩。而主蔓或侧蔓上着生的第2、第3雌花的子房比较大，这也说明此时期植株体内营养物质已充分积累，并且营养分配已趋于平衡，营养生长趋于平稳，生殖生长逐渐凸现，保证体内营养开始转向供应开花结果所需，从而使雌花子房得到正常发育膨大的保证，主蔓上发生的第3朵雌花节位最合适，发育状况和形状最理想，生产上选择授粉、留果，容易获得高产。另外，种植密度大，通风透光性不好，也会影响雌花子房的发育膨大。二倍体西瓜经化学诱变后，其花器（雌花和雄花）也随着植株的变异而改变。首先是外观体积增大，比二倍体原始材料增大近一倍，花柄也变粗变短。形态上雄花体态变圆变宽，花心的3枚花药靠紧，呈球状增大。雌花子房缩短，由原来的长形变成短椭圆形或者高圆形，椭圆形变成圆形，圆形变成扁圆形，子房体积也随之增大，整体变短或变圆变粗，与原二倍体材料的雌花子房大不一样。从花器的形态变化可以判别多倍体西瓜和二倍体西瓜之分，也可作为育种工作者鉴别变异材料的依据之一。雌花的形态、子房的大小都直接与开花坐果和果实的发育快慢密切相关，若雌花子房小，花梗与花、子房成直线，这样的雌花子房质量差，不易坐果，或者坐果后果实发育也慢；若雌花子房大，花梗弯曲呈"钓鱼钩"式，这种雌花质量好，坐果容易，坐果后果实发育膨大也快。所以在生产栽培上，不仅选好品种，种植管理上也要科学，营造有利于植株健康生长，有利于促进开花结果和果实发育膨大的生长环境，才能达到高产稳产的目的。

# 五、果实

西瓜的果实由下位子房发育而成，果实为瓠果，由果皮、果肉和种子组成。果实的内部结构由3心皮构成3室。心皮和心皮外组织没有清楚的界线，心皮的排列多数认为是侧膜胎座，发育的种子包埋在薄壁组织里，并不划分出腔室。子房中央具有典型的倒生侧心皮束，如果轻轻地撕开充塞在腔内的组织，可显出胚珠和果壁分离，而着生在向内弯曲的组织片上。心皮没有腔室充满和没有心皮外组织结合的形态和排列，心皮的边缘，首先呈向内向心的弯曲，在腔室之间形成分隔，心皮边缘再呈离心的弯曲，每一腔室被隔开。胎座也是弯曲的，并呈向心延伸，沿着第二次弯曲的心皮边缘之间和胎座与心皮的背部之间有双表皮层。沿着心皮第一次弯曲的邻接心皮之间，联合的缝线不明显。充满在腔室的组织由心皮发生，成为中央可食的肉质组织部分。

果实皮层由子房壁发育而成。其细胞组织紧密，具有比较复杂的结构。最外面的一层为密排的表皮细胞，表皮上有气孔，外面有一层角质层。表皮下面配置着 8～10 层细胞的叶绿素带或无色细胞，这层即为外果皮。紧接着外果皮的是几层由厚壁木质化的石细胞组成的机械组织。机械组织的厚度及细胞间的木质化程度因品种及栽培条件而异，它决定品种间果皮的硬度以及贮藏运输性能。其内是肉质薄皮细胞组织即中果皮，这层组织通常无色，组织较果肉细密，多水，含糖量低，习惯上所称的瓜皮就是这层组织。该层组织的厚度常受品种和栽培条件而变化，薄皮的品种仅几毫米，厚皮品种可达 1.5～2 cm，栽培上若施氮肥过多，尤其在果实发育膨大期偏施氮肥，果实内含物及色素转化慢，成熟期推迟，果皮增厚。另外，种植密度大或者枝叶抽生多，通风透光性差，果实长时间处于荫蔽、不见光环境下发育膨大，果皮也明显增厚。

果皮的颜色有白色、浅绿色、绿色、墨绿色、黑色、淡黄色和黄色。有些品种还带有网状、齿状、条状、放射状花纹。果实表皮的颜色，随表皮层下的薄壁组织的质体不同而异，绿色果实表皮质体是叶绿体，黄色果皮质体是有色体。

果皮的硬度由紧接着外果皮的几层厚壁木质化的石细胞组成的机械组织的结构状况所决定。机械组织的厚度及细胞间的木质化程度高，果皮硬度高，耐贮运性强，薄皮品种只要具备这种性状条件，其耐压、耐碰擦及耐贮运性还是比较强。相反，若厚皮品种不具备这种性状条件，其果实还是容易爆裂，不耐压、碰和贮运。

果肉，通常称为"瓜瓤"，主要由薄皮细胞组成。细胞间隙大，形成大量的巨形含汁的薄皮细胞，其最大的细胞直径可达 300～500 $\mu m$。果肉有白、浅黄、黄、鲜黄、粉红、红、鲜红、深红等颜色。果肉质地有紧实、松爽、松脆、软绵以及粗纤维、细纤维、无纤维等性状结构。果肉富含糖、瓜氨酸、维生素、胡萝卜素和番茄红素等营养物质。果肉的颜色、肉质的结构状、糖酸比以及营养成分含量是衡量品种优劣的主要性状指标。

西瓜果实形态具多样性，果实形状可分为圆形（果形指数接近1）、高圆形（果形指数1.05～1.1）、短椭圆形（果形指数1.2～1.3）、长椭圆形（果形指数约1.5）和扁圆形（果形指数0.8～0.9）。

西瓜果实分特小果型（单果重0.5～1.0 kg）、小果型（单果重1.5～2.5 kg）、中果型（单果重3.0～5.0 kg）、大果型（单果重6 kg以上）。果实分少籽果实（为四倍体西瓜，单果种子数40～120粒）、无籽果实（为三倍体西瓜，果肉中含少量不发育的白秕籽）、有籽果实（单果种子数150粒以上）。果实的大小因品种而异，早熟品种果实偏小，中、晚熟品种果实偏大。果实大小还与结果节位有关，靠近根部节位结果果实偏小；中距离节位（距根部1.8～2.4 m）结果果实最大；远节位（距根部2.5 m以上）结果果实变小，而且容易畸形。此外，枝叶抽生过多，体内营养大量向生长旺盛的枝叶输送，从而抑制果实发育膨大，使果实大不起来。但如疏枝剪蔓过多，功能叶片少，光合面积不足，植株生长量受限制，直接影响果实的发育膨大。

## 六、种子

西瓜种子由种皮和胚组成。种皮坚硬，其内有一层膜状的内种皮，胚由子叶、胚芽组成，子叶肥大，贮藏着大量的营养。

西瓜种子扁平，呈卵圆形或矩形，饱满的种子种腰肥厚、隆起，种子尖端有喙和发芽孔。四倍体西瓜和三倍体无籽西瓜种子外形基本相似，种子先端表面均有浅裂痕，体形较圆宽，尖端和尾部宽幅基本相等。但四倍体西瓜种子饱满，种子表面也较平滑。而三倍体无籽西瓜则较扁平，不饱满，种子表面较粗糙，大部分种子尖端有双裂痕。西瓜种子的大小差异很大，大粒种子单粒重100 mg以上，小粒种子单粒重只有8～10 mg。种子的纵径6.0～15.0 mm，厚度1.5～3.5 mm。种子的千粒重25～190 g。根据种子的大小可分为大籽型和小籽型品种。随着种性的不断遗传改良选育，种子形状和大小也随之发生深刻变化，如很大粒种子品种与很小粒种子品种通过杂交改良选育，种子由小变大，从而克服优质品种因种子粒太小、发芽势弱、出芽率低、苗生长细弱、育苗成苗率低的弊病，同时在抗性、产量和品质也得到同步改良、提高。

遗传改良可以改变种子形状和大小，而栽培条件可以提高种子质量和重量，种子体积也有所增大。一般在含氮量较高，含磷、钾较少的沙土或沙壤土生产制种，种瓜偏大，但种子却偏小，饱满度差，种子千粒重比原来降低15%以上；而在含磷、钾较高，含氮量较低的沙质岩土、石砾土或冲积土生产制种，种瓜虽不是很大，但均匀，生产出的种子粒大且饱满，种子千粒重比原来增加15%以上。磷对促进种子的形成、发育很有利，在生产制种过程中适当补施磷和钾肥，特别在开花坐果后减少施氮肥，能明显提高种子产量和质量。

西瓜种子种胚的饱满程度是种子内部贮藏营养多少的标志，与其发芽的初期生长有很大的关系。关于胚重的比例，从实验中表明：大粒种子的种皮较厚，种胚比例较低，占整体重量的45%～55%，而小粒种子的种胚比重较高，占整体重量的55%～60%。从发芽势比较，小粒种子出芽较快，较整齐一致，发芽时间较短（一次性出芽率90%以上）。而大粒种子出芽较慢，且不整齐一致，发芽时间较长（一次性出芽率约60%，需分几批点芽播种）；从种子的出苗势比较，由于大粒种子胚的绝对重量较高，因此种子的出苗势较高，种苗也比小粒种子种苗粗壮，成苗率相对高。在西瓜种子的大家族中，三倍体无籽西瓜种子结构非常特殊，其种胚仅占种腔体积的60%～70%，加上种胚扁薄，种壳坚厚，发芽率最低。在常规条件下催芽，其种子出芽率仅30%左右，而在土壤里自然出芽不到10%。因此，在播种前，需要进行人工破壳，然后再催芽。通过人工破壳处理，其出芽率可以提高到80%～90%或以上。三倍体无籽西瓜种子出芽率低，是生产发展的一道难题。

西瓜种子的颜色可分为白色、黄白色、红色、褐色、灰褐色、褐红色、黑色。种子色泽变化很大，除了在正常条件下表示各自颜色特征外，若栽培条件发生变化，或者种瓜的成熟度问题，都会使种子颜色发生变化，更因其深浅而有所不同。种子表皮一般光滑或有裂刻（一般为四倍体和三倍体西瓜种子），有的具有黑色麻点或边缘具有黑斑或红斑带，可分为脐部黑斑、缝合线黑斑或全面褐色斑点。

西瓜种子的生理解剖显示：种皮由栅状组织、皮下组织、厚壁细胞组织、薄壁细胞组织所组成。各层都是种子的中央部位较薄，而边缘部位较厚。栅栏状组织由角质层包被，由一层长柱形细胞排列而成，干燥后收缩成波状，内含色素。皮下组织由2～3层小细胞和数层大细胞组成，形成坚固的保护层。厚壁细胞组织由一层细胞组成，细胞壁很厚。薄壁细胞组织由数层薄壁细胞组成，含有与果肉色泽相同的色素。

种皮内层的薄壁细胞组织，发芽时吸水变软，具有帮助子叶由种皮内拔出的功能。

栅状组织细胞色素的种类和浓度形成了种皮的各种色泽，黑色种子色素达到最高的浓度，还因其分布的不均匀性，有的种子具有斑点或花斑点，而白色的种子则不含色素。

胚由 2 片子叶、胚轴以及幼根所组成。2 片子叶重叠在种皮内，幼根位于种脐处。偶尔有很少部分种子的子叶大小不同或有部分子叶畸形，在发芽时表现异常。

# 第二节　生长发育周期与开花授粉习性

## 一、生长发育周期

### （一）发芽期

种子一般通过数小时的清水浸泡，则吸水膨胀，在适宜的温度、水分和空气条件下，种子内贮藏的脂肪、蛋白质在酶的作用下，水解转化为脂肪酸、氨基酸，然后输送到各个生长部位，使根和胚萌动并萌发生长，随着呼吸作用的产生和加强，随着胚轴和子叶的萌发生长，依靠胚轴基部的"胚栓"的膨压，使种壳破开，胚根伸长和胚芽长出。种皮由于"胚栓"的卡阻而留在土内，子叶靠下胚轴的伸长向上生长。通过两个作用，子叶由种皮拔出，种皮内侧的薄壁细胞组织吸水变软，同时由于覆土的重量压住了松动的种皮，使种皮自然脱落。

种皮脱落以后，子叶开始呈垂状，变成黄色，然后并拢向上生长，接着子叶开始吸收光能，转变成绿叶并逐渐展开。发根后 2～3 d，表皮组织分化出根毛，中心柱分化出侧根原基，促进发育。

西瓜种子发芽出土时，有时出现子叶"戴帽"，种皮不能及时脱落，影响子叶的生长。主要原因：一是种子未充分成熟，种胚不充实饱满，内能不足，萌芽暴发力弱，种皮慢慢被推开破裂。二是种子直播时，覆土太浅，表土过干，种胚萌发力差，推力不足，使种壳不能迅速破开脱落。另外，在发芽时，若种壳表面水分少，不够软化，也影响种胚的萌发及破壳伸长。不饱满的三倍体无籽西瓜种子较多发生这种"戴帽"现象。

西瓜种子发芽快、慢及出芽势强弱程度与种子的贮藏时间和贮藏条件有密切相关。贮藏的时间短，发芽势最好，出芽率最高。即使种子的贮放时间很短，休眠时间未达到，但种子仍然正常出芽，并且整齐，芽根粗白、健康。贮放时间长，而且贮放的环境潮湿、不通风干燥的地方，种子发芽时间较长，出芽率也低，产生烂种。西瓜种子的生活力强弱是种子发芽快慢、好坏的基础，一般以采收后至第二年生活力最强，发芽最良好，以后逐年减退。根据实验报道：种子采收后不沤种，及时清洗干净种子表面的黏物（一般先用 10％生石灰水浸泡种子约 30 min 后在流动的清水中洗涤干净），迅速烘干或风干、晒干，然后及时装入无毒塑料膜袋，并密封，贮放保存在比较干燥的橱内，在常温下，贮藏 3 年的陈种子和贮藏 1 年的新种子其发芽情况几乎相同。贮藏 4 年的陈种子发芽推迟 2～3 d，且略不整齐，贮藏 5 年的种子发芽推迟 3～4 d，发芽出芽率极低，贮藏 6 年的种子则不发芽。实际应用的贮藏年限只限 3 年，而且以 2 年期限最佳。贮藏时间长的陈种子不但出芽率低，种芽生长势也很弱，一般陈旧的种子即使发芽，但只长出胚轴，而不长出根系和根毛，胚轴下端呈瘤状，平滑，不长出须根系，很难生长发育成幼苗。

西瓜种子贮藏的条件对其生活力、发芽情况影响也很大，其中温度和湿度是主要影响条件。如西瓜种子是油料种子，贮放在较高的温度条件下，脂肪容易变质，种子易发油、酸败，容易失去生命力。本文作者通过试验发现：刚采收的种子其种胚是白色，在平均 22 ℃常温下贮放 12 个月，种胚颜色比原来暗淡、微黄，发芽率比原来降低约 10％；贮放 24 个月，种胚颜色变淡黄色，有酸败味，发芽率降至 20％～30％；贮放 36 个月，发芽率只有 2％～5％。广西农业科学院种质库研究人员以"新红宝"有籽西瓜和"广西 2 号"无籽西瓜品种的种子为试材，进行低温贮藏试验记载，于 2000 年将上述两品种种子贮放在空间湿度 32％±3％、温度－1 ℃±2 ℃的环境库内，分别于 2007 年、2011 年抽样检测发芽率："新红宝"有籽西瓜种子发芽率与原来相同，没有下降变化迹象。"广西 2 号"无籽西瓜种子发芽率比原来降低 8 个百分点。试验观测结果表明，种子贮藏环境的空气湿度及温度对种子的活力和发芽率情况影响相差大。另外，种子内部的水分含量多少也直接影响种子本身寿命和活力，种子晾晒度不够，种子内部含水量多，则易引起种胚变质腐烂，种子包装密封性不好，种子易吸湿回潮，引起霉烂。密封包装种子的含水量在 6.5％以下为最好。

西瓜种子发芽受温度、水分、氧气、光照等四大主因影响。温度是影响种子发芽主要因素，其作用是对酶活性影响。温度低，酶的活性弱，种子发芽慢；温度过高也抑制酶的活性，种子发芽受阻，出芽难，甚至因细胞组织受损而灼伤种子。种子发芽温度下限为 20 ℃，上限为 35 ℃，最适温度为30～32 ℃。低于或高于上限温度，发芽情况均受影响。在种子发芽后，将温度调控至20～25 ℃，使种芽不徒长，上、下胚轴粗壮，为培育壮苗打下良好基础。

水分在种子发芽时的作用是使种壳的木质组织吸水层膨胀松软，有利于胚根胚芽伸出。同时在适宜温度条件下，种子吸收足够的水分后，脂酶和蛋白质水解酶的活性迅速提高，使贮藏在子叶内的脂肪、蛋白质和糖被分解及水解为各种营养物质供生根发芽所利用。水分对种子的发芽生理要求比较讲究，如达不到条件要求，都会影响其发芽过程中各环节生理转变，从而影响发芽。此外，水分还对发芽生态产生影响，如发芽环境湿度小，则延缓种子发芽，甚至不发芽，而水分过多时，种子又会因为得不到足够的氧气而窒息，也会导致发芽缓慢或不发芽。

氧气对种子的发芽也很重要，休眠状态种子呼吸作用很低，需要的氧气不多。而到发芽的时候，呼吸作用加强、旺盛，需要充足的氧气，没有氧气的供给，种子就不能发芽，或者在发芽过程中，生态环境缺氧，也会造成出芽缓慢或者窒息死亡。因此，在人工催芽过程中，需不断通氧换气，调节好温箱的空气和水分。

由于发芽期的根系以纵向延伸为主，侧根很少，所以植株生长量不大，只有 0.3～0.5 g，仅占总生长量的 0.006％左右。此时的生长特点是根轴比基轴伸长快，子叶出土后迅速变成绿色，并且开始光合作用，合成营养物质。地下根群也逐渐形成，吸收量增大。但若此时光照不足，而温度较高，加上水分偏多时，下胚轴便很快伸长，发生徒长，成高脚苗。为了使幼芽生长粗壮，为培育壮苗打下基础，播种或催芽育苗时，田间或苗床管理首先注意在低温时期播种或催芽育苗提高土温或育苗棚温度，控制好土壤或营养杯育苗基质水分，有条件的可增加育苗棚内光照和育苗棚的通风换气；在高温时期播种或催芽育苗时，则注意适当遮光降温，保持育苗环境通风，均衡供应水分，促发壮苗。

### （二）幼苗期

从 2 片子叶平展经 5～6 片真叶展开到团棵，再到倒蔓，开始匍匐爬长称为幼苗期。此期苗的生长特点是地下部分根系的生长、根须分生和幼叶及生殖器官的分化。在适宜的环境条件下需经 25～30 d。此期由于叶片和根须比较少，植株体内营养积累还不充分，生命力弱，生长缓慢。如果生长期处于气温较低的气候环境，根系生长受影响，植株生长更滞缓，甚至变成僵苗，出现节间缩短、心叶难以抽生，植株直立，叶片细小，从而影响后期生长。这个时期的植株生长量一般只有 14～16 g，占总生长量的 0.13%～0.15%。此时期又可分为二叶期和团棵期。二叶期是露心至 2 片真叶展开。此时根系生长较快，而地上部分生长却很缓慢，下胚轴和子叶生长趋于停止，心叶慢慢抽出。从 2 片真叶展开到抽生出 5～6 片真叶，叫团棵期。此时期根系生长更加迅速，主根可长达 20 cm，侧根、须根生长也快，逐渐形成 1 个锥形根群。由于地下根系迅速发展，吸收量逐渐加大，地上部分叶片抽生及生长发育也加快，增长量逐渐增加。这个时期植株生长的强弱与后来植株的长势、抗性直到产量、质量的形成有着密切关系。因为 2 片真叶期以后已经开始花芽分化，到团棵期时，主蔓第 3 雌花已分化结束。同时，主蔓顶端也已完成第 15 至第 18 节的分化，植株生长中心由根部逐渐转移到幼苗的顶端。因此，此时期的田间管理应着重考虑如何保护和促进植株根系健康及快速生长等方面技术，并根据根系生长特性及要求进行地膜种植畦覆盖，提高土温，以促进根系生长发育；以不伤断根系范围及时浅耕、中耕松土，增加土壤通透性，增加土壤氧气，以利于根系生长；松土后及时用地膜或用干草覆盖种植畦面，以保持土壤疏松，不板结，通透性好；松土除杂草及铺盖干草过后接着及时追肥，促苗快发。由于此时期植株的根系还不发达，根须量少，加上根须比较娇嫩，容易受到伤害。如拔除靠近植株根部的杂草，或者浅、中耕松土都会容易引起伤根。追施肥料过程施放量大、液肥浓度过高，都会造成根系细胞组织受到破坏，引起烧根死苗。喷施农药使用过高浓度引起烧伤叶片，都会直接影响根系的生长。不及时防治病害和虫害，使叶片受害受损，光合面积减少，也直接影响地下根系的抽生生长。

**（三）伸蔓期**

从幼苗团棵、倒蔓到第二朵雌花开放期为伸蔓期。在适宜的生长环境条件下需经 18～23 d。此时期地下根系逐渐增多，根群逐渐大量形成，根系的吸收量加快加大，地上部分蒸腾、代谢作用也加快，促进了植株的快速生长。植株的节间伸长明显加快，由直立生长变为匍匐生长，进入茎叶旺盛生长阶段。叶片数量和叶片加大加宽，叶面积迅速增加。同时伴随着雄花和雌花的孕蕾及开放过程，是整个生育期中生长最旺盛的时期。植株干物质重迅速增加，增长量为终值的 17%～18%，增长速度也较快。茎、叶的干物重分别为地上部干物重的 23%～24% 和 74%～75%，展叶数最多，叶面积增长为最大值的 57%～58%，主、侧蔓的长度分别占最大值的 63%～64% 和 68%～69%。该时期的生长中心是茎蔓生长顶端。植株绝对生长量增大到 300～350 g，约占总生长量的 5%。这个时期也是植株整个生育期生长最健旺，抗病及抗逆性最强阶段，植株容易疯长、徒长。根据这个时期的生长特点，栽培管理应采取"先促后控"，即从倒蔓到第一朵雌花开放前要"促"，用保水保肥措施促进发根发蔓，搞好田间排水，降低田间湿度，做好整枝引蔓，防止枝叶重叠，增加田间通透性；从第一朵雌花即将开放到第二朵雌花开放时要"控"，即适当控制水分，减少或停止追施肥，以达到控制茎蔓过快生长。同时适当进行叶面喷施硼元素，以促进开花，促进坐果。

### （四）结果期

植株从第二或第三朵雌花开花坐果到果实发育膨大至果实成熟称为结果期。这个时期需经 30～45 d。此时期由营养生长为主向以果实生长为主，植株干物重和茎叶干物重仍在增加，叶面积的生长仍很旺盛。生殖生长刚刚开始时，营养生长还在继续，但生殖生长优势日趋形成。植株的功能叶片光合作用产物输入中心仍是生长锥，但逐步由生长锥向果实过渡。因此，这个时期是植株营养生长和生殖生长争夺营养矛盾最激烈的时期。在这个时期，果实和叶片生长状况在发生不同变化，果实在不断膨大、增加重量，叶片渐渐衰退，叶色退绿变黄，新长出的叶片变小。根据果实的形态变化和植株生长变化特点，结果期又分为坐果期、果实膨大期和果实成熟期。

#### 1. 坐果期

雌花从开花授粉至子房茸毛稀疏，小瓜"褪毛"称为坐果期。这个时期需经 4～6 d。雌花在开花授粉时，需要适宜的温度和空气湿度（开花授粉期最适气温 28～30 ℃，要求空气湿度低于 70%），若温度达不到要求，则难以开花授粉受精。生产栽培上须调节好播种及种植季节，同时在开花期适当补充水分，使开花授粉正处于适宜的温度和湿度条件下。

子房受精后，幼果细胞迅速分裂，体积逐渐增大，重量不断增加，果柄下垂。从外表看，小瓜新鲜幼嫩，直径为 3～4 cm，这表明小瓜已经坐稳。这个时期的生长特点是：虽然营养分配中心开始向果实转移，但幼果刚开始发育膨大，果实生长发育优势尚未形成，果实生长量较小，需要营养供给不多。而此时的植株营养生长仍很旺盛，茎叶生长量大，还在不断消耗养分。如果此时遇上不良天气，或者栽培管理上稍有不当，肥水过多或缺少肥料，都会引起茎蔓生长太快、徒长或者因营养不足，导致化瓜落果。此时期须减少或不施氮肥，适当补施磷、钾肥，叶面喷施有利于花器发育促进坐果的硼肥，及时整枝压蔓，调节植株营养，增加田间通透性和提高光能利用率，加强人工辅助授粉（三倍体无籽西瓜因雄性花败育，不能同株异花自然授粉，必须用二倍体西瓜雄花进行人工辅助授粉），提高坐果率。同时，注意选留合适节位的雌花所结的果，以期获得较高产量和较优质果实。

2. 果实膨大期

小瓜从坐稳到体积长大成形，果实体积基本固定，称为果实膨大期。这个时期需经 23～27 d。此时期地上部增长量最大、干物重最重。此阶段初期，侧枝仍抽生迅速，枝叶繁茂，叶片颜色浓绿，叶肉增厚，功能叶片居多，光合作用增强，体内积累的营养物质大量向果实转运，果实以重量增长为主，体积急剧增加。这个时期是决定西瓜产量的关键时期，也是生产栽培上的水肥管理、科学整枝留叶的植株营养调整、病虫害防治、保护植株健康生长等管理的关键时期。一般在适宜、正常的生产条件下，加上栽培技术管理得当，植株的日平均生长量可达 300～500 g，甚至更高。此时期的生长量占总生长量的 90% 以上，为西瓜全生育期生长量最大时期，也是西瓜一生中生殖生育生长最明显时期。随着果实体积和重量的不断增加，体内贮藏的营养物质不断被吸收利用，枝叶生长逐渐减弱、衰退。

这个时期的田间管理是保证适时均衡供应水分，保持土壤湿润，以满足果实发育膨大的需水量。但防止串灌漫灌，以避免因土壤水分含量过多引起缺氧伤根或影响根系生长。同时要注意搞好瓜田的排水，以保证雨季瓜田不淹水、积水。在搞好水分管理的前提下，及时追肥，补充养分，促果增长，并加强病虫害的防治工作，确保茎叶不受伤害。

3. 果实成熟期

从果实体积膨大定型到果实完全成熟称为果实成熟期。时间长短因品种和栽培管理水平及不同气候环境条件而异。在适宜的温度条件下，早熟品种经 6～8 d，中、晚熟品种需经 8～12 d。此外，不同的生产条件及不同的管理方式成熟期也不一样，在土壤养分含量较丰富、且疏松、耕作层深厚、保水保肥性好的土地种植，植株生长健旺，后期仍不易衰老，各类品种成熟期都会推迟；

在果实膨大期偏施氮肥或者氮素比例较大，都会引起植株后期返青生长（瓜农称返生），从而影响果实内部性状转化；果实接近成熟期不及时控水，减少水分供应，也会使果实成熟推迟。

在果实成熟期阶段，植株茎叶生长减慢，植株长势明显变弱，枝叶抽生极少，零星抽生的侧枝也细短，叶片细小。果实体积和重量增大极微，果实内部色素和糖分加快转化，果皮颜色老化变深，表皮粗糙，呈现品种应有的色泽和外观特征。此时期对产量的形成影响不大，但对品质的形成关系很大，是决定西瓜果实品质的关键时期。

这个时期的管理措施是搞好瓜田的排水，防止雨季瓜田积水；完全停止供水、施肥和喷施农药，进行翻瓜、垫瓜，防止蚁类和虫类对果实的伤害、危害。适当喷施叶面营养肥，防止或延缓叶片衰老，使叶面始终保持在较高的水平上。若需结二茬果，在采收一茬果时，轻走、轻剪、轻放在空旷地方，尽量避免踩踏或者翻乱瓜藤和损伤叶片，保持植株枝叶完整，同时做好采后的追肥、浇水供水及喷药，恢复植株健康生长。值得提醒和提示的是，在果实成熟或者接近成熟期，不能喷施类似"膨大剂"等人工合成植物生长调节剂化学激素药品，以免引起果实爆裂、开裂和皮厚、空心、瓜瓤不转色等无食用、无经济性的不良结果，同时造成不良社会影响和经济损失。

## 二、开花授粉习性

### （一）花芽分化

1. 雄花的分化

（1）花蕾形成阶段。最初出现的花原基为一圆锥形突起，膨大后边缘先产生 5 个萼片原基突起，而后逐渐伸长，花原基外观呈"山"字形。当萼片原基继续伸长，并于顶部相互接触时，萼片上出现表皮毛。

（2）花冠形成阶段。在萼片原基的内侧基部出现 5 个花瓣原基突起，当萼片原基迅速伸长时，花瓣原基变宽，但伸长不明显，当花蕾长约 4 mm 后，花瓣伸长超过萼片，此时花瓣外露，即将开花。

（3）雄蕊形成阶段。继花瓣原基出现，在其内侧基部出现 3 个花丝原基突起，花丝原基略伸长后顶端渐膨大而分化为花药。最初花药原基膨大较快，花丝伸长较慢，短于花药。花蕾长约 3 mm 时，花蕾内部充满花药，花粉母细胞开始进行减数分裂，花蕾长约 4 mm 时，花药中已形成单核花粉粒。分化成雄花的幼蕾萼片、花瓣原基分化以后，花蕊迅速而顺利分化，而子房不再分化，因而分化成雄花。

2. 雌花的分化

雌花原基为一圆锥形突起，萼片、花瓣、柱头的分化顺序与雄花相同。当萼片原基突起向上伸长时，整个雌花原基上部变宽，基部以下伸长并变粗。在萼片原基内侧出现花瓣原基，随之出现 3 个柱头原基，萼片上出现表皮毛。当花蕾长约 2 mm 时，柱头膨大，此时花柱尚短；花蕾长约 4 mm 时，胚珠清晰可见。雌花原基出现至胚珠分化经 13～14 d，此时植株第 6 片真叶平展。

分化成雌花的花芽，当花瓣分化以后，雄蕊的分化中止，而雌蕊继续迅速分化，因而发育成雌花。如果部分或者全部雄蕊再分化，继而分化雌蕊，则发育为部分或完全的雌型两性花。

西瓜花芽分化的早与迟和节位的高与低因品种而异，早熟品种花芽分化较早，一般在 2 片真叶期末产生，而晚熟品种则在 4～5 片真叶期产生。分化的节位约相应为 8 节和 12 节。此外，温度、光照、水分和营养条件等因素对西瓜的花芽分化都有直接影响。如研究试验发现，较低的温度有利于花芽分化，开花较早，雌花的发生节位较低，而较高的温度能加快雌、雄花花蕾的发育和开放，短日照时数有利于雌花的花芽分化和形成，采用较低的温度和缩短光照时间处理，使雌花出现早，节位降低，雌花的数目也增多的效应；水分对西瓜花芽分化的影响是：空气湿度较高，花芽形成早而多，且有利于雌花的分化和形成。适宜的土壤水分条件对西瓜花芽分化和雌花的形成都有利。水分较少时能使雄花分化和形成，水分较多，易引起秧苗徒长，使花芽分化推迟，尤其是雌花的形成较迟；植株的营养条件与其花芽分化也有密切关系。土壤营养充足，加上气候条件适宜，茎叶生长充实，花芽分化快，花蕾形成和发育良好，尤其雌花的密度和质量都较高。此外，植物生长调节剂（如乙烯剂、赤霉素等）对西瓜的花芽分化和改变雌、雄花的性别都有直接影响和作用。

**（二）开花习性**

西瓜的花是半日花，开放的时间很短，一般清晨开放，午后闭花，次日不再开放。如果气温高，空气干燥，花的凋谢更快。没有受精的雌花次日尚能开放，但很少能授粉结果。

西瓜的花自基部陆续向上开放，第一朵雄花开放以后，雌花和雄花同时开放。发育完全的花蕾，在开花前生长迅速，表现在花蕾的体积迅速膨大，先端蓬松，花瓣显露黄绿色。可以根据上述状态判断花蕾的开放时间。在同一条蔓上，雄花的开放时间早于雌花。雄花在开花的同时或稍晚的时间散粉。第一朵雌花在孕蕾时，正好处于植株营养生长渐旺盛阶段，体内大量营养集中往顶端芽叶输送，从而影响并抑制子房的发育和膨大，使雌花子房细小，甚至萎缩，不能开放。所以能正常开花的雌花多为第二朵以上的雌花子房。除此以外，西瓜的花能否正常开放或开花时间的早晚、花粉质量和活力等方面，还与以下因素有关：

1. 温度

温度对花开放迟、早有很大影响。温度高开花早，温度低则开花迟。春季栽培一般清晨气温在 20 ℃以上时，7 时左右花就开始开放，尤其夜间气温较高，昼夜温差相差不大时，早上花开放更早。当气温高于 20 ℃时，花药能开裂散发花粉，达到正常授粉的效果。若气温低于 20 ℃，即使花能开放，但雌花柱头干涸，无分泌活性物质，而雄花花药不能裂开，无法散粉，因而无法完成授粉、受精过程。西瓜花粉的散发和花粉的发芽最适宜温度为 25～31 ℃，较高的温度对花粉的发芽也产生一定障碍。

2. 空气湿度

西瓜开花授粉需要适宜的空气湿度，因为适宜的空气湿度使植株体内水分保持均衡，使花器的形成、发育得以保证，孕育出高质量花朵，增强花的活性。此外，空气湿度对西瓜花粉的发芽率影响很大，当空气相对湿度小时，环境干燥，花粉粒皮层组织不能软化，干涸，因而花粉的发芽率明显降低，直接对授粉受精带来一定影响，这就造成在高温干燥季节西瓜开花坐果率偏低。但若空气湿度过大时，花心部位容易形成水珠或水渍状，直接影响雄花花粉的散发，也会冲掉或稀释雌花柱头的活性分泌物，对授粉受精带来很大困难和影响。据测定，在空气相对湿度保持在 90%～95%时，花粉的发芽率达到 92%以上，花粉散发好，受精坐果率最高。

下雨能提高空气和土壤湿度，在水分较充足的条件下花蕾大，发育良好，花粉的生活力也强。但在开花授粉期若遇上下雨就会冲走雄花花粉和冲掉雌花柱头活性分泌物，使授粉受精无法完成。另外，下雨还会冲掉雌花子房茸毛和降低生殖细胞液浓度，使坐果率降低。若在开花授粉期遇上雨季，最好花开前先将雌花和雄花同时套上小纸筒，人工授完粉后又重新给授过粉的雌花套上小纸筒，防止雨水冲刷，以保证授粉受精正常完成，保证坐果率。

### 3. 光照条件

光照对西瓜花的开放有直接和间接影响。直接影响是花在开放前需要经过一段无光照阶段，否则开花不正常或推迟开花。而在开花时则需要充足的光照条件，使开放的花粉散发良好。光的间接作用是提高温度，促进花器发育形成，确保花的正常开放及授粉受精。此外，雌花子房叶绿细胞也需要光合作用，在光照良好条件下，子房发育迅速，表皮幼嫩，光泽度好，而光照条件不足时，子房表皮暗淡，光泽度差，发育缓慢。

### （三）开花授粉和受精过程

西瓜的雌花和雄花均具蜜腺，雄花花粉滞重，靠机械媒体（昆虫或人工）传粉。雌花和雄花均以当天开放的花活力为强，而且在开放后的 1～3 h 最强。雄花清晨开花后即散粉，花粉传至雌花柱头上即完成授粉过程。

雄花花粉坐落到雌花柱头后，花粉粒开始萌发，在雌花活性分泌物共同作用下，花粉管渐渐伸入柱头，而后沿着花柱到达胚珠。花粉中的精核穿过珠孔与胚细胞结合，受精卵发育成种子，子房则膨大而形成果实。西瓜的雌、雄花从授粉至受精大致需一天的时间。在正常情况下，一般从上午 7 时至 9 时，雌花柱头稍带绿色，并分泌少量黏液，授粉后经 15～20 min 花粉开始萌发。2 h 后花粉管伸入柱头，5 h 左右伸到柱头中部分歧处，再经 5 h 左右到达花柱基部，约经 24 h 即可达到胚珠，完成受精。

## 三、无籽西瓜的特征、特性

三倍体无籽西瓜种子与二倍体有籽西瓜种子所不同之处是种子平面比较圆宽，尾部与先端宽度相关不大，体面呈扁平，大粒种子千粒重一般为 52～62 g，小粒种子一般只有 15～20 g。种胚发育不完全，种胚的绝对重量较低，胚重仅占种子总重量的 38%～41%（二倍体西瓜种子的胚重占种子总重量的 50%～55%），种胚体积占种壳内腔的 60%～70%，同时还有相当比例的畸形胚，如出现大小胚和重叠胚。种皮较厚（尤其喙部更厚于尾部），因此种子发芽和出苗困难，种子若不作任何处理，在正常条件下，靠自然发芽，仅约 15% 或以下，甚至更低，被列为无籽西瓜生产栽培存在"三低"之一。

普通西瓜种子的二片子叶大小相当而对称，而三倍体的种子子叶有一部分与普通西瓜相似的正常胚，有一半以上折叠胚，其抱合的交式交互折叠，还有少部分的大小胚，以及约占 10% 的空壳。但不同组合或品种各种状态种胚的比例也不一样，这可能与四倍体西瓜母本种性有一定关系，也与生产杂交制种的栽培条件相关。

### （一）三倍体无籽西瓜幼苗的形态特征、特性

三倍体无籽西瓜幼苗一般表现为胚轴较粗，子叶多数畸形，不平展，两片子叶大小也不相当。但子叶较肥厚，叶色浓绿。由于种胚子叶折叠，干重小，出苗后子叶较小，叶形较圆，叶形指数较小，大小不对称，苗期同化面积小。同时由于种胚不饱满，发芽及生长势弱，幼苗生长过程对温度的要求较高，而且适应温度范围又较窄，抗逆性较差，生长很缓慢。地下根系的生长也受到影响。特别是出土较迟的瓜苗主根短，侧根须少，严重影响地上部分的生长，展叶更缓慢。因此在育苗阶段，三倍体无籽西瓜幼苗比普通西瓜幼苗抗逆及抗性能力差，生长缓慢，育苗过程如遇到长时间低温阴雨等不良的气候因素影响，极容易烂秧死亡，育苗成苗率低，也是三倍体无籽西瓜生产中所存在的"三低"难题之一。等到幼苗长出 2～3 片真叶以后生长才逐渐转为正常。

### （二）伸蔓期的特征、特性

这个时期表现为前期秧苗生长缓弱，根系生长不快，根须少，特别是在春季气温较低的环境条件下，种植到大田以后，生长速度明显比普通二倍体西瓜生长缓慢。但当幼苗长出 5～6 片真叶时，植株生长开始加速，生长逐渐转旺，茎蔓伸长的速度和侧蔓的抽生均比二倍体普通西瓜强。

三倍体无籽西瓜最大的功能叶片的出现较普通西瓜的节位要高，出现的时间也较迟。据测定，普通西瓜主蔓上最大叶片出现的节位为 20 节左右，侧蔓上最大叶出现在第 15 节左右，而无籽西瓜主蔓最大叶片出现在第 30 节左右，侧蔓出现在第 25 节左右。由此说明，三倍体无籽西瓜植株生长较旺盛，生育期较长，结果也比普通二倍体西瓜迟。

三倍体无籽西瓜整个生育期的生长状况是幼苗期生长缓弱，伸蔓后期生长优势才明显表现出来，主要是生长迅速加快，茎节增粗，节间距离增长，功能叶片增多，叶面宽度增大，叶肉增厚。单叶面积增大，增加了植株的同化面积，同时由于叶片气孔较大，气体的交换量增加，同化功能也相应地增加。植株的抗病及抗逆性增强，始终保持旺盛生长。这种优势一直维持到后期。

### （三）结果期的特征、特性

三倍体无籽西瓜雄性不育，雄花的花粉多为突囊或巨型细胞，孕性很低，不能正常受精。需要用二倍体普通西瓜雄花配以授粉，利用二倍体西瓜雄性激

素，刺激三倍体无籽西瓜雌花子房，使之发育膨大。经授粉后坐果的果实生长特点是：开始膨大较普通西瓜迟，授粉后 4～6 d 进入高峰期，果实周径超过普通西瓜，而后增长量比较平衡，但始终高于普通西瓜。据中国农业科学院郑州果树研究所于 1979 年的观察记载结果：在坐果后 7～8 d 出现第一高峰；坐果后第 15 天左右出现第二高峰，在二次高峰之间出现一个低潮；坐果后第 20 天左右又缓慢生长，至坐果后 25 d 左右果实的体积就不再增大，而后是内部化学变化，逐步趋向成熟。

三倍体无籽西瓜在结果期的植株生长状况：在开花授粉阶段植株生长仍很旺盛，生长势很强，很容易出现徒长现象。如果在开花坐果期遇上气温偏高，加上水肥管理不当时，更容易引起植株疯长徒长，影响坐果。授粉开始坐果期，植株营养生长还占很大优势，刚坐上的幼果发育膨大相当缓慢，甚至容易造成收缩脱落。因此，栽培管理上首先注意开花坐果期严格控制水肥，抑制植株过旺生长，坐稳果后适当剪除部分侧芽，及时摘掉结果蔓的顶芽，使体内营养集中回转，向果实输送。

# 第三节    对环境条件的要求

温度、水分、光照、土壤等对西瓜的生长有关键作用。

## 一、温度

温度对西瓜整个生长期起到最关键作用。温度的作用主要是使各种细胞酶的活性得到提高，加速细胞分裂，促成新器官形成，促使植株快速生长，直到开花结果，形成经济产量和效益。如温度对种子的发芽、植株的生长发育、开花结果、果实发育膨大和果实内糖分积累及转化等过程都有直接影响。

发芽期：在 28～35 ℃适宜温度的条件下，种子经 38～45 h 即完全发芽，若低于 28 ℃，种子的发芽时间至少增加一倍，甚至会更长。温度低于 10 ℃，种子就不能发芽。温度高于 42 ℃时，种胚受到热伤害，从而影响发芽。

幼苗期：在 25～30 ℃温度条件下，幼苗匀速正常生长，在 30～35 ℃温度条件下快速生长，低于 20 ℃幼苗生长缓慢，叶片细小，发黄。低于 10 ℃幼苗停止生长，低于 5 ℃苗易受冻害。而高于 35 ℃，幼苗容易脱水萎蔫。

伸蔓期：气温在25～32 ℃时，生长平衡、强健。气温达32 ℃以上时，生长加快，植株节位间距拉长，引起徒长。当气温低于25 ℃时，植株生长缓慢，茎细，节位间距缩短。

开花期：在25～32 ℃气温条件下，清晨6时左右花正常开放，花粉散发良好，授粉受精正常，容易坐果。气温低于20 ℃时，即使花能开放，但雄花花粉不能散发，雌花柱头也不能分泌活性物，从而难以完成授粉受精过程。当气温高于35 ℃时，雄花花粉和雌花柱头容易干涸，也难以完成授粉受精过程。

果实发育膨大期对温度的要求更需保证，在28 ℃以上气温条件下，果实发育膨大迅速，开花坐果超过第10天以后，果实的生长量达到300 g，第15天以后，果实日最大增重量可达500 g。若温度低，果实则发育缓慢，皮色暗淡不光亮，果实形状偏短，畸形果多。

果实成熟期：若温度不高，果实内含色素、糖分积累及转化均受影响，从而使果实质量下降。低温还会引起果实皮厚、空心，失去食用意义和商品价值。

## 二、水分

西瓜是耐旱不耐涝，而又需水量较大的作物。因而水分对其生命过程也是非常重要的。但在不同生长时期，对水分的需求不一样。

发芽期：只需少量水分，供种子吸水膨胀，软化种壳，有利种胚冲破种皮，生根发芽；幼苗期，植株生长量小，需水量也不多，适当控制水分和减少水分，有利于促进发根，形成健苗、壮苗。小苗比伸蔓生长着的大苗更耐干旱，对因干旱而萎蔫的恢复生长力也比大苗强。而苗期供水过多，还会引起徒长，形成高脚苗；伸蔓期，随着植株生长量的增加，需水量逐渐增多，在适宜水分的条件下，植株生长快速，分枝多，迅速扩大叶面积进行光合作用，积累大量营养物质，供植株生长和开花结果所需。若水分供应不足，根系生长不快，发根少，植株生长缓慢，茎蔓细弱，节间距短，顶芽萎缩，枝叶抽生少，对后期产量及质量形成均造成一定影响。但此时期的水分过多，则会引起植株徒长，从而影响开花结果。

开花坐果期：虽然正处于植株旺盛生长期，是需水耗水量高潮阶段，但这个时期又是开花授粉受精的特殊阶段，在水分管理方面不能按其生理生长要求来供水，而是逐渐控制、减少水分的供给，以控制植株徒长，促进开花坐果。

果实发育膨大期：是西瓜一生中需水量最大的时期，因为此时期一是需要大量水分供果实和枝叶的生长，随着果实体积和重量的增加，需水量也随之增加。若水分供应不足，果实发育膨大缓慢，果实偏小。二是此时期处于气温较高时期，地上部叶片的蒸腾量加大，需要的水分也较多。所以，这个时期保证水分均衡供应，是获得高产的基础。果实成熟期，是果实糖分积累及转化过程，这个时期不需太多水分，有利于品质提高。

空气湿度对西瓜的生长生育影响也大，是协调植株生长生育的主要外界环境条件之一，在干旱时期，大气中的水气可有效缓解、补充叶片水分，减少叶片水分的蒸发量，使植株处于正常生长状态；在开花坐果期保持一定的空气湿度，有利于花粉的萌发及坐果。但如果空气湿度偏大，而且持续的时间较长，加上光照不足时，就容易产生病害，以及有利于病菌的传播和蔓延。

不耐渍、不耐涝是西瓜的特性，这是由于西瓜根是好气性的根系，土壤水分过多，会引起缺少氧气，使根系生长受影响，淹水则根缺乏氧气，窒息而死。但对土壤湿度的忍耐力，不同的西瓜种类及品种表现不一样。三倍体无籽西瓜耐湿性比普通二倍体西瓜强，在较大的空气和土壤湿度条件下仍能正常生长，这也正是我国华南高温多雨地区无籽西瓜能迅速发展，大面积大规模生产栽培的重要原因。

## 三、光照

西瓜是典型的喜光作物，要求光照充足，光的饱和点为 80 000 lx，光补偿点为 4 000 lx。在此范围内，光合作用效能随光照强度的增加而提高。植株正常的生长条件要求每天日照至少达到 8 h。光照充足时，植株表现株形紧凑，茎蔓粗，节间和叶柄都较短，叶片大而厚实，叶色浓绿。即使在气温较低，但光照充足时，植株仍能健康生长，叶片浓绿。由于阳光照射还能提高气温，在光照良好环境条件下，倘若加以透光膜覆盖的保温设施，增温的效果更加明显。这也是光照条件比较好的北方地区大棚早春西瓜能提早栽培、提前采收上市的主要原因。而春季长时间处于低温阴雨、光照极少，甚至长时期无阳光照射的华南地区，即使气温比北方地区高出 4~5 ℃，同时采用透光膜覆盖的防寒保温设施栽培，但瓜苗生长始终缓慢，叶片细小，黄化，发根少，根须短，植株生长仍然很脆弱。尤其在开花授粉时期的 3~4 月，光照仍然相当少的环境条件下，植株生长不协调、不正常，直接影响到花器的形成和发育，从而影响开花坐果。即使能开花坐上果实，但也因光照不足，影响果实的发育膨大和糖分的积累、转化，推迟成熟采收。这正是南方地区存在光照不充足的条件下，能提早栽培，但却不能提前采收上市的难以解决的生产问题。

## 四、土壤

西瓜对土壤的适应性和适应范围比较广，在不同类型土壤中种植都能生长，但在疏松、通气性好、土层深厚的沙质壤土或冲积土种植容易获得高产。而在土壤黏性大、土层浅、易板结的土壤种植，根系生长不良，植株生长缓弱，容易感染病害和早衰。

根系生长对土壤可以忍耐的最低 pH 值为 4.0，最适宜的土壤 pH 值为 6~7。若土壤的 pH 值太低，造成土壤磷、钙亏缺，并产生由此引起的大小叶病和枯萎病。土壤 pH 值过高，碱性环境下会抑制或影响土壤微生物生存，从而影响根的代谢和吸收。土壤 pH 值过低和过高，都可以从栽培管理上进行调节，改变土壤理化性状性质。给植株营造良好的生长环境条件。所以在种植前最好预先进行土壤检测化验，做到心中有数。

长期连作的土壤容易产生病害，引起病害的原因有多方面，最主要的原因是单一种作物在一块地连作，会逐渐耗尽该植物所必需的营养物质，使作物失去平衡营养，由此引发不良的综合并发症。连作还会造成土壤过剩的养分沉积，使土壤严重盐化，影响根系的生长，甚至会造成沤根、烂根。

另外，连作是造成病菌的积累，病情指数的增加，人们常把这一因素认为是发病的主要原因。其实，土壤理化性状性质的变化带给植株生长营养比例失调，使植株长势、抗逆及抗病性下降，推动抵抗病害的能力，这才是最关键的原因。栽培上通过土壤休耕、休闲，或与不同作物的轮作或者通过水旱轮作等方式，都能达到调整和改善种植土壤条件，减少土传病害的发生。同时，在生产管理过程中，适当补充中量及微量元素，增施农家肥及有机质肥，减少化学肥料的用量，也是改善土壤理化性质，提高植株系生长力和抗病力的有效措施。

## 五、养分

西瓜生长所必需的矿物质营养元素主要是氮、磷、钾。各个生长时期对氮、磷、钾的吸收量有所不同。幼苗期约占总吸收量的 0.057 3%，伸蔓期约占 10.2%，幼果期约占 2.752%，果实膨大期约占 66.75%，果实成熟期约占 20.25%。各生育期氮、磷、钾的吸收比例为：伸蔓期为 1∶0.18∶0.87，果实

膨大期为 $1:0.30:1.31$，果实成熟期为 $1:0.36:1.22$。表现出前期吸收氮多，磷、钾最少，中后期氮保持原来水平，而钾的吸收量明显增加的特点。各个生长时期养分的分配特点是：前期以叶片为中心，后期以果实为中心，氮、磷、钾在西瓜植株体内有很高的运转率，氮的运转率为 66.5%，磷为 81%，钾为 72.3%。

氮是干重的主要营养来源。氮素供应适当时，植株生长正常，叶片葱绿，叶大枝粗，瓜藤健壮；当氮素供应过量时，植株生长过快过旺，节间拉长，体内形成的碳水化合物多用于营养器官，特别是叶片内蛋白质的形成。已致造成蔓叶徒长，坐果率降低，坐果晚，成熟期延长，品质降低。当氮素不足时，叶绿素含量减少，叶色变淡绿，蛋白质的合成受到阻碍，因而叶片较小，侧蔓也少，产量明显减少。

磷的功能是增进碳水化合物的运输，有利于果实糖分的积累，能改善果实的风味和促进果实的成熟。适宜的磷肥供给能促进西瓜幼苗根系的发育和形成，提高幼苗的耐寒能力。但在氮素不足的情况下，盲目施放过多磷。反而引起植株生长受阻，根系变短变少。施磷过多时植株生长状况是：叶片逐渐变小，叶厚而墨绿，油亮，节间紧缩，顶芽团缩，难以抽生。植株生长不旺盛。当植株因施氮素过多，引起徒长时，采取叶面喷施磷或磷酸二氢钾，叶片则迅速增厚、增加光泽度，提高抗性和坐果率。

钾是促进茎蔓生长健壮和提高茎蔓的韧性，增强植株防风、抗寒及抗病虫害的能力。钾元素是体内多种酶活化剂，能够增进输导组织的生理功能，提高植株吸水吸肥的能力，有利于光合作用的进行，并能加速光合作用产物向果实和种子中输送。同时钾是植株内各种糖的合成及转移必不可少的重要营养元素。它还能够加速蛋白质的合成，提高氮肥的吸收利用率。缺钾会使西瓜植株生长缓慢，植株矮化，茎蔓脆弱，叶的边缘干枯，抗病抗虫能力降低，抗旱能力减弱。在果实发育膨大期，缺钾会引起输导组织衰弱，养分的合成和输送受阻，进而影响到果实糖分的积累，使其产量和品质下降。

西瓜一生中对钾的需求量因不同生育期而异。需求量趋势是前轻后足，即幼苗期不宜施过多的钾肥，以免引起苗过早老熟、僵化。过多的钾肥使幼苗生长迟缓，茎蔓变硬，叶片短小，伸长点黄化或白化，植株直立，久不倒蔓生长。而中后期为了提高植株的抗性和糖分积累及转化，需要适当增施钾肥，以达到抗衰、提高产量和品质的目的。

我国华南地区长时期高温多雨，钾容易溶解和流失，加上农作物复种指数高，不断耗掉土壤中的磷和钾，更使土壤普遍缺钾和磷的状况。尤其在华南的东南沿海，土壤中钾更缺少。因此，应测土施肥，根据土壤中磷、钾的实际含量在生产管理过程中作适当的供给。同时采用地膜宽覆盖或中、大棚等保护性设施栽培，也能大大减少肥料流失，提高肥料的利用率，同时也达到环保及安全生产的目的。

## 六、二氧化碳

二氧化碳是植物进行光合作用的重要原料。生产环境二氧化碳气体浓度大小，能直接影响光合作用。环境二氧化碳气体浓度保持在 $250 \sim 300$ mg/L，是植物获得较高的光合作用。要提高二氧化碳浓度，生产上只有增施有机肥和碳素化肥。大棚等温室栽培，由于空气流通性较差，二氧化碳气体积累，浓度偏高，适宜的二氧化碳浓度在适宜的环境条件下，能得到充分利用，提高光合作用效率，促进植株生长。但在通气性不良的环境条件下，如果二氧化碳浓度过高，也造成逆反，使植物直接遭受中毒，影响生长。所以，大棚和温室生产栽培，须注意通风透光，以便好调节和利用二氧化碳。另外，进行土壤改良，瓜田做好排水防涝及加强中耕松土等，都有利于西瓜植株对二氧化碳的吸收和利用。

# 第四节　三倍体西瓜的遗传学基础

## 一、西瓜的染色体组型

西瓜属植物的细胞中含有 11 对染色体。因此，具有完整的一套 11 个染色体，称为西瓜植物的染色体组。西瓜植物的配子体（花粉和胚囊）细胞中只有一个染色体组的 11 条染色体，由这样细胞组成的个体称为单倍体（n），例如用花粉培养的西瓜苗。西瓜植物的体细胞具有 2 个染色体组的 22 条染色体，由这样细胞组成的个体叫二倍体（2n），例如普通西瓜的营养体。

特瑞威蒂等（R. N. Trivedi et al.，1970）对西瓜属（*Citrullus*）的两个种进行了细胞学研究，查明这两个种的体细胞染色体数分别为 2n ＝ 22（*C. Lanatus*）和 2n＝24（*C. fistulosus*），后者的染色体数在西瓜属中是一个例外。核型分析和减数分裂行为研究结果表明这两个种是具有生殖隔离的物种。1982

年，苏联的全苏植物栽培研究所（вир）的费尔萨（Т. Ђ. Фурса）等在《苏联栽培植物志》第 21 卷上报道了西瓜属的 3 个种：普通西瓜（*C. Lanatus*）、缺须西瓜（*C. ecirrhososus*）、罗典西瓜（*C. naudianianus*）的核型分析结果，证明上述 3 个种的染色体组均为 2n＝22，单个染色体长度 1.7～2.7 μm，体细胞染色体的总长度为 44.6～49.8 μm，3 个种的染色体着丝点类型各不相同。

西瓜属中不同种的染色体形态是：普通西瓜的体细胞染色体数为 2n＝22 条，单个染色体的长度为 1.8～2.7 μm，体细胞中染色体总长平均为 49.8±0.9 μm。染色体有两种着丝点类型，NO：1～7 和 NO：9～11 为中部着丝点（M）、NO：8 为近中部着丝点（SM）；药西瓜的体细胞染色体数 2n＝22 条，单个染色体的长度为 1.8～2.7 μm，体细胞中染色体的总长为 48.4±0.3 μm。染色体有两种着丝点类型，NO：3、6、8～11 为中部着丝点（M）NO：1、2、4、5、7 为亚近中着丝点（SM）；缺须西瓜的体细胞染色体数目是 2n＝22 条，单个染色体长是 1.7～2.3 μm，体细胞中染色体的总长度为 44.6±0.4 μm。染色体只有中部着丝点（M）一种类型。

1988 年湖南农学院郑素秋等报道了 3 个西瓜品种（兴城红、加纳花皮及蜜枚）的染色体 Giemsa—C 带型和核型（karyotype）分析的结果，其核型公式分别为兴城红：2n＝2x＝22＝16 M＋6 SM；加纳花皮：2n＝2x＝22＝20 M＋2 SM；蜜枚：2n＝2x＝22＝18 M＋4 SM（M 代表中部着丝点，SM 代表近中着丝点）。

其后武汉大学利容千（1989）在《中国蔬菜植物核型研究》中报道了西瓜品种金夏的核型为 2n＝2x＝22＝18 M＋4 SM。该书并提供了金夏西瓜的染色体显微照片及核型模式图。董连新 1991 年用改良蒸气固定法研究了不同生态型（包括华北生态型、东亚生态型、新疆生态型、北美生态型、俄罗斯生态型、非洲生态型及籽用西瓜）的 7 个西瓜类型的染色体核型。结果表明，7 个不同生态型的西瓜染色体数均为 2n＝22，其差别在于染色体的相对长度、臂比及着丝点类型不同（核型模式图 17 - 1）。上述的核型分析表明即使是生态型不同的西瓜品种其核型也差别不大，这也从细胞学层面证明 *Citrullus lanatus* 种内的遗传基础较为狭窄，缺乏遗传多样性，这与同工酶分析和 RAPD 分子标记所得研究结果相吻合。

## 二、西瓜的主要性状遗传及其利用

### (一) 主要性状遗传机制

根据美国 R. W. Robinson 等学者研究表明，西瓜的基因性状与其作用特点大致归纳为如下方面：雄花两性花同株，其作用特点是对雌雄同株为隐性；抗红色南瓜甲虫，*Aulacophora faveicollis*，对感虫性呈显性；抗炭疽病小种 1，抗西瓜炭疽病菌 *Clomerella Cingulata* var. *orbiculare* 小种 1；抗炭疽病小种 2，抗西瓜炭疽病菌 *Clomerella Cingulata* var. *orbiculare* 小种 2；抗蔓枯病，抗西瓜蔓枯病菌 *Didymella bryoniae*，对感病性呈隐性；隐性感病基因，感染西瓜白粉病菌 *Sphaerotheca fuliginea*；金丝雀（Canury）黄色果肉，对粉红色为显性；种皮有斑点，当对 r. t 和 w 为显性时种皮有黑斑；抗西瓜茎腐病，对感病性呈隐性，来源于 PI189225；矮化 1，节间短，由细胞短小而引起；矮化 2，节间短，由细胞数少而引起；脆果实，果皮薄而脆，切开时果皮易裂破；果皮有皱，对果皮光滑为隐性；抗枯萎病（*F. oxyspo-rum*）－1，对感病呈显性；抗西瓜果实蝇，对 *Dacus Cucurbitae* 感病呈显性；浅绿色果皮，对深绿皮为隐性；果皮绿色有条带，对浅绿色为显性；金黄色果实，老叶及成熟果实均呈黄色；后绿的抑制者，对 *dg* 上位，*dg-lag*－和 *dg1dgidg* 淡绿色，*dg-idg* 正常；茎无毛，雄性不孕，叶片少毛，植株雄性不育，由染色体二次联会引起；长形种子，对中等长的种子为隐性，与基因 *S* 互作；杂色果皮，果皮上有绿白杂色斑点；卵形果实，对球形果实不完全显性；果皮上有细线条，果皮上有不明显条带，对网状纹为隐性；感染白粉病，感染 *Sphaerotheca fulignea*；红色种皮，与基因 *w* 和 *t* 互作；短种子，对基因 *1* 呈上位；有斑点，在子叶、叶片和果实上；抑制苦味，果实无苦味；褐色种皮，与基因 *r* 和 *w* 互作；白色种皮，与基因 *r* 和 *t* 互作；白色果肉，对红肉为显性；黄色果肉，对红色果肉为隐性；延迟变绿性状，呈隐性，子叶和幼叶初呈淡绿色，随着蔓生长叶色变绿（叶绿素增加）对 *I-dg* 呈下位；延迟变绿的抑制者，呈显性。对 *dg* 上位。*dg dgI-dgI-dg* 和 *dg dgI-dgi-dg* 的叶为淡绿色，*dg dgi-dgi-dg* 的叶片正常；全缘叶，呈隐性。叶片少缺刻（又称板叶），对正常缺刻叶呈不完全显性；幼苗杂色叶片，呈隐性。被认为是单隐性基因。在 PI482261 中与显性等位基因在同一位点；子叶、叶片、果实上有斑点，呈显性；黄色叶片，对正常绿色叶片呈不完全显性。

### (二) 西瓜植物的遗传基因及其功能作用

1983 年，以色列希伯来大学的萨米尔等（D. Zamir、N-Navot、J. Rndich）

在《植物系统和进化》杂志上发表了《以色列和西奈西瓜与药西瓜酶的多态性》一文，通过对几十个普通西瓜和药西瓜样本的酶实验证明，代表 19 个点位的 12 种酶，在 12 个品种中，其各个位点都呈单一型（monomorphic），仅有一个来自以色列的普通西瓜样本具有高度多态性（polymorphic）。1986 年拉沃特和萨米尔进一步发表了《西瓜 19 个蛋白质编码基因的连锁关系》，通过对普通西瓜和药西瓜的杂交和回交组合的实验测定分析，发现种子蛋白质和同工酶的 17 个分离标志（marker），并确认出 4 个连锁群。第 1 群 6 个基因（$Est-2$、$SKdh-2$、$Tpi-1$、$Fdp-1$、$Sod-1$、$Prx-1$）；第 2 群 3 个基因（$Cot-1$、$Cot-2$、$Sp-4$）；第 3 群 2 个基因（$Pgm-1$ 和 $Cdh-2$）；第 4 群 2 个基因（$Pgi-1$ 和 $Pgi-2$）。

1990 年，拉沃特等在美国《遗传学杂志》上发表《影响西瓜瓤色和苦味的基因连锁关系》，证明控制西瓜果实苦味的单显性基因 $Bi$（其等位隐性基因是 $su$）与同工酶标志基因 $Pgm-1$ 连锁，测定出的遗传距离为 11.3 cM。此外，决定西瓜果肉瓤色的单隐性基因 $y$ 与同工酶标志基因 $Gdh-2$ 连锁，其遗传距离为 12.8 cM。它们都是定位在第 3 连锁群上。文中还证明，连锁群 1 增加 $Prx-2$、$Prx-3$ 两个标志位点，连锁群 4 中增加 $Got-4$。新确认出 3 个连锁群，即第 5 群 2 个基因（$6Pgd-1$、$Aps-2$）；第 6 群 2 个基因（$Dia-1$、$For-1$）；第 7 群 2 个基因（$Esr-1$、$Adh-1$）。

西瓜植物的酶调控基因有 100 多个，目前为止研究发展有 102 个，广泛存在于普通西瓜、药西瓜、缺须西瓜和罗典西瓜的不同种类和种型中。其产生与作用分别是：乌头酸酶-1、乌头酸酶-2，但这两个酶调控基因的表达作用目前还未定论。乙醇脱氢酶-1＋是 5 个共显性等位基因之一，每个基因控制一条酶带。乙醇脱氢酶-11，5 个共显性等位基因之一，每个基因控制一条酶带，存在于饲料西瓜和药西瓜中。乙醇脱氢酶-12，5 个共显性等位基因之一，每个基因控制一条酶带，存在于饲料西瓜和普通西瓜中。乙醇脱氢酶-13，5 个共显性等位基因之一，每个基因控制一条酶带，存在于空心西瓜中。乙醇脱氢酶-14，5 个共显性等位基因之一，每个基因控制一条酶带，存在于诺丹西瓜中。酸性磷酶酯酶-1（注：作用描述未确定）。酸性磷酸酯酶-21，2 个共显性等位基因之一，每个基因控制一条酶带，存在于普通西瓜和药西瓜之中。酸性磷酸酯酶-22，2 个共显性等位基因之一，每个基因控制一条酶带，存在于诺丹西瓜中。心肌黄酶-1（注：作用描述未确定）。酯酶-1＋，6 个共显性等位基因之一，每个基因控制一条酶带，存在于普通西瓜中。酯酶-11，6个共显性等位基因之一，每个基因控制一条酶带，存在于饲料西瓜和药西瓜中。酯酶-12，6个共显性等位基因之一，每个基因控制一条酶带，存在于药西瓜中。酯酶-13，6个共显性等位基因之一，每个基因控制一条酶带，存在于空心西瓜中。酯酶-14，6个共显性等位基因之一，每个基因控制一条酶带，存在于缺须西瓜中。酯酶-15，6个共显性等位基因之一，每个基因控制一条酶带，存在于诺丹西瓜中。酯酶-2+，5个共显性等位基因之一，每个基因控制一条酶带，存在于普通西瓜中。酯酶-21，5个共显性等位基因之一，每个基因控制一条酶带，存在于药西瓜中。酯酶-22，5个共显性等位基因之一，每个基因控制一条酶带，存在于药西瓜中。酯酶-23，5个共显性等位基因之一，每个基因控制一条酶带，存在于空心西瓜中。酯酶-24，5个共显性等位基因之一，每个基因控制一条酶带，存在于诺丹西瓜中。果糖1,6-二磷酸酯酶-1（注：作用描述未确定）。铁氧蛋白氧化还原酶-1（注：作用描述未确定）。谷氨酸脱氢酶-1，位于（细胞）液泡中的同工酶。谷氨酸脱氢酶-2，位于（细胞）质体中的同工酶。谷草酰转氨酶-1+，4个共显性等位基因之一，每个基因控制一条酶带，存在于普通西瓜中。谷草酰转氨酶-11，4个共显性等位基因之一，每个基因控制一条酶带，存在于药西瓜和空心西瓜中。谷草酰转氨酶-12，4个共显性等位基因之一，每个基因控制一条酶带，存在于饲料西瓜中。谷草酰转氨酶-13，4个共显性等位基因之一，每个基因控制一条酶带，存在于诺丹西瓜中。谷草酰转氨酶-2+，5个共显性等位基因之一，每个基因控制一条酶带，存在于普通西瓜中。谷草酰转氨酶-21，5个共显性等位基因之一，每个基因控制一条酶带，存在于药西瓜中。谷草酰转氨酶-22，5个共显性等位基因之一，每个基因控制一条酶带，存在于缺须西瓜中。谷草酰转氨酶-23，5个共显性等位基因之一，每个基因控制一条酶带，存在于空心西瓜中。谷草酰转氨酶-24，5个共显性等位基因之一，每个基因控制一条酶带，存在于诺丹西瓜中。谷草酰转氨酶-3（注：作用描述未确定）。谷草酰转氨酶-4（注：作用描述未确定）。异枸橼酸脱氢酶-1（注：作用描述未确定）。亮氨酸氨肽酶-1（注：作用描述未确定）。苹果酸脱氢酶-1，2个共显性等位基因之一，每个基因控制一条酶带，存在于普通西瓜中。苹果酸脱氢酶-11，2个共显性等位基因之一，每个基因控制一条酶带，存在于空心西瓜中。苹果酸脱氢酶-2+，3个共显性等位基因之一，每个基因控制一条酶带，存在于普通西瓜中。苹果酸脱氢酶-21，3个共显性等位基因之一，每个基因控制一条酶带，存在于药西瓜中。苹果酸脱氢酶-22，3 个共显性等位基因之一，每个基因控制一条酶带，存在于空心西瓜中。苹果酸酶-1＋，3 个共显性等位基因之一，每个基因控制一条酶带，存在于普通西瓜中。苹果酸酶-11，3 个共显性等位基因之一，每个基因控制一条酶带，存在于空心西瓜中。苹果酸酶-12，3 个共显性等位基因之一，每个基因控制一条酶带，存在于药西瓜中。苹果酸酶-2（作用描述未确定）。6-磷酸葡萄糖苷脱氢酶-1＋，3 个共显性等位基因之一，每个基因控制一条质体酶带，存在于普通西瓜中。6-磷酸葡萄糖苷脱氢酶-11，3 个共显性等位基因之一，每个基因控制一条质体酶带，存在于空心西瓜中。6-磷酸葡萄糖苷脱氢酶-12，3 个共显性等位基因之一，每个基因控制一条质体酶带，存在于诺丹西瓜中。6-磷酸葡萄糖酐脱氢酶-2＋，5 个共显性等位基因之一，每个基因控制一条细胞溶质带，存在于普通西瓜中。6-磷酸葡萄糖苷脱氢酶-21，5 个共显性等位基因之一，每个基因控制一条细胞溶质带，存在于缺须西瓜中。6-磷酸葡萄糖苷脱氢酶-22，5 个共显性等位基因之一，每个基因控制一条细胞溶质带，存在于空心西瓜中。6-磷酸葡萄糖苷脱氢酶-23，5 个共显性等位基因之一，每个基因控制一条细胞溶质带，存在于药西瓜中。6-磷酸葡萄糖苷脱氢酶-24，5 个共显性等位基因之一，每个基因控制一条细胞溶质带，存在于诺丹西瓜中。磷酸葡萄糖苷同质异化酶-1＋，3 个共显性等位基因之一，每个基因控制一条质体酶带，存在于普通西瓜中。磷酸葡萄糖苷同质异化酶-11，3 个共显性等位基因之一，每个基因控制一条质体酶带，存在于药西瓜中。磷酸葡萄糖苷同质异化酶-12，3 个共显性等位基因之一，每个基因控制一条质体酶带，存在于诺丹西瓜中。磷酸葡萄糖苷同质异化酶-2＋，6 个共显性等位基因之一，每个基因控制一条细胞溶质带，存在于普通西瓜中。磷酸葡萄糖苷同质异化酶-21，6 个共显性等位基因之一，每个基因控制一条细胞溶质带，存在于普通西瓜和药西瓜中。磷酸葡萄糖苷同质异化酶-22，6 个共显性等位基因之一，每个基因控制一条细胞溶质带，存在于缺须西瓜中。磷酸葡萄糖苷同质异化酶-23，6 个共显性等位基因之一，每个基因控制一条细胞溶质带，存在于空心西瓜中。磷酸葡萄糖苷同质异化酶-24，6 个共显性等位基因之一，每个基因控制一条细胞溶质带，存在于饲料西瓜中。磷酸葡萄糖苷同质异化酶-25，6 个共显性等位基因之一，每个基因控制一条细胞溶质带，存在于诺丹西瓜中。磷酸葡萄糖苷变位酶-1＋，4 个共显性等位基因之一，每个基因控制一条质体酶带，存在于普通西瓜中。磷酸葡萄糖苷变位酶-11，4 个共显性等位基因之一，每个基因控制一条质体酶带，存在于药西瓜中。磷酸葡萄糖苷变位酶-12，4个共显性等位基因之一，每个基因控制一条质体酶带，存在于诺丹西瓜中。磷酸葡萄糖苷变位酶-13，4个共显性等位基因之一，每个基因控制一条质体酶带，存在于空心西瓜中。磷酸葡萄糖苷变位酶-2+，4个共显性等位基因之一，每个基因控制一条细胞溶质带，存在于普通西瓜中。磷酸葡萄糖苷变位酶-21，4个共显性等位基因之一，每个基因控制一条细胞溶质带，存在于诺丹西瓜中。磷酸葡萄糖苷变位酶-22，4个共显性等位基因之一，每个基因控制一条细胞溶质带，存在于普通西瓜中。磷酸葡萄糖苷变位酶-23，4个共显性等位基因之一，每个基因控制一条细胞溶质带，存在于空心西瓜中。过氧化物酶-1+，7个共显性等位基因之一，每个基因控制一条酶带，存在于普通西瓜中。过氧化物酶-11，7个共显性等位基因之一，每个基因控制一条酶带，存在于药西瓜中。过氧化物酶-12，7个共显性等位基因之一，每个基因控制一条酶带，存在于空心西瓜中。过氧化物酶-13，7个共显性等位基因之一，每个基因控制一条酶带，存在于普通西瓜中。过氧化物酶-14，7个共显性等位基因之一，每个基因控制一条酶带，存在于缺须西瓜中。过氧化物酶-15，7个共显性等位基因之一，每个基因控制一条酶带，存在于普通西瓜和药西瓜中。过氧化物酶-16，7个共显性等位基因之一，每个基因控制一条酶带，存在于诺丹西瓜中。过氧化物酶-2（注：作用描述未确定），过氧化物酶-3（注：作用描述未确定）。莽草酸脱氢酶-1（注：作用描述未确定）。莽草酸脱氢酶-2+，6个共显性等位基因之一，每个基因控制一条酶带，存在于普通西瓜中。莽草酸脱氢酶-21，6个共显性等位基因之一，每个基因控制一条酶带，存在于药西瓜中。莽草酸脱氢酶-22，6个共显性等位基因之一，每个基因控制一条酶带，存在于药西瓜中。莽草酸脱氢酶-23，6个共显性等位基因之一，每个基因控制一条酶带，存在于诺丹西瓜中。莽草酸脱氢酶-24，6个共显性等位基因之一，每个基因控制一条酶带，存在于缺须西瓜中。莽草酸脱氢酶-25，6个共显性等位基因之一，每个基因控制一条酶带，存在于空心西瓜中。超氧化物歧化酶-1+，3个共显性等位基因之一，每个基因控制一条酶带，出现在普通西瓜中。超氧化物歧化酶-11，3个共显性等位基因之一，每个基因控制一条酶带，出现在药西瓜中。超氧化物歧化酶-12，3个共显性等位基因之一，每个基因控制一条酶带，出现在诺丹西瓜中。超氧化物歧化酶-2+，2个共显性等位基因之一，每个基因控制一条酶带，出现在普通西瓜中。超氧化物歧化酶-21，2个共显性等位基因之一，每个基因控制一条酶带，出现在诺丹西瓜中。超氧化物歧化酶-3+，2个共显性等位基因之一，每个基因控制一条酶带，出现在普通西瓜中。超氧化物歧化酶-31，2个共显性等位基因之一，每个基因控制一条酶带，出现在空心西瓜中。磷酸丙糖异构酶-1+，4个共显性等位基因之一，每个基因控制一条酶带，出现在普通西瓜中。磷酸丙糖异构酶-11，4个共显性等位基因之一，每个基因控制一条酶带，出现在药西瓜中。磷酸丙糖异构酶-12，4个共显性等位基因之一，每个基因控制一条酶带，出现在空心西瓜中。磷酸丙糖异构酶-13，4个共显性等位基因之一，每个基因控制一条酶带，出现在诺丹西瓜中。磷酸丙糖异构酶-2+，3个共显性等位基因之一，每个基因控制一条酶带，出现在普通西瓜中。磷酸丙糖异构酶-21，3个共显性等位基因之一，每个基因控制一条酶带，出现在诺丹西瓜中。磷酸丙糖异构酶-22，3个共显性等位基因之一，每个基因控制一条酶带，出现在空心西瓜中。脲酶-1（注：作用描述未确定）。

西瓜的种子蛋白基因共有5种：种子蛋白-1（注：作用描述未确定），种子蛋白-2（注：作用描述未确定），种子蛋白-3（注：作用描述未确定），种子蛋白-4（注：作用描述未确定），种子蛋白-5（注：作用描述未确定）。

### （三）西瓜植物的性状遗传及其利用

了解西瓜植物内部遗传结构及作用机制、遗传规律，对于选育新品种和利用杂种优势都具有重大的指导意义。育种者可以根据西瓜性状基因的遗传原理及遗传规律进行遗传改良，如可根据育种目标，通过遗传基因鉴定、分析，寻找对应性状基因，进行聚合重组，然后选育改良，杂交选配，测试确定，最终能选育出目标性状品种。以下是介绍西瓜植物的实用性状的遗传传递及其通常利用于育种领域研究过程。

1. 叶片性状特征标记的利用

众所周知，绝大多数西瓜品种的叶片都是有深缺刻，植物学上称之为羽状或二回羽状裂，但也有少数叶片无缺刻或稍有浅裂的全缘叶西瓜品种。全绿叶性状是由一对隐性基因 $n1$ 控制的，利用其隐性基因性状作为苗期标志基因可以淘汰非杂交一代种苗，确保生产育苗过程种苗的纯度，避免引起因种苗杂乱不纯产生生产纠纷，也从而实现杂种一代种子的简化制种。国外学者研究发现，用两个自交西瓜品种甜瓜叶类型和黄皮为材料进行杂交，$F_1$ 代全部植株都为缺刻叶片深色果皮，在 $F_2$ 代中出现4种类型：①缺刻叶，深色果。②缺刻叶，黄色果。③全缘叶，深色果。④全缘叶，黄色果。其比例为 12∶3∶4∶1，从中可以看出显性基因缺刻叶的上位作用。叶片的形状上颜色性状的遗传倾向相互之间有如下表现：母本为全缘叶，父本为缺刻叶，杂交后一代为裂片少而大，缺刻浅。母本为缺刻叶，父本为全缘叶，杂交后一代裂片较少较大，缺刻较浅。母本叶片为绿色，父本叶片为黄色，杂交后一代叶片基本呈绿色，但叶柄黄或浅黄色。母本叶片为黄色，父本叶片为绿色，杂交一代叶片叶肉呈绿色，叶脉和叶柄呈黄色。母本叶柄长，父本叶柄短，杂交后一代叶柄较长。母本叶柄短，父本叶柄长，杂交一代叶柄较短。

2. 果实性状基因的利用

从有关研究中得知，卵形果并不完全由显性基因 $O$ 控制，我们在选育种实践中观察到，用稳定圆形果自交系与稳定的长形果自交系杂交，其 $F_1$ 后代的果形多表现中间性状的椭圆形，从而证明了这一点。有关学者还利用食用西瓜与药西瓜的种间杂交中发现，药西瓜的圆形果呈显性。因此，有人认为，果实形状在种间杂交和种内杂交中是由不同的基因控制的。

许多育种工作者就根据这些性状遗传原理选择不同果形进行配对杂交，一方面加以改良选育，构建新的果形及果型类型，为选育出多样化外形品种创造条件基础；另一方面直接利用不同果形的稳定自交系配对杂交，选育出多样化果形的优良品种。果实形状性状的遗传倾向相互之间有如下表现：母本呈圆形，父本呈长形，杂交后一代果形为椭圆形。母本呈圆形，父本呈长椭圆形，杂交后一代果形呈中间肥大，两端较窄的短椭圆形（鹅蛋形）。母本呈短椭圆形，父本为圆形，杂交后一代果实呈高圆形。母本为圆形，父本为高圆形，杂交后一代果实呈正圆形。母本为高圆形，父本为长形，杂交后一代果实呈长椭圆形。母本为圆形，父本为圆形，杂交后一代果实呈圆形。研究及试验中还发现，当母、父本双亲果实的单果重量相差大，杂交后一代果实的形状偏于单果重量大的一方。这可能受数量性状控制的影响。

3. 果皮性状基因的利用

目前已知西瓜的深绿色果皮对浅绿色果皮呈显性，是由显性基因 $G$ 完全控制。果皮的颜色由 1 对等位基因决定，但绿色的深浅程度却与修饰基因有关。而对大多数西瓜品种果实都具有的条纹来说，对浅色果呈显性，对深色果皮或呈隐性。学者对这些显性现象变化作出的解释是：果皮的颜色是由多个等位基因位点 g 所决定，而其中之一控制着条纹（条带）的产生或者有好几个相关联的位点决定了条纹（条带）。为了标记果皮上的条纹（条带），学者们还刻意用特定符号 gs 表明绿皮上覆有条纹（条带），特别提出西瓜果皮上的波纹状细线条是由基因 $P$ 控制。在实践中看到果皮颜色和条纹（条带）性状的遗传倾向相互间有如下表现：母本和父本均为浅绿色皮，杂交后一代的果皮颜色均为浅绿色皮。母本果皮为浅绿，父本果皮为深绿色，杂交后一代果皮颜色为稍深的浅绿色。母本果皮为浅绿色，父本果皮为黑色，杂交后一代果皮颜色为深绿色。母本果皮为绿色，父本果皮为浅绿色，杂交后一代果皮颜色为绿色稍浅。父本和母本果皮均为绿色，杂交后一代果皮颜色为绿色。母本果皮为绿色，父本果皮为墨绿色，杂交后一代果皮颜色为绿色偏深。母本果皮为绿色，父本果皮为黑绿色，杂交后一代果皮颜色为墨绿色。母本果皮为黑色，父本果皮为浅绿色，杂交后一代果皮颜色为深绿色。母本果皮为黑色，父本果皮为绿色，杂交后一代果皮颜色为墨绿色。母本果皮为黑色，父本果皮为墨绿色，杂交后一代果皮颜色为黑色。母本和父本果皮均为黑色，杂交后一代果皮颜色为黑色。母本果皮为黑色，父本果皮为黄色，杂交后一代果皮颜色为金黄色（正、反交相同）。母本果皮为浅绿色，父本果皮为黄色，杂交后一代果皮颜色为淡黄色间斑浅绿色（正、反交相同）。母本果皮为绿色，父本果皮为黄色，杂交后一代果皮颜色为黄色间斑绿色（正、反交相同）。

果皮上的花纹性状的遗传倾向相互之间表现为：母本和父本果皮上显网条纹，杂交后一代果皮上显网条纹（正、反交一样）。母本果皮上显网条纹，父本果皮上显齿条纹，杂交后一代果皮上显齿条纹（正、反交一样）。母本果皮上显网条纹，父本果皮上显条带纹，杂交后一代果皮上显条带纹。

母本果皮上显网条纹，父本果皮上显齿条纹或条带纹，杂交后一代果皮上显齿条纹或条带间显网纹（正、反交一样）。母本果皮上显齿条纹，父本果皮上显条带纹，杂交后一代果皮上显花条宽的一方的花条，且花条颜色变深色（正、反交一样）。母本果皮无花纹，父本果皮上有花纹，杂交后一代果皮上有花纹（正、反交一样）。

由上述不难看出果皮花纹的遗传纯属显性和隐性关系，有花纹对无花纹为显性；宽花条带对窄花条带为显性。计划选育出某种花纹的品种，需要目标性选择亲本一方有花纹（或条纹），一方无花纹（或无花条纹），或者一方宽花条，一方窄花条即可。

4. 果肉性状基因的利用

西瓜果肉性状遗传基因包括果肉的颜色、肉质结构的质地和含糖量三大部分，其次是各种营养成分，在品种选育过程中，一般只考虑果肉颜色、质地和含糖量三大性状遗传的相互作用。在果肉的颜色中，白色为显性，对红色、黄色、粉红色均为显性。对于白瓤处于隐性的红瓤，同时又对黄瓤呈显性。另外，各种深浅不等的黄肉西瓜，对粉红色果肉呈显性。而果肉的质地和含糖量的性状遗传似乎更为复杂，但通过育种栽培验证知道，母本和父本的共同作用是最主要的，而母本的作用似乎更强些，有时有超亲现象。

下面介绍果肉性状遗传基因共同作用结果：母本果肉为粉红色，父本果肉为粉红色，杂交后一代果肉为粉红色。母本果肉为粉红色，父本果肉为红色，杂交后一代果肉为鲜红色。母本果肉为红色，父本果肉为粉红色，杂交后一代果肉为红色稍浅。母本和父本果肉均为红色，杂交后一代果肉为红色。母本果肉为红色，父本果肉为黄色，杂交后一代果肉以红色为主，红黄相融或相嵌。母本果肉为深红色，父本果肉为粉红色，杂交后一代果肉为红色。母本果肉为深红色，父本果肉为红色，杂交后一代果肉为深红色。母本和父本果肉均为深红色，杂交后一代果肉为深红色。母本果肉为深红色，父本果肉为黄色，杂交后一代果肉绝大部分以深红色为主，红黄相融或相嵌，黄斑不大明显。母本果肉为黄色，父本果肉为红色，杂交后一代果肉以黄色为主，黄色、深红色相融或相嵌，但红色稍明显。母本和父本果肉均为黄色，杂交后一代果肉为黄色。母本果肉为黄色，父本果肉为粉红色，杂交后一代果肉为淡黄色，中间部位淡黄色和淡红色相融或相嵌。母本果肉为粉红色，父本果肉为黄色，杂交后一代果肉以黄色为主，中间部位淡黄色和淡红色相融或相嵌。母本果肉为黄色，父本果肉为白色，杂交后一代果肉为黄色偏浅。母本果肉为白色，父本果肉为黄色，杂交后一代果肉为淡黄色或白色。母本果肉为淡黄色，父本果肉为白色，杂交后一代果肉为淡白色。母本果肉为白色，父本果肉为淡黄或浅黄色，杂交后一代果肉为白色。

果肉质地结构性状遗传倾向及相互作用表现：母本和父本果肉均为沙松肉，杂交后一代果实肉质沙松（正、反交一样）。母本果实肉质沙松，父本果实肉质沙脆，杂交后一代果实肉质为沙松。母本果实肉质沙松，父本果实肉质硬脆，杂交后一代果实肉质为松脆。母本果实肉质实脆，父本果实肉质沙松，杂交后一代果实肉质为松脆。母本和父本果实肉质均为实脆，杂交后一代果实肉质为实脆。母本果实肉质实脆，父本果实肉质硬实，杂交后一代果实肉质为实脆而致密。母本果实肉质硬实，父本果实肉质沙松，杂交后一代果实肉质脆偏松。

母本果实肉质硬实，父本果实肉质沙松，杂交后一代果实肉质脆偏松。母本果实肉质硬实，父本果实肉质实脆，杂交后一代果实肉质硬脆。母本和父本果实肉质均硬实，杂交一代果实肉质硬实或更硬（有超亲可能）。

果实含糖性状遗传倾向及相互作用表现：母本和父本果实含糖度低，杂交后一代果实含糖度低或更低。母本果实含糖度低，父本果实含糖度高，杂交后一代果实含糖度中高。母本果实含糖度高，父本果实含糖度低，杂交后一代果实含糖中间偏高。母本和父本果实含糖度高，杂交后一代果实含糖度高或更高。

5. 苦味物质性状的除选

栽培试验结果表现，西瓜的野生种和类型在同食用西瓜杂交中，苦味遗传性很强，遗传学家研究了药西瓜的苦味遗传后指出，该显性性状是由一个基因控制。苦味物质在西瓜育种中很难利用，也很难除去。由于食用西瓜以鲜食为主，强调含糖量及口感性状，在长期的品种选育及改良过程中，苦味及其他异味被列为忌用性状不断被汰选排除。因此，目前国内外作为鲜食西瓜生产品种几乎不含或极少有苦味性状。但作为医疗或保健方面的价值，苦味物质性状是否有待研究利用，还值得探讨。

6. 蔓性基因的利用

西瓜有长蔓型、短蔓型和蔓分枝数量3种性状，育种家经研究分析了西瓜的种间杂种后代中蔓长和蔓数这一类的性状后证实：长蔓对短蔓显优势，多蔓对少蔓显优势。长蔓型西瓜依赖节间伸长，大多数蔓可长到10 m以上，而短蔓型西瓜节间较短，生长较紧凑，大多数蔓长也只有3～4 m。从育种的观点和生产实际要求看，节间长的长蔓型性状是不很理想的性状。最主要缺陷是长蔓型西瓜往往生长很旺盛，雌花出生节位推迟，导致整个生育期推迟，生产管理时间较长，投入较大。另外，高节位坐果，也因后期生长营养状况不能保持，出现衰退，从而影响果实性状及品质。节间长还会引起植株徒长，影响坐果的不良现象。最好的西瓜品种应为紧凑丛状形，这样才便于田间操作管理和提高产量及品质。

在西瓜育种实践中，蔓性状基因的遗传有很大实用意义。在分析长蔓型与短蔓型各自利弊以后，可以利用两者的优点进行互补，达到预定的育种目标和要求。如长蔓型品种虽然结果推迟，生育期长，对整个生育期的管理和产量、质量的形成都是不太理想，但其生长快速和旺盛，提早成型。利用长蔓型与短蔓型进行种间杂交，就能克服和弥补短蔓型品种生长慢、发株晚的缺陷。从而获得生长快速，节间中粗，植株生长稳健，抗病及抗逆性强，开花早，坐果性好，产量高，品质优良的优秀品种。同样，利用蔓数多与蔓数少的种间杂交，也能获得集双亲优良性状的综合性强的优良品种。

此外，西瓜植株的几种特殊性状在遗传育种中有特殊意义。所谓西瓜植株的特殊性状系指由隐性基因构成纯系矮生形（丝状形）植株、全缘叶植株和果皮黄色突变的植株。在强制自交的情况下，这些特殊性状可以真实遗传。在选育种过程中利用这些特殊性状，进行品种间的遗传改良，构建新特殊的育种材料，选育出新优异的特殊品种。如早在 1972 年，美国新罕布什尔大学的 Peter B. W. Lin 和 J. B. Loy 两位学者曾对短生形植株西瓜的形态和遗传进行了研究，他们使用了两份矮化突变材料：矮化沙漠王（BDK）和 WB－2。他们用正常的长蔓品种蜜宝（SB）与上述两种矮化突变材料杂交时，$F_1$ 植株均为正常的长蔓，即 SB×BDK（$F_1$）和 SB×WB－2（$F_1$）的植株表现型长蔓呈显性。再用长蔓×矮化的 $F_1$ 代与原短蔓品种回交，其后代表现型长蔓与矮化比例接近于 1∶1。而长蔓×矮化的 $F_1$ 代自交后产生的 $F_2$ 代植株表现型长蔓与矮化比例接近 3∶1。试验证实，矮生型植株是由 1 对隐性基因控制。B. W. Lin 等人进一步用同为矮化型的 BDK 和 WB－2 杂交。其 $F_1$ 全部是长蔓。说明这两个矮化材料是非等位基因控制。B. W. Lin 等将 BDK 的矮化基因型称作 $dw-1dw-1$，WB－2 称作 $dw-2$。

新疆八一农学院在 1982—1985 年也做过试验，用矮生西瓜作母本，用金夏长蔓西瓜品种作父本，在杂交后代中观察到与上述分离规律完全相似的情况，并从 $F_2$ 代分离的矮生植株中，自交固定，初步育成 $DW-2$ 矮生新品系。

全缘叶西瓜植株是西瓜叶型突变的表现，其对缺刻叶型呈不完全显性。中国科学院新疆生态与地理研究所王云鹤等研究发现，西瓜叶型中，缺刻与全缘是一对质量性状，全缘叶型受单一隐性基因控制。

西瓜的全缘叶性状，可利用在杂种优势的 $F_1$ 代简化制种上，当采用全缘叶型品种或自交系作母本时，将父本按 1∶2 的比例混植，制种田由蜜蜂或其他昆虫自由传粉，但需与其他品种隔离。采收时，可从母本植株上采得的种子一是杂种 $F_1$，二是非杂种（可能由母本自花授粉）。次年播种时加上一倍播种量，每穴播 4～6 粒种子，出苗后展 2～3 片真叶时，根据叶型标志基因，将全缘叶苗（非杂交种苗）拔除，每穴留下一株缺刻叶苗，理论上可保证杂交率达 100%。由于制种时采用自然传粉，减少了人工耗费，降低了成本，有生产应用价值意义。但播种量较大，也降低一部分效益。

7. 抗病及抗逆性遗传基因的利用

有关西瓜的抗病性遗传陆续有报道，且主要集中在几大重要病害的研究。现有的报道大多是对炭疽病和枯萎病的研究。研究报告指出：西瓜抗炭疽病的遗传是由一个显性基因 $Ar$ 控制，而这个基因只抗炭疽病小种 1 和小种 3，而不抗小种 2。

对镰刀菌引起的枯萎病的抗性问题比较复杂，尽管有人研究认为它属于基因遗传，但关于此病害的抗病机制和规律，目前在研究探索之中。在研究西瓜的品种和杂交种对枯萎病的抗性过程发现，在杂交过程中，亲本的免疫性能够很好传递给后代，如果选用抗病性突出的品种作亲本，传递抗病能力非常明显。可知，抗病基因对此病的控制非常关键。在细胞遗传和分子遗传技术流行的当今，对各种病害的抗性基因进行提取、克隆、应用，为抗病性状基因遗传研究和利用提供广阔思路、前景。

8. 熟性性状遗传倾向及利用

熟性性状的遗传机制方面研究不多，有关方面的研究报道甚少，在育种工作中，只靠观察性状遗传的表现型，而未真正掌握和运用内部的遗传机制，更现实的是更多地选配组合，在实践中观察、鉴定、分析来筛选。通常的育种目标规律是按照性状遗传的表现型来选配组合：母本和父本均为早熟性状，杂交后一代表现早熟或极早熟。母本性状早熟，父本性状为中熟，杂交后一代表现中偏早熟或早熟。母本性状早熟，父本性状为晚熟，杂交后一代表现为中熟或中偏早熟。母本为中熟性状，父本为早熟性状，杂交后一代表现早中熟或中熟。母本和父本性状表现中熟，杂交后一代表现中熟或中偏早熟，但有时也出现晚熟（注：施肥不当，如氮肥偏多，晚熟更明显）。母本中熟性状，父本为晚熟性状，杂交后一代表现中熟或中晚熟。母本性状晚熟，父本性状早熟，杂交后一代表现中偏早熟或中熟。母本性状早熟，父本性状晚熟，杂交后一代表现中熟。母本性状晚熟，父本性状中熟，杂交后一代表现中偏晚熟或晚熟。母本和父本性状均表现晚熟，杂交后一代表现晚熟，但有时出现中熟。

有关熟性的遗传比较复杂，光从表现型来判断品种的熟性性状不准确，因为西瓜是异性授粉受精成功率极高的植物，高纯度化品种只是相对而言，品种中几乎无真正的纯合体。因熟性的性状遗传传递比较杂乱，时有异常。要保持一个品种相对的稳定性状，只有遵照亲本品种原生物原性状特征特性，进行不断提纯和复壮，多保留原有的性状基因。

9. 西瓜种子大小性状遗传规律及利用

有关种子大小和颜色的性状遗传倾向和机制，国内外在此方面的研究也很少，有关报道也不多，实践中也是依靠观察种子大小及其相互作用后所表现出的性状来选配杂交组合，一般有如下遗传倾向和规律：母本和父本均为小粒种子，杂交后一代种子小，且饱满度好。三倍体无籽西瓜表现白秕子小，着色秕子多而硬。母本为小粒种子，父本为中粒种子，杂交后一代种子小粒或中偏小粒。三倍体无籽西瓜白秕子小或中偏小，常出现着色秕子。母本为小粒种子，父本为大粒种子，杂交后一代种子中等偏大，种子饱满度差，有一定数量为无秕种子。三倍体无籽西瓜白秕子中偏小，种腔大，有时出现少量着色秕子。母本为中粒种子，父本为小粒种子，杂交后一代种子小偏大，种子饱满度与原母本相同。三倍体无籽西瓜白秕子小而少，着色秕子也少。母本和父本均为中粒种子，杂交后一代种子中大或比两亲本偏小，种子饱满度好。三倍体无籽西瓜白秕子中大，着色秕子也少。母本为中粒种子，父本为大粒种子，杂交后一代种子中大或种粒偏大，种子饱满度好。三倍体无籽西瓜白秕子大而少，少出现着色秕子。母本为大粒种子，父本为小粒种子，杂交后一代种子中大或偏小，种子饱满度差，不饱满或秕子较多。三倍体无籽西瓜白秕子中大或小，种腔较大。母本为大粒种子，父本为中粒种子，杂交后一代种子中等或偏大，种子饱满度好。三倍体无籽西瓜白秕子中大，少出现着色秕子。母本和父本均为大粒种子，杂交后一代种子大或中等大，种子饱满度好。三倍体无籽西瓜白秕子大或中大。

# 第五章 西瓜育种的遗传学基础

遗传和变异是生物界最普遍的两个特征；遗传和变异是生命运动中的一对矛盾，这对矛盾是生物通过各种繁殖方式而反映出来的，它们是既对立又统一的。遗传学作为研究生物遗传和变异的科学，它不仅要认识生物遗传和变异的客观规律，而且还要能动地运用这些规律，使之成为改造生物的有力武器。在育种实践中，遗传学对于农作物育种起着直接的指导作用。为了提高育种工作的预见性，有效地控制有机体的遗传变异，加速育种进程，多快好省地获得育种成果，就必须在遗传学理论的指导下，开展品种选育和良种繁育工作。所以，遗传学是育种学的基础，育种实践必须在遗传学理论的指导下开展工作。因此，在进行西瓜的育种研究与实践之前，有必要先了解一下西瓜育种的遗传学基础知识。

## 第一节 二倍体西瓜的遗传学基础与应用

### 一、西瓜的染色体组型

#### （一）基本概念

染色体（chromosome）是生物细胞内遗传信息和基因的载体，其本质为双股螺旋的脱氧核糖核酸。在细胞间期核中，以染色质丝形式存在。在细胞分裂时，染色质丝经过螺旋化、折叠、包装成为染色体，为显微镜下可见的具不同形状的小体。染色体主要由 DNA、RNA 和蛋白质构成，其形态和数目具有种系的特性。因为它是细胞中可被碱性染料着色的物质，所以叫染色体（染色质）。对染色体的研究是近代细胞遗传学研究的基础，也是植物育种学的基础。

染色体组型（karyotype）是描述一个生物体内所有染色体的大小、形状和数量信息的图像。即以染色体的数目和形态来表示染色体组的特性，称为染色体组型。染色体核型是指体细胞染色体在光学显微镜下所有可测定的表型特征的总称。一般包括染色体数目、大小、形态及结构。核型及其各种带型是生物在染色体水平上的表型。

染色体组型分析（karyotype analysis）又叫核型分析，是对生物某一个体或某一分类单位（亚种、种、属等）的体细胞的染色体按一定特征排列起来的图像（染色体组型）的分析。根据染色体的长度、着丝点位置、臂比、随体的有无等特征，并借助染色体分带技术对某一生物的染色体进行分析、比较、排序、编号。其分析以体细胞分裂中期染色体为研究对象。由于不同物种的染色体都有各自特定的形态结构（包括染色体的长度、着丝点位置、臂比、随体大小等）特征，而且这种形态特征是相对稳定的。所以染色体组型分析是细胞遗传学研究的基本方法，是研究物种演化、生物种属间的亲缘关系、分类以及染色体结构、形态与功能之间的关系所不可缺少的重要手段。在遗传学上，核型分析广泛地应用于动植物染色体倍性、数目、结构变异的研究和染色体来源的鉴定，以及基因定位中单个染色体的识别。通过核型和各种带型的比较研究，还可揭示出生物间（科、属、种间）的亲缘关系，以及它们的进化方向和机制。染色体组型分析一般有四种方法。

1. 常规的形态分析

选用分裂旺盛细胞的有丝分裂中期的染色体制成染色体组型图，以测定各染色体的长度（μm）或相对长度（%），着丝粒位置及染色体两臂长的比例（臂比），鉴别随体及次缢痕的有无作为分析的依据。

2. 带型分析

为了精确地识别和区分物种的各个染色体，从 1968 年起，各种显带技术如 Giemsa 显带，相继用于染色体组型分析。显带技术是通过特殊的染色方法使染色体的不同区域着色，使染色体在光学显微镜下呈现出明暗相间的带纹。通过这些技术的特殊处理和染色方法使染色体显示出各自的横纹特征（带型），从而使核型研究更加深入。每个染色体都有特定的带纹，甚至每个染色体的长臂和短臂都有特异性。根据染色体的不同带型，可以更细致而可靠地识别染色体的个性。

3. 着色区段分析

染色体经低温、KCl 和酶解，HCl 或 HCl 与乙酸混合液等处理后制片，能使染色体出现异固缩反应，使异染色质区段着色可见。在同源染色体之间着色区段基本相同，而在非同源染色体之间则有差别。因此用着色区段可以帮助识别染色体，作为分析染色体组型的一种方法。

### 4. 定量细胞化学方法

定量细胞化学方法即根据细胞核、染色体组或每一个染色体的 DNA 含量以及其他化学特性去鉴别染色体。如 DNA 含量的差别，一般能反映染色体大小的差异，因此可作为染色体组型分析的内容。

## （二）西瓜的染色体组型

福尔萨（1982）对西瓜属的 4 个种即普通西瓜（*Citrllus lanatus*）、药西瓜（*C. colocynthis*）、缺须西瓜（*C. ecirrhosus*）、诺丹西瓜（*C. naudianianus*）的核型分析的结果表明，西瓜属中的 4 个种的体细胞染色体数（2n）都是 22 条，1 个染色体组包含有 11 条染色体，所以西瓜属植物的细胞中含有 11 对染色体。具有完整的一套 11 条染色体，称为西瓜植物的染色体组。西瓜植物的配子体（花粉或胚囊）细胞中只有一个染色体组的 11 条染色体，由这样的细胞组成的个体称为单倍体（n），例如花粉培养的西瓜苗。西瓜植物的体细胞具有 2 个染色体组的 22 条染色体，由这样细胞组成的个体叫二倍体（2n），例如普通西瓜的营养体。

根据福尔萨（1982）对西瓜属内种间染色体组的形态特点（表 5-1）和西瓜植物细胞的染色体组型（表 5-2）的研究结果，西瓜属内 4 个种的体细胞单个染色体的长度为 1.7～2.7 $\mu m$，体细胞染色体的总长度为 44.6～49.8 $\mu m$。4 个种的着丝点类型各不相同：普通西瓜，除 1 对染色体（No. 8）为近中着丝点（SM）外，其余 10 对染色体均为中部着丝点（M）；药西瓜，有 5 对（No.1、No.2、No.4、No.5、No.7）为近中着丝点（SM），其余 6 对为中部着丝点（M）；缺须西瓜，除 1 对（No. 1）为近中着丝点（SM）外，其余 10 对均为中部着丝点（M）；诺丹西瓜的 11 对染色体全为中部着丝点（M）。西瓜属中不同种的染色体形态如下。

### 1. 普通西瓜

体细胞染色体数 2n＝22，单个染色体的长度为 1.8～2.7 $\mu m$，体细胞中染色体总长平均为 49.8±0.9 $\mu m$。染色体有两种着丝点类型，No. 1～7 和 No.9～11 为中部着丝点（M），No. 8 为近中着丝点（SM）。

### 2. 药西瓜

体细胞染色体数 2n＝22，单个染色体的长度是 1.8～2.7 $\mu m$，体细胞中染色体的总长为 48.4±0.3 $\mu m$。染色体有两种着丝点类型，No.3、No.6、No.8～11 为中部着丝点（M），No.1、No.2、No.4、No.5、No.7 为近中着丝点（SM）。

3. 缺须西瓜

体细胞染色体数 2n＝22，单个染色体的长度是 1.8～2.5 μm，体细胞中染色体的总长度为 46.5±0.6 μm。染色体有两种着丝点类型，No. 2～11 为中部着丝点（M），No. 1 为近中着丝点（SM）。

4. 诺丹西瓜

体细胞染色体数 2n＝22，单个染色体长是 1.7～2.3 μm，体细胞中染色体的总长度为 44.6±0.4 μm。染色体只有中部着丝点（M）一种类型。

郑素秋（1988）对兴城红、加纳花皮和蜜玫 3 个西瓜品种的染色体 Giemsa-C 带带型和核型进行了分析。这 3 个西瓜品种的核型公式如下：

$$兴城红：2n＝2x＝22＝16\ M＋6\ SM$$

$$加纳花皮：2n＝2x＝22＝20\ M＋2\ SM$$

$$蜜玫：2n＝2x＝22＝18\ M＋4\ SM$$

从制片中选出染色体分散、带纹最清晰的细胞进行带型分析。按 Janiguchi 的标准，将带型分为着丝点带（C）、末端带（T）、次缢痕带（N）、全带（W），并以短臂/长臂表示。3 个西瓜品种的带型公式为：

$$兴城红：2n＝2x＝22＝14C/C＋2CN/C＋2W/W＋2W/C＋2T/T$$

$$加纳花皮：2n＝2x＝22＝18C/C＋2TC/C＋2W/C$$

$$蜜玫：2n＝2x＝22＝20C/C＋2W/C$$

根据带型和核型分析结果，认为西瓜品种兴城红的带型和核型较为复杂，非对称性程度较高，因此其进化程度也较高。

表 5-1　西瓜属种间染色体组的形态特点

| 种　　名 | 2n | 单个染色体的绝对长度/μm | 2n 染色体的总长度/μm | 染色体数 | |
|---|---|---|---|---|---|
| | | | | M | SM |
| 普通西瓜（C. lanatus） | 22 | 1.8～2.7 | 49.8±0.9 | 10 | 1 |
| 药西瓜（C. colocynthis） | 22 | 1.8～2.7 | 48.4±0.3 | 6 | 5 |
| 缺须西瓜（C. ecirrhosus） | 22 | 1.8～2.5 | 46.5±0.6 | 10 | 1 |
| 诺丹西瓜（C. naudinianus） | 22 | 1.7～2.3 | 44.6±0.4 | 11 | 0 |

注：M—中间着丝点染色体；Sm—近中着丝点染色体。

表 5-2　西瓜属四个种的染色体组型

| 染色体编号 | 染色体相对长度/% ($L^r\pm\sigma$) | | | | 着丝点指数/% ($I^c\pm\sigma$) | | | | 核染色质指数/% ($I^{ch}\pm\sigma$) | | | |
|---|---|---|---|---|---|---|---|---|---|---|---|---|
| | 普通西瓜 | 药西瓜 | 缺须西瓜 | 诺丹西瓜 | 普通西瓜 | 药西瓜 | 缺须西瓜 | 诺丹西瓜 | 普通西瓜 | 药西瓜 | 缺须西瓜 | 诺丹西瓜 |
| 1 | 10.8±0.17 | 11.2±0.10 | 10.7±0.08 | 10.5±0.03 | 41.5±1.5 | 36.8±1.6 | 36.8±1.2 | 40.1±0.8 | 41.0±1.8 | 60.2±2.0 | 57±1.7 | 32±0.9 |
| 2 | 10.3±0.14 | 10.5±0.15 | 10.4±0.12 | 10.3±0.10 | 41.1±1.0 | 37.4±1.9 | 41.5±1.8 | 39.7±1.2 | 57±0.9 | 56±1.1 | 54±1.2 | 60±1.6 |
| 3 | 10.0±0.16 | 9.8±0.11 | 9.8±0.10 | 9.8±0.06 | 43.3±1.2 | 40.0±1.5 | 39.0±0.7 | 41.2±1.3 | 50±1.1 | 51±0.9 | 45±1.6 | 35±1.3 |
| 4 | 9.3±0.15 | 9.6±0.14 | 9.3±0.09 | 9.2±0.07 | 39.5±1.3 | 34.8±2.0 | 38.6±1.0 | 42.5±0.9 | 40±1.1 | 39±1.8 | 65±0.9 | 55±0.9 |
| 5 | 9.3±0.16 | 9.1±0.16 | 9.0±0.18 | 8.9±0.14 | 43.7±1.6 | 35.8±1.8 | 39.8±0.9 | 42.6±1.2 | 45±1.6 | 56±1.0 | 65±1.0 | 64±1.3 |
| 6 | 9.0±0.12 | 8.9±0.08 | 8.7±0.07 | 8.9±0.07 | 41.8±1.4 | 39.4±1.1 | 39.0±1.5 | 42.4±1.0 | 56±1.3 | 76±1.3 | 80±0.9 | 50±1.7 |
| 7 | 8.5±0.09 | 8.8±0.09 | 8.6±0.10 | 8.9±0.08 | 42.1±1.5 | 38.1±1.4 | 42.4±1.3 | 42.9±1.3 | 56±1.8 | 37±1.2 | 100±0.0 | 59±1.5 |
| 8 | 8.2±0.13 | 8.5±0.10 | 8.5±0.14 | 8.8±1.03 | 37.6±1.7 | 41.6±1.3 | 45.9±0.8 | 41.8±1.3 | 57±1.9 | 56±2.3 | 49±2.0 | 35±1.8 |
| 9 | 8.2±0.13 | 8.3±0.15 | 8.5±0.08 | 8.4±0.06 | 41.7±1.1 | 40.2±1.6 | 40.1±1.3 | 41.5±1.1 | 60±1.1 | 66±1.0 | 68±1.5 | 54±1.1 |
| 10 | 8.0±0.10 | 7.9±0.12 | 8.2±0.10 | 8.2±0.08 | 39.0±1.7 | 42.1±1.2 | 40.8±1.2 | 41.8±1.2 | 30±1.4 | 84±0.8 | 35±1.5 | 60±1.4 |
| 11 | 7.5±0.08 | 7.4±0.14 | 7.6±0.06 | 7.8±0.07 | 42.4±1.2 | 41.4±1.2 | 39.7±1.0 | 42.3±0.09 | 50±1.7 | 70±1.6 | 80±1.3 | 30±1.2 |

注：$L^a$—染色体绝对长；$\sum L^a$—二倍体细胞染色体总长；$L^r$—染色体相对长度：$L^a/\sum L^a\times100\%$；$I^c$—着丝点指数：短臂长/$L^a\times100\%$；$I^{ch}$—核染色质指数：深着色区长/$L^a\times100\%$；$\sigma$—标准差。

利容千（1989）报道了西瓜金夏（3301）的核型研究结果：该西瓜品种的核型公式为：2n=2x=22=18M+4SM，即除第3、第8对染色体为近中着丝点外，其余均为中部着丝点，未见随体。染色体绝对长度为 2.83~4.59 $\mu$m，长度比为 1.62，染色体相对长度变化范围为 6.8%~11%，核型为 2A（即长臂与短臂之比<2∶1，臂比>2∶1 的单个染色体比值仅占 0.01～0.5)，说明金夏西瓜的核型对称程度较高。李琦等（2007）用西瓜品种"航育高抗甜王"为材料进行核型分析的结果显示，西瓜的染色体绝对长度范围为 1.94～3.56 $\mu m$，相对长度范围为 7.83%～14.29%，平均臂比为 1.24，没有臂比大于 2 的染色体，染色体长度比值为 1.84，核型不对称系数为 53.68，核型公式为 2n＝2x＝22＝20M＋2SM，核型类型为 1A 型，与利容千（1989）等的结果有一定差别，差异可能是由于不同研究者所研究的材料西瓜品种不同，染色体之间存在细微差异；也有可能是由于不同研究者染色体预处理、核型分析方法或所使用的测量工具、测量标准不同所造成的。

董连新（1991）采用改良的蒸气固定方法，研究了代表不同种类和生态型的 7 种西瓜的核型，其结果是：7 个西瓜材料的体细胞染色体数 2n＝22，它们的染色体相对长度、臂比和着丝点类型见表 5-3。根据表 5-3 的数据，制成的 7 个西瓜材料的染色体核型模式图如图 5-1。

表 5-3　7 个不同种类和生态型的西瓜材料的染色体相对长度、臂比和着丝点类型

| 染色体编号 | 籽瓜兰州大片 | | | 非洲西瓜 PI 189317 | | | 华北生态型三白瓜 | | | 新疆生态型阿克塔吾孜 | | |
|---|---|---|---|---|---|---|---|---|---|---|---|---|
| | 相对长度/% | 臂比 | 着丝点类型 | 相对长度/% | 臂比 | 着丝点类型 | 相对长度/% | 臂比 | 着丝点类型 | 相对长度/% | 臂比 | 着丝点类型 |
| 1 | 11.6± 0.07 | 1.33± 0.11 | M | 10.7± 0.12 | 1.55± 0.09 | M | 10.75± 0.13 | 1.14± 0.13 | M | 11.1± 0.12 | 1.17± 0.15 | M |
| 2 | 11.2± 0.12 | 1.35± 0.09 | M | 10.47± 0.08 | 1.67± 0.15 | M | 10.48± 0.11 | 1.37± 0.13 | M | 10.7± 0.17 | 1.4± 0.15 | M |
| 3 | 11.0± 0.07 | 1.85± 0.08 | SM | 10.25± 0.07 | 1.35± 0.01 | M | 10.15± 0.12 | 1.76± 0.12 | SM | 10.47± 0.08 | 2.14± 0.25 | SM |
| 4 | 11.0± 0.05 | 1.39± 0.05 | M | 9.93± 0.13 | 1.16± 0.13 | M | 10.1± 0.07 | 1.31± 0.18 | M | 10.27± 0.21 | 1.45± 0.22 | M |
| 5 | 9.8± 0.15 | 1.11± 0.12 | M | 9.16± 0.15 | 1.02± 0.11 | M | 9.44± 0.1 | 1.08± 0.12 | M | 9.98± 0.23 | 1.14± 0.13 | M |
| 6 | 8.8± 0.11 | 1.08± 0.15 | M | 8.78± 0.13 | 1.45± 0.17 | M | 9.24± 0.21 | 1.1± 0.25 | M | 9.57± 0.13 | 1.09± 0.07 | M |
| 7 | 8.05± 0.07 | 1.18± 0.07 | M | 8.56± 0.09 | 1.27± 0.12 | M | 8.68± 0.18 | 1.22± 0.12 | M | 9.1± 0.16 | 1.23± 0.14 | M |
| 8 | 7.6± 0.08 | 3.5± 0.06 | ST | 8.55± 0.05 | 1.2± 0.16 | M | 8.5± 0.17 | 1.37± 0.09 | M | 8.74± 0.12 | 1.36± 0.12 | M |
| 9 | 7.42± 0.05 | 1.25± 0.09 | M | 8.4± 0.06 | 1.2± 0.15 | M | 8.06± 0.09 | 1.58± 0.09 | M | 8.14± 0.13 | 1.62± 0.17 | M |

续表

| 染色体编号 | 籽瓜兰州大片 | | | 非洲西瓜 PI 189317 | | | 华北生态型三白瓜 | | | 新疆生态型阿克塔吾孜 | | |
|---|---|---|---|---|---|---|---|---|---|---|---|---|
| | 相对长度/% | 臂比 | 着丝点类型 | 相对长度/% | 臂比 | 着丝点类型 | 相对长度/% | 臂比 | 着丝点类型 | 相对长度/% | 臂比 | 着丝点类型 |
| 10 | 7.05±0.05 | 1.35±0.12 | M | 7.6±0.11 | 1.06±0.08 | M | 7.63±0.1 | 1.47±0.12 | M | 7.74±0.13 | 1.45±0.21 | M |
| 11 | 6.94±0.1 | 1.38±0.13 | M | 7.25±0.12 | 1.22±0.13 | M | 7.4±0.08 | 1.47±0.08 | M | 6.9±0.21 | 1.41±0.23 | M |

| 染色体编号 | 俄罗斯生态型苏联3号 | | | 东亚日本生态型旭大和 | | | 美国生态型久比利 | | |
|---|---|---|---|---|---|---|---|---|---|
| | 相对长度/% | 臂比 | 着丝点类型 | 相对长度/% | 臂比 | 着丝点类型 | 相对长度/% | 臂比 | 着丝点类型 |
| 12 | 10.82±0.09 | 1.17±0.09 | M | 11.2±0.11 | 1.15±0.17 | M | 10.8±0.16 | 1.16±0.12 | M |
| 13 | 10.5±0.21 | 1.32±0.1 | M | 10.78±0.09 | 1.35±0.13 | M | 10.5±0.06 | 1.35±0.09 | M |
| 14 | 10.12±0.13 | 1.82±0.07 | SM | 10.51±0.12 | 1.87±0.23 | SM | 10.1±0.12 | 1.75±0.13 | SM |
| 15 | 9.46±0.05 | 1.25±0.15 | M | 11.22±0.15 | 1.37±0.21 | M | 9.43±0.17 | 1.04±0.12 | M |
| 16 | 9.26±0.12 | 1.12±0.17 | M | 9.9±0.13 | 1.16±0.12 | M | 9.21±0.08 | 1.05±0.07 | M |
| 17 | 8.66±0.07 | 1.05±0.21 | M | 9.72±0.25 | 1.05±0.09 | M | 8.74±0.15 | 1.03±0.08 | M |
| 18 | 8.5±0.11 | 1.25±0.08 | M | 9.05±0.21 | 1.24±0.07 | M | 8.54±0.12 | 1.21±0.12 | M |
| 19 | 8.35±0.23 | 1.35±0.12 | M | 8.85±0.22 | 1.31±0.13 | M | 8.37±0.11 | 1.31±0.16 | M |
| 20 | 8.08±0.12 | 1.62±0.14 | M | 8.15±0.17 | 1.58±0.13 | M | 8.05±0.21 | 1.57±0.12 | M |
| 21 | 7.98±0.15 | 1.05±0.21 | M | 7.75±0.15 | 1.41±0.15 | M | 7.58±0.25 | 1.41±0.11 | M |
| 22 | 7.4±0.18 | 1.45±0.14 | M | 7.25±0.14 | 1.43±0.2 | M | 7.4±0.24 | 1.41±0.21 | M |

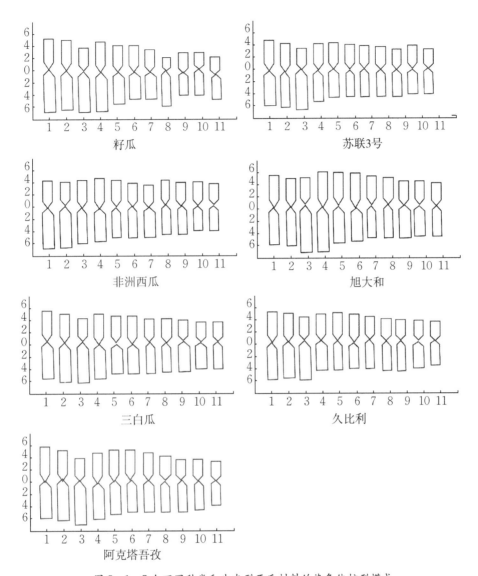

图 5-1　7个不同种类和生态型西瓜材料的染色体核型模式

以上研究结果表明，非洲西瓜、籽瓜和 5 个栽培西瓜品种彼此具有不同的核型，因此它们分别属于毛西瓜亚种 sp. *lanatus* 和普通西瓜亚种 sp. *vulgaris* 中的栽培变种 var. *vulgaris* 和籽瓜变种 var. *megalaspermus*（图 5-1）。5 个栽培西瓜品种具有相同的核型公式 $2n＝2x＝22＝20M＋2SM$，但染色体相对长度却各不相同，处于进化的中间阶段。非洲西瓜 PI 189317 的染色体核型公式 $2n＝2x＝22＝22M$，具有较高的对称性，属西瓜的原始类型。而籽瓜和兴城红、金夏等高糖新品种的染色体核型公式 $2n＝2x＝22＝18M＋2SM＋2ST$ 或 $2n＝2x＝22＝18M＋6SM$，具有较高的非对称性，属于进化程度较高的类型。

## 二、西瓜的基因型构成——遗传平衡

西瓜是异花授粉植物，在西瓜植物的授粉过程中，由于异花授粉产生异交，所以，容易发生基因重组，从而形成新的基因型。但是，也不能排除本品种、本株，甚至本花授粉（在两性雌花上）产生的自交所形成的保守性遗传。即使全部异交也还有染色体数目固定、基因连锁、交换频率等限制着变异产生。因此，西瓜作为异花授粉的植物在其生殖过程中，从群体而言，遗传和变异均发生作用并维持着一种微妙的平衡（表 5 - 4）。

表 5 - 4 基因重组与基因遗传对照

| 基因重组（变异性） | 基因遗传（保守性） |
|---|---|
| ①异花授粉，使不同品种间的雌配子和雄配子染色体基因自由重组。 | ①本品种、本株、本花（两性雌花）上的花粉自交。 |
| ②染色体配对时由于基因交换，打破了连锁，使变异增多。 | ②同一染色体上基因连锁，特别是双线期，交换只在 4 条染色单体的两条上发生，其中 2 条仍保持连锁。 |
| ③物理、化学、人为因素影响下的突变。 | ③交换频率、染色体数目等的限制。 |

由此可见，西瓜植物的基因重组和交换以及突变提供了变异来源，使新品种的出现成为可能；同时，通过有性生殖发生的变异又使优良品种的保纯工作呈现出极其困难的局面。稳定的遗传是维持西瓜品种特性所必需的，但是，它又给创造新类型带来了不便和麻烦。因此，根据人们的需要，正确认识西瓜植物的遗传变异规律，对西瓜育种工作非常必要。

任何一个西瓜植株群体只要符合群体无限大、随机交配、不发生突变、无迁移、无任何形式的自然选择条件，那么这个群体中各基因型的频率保持一定，代代保持不变。这就是群体遗传学最基本的定律——遗传平衡定律。遗传平衡理论是群体遗传学的基本概念，现举例如下。

设 A 和 a 是等位基因，又设基因型 AA 的个体和基因型 aa 的个体各占群体的一半，那么群体中各基因型的频率是：

$$AA \quad Aa \quad aa$$
$$0.5 \quad 0 \quad 0.5$$

它们所产生的配子的频率是：

$$A \quad a$$
$$0.5 \quad 0.5$$

在一个完全随机交配的群体内，由于个体间的交配是随机的，配子间的结合也是随机的，于是所得的子代基因型频率如表5-5。

表5-5 随机交配所得子代基因型频率表

| 雄配子 | 雌配子 | |
| --- | --- | --- |
| | 0.5A | 0.5a |
| 0.5A | 0.25AA | 0.25Aa |
| 0.5a | 0.25Aa | 0.25aa |

所以子代的三种基因型频率是：

AA    Aa    aa

0.25    0.50    0.25

子代所产生的配子的频率为：

$$A=0.25+\frac{1}{2}\times0.50=0.50$$

$$a=\frac{1}{2}\times0.50+0.25=0.50$$

这个频率和亲代的配子频率完全一样。从而可以推论出，孙代的三种基因型频率仍是：

AA    Aa    aa

0.25    0.50    0.25

由此可以说明，就这对基因而言，群体已经达到了平衡。群体中的基因频率和基因型频率保持一定，就可这样一代代保持平衡。由此可以估计遗传学参数（估算遗传力），检查遗传学假设和研究各种进化现象。

## 三、西瓜群体的选择原理

生物界遗传性状的变异有连续的和不连续的两种，表现不连续变异的性状，称为质量性状（qualitative character）；表现连续变异的性状，称为数量性状（quantitative character）。

### （一）质量性状的选择

质量性状有显隐性，不易受环境影响，在群体中呈不连续分布，如瓤色、皮色、叶片有无缺刻等。同一质量性状是由一个或少数效应显著、并控制着质量性状的主基因所控制。质量性状在杂种后代的分离群体中，可以明确地分组，求出不同组之间的比例，研究它们的遗传动态也就比较容易。

淘汰显性性状能够迅速改变基因频率。淘汰显性主基因是十分容易的，因为显性主基因在 $F_2$ 代的分离中，只需凭借对表现型的观察，就能鉴定出显性主基因的携带者，予以淘汰。例如，在西瓜矮生型育种中，当用矮生亲本（ll）与正常长蔓（LL）亲本杂交后，$F_1$ 代的表现型均为长蔓，说明长蔓是显性主基因。在 $F_2$ 代会出现分离，长蔓与矮生的比例为 3∶1，如果淘汰掉长蔓显性主基因，则保留下来的都是矮生隐性基因控制的短蔓植株。

淘汰隐性性状改变基因频率的速度就比较慢了。因为隐性基因在杂交后代中，往往不能从表现型中辨认，因此，对它的淘汰比较困难。通常只有隐性基因的纯合体才能表现出其隐性性状。例如，在全缘叶西瓜品种的杂交优势利用中，使用隐性基因全缘叶品种作母本与正常缺刻叶品种（显性基因）作父本杂交，所得 $F_1$ 代均为缺刻叶植株。因此，在西瓜的育种中，只有把群体中携带的隐性基因通过多代强制自交，变成纯合型使之表现出来后才能加以淘汰。

### （二）数量性状的选择

在育种工作中大多数目标性状，如产量、品质（含糖量等）、成熟期、株高等都是数量性状。由于数量性状在生物全部性状中占有很大比重，而且多数极为重要的经济性状都是数量性状，因此，在育种中，对数量性状的遗传、变异及其选择原理必须进行深入了解和研究。

数量性状在杂交后代中都不具有明显的显隐性，在群体中的分布表现出连续变异，产生这种现象的机制是，同一数量性状是由若干对微效、等位、累加、没有明显显隐性的多基因所控制。数量性状还容易受环境的影响而发生变化。数量性状在杂交后代中很难进行明确的分组，求出不同组之间的比例，所以不能应用分析质量性状的方法分析数量性状，而要用统计学方法对这些性状进行测量，才能分析研究它的遗传动态。

#### 1. 方差和标准差

方差是一变数与平均数的偏差的平方平均值。当观察值（某一数量性状的实际测定值，又称变数）用与平均值的偏差来表示时，方差就是这种偏差的平方的平均值。使方差开方即得标准差。方差和标准差是用以表示一组资料的分散程度或离中性。方差或标准差愈大，表示这个资料的变异程度愈大，也说明平均数的代表性愈小。它们是全部观察数偏离平均数的重要参数。在数量遗传学中方差表示某数量性状在一定遗传背景和环境条件下的变异幅度。

例如：从一个西瓜自交系 A 中选取 6 个单瓜（实际上应选更多），称其单瓜重得如下观察值：3.4 kg、3.5 kg、3.3 kg、3.6 kg、3.5 kg、3.7 kg，这个西瓜自交系单瓜重的方差计算方法如下：

$$x（测定值）：3.4、3.5、3.3、3.6、3.5、3.7$$

$$\bar{x}（平均值）=3.5$$

$$x-\bar{x}（偏差）：-0.1、0、-0.2、+0.1、0、+0.2$$

$$(x-\bar{x})^2（偏差平方）：0.01、0、0.04、0.01、0、0.04$$

$$\sum (x-\bar{x})^2（平方和）=0.1$$

代入公式：$V=\dfrac{\sum (x-\bar{x})^2}{N-1}$；$\sigma=\sqrt{\dfrac{\sum (x-\bar{x})^2}{N-1}}$（$V$ 为方差，$N$ 为样本数，$\sigma$ 为标准差）

上述纯系 A 的单瓜重方差 $V_A=0.02$。

作为纯系 A 各植株的基因型是一致的，产生这种方差的原因是环境条件所致。如果在同样环境下，B 纯系的方差也应为 0.02。与此同时，再从生长在同样条件下的 A×B 的杂交二代（$F_2$）群体中，取 6 个单瓜称重（实际应更多），得到另一组观察值：3.3 kg、3.8 kg、3.4 kg、3.3 kg、3.5 kg、3.7 kg，再计算其群体方差。

$$x（测量值）：3.3、3.8、3.4、3.3、3.5、3.7$$

$$\bar{x}（平均值）=3.5$$

$$x-\bar{x}（偏差）：-0.2、+0.3、-0.1、-0.2、0、+0.2$$

$$(x-\bar{x})^2（偏差平方）：0.04、0.09、0.01、0.04、0、0.04$$

$$\sum (x-\bar{x})^2（平方和）=0.22$$

$$方差\ V_{F_2}=0.044$$

$F_2$ 的方差比纯系大（$V_{F_2}>V_A$ 或 $V_B$），其原因是除了环境条件相同外，还有不同基因型杂交所产生的方差。这说明方差是可以相加或分割的。由于 $F_2$ 方差（表现型方差 $V_P$ 或总方差 $V_T$）是基因型方差 $V_G$ 和环境方差 $V_E$ 的和，故可得到公式：$V_P=V_G+V_E$（假定二者之间没有相互作用）。

在上述例中，$V_P=0.044$，环境方差 $V_E=$ 纯系 $V_A$ 或 $V_B$ 的值，即 0.02，则 $V_G=V_T-V_E=0.024$。

2. 遗传力（heritability）

遗传力又称遗传传递力或遗传率，是指亲代传递其遗传特性的能力，分为广义遗传力和狭义遗传力。

广义遗传力是指一个群体内某种由遗传原因（相对于环境影响而言）引起的变异（$V_G$）在表现型变异（$V_P$）中所占的比例，也就是遗传方差占总方差的比值称为广义遗传力，通常用百分数来表示。即：

$$h_B^2 = \frac{V_G}{V_P} \times 100\%$$

$h_B^2$ 为广义遗传力。

上述西瓜群体单瓜重这个性状的广义遗传力为：

$$h_B^2 = \frac{V_G}{V_P} \times 100\% = \frac{0.024}{0.044} \times 100\% = 54.5\%$$

广义遗传力愈大，也就是遗传方差占总方差的比值愈大，说明这个性状传递给子代的传递能力就较强，受环境的影响也就较小。上述计算结果说明，在单瓜重这个性状中，其变异值有一半稍多的部分是由基因决定而能够遗传的，另一半稍少的部分是由环境引起的，不能遗传。

遗传力的大小可以作为衡量亲代和子代之间遗传关系的标准。例如，按估测遗传力公式：$h_B^2 = \frac{V_{F_2} - V_{F_1}}{V_{F_2}} \times 100\%$，测得西瓜 6 个性状的广义遗传力见表 5-6。从表 5-6 可以看出，西瓜 6 个性状的广义遗传力大小顺序为：果形指数＞生育期＞瓜皮厚＞单瓜重＞果实可溶性固形物含量＞单瓜种子数。从而说明果形指数（纵径/横径）性状的遗传传递力最大，以后代果形指数的表现型数据作根据选择理想的目标最有把握。

表 5-6　西瓜 6 个性状的广义遗传力测定结果

| 性状/% | 生育期/d | 单瓜重/g | 果形指数 | 瓜皮厚/mm | 单瓜种子数 | 果实可溶性固形物含量/g |
|---|---|---|---|---|---|---|
| $h_B^2$ | 85.32 | 81.10 | 94.56 | 81.99 | 27.05 | 57.40 |

实际上遗传型变量 $V_G$ 通常还包括两部分，一是杂合的显性效应，即随着自交代数增加不断减少的那部分不稳定方差，叫作显性方差（$V_H$）；二是纯合的加性效应，即上下代可以固定遗传的那部分稳定方差，叫作加性方差（$V_D$）。用公式来表达即：

$$V_G = V_D + V_H$$

狭义遗传力（$h_N^2$）就是加性方差（$V_D$）在表型方差（$V_P$）中所占的比例，即：

$$h_N^2 = \frac{V_D}{V_P} \times 100\%$$

如果不存在基因重组（营养繁殖、纯系的自交等），狭义遗传力等于广义遗传力，即 $h_N^2 = h_B^2$，相反，如果有基因重组（杂交和杂合体自交），则狭义遗传力比广义遗传力小，即 $h_N^2 < h_B^2$。

3. 遗传进度

狭义遗传力比广义遗传力更为精确。在数量性状变异表现为正态分布的群体中（图 5 - 2），当人为地规定出选择界限值 $X_0$ 以后，选出的个体数对总个数的比（$q$）称为选择率。原有总的个体平均值（$M$）和选出个体的平均值（$M'$）之差（$i$），叫选择差。在同样条件下，继续在选择出的个体后代中观察，这时选择界限值以上的个体出现率为 $Q$，经过选择后群体的平均值（$M''$）和原来群体的平均值（$M$）之差，即为遗传进度 $\Delta G$（图 5 - 2）。

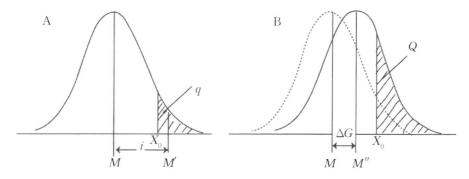

A—选择世代的变异；B—后代的变异；$X_0$—界限值；$q$—选择率；

$i$—选择差；$Q$—选择类型的比例；$\Delta G$—遗传进度。

图 5 - 2　数量性状的选择

遗传进度 $\Delta G$ 与选择差 $i$ 之比叫现实遗传力，实际上就是狭义遗传力。即：

$$h^2 = \frac{\Delta G}{i} \qquad \Delta G = ih^2$$

在应用上述遗传进度 $\Delta G$ 的计算公式时，必须除去环境因素的干扰，即在等式两边同时除以标准差 $\sigma$（表型变量 $V_P$ 的平方根值），使遗传进度 $\Delta G$ 和选择差 $i$ 标准化，如下式：

$$\frac{\Delta G}{\sigma_P} = \frac{i}{\sigma_P} h^2$$

设 $\dfrac{i}{\sigma_P} = K$，则 $\dfrac{\Delta G}{\sigma_P} = Kh^2$

$K$ 可以称为标准化的选择差，又叫选择强度。$K$ 值的含义是指在某一选择百分数（留种率）下，中选个体的平均数将超过原群体平均数多少个 $\sigma_P$（标准差）单位。当选择在较大样本中进行时，可以从正态分布表推出不同留种率（$q$）下的值 $K$（表 5-7）。

表 5-7 选择率与选择强度的关系

| $q/\%$ | 1 | 2 | 3 | 4 | 5 | 10 | 20 | 30 | 40 | 50 |
|---|---|---|---|---|---|---|---|---|---|---|
| $K$ | 2.67 | 2.42 | 2.27 | 2.15 | 2.06 | 1.75 | 1.40 | 1.16 | 0.97 | 0.80 |

因 $h^2 = \dfrac{V_G}{V_P} = \left(\dfrac{\sigma_g}{\sigma_P}\right)^2$；又 $\dfrac{\Delta G}{\sigma_P} = Kh^2$

故 $\Delta G = K\sigma_P h^2 = K\sigma_P \left(\dfrac{\sigma_g}{\sigma_P}\right) h = K\sigma_g h$

如将此式转换，用其亲代群体平均数（$M$）的百分数来表示，则可改写为：

$$\frac{\Delta G}{M} \times 100\% = \frac{K\sigma_g h}{M} \times 100\% = K\left(\frac{\sigma_g}{M}\right) h \times 100\%$$

因 $\dfrac{\sigma_g}{M} \times 100\% = \mathrm{GCV}$    GCV 为遗传变异系数

$$\Delta G（\%） = K \cdot \mathrm{GCV} \cdot h$$

由此可知，育种工作者如果要提高遗传进度，增加有利目标性状（产量、品质、含糖量等）的选择效果，应从以下三方面着手：

第一，增加试验材料或群体遗传变异程度，即遗传变异系数 GCV 的值要大。为此，应首先在亲本选择上下功夫，应更广泛地搜集远地域不同生态型的地方品种和外地、外国的引进品种，包括野生和栽培类型的原始材料，利用杂交等多种手段，人工创造变异幅度大的（超亲范围大的）杂交群体和突变群体，以提高遗传进度。

第二，准确选择并提高群体性状的遗传力 $h^2$。通常采用的办法是加强试验设计和田间管理技术的控制，使环境高度一致，从而降低环境方差，减少环境对表现型方差的影响，从而达到提高遗传力传递值的效果。

第三，加大选择强度。办法是加大育种群体和减少留种值（选择百分数），从而达到增大 $K$ 的效果来提高选种的遗传进度。对西瓜来说，由于繁殖系数大，在育种实践中常可把中选率降低到 5%或更低，从而加大 $K$ 值，提高遗传进度。

4. 遗传漂变

在育种的选择进程中，经常会出现由于群体包含的个体数太少，而错误地把有希望的类型遗失或淘汰的情形。因为个体数受到限制，某个基因和基因型被偶然丢失，结果使群体的基因和基因频率产生偏离，这种现象叫遗传漂变。

假设在某个育种计划中，有希望类型的出现概率是 1％（$p=0.01$），而育种家要求有 99％的把握最少得到一个这样的类型（频率 $a=0.99$），那么所需要种植的群体最小个体数 $n$ 应满足（$1-p$）$n<1-a$ 的要求，即需要栽植的个体数 $n\geqslant\dfrac{\log（1-a）}{\log（1-p）}$，上述 $p=0.01$，$a=0.99$ 时，必须栽植的个体数 $n=460$。在这样大的群体下才有把握防止有望类型的遗传漂变。

## 四、主要性状的遗传规律及其利用

了解西瓜主要性状的遗传规律对培育新品种和利用杂种优势具有重要的指导意义。下面就已经研究过的西瓜的几个主要性状的遗传规律及其利用予以叙述。

### （一）全缘叶

绝大多数西瓜品种的叶片都有深缺刻，植物学上称之为羽状或二回羽状裂，但也有少数叶片无缺刻或稍有浅裂的全缘叶（甜瓜叶）西瓜品种。早在 1953 年，美国 H. C. Mohr 就发表了《西瓜的叶型突变》一文，并证明全缘叶型对缺刻叶型呈不完全显性。1976 年，R. W. Robinson 等首次发表的西瓜基因目录中，将全缘叶定为 $nl$ 基因。1983 年，王云鹤等研究了西瓜全缘叶性状的遗传，研究结果认为，西瓜的叶型中缺刻与全缘是一对质量性状，全缘叶性状是受单一隐性基因控制。崔德祥（1996）的试验结果也表明，全缘叶西瓜新品系新凯的全缘叶型受单一隐性基因控制。现在一般认为西瓜的全缘叶性状是由一对隐性基因 $nl$ 控制，普通有裂的叶片为不完全显性。

关于西瓜全缘叶性状的利用，苏联早在 1964 年就将全缘叶型西瓜品种甜瓜叶与普通缺刻叶西瓜品种杂交，采用自然授粉方法获得 $F_1$ 品种哈尔科夫，他们从全缘叶母本上采种，苗期根据全缘叶标志基因淘汰非杂种苗（全缘叶母本的纯系）的办法，大面积制种 $F_1$，从而为西瓜杂交制种开辟了简化途径。所以，利用由一对隐性基因 $nl$ 控制的全缘叶性状作为苗期标志基因可以淘汰非杂种苗，从而实现杂种一代种子的简化制种。当采用全缘叶型品种或自交系作母本时，可将父母本按 1∶2 的比例混植，制种田在与其他西瓜品种隔离的情况下，由蜜蜂等昆虫自由传粉。采种时，从母本植株上采得的种子一是杂种 $F_1$，一是非杂种（由母本自花授粉）。次年播种时加大一倍播种量，每穴播 5～8 粒种子，出苗后幼苗有 2～3 片真叶时，根据叶型标志基因，将全缘叶苗（非杂种苗）拔除，每穴留一株缺刻叶苗，理论上可保证杂交率达 100%。由于制种时采用自然传粉，减少了人工费用，降低了成本，故有生产应用价值。但播种量需要加大，又降低了一部分效益。

### （二）果实形状与皮色

在育种实践中我们观察到，圆球形果与长形果杂交，F$_1$ 代的果形多表现中间性状的椭圆形，所以西瓜的长形果对圆球形果为不完全显性。但在食用西瓜与药西瓜的种间杂交中发现，药西瓜的圆形果呈显性。因此，有人认为果实形状在种间杂交和种内杂交中是由不同的基因控制的。

一般来说，果皮深色对浅色是显性，黑皮和花皮对网状花纹或淡色果皮是显性。西瓜的深绿色果皮对浅绿色果皮呈显性，是由显性基因 G 完全控制的，果皮的颜色由 1 对等位基因决定，但绿色的深浅程度却与修饰基因有关。对大多数西瓜品种果实都具有的条纹带来说，对浅色果皮呈显性，对深色果却呈隐性。一般认为果皮的颜色是由多个等位基因位点 g 所决定的，而其中之一控制着条纹（带）的产生或者有好几个相关联的位点决定了条纹（带）。

西瓜黄皮性状对非黄皮性状呈完全显性遗传，是受一对基因控制的。黄皮西瓜不论作母本或父本，与果实呈绿皮或花皮的品系杂交，杂交一代成熟果实的皮色表现型均是黄色，仅黄色的深浅或花纹随另一亲本皮色的深浅或花纹而异，凡是另一亲本其果皮绿色深者，其 F$_1$ 代果实的黄色也深。非黄色果皮上的深色及花纹（黑色、深绿色条带）均能使黄色加深，而不能覆盖黄色。西瓜果皮黄色性状的显现，还随果实发育而发生转换，并受外界环境影响。一般幼果期和膨瓜期果实黄色不明显，进入结瓜后期果皮上的叶绿素才逐渐消失，呈现黄色。当外界环境使果实光照不足，如长期接触地面的果实背阳部位，常出现绿晕或绿色斑点，故黄皮品种在栽培上要进行翻瓜。果皮黄色和叶脉、叶柄黄色是受同一基因控制，是同一种花青素在不同器官的表现。这一特征可用作杂种一代的指示性状。

### （三）瓜瓤的颜色

许多学者研究认为，西瓜果肉的颜色由一对基因控制，二倍体西瓜的果肉颜色的遗传表现为：白瓤（Wf）对黄瓤及红瓤呈下位显性；在西瓜果肉的各种颜色中白色为显性，对白瓤处于隐性的红瓤，同时对黄瓤呈不完全显性，各种深浅不等的黄瓤则对粉红瓤呈显性，金丝雀黄瓤（C）对粉红瓤显性。但顾卫红等（2002）的研究结果则表明，西瓜果肉瓤色的遗传并不完全由显、隐性基因控制，同时还受环境条件的调控作用。控制西瓜果肉中奶黄果肉（white yellow）和金丝雀黄果肉（canary yellow）性状遗传的基因为不完全显性基因，其显性性状的表达受环境条件中温度和光强的调控。不同瓤色品种间杂交（奶黄、金丝雀黄×粉红），其后代果肉红与黄瓤色的遗传表现受播种期和果实发育期的环境温度调控。温度越低，果肉中红色性状表现越多，即控制红肉性状的基因表达越强烈，随着温度的升高，控制黄肉性状的基因表达逐步增强。

　　同样，控制西瓜果肉瓤色遗传性状的基因表达还受环境中光照强度的调控。果实发育期光照越强，控制果肉中黄色性状的基因表达越强，而控制粉红色性状的基因表达就越弱。此外，不同留果节位果肉瓤色的表现差异则说明，西瓜果肉瓤色的遗传表现还受自身发育阶段的调控。

　　另外，西瓜的野生种和类型在同食用西瓜杂交中，苦味遗传性很强，难以除去，因此，在育种中很难利用。药西瓜的苦味遗传由一个显性基因控制。食用西瓜果实缺乏苦味是由一个单基因决定的。

### （四）蔓长和蔓数

　　对于西瓜蔓长的遗传，长蔓对短蔓显优势，一般认为长蔓对短蔓为不完全显性，长蔓与短蔓杂交，$F_1$ 表现为中间型偏长。Mohr 于 1953 年首先发现（Texas ARS）田间短蔓突变，并于 1958 年发表短节间品种 Bush Desert King（BDK），认为短蔓是由 1 个单隐性基因控制。1962 年，日本 K. Ana 发现了另一个矮生突变系 AYB（来源于旭大和 Asahi Yarnato）。

　　早在 1972 年，美国新罕布什尔大学的 Peter 就对矮生西瓜的形态学特征和遗传学特性进行了研究，他们使用的两份矮化突变材料为：矮生沙漠王（BDK）和 WB-2。当他们用正常的长蔓品种蜜宝（SB）与上述两个矮化突变材料杂交时，$F_1$ 代植株均为正常的长蔓，即 SB×BDK（$F_1$）和 SB×WB-2（$F_1$）的植株表现型为长蔓。再用长蔓×矮化的 $F_1$ 代与原短蔓品种回交，其后代表现型，长蔓与矮化的比例接近于 1∶1。而长蔓×矮化的 $F_1$ 自交后产生的 $F_2$ 代植株表现型，长蔓与矮化的比例接近于 3∶1（表 5-8）。这些试验结果证实，西瓜的矮生型性状是由 1 对隐性基因所控制。进一步用同为矮生型的 BDK 和 WB-2 杂交，其 $F_1$ 全部是长蔓，说明这两个矮化材料由非等位基因所控制，于是将 BDK 的矮化基因型称作 $dw\text{-}1dw\text{-}1$，WB-2 的称作 $dw\text{-}2\ dw\text{-}2$。

表 5-8 西瓜矮化材料的杂交后代分离

| 杂交组合 | 表现型长蔓株数 | 表现型矮化株数 | 近似比例 |
|---|---|---|---|
| WB-2×（SB×WB-2） | 94 | 86 | 1:1 |
| （SB×WB-2）×WB-2 | 117 | 102 | 1:1 |
| BDK×（SB×BDK） | 30 | 26 | 1:1 |
| （SB×BDK）×BDK | 39 | 47 | 1:1 |
| （SB×BDK）F$_2$ | 89 | 26 | 3:1 |
| （SB×WB-2）F$_2$ | 86 | 20 | 3:1 |

Peter 等对西瓜矮化植物的形态学和矮化机制也进行了研究。从表 5-9 可以看出，矮化系 WB-2 和 BDK 的蔓较正常品种 SB 和 VDK 短很多，造成这一矮化性状的原因主要是矮化系植株的节间数少和每一节的节间短。在两个矮化系 WB-2 和 BDK 间，WB-2 的蔓最短，因为在 WB-2 的蔓上，每节的节间急剧缩短。从细胞学水平上研究的结果表明，WB-2 的短蔓是因为每一节间上的细胞个数明显减少所致（表 5-10）。

表 5-9 出苗后 33 d 的矮生系和长蔓品种的蔓长比较

| 品种名 | 蔓长/cm | 平均节间数 | 平均节间长/cm |
|---|---|---|---|
| WB-2（矮） | 7.4 | 10.88 | 0.69 |
| BDK（矮） | 30.9 | 10.88 | 2.86 |
| SB（长） | 55.8 | 13.00 | 4.29 |
| VDK*（长） | 87.2 | 15.33 | 5.69 |

注：* VDK 是 BDK 的长蔓等基因系，表中数据为 6 株的平均数。

表 5-10 矮生系和长蔓品种的节间长与细胞长度、个数比较

| 品种名 | 平均节间长/cm | 平均细胞长度/μm | 每节间的细胞数/个 |
|---|---|---|---|
| WB-2（矮） | 1.57 | 207.1 | 75.8 |
| BDK（矮） | 4.76 | 211.1 | 225.5 |
| SB（长） | 7.53 | 242.2 | 310.9 |
| VDK（长） | 7.83 | 260.8 | 300.2 |

注：表中数据为 6 个节间的平均值。

林德佩（1990）认为，西瓜的矮化基因 $dw-1dw-1$ 来源于 Mohr 的 Bush Desert King 及其选系 W-45，表现型为短节间。矮化基因 $dw-2dw-2$ 来源于 K. Ana 的日本矮生系 AYB 和 P. W. Liu，J. B. Loy 的 WB-2，表现型为短节

间和丛生型。

马国斌等（2004）通过2份矮生西瓜材料的生物学特性和矮生基因遗传特点的分析研究表明，短蔓西瓜 $P_1$ 的蔓型是由二对独立遗传的隐性基因控制的，其基因型为 $dw-1dw-1dw-2dw-2$，属双隐性矮生类型，表现为短蔓；中蔓西瓜 $P_2$ 的蔓型是由一对隐性基因控制的，其基因型为 $Dw-1Dw-1dw-2dw-2$，属单隐性矮生类型，表现为中蔓；普通的长蔓西瓜 $P_3$ 则不含有该隐性纯合基因，基因型为 $Dw-1Dw-1Dw-2Dw-2$。从现代育种的观点来看，长蔓是不利的性状，最好的西瓜品种应为紧凑丛状形，这样才便于机械操作和田间管理。

20世纪80年代以来，我国一些科研机构陆续从国外引进了一些矮生西瓜的原始材料。随着当前西瓜保护地生产的发展和设施栽培的普及，客观上为矮生西瓜品种的开发提供了良好的机遇。矮生西瓜最大的优点是其矮生性，栽培管理方便，宜于进行简易覆盖设施栽培，可以成倍提高种植密度，提高产量，且不需搭架和吊绳。因此，矮生类型的西瓜品种以其特殊的优势在生产中具有广阔的应用前景。

新疆八一农学院在1982—1985年，用从郑州果树研究所引进的矮生西瓜作母本，金夏（3301）西瓜（长蔓品种）作父本的杂交后代中，观察到与上述分离规律相似的情况，并从 $F_2$ 代分离的矮生植株中，经自交纯化初步育成 DW02 矮生新品系。张瑛等（2010）用通过 γ 射线辐照选育出的短蔓西瓜突变体（代号 SV-1，其蔓长是正常西瓜的1/3左右，节间长度为正常西瓜的1/2）为母本，与普通长蔓西瓜稳定自交系（代号 LV-1）为父本配制杂交组合，$F_1$ 代群体的蔓长表现为长蔓；$F_2$ 代群体的蔓长发生分离，长蔓与短蔓的分离比例符合3∶1。$F_1$ 代与长蔓亲本回交，其后代均表现为长蔓；而与短蔓亲本回交，后代蔓长性状发生分离，长蔓与短蔓的分离比例符合1∶1。由此可以说明西瓜短蔓株系 SV-1 的短蔓性状为1对隐性等位基因控制，其携带的短蔓基因与 $dw-2dw-2$ 基因相似。

西瓜的少侧蔓突变（无权西瓜）是1969年前后，由新疆石河子142团技术员徐利元在苏联2号西瓜的生产田中偶然发现的。它的特点是分枝集中在植株基部的1~5片真叶的叶腋，在主蔓的中、上部绝少出现分枝。一般当植株6~7片叶时即不再发生分枝。由于该突变的主蔓分枝少，减轻了大面积西瓜田间管理中的打权作业强度，因此受到欢迎和重视。林德佩（1993）研究了西瓜少侧蔓突变的遗传特性，在少侧蔓与正常植株的杂交后代中，$F_1$ 代分枝的表现型全部正常，可见正常分枝呈显性，少侧蔓呈隐性。$F_2$ 代自交后代中正常与少侧蔓的株数比符合一对基因之间的分离比为 3∶1。$F_1$ 与隐性亲本的回交 $BC_1$ 代的分离比符合 1∶1 的比例。因此，认为西瓜的少侧蔓性状是受一对隐性单基因 *bl*（*branehless*）控制，少侧蔓型与分枝类型不论正交还是反交，其杂种一代均为分枝类型。

### （五）雄性不育

一般认为，西瓜的雄性不育是由 1 对核雄性不育隐性基因控制的。雄性不育株的特征特性主要表现为：①前期生长稍缓，株形稍小。②雄花很小，花蕾仅 2～4 mm，开放雄花直径仅 10～12 mm。③雌花先于雄花开放，即在同一植株上，最先开放的不是雄花而是雌花。第 1 朵雄花开放一般在同一蔓上第 2 朵雌花开放之后。④花瓣颜色浅黄，雄蕊 3 枚，花丝很短，花药小而瘪，无花粉粒散出，无蜜腺。⑤雌花正常，授以可育二倍体雄花，易坐果并产生正常种子；授以可育四倍体雄花花粉，结具空种壳种子的果实。

西瓜第一个雄性不育基因由美国阿肯色大学的 Watts（1962）报道并命名为光滑无毛雄性不育（*gms*）基因。光滑无毛和雄性不育分别各由一对隐性核基因所控制，两对基因间有着非常紧密的连锁关系。Dyutin 等（1990）在西瓜品种 Kamyzyakskij 中发现了另一个自发的雄性不育突变体，其不育性也由一对隐性基因控制。在国内，夏锡桐等（1988）在"黑龙江 100 号"自交后代中发现雄性不育株并从中选育出西瓜 G17AB 雄性不育两用系。刘寅安等将其不育性转育至其他西瓜品系中。1990 年，张兴平、王鸣将 G17AB 雄性不育材料报道于国外。

李茜等（1993）报道了一个西瓜短蔓雄性不育资源，其不育性由一对隐性核基因控制。王伟等（1996）在新疆西域种子集团公司西甜瓜研究所试验地中的一份引自美国品系 Mikyee 的资源中发现有雄性不育株，通过姊妹交将其保存下来，初步命名为西瓜 S351-1 雄性不育材料。对该雄性不育材料的植物学特征的观察及遗传特性的研究表明，西瓜 S351-1 雄性不育材料的花药小而皱缩，始终不产生花粉。其不育性为一对隐性核基因所控制，育性分离稳定，自身农艺性状良好。

谭素英等（2001）在二倍体西瓜单系 d69 中发现了 1 株雄性不育株，盛花期在 1 条瓜蔓上用同系可育株雄花授粉，1 条蔓上用果实具隐性性状的二倍体西瓜品种 d22 的雄花杂交，各获 1 个单果的种子，保存了该雄性不育性。通过雄性不育株与雄性可育正常二倍体西瓜品种的杂交、杂交后代的分离与观察、雄性不育株与同系雄性可育株的姊妹交、后代分离及育性观察，确定了发现的该雄性不育株的育性属核不育型，由 1 对隐性基因控制。

刘海河（2005）对西瓜 G17AB 雄性不育材料中不育株和可育株的农艺性状进行了比较观察，结果发现不育株与可育株的性状差异仅表现在雄花器上，不育雄花的花药瘦小而皱缩，不产生花粉。遗传分析表明，不育性状为 1 对核隐性基因所控制。西瓜 G17AB 雄性不育材料除携带不育基因外，其他农艺性状如植株生长势、分枝性能、坐瓜性能、果实外观、果重、含糖量等都表现较为优良，尤其是雄性不育株的雄性生殖能力的丧失并不影响雌性胚珠的结子能力，这使该西瓜雄性不育系在杂交种生产上具有极为重要的应用价值。此外，该材料属花药败育型，不育性稳定，不能够产生花粉，如果能合理利用该材料，有望得到纯度为 100％的杂种一代。在西瓜杂交制种时增加播种密度，第 1 雌花开放期拔除雄性可育株，留雄性不育株作母本，在自然隔离条件下自由授粉，可以省去人工套袋和人工授粉的麻烦，降低生产成本，提高种子纯度。另外，G17AB 雄性不育材料也可以作为有价值的种质资源，转育成新的不育材料，进一步拓宽西瓜雄性不育种质资源群体。

### （六）抗病性

#### 1. 枯萎病抗性遗传

国外众多抗病品种的育成，说明西瓜枯萎病抗性是可遗传的，且以核基因控制为主。Crall（1953）认为西瓜枯萎病抗性由多基因控制，且大部分基因为隐性基因，培育抗病亲本是一个非常缓慢的过程。20 世纪 70 年代以后，国内外科学家对某些高抗品种的抗性遗传问题进行了许多探讨。Henderson（1972）以高抗的 Summit、中抗的 Charleston Gray 和感病的 New Hampshire Midget 相互杂交和回交，根据各世代的抗性表现，认为高抗的 Summit 的抗性至少由 1 对显性基因控制；感病品种 New Hampshire Midget 的感病性对中抗品种的 Charleston Gray 为部分显性。Barna B.（1980）认为抗病对感病为部分显性。以色列植物病理学家 Netzer. D. & C. H. Weintall（1980）再次用研究质量性状的方法，对高抗品种 Summit 和 Calhoun Gray 的抗性遗传进行了研究，上述 2 个品种分别与感病品种 Mallali 的杂种一代（$F_1$），对生理小种 1 都表现高抗，$F_2$ 代的抗感性呈 3：1 分离，回交世代 $BC_1$ 代的抗感性呈 1：1 分离，因此认为 Summit 和 Calhoun Gray 的抗性是由 1 对显性基因控制。周凤珍和康国斌（1996）用高抗西瓜枯萎病品种"卡红"与感病品种所做的试验结果与 Netzer D.

等（1980）用"卡红"与感病品种 Mallali 杂交后进行抗性遗传研究的结果基本一致，认为枯萎病抗性遗传是受单基因控制的显性遗传。姚怀莲（2007）的研究认为，高抗品种 Calhoun Gray、Sugerlee 对枯萎病 1 号生理小种的抗性遗传存在基因互作的单基因显性性状遗传；中抗品种 Charleston Gray 和轻抗品种欣抗♀、红 5-2 对枯萎病 1 号生理小种的抗性遗传较复杂，不宜用简单的显隐关系来解释。肖光辉等（1998、2000）用瓠瓜 DNA 导入西瓜选育的高抗枯萎病材料 D3-1 和 D3-2 与感病品种蜜宝杂交进行抗性遗传研究，结果与周凤珍等（1996）和 Netzer D. 等（1980）的研究结果完全一致。高抗枯萎病材料与感病品种杂交，其 $F_1$ 代表现高抗，$F_2$ 代及与感病亲本回交的 $BC_1$ 代群体抗、感分离比例符合 3∶1 和 1∶1 的分离规律，表明瓠瓜 DNA 导入西瓜的枯萎病抗性遗传也是受单基因或单 DNA 片段控制的显性遗传。大量研究结果表明，西瓜枯萎病抗性的遗传是受单基因控制的显性遗传，利用抗枯萎病材料进行杂交育种可以获得抗枯萎病品种，这为西瓜抗枯萎病育种提供了理论依据。

然而，于利（1995）采用 Griffing 完全双列杂交方法 Ⅱ，用抗病品种和感病品种配制了 21 个正交 $F_1$ 组合和 7 个自交组合，并用南京菌株进行苗期接种鉴定，研究有关亲本对枯萎病抗性的遗传效应，试验结果表明，西瓜枯萎病的抗性是由隐性多基因控制的，其遗传符合"加性-显性"模型，且以加性效应为主。感病对抗病为部分显性，抗病对感病为部分隐性。这一结果与 Crall（1953）、Henderson（1972）等的研究结果和羊杏平等（2008）的研究结果基本一致，而与 Netzer D.（1980）和周凤珍等（1996）的试验结果不同，可能是供试材料与方法（包括菌株致病性和鉴定方法）不同所致。于利在该试验配制的21 个 $F_1$ 中，有 8 个组合表现优势，也同样证明利用高抗品种配制 $F_1$，可以获得对西瓜枯萎病有一定抗性的杂种一代。关于西瓜品种抗枯萎病遗传规律的研究，国内外学者的试验结果不尽相同，还需要进一步深入研究。

许勇等（1999）以西瓜野生材料 PI 296341 和感病材料京欣一号父本 97103为材料，首次获得了与抗枯萎病基因连锁的 RAPD 标记 OPPO1/700（3.0 centi-morgan），并将其转化为 SCAR 标记 SCPO1/700。该 SCAR 标记在美国农业部蔬菜实验站葫芦科基因组学实验室得到验证，并被定位到该实验室构建的西瓜分子遗传图谱中。在该研究中，利用已有的快速简单提取 DNA 技术、将抗病连锁 RAPD 标记转化为 SCAR 标记及其简化的 SCAR 产物检测技术，初步建立了一整套西瓜抗枯萎病育种分子标记辅助选择技术系统，但是该系统只能对抗枯萎病生理小种进行选择，而不能对其他农艺性状和品质性状进行选择，因而具有一定的局限性（许勇等，2000）。

2. 炭疽病抗性遗传

爱阿华试验站 Dr. Layton 在利用非洲可食用西瓜品种与 Iowa Balle 杂交过程中，发现杂交一代的炭疽病症状轻，病菌生长速率大大降低，所以他认为炭疽病抗性由 1 对显性基因控制。Winstead（1959）对 86 个西瓜品种分别用生理小种 1、2、3 接种，结果发现对生理小种 1 表现抗性的品种，对生理小种 3 亦表现抗性，但对生理小种 2 却感病。他进一步研究确认是由于抗炭疽病基因 Ar 的存在，使得西瓜品种对生理小种 1 和生理小种 3 具有抗性，也就是说炭疽病抗性是由 1 对单一的显性基因 Ar 所控制。Hall（1960）将抗病品种（抗生理小种 1 和 3）Congo、Fairfax 和 Charleston Gray 与感病品种 Chris Cross 和 Black Diamond 进行杂交，并用来自乔治亚州和威斯康星州的菌株对 $F_1$、$F_2$ 及 $BC_1$ 世代幼苗进行接种，观察各世代抗病性分离情况，结果发现炭疽病抗性为显性。自 Sowell G. Jr（1980）报道对生理小种 2 有抗性的材料后，Suvanprakorn 等（1980）利用抗病材料 PI 189225、PI 271778、PI 326525 和 AWB-1-AR2 与感病品种 Charleston Gray、Jubilee、Crimson Sweet 和 AWB-10 中的优良单系杂交，观察 $F_1$、$F_2$ 及 $BC_1$ 抗性分离情况，结果表明 $F_1$ 植株都表现抗性，$F_2$ 的抗病与感病植株比例为 3:1；$F_1$ 与感病亲本回交，抗感分离比例为 1:1。试验说明，上述 PI 材料对生理小种 2 的抗性均系单基因显性遗传。这些研究表明，西瓜对炭疽病菌 3 个生理小种的抗性均为单一显性基因控制。

3. 蔓枯病抗性遗传

Norton（1979）以 PI 189225 和 Charleston Gray 为试验材料，分别在温室和大田观察 $F_1$、$F_2$ 和 $F_1$ 的回交后代的感病率。结果表明，$F_1$ 全部感病，$F_2$ 抗、感比例为 1:3；$F_1$ 与感病亲本回交后代全部感病，$F_1$ 与抗病亲本回交后代抗、感比例为 1:1。以上 Norton 对西瓜蔓枯病的抗性遗传研究结果表明，PI 189225 对西瓜蔓枯病的抗性是由单一的隐性基因（db db）所控制。

4. 白粉病抗性遗传

徐向丽等（2008）以西瓜抗白粉病种质 PI 482246 和感白粉病品种中信 1 号为亲本，建立了 $F_2$、$BC_1$、1 和 $BC_1$、2 分离群体。从白粉病菌收集物中分离鉴定得到 Px 生理小种 2 France，采用孢子悬浮喷雾法对各世代进行白粉病抗性苗期接种鉴定，并进行抗性遗传分析。试验结果表明，PI 482246 对 Px 生理小种 2

France 的抗性由一对不完全隐性单基因控制。

### （七）数量性状的遗传研究

贾文海等（1994）对西瓜的生育期、单瓜重、果形指数、瓜皮厚、单瓜种子粒数、果实中心含糖量等数量性状的研究结果表明，西瓜的 6 个数量性状中以单瓜种子粒数和单瓜重变异系数最大，分别为 35.5％和 17.08％，其次是瓜皮厚度；变异系数最小的是生育期，其次是果形指数、果实含糖量，分别为 3.39％、6.51％和 5.49％。所以，西瓜单瓜种子数和单瓜重变异程度较大，而生育期、果形指数和果实含糖量变异程度较小。说明单瓜种子数和单瓜重的遗传力较低，而生育期和果形指数的遗传力较高。生育期和果形指数的遗传力最高，为 85.32％和 94.56％，单瓜种子粒数的遗传力最小，为 27.05％。这些结果说明，在西瓜的育种过程中，生育期、果形指数等性状可以在早世代进行选择，并能够在后代中固定下来；而单瓜种子粒数受环境条件影响很大，很难在早期世代稳定。单瓜重和瓜皮厚度的广义遗传力虽然较高，但因为这些性状由环境引起的变异也较大，而基因相加效应变量（$V_D$）较小，所以在早期世代进行个体选择的效果往往不够理想。果实含糖量虽然广义遗传力较小，但由于基因相加效应变量较大，环境变量又较小，所以，选择效果不大，应先混种几年后，待显性效应减少，而遗传力随世代的增加而提高后，再进行单株选择，效果会更好。

西瓜不同经济性状的选择效果不同。在西瓜果实的 5 个主要经济性状中，以单瓜种子粒数的选择效果最大，其次是单瓜重，而果形指数、瓜皮厚度和果实含糖量的选择效果较小。这表明西瓜的单瓜重、单瓜种子粒数在早期世代不易稳定，但选择效果较大，因而可适当地增加入选率，以防漏选最优良单株。而对于果形、瓜皮厚薄和甜度等性状，则应提高选择强度，即适当提高入选标准，减少入选率，以压缩选种圃面积，减少人力物力，降低育种成本。

生育期、果形指数和果实含糖量等性状主要决定于基因相加效应，两个纯合亲本杂交后，$F_1$ 的这类数量性状等于中亲值，不出现显著的杂种优势。所以，如果要想改良上述性状时，必须采用两个基因型完全不同的纯合亲本先杂交，再使 $F_1$ 自交，然后在 $F_2$ 或 $F_3$ 中选择超亲分离出来的优良单株。

单瓜重和瓜皮厚度等性状的遗传力较高，环境变量也较大，显性作用变量也较大，而基因相加效应变量较小。因此，当基因型不同的两个纯合亲本杂交后，$F_1$ 的这类性状将会出现不同程度的杂种优势，有的单株甚至会超过其高亲值。

单瓜种子粒数的遗传力较低，而环境变量、显性作用变量和基因相加效应变量都很大，所以只有在严格控制环境条件，增加选择世代的情况下，才会育成稳定的优良单系。

张莉（2010）进行西瓜果实含糖量遗传规律的研究结果表明，高糖与低糖西瓜自交系杂交，$F_1$ 葡萄糖和果糖含量积累特征介于两亲本之间，$F_1$ 接近中亲值。$F_2$ 和 $F_1$ 与双亲回交后代的果糖和葡萄糖含量都表现连续性分布，因此，西瓜的葡萄糖和果糖含量的遗传规律属数量性状遗传，即多基因决定的性状。但 $F_1$ 蔗糖的变化趋势明显低于中亲值而与小亲本相近，$F_1$ 与大亲本回交后代的含量分布呈正态连续性，$F_2$ 亦有相近的表现，但分布相对集中，而 $F_1$ 与小亲本回交的含量却集中于 $0\sim5$ mg/g FW 的范围，认为蔗糖含量可能由一对不完全显性上位基因或抑制基因决定着低水平的含量，还有数对基因决定着蔗糖含量的高低，由此使得可溶性固形物含量在与小亲本回交后代的分离中相对集中。

张帆（2004）对西瓜品质性状的遗传研究结果认为，各品质性状的遗传力差异较大，中心部位、边缘部位可溶性固形物含量、总糖含量、果糖含量、葡萄糖含量、蔗糖含量、纤维含量、果胶含量和茄红素含量等品质性状的广义遗传力和狭义遗传力均较高，说明环境对这些性状影响较小，基因加性效应起主要作用，早期直接选择比较好。

梁耀平等（2011）选用 10 份西瓜亲本材料，按照双列杂交法配制了 45 个杂交组合，田间测定其开花期、果实发育期、坐果指数、小区产量、单瓜重、中心可溶性固形物含量等性状上的杂种优势。结果表明：约 70% 的组合在上述 6 个性状中表现出超中优势；分别有 65.91%、29.54%、43.18%、31.82%、34.09%、40.09% 的组合在开花期、果实发育期、坐果指数、小区产量、单瓜重、中心糖含量上表现出超亲优势，超亲优势达到显著水平的比例为 4.45%～11.36%。44 个杂交组合在 6 个性状上总体表现倾向于早熟或高亲亲本。杂种优势最强的是坐果指数，其次为单瓜重、小区产量、中心糖含量。超亲优势最强的为坐果指数，其次为中心糖含量、单瓜重、小区产量。

一般认为，西瓜 $F_1$ 代的可溶性固形物含量表现超中优势普遍，但优势强度不大，双亲可溶性固形物含量相近，其大都超亲。西瓜杂种一代在单株产量方面出现超中优势也比较普遍。

另外，张建农（2005）的研究认为，西瓜种子大小由一对主效基因控制，小种子性状为不完全显性，小种子和中等大小种子分离状况基本符合质量性状的遗传规律。而当种子大到一定程度时，种子大小可能还由数对微效基因或修饰基因决定，以至于接近数量性状的遗传规律。

# 五、二倍体西瓜的典型品种育种实践

## （一）新优三号（早佳、8424）品种的选育

（1）父本 T2 的选育。父本 T2 从 1965 年开始杂交选育，最早在我国西瓜作物上采用远生态、远地域、多亲复合杂交、回交，综合了美国生态地理型 Klondike - 7 和 Suger baby、东亚生态地理型伊吹和金都、俄罗斯生态地理型的吐鲁番浅绿皮夏西瓜等 5 个亲本，优势强，变异系数大，为后代选择提供多种有利性状和较好的选择效果。这是因为不同生态类型、不同地理起源和不同亲缘关系的种质，具有不同的遗传基础，杂种后代的遗传基因更为丰富，会出现更多的变异类型，甚至出现超亲的有利性状，易于创造出新的种质或类型，并且扩大了适应范围。

（2）常规育种与诱变育种相结合。在亲本 T2 选育过程中，首次在我国西瓜作物上进行了诱变处理。分别采用$^{60}$Co$\gamma$射线 5.16 C/kg 和 0.1％秋水仙碱处理，使后代遗传基因强烈分离，提高变异率，扩大变异幅度，有利于获得目标性状。

父本 T2 选育系谱：

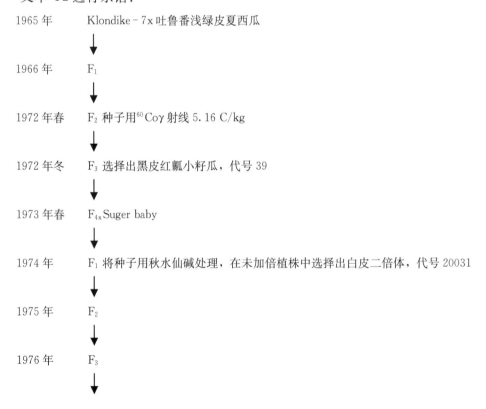

| 1965 年 | Klondike - 7x 吐鲁番浅绿皮夏西瓜 |
| 1966 年 | $F_1$ |
| 1972 年春 | $F_2$ 种子用$^{60}$Co$\gamma$射线 5.16 C/kg |
| 1972 年冬 | $F_3$ 选择出黑皮红瓤小籽瓜，代号 39 |
| 1973 年春 | $F_{4x}$Suger baby |
| 1974 年 | $F_1$ 将种子用秋水仙碱处理，在未加倍植株中选择出白皮二倍体，代号 20031 |
| 1975 年 | $F_2$ |
| 1976 年 | $F_3$ |

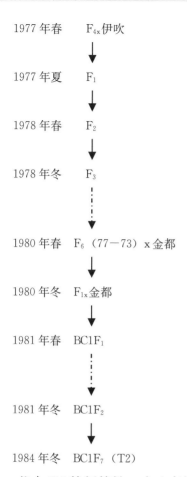

1977 年春　　F$_{4x}$伊吹

1977 年夏　　F$_1$

1978 年春　　F$_2$

1978 年冬　　F$_3$

1980 年春　　F$_6$（77－73）x 金都

1980 年冬　　F$_{1x}$金都

1981 年春　　BC1F$_1$

1981 年冬　　BC1F$_2$

1984 年冬　　BC1F$_7$（T2）

父本 T2 特征特性：全生育期 75 d，植株生长势中等偏强，果实圆形，皮色浅绿，覆墨绿条带，皮特硬，耐运输，单瓜重 4.5 kg，瓤色深浓色，质地稍粗，风味较好。抗病性较强。

（3）母本伊选的选育。1977 年从日本引进杂种一代品种伊吹，经多代自交1981 年选育出伊选高代稳定的品种。

母本伊选的选育系谱：

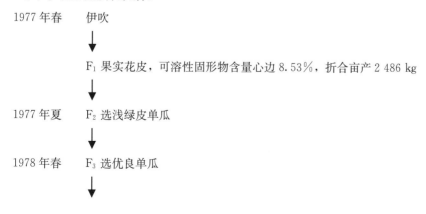

1977 年春　　伊吹

　　　　　　　F$_1$ 果实花皮，可溶性固形物含量心边 8.53％，折合亩产 2 486 kg

1977 年夏　　F$_2$ 选浅绿皮单瓜

1978 年春　　F$_3$ 选优良单瓜

1979 年春　伊选 $F_4$ 浅绿皮固定，心边糖平均 9.64%，折合亩产 2 104.56 kg

↓

1980 年春　$F_5$ 心边糖平均 9.72%，折合亩产 3 193.49 kg

⋮
↓

1982 年春　$F_8$ 选育出心边糖平均 10.17%，亩产 3 874.19 kg

母本伊选的特征特性：早熟，全生育期 66～70 d，果实成熟 30 d，植株生长势弱，坐果率高而整齐，单瓜重 3.2 kg，果形圆形，果皮底色浅绿，覆核桃纹隐条，瓤色浓粉，质地细松脆嫩，品质佳，中心可溶性固形物含量 12.19%，不倒瓤，主要缺点是皮薄而脆，不耐运输。

（4）新优三号（早佳、8424）的配制。1983 年冬，在海南三亚配制组合伊选×T2，1984 年春在新疆鄯善进行组合测优观察，1985 年春进行品种比较试验。1987 年参加新疆农作物品种区域试验。表现出早熟、品质优，比较耐运，抗病性强。1989 年通过新疆农作物品种审定委员会审定。并分别于 1993 年、2001 年、2005 年通过江苏省、浙江省、湖北省农作物品种委员会审定。在 1990 年中国园艺学会西甜瓜协会组织的"全国南方早熟西瓜评比会"上获得一等奖。

## （二）新优三号（早佳、8424）西瓜品种的推广

从 1989 年开始在上海小面积进行生产示范，因表现出早熟、皮薄、质脆甜、糖度梯度小，种植面积逐年增加。在 1990—1996 年连续七届的上海市优质西瓜评比中，新优三号（8424、早佳）力挫群雄，次次荣登榜首，成为上海市西瓜主栽品种。至 2006 年累计推广面积 48.1 万亩，总计新增利润约 5 亿元。2004—2006 年 3 年累计推广面积 18.92 万亩，新增利润 7.06 亿元。

20 世纪 90 年代初浙江温岭开始引进新优三号（早佳、8424），面积逐年扩大，至 2006 年累计推广应用 67.09 万亩，投资额 18.12 亿元，产生经济效益34.81 亿元，新增利润 11.87 亿元。特别是从 1999 年浙江温岭市采用公司＋基地＋农户的产业化生产、经营模式以来，2004—2006 年 3 年累计推广应用 37.52万亩，投资额 10.8 亿元，产生经济效益 20.44 亿元，新增利润 7.06 亿元。并且，产品以"玉麟"品牌销售到全国各地，成为浙江省知名精品西瓜，屡获浙江省十大品牌之首、浙江省名牌产品、浙江农业博览会金奖和中国绿色食品称号，享誉全国，产品供不应求。温岭"玉麟"西瓜享誉省内外，尤其风靡上海、广州、深圳、福州、杭州等大中城市，成为知名的精品瓜、品牌瓜。2001—2006 年连续 6 年荣获中国国际农业博览会名牌产品、绿色食品、浙江省名牌产

品和浙江农业博览会金奖。温岭市被命名为"中国大棚西瓜之乡"。由于温岭人多地少，人口占全国的千分之一，土地不到全国的万分之一，人均耕地仅有0.45亩，土地资源匮乏，严重制约了西瓜产业的可持续发展。为此，温岭瓜农发扬敢闯的精神，实施"走出去"战略，今年除在本省30多个县（市）外，已在海南、广东、广西、云南、贵州、四川、福建、上海、江苏、山东、安徽、江西、湖南、湖北等全国14个省（市、自治区）建立了"早佳"西瓜种植基地10余万亩（2004年4万多亩，2005年6.2万亩，2006年10.1万亩），在缅甸的曼德勒等省建立了"早佳"西瓜生产基地8 000亩，总计创产值7.15亿元。今后，温岭市瓜农将扩大国内外"早佳"西瓜生产基地，预期社会经济效益将更加显著。

目前，截至2006年在全国各地推广示范西瓜新优三号（早佳、8424）品种320万亩，特别是2004—2006年3年累计种植面积达168.4万亩，新增利润139 070.16万元。其中，浙江省37.52万亩，上海市郊18.92万亩，海南省9.5万亩，湖北省7.5万亩。

# 第二节　四倍体西瓜的遗传学基础与应用

四倍体西瓜由于其细胞中的染色体数比原二倍体增加了1倍，因而它的遗传规律比二倍体复杂得多，而且具有其自身的规律。

四倍体西瓜的每1个染色体组包括4个同源染色体。在减数分裂的中期Ⅰ同源染色体必须配对（联会）。每条染色体与其他3条同源染色体联会时，由于在染色体的任何区段内只能是2条染色体间的联会，因此4条同源染色体中，每2条染色体间的联会只能是局部的，联会很松弛，还会发生联会提早解离或不联会现象。于是在中期Ⅰ便会出现几种不同的情况：一种是形成1个四价体（Ⅳ）；另一种是形成1个三价体和1个单价体（Ⅲ＋Ⅰ）；第三种是形成2个二价体（Ⅱ＋Ⅱ）；第四种是形成1个二价体和2个不联会的单价体（Ⅱ＋Ⅰ＋Ⅰ）等多样性的变化（图5-3）。也就是说，联会时因每条同源染色体配对起始点的数目、距离远近、染色单体是否发生交换的不同，可以形成二价体（Ⅱ）、四价体（Ⅳ）、三价体（Ⅲ）和单价体（Ⅰ）及早解离等情况。当同源染色体只有1个配对起始点而不发生染色单体间交换时，形成2个二价体（Ⅱ＋Ⅱ）；当2个同源染色体有2个以上配对起始点和染色单体间可能发生交换时，2个同源染色体的四条染色单体可以形成1个四价体，或者1个三价体和1个单价体，或1个二价体和2个单价体等多样性变化。到了减数分裂后期，染色体分向两极时，就会出现2/2或3/1等分离方式，前者是均衡分离，后者则是不均衡分离。后期Ⅰ除了Ⅱ＋Ⅱ的联会只产生2/2式的均衡分离外，其余三种联会可能形成2/2式均衡分离或3/1式不均衡的分离（图5-3）。不均衡分离势必造成同源四倍体配子内的染色体数和组合成分的不平衡。从而造成同源四倍体的部分配子不育及其子代染色体数的多样性变化，即产生非整倍体。因此，四倍体西瓜同普通二倍体西瓜相比较，其育性要低得多。同源四倍体的育性低，除了染色体行为不规则外，基因型的不平衡和生殖生理上受到干扰也是一个重要的原因。尽管如此，同源四倍体的染色体分离主要还是2/2式的均衡分离，大多数配子是正常可育配子，子代基本上都是四倍体。

| 前期联会 | 偶线期形象 | 双线期形象 | 终变期形象 | 后期Ⅰ分离 |
|---|---|---|---|---|
| Ⅳ | 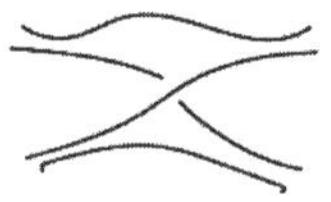 |  | 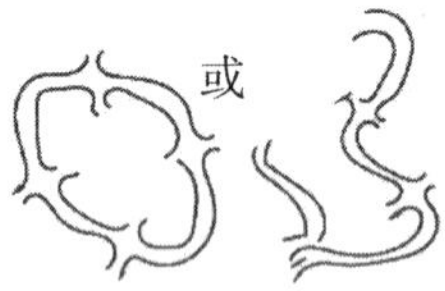 或 | 2/2 或 3/1 |
| Ⅲ＋Ⅰ | 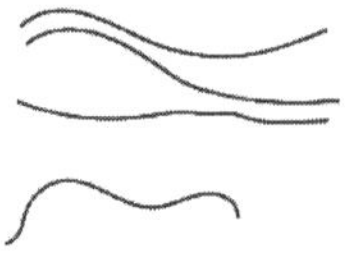 |  |  | 2/2 或 3/1 或（2/1） |
| Ⅱ＋Ⅱ |  | 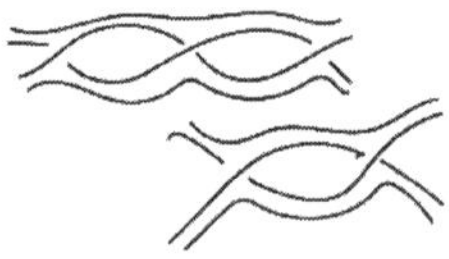 |  | 2/2 |
| Ⅱ＋Ⅰ＋Ⅰ | 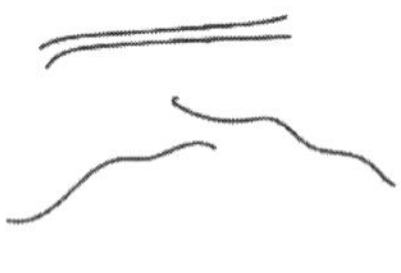 | 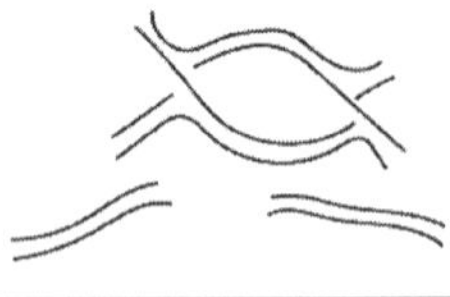 | 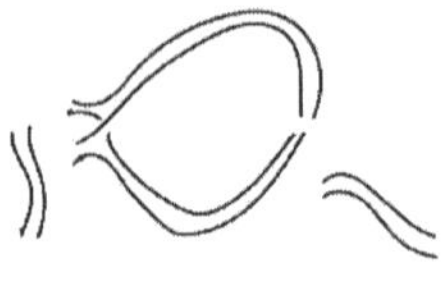 | 2/2 或 3/1 （或 2/1）（或 1/1） |

图5-3    同源四倍体每个同源组染色体的联会与分离

## 一、基因的分离与组合

西瓜同源四倍体的基因分离规律远比二倍体的复杂。这是因为同源四倍体的染色体分离虽然主要是2/2式的均衡分离。但这种分离依其基因距离着丝点的远近有很大影响，因而产生三种基因分离方式。当基因（如A-a）在某一同源组的四个染色体上距离着丝点较近，染色体在基因和着丝点之间不发生非姊妹染色单体的交换时，该基因表现为"染色体随机分离"；当基因距离着丝点的距离较远时，基因与着丝点之间发生非姊妹染色单体的交换时，该基因就可能表现为"完全均衡分离"；还有一种虽不发生非姊妹染色单体间的交换，但也不随染色体随机分离，而是以染色单体为单位随机分离，叫作"染色单体随机分离"。大量研究表明，同源四倍体的基因分离主要是染色体随机分离和完全均衡分离两种方式，染色单体随机分离方式很少。

　　四倍体的遗传比较复杂，就一对基因来讲，二倍体只有 1 种杂合体形成，如 Aa。而四倍体则有 3 种杂合体，即 AAAa（三显体，也称"三式"），AAaa（二显体，也称"复式"或"双式"），Aaaa（单显体，也称"单式"）。下面以 1 对同源等位基因 A 和 a 的同源四倍体的基因分离和自由组合为例，分析三种杂合基因型：三式 AAAa（简写为 $A^3a$）、双式 AAaa（简写为 $A^2a^2$）和单式 Aaaa（简写为 $Aa^3$）的基因分离形式的配子种类及其比例，配子自由组合形成的基因型及其比例，以及自交和测交的显隐关系。

　　在第一种分离方式即染色体随机分离方式下，三式杂合体 $A^3a$ 由于基因距着丝粒很近，基因与着丝粒之间很难发生非姊妹染色单体之间的交换，这个基因的分离方式表现为染色体以 2/2 式随机分离到配子、回交和自交后代中，在这种分离方式下产生 AA 和 Aa 两种配子，其比例为 1：1（图 5-4），A 对 a 为显性，自交子代看不到分离现象，即使用 aaaa（简写为 $a^4$）回交也不会出现 $a^4$ 个体，$F_2$（即 S1）产生 $A^4$、$A^3a$ 和 $A^2a^2$ 三种基因型个体，其比例为 1：2：1，全部表现为显性。同理，双式杂合体 $A^2a^2$ 产生 AA、Aa 和 aa 三种配子，其比例为 1：4：1，即有 1/6 的 aa 配子，用 $a^4$ 测交，产生 1/6 的 $a^4$ 个体，即显性个体与隐性个体的比为 5：1。$F_2$（即 S1）产生 $A^4$、$A^3a$、$A^2a^2$、$Aa^3$ 和 $a^4$ 五种基因型的个体，其比例为 1：8：18：8：1，其中 $a^4$ 个体占 1/36，即显性个体和隐性个体的比为 35：1。单式杂合体 $Aa^3$ 产生 Aa 和 aa 两种配子，其比例为 1：1，用 $a^4$ 测交，显性个体与隐性个体的比为 1：1。$F_2$（即 S1）出现 $A^2a^2$、$A^3a$ 和 $a^4$ 三种基因型，其比例为 1：2：1，其中 $a^4$ 个体占 1/4，即显性个体和隐性个体的比为 3：1。$Aa^3$ 的染色体随机分离的显隐关系很像二倍体的分离（表 5-11）。

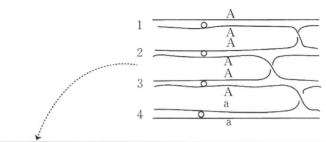

| 后期Ⅰ的分离 | 二分体基因型 | | 配子基因型 | | | |
|---|---|---|---|---|---|---|
| | 1 | 2 | 1 | 2 | 3 | 4 |
| 1，2/3，4 | | | AA | AA | Aa | Aa |
| 1，3/2，4 | | | AA | AA | Aa | Aa |
| 1，4/2，3 | | | Aa | Aa | AA | AA |
| 配子基因型及其比例 | | | AA：Aa＝1：1 | | | |

图 5-4　三式（A³a）同源四倍体的染色体随机分离

**表 5-11　染色体随机分离方式下杂合同源四倍体的基因分离组合比较**

| 亲代基因型 | 配子种类及其比例 AA：Aa：aa | 测交后代中 显：隐 | 测交后代中 隐/% | F₂代基因型种类及其比例 A⁴：A³a：A²a²：Aa³：a⁴ | F₂表型 显：隐 |
|---|---|---|---|---|---|
| A³a | 1：1：0 | 全显 | 0 | 1：2：1：0：0 | 全显 |
| A²a² | 1：4：1 | 5：1 | 16.67 | 1：8：18：8：1 | 35：1 |
| Aa³ | 0：1：1 | 1：1 | 50 | 0：0：1：2：1 | 3：1 |

在第二种分离方式即完全均衡分离方式下，基因的遗传与第一种方式不同。因为基因距离着丝点的距离很远，非姊妹染色单体在基因与着丝点之间发生交换，于是出现完全均衡分离。发生交换的这两条染色体发生邻近式分离，这两条染色体同往一极，然后在后期Ⅱ两条染色体的染色单体随机分离，这样使来自不同染色体的相同等位基因有机会组合在 1 个子细胞里。换句话说，原来在同一染色体的两条染色单体上的相同等位基因因交换而分开到两条同源染色体上，由于邻近式分离和后期Ⅱ染色单体的随机组合，这 2 个相同的等位基因又

组合在一起。$A^3a$ 在完全均衡分离方式下产生 AA、Aa 和 aa 三种配子，其比例为 13：10：1。用 $a^4$ 测交所得后代中显性与隐性个体的比为 23：1。$F_2$ 代中出现 $A^4$、$A^3a$、$A^2a^2$、$Aa^3$ 和 $a^4$ 五种基因型，其比例为 169：260：126：20：1，其显隐个体比为 575：1。这样在三式同源四倍体 $A^3a$ 的测交后代和 $F_2$ 代中都出现了隐性个体 $a^4$，这是第一种分离方式所没有的（图 5-5）。同理，双式杂合体 $A^2a^2$ 产生 AA、Aa 和 aa 三种配子，其比例为 2：5：2，用 $a^4$ 测交的后代中显隐个体的比为 7：2。$F_2$ 代自交产生 $A^4$、$A^3a$、$A^2a^2$、$Aa^3$ 和 $a^4$ 五种个体，其比例为 4：20：33：20：4，它们的显隐比为 77：4。单式杂合体 $Aa^3$ 产生 AA、Aa 和 aa 三

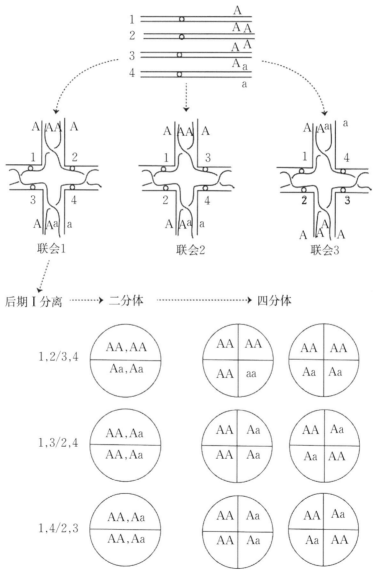

图 5-5　三式（$A^3a$）同源四倍体的完全均衡分离

种配子，其比例为 1：10：13，测交后代出现显性个体与隐性个体的比为 11：13。$F_2$ 代自交出现 $A^4$、$A^3a$、$A^2a^2$、$Aa^3$ 和 $a^4$ 五种个体，其基因型比例为 1：20：126：260：169，其显性个体与隐性个体比为 407：169（表 5-12）。在完全均衡分离方式下三种杂合同源四倍体所产生的配子中，隐性配子的百分率比染色体随机分离的隐性配子的百分率要高一些，同样，在测交后代中和 $F_2$ 代中隐性个体的百分率也比染色体随机分离得高。

表 5-12  完全均衡分离方式下杂合同源四倍体的基因分离组合比较

| 亲代基因型 | 配子种类及其比例 AA：Aa：aa | 回交后代 | | $F_2$ 代基因型种类及其比例 $A^4$：$A^3a$：$A^2a^2$：$Aa^3$：$a^4$ | $F_2$ 表型 显：隐 |
|---|---|---|---|---|---|
| | | 显：隐 | 隐/% | | |
| $A^3a$ | 13：10：1 | 23：1 | 4.167 | 169：260：126：20：1 | 575：1 |
| $A^2a^2$ | 2：5：2 | 7：2 | 22.22 | 4：20：33：20：4 | 77：4 |
| $Aa^3$ | 1：10：13 | 11：13 | 54.17 | 1：20：126：260：169 | 407：169 |

在第三种分离方式即染色单体随机分离方式下，$A^3a$ 杂合体产生 AA、Aa、aa 三种配子，其比例为 15：12：1，用 $a^4$ 回交后代的显隐个体比为 27：1。$F_2$ 代自交个体中的基因型有 $A^4$、$A^3a$、$A^2a^2$、$Aa^3$ 和 $a^4$ 五种，其比例为 225：360：174：24：1，显隐个体比为 783：1。同理可得 $A^2a^2$ 和 $Aa^3$ 两种杂合体的配子种类和比例，测交后代和 $F_2$ 代自交个体的显隐比可见表 5-13。

表 5-13  染色单体随机分离方式下杂合同源四倍体的基因分离组合比较

| 亲代基因型 | 配子种类及其比例 AA：Aa：aa | 回交后代中 | | $F_2$ 代基因型种类及其比例 $A^4$：$A^3a$：$A^2a^2$：$Aa^3$：$a^4$ | $F_2$ 表型 显：隐 |
|---|---|---|---|---|---|
| | | 显：隐 | 隐/% | | |
| $A^3a$ | 15：12：1 | 27：1 | 3.57 | 225：360：174：24：1 | 783：1 |
| $A^2a^2$ | 3：8：3 | 11：3 | 21.43 | 9：48：82：48：9 | 187：9 |
| $Aa^3$ | 1：12：15 | 13：15 | 53.57 | 1：24：174：360：225 | 559：225 |

多对等位基因的同源四倍体的双式杂合体 AAaaBBbbCCcc…… 的基因分离组合是上述各对应组合、表型比例的 $r$ 次幂二项式的展开式或它们之间的乘积（$r$ 表示基因对数）。以表型比为例，分离方式 1 为 $(35+1)^r$，分离方式 2 为 $(77+4)^r$，分离方式 3 为 $(187+9)^r$。

## 二、杂交后代的分离

以控制一对相对性状的 2 个同源四倍体 $A^4$ 和 $a^4$ 杂交产生双式杂合体 $A^2a^2$ 为例，分析杂交后代采用多代自交方式进行纯合的基因分离规律如图 5-6。

$$F_0 \qquad A^4 \times a^4$$

$$\downarrow$$

$$F_1 \qquad A^2 a^2$$

$$\downarrow \otimes$$

$$S_1 \qquad 1A^4 + 8A^3 a + 18A^2 a^2 + 8Aa^3 + 1a^4$$

$$\downarrow \otimes$$

$$S_2 \qquad 7A^4 + 16A^3 a + 26A^2 a^2 + 16Aa^3 + 7a^4$$

$$\downarrow \otimes$$

$$\vdots \qquad \vdots$$

$$\downarrow \otimes$$

$$S_\infty \qquad A^4 + a^4$$

图 5-6 同源四倍体 $A^4$ 和 $a^4$ 杂交后代 $A^2 a^2$ 多代自交进行基因纯合示意

双式杂合体 $A^2 a^2$ 的 $S_1$ 代产生五种基因型 $A^4$、$A^3 a$、$A^2 a^2$、$Aa^3$ 和 $a^4$，其基因比例为 $1:8:18:8:1$。表型比为 $35A:1a$。杂合个体占 $\dfrac{34}{36} = \dfrac{17}{18} = 0.944\,4$，即杂合率为 $94.44\%$。这五种基因型中除 $A^4$ 和 $a^4$ 已经纯合不再分离以外，其余三种杂合个体（$A^3 a$、$A^2 a^2$ 和 $Aa^3$）自交继续分离。在 $S_2$ 代中又产生 $A^4$、$A^3 a$、$A^2 a^2$、$Aa^3$ 和 $a^4$ 五种基因型，其比例为 $7:16:26:16:7$，杂合个体占 $\dfrac{58}{72} = \dfrac{29}{36} = 0.805\,6$，杂合率为 $80.56\%$，$S_2$ 比 $S_1$ 杂合率降低 $13.88\%$。全部杂合型在 $n$ 代群体中的比率可用 $H_n = \dfrac{7}{5} \times \left(\dfrac{5}{6}\right)^{n+1} - \left(\dfrac{1}{6}\right)^{n+1}$ 公式求得。相邻世代间的杂合率的递减关系可由公式 $H_n = H_{n-1} - \dfrac{5}{36} H_{n-2}$ 求得。例如在第四代的杂合率 $H_4 = \dfrac{7}{5} \times \left(\dfrac{5}{6}\right)^{4+1} - \left(\dfrac{1}{6}\right)^{4+1} = 0.562\,5 = 56.25\%$；同样可计算出在第三代的杂合率 $H_3 = 0.674\,4 = 67.44\%$。$S_4$ 的相邻世代 $S_5$ 的杂合率 $H_5 = 0.562\,5 - \dfrac{5}{36} \times 0.674\,4 = 0.468\,8 = 46.88\%$，根据公式求得 $S_0 \sim S_5$，$S_{10}$，$S_{20}$ 和 $S_\infty$ 的杂合率的结果见表 5-14。

表 5-14 同源四倍体双式杂合体 $A^2 a^2$ 杂合率下降比较表

| 世代 | $A^4$ | $A^3 a$ | $A^2 a^2$ | $Aa^3$ | $a^4$ | 杂合个体数/个体总数 | $H$（杂交率/%） |
|---|---|---|---|---|---|---|---|
| $S_0$ | 0 | 0 | 1/1 | 0 | 0 | 1/1 | 100 |

续表

| 世代 | A⁴ | A³a | A²a² | Aa³ | a⁴ | 杂合个体数/个体总数 | $H$（杂交率/%） |
|---|---|---|---|---|---|---|---|
| $S_1$ | 1/36 | 8/36 | 18/36 | 8/36 | 1/36 | 17/18 | 94.44 |
| $S_2$ | 7/72 | 16/72 | 26/72 | 16/72 | 7/72 | 29/36 | 80.56 |
| $S_3$ | 211/129 | 248/1 296 | 378/1 296 | 248/1 296 | 211/1 296 | 437/648 | 67.44 |
| $S_4$ | — | — | — | — | — | 729/1 296 | 56.25 |
| $S_5$ | — | — | — | — | — | 10 937/23 328 | 46.88 |
| ⋮ | ⋮ | ⋮ | ⋮ | ⋮ | ⋮ | ⋮ | ⋮ |
| $S_{10}$ | | | | | | | 18.84 |
| ⋮ | ⋮ | ⋮ | ⋮ | ⋮ | ⋮ | ⋮ | ⋮ |
| $S_{20}$ | — | — | — | — | — | | 3.03 |
| ⋮ | ⋮ | ⋮ | ⋮ | ⋮ | ⋮ | ⋮ | ⋮ |
| $S_\infty$ | — | — | — | — | — | — | 0 |

同源四倍体的三种分离方式下杂合率递减速率不一样，以第三种分离方式（染色单体随机分离）杂合率递减速率最快，其次是第二种分离方式（完全均衡分离），以第一种分离方式（染色体随机分离）杂合率递减速率最慢。但同源四倍体杂交后代自交各世代的杂合率下降速率，不管哪种分离方式都比二倍体自交过程中杂合率的下降速率慢（图5-7）。这对于得到纯合的四倍体品种虽然不

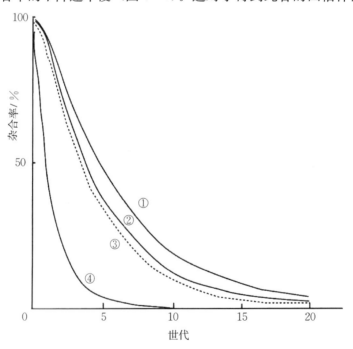

①—第一种分离方式；②—第二种分离方式；③—第三种分离方式；④—2x。

图5-7　同源四倍体及二倍体自交过程中杂合率的下降速率比较

利，但这种四倍体类型的多样性有助于一个品种适应性的提高。而且在同源四倍体中，由于保存杂合性的能力更强，基因组合的形式也更多，因此有可能比二倍体提供更大的选择余地和获得更强的适应潜能。

## 三、回交后代的纯合化速率

同源四倍体的杂合体，如果与任一纯合亲本回交，可以大大加快其纯合速率，也就是说可以大大加快杂合率的降低速度。杂合同源四倍体回交某一代（$n$）的杂合率 $HB_n$ 可由公式 $HB_n = \left(\dfrac{1}{2}\right)^{n-1} - \left(\dfrac{1}{6}\right)^n$ 求得。例如，利用此公式可以求得，回交一代杂合化率 $HB_1 = \left(\dfrac{1}{2}\right)^{1-1} - \left(\dfrac{1}{6}\right)^1 = 83.33\%$，同样可求得 $HB_2 = 47.22\%$，$HB_3 = 24.54\%$，$HB_4 = 12.24\%$，$HB_5 = 6.24\%$，$HB_6 = 3.123\%$，……$HB_{10} = 0.195\%$……由以上数据不难看出，杂合同源四倍体的回交比自交杂合率的下降速率加快，而且随着世代的增加下降速率更快。在第一代 $HB_1$ 只比 $HS_1$ 低 11.11%，而到第二代就低 33.34%，到第五代就要低 40.64%，到回交 6 代基本纯合了，而自交则要到第二十代才达到回交 6 代的纯合水平。

与二倍体的回交相比，杂合同源四倍体回交后代的纯合化速率，即杂合率的降低速率一开始下降较慢，在第一代比二倍体杂合率高 33.33%，但随着世代的增加下降速率加快，到第四代只比二倍体高 5.99%，到第六代达到二倍体第五代的水平，即基本纯合了（表 5 - 15）。可见采用回交的方法可以大大加快杂合同源四倍体的纯合化速率。

表 5 - 15　杂合同源四倍体的回交和自交与二倍体回交下的杂合率下降速率比较　单位:%

| 世代 | 0 | 1 | 2 | 3 | 4 | 5 | 6 | … | 10 | … | 20 | … |
|---|---|---|---|---|---|---|---|---|---|---|---|---|
| 4x 的 $HBn$ | 100 | 83.33 | 47.22 | 24.54 | 12.24 | 6.24 | 3.123 | … | 0.195 | … | — | … |
| 4x 的 $HSn$ | 100 | 94.44 | 80.56 | 67.44 | 56.25 | 46.88 | 39.07 | … | 18.84 | … | 3.03 | … |
| 2x 的 $HBn$ | 100 | 50.00 | 25.00 | 12.50 | 6.25 | 3.125 | 1.563 | … | 0.10 | … | — | … |

## 四、同源四倍体随机交配群体的平衡

当群体内某一位点上基因 A 的频率为 $p$，基因 a 的频率为 $1-p=q$ 时，二倍体随机交配群体的遗传平衡是按照 Hardy-weinberg 规律建立的。群体基因型的平衡状态为：$p^2 A^2 : 2pq Aa : q^2 a^2$。

同源四倍体群体的遗传平衡状态，根据基因位点分离方式的不同有三种情况：

第一，按染色体随机分离方式进行分配的情况下，群体的配子频率将是：$p^2 A^2 : 2pq Aa : q^2 a^2$；群体的基因型频率则为：$p^4 A^4 : 4p^3q A^3a : 6p^2q^2 A^2a^2 : 4pq^3 Aa^3 : q^4 a^4$。

第二，按完全均衡分离方式进行分配的情况下，群体的配子频率将是：$p(10p+3) A^2 : 20pq Aa : q(10q+3) a^2$；而群体的基因型频率则为：

$$
\begin{array}{ccccc}
A^4 & A^3a & A^2a^2 & Aa^3 & a^4 \\
[p(3+10p)]^2, & 40p^2q(3+10p), & 6pq(100pq+13), & 40pq^2(3+10q), & [q(3+10q)]^2
\end{array}
$$

第三，按染色单体分离方式的情况下，群体的配子频率将是：$p(4p+1) A^2 : 8pq Aa : q(4q+1) a^2$；而基因型的频率则为：

$$
\begin{array}{ccccc}
A^4 & A^3a & A^2a^2 & Aa^3 & a^4 \\
[p(1+4p)]^2, & 16p^2q(1+4p), & 2pq(48pq+5), & 16pq^2(1+4q), & [q(1+4q)]^2
\end{array}
$$

由于基因位点的分离方式不同，在 1 个相同的随机交配同源四倍体群体内，将可存在多种不同的平衡状态。例如，在 1 个 $p=q=0.5$ 的群体内，按三种分离方式就可以得到三种不同的平衡状态（表 5-16）。

表 5-16　1 个 $p=q=0.5$ 的同源四倍体随机交配群体的不同平衡状态

| 分离方式 | 配子频率 | 基因型频率 |
|---|---|---|
| | AA : Aa : aa | $A^4 : A^3a : A^2a^2 : Aa^3 : a^4$ |
| 1 | 1 : 2 : 1 | 1 : 4 : 6 : 4 : 1 |
| 2 | 4 : 5 : 4 | 16 : 40 : 57 : 40 : 16 |
| 3 | 3 : 4 : 3 | 9 : 24 : 34 : 24 : 9 |

根据上述结果，我们可以依据群体内隐性纯合体频率估计 $q$ 值。当某一平衡群体内，$a^4$ 基因型的频率为：$\int(a^4)=m^2$ 时，则该群体内基因 a 的频率 $q$，可分别以下列三个公式求取。

第一种分离方式：$q=\sqrt{m}$

第二种分离方式：$q'=\dfrac{\sqrt{9+40m}-3}{20}$

第三种分离方式：$q''=\dfrac{\sqrt{1+16m}-1}{8}$

# 第三节　三倍体西瓜的遗传学基础与应用

## 一、三倍体西瓜的遗传特性

高等植物的配子形成都要经过 1 次减数分裂，先由同源染色体配对，然后同源染色体的一半随机分配到 1 个子细胞中，形成染色体数目减半的配子；具有 1 个或几个完备染色体组的配子是正常的具有生活力的可育配子；只有可育的雌配子与可育的雄配子结合受精后才能形成具有种胚的正常种子。少于或多于完整染色体组的配子，都是具不完整的染色体组的配子，具不完整染色体组的雌、雄配子都是不育的，结合后不能形成正常的种子。

二倍体西瓜的体细胞内有 2 个完备的染色体组，进行减数分裂时形成具有 1 个完备染色体组的配子，这种雌、雄配子结合便形成正常的二倍体种子。四倍体西瓜在减数分裂时，形成的雌、雄配子各具有 22 条染色体的 2 个完整染色体组，雌、雄配子均是可育的，因此能正常进行繁殖。

三倍体西瓜的体细胞内有 3 个完备的染色体组，从理论上讲经减数分裂应该形成 2 个具有 16.5 条染色体的配子，但事实上是不可能的。因为在染色体配对时，每 3 条同源染色体配对形成 1 个三价体，总共可形成 11 个三价体。同源三倍体的联会特点是每个同源组的 3 条染色体，在任何区段内只有 2 条染色体联会，而将第 3 条染色体的同源区段排斥在联会之外（图 5 - 8）。因此，三价体内每 2 条染色体之间的联会区段少于二价体，即每 2 条染色体之间只是局部联会。既然三价体的每 2 条染色体之间只是局部联会的，交叉较少，联会松弛，就有可能发生提早解离。即三价体往中期 I 的纺锤体赤道面转移之前，就已经松解为 1 个二价体和 1 个单价体。再则，在一个同源组的 3 条染色体中，如果有 2 条已经先联会成二价体了，第 3 条染色体势必成为单价体，即"不联会"。所以每个同源组的 3 条染色体或者联会成三价体，或者联会成 1 个二价体和 1 个单价体。三价体在后期 I 只能是 2/1 不均衡分离。1 个二价体和 1 个单价体就有 2 种可能：一是 2/1 不均衡分离，二是单价体被遗弃在胞质之内，二价体 1/1 均衡分离（图 5 - 8）。但不管是哪一种情况，都不免造成同源三倍体的配子染色体组合成分的不平衡。

| 联会形式 | 偶线期形象 | 双线期形象 | 终变期或中期Ⅰ | 后期Ⅰ分离 |
|---|---|---|---|---|
| Ⅲ |  |  | 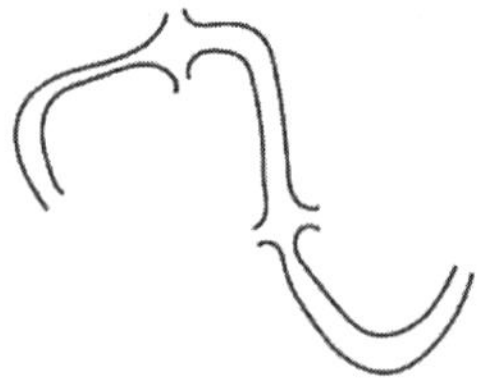 | 2/1 |
| Ⅱ＋Ⅰ |  |  |  | 2/1 或 1/1（单价体丢失） |

图 5-8　同源三倍体每个同源组 3 条染色体的联会与分离

三倍体西瓜的 33 条同源染色体形成 11 个三价体时，在分配给子细胞时只能是三价体中的任意 1 条同源染色体（称单价体，用Ⅰ表示）到 1 个子细胞，另外 2 条同源染色体（称二价体，用Ⅱ表示）到另 1 个子细胞。这样三组染色体便会出现各种不同的分配情况：例如，11 个单价体到 1 个子细胞，11 个二价体到另 1 个子细胞，前者形成具有 11 条染色体的配子，后者形成具有 22 条染色体的配子；也可能 10 个单价体加 1 个二价体到 1 个子细胞，10 个二价体加 1 个单价体到另 1 个子细胞，前者形成 12 条染色体的配子，后者形成 21 条染色体的配子；还可能 9 个单价体加 2 个二价体到 1 个子细胞，9 个二价体加 2 个单价体到另 1 个子细胞，前者形成 13 条染色体的配子，后者形成 20 条染色体的配子；或者 8 个单价体加 3 个二价体到 1 个子细胞，8 个二价体加 3 个单价体到另 1 个子细胞，前者形成 14 条染色体的配子，后者形成 19 条染色体的配子……这样就形成具有 11～22 条染色体的配子。在上述配子中只有 11 条染色体和 22 条染色体两种配子是具有完备染色体组，所形成的配子是可育的；其余有 12，13，14，……19，20 和 21 条染色体的配子都是具不完备染色体组的配子或者说是不具完备染色体组的配子，是不育配子（图 5-9）。

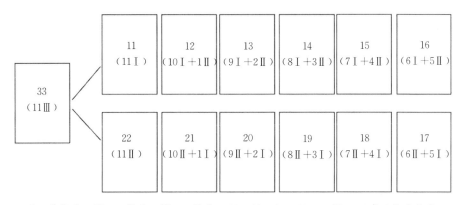

Ⅰ.单价体；Ⅱ.二价体；Ⅲ.三价体；11、12、13、14……22、33表示染色体数。

图5-9　三倍体西瓜减数分裂形成的各种类型的配子

根据排列组合原理，11个三价体的3条同源染色体随机分配到2个子细胞中，可以有 $(1+1)^{11}=2\,048$ 种组合。各种配子出现的概率可以用 $(1+1)^{11}$ 的方程式计算出来。以上这个两项式展开以后，共有12项，第1项代表11条染色体配子的出现频数，第2项代表12条染色体配子的出现频数……以此类推。根据实际计算，三倍体配子染色体数及其出现频数见表5-17。其中第1项和最后1项是有11条染色体的组合和22条染色体的组合，具有完备的染色体组，是有生活力的可育配子，这两种可育配子出现的概率可由 $2\times\dfrac{1}{2^{11}}$ 公式计算，为 $2/2\,048$ $=1/1\,024\approx0.1\%$，即两种可育配子出现的概率约为 $0.1\%$，或者说可育配子出现的机会只有千分之一。其余配子都是不具备完备染色体组的无生活力的不育配子，它们出现的概率为 $1-2\times\dfrac{1}{2^{11}}\approx99.9\%$。这种不育雌配子无论是用可育还是不育雄花授粉都不能形成正常种子，所以说三倍体西瓜是无籽西瓜。

表5-17　三倍体西瓜各类配子染色体数及其出现频数与育性

| 配子的染色体数 | 11 | 12 | 13 | 14 | 15 | 16 | 17 | 18 | 19 | 20 | 21 | 22 | 合计 |
|---|---|---|---|---|---|---|---|---|---|---|---|---|---|
| 出现频数 | 1 | 11 | 55 | 165 | 330 | 462 | 462 | 330 | 165 | 55 | 11 | 1 | 2 048 |
| 配子的育性 | 可育 | 不育 | 不育 | 不育 | 不育 | 不育 | 不育 | 不育 | 不育 | 不育 | 不育 | 可育 | |

具有不完备染色体组的雌、雄配子彼此结合，或与具完备染色体组的雄、雌配子结合均不能形成正常种子，这种概率约占 $99.9\%$。因此，可以说三倍体西瓜完全无籽。但具有完备染色体组的能育雌、雄配子彼此结合可以形成正常种子。因为三倍体西瓜在减数分裂过程中产生约 $0.1\%$ 的具11条和22条染色体

的正常配子，用有籽西瓜（二倍体或四倍体）给三倍体无籽西瓜授粉，11 条或 22 条染色体的雄配子与 11 条或 22 条染色体的雌配子组合，就产生正常种子。如果用二倍体西瓜雄花授粉就产生二倍体或三倍体种子；如果用四倍体西瓜雄花授粉就产生三倍体或四倍体种子，所以在无籽西瓜中偶尔也会产生几粒具种胚的正常种子。育种实践与理论上的计算大致是吻合的。生产上一般用二倍体西瓜授粉。

三倍体西瓜雌、雄配子具有高度的不孕性，而主要是利用胚的不孕性，即使授以正常的花粉，胚也不能受精发育。

## 二、三倍体西瓜主要性状的遗传

选育优良的无籽西瓜是三倍体西瓜育种的最终目的。因此研究四倍体母本和二倍体父本的性状在他们的杂交后代——三倍体无籽西瓜上的遗传表现，是三倍体西瓜育种的基础。

三倍体西瓜主要性状的遗传规律或性状的显隐关系与二倍体等位基因所呈现的遗传规律基本一致，但由于其染色体数目的变化，三倍体杂种一代的性状表现比二倍体水平上杂种一代更复杂一些。已经知道的一些相对性状在三倍体杂种一代上的显隐表现大体总结如下，供三倍体西瓜育种时参考。

### （一）叶片的形状与颜色

西瓜的全缘叶性状是由一对隐性基因 $nl$ 控制，普通有裂的叶片为不完全显性。西瓜的"黄叶"也是一个隐性性状。三倍体西瓜叶片的形状与颜色的遗传表现如下：

♀全缘叶×♂缺刻叶→$F_1$ 裂片少而大，缺刻浅

♀缺刻叶×♂全缘叶→$F_1$ 裂片较少较大，缺刻较浅

♀叶片绿色×♂叶片黄色→$F_1$ 叶片基本绿色，叶柄黄或浅黄

♀叶片黄色×♂叶片绿色→$F_1$ 叶肉绿，叶脉黄，叶柄黄色

♀叶柄长×♂叶柄短→$F_1$ 叶柄较长

♀叶柄短×♂叶柄长→$F_1$ 叶柄较短

### （二）果实形状

西瓜的长形果对圆球形果为不完全显性，圆球形果与长形果杂交，$F_1$ 代的果形多表现中间性状的椭圆形果。目前我国三倍体西瓜育种一般用圆球形果四倍体作母本，希望育出不同果形的无籽西瓜，主要选用不同果形的父本二倍体

西瓜品种便可达到目的。三倍体西瓜果实形状的遗传表现如下：

$$♀圆球形×♂长椭圆形→F_1为短椭圆或椭圆形$$

$$♀圆球形×♂高圆形→F_1为正圆形$$

$$♀圆球形×♂圆球形→F_1为圆球形$$

另外，有刺果与无刺果杂交，$F_1$为有刺果；有棱果与无棱果杂交，$F_1$为有棱果或中间类型。

### （三）果皮颜色及其花纹等

果皮深色对浅色是显性，黑皮和花皮对网状花纹或淡色果皮是显性，条纹带对浅色果皮呈显性，对深色果却呈隐性。

李立志等（2002）认为，虽然西瓜黄皮基因为显性，但是杂合黄皮西瓜组合的外观着色良好率与杂合体中黄皮基因（$Y$）与绿皮基因（$g$）的倍数比有直接关系，即 $YYg＞YYgg$ 和 $Yg＞Ygg$，黄皮基因倍数比越高，外观着色越好，转色越早。西瓜黄皮基因具有倍加剂量显性效应，而且其作用方式可能是通过控制叶绿素光降解酶的活性及含量来实现的。杂合黄皮西瓜组合的外观着色状况除了与黄皮基因倍数有直接的关系外，与父本、母本也有关。

一般来说，普通亲本的皮色越深，$F_1$的皮色转黄越慢，越容易出现杂色果；反之，普通亲本的皮色越浅，$F_1$的皮色转黄越早，着色良好果率越高，但皮色偏向浅黄。不同的纯合黄皮西瓜品种（株系）其黄皮遗传力可能有明显差异。因此，应以黄皮遗传力高的材料作亲本，才能获得黄皮外观着色良好的杂交组合。以纯合黄皮四倍体西瓜♀×二倍体♂配制无籽西瓜组合是提高黄皮外观着色良好率的最有效途径。

柴兴容等（1993）对三倍体西瓜果面黄色性状的传递研究结果表明，杂交组合的双亲中有一个是黄皮（纯系），子代一定为黄色果面。而且黄色果面（纯系）不仅对浅色果面为显性，同时对其他果面色泽（如条带花纹或黑色）表现为显性。杂交子代除果面色泽为黄色外，植株茎蔓、叶脉也有黄色性状的出现。若要获得果面色泽金黄鲜亮的三倍体无籽西瓜，则应以双亲（四倍体及二倍体）都是黄色果面的品种为最佳。在黄皮三倍体无籽西瓜的栽培中，常有黄色果面上产生绿色斑块的现象。为了克服黄色果面带绿斑的缺陷，首先，三倍体组合的双亲应都是黄色果皮品种。其次，若组合的亲本之一为非黄皮性状，则三倍体无籽西瓜田间栽培时应注意，当植株坐果后，随果实膨大要防止果实被茎蔓叶片所覆盖，适当翻瓜，让果实得到充分光照有益于防止果面绿斑的出现。

三倍体西瓜果皮颜色及其花纹的遗传表现如下：

♀白皮×♂花皮或黑皮→F₁花皮或黑皮（正反交一样）

♀花皮×♂黑皮→F₁黑皮有隐约可辨花纹（正反交一样）

♀网状花纹×♂花皮→F₁花皮（正反交一样，不完全显性）

♀网状花纹×♂黑皮→F₁黑皮或隐约可见网纹（正反交一样，不完全显性）

♀浅绿×♂浅绿→F₁浅绿色

♀浅绿×♂绿色→F₁浅绿色稍深

♀浅绿×♂黑色→F₁深绿色

♀绿色×♂浅绿→F₁绿色稍浅

♀绿色×♂绿色→F₁绿色

♀绿色×♂墨绿色→F₁绿色偏深

♀绿色×♂黑色→F₁深绿色

♀黑色×♂浅绿色→F₁墨绿色

♀黑色×♂绿色→F₁墨绿色

♀黑色×♂墨绿色→F₁黑色

♀黑色×♂黑色→F₁黑色

♀黑色×♂黄色→F₁金黄色（正反交同）

♀网条×♂网条→F₁网条（正反交一样）

♀网条×♂齿条→F₁齿条（正反交一样）

♀网条×♂条带→F₁条带（正反交一样）

♀网条×♂放射条→F₁放射带（正反交一样）

♀网纹×♂齿条或条带→F₁齿条或条带间显网纹（正反交一样）

♀齿条×♂条带→F₁显花条宽的一方的花条，且花条颜色变深（正反交一样）

♀无花纹×♂有花纹→F₁有花纹（正反交一样）

♀硬皮×♂脆皮→F₁硬皮

♀皮厚×♂皮薄→F₁中间性状

从上面不难看出，F₁代果皮颜色一般介于父、母本之间，偏向母本。果皮花纹的遗传纯属显隐关系，有花纹对无花纹为显性；宽花条对窄花条为显性。计划育出某种花纹的品种，需选择亲本一方有花纹（或花条），一方无花纹（或花条），或者一方宽花条，一方窄花条便可。

另外，果皮硬度大对硬度小为显性，果皮硬度大的四倍体与硬度小的父本杂交，$F_1$ 果皮硬度大。

### （四）果肉的颜色与质地

三倍体无籽西瓜果肉的颜色、质地和含糖量的遗传比较复杂，但大体上可以看出是母本、父本共同作用，母本的作用似乎更强些，有时有超亲现象。果肉纤维粗糙、质地疏松是造成三倍体西瓜空心的重要因素，而这一性状对果肉纤维细而紧凑是显性性状。三倍体西瓜果肉的颜色与质地的遗传表现如下：

♀粉红×♂粉红→$F_1$ 粉红

♀粉红×♂红色→$F_1$ 粉色稍深

♀红色×♂粉红→$F_1$ 红色稍浅

♀红色×♂红色→$F_1$ 红色

♀红色×♂白色→$F_1$ 桃红色

♀红色×♂黄色→$F_1$ 以红为主，红、黄相融或相嵌

♀大红×♂粉红→$F_1$ 鲜红

♀大红×♂红色→$F_1$ 大红色

♀大红×♂大红→$F_1$ 大红色

♀大红×♂黄色→$F_1$ 以大红为主，红、黄相融或相嵌

♀黄色×♂红色→$F_1$ 以黄为主，黄、红相融或相嵌

♀黄色×♂大红色→$F_1$ 以黄为主，黄、大红相融或相嵌

♀黄色×♂黄色→$F_1$ 黄色

♀黄色×♂白色→$F_1$ 黄色偏浅

♀白色×♂黄色→$F_1$ 浅黄或白色

♀沙松肉×♂沙松肉→$F_1$ 肉特沙松（正反交同）

♀沙松肉×♂脆肉→$F_1$ 沙松肉

♀沙松肉×♂硬肉→$F_1$ 果肉松脆

♀脆肉×♂沙松肉→$F_1$ 沙松肉

♀脆肉×♂脆肉→$F_1$ 脆肉

♀脆肉×♂硬肉→$F_1$ 肉脆而致密

♀硬肉×♂沙松肉→$F_1$ 肉脆偏松

♀硬肉×♂脆肉→$F_1$ 肉硬脆

♀硬肉×♂硬肉→$F_1$ 肉硬或特硬

♀糖度低×♂糖度低→$F_1$ 糖度低或更低

$$♀糖度低×♂糖度高→F_1糖度中高$$

$$♀糖度高×♂糖度低→F_1糖度中间偏高$$

$$♀糖度高×♂糖度高→F_1糖度高或更高$$

另外，果实有苦味的西瓜与果实无苦味的西瓜杂交，$F_1$果实有苦叶。

### （五）熟性

熟性的遗传比较复杂，除观察性状遗传外，要更多地配组合，在实践中筛选。三倍体西瓜熟性的遗传表现如下：

$$♀早熟×♂早熟→F_1早熟或极早熟$$

$$♀早熟×♂中熟→F_1早熟或中熟$$

$$♀早熟×♂晚熟→F_1早熟或中熟$$

$$♀中熟×♂早熟→F_1早中熟或中熟$$

$$♀中熟×♂中熟→F_1中熟或早熟，有时出现晚熟$$

$$♀中熟×♂晚熟→F_1中晚熟或中熟$$

$$♀晚熟×♂早熟→F_1早熟或中晚熟$$

$$♀晚熟×♂中熟→F_1中晚熟或晚熟$$

$$♀晚熟×♂晚熟→F_1晚熟，有时出现中熟$$

### （六）种子的大小

一般认为，小种子对大种子，小种子为显性。所以一般选种子小的二倍体作父本。种子大小和颜色的遗传也是非常复杂的，育种者应多配组进行选择，下面总结的这些三倍体西瓜种子大小的遗传表现仅供参考。

$$♀小种子×♂小种子→F_1白秕籽小，着色秕籽多而硬$$

$$♀小种子×♂中等种子→F_1白秕籽小或中，常出现着色秕籽$$

$$♀小种子×♂大种子→F_1秕籽小或中，种腔大，有时出现着色秕籽$$

$$♀中种子×♂小种子→F_1秕籽小，有时出现着色秕籽$$

$$♀中种子×♂中种子→F_1秕籽中或小$$

$$♀中种子×♂大种子→F_1秕籽中或大$$

$$♀大种子×♂小种子→F_1秕籽中或小，种腔大$$

$$♀大种子×♂中种子→F_1秕籽中或大$$

$$♀大种子×♂大种子→F_1秕籽大或中$$

陈娟等（2006）选用西瓜4个生态型的6个四倍体自交系作母本和同一生态型的6个二倍体自交系作父本，按NCⅡ（north carolinaⅡ）遗传交配设计方法配制 6×6 个杂种 $F_1$，采用加性－显性遗传模型分析西瓜种壳性状的遗传效应。结果表明，剖面种壳数受基因的加性效应、显性效应以及环境效应共同控制，而且三者方差占表型方差比例相当，也就是说，单方面改良可能效果不佳，三方面同时改良难度大。败育种壳长和宽的加性效应显著，环境（机误）方差达到显著或极显著水平。剖面种壳数与边缘可溶性固形物含量呈加性显著负相关，与番茄红素和干物质含量呈显性负相关。所以，选择边缘可溶性固形物含量高的亲本配组，选择番茄红素含量和干物质含量高的组合，有望得到无败育种壳的三倍体西瓜。败育种壳长与种壳宽成极显著加性正相关，种壳长和种壳宽代表了败育种壳的大小，它俩的加性效应显著但比例不大，环境机误大。遗传相关分析也没有其他性状与之相关。所以，要减小败育种壳的大小，应选择种子小的材料作为亲本，同时要非常注重筛选合适的栽培环境。

### （七）抗逆性

三倍体西瓜在抗逆性方面与二倍体西瓜有较大的差别。它的抗病性，特别是对枯萎病的抗性、耐湿性和耐贮运性比二倍体西瓜强；而它对低温和弱光的抗性，特别是发芽期和幼苗期比二倍体西瓜差。这些特性与母本四倍体的相关性状有密切关系，也受父本的影响，同时还受配合力的影响，抗病性一般表现为不完全显性，抗病品种与不抗病品种杂交，$F_1$ 代一般呈中间型。因而在进行抗性育种时要多配组合，从实践中筛选。

徐锦华等（2006）为了了解三倍体无籽西瓜抗枯萎病组合双亲选配的一般规律，选用抗病性有明显差异的同源四倍体高世代自交材料 451、404、468 为母本，二倍体高世代自交材料 WR－9、WS－8、WS－16、WS－1 为父本，按 NCⅡ杂交设计配制三倍体西瓜组合，共配制 12 个组合。鉴定双亲及 $F_1$ 的枯萎病抗性并进行配合力分析，通过方差分析研究多倍体西瓜的枯萎病抗性遗传规律。结果表明，枯萎病抗性在三倍体西瓜中有一定的杂种优势，主要是超中优势，超亲优势强度很小。组合的抗病性由一般配合力和特殊配合力共同控制。三倍体西瓜枯萎病抗性的遗传受其双亲的加性和非加性遗传共同控制，且以加性遗传为主，源于四倍体母本的加性遗传明显相对重要于二倍体父本的加性遗传。二倍体西瓜枯萎病抗性遗传也是受加性和非加性遗传共同控制，以加性遗传为主，但源于父本、母本的加性遗传基本相当（黄学森等，1991；于利等，1995），而三倍体无籽西瓜源于母本的加性遗传明显相对重要于父本。产生这样的差异可能和无籽西瓜双亲的倍性有关。三倍体西瓜母本为四倍体，产生二倍性的雌配子，父本为二倍体，产生单倍性的雄配子，雌、雄配子结合产生三倍体，三倍体体细胞中的染色体 2/3 来源于母本，1/3 来源于父本；而二倍体西瓜的父本、母本都为二倍体，产生单倍性的雌、雄配子，$F_1$ 体细胞中的染色体双亲各提供 1/2。

亲本的枯萎病抗性与其一般配合力是一致的。比较各亲本一般配合力与组合的抗病性表现，总体表现为双亲一般配合力都高的组合抗病性较强，双亲一般配合力都低的组合抗病性弱。同源四倍体母本的一般配合力对组合的抗病性表现影响力更大。同源四倍体母本一般配合力高，二倍体父本一般配合力较低，这样的组合有可能会抗病性较强；而一般配合力很低的同源四倍体母本即使与一般配合力较高的二倍体父本杂交，$F_1$ 仍会表现高感。

由于父本、母本加性遗传相对重要性的差异，三倍体无籽西瓜双亲选配的方式也不同于二倍体西瓜。二倍体西瓜常以品质优良、商品性好的品种作母本，以高抗品种作父本，如抗病苏蜜的选育，但以这种双亲选配方式配制三倍体无籽西瓜组合将很难获得抗病 $F_1$。三倍体无籽西瓜的抗病育种应重点考虑四倍体母本的抗病性，抗病四倍体×商品性好的二倍体为较合适的配组方式。但在目前缺乏四倍体抗病种质的情况下，以中抗或轻抗四倍体西瓜为母本与高抗二倍体西瓜配组也不失为一条解决途径。

### （八）数量性状的遗传研究

陈娟（2006）用 4 个生态型的 6 个四倍体自交系西瓜作母本和同一生态型的 6 个二倍体自交系西瓜作父本，按 NCⅡ遗传交配设计方法配制 6×6 个杂种 $F_1$，采用加性-显性遗传模型分析无籽西瓜 19 个数量性状的遗传特点以及各性状间的遗传相关性。对各性状的遗传力及遗传相关分析表明，中心可溶性固形物、边缘可溶性固形物、可溶性糖、番茄红素、干物质和有机酸等含量的广义和狭义遗传力均较高，可直接对其进行改良。由于它们之间的相关性均达显著水平，故可通过降低西瓜的有机酸含量对中心可溶性固形物、边缘可溶性固形物和可溶性糖、番茄红素、干物质含量等性状进行间接改良。维生素 C 含量广义遗传力较高，但其狭义遗传力为 0，对其直接改良效果不好，可通过选择 $F_1$ 的干物质含量、游离氨基酸含量较高的组合对其进行间接改良。游离氨基酸含量的广义和狭义遗传力均较高，可对其进行直接改良，也可通过提高杂交组合中的番茄红素含量对其进行间接改良。果实横径、果实纵径、果皮厚度和单果重的遗传力均为中等，可对其进行直接改良，也可通过提高杂交组合中番茄红素含量对单果重性状进行间接改良。

刘勇等（2011）用 6 个四倍体自交系西瓜作母本和 6 个二倍体自交系西瓜作父本，同样采用 NCⅡ设计配制 6×6 个杂交 $F_1$，对 36 个组合的 13 个农艺性状进行配合力基因型方差估计，结果表明，主蔓长度、果皮厚度 2 个性状的一般配合力和特殊配合力方差所占比例各为 50% 左右，说明这 2 个性状受一般配合力和特殊配合力的共同影响，受加性基因和非加性基因共同控制，在对这 2 个性状改良时需要综合考虑亲本的 2 种配合力。节间距离、果实纵径、有机酸含量、番茄红素含量 4 个性状各自的特殊配合力方差都大于各自的一般配合力方差，表明基因的非加性效应在这 4 个性状中起主导作用。主蔓粗度、单果质量、果实横径、果形指数、边部和中心可溶性固形物含量、维生素 C 含量的特殊配合力方差也都在 60% 以上，说明这些性状的显性基因作用非常明显。也就是说，主蔓粗度、节间距离、单果质量、果实纵径、果实横径、果形指数、边部和中心可溶性固形物含量、有机酸含量、维生素 C 含量、番茄红素含量这 11 个性状受特殊配合力影响大，不能固定遗传，改良时适宜采用杂种优势育种。

遗传力反映了亲代性状值传递给后代能力的大小，它可作为亲代和子代相似程度的指标。以上各性状广义遗传力大小顺序为：有机酸含量＞番茄红素含量＞中心可溶性固形物含量＞果实纵径＞果实横径、边部可溶性固形物含量＞单果质量＞果形指数＞节间距离＞主蔓粗度＞维生素 C 含量＞主蔓长度＞果皮厚度。各性状狭义遗传力大小顺序为：主蔓长度＞果皮厚度＞主蔓粗度＞边部可溶性固形物含量＞维生素 C 含量＞中心可溶性固形物含量＞果实横径＞单果质量＞果形指数＞果实纵径＞有机酸含量＞节间距离＞番茄红素含量。依据上述性状遗传力大小确定不同性状的选择世代。除主蔓长度这一性状的狭义遗传力为 52.74% 外，其余各性状狭义遗传力都低于 50%，所以认为这些性状的变异受外界环境影响很大，不宜早代选择。

另外，果实大小和产量等数量性状的遗传非常复杂，受配合力的影响也很大，在实践中必须多配组合进行选择。

# 第四节　西瓜的基因连锁图及基因目录

## 一、西瓜的基因连锁图

20 世纪 70 年代至 90 年代，美国、以色列及苏联等国对西瓜的遗传学进行过若干研究。1976 年，美国康奈尔大学的 R. W. Robinson 在《园艺科学》（*Hortscience vol.* 11，No. 6）上首次发表了关于瓜类（cucurbit）作物的基因名录，其中包括黄瓜、甜瓜、西瓜、南瓜等四种主要的瓜类作物，本章编者王鸣等曾将其译成中文发表于《中国蔬菜》（1980 年第 2 期），可参考。1979 年，B. B. Rhodes 和 Xingping Zhang 在美国《瓜类遗传协会报告》（*Cucurbit Genetics Cooperative Report*）上发表了一份经过修订补充的瓜类基因名录。共有 147 个基因，其中酶调控基因 104 个，种子蛋白基因 5 个，抗病基因 5 个，抗虫基因 2 个，不育基因 2 个，控制叶、茎、果实、种子性状的基因 29 个。由于篇幅较大，此处从略，可参阅《中国西瓜甜瓜》（1989 年第 4 期及 1990 年第 1 期）或《中国西瓜甜瓜》（中国农业出版社，pp. 224 - 233）。

关于西瓜的基因连锁，以色列学者 D. Zamir 等，1983 年在《植物系统和进化》杂志上发表了题为"以色列和西奈西瓜与药西瓜酶的多态性"的文章，通过对几十个西瓜和药西瓜样本的酶实验证明，代表 19 个位点的 12 种酶，在 12 个品种中，其各个位点都呈单一型（monomorphic），仅有一个来自以色列的普通西瓜样本具高度多态性（polymorphic）。1986 年拉沃特和萨米尔进一步发表了"西瓜 19 个蛋白质编码基因的连锁关系"，通过对普通西瓜和药西瓜的杂交和回交组合的实验测定分析，发现种子蛋白质和同工酶的 17 个分离标志（marker），并确认出 4 个连锁群，第 1 群 6 个基因（*Est* - 2、*Skdh* - 2、*Tpi* - 1、*Fdp* - 1、*Sod* - 1 和 *Prx* - 1）；第 2 群 3 个基因（*Got* - 1、*Got* - 2 和 *Sp* - 4）；第 3 群 2 个基因（*Pgm* - 1 和 *Gdh* - 2）；第 4 群 2 个基因（*Pgi* - 1 和 *Pgi* - 2）。

1990 年，拉沃特等在美国《遗传学杂志》上发表题为"影响西瓜瓤色和苦味的基因连锁关系"的文章，证明控制西瓜果实苦味的单显性基因 *Bi*（其等位隐性基因是 *su*）与同工酶标志基因 *Pgm* - 1 连锁，测定出的遗传距离为 11.3 cM。此外，决定西瓜果肉颜色的单隐性基因 *y* 与同工酶标志基因 *Gdh* - 2 连锁，其遗传距离为 12.8 cM。它们都定位在第 3 连锁群上。文中还证明，连锁群 1 增加 *Prx* - 2、*Prx* - 3 两个标志位点，连锁群 4 增加 *Got* - 4。新确认出 3 个连锁群，即第 5 群 2 个基因（*6pgd* - 1、*Aps* - 2）；第 6 群 2 个基因（*Dia* - 1、*For* - 1）；第 7 群 2 个基因（*Est* - 1、*Adh* - 1）。

兹介绍美国瓜类遗传协会（CGC）1991 年年报上发表的西瓜遗传基因连锁图供参考（图 5 - 10）。

| 5 | $Est-2$ | $Got-1$ | | $y$ | | $Pgi-1$ | | $Pgd-1$ | | $Dia-1$ | | $Est-2$ |
| | $Skdh-2$ | | 13 | | 13 | | | | | | | |
| | | | | $Gdh-2$ | | $Got-4$ | | | | | | |
| 37 | | | 32 | | | | 20 | | 20 | | 30 | |
| | $Tpi-1$ | $Got-2$ | | | 14 | $Pgi-2$ | | $Aps-2$ | | $For-1$ | | $Adh-1$ |
| 35 | | $Spr-4$ | 12 | | | | | | | | | |
| | $Fdp-1$ | | 40 | | | | | | | | | |
| 31 | | | | $Pgm-1$ | | | | | | | | |
| | $Sod-1$ | | 11 | | | | | | | | | |
| 18 | | | | $su$ | | | | | | | | |
| 3 | $Prx-1$ | | | | | | | | | | | |
| | $Prx-2$ | | | | | | | | | | | |
| 20 | $Prx-3$ | | | | | | | | | | | |

图 5-10　早年西瓜的遗传基因连锁图（引自 CGC Report. Vol. 14，p. 138）

## 二、西瓜遗传基因目录

目前已经发现的西瓜遗传基因有种子和幼苗、藤蔓、花朵、果实、果皮花纹、抗性基因等。

### （一）种子和幼苗的基因

有 3 种主要基因控制西瓜种皮颜色，即 $r$、$w$ 和 $t$，它们分别为红色、白色和棕褐色种皮，这 3 个基因的交互作用产生 6 种表型：黑色（RRTTWW）、土色（RRTTWw）、棕褐色（RRtww）、白色带棕褐色种尖（RRttww）、红色（rttww）和白色带粉红色种尖（rttww）。

第 4 个基因 $d$ 是 1 个修饰基因，当 $r$、$t$ 和 $w$ 为显性，产生黑色、麻点种皮，但对其他种皮颜色基因型没有影响。

控制种子大小的基因 $s$ 和 $l$，分别为短种子和长种子。$s$ 对 $l$ 上位。基因型 $LLSS$ 为中等大小种子，$llSS$ 为长种子，$LLss$ 或 $llss$ 为短种子。

微小种子基因 $Ti$ 对中等大小种子呈显性，由单一的显性基因控制。

裂皮种壳基因 $cr$ 是由对光皮种壳呈隐性的单一基因遗传的。苍白叶 $pl$ 子叶期能够观察到的浅绿叶的叶绿素自发突变基因。

### （二）藤蔓基因

目前发现有 8 大类型的基因，控制西瓜的藤蔓。

其中，全缘叶（$nl$）是一种波状的叶子，而不是典型西瓜的裂刻叶类型。幼苗叶片斑驳 $slv$ 与病毒侵染幼苗引起的斑驳相似。$slv$ 基因与抗冷凉基因 $Ctr$ 连锁或具有多效性。

黄叶（$Yl$）基因导致叶片黄色，黄叶对绿叶是不完全显性。

叶片延迟变绿 $dg$ 导致子叶和前几节的叶片淡绿色，但后来生长的叶片是正常的绿色。叶片延迟变绿的抑制基因（$i\text{-}dg$）使叶片为正常绿色。当基因型为 $dgdg$ 时，叶片正常绿色。

白化苗基因 $ja$ 导致幼苗组织、叶缘和果皮的叶绿素减少。

显性基因 $Sp$ 导致在子叶、叶片和果实上形成圆形斑点，结果是在果实上形成被叫作月亮和星星的图案。

到目前为止，影响西瓜茎长和植物习性的 4 个矮化基因已被鉴定：$dw\text{-}1$ 和 $dw\text{-}1s$ 是等位基因，$dw\text{-}1$、$dw\text{-}2$ 和 $dw\text{-}3$ 是非等位基因。矮化 1 植株由于比正常植株类型的细胞少而且细胞短，而使植株的节间短。

具有 $dw\text{-}1s$ 基因植株的蔓长在正常植株和矮化株的中间。$dw\text{-}1s$ 基因对正常植株类型呈隐性，具有 $dw\text{-}2$ 基因的植株由于比正常植株类型的细胞少而使植株的节间短，具有 $dw\text{-}3$ 基因植株的叶子比正常叶子裂片少。

金突变由单个隐性基因 $go$ 控制，茎和老叶都是金色，$go$ 基因的好处是当果实成熟时变成金色。所以它可以作为果实成熟的 1 个指示性状，对果实采收有用。

基因 $tl$（以前叫作无分枝 branchles，bl）导致第 5 或第 6 节之后分枝无卷须，这种植株变成了有限生长类型。

### （三）花朵基因

西瓜的雄花花同株基因 $a$ 控制雌雄异花同株（AA）与雄花花同株（aa）性别的表达。雄花花同株植物既有雄花，又有完全花，好像是野生类型。

淡绿色的花由单一的隐性基因 $ed$ 控制，全雌株突变于 1996 年被发现，并且由单个隐性基因 $gy$ 控制。全雌株类型对杂交种子生产或栽培种的集中坐果可能很有用。

还有 5 个雄性不育基因——无毛雄性不育（$gms$）是唯一的不育与无毛叶子相联系的基因。

第 2 个雄性不育 $ms$ - $1$ 植株产生小的、收缩的花药和败育的花粉。

第 3 个雄性不育突变为短蔓雄性不育（$ms$-$dw$），不育的同时出现矮化。这个矮化基因与 3 个已知的矮化基因不同。

所有雄性不育基因也降低雌花的育性，这些突变已被用于杂交种子生产，但尚没有希望那么成功，因为往往种子产量低。

1 个新的雄性不育自发突变（$ms$ - $2$）具有正常的高结实率，已被鉴定，这个雄性不育对杂交种子生产将更有用。

还有 1 个具有独特叶片特性的雄性不育突变（$ms$ - $3$）已被报道。

### （四）果实基因

影响西瓜果形的基因是不完全显性基因控制，使西瓜果实呈长形（OO）、椭圆形（Oo）或圆球形（oo）。

果实表面有沟痕，由单一基因 $f$ 控制，该基因对果实表面光滑（$F$）是隐性。

易裂果皮基因（$e$）导致切瓜时果皮容易破裂，这个基因已被用于使像 SP-1 这样不打算收获的小果型授粉品种的果实，在工作人员收获时容易被压碎。

韧皮（$E$）和运输有关，果皮的坚韧性似乎与果皮厚度没有密切关系。单隐性基因 $su$ 可以消除西瓜（$C.$ $lanatus$）果实中的苦味。$su$ 对药西瓜（$Citrullus$-$colocynthis$）果实中的苦味显性基因（$Su$）是等位基因。

西瓜果肉颜色由几个基因控制，可以产生大红、红色、橙色、橙、金丝雀或白色的果肉，调节果肉颜色的基因有 $B$、$C$、$i$-$C$、$Wf$、$y$ 和 $y$-$o$。金丝雀（$C$）对其他颜色果肉（$c$）是显性。红色果肉（$Y$）对橙（$y$）是显性。

橙色果肉（$y$-$o$）是同一位点多个等位基因系统中的一员，其中 $Y$（红色果肉）对 $y$-$o$（橙色果肉）和 $y$（橙果肉）是显性。并且 $y$-$o$（橙色果肉）对 $y$（橙果肉）是显性。

另一项研究认为，有 2 个位点的上位作用控制白色和红色果肉。果肉（$B$）对红色果肉是显性基因 $wf$ 对 $B$ 是上位，所以基因型 $WfWfBB$ 或 $WfWfbb$ 都是白色果肉。$WfwfBB$ 是白色果肉，而 $wfwfbb$ 是红色果肉，金丝雀果肉对红色果肉是显性。$i$-$C$ 对 $C$ 起抑制作用，导致红色果肉。如果没有 $i$-$C$，$C$ 对 $Y$ 是上位。

单显性基因 $Scr$ 控制的果肉是大红色，而不是浅颜色的红色果肉（$scr$）。

虽然已经显示果肉颜色是由单一基因控制，但 2 个不同自交系的杂交后代果实的分离往往是混乱的。同一品种的果实在不同地区经常有不同的果肉颜色。一个可能解释色素的表达由若干不同的基因引起，每一地区的果实色素表达由 1 个基因控制。

### （五）果皮花纹基因

产生斑点的基因 $Sp$ 在栽培品种上形成有趣的效果。$Sp$ 的特性在果实的颜色为淡绿色的果实上很难识别，但在中绿色、深绿色、灰色或有条纹的果实上很容易观察到。

金色是由来自于西瓜 Royal Golden 的单隐性基因 $go$ 遗传。未成熟的果实为深绿色果皮，当果实成熟时变为金色。茎与较老的叶子也变成金黄，果肉的颜色由粉红变为红色。

间歇条纹基因 $ins$ 隐性基因型在果肩部位产生窄暗条纹，在果实中部条纹变得不规则，而在靠近果脐的部分条纹变得几乎没有。

Crimson Sweet 西瓜品种正常果实上的条纹从果肩到果脐都是相当一致的。西瓜品种 Black Diamond Yellow Belly 的黄肚或地面斑是由单一的显性基因 $Yb$ 控制，隐性基因型 Black Diamond 的地面斑是白色的。

有 3 个等位基因决定果皮的花纹，这些等位基因为 $G$、$g\text{-}s$ 和 $g$，$g$ 被用来命名"绿色"，基因 $g\text{-}s$ 产生有条纹的果皮，但条纹的宽度（窄、中等和宽条纹）还没有被解释。

西瓜果皮上有细线条基因 $p$，果皮上有细线条（pencilled）。Weetman 证实了有 2 个独立基因调节果皮上条纹的出现和有细线条对网纹，在 $F_2$ 代 4 种表现型（有条纹、有网纹；有条纹、有细线条；没有条纹、有网纹；没有条纹、有细线条）的比例为 9：3：3：1，与双隐性亲本没有条纹、有细线条的 Japa6 回交后代的比例为 1：1：1：1。

调节西瓜果皮颜色和花纹的已知基因产生的纯合基因型应有以下表现型：$GGMMPP$ 或 $GGMMpp$ 等于深绿色（Angeleno），$GGmm$ 等于有斑点的深绿色（Iowa Belle），$ggMM$ 等于淡绿色，$ggMMpp$ 等于果皮上有细线条（Japan6），$ggPP$ 等于黄绿色或灰色（Thurmond Gray）和 $gsgsPP$ 等于有网纹的中等条纹（Crimson Sweet）。

### （六）抗性基因

西瓜有抗病毒、抗虫的基因被发现。例如，抗炭疽病（*Colletotrichum lagenarium*）生理小种 1 和 3 由单显性基因 $Ar\text{-}1$ 控制。抗炭疽病生理小种 2 由单

显性基因 $Ar$ - $2$ - $1$ 控制。抗性等位基因 $Ar$ - $2$ - $1$ 来自于香橼 W69 等；感病等位基因 $ar$ - $2$ - $1$ 来自于 Allsweet、CharlestonGray 和 Florida Giant。

抗西瓜枯萎病（*Fusarium oxysporum f* sp. *iveum*）生理小种 1 是由单显性基因 $Fo$ - $1$。已经报道记入册的西瓜资源 PⅠ244017、PI244019 和 PI485583 抗番木瓜环斑病毒西瓜菌株是由单隐性基因 *prv* 控制。

中抗小西葫芦黄花叶病毒已在西瓜（*Citullus lanatus*）的 4 个地方品种中被发现，但仅针对这个病毒的佛罗里达菌株，抗性由单隐性基因 *zym-FL* 控制。

高抗小西葫芦黄花叶病毒佛罗里达菌株已在 PI595203 中被发现。它由单隐性基因 $zym$ - $FL$ - $2$ 控制，这个基因与 *zym-FL* 不是同一基因。因为这个病毒在 PI482322、PI482299、PI482261 和 PI482308 上引起不同的反应，这 4 个登记入册的西瓜资源在 Provvidenti 的研究中是抗病，但在 Guner 和 Wehner 的研究中是感病。已经报道 PI595203 抗小西葫芦黄花叶病毒中国菌株，并由单隐性基因 *zym-CH* 控制。这个基因与 $zvmFL$ - $2$ 可能是等位基因。

西瓜的抗虫基因已有报道，瓜实蝇（*Dacus cucurbitae*）抗性由单显性基因 *Fwr* 控制。抗南瓜红守瓜（*Aulacophora feicollis*）由单显性基因 *A* 控制。

西瓜的抗逆性也被发现，幼苗在温度低于 20 ℃ 的条件下生长时，经常出现叶面斑驳和正常生长受阻，持续低温导致更明显的叶面症状、畸形和生长迟缓，单易性基因 *Ct* 提供了西瓜的抗冷凉性。

# 第六章 二倍体育种

## 第一节 引种与选种

### 一、引种

植物引种是人类为了满足自己的需要，把外地植物的种类或品种引入新的地区，扩大其分布范围的实践活动。它不仅是古老农业中不可缺少的组成部分，而且对农业生产的发展和栽培植物的进化都起到了重大作用。在发展现代化农业中引种仍然是潜力很大的领域。

#### （一）引种的概念和意义

1. 概念

把外地或外国的品种、品系、类型、一代杂种等种质资源引进当地，作为推广品种或育种材料应用，称为引种。关于种质资源的引进，已在第三章作了介绍。这里所讲的引种是指为解决某一地区生产上的需要而引入的品种或一代杂种。

2. 意义

引种是对现有资源的选择利用，对解决生产上、消费上对品种要求来说，常具有简单易行、迅速见效的特点。很多国家和地区的生产中，外地起源的种类和品种往往占有较大比重。中国幅员广大，自然条件复杂多样，具有探索和引种利用不同地理环境下各种植物资源的优越条件。

据统计，截止到 1970 年，中国从世界各地引入的植物有 267 科，837 种，占中国栽培植物的 25％～33％（谢孝福，1994）。引种是解决品种问题的一个重要途径，县、乡级农技部门和农村技术协会，通过引种能迅速地应用外地优良品种代替当地原有品种，提高产量和品质，满足广大人民群众物质生活日益增长的需要。

新瓜区由于过去从未种植西瓜，非靠引种不可。老瓜区虽然品种种类较多，引种也始终是一条获得新品种的重要途径。

如果通过引种能获得所需要的品种，与选种或育种相比，是既快又省的途径。所以在解决某一地区的品种问题时，若在条件不具备的情况下一开始就从选种或育种着手，就等于放弃现成的优良品种不加利用而闭门造车。其结果很可能费了不少时间和人力、物力，最后得到的还不一定超过外地已有的优良品种。这些教训应该吸取。通过引种不仅有可能解决一个地区当前生产上存在的迫切问题，而且还会为当地今后进一步良种化提供有利条件。因为在引入材料中除可直接应用生产的优良品种外，有些材料还可以作为今后育种的种质资源材料利用。

### （二）引种的成就

园艺作物引种成功的先例十分丰富，果树生产中大面积推广的着色系富士苹果和巨峰系葡萄，便是典型的事例。甜樱桃、青花菜、石刁柏等生产上至今仍以直接利用外引品种为主。

西瓜引种在世界范围内曾被广泛采用。中国不是西瓜的原产国，早期西瓜在中国的栽培生产是通过引种实现的。20 世纪 40 年代引入了日本"大和"系统品种，使中国的西瓜品质有所改进。20 世纪 50 年代后期，从美国引入蜜宝、查理斯顿、久比利、克伦生，从苏联引入苏联 3 号等品种，不仅对当时的西瓜生产起了一定促进作用，同时为中国新品种选育提供了新的种源。

改革开放以来，西瓜的引种工作进一步扩大，先后引入了许多国家，尤其是美国和日本的主栽品种和一部分新育成的品种，部分品种优质、高产、抗病，能直接应用于生产，如 8155、无籽西瓜郑引 301；部分品种虽不能直接应用于生产，但都是育种的有用材料，大大丰富了中国的种质资源，如 Calhoun Gray、Smokylee、Dixilee、Sugarlee 等。

据合肥市种子公司张国良 1993 年对已知 67 个品种的亲本分析：种质亲本主要来源于 7 个系统，其中日本系统的品种 23 个，占 34％；美国系统的品种 9 个，占 13％；苏联系统的品种 3 个，占 4％；中日两国的品种 11 个，占 16％；美日两国的品种 6 个，占 9％；中美日三国的品种 8 个，占 12％；中国台湾地区品种 3 个，占 4.5％。改革开放以来大面积推广的新澄，父本为从美国引进的查理斯顿通过系统选育而成，母本新青是从日本品种新太阳中分离而成；郑杂 5 号的父本长灰是美国引进品种选育而成的，母本早花是日本品种旭大和 6 号和中国品种小花狐狸杂交选育而成。特别一提的是"sugarlee"这个品种，20 世纪 80 年代中期引进我国，用该品种育成的杂交一代西瓜如"西农 8 号""182""红冠龙""金城 5 号"等。可见引种对中国的西瓜生产起了十分重要的作用。

### （三）引种原理

历史上园艺植物引种在取得大量成功的同时，也有许多因盲目引种造成生产上重大损失的事例。引种不当对多年生果树植物造成的经济损失尤为严重。因此，必须认真总结前人引种的经验教训，用科学理论指导引种实践。有关植物引种的早期理论，具代表性的除达尔文、瓦维洛夫等有重要论述外，德国著名林学家 H. M. Mayr 在《欧洲外地园林树木》（1906）和《在自然历史基础上的林木培育》（1909）专著中，阐述了树木引种中必须遵循"气候相似"的思想和科学依据。科学引种必须深入研究相互联系的两个因素：一是植物本身的遗传特性及其适应能力；二是生态环境条件对植物的制约。

通常引入的品种越多，引种地区越广泛，获得所需品种的可能性越大。受客观条件限制，一个单位不可能也不必要把各地的品种都搜集起来，因此，对引入的材料和引种地区应有所选择。西瓜的引种原理主要考虑气候相似和生态条件的类同。

1. 气候相似的地区互相引种

气候是指在温度、光照、湿度和雨量等条件影响下形成的气候特点和特征，某一地区有其相对稳定性。Nuttonson 对水稻、小麦和其他禾谷类植物进行了一系列研究，提出气候相似论，即不同的地区某些主要天气特征方面非常相像，因而一个地区的技术和培育的品种在引种到它的相似气候区时能够成功地应用。Nuttonson 以日最高气温、平均初霜、终霜期和月雨量作为基本气候资料。

就西瓜而言，雨量和温度是两个最重要的因素，高温多雨地区互相引种或干旱少雨地区互相引种，一般都容易获得成功。另外，日照时数也是影响引种成功的很重要的关键因素。如果从俄罗斯引种，多数品种因长期在该地区种植，发生饰变（modification），形成需要长日照才能开花的习性特点，这是特别需要注意的。

2. 生态类同地区的互相引种

植物生态学是研究植物与自然环境、栽培条件相互关系的科学。植物与环境条件的生态关系包括温度、光照、水分、土壤、生物等因子对植物生长发育产生的生态影响，以及植物对变化着的生态环境产生各种不同的反应和适应性。

生态型（ecotype）是指植物对一定生态环境具有相应的遗传适应性的品种类群，是植物在特定环境的长期影响下，形成对某些生态因子的特定需要或适应能力，这种习性是在长期自然选择和人工选择作用下通过遗传和变异而形成的，所以也叫生态遗传型（ecogenotype）。同一生态型的个体或品种群，多数是在相似的自然环境或栽培条件下形成的，因而要求相似的生态环境。

生态型一般可分为气候生态型、土壤生态型和共栖生态型三类。气候生态型是在温度、光照、湿度和雨量等气候条件影响下形成的；土壤生态型是在土壤的理化特性、含水量、含盐量、pH 等因素影响下形成的；共栖生态型是植物与其他生物（病、虫、蜜蜂等）间不同的共栖关系影响下形成的。

引种工作可根据各地的生态条件，确定从什么地区引种。一般来说，从生态条件相似的地区引入品种较易获得成功。林德佩（1980）、王坚（1993）曾将中国原产和引种的西瓜栽培区划分为 5 个和 4 个生态类型。我国原有品种可划分为 3 个生态地理型：华北生态地理型、华南生态地理型、西北生态地理型；国外引进品种也划分成 3 个生态地理型：日本生态地理型、美国生态地理型、俄罗斯生态地理型，这对西瓜引种有一定参考价值。

华北生态地理型及美国生态地理型的品种生长势较旺，果型大，成熟较晚，适宜在中国华北、东北、渭水流域及内蒙古东部范围内相互引种。华南（包括华东、西南）生态地理型及日本生态型的品种，生长势较弱，果型中等偏小，成熟较早，适宜在我国长江以南及福建、广东、广西、台湾、海南等地区相互引种。西北（包括内蒙古西部）生态地理型及俄罗斯生态地理型的品种，生长势旺或极旺，果型大，坐瓜迟，成熟晚，适宜在中国西北干旱地区相互引种。

3. 跨区域引种

近几年来，随着西瓜生产的发展，也出现了不少跨区域引种成功的事例。广东白沙良种场培育的新澄，是中国第一批杂种一代的代表品种，从南方多雨地区推广到淮河、黄河流域和东北的三江平原，都能表现出高产优质的特点。台湾地区的新红宝，在其他多数地区都能生长良好，表现出广泛的适应性，成为主栽中熟品种之一。

一般来说，华南和日本生态型中长势较旺的品种，向北方干旱气候栽培区及西北干燥气候栽培区引种，易坐瓜，含糖量增加，易获得成功；华南和日本生态型中长势偏弱的品种，向上述两类地区引种，往往因产量太低而不易成功。华北及美国生态型中长势偏弱的品种，可向长江流域引种，但一般会出现徒长和不易坐瓜的现象；这一生态型中长势较强的品种，可向西北干燥气候栽培区引种。西北及俄罗斯生态型的品种一般不宜向南方多湿气候栽培区引种，否则易出现徒长、不易坐瓜及延迟成熟现象。

部分从美国引入的西瓜品种，生长势良好，小果型，易坐瓜，在中国大部分地区表现正常，如蜜宝；而长势较旺，大果型，不易坐瓜的品种，一般只能在中国北部干燥气候地区正常生长，如久比利。从日本引进的品种，一般能在中国绝大部分地区正常生长，如旭大和、伊吹等。

### （四）引种的程序

1. 品种材料的收集和编号登记

引种的第一步工作是收集品种材料。收集品种材料时，要详细研究每个品种的历史、生态类型、原产地的自然条件和耕作制度。选择引入材料应慎重，选择的原则是：首先，引入材料的经济性状必须符合已定的引种目标的要求；其次，分析品种引入后对当地气候、土壤等自然条件可能表现出的反应，根据生育期的长短，分析是否能充分成熟，以及考虑是否适合当地的耕作制度。在进行引种工作中，应尽可能引入较多的品种材料，以便有选择的余地。

引种材料可以通过实地调查收集，或通信邮寄等方式收集。实地调查收集，便于查对核实防止混杂，同时还可做到从品种特性典型而无病虫害的优株上采集繁殖材料。

收集的材料必须详细登记并编号。登记项目应包括种类、品种名称、材料来源及数量、收到日期等。收集到的每份材料，只要来源不同和收集时间不同，都要分别编号，并将每份材料的有关资料如植物学性状、经济性状、原产地生态特点等记载说明，分别装入相同编号的档案袋内备查。

2. 引进品种种子的检疫和检验

在引种工作中，必须以认真负责的态度严格遵守种子检疫和检验制度，以保证种子质量，防止病虫害随引种传播，给生产带来不可弥补的危害。西瓜种子目前还没有明确的检疫对象，但不少病害是随种子传播的，如多种病毒病、炭疽病等。美国于 1989 年大面积流行的细菌性果实腐斑病（WFB），近年来在中国部分引种台湾地区品种新红宝的地区已开始发生。不少专家认为，此病可以通过种子进行传播。

3. 引种试验

引入的材料是否能推广应用于当地生产，必须经过田间试验。因为它们在原栽培地区所表现的优良性状不一定在引入地区仍能保持。即使能保持，还有品种间的相对优劣问题。进行引种试验的目的在于：检验引入材料的适应性，比较它们的相对优劣，以确定有无推广应用价值，以避免未经试验直接推广可能造成的损失。

引入的材料较多时，通常先设一引入材料观察圃，每一份材料播种一小区，用当地主栽品种作对照，2次重复。在观察圃内引入材料可能有下列几种表现：

（1）表现显著不及对照。这类材料除有某种有用性状可留作育种原始材料者外，一般经观察后就可淘汰。

（2）表现优于对照。这类材料第2年即可进行品种比较试验，继续考察其适应性，有时在观察圃内表现特别优良的材料，可不经品种比较试验直接进行生产性试验。

（3）表现一般尚待继续观察。有些引入材料虽未表现出明显优于对照，但估计可能是由于未掌握该品种的栽培条件或该年份气候条件不正常所致，如播种期、栽培密度、肥水管理等措施不当或阴雨过多等，这类材料可另设栽培试验圃探索合理的栽培方式，然后参加品种比较试验。有时也可直接参加品种比较试验。

如果引入的材料不多，可以不设观察圃，直接进行品种比较试验。

品种比较试验的参试品种不宜太多，但小区面积不宜太小，每小区的株数应不少于20株，小区随机排列，以当地主栽品种为对照，设3次重复。各主要物候期要作详细记载，如伸蔓期、开花期、坐果期、采收期等；田间调查坐瓜率，比较抗逆性及抗病性；室内调查果实含糖量、果肉品质、果皮厚度、果皮硬度等。

品种比较试验要连续进行2~3年，因1年的环境条件不一定能代表当地一般年份的气候条件。一个品种必须对当地气候条件的变幅有一定的适应能力，才能成为一个稳产优质的优良品种。对这一点必须予以足够的重视，不应片面强调为尽快给生产上提供优良品种而忽视对引入品种的必要观察试验，否则有可能一个引入品种推广后，由于气候条件变迁或病虫害的猖獗而造成大面积严重减产。如果准备推广的区域较大，则还要进行多点试验，通过不同地区、不同土壤和不同耕作条件下的观察，进一步了解品种的特点，以确定品种的推广范围。

4. 根据品种特性进行栽培试验

栽培试验是进一步发挥品种增产潜力的工作。引入品种的试种和多点鉴定过程，既是鉴定品种对本地自然条件适应的过程，又是鉴定品种在本地不同栽培条件下适应的过程，并且可结合栽培试验摸清品种的特性，总结试验过程中各种技术措施的可行性，在推广时结合品种特性制定品种的栽培技术措施，使良种和良法相辅相成，才能发挥品种应有的增产潜力。

## 二、选择育种

育种中选择一词的含义是指从自然变异群体中或者人工杂交后代群体中选优汰劣。它不仅是选择育种途径的中心环节，而且是所有育种途径和良种繁育中不可缺少的手段。

### （一）选种的意义

选种是以自然变异为基础，人工选优汰劣，创造出新品种的育种途径，是人类在生产实践中改良品种的主要方法之一。

在社会发展的初期，人类对野生植物进行种植和驯化，逐渐发展为栽培植物。栽培植物形成后，由于自然的变异和人类按不同方向进行选择，形成各种不同的类型和品种。在人们开始进行杂交育种以前的所有栽培作物品种，都是通过人工选种这一途径创造出来的。随着社会的发展，人类对农产品的数量和质量的要求日益提高，育种的方法也有了很大的进步，产生了杂交育种、杂种优势利用、诱变育种、生物工程等方法。

选种与其不同之处在于，选种是以作物的现有品种在繁殖过程中自然产生的变异作为选择原始材料，而杂交育种等方法则是用现有品种先通过人工创造变异的过程，然后再进行选择工作。选种与引种也不相同，引种是以品种或杂交一代为对象进行比较选择的，而选种首先是以个体为对象进行选择，然后再进行系统群体间比较；引种只选用已有的品种或杂种一代，选种则能创造出新的品种。

作物品种在繁殖过程中，难免会发生自然突变和自然杂交。对于少数个体在少数世代内来说，自然突变和自然杂交的频率可能很低，但在一个较大的群体，经过多代繁殖之后，即使在一个原来纯度很高的自花授粉作物品种内，也会存在多种原来没有的变异类型。对西瓜这样的异花授粉作物，个体间的自然杂交率高，很容易出现多种变异类型，因此选种始终是一条有效的品种改良途径。

当通过引种观察，认为现有品种都不能符合要求时，或虽未进行广泛的引种工作，但根据各地的品种介绍，估计所需的品种不能通过引种解决时，才应考虑采用选种这一途径。选种往往需要四五代甚至七八代以上的时间和大量人力、物力。如果外地有可用的品种，就不应再浪费这些时间和人力、物力。如果现有品种的主要经济性状大多符合要求，只有少数经济性状表现较差，而这些少数较差的性状在个体间的差异较大，在这种情况下采用选种这一途径，往往是最经济有效的。另一方面，如果现有品种虽然只有一两个性状不符合要求，但这一两个不良性状在个体间并不存在较大的差异，那么期待它在后代里分离出或自然变异产生出优良的变异类型，也是遥遥无期的。这种情况下采用杂交育种或诱变育种往往比较有效。

### （二）选择与选种

选择是为了获得所需品种类型而采用的一种方法或技术，它是各种育种方法都须采用的一种手段，只是选择对象、标准和方法不同。选种则是单纯依靠选择这一手段以达到育成新品种的目的。在选种中，选择显得特别重要。对生物来说，选择就是使群体内的一部分个体能多产生后代，而其余的个体较少产生或不产生后代。

选择产生于长期的农业生产实践，并在品种形成和改良中起重要作用。西瓜的许多农家品种都是通过选择而产生的。选择对品种改良的作用，是指通过定向的多代选择，筛选出优良变异后代留种，淘汰原始类型及不良变异。如在一个单瓜重 5～10 kg 的群体内，可能通过多代选择，最后选出果重达 10 kg 的单系。

选择的作用是逐步积累的。在上述单瓜重 5～10 kg 变幅的群体内，假定平均单瓜重 7 kg，通过一代选择使下代的单瓜重达到 7.5 kg，继续选择积累最后即可获得单瓜重 10 kg 的单系。绝对不可能只经一代选择，第二代就获得单瓜重 10 kg 的单系。

### （三）选择的原理

西瓜选种和其他作物选种一样，选择应遵循两条原理，即纯系学说和变异学说。

#### 1. 纯系学说

由一个同质的亲代自交而产生的后代，称为纯系。自花授粉和异花授粉植物自交后，均可得到纯系后代。如遗传基因为杂合体 Aa 西瓜，经数代自交后，可分离出两种纯合体 AA 和 aa 的后代，AA 或 aa 就称为纯系。

纯系能固定品种的优良性状。纯系繁殖的后代，虽达千百万株，如无天然杂交或变异，所有的基因型仍能完全一致。植株在高度、果实大小等数量性状上虽会有些不同，但均为受环境影响而产生的表型变异，在遗传上无差异。

选择的最大效能就在于能分离和筛选出纯系。其原因：第一，改变了群体内各基因型的频率，给某些有价值的基因型的出现提供了条件，并使这些有价值基因型得以固定。西瓜的经济性状大多属于数量性状，受多基因控制。根据自由组合规律，即使只有 3 对杂合基因控制这些性状，其后代就可能有 64 种基因型的差别个体，通过选择使那些相对接近于要求的基因型即具有综合优良性状的组合个体得到较多的出现机会。第二，选择改变了群体内等位基因间的频率，从而使基因型的分离重组比例发生了改变。有时可能使某些等位基因固定，另一些等位基因趋于消失。第三，选择还能使具有新产生的突变基因的有用个体及时保留，并加速繁殖；具有不利基因的个体在群体中消失，或控制在很低的频率。然而已成为纯系的品种，再进行选择则是无效的，所以理论上不宜在纯系中选育新品种。

2. 突变学说

西瓜个体在逐代自交过程中及长期种植过程中都会发生突变。由极端的环境条件（如高温、低温、自然辐射、环境污染等）的作用或由生物体内的生理和生化原因而发生的自然变异即为基因突变。基因突变为西瓜进化及育成新品种提供了选择的材料。在西瓜的突变过程中，可以观察到极少数的突变属于有利突变，如早熟、丰产、优质等；有极少数的突变可以加强生物体对外界不良条件的适应能力，如抗旱、抗病等。这些突变一经出现，就可能被自然选择或人工选择所保留，而逐步形成新品种。如中国农业科学院郑州果树研究所西瓜抗病育种课题组，于 1992 年在试验抗病、优质、红瓤的 PR2 品种中，发现一个黄瓤突变体，其抗病性、外观等指标和原品种无差异；在郑州 3 号品种中，发现一个少籽的突变体。这些突变体对育种工作很有利。

与其他植物一样，西瓜的纯系和变异学说是选择的主要理论基础。变异为选种提供材料，纯系为固定优良性状提供可能。没有变异就不能选择或选择无效，但如果只有变异而无法遗传固定，便不能成为纯系，也就不能定向地改变群体组成，进而不能选育成新的品种。

### （四）选种的方法

西瓜的选种方法，大体上有"系统选择法"和"混合选择法"两种。系统选择法能从大田生产品种中选出新的优良品种，但需数年的工作。混合选择法能从大田品种中直接选出下年所需的留种材料，使原始品种得到一定程度的提高，并使纯度得到改进。

1. 系统选种法

从现有大田生产品种的群体中，选择优良的基本类型（纯系）或利用自然界出现的优良变异类型（杂系），从中选择若干优良单株进行自交，单株单瓜采种，次年或次季相邻分别种植各个株系，每系不少于20株，以原始品种作对照，进行比较，鉴定淘汰不符合选种目标的后代，选出最优良的单株后代，并从中再选出优良单株和单瓜，经4代以上的重复单株选择，就可能选出新的品系或品种。这就是系统选择法，又称单株选择法或个体选择法。它是最常用而有效的育种方法，也是最基本的育种方法之一。

综观中国主要农作物品种的育成，在不同年代所采用的育种方法虽有不同，但在生产上应用的许多优良品种中，通过系统选择法育成的，不论哪一个时期都占有相当的比例。

20世纪50年代，中国开展品种资源的收集整理，进行地方品种评选工作，当时地方品种占较大比例。在这个基础上进行系统选择培育的品种是主要的，水稻推广良种中，系统选择育成的品种占41.7%，棉花占45.0%。西瓜未作过类似的统计，但当时生产上应用的品种，基本上都是在地方品种的基础上通过系统选择，然后推广到生产中去的。

二十世纪六七十年代的农作物品种选育，已大力开展品种间杂交育种。中国农业科学院果树研究所通过杂交选育的早花，已推广到全国各地，但50%以上的品种仍是通过不同的选择方法所形成的地方品种。

二十世纪八九十年代，西瓜在杂优利用上迈出了一大步，杂种一代品种约占生产总面积的80%以上，但杂种一代的亲本，大多还是从农家品种或国外引进的品种中通过系统选择而来的。可见系统选择在育种工作中占有重要位置。

系统选择要求在观察品种群体大量的前提下慎重进行。除个别明显的天然变异个体易于识别外，能否从品种群体中选到优良的个体，就存在着对有关性状进行选择的标准问题。概括起来，西瓜选种时应考虑：优质、丰产、稳产、早熟、抗逆和一些特殊性状，如短蔓或丛生、单性雌花株、雄花花粉败育株等。

选择时要突出主要目标，不能要求什么性状都好。如为了选育抗某种病虫害的品种，可暂不考虑或少考虑其他的缺点。另一方面，必须根据经济性状及生物学有关性状综合进行选择。如果只根据单方面个别突出性状进行选择，虽然某一性状容易获得，但难于在较短时间内选出具有推广价值的品种。如高产品种往往个别质量性状不够理想，根据综合性状往往不一定选择最高产的单株。在品种群体中，通过对主要目标性状和综合性状统筹考虑，着重抓住当前育种目标中的主要性状，并兼顾到其他重要性状。就能达到改良品种，选出新品种的目的。

采用系统选择方法，首先要选择好对象。一般以生产上大面积栽培优良品种为选择对象，实行优中选优，保持和提高其优良性状，针对其不良性状进行改良，有重点、有目的地进行选择。如果是杂种一代，应以其亲本作为选择对象，提高改良亲本，也就能提高改良杂种一代。外地引入的品种，在当地种植后，也会产生变异，这也是系统选择的好材料。中国引进的查理斯顿，在各地种植后，选出了许多变异类型。如郑杂 5 号的亲本之一长灰，就是由查理斯顿分离选择出来的。在感病品种中选择出抗病单株，培育出抗病品种，在西瓜的系统选择中已有成功的例子，如美国的 priter 瓜等，在美国艾奥瓦州实验站将克莱克尼种植在严重感病的田块，从 0.2 hm² 地的植株中得到 11 株幸存者。按同样的方法进行筛选，1937 年从克伦代克中选出抗病品系。利用这种系统选择法，比用原始野生西瓜作材料，经多代杂交和回交而育成抗病品种，要迅速有效得多。

在大田生产的品种群体中进行选择，必须将品种群体种植在土壤肥力、施肥水平均匀一致的田块中。只有在一致的条件下，才能鉴别个体间遗传上的差异，选出遗传性状真正优良的植株。选择不宜在田边、边行内进行，但对不受边际影响的性状进行选择则不受此限制。

其次，要考虑选择的数量。选择育种要有较大的群体供选择，选出的优良单株由多到少，由粗到精，逐步选出优良性状最集中的单株。与杂交育种相比，系统选择要求选择面大，选出的优良单株多，所以工作量较大，这是系统选种的缺点。

最后要注意选种的时间。选择优良单株，虽然单瓜重和品质是重要的性状，但绝不是仅在室内调查即可完成。应在植株的伸蔓期、开花期、坐瓜期和采收期进行田间观察，根据各时期的综合表现确定入选单株插牌标记，采收期再做一次比较全面的调查，在入选单株中选择入选单瓜，并将入选单瓜带回室内进行考种，分别编号采种保存。个别特别优良的单瓜，如果在前几个时期没有作为入选对象，最后一次也可入选，供下一季继续观察，以决定取舍。

综合上述三个方面，可以看出系统选种有如下一些特点：要认真细致，经常到田间观察，与邻近植株和对照品种进行比较，才易辨别优劣，选出优良单株；以当前品种的缺点和育种目标为主攻方向进行选择；选择的关键是分期分批进行筛选，汰劣多，选优少，由多到少，由粗到精。

系统选种从选择优良单株开始到育成新品种，是由一系列细致的工作阶段组成。主要程序如下：

（1）第 1 年在西瓜品种的丰产田、制种田或大田中，根据选种目标大量选择变异类型较多的优良单株。

（2）第 2 年进行株系比较试验。

（3）第 3～4 年，品系比较试验。

（4）第 5～6 年，区域化试验和生产试验。

（5）品种审定与推广。

2. 混合选种法

从品种群体中将表现该品种优良性状的或符合选择目标的单瓜混合采种，这种方法称为混合选种，第 2 年将选出的混合单瓜种子播种后，与原品种进行相关性状的比较，优于原品种者就可在生产上推广。这种方法是有经验的瓜农经常采用的方法。许多农家品种就是用这种方法选育出来的。如果有必要，可进行多次混合选种，即在第一次混合选种的后代中，继续选择表现更优良的能代表该品种特性的单瓜，混合留种后下季继续混合播种。这样的工作可进行三四次，直到产量较稳定，性状表现一致，并超过原始品种或对照品种为止。

混合选种方法简便，可以迅速获得大量种子，供大田生产上应用。其缺点是把入选的种子混合播种，不能鉴定各个个体后代的遗传表现，有些由于环境影响而产生的"表现型"优良，但"基因型"不良的个体入选，会影响整个品种群体的优良程度，降低选择效果。

# 第二节　杂交育种

杂交育种是一种传统育种方法。它的理论基础是通过有性杂交，雌雄性细胞的结合使双亲的遗传基因重组。然后通过后代的基因分离和多代选择，育成有利基因更多、更集中的遗传上稳定的新品种，通称"常规品种"。

尽管近代育种的方法甚多，然而迄今为止，育种成果多，成功把握大，采用较为普遍的仍属杂交育种。杂种优势利用可以视为杂交育种的一种特殊方式，其理论基础也是基因重组，区别在于后者只利用杂种第一代（$F_1$），无须进行后代分离选育工作。

## 一、杂交育种的目标

植物育种最确切、最全面、最深刻的定义是 Smith 提出的"Plant breeding was defined by Smith（1996）as the art and science for improving genetic pattern of plants in relation to their economic use"。作为果品的西瓜在制订育种目标时，不但要考虑其科学（science）方面，同时也不能忽视其艺术（Art）方面，即内在的品质和外在的美观均需兼顾。此外，就是它的经济用途（economic use），这包括产量、抗性、熟期等各个方面。台湾著名西瓜育种家郁宗雄先生将现代西瓜育种的目标概括为一个英文词汇"PERFECT"（完美），这个词汇的各个字母的含意如下：

P：productive yield（丰产）

E：excellent quality（优质）

R：resistance to diseases，pests and stress environments（抗病虫害及逆境）

F：few seeds for watermelon（对西瓜要求少籽）

E：early maturity（Earliness）（早熟）

C：color of skin and flesh with attractive（果皮及果肉美丽诱人）

T：thin & tough rind for good transportation（薄而坚韧的果皮以耐贮运）

西北农业大学王鸣教授补充若干现代西瓜育种所提出的一些特殊的育种目标（other special breeding objects）如下：

Plant habit：bush type，compact type，dwarf（株型：灌木型、紧凑型、矮生型）

color of rind and flesh：eg. yellow rind and yellow flesh（果皮和果肉色泽，如黄色果皮、黄色果肉等）

fruit size：mini type for ice box，for small family（果型适于冰箱存放和小型家庭的"迷你"型小西瓜）

seeds：few seeded，seedless，"tomato seeded"，seeded watermelon（种子：少籽西瓜、无籽西瓜、"番茄籽"、籽瓜）

marker characters："melon leaf"，yellow leaf，glossy，etc.（标志性状，如"甜瓜叶"，黄色叶，光滑无茸毛等隐性性状）

male sterile lines breeding（雄性不育系的育种）

root stock breeding for grafting（砧木品种选育）

笔者认为以后的育种目标还可能包括省工、适于机械采收等性状的选育。综上所述，育种目标的制订是一个极其重要而复杂的工作，要以当前西瓜生产上存在的主要问题及市场的要求为依据。鉴于育种需要一个较长的过程，因此也应考虑到国民经济和科学发展的前景和较长远的需要。西瓜育种的目标概括起来，不外以下几方面。

### （一）丰产性育种

只有高产、稳产才能降低生产成本，减少土地、人力、物力的耗费，并提高经济效益，因此丰产应列为首要的育种目标。西瓜产量的构成性状比多数大田作物和蔬菜作物简单，它取决于单位面积的株数（种植密度），单株的结果数以及单瓜重，这些性状应予综合考虑。

### （二）品质育种

西瓜作为一种重要水果，其品质的优劣至关重要，随着商品经济的发展和人民生活水平的提高，消费者对西瓜的品质也提出了更高、更广泛的要求。西瓜的品质性状应从多方面考虑。

#### 1. 外观品质

外观品质主要包括果形、皮色、大小及果实整齐度等。其中果形（圆、高圆及长椭圆形等）、皮色（黑皮、绿皮、黄皮、花条带等）、大小（大型果、中型果及小型果）等，要根据消费市场的喜好和需求而定，并无统一的标准，但各地均有一定的倾向，而果实外观整齐一致，果面光洁，畸形瓜少，商品率高，则是育种目标的共同要求。

#### 2. 化学成分

对西瓜而言，最重要的营养化学成分是含糖量及糖分的组成和分布（中心糖和边糖的梯度）。美国、日本、韩国及中国台湾地区均将折光糖不低于$11.5\%\sim12.0\%$作为西瓜育种的品质目标。在含糖量相同的情况下，糖的组成及其所占比率对甜味的口感也有一定影响，其中最甜的糖是果糖，其次是蔗糖，再次是葡萄糖。

此外，酸的含量也影响口感。在营养成分中维生素和矿物质的含量并不是育种中需要考虑的重要因素，因为西瓜并非人类摄取维生素及矿物质的重要来源。果肉及果皮的果胶物质含量与耐贮运性相关，也应予以考虑。

#### 3. 果肉的色泽、质地

对于红肉品种而言，肉色越深越受消费者的欢迎，因为人们习惯以肉色深浅来判断果实的成熟度。此外，有些地区（如香港特别行政区）的消费者将红色视为吉祥而更为重视。近年来一些城市市场也要求一定数量的黄肉品种，这种色调给人以清新的感觉，黄肉品种一般肉质细嫩爽口，甚至带有清香的风味。纤维素的含量与果肉质地相关，含量高则果肉较粗，在育种中需要加以注意。关于果肉的质地，习惯上都称道"沙瓤"西瓜，其实沙瓤并非理想的质地，它水分少且不耐贮运（易"倒瓤"）。理想的质地应为果肉致密，细嫩较脆，汁液多，口感好。

### 4. 种子的色泽、大小及数量

种子的颜色以黑色或深褐色为好，这样的西瓜剖面美观；白色或淡黄色的种子，易使消费者产生果实未充分成熟（生瓜）的误会，因而不受欢迎。大籽种子在食用时易于吐籽，小粒种子则吐籽麻烦；少籽西瓜及无籽西瓜食用方便，有其优越之处。但种子的大小、多少与产量、品质、抗病性比较并非主要性状，在制订育种目标时要明确主次和轻重，不可本末倒置。

### （三）抗病虫育种

抗病虫性本身虽然不是经济性状，但它对作为主要经济性状的产量、品质、耐贮性和成熟期有着极其重要的影响。一个不抗病的西瓜品种，即使具有高产、优质、耐贮、早熟的基因型，但在严重感病之后，这些优良性状都难以实现，严重时甚至可以导致完全绝产或毫无商品价值。

西瓜的病虫害种类繁多（主要病害有枯萎病、炭疽病、蔓枯病、白粉病、霜霉病、疫霉病及病毒病等，主要虫害有蚜虫、白粉虱、黄守瓜、瓜实蝇、潜叶蝇、金针虫等），由于连作障碍及长期使用农药产生出致病力或抗药性更强的病源突变体或害虫，致使病虫害日趋猖獗和蔓延。因此，提高西瓜的抗病虫性是一项十分重要而艰巨的长期育种任务，尤其是多抗育种（同时抗多种病害或多个不同生理小种或多个害虫）和耐连作的高抗品种近年来受到更多的重视，在育种目标中，占据极为重要的地位。

### （四）成熟期育种

西瓜需要选育出早、中、晚熟各种不同成熟期的配套系列品种，以延长西瓜的供应期。但对一个具体地区和育种单位而言，则应根据当地市场上最短缺、最需要的成熟期品种，确定自己的育种目标。中国目前的西瓜品种，中晚熟品种较为丰富，且不乏优良品种；早熟及极早熟品种较为缺乏，且现有早熟品种也不够理想，尤其是抗病性、耐贮运性亟待改进提高。因此，优良早熟品种的选育应该作为重点，争取获得突破性的进展。影响西瓜熟性的构成性状是全生育期、结果部位的雌花节位及雌花开花期、果实发育速度及果实发育期，在亲本选择、选配及后代选择中要予以注意。

### （五）耐贮运性育种

西瓜耐贮运性的提高可以延长果实的货架期和供应期，并减少伤害、变质及破损，对外销及出口尤为重要。随着商品经济的发展及"南瓜北运""西瓜东调"，提高西瓜的耐贮运性显得愈加迫切。果实的耐贮运性与组织解剖（果皮与果肉的细胞组织结构）、化学成分（果胶物质及纤维素等的含量）及生理生化特性（呼吸强度、激素合成和酶的活性等）、果皮硬度及韧性有关，可以作为选择的根据。

### （六）对环境压力的抵抗性（抗逆性）

除抗病性、抗虫性之外，各地区存在着不同的对西瓜生产不利的气候、土壤等环境因素（逆境），因此，结合各地特殊环境条件，分别选育抗寒、抗旱、耐湿、耐酸、耐盐碱、耐瘠薄的品种以及对氮肥感应迟钝的品种（台湾地区提出）等，也是制订地区性育种目标应考虑的因素。如苏联比较注意抗寒、耐旱品种的选育，据贝可夫瓜类试验站报告，所育成的变异 137 能耐 $-3$ ℃的低温。为解决抗旱育种问题，曾在上百个种质材料中进行鉴定、筛选。在哥伦比亚为解决雨季的西瓜栽培问题，曾研究对比了 37 个品种，确定费尔法克斯（Fairfax）最耐阴雨，产量最高。日本及中国台湾地区的西瓜育种也十分重视耐湿性的选育。中国西北地区及华北部分地区应着重抗旱育种，南部各省则应着重耐湿性的选育。

### （七）特殊的育种目标

随着科学与生产的发展，人民生活方式及喜好的改变和多样化，使西瓜育种又增添了一些新的特殊目标。

1. 短蔓紧凑株型的育种

此种株型西方称为 Bush type（灌木丛生型）或 Compact type（紧凑型），其蔓甚短。如美国育成的（1958）短蔓沙漠王（Bush Desert King）和 BW-2 短蔓西瓜，蔓长仅 0.3~1.2 m。近年来美国又先后推出短蔓查里斯顿、短蔓久比利、短蔓糖蜜等短蔓丛生品种。我国新疆农六师农业科学研究所黎盛显育成的无杈早品种，分枝少，节间短，是又一种类型的短蔓品种。以上品种的共同特点是株幅小，可不整枝，适于密植和机械化耕作，因而节约劳力，降低成本，并可提高单位面积产量。新疆农七师农业科学研究所马兆成利用短蔓无杈西瓜类型曾创造每公顷产 210 000 kg 的高产纪录。这种新的株型能充分利用光照和土地，可能成为未来西瓜育种的一个方向。

**2. 小果型育种**

随着家庭小型化及冰箱使用的普及，消费者已不喜欢果型太大的西瓜，小型优质的"袖珍西瓜"日益受到青睐。近年日本及我国台湾地区、香港特别行政区等地的市场出现了特小型（1.5～2 kg）迷你（mini）型西瓜，便于冰箱贮放（所谓"冰箱型西瓜"），其外观美，品质优，配以精致包装，作为高档礼品瓜销售，成为一种新的时尚，在大城市及旅游区是一个值得注意的育种目标。台湾农友种子公司育成的新小凤、特小凤及其改良品种小兰（黄瓤）、红铃（红瓤）是此类品种的代表。

**3. 特殊皮色及瓤色的育种**

除传统的花皮、绿皮、黑皮西瓜以外，近年在台湾地区、香港特别行政区等地兴起了黄皮西瓜及黄瓤西瓜，这些独特的颜色，给消费者以新颖的感受，可以刺激消费者的购买欲，满足部分人的好奇心理。台湾地区农友公司选育的黄皮宝冠新品种在 1991 年全美园艺新品种大赛中获得金奖。中国新疆农业科学院园艺研究所选育的黄皮西瓜 YR－6、YR－8 及合肥市种子公司选育的黄皮西瓜丰乐 8 号均属此类型。中国最早引入的黄瓤西瓜是日本的大和冰淇淋。近年中国也有少数黄瓤西瓜育成。不过上述黄皮及黄瓤西瓜市场目前在中国还只局限在部分大城市，且销售数量有限，只能作为一个新的花色品种，满足某些特殊的消费需求，在大众化市场上尚不占重要地位，但将来可能会有适度的发展，在育种目标中，也应予以超前的考虑。

**4. 容易判断成熟度的品种**

西瓜的成熟度与其果肉色泽、品质及耐贮性有密切关系，适时采收十分重要。但对西瓜成熟度的判断迄今仍多凭经验，缺乏准确性，因此选育外观表征与成熟度相关的西瓜品种，无论对生产者及消费者均有现实意义。

综上所述，西瓜育种的目标是多样的、复杂的，且因地、因时而异，没有统一的要求和一成不变的模式。在育种实践中要根据西瓜生产中所存在的问题及市场的要求抓住重点，分清轻重缓急来制订出具体的育种目标。要全面掌握生产和科学发展的动向，适时地修订育种目标，提出新的育种任务，以便不断育成和推出更多、更好的更新换代的西瓜品种。

## 二、杂交育种的方式

西瓜杂交育种的方式很多，可以从不同的角度进行分类。按杂交亲本间的亲缘关系远近可以分为近缘杂交和远缘杂交；按参与杂交的亲本数目及参与方式可分为成对杂交、三亲杂交、多亲杂交、回交及添加杂交（梯级杂交）等。其中最常用的是近缘成对杂交，许多著名品种则大多是采用多亲杂交育成，而且其亲本中常包括远缘野生种在内。回交法是一种普遍采用的重要方式，特别在远缘杂交中常被采用。本节将重点介绍回交育种和多亲杂交（含远缘杂交）育种。

### （一）成对近缘杂交

参与杂交的只有两个（一对）亲本，且均属于同一个种的不同品种。大多数杂交育成的西瓜品种都是采用这一方式获得的，在我国尤其如此，如早花（小花狸虎×旭大和 6 号）、兴城红（喇嘛瓜×旭大和 6 号）、中育 1 号（红玫×早花）、金夏（大和冰淇淋×久比利）等。日本奈良农业试验场早在 1925 年就开始了西瓜的杂交育种，从大和 3 号×甘露的杂交组合中陆续分离选育出 3 个著名品种旭大和（F6，1932）、新大和 1 号（F7，1933）及新大和 3 号（1935）；在黄肉品种的选育中，1928 年用黄金×甘露于 1933 年选育出大和冰淇淋 1 号、2 号、3 号，1952 年获原农场又从黄金×旭大和的后代中选育出 YK 系列的黄肉品种。

### （二）三亲杂交和梯级杂交

如果采用成对杂交所获得的杂种后代的性状仍不能达到育种目标的要求，则需要引入第三个亲本的有利基因予以改进。如日本的黄肉品种黄金旭都的杂交组合是［（三岛黄金×大和冰淇淋）×黄金］。如果三个亲本杂交仍不能满足育种要求，则需要添加第四个亲本继续进行杂交选育。每添加一个亲本，便添加进去一个亲本的优良性状，因此称为"添加杂交"。又因为这种杂交的图式像"梯级"（台阶），所以又称为"梯级杂交"。

### （三）多亲杂交

四个亲本以上的杂交属于多亲杂交（梯级杂交也是多亲杂交的一种特殊类型）。多亲杂交由于采用的亲本多，可以将更多的优良基因及其性状综合在一个杂种后代中，因而可育成具有多种优良性状的品种，尤其是在多抗育种中更为常用，这是现代育种中的一种形式，需要花费相当长的育种时间。日本从 1955年开始进行西瓜的抗病育种，1961 年育成可以耐 3 年连作的抗枯萎病西瓜品种富久光 1 号、2 号，其杂交组合是［（富研 × 美国野生种）×（UrimiX

Klondike）］×［（UrimiX 都系）的固定系］。美国 Florida 大学 James M. Crall 和 G. W. Eimstrom 经过 15～17 年的长期努力，先后育成高抗枯萎病及炭疽病、外观漂亮、果肉细致含糖量高、高产、耐贮运的品种 Dixielee 和 Sugarlee。此类育种工作需要有一个长远的规划，稳定的研究队伍和充足的科研经费，应作为中国西瓜育种上新台阶的努力方向。

### （四）回交育种

将杂种后代与其亲本之一交配，称为回交（backcross）。回交的后代通常用 $BC_1$、$BC_2$、$BC_3$ 等表示。在杂交育种中，可通过回交来加强亲本之一的优良性状，同时削弱另一亲本的不良性状，而最终达到育种的目标。回交育种通式为 $\{[(A \times B) \times A_1] \times A_2\} \times \cdots \times A_n \cdots$，此公式可简化为 $(R \times N) \times R_n$，式中的 R 称为"回原亲本"或"轮回亲本"（recurrent parent，以 R 代表），即杂种与其回交之亲本品种。充当回原亲本的品种 A 通常是一个综合性状优良品种，但缺乏一两个特殊的理想性状（如抗病性等），与另一亲本 B 杂交后，虽然得到了此理想性状，但本身原有的某些优良性状却同时变劣，因此将杂种与 A 继续回交，以加强 A 之优良性状。式中的 B 称为"非回原亲本"或"非轮回亲本"（nonrecurrent parent，以 N 代表）。充当非回原亲本的品种，其综合性状不一定是优良的，但它必须具有回原品种（A）所缺少的一两个特殊的理想性状，这样与 A 杂交后，便可将其特殊的理想性状引入 A 品种中，再通过与 A 之反复回交和选择，便可使 A 在原有优良性状基本保持不变的基础上，由于引入 B 的理想性状而得到显著改进。回交对杂种群体基因频率的影响是不断增加轮回亲本的基因频率。以 1 对基因的杂交种为例，AA 显性纯合型在群体内出现的百分率如表 6-1。

表 6-1 回交对杂种群体基因频率的影响　　　　单位：%

| 世代表 | | 1 | 2 | 3 | 4 | 5 | 6 | 7 | 8 | 9 | 10 | 11 |
|---|---|---|---|---|---|---|---|---|---|---|---|---|
| $F_1$ 自交后代 | 无选择 | 25.00 | 37.50 | 43.75 | 46.88 | 48.44 | 49.22 | 49.61 | 49.80 | 49.90 | 49.95 | 50.00 |
| | 选择显性类型 | 25.00 | 44.44 | 56.25 | 64.00 | 69.44 | — | — | — | 81.00 | 82.04 | 100.00 |
| $F_1$ 与 AA 回交后代 | | 50.00 | 75.00 | 87.50 | 93.75 | 96.88 | 98.44 | 98.22 | 99.61 | — | — | 100.00 |

表 6-2 回交对杂种群体基因频率的影响从各世代中 AA 类型出现的比例来

看，以回交后代中增长的速度最快，这种增长率也可用以下公式计算：

$$\left(\frac{2^r-1}{2^r}\right)^n$$

式中 $n$ 为通过回交而回转的纯合基因数，$r$ 为回交世代数。因此为了得到相同的某种纯合基因型个体，在回交后代中比在自交后代中容易得到，因为通过回交可以使这种基因型出现频率大为提高（表 6-2）。

表 6-2 F₁ 自交与 F₁ 与显性亲本回交对显性纯合体频率的影响

| 显性纯合体出现频率 | 基因对数（$n$） | | | | | | | |
|---|---|---|---|---|---|---|---|---|
| | 1 | 2 | 3 | 4 | 5 | 6 | 7 | 8 |
| F₁ 自交 | 1/4 | 1/16 | 1/64 | 1/256 | 1/1 024 | 1/4 096 | 1/16 384 | 1/65 536 |
| F₁ 与显性亲本回交 | 1/2 | 1/4 | 1/8 | 1/16 | 1/32 | 1/64 | 1/128 | 1/256 |

因此，当育种目标要求保持某一亲本的基本特性，而仅对其某种个别基因进行更替时，利用这一亲本进行回交，就可以在后代中比较容易地获得原有基因型，而选择工作只要针对需要更替的那部分基因进行便能奏效。如我们需要把品种 B 的 1 对显性抗病基因转到优良品种 A 中去，那么通过一般的杂交育种方法在后代中就很难得到抗病的 A 品种。如采用 A 作为轮回亲本，并针对抗病基因进行选择，则一般回交 5～6 代以后再自交 2 代，就可获得抗病的 A 品种。这种方法称为"转移显性的回交法"。

如果要转移的是隐性基因时，则可以采用回交一代接着自交一代相互交替进行的方法，如核基因控制的雄性不育的转育工作。或者要转移一个隐性的标记性状到母本品种中去，则可将该母本品种作为轮回亲本进行回交，并与自交交替进行。此种转移隐性的回交法其育种年限要较转移显性回交法长得多。为了缩短育种年限，也可不进行自交，而先连续回交 5 代，最后再进行自交。但是，由于在回交过程中无法根据隐性表型选择需要转移的隐性基因，因此在回交中随着非轮回亲本的隐性基因频率不断下降，就有丢失这种隐性基因的危险，为了确保在回交后代中有该隐性基因存在，就需要每年增加回交个体数。

按前述公式，回交至一定代数（$n$ 代）后，便可获得符合我们要求的系统称为"回交系"（recovered line）。但需强调指出回交系并不是最后育成的"品种"，它的遗传基因是异质结合的，因此相当于杂交育种中所得到的 F₁ 或其早期世代，它只不过是育种的原始材料，要想从中得到优良品种，还必须进行一系列的选育工作。

### （五）远缘杂交

种间甚至属间的杂交称为"远缘杂交"。同一个种不同品种间的杂交其基因的多样性存在着一定的局限性，当生产上对品种提出更高、更复杂的要求时，就需要采用远缘杂交的方法来引入异种、异属的基因源。

远缘杂交通常存在着两大障碍，一是杂交不亲和性，一是杂种不稔性，需要采取多种方法予以克服。现分述如下。

1. 克服远缘杂交不亲和性的方法

（1）适当选择和选配杂交亲本。

（2）有性媒介法（也称"桥梁法"）。选用一个与父、母双亲都易亲和的品种充当"桥梁品种"，先与其杂交，获得杂种后再与另一亲本杂交。

（3）无性接近法（生理接近法）。先将杂交双亲相互嫁接，后再进行有性杂交。

（4）改善授粉条件。可采用的方法很多，如混合花粉法、多次重复授粉法、添加限量母本花粉法、添加母本死花粉法（即用高温或高剂量射线将母本花粉杀死，然后用其添加在父本花粉中进行授粉）、蕾期授粉或衰老柱头授粉法、截短柱头法、柱头移植法、父本柱头浸出液涂抹母本柱头法等。

（5）化学因素刺激法。可在母本柱头上涂抹适宜浓度的化学物质以促进远缘花粉的萌发。综合前人的研究报告，曾采用过的化学物质有蔗糖、葡萄糖、维生素 $B_1$、维生素 $B_2$、维生素 C、胡萝卜素、赤霉素、萘乙酸、吲哚酸乙酸、2,4－D 以及微量元素硼、钴等。

（6）物理因素刺激法。利用某些物理因素，例如超声波、微波、激光、电磁振荡、紫外线以及低剂量的 X 射线、β 射线、γ 射线处理远缘花粉，再行授粉。

（7）在果柄处涂抹生长刺激素。如涂抹 2,4－D 或萘乙酸等可防杂交果实早期脱落。

（8）采用免疫抑制剂。这是较新的方法。美国堪萨斯州立大学的 Lynns Bates 在进行不同种属间远缘杂交时曾采用 E－氨基己酸（EACA）类免疫抑制剂化学物质（immunosu-ppressant chemicals）获得了远缘杂种。

2. 克服远缘杂种不稔性的方法

（1）回交法。用亲本之一的正常花粉给杂种授粉。通常大多是采用栽培品种授粉的方式，在克服不稔性的同时，还可改进其栽培性状。

（2）双二倍体法。这是最常用，也是最有效的方法，可用秋水仙碱将远缘杂种的异源二倍体染色体加倍成"双二倍体"，使其在减数分裂过程中染色体能够正常配对，以产生可育的性细胞从而形成杂种种子。

（3）单倍体育种法。将远缘杂种形成的少数有生活力的花粉，在单核期进行花粉培养或花药培养，从中诱导出单倍体植株。经鉴定、选择和染色体加倍后，有可能获得可育的远缘杂种。此法还可同时克服远缘杂种后代的"疯狂分离"，因为单倍体加倍后基因已纯合，不再分离。

（4）教养法（蒙导法）或无性回交法。将杂种嫁接在亲本的植株上，开花后再进行授粉，原理和方法与前述无性接近法相似。

（5）改善环境条件。远缘杂种的不稔性有时是由于杂种，繁殖器官发育所要求的环境条件和亲本不相同，尤其是花粉的不育程度易受环境条件的影响，因此通过改变温度、湿度、光照、肥料等环境条件，可能有利于正常花粉的形成。如有的研究者在开花期增施钾肥，或在结果期喷磷、喷硼，可以提高受精结实率和种子饱满度。此外，采用综合的优良农业技术措施，有利于降低杂种生理上受破坏的程度，从而提高其可育性。

（6）延长杂种个体发育寿命。有些远缘杂种在个体发育的早期不易产生种子，但是随着个体年龄的增长，生理上的不协调得到逐步缓和，便可恢复生育能力。西瓜可用无性繁殖法（组培法、扦插法等）或温室栽培来延长个体的年龄以克服远缘杂种的不稔性。

（7）胚胎培养。在远缘杂交中还常会遇到杂种虽可受精形成结合子，并且发育成胚胎，但胚胎的发育中途停止，或胚虽完善，但胚乳或子叶发育不良。此类种子用通常的方法播种便难以发芽，用人工方法及时将胚取出，并在无菌操作条件下，接种在经过灭菌的"人工培养基"上进行胚胎培养，可使它长成幼苗，然后再移植到土壤中继续生长。人工培养基的主要成分是蔗糖、琼脂、多种无机盐及维生素、激素、椰乳等。胚胎培养法是远缘杂交中采用最普遍，甚至不可缺少的重要方法。

## 三、杂交亲本的选择与选配

杂交育种也称为"重组育种"，其含义是采用杂交的途径将两个（或多个）亲本的有利基因集中起来，通过基因重组和选择，最后育成符合育种目标的新品种。由于杂种后代的优良基因来源于杂交亲本，所以亲本的选择与选配乃是决定杂交育种成败的关键。亲本选择是指根据育种目标选择具有符合育种目标性状的品种或种质材料；而亲本选配则是指在入选的这些亲本材料中选用哪两个（或哪几个）亲本配组杂交，以及具体的配组方式（成对杂交中的正反交，多亲杂交中哪两个亲本先配组以及各亲本最佳的配合方式和次序）。亲本"选"不好不行，"配"不当也不行，只有遵循正确的亲本选择与选配原则，来选定杂交亲本及其组合方式，才能增加杂交育种的预见性，减少盲目性，从而提高杂交育种的效果。

西瓜杂交育种中亲本选择与选配的主要原则如下：

### （一）明确目标性状

紧密结合育种目标的要求，并分清育种目标的主次，选择符合目标性状的品种或种质材料作亲本。如选育抗枯萎病的西瓜品种，其亲本之一必须具有高抗枯萎病的抗病基因。可根据亲本品种的系谱资料或通过苗期人工接种鉴定，而不能只凭印象或田间抗病性表现，否则抗病育种就带有很大的盲目性。

### （二）亲本应具备尽量多的优良性状和最少的不良性状

在主要育种目标上，应尽量选择双亲性状均优良或至少在一定水平之上者。即亲本的优点不怕重复，而且要避免亲本具有严重的不足。这样组配出的杂种后代的性状才比较理想，水平较高，且分离的幅度小，稳定快。反之，就会对后代的改造、选择、分离增加很多困难，并延长育种的年限。如一个亲本抗病性很强，而另一亲本却是高感品种，这样便很难育成高抗品种。

### （三）亲本的优点应能互相补充

一个亲本所缺少的某个优良性状应能在另一亲本中得到补充，这样就可取长补短，使优点集中，缺点减少，得到比双亲更好的杂种后代。如一个亲本高产但品质较差，则另一个亲本必须是优质，而且产量不低于一般水平或中等水平，才能育成高产优质的品种。

### （四）亲本之间应有适当的差异

如果亲本之间的遗传性状差异很小，则失去了杂交的意义。但也不是差异越大越好，一般的经验认为亲本的生物学性状（适应性、抗逆性等）应有一定的差异。育种实践上常选用起源地不同的亲本进行杂交，特别是选用至少一个外地或外国的品种作亲本。采用这种起源地不同的亲本进行杂交，又可称为"远地域杂交"，但它不会发生前述种间远缘杂交所存在的不亲和性等困难，却常会收到良好的效果，国内外各种作物的育种经验都证实了这一结论。著名的遗传学家 N. I. Vavilov 曾明确提出："现实世界的育种实践揭示了杂交需要选用远地域的材料。"中国育种家颜济也曾概括说："通过对世界各国农作物杂交育种实例的系谱分析，可以看到，凡是著名的农作物优良品种没有一个不是远地域、不同生态型、多亲本复合杂交选育出来的。"世界西瓜育种的成就同样证实了这一论断的正确性。中国育成的西瓜优良品种也几乎都是如此，即亲材中至少有一个是外国品种，而有些双亲都是外国品种。如西北农业大学育成的新一代西瓜优良品种西农 8 号，其亲本是分别由起源于美国及日本的种质材料中选育出来的属于美国生态型和东亚生态型之间的（远地域）杂交，充分集中了两种生态型的有利基因，因而表现突出。

### （五）对质量性状而言，亲本之一要符合育种目标要求

根据遗传学的规律，从具有隐性性状亲本的杂交后代中不可能分离出有显性性状的个体，因此当目标性状为显性时，亲本之一应具有这种显性性状，不必双亲都具有；当目标性状为隐性时，虽双亲都不表现该性状，但只要有一亲本是杂合性的，后代仍有可能分离出所需的隐性性状，但必须事前能肯定至少一个亲本是杂合性的。因此，选配亲本时应该至少有一亲本要具有该隐性目标性状。如在西瓜果皮色泽的遗传中，绿皮对花条带为隐性，欲育成一个绿果皮品种，其亲本中至少要有一个亲本具有绿果皮性状。

### （六）用一般配合力（general combining ability）高的亲本配组

一般配合力是指某一亲本品种或品系与其他品种杂交的全部组合的平均表现。一般配合力的高低决定于数量遗传的基因累加效应，基因累加效应控制的性状在杂交后代中可出现超亲变异，选择一般配合力高的亲本配组，通过后代选择，有可能育成超亲的定型品种。但是一般配合力高低目前还不能根据亲本性状的表现估测，只能根据杂种的表现来判断。因此，需专门设计配合力测验或结合一代杂种选育的配合力测验，分析了解亲本品种或品系一般配合力高低。也可以根据杂交育种记录了解常用的亲本品种，这些品种的一般配合力通常较高。

杂交亲本选择和选配是一个需要加以综合考虑的问题，由于植物的遗传机制复杂且影响因素甚多，因此在育种中并无一成不变的模式。上面讲的只是具有一般指导意义的原则，在实践中还须将遗传学的理论与具体育种目标和地区条件结合起来灵活运用，才能收到理想的效果。

## 四、亲本选择的主要经济性状

### （一）优质育种

亲本材料决定西瓜品质的首要成分是果肉的含糖量，A. H. ΦHJIOB 和 T. S. φypca 曾对前全苏作物栽培研究所（BHP，VIR）保存的 2000 余份西瓜种质材料进行研究分析指出：属于高糖型的品种有俄罗斯生态型的美丽和美国生态型的克伦代克-7 等品种。在各生态型品种中高糖型品种所占的比例如表 6-3。

表 6-3　西瓜各生态型中高糖型品种所占比率

| 生态型 | 含糖量/%（平均数±标准差） | 高糖型占有百分比/% | 生态型 | 含糖量/%（平均数±标准差） | 高糖型占有百分比/% |
|---|---|---|---|---|---|
| 阿富汗 | 8.4±0.12 | 11 | 东亚（中、日） | 9.0±0.11 | 34 |
| 印度 | 8.0±0.3 | 10 | 西欧 | 9.4±0.12 | 47 |
| 中亚 | 8.9±0.09 | 33 | 外高加索 | 8.9±0.12 | 27 |
| 美国 | 9.4±0.8 | 42 | 远东（苏联远东地区） | 8.5±0.13 | 13 |
| 俄罗斯 | — | 33 | | | |

在中国现有的西瓜种质资源中，属于高糖型的大多数为引进日本、美国、苏联的品种材料及其杂交后代。如日本的旭大和、新大和，苏联的美丽、苏联 3 号，美国的 Crimson sweet、Charleston Gray、Klondike、Sugar Baby、Sugarlee、Dixielee、SC-7 等，以及由韩国、中国台湾地区引入的品种。

### （二）高产育种

西瓜的产量构成因素有三方面，即密度、单株坐瓜数、单瓜重，其中单瓜重是评价品种材料产量高低的重要指标。据 φypca 等（1976）的研究，全世界的西瓜种质资源中果实的单瓜重按生态型分类如表 6-4 所示。

表 6-4　世界各西瓜生态型的单瓜重　　　　　　单位：kg

| 生态型 | 单瓜重 | 生态型 | 单瓜重 |
|---|---|---|---|
| 阿富汗 | 4.9±0.2 | 东亚 | 3.6±0.06 |
| 印度 | 4.7±0.5 | 西欧 | 3.6±0.2 |
| 中亚 | 4.5±0.1 | 外高加索 | 4.4±0.2 |
| 美国 | 4.2±0.14 | 小亚（西亚） | 4.1±0.1 |
| 俄罗斯 | 3.5±0.06 | 远东（苏联远东地区） | 1.9±0.13 |

由表 6-4 可见，单瓜重大的是阿富汗生态型品种，其次是印度和中亚生态型。在现代品种中，以美国生态型的大果品种最多，苏联远东地区的西瓜品种单瓜重较小，日本、韩国的西瓜大多为中型或中小型。

在中国现有的西瓜种质资源中，属于高产型的品种主要有美国生态型的 Charleston Gary、Jubilee 及其衍生品种。华北生态型的黑油皮、高顶白、冻瓜等晚熟地方品种以及新疆生态型的地方晚熟品种吐鲁番黄瓢花皮、黑皮冬西瓜等。

### （三）早熟育种

西瓜的早熟性取决于它们的全生育期（从播种至果实成熟）和果实发育期（从雌花开花至成熟）的天数。早熟品种的花期早，坐瓜节位低，果实发育期短，全生育期的天数亦少。

据 φγρca 等（1976）的研究，全世界的西瓜品种生育期天数按生态型的不同而异（表 6-5）。

表 6-5　西瓜不同生态型的生育期　　　　　　单位：d

| 生态型 | 果实发育天数 | 全生育期天数 |
| --- | --- | --- |
| 阿富汗 | 38 | 88±1.0 |
| 印度 | 36 | 87±1.7 |
| 中亚 | 39 | 87±0.7 |
| 美国 | 41 | 86±0.7 |
| 俄罗斯 | 40 | 86±0.4 |
| 东亚 | 38 | 83±0.7 |
| 西欧 | 40 | 84±0.9 |
| 外高加索 | 38 | 82±1.1 |
| 小亚（西亚） | 37 | 79±0.6 |
| 远东（苏联远东地区） | 33 | 66±0.8 |

由表 6-5 可知，最早熟的西瓜生态型是苏联远东地区的品种，它们是世界西瓜种质资源中最珍贵的早熟材料。

在中国全生育期短的是东亚（主要来自日本）生态型的品种，它们是早熟育种的适宜材料。近年来，中国育成的早花、苏蜜 1 号、金夏（3301）、伊选、郑州 3 号、琼酥等新品种，无一不是东亚生态型品种参加杂交或系统选育的结果。中国地方品种浜瓜、十八天糙、小花狸虎等也是较好的早熟材料；日本的红小玉、乙女等则是极早熟品种。

### （四）抗病育种

西瓜的病害种类较多，但作为抗病育种的重点目标的病害大多仍以枯萎病和炭疽病为主。目前中国拥有的对这两种病害的抗原材料主要有两类：一类是来源于非洲的野生或半野生西瓜，其中有许多高抗甚至免疫的材料，但经济性状差，需要采用多亲杂交、回交等育种方法和较长期的育种过程，才能育成有商品价值的高抗、兼抗新品种；另一类抗原材料主要是来源于美国的品种。因为美国的西瓜抗病育种历史悠久，成绩显著，所育成的抗病品种大多包含非洲西瓜或野生西瓜的亲缘（基因型）。可以用作西瓜抗病育种的亲本品种主要有：Conqueror（征服者、胜利者）、Klondike（克伦代克）、Blacklee（黑里）、Leesburg（里斯伯格）、Summit（顶峰）、Taxax W5（德克萨斯 W5）、Somkylee（烟里）、Calhoun Gray（灰卡红）、Garrison（戈瑞森）、Charleston Gray（查尔斯顿）、Jubilee（久比利）、Fairfax（费尔法克斯）、New Hampshire Midget（袖珍新罕布什尔）、Congo（刚果）、Sugarlee（糖里）、Dixielee（代克斯里），以及1983 年美国新育成推广的两个著名多抗病品种 Au-Jubilant 和 Au-Producer，它们抗蔓枯病（Gummy stem blight）、枯萎病（Fusarium wilt）和炭疽病生理小种 2（Anthracnose race 2）。

# 第三节　二倍体西瓜典型品种的育种实践

常规育种过去多以两个亲本材料进行杂交，然后通过自交再经过系统选育（系谱法）选出符合目标性状的个体。我国大陆通过杂交育种选育出的第一个西瓜常规品种是"早花"，它是河南地方品种"小花狸虎"和引进日本品种旭大和6 号杂交后，经过系谱法选育而成。该品种曾在生产中大面积应用，取得辉煌成就，后来以该品种为母本育成庆丰系列品种和多个西瓜品种；著名的一代杂种西瓜"郑杂 5 号"就是它做亲本之一育成的。

我国新疆葡萄瓜类研究所选育的西瓜品种"火洲一号"即采用多亲本添加杂交模式育成（图 6-1）。

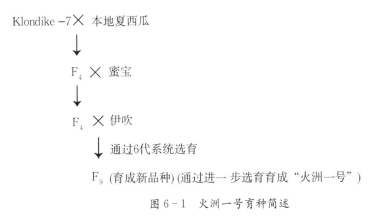

图 6-1 火洲一号育种简述

首先选用从美国引进抗病品种"克伦代克"（Klondike）和本地优质品种"夏西瓜"成对杂交，按照系谱法经过对杂交后代进行 3 代选择后的 $F_4$ 与"蜜宝"杂交，再经过对其杂交后进行连续 4 代选择，其 $F_4$ 又与日本引进品种"伊吹"再杂交，其杂交后代经过 6 代系统选育，选出抗病、品质优异的个体，又经过 3 代严格自交，选成抗病优质的西瓜品种"火洲一号"。这样，这个品种的选育经过十余年 17 代的选择才完成，倾注了育种者大量的心血。该品种是当前许多一代杂交种的优良亲本，如"8424"等。

美国 20 世纪 60 年代和 70 年代西瓜育种的主要方式也是杂交育种，其显著的特点是多亲本聚合和添加杂交，育成的品种综合性状优良，聚集多个品种的优良性状，具有多抗、耐贮运、品质较好、外观漂亮等特点。"Sugarlee"是美国佛罗里达大学农业研究中心 1981 年选育成的一个优质、耐运输、适于旱季节栽培、抗炭疽病生理小种 1、抗枯萎病生理小种 0 和 1 的品种。在美国南部西瓜联合试验中东部一些州 1977—1981 年的生产表现非常突出。现在，它是我国一些优良品种的亲本和重要育种计划的优良种质。"Sugarlee"是由一系列杂交和回交选育而成的，其亲本包括高抗枯萎病的"Texas W5"和"Summit"与中抗品种"Fairfax"和"WRGraybelle"。该育种计划最早开始于 1961 年，1961—1968 年的育种方案也是与另外一个著名品种"Dixielee"的育种相同，也可以说是美国佛罗里达大学多个西瓜品种如"Minilee""Micklee"等相同的。"Sugarlee"的亲本杂交始于 1968 年，而单株选择经过 7 个世代（1969—1975）。从 $F_7$ 中的 6 个选系的后代混合收种并保存并于 1976 年种植精选，得到选系 77-2。将此精选的种子分别于 1977 年、1978 年、1979 年、1980 年和 1981 年在佛罗里达和其他州进行广泛试验。"Suarlee"的基础种子就来源于此选系。图 6-2 是著名西瓜品种"Sugarlee"的选育技术路线和育种途径模式图。

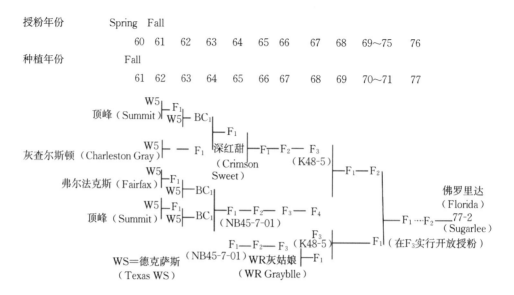

图 6-2 Sugarlee 西瓜品种选育的系谱

# 第七章　四倍体育种

自 1937 年 Blakeslee 和 Avery 首次发现秋水仙碱（colchicine）诱导植物染色体加倍的效果以后，掀起了用秋水仙碱诱变多倍体育种的热潮。日本的木原均和山下孝介于 1939 年用秋水仙碱诱导二倍体旭大和，获得了世界上第一个四倍体西瓜，由此开创了西瓜多倍体育种的新时代。到 1950 年，日本已相继育成新大和、旭大和、富研等四倍体西瓜品种。之后，美国、意大利、印度、以色列和苏联等国先后开展了西瓜的多倍体育种研究。以色列虽然起步较晚，但发展较快。他们以 Sugar baby 为材料，用秋水仙碱处理子叶期幼苗获得 Alena 四倍体西瓜。该品种 1979 年首次试销欧洲，1980 年大批出口，开辟了四倍体西瓜直接生产、出口的先例。1984—1988 年栽培的 Alena 平均产量为 40 500 kg/hm$^2$。

我国大陆从 20 世纪 50 年代末才开始多倍体西瓜育种研究，虽然起步较晚，但发展很快，成绩卓越。江苏省农业科学院最早开展多倍体西瓜育种，并于 1957 年首次诱变成功我国第一个四倍体西瓜品种华东 24。中国农业科学院郑州果树研究所开展多倍体育种研究起步也较早，1960 年开始引种，选育成的四倍体 1 号在我国广泛应用，是我国四倍体西瓜的元老，为多倍体西瓜的科研和生产立下了不可磨灭的功绩。同时，广东省农业科学院也育成了农育 1 号四倍体；湖南邵阳地区农科所和山东省副食品公司于 1972 年育成了 72404 和蜜宝四倍体。自 1974 年起，国内一些科研单位相继诱变成功旭东 4x、兴城红 4x、新青 4x、蜜宝 4x、大和冰淇淋 4x 等第一批四倍体育种材料。选育成功很多的具有实用价值的四倍体品种。

随着四倍体材料在育种上的广泛应用，对多倍体，尤其是四倍体的研究也逐渐开展起来。近几年来，国内外科技工作者开始着手研究用秋水仙碱或氨磺乐灵（除草剂）结合组织培养的植物离体组织细胞染色体加倍技术，诱导出几个西瓜四倍体新品种，这项研究的成功为西瓜多倍体育种又提供了一条新途径。

# 第一节    四倍体诱变的类型和方法

四倍体西瓜的形成主要有两条途径：一是杂种或原种所形成的染色体未减数的配子的授精结合；二是杂种或原种的合子的染色体加倍。四倍体自发产生主要通过第一条途径，而人工诱变则通过第二条途径。

## 一、自然变异

一些自然现象如雷电，空气、温度剧变，土壤中的化学物质，西瓜植株受到创伤等都有可能诱发多倍体。虽然自然发生的四倍体未见有报道，但生产中确有发生，只是变异率很低，保留下来的更少。二倍体西瓜栽培品种在繁殖过程中很少自然突变成为四倍体（tetraploid），但 Nugent 和 Ray 在栽培二倍体甜瓜品种 Planters Jumbo 中发现了自然突变 C899 - J2 后绿标志的四倍体甜瓜，并选育出 C883 - m6 - 4x 和 67 - m6 - 100 - 4x 优系。

## 二、物理诱变

利用各种射线、异常温度、超速离心力、高电压、切割、嫁接等方法均能诱导西瓜产生多倍体。最早的物理诱导方式是在番茄上通过打顶等机械损伤的方式而诱导了四倍体，之后人们利用高温或低温处理授粉后的幼胚，以及采用射线、中子流、电子束、激光等辐射也实现了染色体的加倍。但这些方法由于效率低、嵌合率高、危害性大而不能被广泛利用。

## 三、化学诱变

与物理诱变相比，化学诱变具有时间较短、后代稳定快、方法简便、容易推广应用等优点。人工多倍体诱导通常利用的是化学诱变，常用的化学诱变剂有秋水仙碱、苯乙烷、吲哚乙酸、苯及其衍生物、有机砷制剂、有机汞制剂、磺胺剂及其他植物碱等不下 200 种。

近来人们发现除草剂 APM（amiprophos-metyl，一种磷醚胺除草剂）、Trifluralin、Oryzalin（一种二苯基胺类除草剂）、Pronamide（一种苯基酰胺除草剂）和氟乐灵（一种二苯基胺类除草剂）等也有此功能。在这些诱变剂中，秋水仙碱效果最好（图7-1）。通常采用的方法是用秋水仙碱浸泡具有活跃分裂能力的分生组织的幼苗、幼芽或花药等，但这种方式常常会形成嵌合体。同时，秋水仙碱的毒性大，使它的应用受到限制。随着组织培养技术的发展，可以通过组培技术建立再生植株，这使秋水仙碱在离体组织水平上（像愈伤组织、胚状体、子房、原生质体）诱导单个细胞内的染色体加倍成为更加容易。

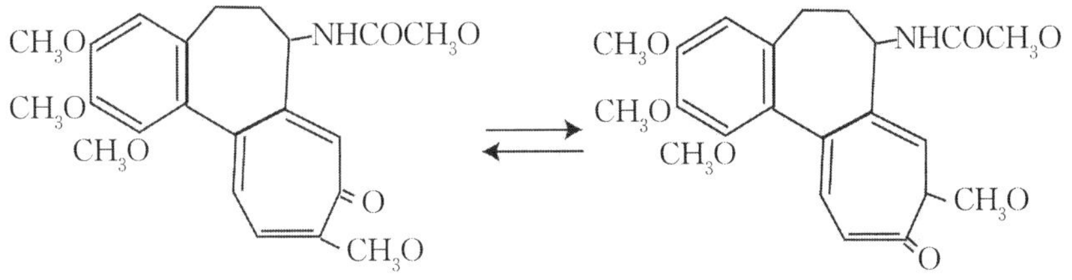

图7-1 秋水仙碱的结构式

### （一）诱变材料的选择

二倍体西瓜在诱变成四倍体西瓜后，尽管由于多倍化效应显示出若干优异特性，但并不是任何一个二倍体品种在诱变成四倍体后都具有实用价值和优良的经济性状。因此，正确选用合适的二倍体品种（品系）作为诱变亲本，是获得理想四倍体的重要环节。

1. 选用优良的二倍体西瓜品种

化学诱变多倍体育种与杂交育种、辐射育种和基因工程育种等有很大的不同。它不发生染色体交换、基因重组和基因突变，而是染色体的成倍增加，导致原有性状的放大、加强和提高。也就是说，四倍体西瓜的遗传基础是建立在诱变的二倍体品种基础之上的。因此，诱变用的二倍体西瓜品种的优劣直接影响诱变成的四倍体西瓜的好坏和实用价值。所以应该选用肉质紧密、糖分含量高、果皮薄、瓤色纯正、坐果容易、抗性强等优良性状的二倍体品种作为诱变材料。只有在诱变材料的经济性状特别优良的情况下，才有可能获得优良的四倍体。否则浪费了时间、人力和物力，而获得的四倍体却无利用价值。

2. 避免选用大种子或特小种子、大果型二倍体西瓜品种

因为二倍体品种经过"多倍化"以后，果皮变厚，大种子变得更大，特小种子虽变大，但仍然偏小。用果皮厚、种子大的四倍体配成的三倍体西瓜果皮太厚，可食率低；无籽西瓜的秕籽太大，使无籽西瓜的"无籽性"差，导致产生大的种子腔，容易形成空心果。用小种子四倍体配成三倍体后，种子产量低、成苗率低。大果实四倍体则果实大，种子少，用作三倍体西瓜母本很不经济。因为它需要的营养面积大，占用的土地多，而单位面积的采种量很低。而且大

果型西瓜一般叶片大，枝叶繁茂，诱导成四倍体以后叶片变得特别肥大，茎变得粗短，防风性能很差。以前有人曾将马铃瓜、浜瓜、三白瓜、加拿大早熟这些大种子品种西瓜诱变成了四倍体，由于这些品种本身有很多缺陷，诱变成四倍体以后使之与大量二倍体品种测交，未能获得任何有经济价值的组合，因而不能作为无籽西瓜母本在生产中应用。

此外，应尽量选用果形高圆或短椭圆的品种诱导四倍体。因为稍扁圆或圆球形果诱导成四倍体以后，果实纵径缩短，横径增大，可能是造成空心果的原因之一。果肉粗松的品种也应避免使用，这种品种变成四倍体后必然产生空心果。

3. 选用纯合二倍体西瓜品种

要诱变得到遗传基础丰富的四倍体，一是选用类型多样的二倍体固定品种或纯系进行诱变；二是选用遗传性状一致的二倍体材料，稳定的育种材料后代比较容易得到高纯度的四倍体西瓜品种。选用杂合二倍体材料诱变成的四倍体在后代中会大量分离，可以得到遗传基础十分丰富的四倍体材料。但是，要从这些材料中选出符合育种目标的纯合的个体，需要有比纯合二倍体西瓜大的群体和更长的时间。也就是说，在四倍体水平上育成纯合稳定的个体要比在二倍体水平上难度大得多。因此，在现有二倍体西瓜诱变材料没有符合育种目标的情况下，先进行二倍体水平的育种，然后用二倍体西瓜纯系再进行诱变更经济些。但是在特殊情况下选用杂合二倍体诱变材料也在所难免，例如要获得核不育雄性不育四倍体，用不育系的杂交一代诱导成功的可能性就大得多。

4. 诱导性状各异的四倍体品系

任何育种用的原始材料都不是十全十美的。一个品种既有缺点，也有优点。有的品种有很多优点，但可能也有某些严重缺陷。在诱变时尽可能选用多种类型、品种和品系。还可以多次连续诱变，以创造丰富的四倍体西瓜资源，使各种遗传基础的个体都有在多倍体水平上表现的机会。为了提高多倍体西瓜的孕性和得到符合育种目标的四倍体，有时还需要进行四倍体品种或品系间的杂交，然后在此基础上进行严格的选择与培育，育成生产性状和经济性状更好、更完备的四倍体西瓜品种，特别在四倍体杂交一代直接利用的双亲选择上有了更多的机会。

## （二）秋水仙碱诱变多倍体的机制

同一植物体的不同器官，同一器官的不同组织，同一组织的不同细胞的状态是不同的。有的细胞处于分裂状态，有的则处于静止状态，有的分裂快，有的分裂慢，有的根本不能进行分裂。秋水仙碱对植物细胞的作用有选择性，它只作用于正在进行有丝分裂的细胞，在有丝分裂的各个时期秋水仙碱都有作用，但以中期最显著。秋水仙碱的作用是阻止或破坏有丝分裂细胞的纺锤体的形成。当秋水仙碱与正在分裂的细胞接触时，纺锤丝即缩短，同时结构也发生变化，因而已经复制的染色体或已经配对的染色体停止在中期状态，在赤道板位置上不向两极移动，细胞不分裂，而染色体却增加了1倍，因而成为1个染色体加倍的细胞即多倍性细胞。秋水仙碱的作用是有时间性的，一旦无秋水仙碱继续渗入，原来的秋水仙碱作用消失，多倍性细胞恢复常态，生长—体积增大—分裂（图7-2），进而形成多倍性的组织、器官，乃至植株。

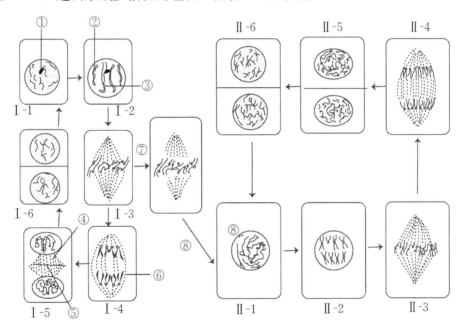

Ⅰ. 第一次有丝分裂（减数分裂）；Ⅱ. 第二次有丝分裂；1. 间期；2. 前期；3. 中期；4. 后期；5. 末期；6. 子细胞；①核仁；②染色体；③着丝粒；④成膜体；⑤细胞板；⑥纺锤体；⑦秋水仙碱作用；⑧秋水仙碱作用消失。

图7-2 秋水仙碱处理细胞染色体加倍模式

### （三）活体条件下诱变四倍体

活体条件下诱变西瓜多倍体是通过处理植株的生长点达到染色体加倍而实现的。因为秋水仙碱是对正在分裂的细胞产生作用，所以常选用萌动或萌发的种子、幼苗、正在生长的嫩梢及芽为处理材料，用一定浓度的秋水仙碱溶液或乳剂对材料进行浸渍、涂抹、滴液、注射等方法处理进行诱导。

### 1. 诱变方法

在活体条件下用秋水仙碱诱变西瓜四倍体主要有以下 4 种方法。

（1）浸种法。浸种法是用 0.2％秋水仙碱水溶液直接浸泡干种子 24～48 h，或用清水浸过种 6～12 h 的湿种子或浸种催芽 12 h 的萌动种子 24 h。然后用清水洗净种子表面的药液，放入 28～30 ℃的恒温箱内催芽后播种。浸种法简便易行，但胚根对秋水仙碱敏感，受毒害后根系极不发达，吸收能力减弱，下胚轴不伸长，横向膨大呈球状或纺锤状，子叶难出土，成功率低，诱变效果差。

（2）胚芽倒置浸渍法。胚芽倒置浸渍法是待胚根长到 1.5 cm 左右，子叶微露出种壳时，将胚芽倒置，使其生长点浸入浓度 0.2％～0.4％秋水仙碱溶液中，药液量以淹没胚芽为度，根尖朝上，用湿纱布盖于胚根上保湿，在 25～30 ℃恒温箱中处理 20～24 h。处理后用流水冲洗，洗净胚芽上的药液后播种。此法简便，根胚不受药液危害，能正常出土成苗，处理苗成活率高，如果剥去种壳处理，诱变效率高，但剥去种壳较困难；若带种壳处理比较简便，但效果较差。

（3）滴苗法。滴苗法是在温床或冷床中育苗，在幼苗子叶展平破心之前用 0.2％～0.4％秋水仙碱溶液滴浸幼苗生长点，每次 1 滴，每天早晚各 1 次，连续 4～5 d。应用此法时应注意：①严格处理时期，处理太早容易产生药害，处理太晚容易形成嵌合体；②处理浓度依据品种类型不同，差异大；③选子叶形态正常的幼苗进行处理，每次滴药不宜过多，并用棉球覆盖在生长点上，以延长处理时间，避免药液顺下胚轴流入土壤伤害幼根，影响成活；④处理期间需要遮光和保湿。此法手续比较麻烦，最好在温室进行。在处理期间温度为18～25 ℃时，采用 0.25％秋水仙碱溶液滴苗处理效果最好。这种方法延迟生长少，容易得到变异果实和种子，诱变率比浸种和浸芽法高，诱变效果较好，但容易出现嵌合体。

（4）涂抹法。涂抹法是在幼苗子叶展平时，将 0.4％～1％秋水仙碱溶液混入羊毛脂膏中调制成的秋水仙碱羊毛脂乳剂涂抹于幼苗生长点，每株涂大约黄豆大小一块，一般涂一次即可。

采用此法时应注意：①均匀调制秋水仙碱羊毛脂乳剂。羊毛脂（lanolin）是一种黄色黏稠的半固体物质，能与 2 倍重量的水混合，易溶于醚、苯、氯仿、丙酮和石油醚，在热乙醇中溶解，难溶于冷乙醇；②处理最好是在晴天中午温度较高时进行，或先将秋水仙碱羊毛脂乳剂加热并充分搅拌，使其黏稠性降低，以便与生长点紧密接触；③与滴芽处理一样，处理期间需要遮光并保温。涂抹方法简便易行，诱变率高，但延迟生长严重。

究竟采用哪种方法，应根据品种、熟性、处理季节的早晚及环境条件而定。一般早、中熟品种，处理季节较早，环境条件优越，采用涂抹法为好；中晚熟和晚熟品种，处理季节偏晚，环境条件较一般，采用滴苗法和浸芽法为好。一般不采用或很少采用浸种方法，因为浸种法易产生根中毒。

2. 诱变效果

用秋水仙碱诱变西瓜四倍体的效果因方法和诱变材料的不同而异，将二倍体西瓜诱变成四倍体的诱变率一般不超过10％。有人进行提高秋水仙碱诱变率的研究结果表明：采用脱脂棉裹生长点后滴苗、脱脂棉或纱布条虹吸秋水仙碱溶液连续浸泡幼苗生长点、秋水仙碱溶液中加洗衣粉或吐温等展着剂或加二甲基亚砜助渗剂等可使诱变率有所提高，但不显著。

谭素英等（1993）采用剥去生长点外幼叶后，再用秋水仙碱滴苗或涂抹的方法进行诱变处理，诱变率明显提高。剥滴处理的诱变率提高到52.6％，处理效果提高到30.4％；剥涂处理的诱变率提高到60％，处理效果提高到29.4％（表7-1、表7-2）。以上结果说明，剥去生长点外幼叶后，用秋水仙碱溶液滴苗或涂抹处理的诱变率显著优于常规滴苗和涂抹处理。

表 7-1　秋水仙碱剥滴处理西瓜幼苗的诱变效果

| 项 目 | 伊选 | | 74-5-1 | | 郑州 3 号 | | 州优 8 号 | | 伊姆 | | 汴梁 1 号 | | 综合 | |
|---|---|---|---|---|---|---|---|---|---|---|---|---|---|---|
| | 处理 | CK | 处理 | CK | 处理 | CK | 处理 | CK | 处理 | CK | 处理 | CK | 处理 | CK |
| 处理苗数 | 28 | 30 | 30 | 30 | 28 | 30 | 26 | 30 | 28 | 26 | 28 | 24 | 168 | 170 |
| 成株数 | 16 | 18 | 20 | 21 | 11 | 19 | 17 | 20 | 14 | 22 | 19 | 19 | 97 | 119 |
| 成株率/％ | 57.1 | 60 | 66.7 | 70 | 39.3 | 63.3 | 65.4 | 66.7 | 50 | 84.6 | 67.9 | 79.2 | 57.8 | 70 |
| 变异株数 | 12 | 3 | 9 | 4 | 3 | 0 | 4 | 1 | 10 | 2 | 13 | 1 | 51 | 11 |
| 诱变株率/％ | 75 | 16.7 | 45 | 19 | 27.3 | 0 | 23.5 | 5 | 71.4 | 9.1 | 68.4 | 5.3 | 52.6 | 9.2 |
| 处理效果/％ | 42.9 | 10 | 30 | 13.3 | 10.7 | 0 | 15.4 | 3.3 | 35.7 | 7.7 | 46.4 | 4.2 | 30.4 | 6.5 |

表 7 - 2　秋水仙碱剥涂处理西瓜幼苗的诱变效果

| 项　目 | 郑州 3 号 | | 州优 8 号 | | 综　合 | |
|---|---|---|---|---|---|---|
| | 处理 | CK | 处理 | CK | 处理 | CK |
| 处理苗数 | 48 | 49 | 37 | 37 | 85 | 86 |
| 成株数 | 22 | 24 | 19 | 21 | 41 | 45 |
| 成株率/% | 45.8 | 49 | 51.4 | 56.8 | 48.2 | 52.3 |
| 变异株数 | 12 | 10 | 13 | 8 | 25 | 18 |
| 诱变株率/% | 54.5 | 41.7 | 68.4 | 38.1 | 61 | 40 |
| 处理效果/% | 25 | 20.4 | 35.1 | 21.6 | 29.4 | 20.9 |

**3. 影响诱变效果的因素**

秋水仙碱诱变四倍体的成功与否和诱变率的高低，与植株所处的生长状态、秋水仙碱的处理浓度、处理时间和方法、处理期间的环境条件等关系很大。

（1）植株和组织的生长状态。因为秋水仙碱只对正在分裂的细胞起作用，所以被处理的西瓜幼苗或植株必须生长正常，被处理的组织必须是生长最旺盛、分裂最活跃的分生组织。如萌动和萌发种子的胚芽，幼苗或成株的顶芽或腋芽的生长点，正在进行减数分裂的花粉母细胞或胚囊母细胞等。

（2）秋水仙碱的处理浓度与时间

1）处理浓度：秋水仙碱浓度过高时会产生毒害作用，植株生长缓慢甚至导致死亡，从而出现变异率高，处理效果低、实际得到变异植株少的结果。而浓度过低又不起作用而得不到变异植株，出现变异频率和处理效果均低的现象。在一定范围内，诱变率与使用的秋水仙碱药液浓度成正比。根据被处理西瓜的品种、器官和组织的不同，处理方法及处理期间温度的不同，所用秋水仙碱的处理浓度也应作相应的调整。多年的实践表明，0.01%～1.6%的各种浓度都可以诱变产生四倍体，但以 0.2%～1.0%的浓度应用普遍，尤以 0.2%～0.5%的秋水仙碱水溶液诱变的效果好，成功率较高。不同品种、植株的不同年龄对浓度反应不一样。早熟品种比晚熟品种、幼苗比成株、茎尖比芽的反应敏感，使用的浓度要低些。使用浓度的高低与诱导时采用的方法有关，用羊毛脂作媒剂的涂抹方法比直接用水溶液滴苗、浸芽的使用浓度要高些。使用浓度与温度密切相关，处理时气温高时使用的浓度要低些，反之应使用较高的浓度。

2）处理时间：秋水仙碱处理时间的长短是能否获得多倍体的关键，所以掌握好处理时间非常重要。在秋水仙碱处理下，细胞每分裂 1 次，称为 1 个"秋水仙碱分裂"（C-mitoses），每经过 1 次这样的分裂，染色体数目便增加一倍。分生组织在经过秋水仙碱处理以后，并不是全部分生细胞的染色体都同样加倍，可能有些分生细胞的染色体加了倍，有些加倍后再加倍，而有些根本没有加倍。

成功的处理是要使分生组织的多数分生细胞发生 1 次"秋水仙碱分裂"，尽可能减少未加倍的分生细胞数。因为加了倍的分生细胞分裂缓慢，未加倍的分生细胞分裂迅速，倘若未加倍的分生细胞多了，它们就会很快地分生，抢先占有整个分生组织，而加倍的分生细胞由于"落后"而逐渐从分生组织内消失，秋水仙碱处理时间短了就容易造成这种情况。然而处理时间过长又会造成分生组织的细胞发生多次"秋水仙碱分裂"，使染色体再加倍，以至多次加倍，使得分生组织停止生长而死亡。

要掌握适宜的处理时间不仅要了解细胞的秋水仙碱分裂周期，还应考虑药物在组织中的扩散时间。不同作物、品种、器官、组织和细胞的 1 个"秋水仙碱分裂"时间的长短不一，因而处理的时间也应有差异。一般来说，处理种子时间应较长，处理种芽、茎尖和腋芽的时间应缩短。处理时间的长短与药剂浓度和温度有关。一般浓度高时处理的时间应短，反之处理的时间应长。在实践中采用高浓度短时间处理效果为好。温度高时处理的时间应短，反之处理时间应加长。

（3）环境因子。温度、湿度和光照等主要环境因子对秋水仙碱诱变四倍体的效果影响较大。适宜的温度是获得较高诱变率的重要条件。温度是通过影响植株生长状态和影响药液向组织渗透两个方面影响诱变效果，一般来说植株生长的适温范围就是诱变四倍体的温度范围。但有些试验证明，最适宜的诱变温度比最适生长温度稍低。如果温度太高或太低，分生组织生长太快或太慢，或停止生长，诱变率就会低。

湿度是通过影响植株生长和药液浓度两方面影响诱变率。较高的空气湿度能稳定药液浓度，有利于诱变。在处理期间应避免阳光直射，以利用散射光为宜。因为强烈的阳光直接照射时，能改变药物的性质或使药物失效；光照过弱或完全黑暗又使幼苗或植株生长不良、徒长，或容易感病，导致处理过程中植株死亡或诱变率低。此外，比较适宜的温、湿、光和土壤综合条件，有利于植株生长正常，分生组织的细胞分裂旺盛，对秋水仙碱诱变率的提高有利。

（4）药剂作用于生长点的深度。茎尖生长点的第一、第二层细胞将来分化成茎、叶等营养器官，第三层细胞分化成性器官——雌花和雄花。只有当生长点的第三层细胞加倍成四倍体，由它分化成的性器官变成四倍体，才能产生四倍体后代。如果药剂只渗入生长点的第一、第二层细胞，茎、叶等营养器官变成了四倍体，而药液未渗入生长点的第三层细胞，花器未变成四倍体，这样的变异不能遗传给后代。药剂作用于生长点的深度与用药量的多少、药剂停留时间的长短有关系。若用药太少或因空气干燥等原因，药剂停留的时间短，渗入组织的深度不够，会产生营养器官加倍而性器官不加倍的现象。

### （四）离体条件下诱变四倍体

西瓜的组织培养始于 20 世纪 70 年代，组织培养中出现的染色体数目及结构变异为植物多倍体育种开辟了一条新途径。在西瓜的组织培养过程中，于西瓜幼胚子叶不定芽再生的前 7 天，在再生培养基中添加 0.05％秋水仙碱，使再生植株诱导四倍体的频率可由对照（不加秋水仙碱）的 8％提高到 52％，大大提高了利用组织培养再生四倍体的频率和效率。

目前已建立比较成熟的西瓜高效离体培养再生体系，主要应用于优良种苗快繁、四倍体西瓜育种。例如房超、林德佩等（1996）介绍了一种利用组织培养方法成功获得西瓜四倍体的方法。他们利用组织培养方法获得西瓜四倍体的主要步骤为：首先，从优良二倍体西瓜品种或品系的优良单株上采收授粉后20~25 d 未成熟果实，经流水冲洗后用 70％乙醇表面消毒 30 min，然后在超净工作台上用火焰或自然风干果实表面。在无菌条件下取出种子，切取近胚轴端子叶组织作为外植体，接种到 MS＋1.18 mg/L 6-BA＋0.05％秋水仙碱的培养基上培养 1 周，然后转移到 MS＋1.18 mg/L 6-BA 的新鲜培养基上，大约经过5 周后可见到不定芽的形成。

其次，将再生不定芽转移到 MS＋0.59 mg/L 6-BA 的增殖培养基上，使再生芽得以扩增生长，此材料可以直接生根，也可转入含 0.118 mg/L 或 0.59 mg/L 6-BA 的 MS 培养基上交替继代培养。生根培养基是 MS＋1.07 mg/L IBA。芽苗接种到生根培养基上大约 2 周生根长成完整植株，即试管苗。试管苗可在温室中锻炼 4 周左右，然后再移入大田或温室，生长、开花、结果。

与传统的通过秋水仙碱溶液处理西瓜幼苗的茎尖生长点或浸泡西瓜种子使西瓜染色体加倍相比较，离体诱变具有以下优点：一是西瓜组织培养技术已经成熟，处理对象增殖迅速，容易控制试验条件和重复试验结果；二是诱变率高，可以达到 40％~60％，能使加倍、选择、快繁同时进行，从而缩短育种周期，加速多倍体西瓜选育进程；三是可以减少或避免异倍性细胞嵌合体，即组织培养技术可通过悬浮培养等手段使细胞高度分散，直至变成单个细胞群，由此可以克服产生嵌合体现象。

离体培养过程中用化学药剂诱变二倍体西瓜材料加倍可大体分为两种,一是直接诱变法,即将材料放在含诱变剂的培养基中处理一段时间,再转到不含诱变剂的培养基中培养。例如,周谟兵等(2007)的研究认为,诱导西瓜四倍体较好的方法是将浓度为 1 000 mg/L 的秋水仙碱加入培养基中处理 6 d,再接种到不含秋水仙碱的培养基中使其分化成苗,四倍体的诱导率平均可达到 55%。

二是间接诱导法,即先在不含诱变剂的培养基中培养一段时间,再转移到含诱变剂的培养基中培养。培养基可是固体培养基,也可是液体培养基。一般来说,直接处理外植体产生的药害大,经预培养后再用诱变剂处理可提高四倍体获得率。有研究表明,预培养时间从 0 d 延长到 10 d 时,四倍体诱变率从 10% 提高到 25%。一般认为,MS 培养基比其他培养基更适宜于西瓜组织培养作基本培养基;培养基中可附加不同成分有利于西瓜生长的药剂,如 MS 盐、甘氨酸、维生素 $B_6$ 等,凝固剂多为 7 g/L 琼脂;碳源为 30 g/L 蔗糖。

除基本培养基外,植物生长调节剂的选择被认为是组织培养能否获得成功的关键因素。普遍认为 6 - BA 是诱导西瓜不定芽发生最有效的生长调节剂。不同细胞分裂素对西瓜上胚轴不定芽发生和出芽数有不同程度的影响。研究 6 - BA 对诱变的影响的结果表明,高浓度和低浓度对芽的分化作用不明显,而当 6 - BA 的浓度达到 2.0~3.0 mg/L 时,能显著促进不定芽的形成。以 MS 培养基为基本培养基,附加 NAA、6 - BA、KT 和 2,4 - D,采用正交试验设计研究不同激素配比对西瓜子叶和胚轴愈伤组织形成的影响。试验结果表明:6 - BA 对子叶愈伤组织形成的影响最大,胚轴对激素的反应比子叶敏感。在西瓜芽再生培养基中仅添加 6 - BA,可产生高频率的四倍体变异。在组织培养体细胞无性系变异中存在的多倍体变异,一般认为主要是由于核内有丝分裂及核内多倍体的分裂结果。二甲基亚砜(DMSO)是运输化学物质进入组织的一种载体,在组织培养过程中加入 DMSO 可作为秋水仙碱的一种调节剂,促进多倍化。离体培养中除了利用秋水仙碱作为诱变剂外,除草剂类药剂的应用也在扩大。生物碱、除草剂在某些植物种中的多倍化程度高,药害轻。在这些化合物中,Oryzalin(一种二苯基胺类除草剂)、Pronamide(一种苯基酰胺除草剂)和氟乐灵(一种二苯基胺类除草剂)比秋水仙碱对植物微管蛋白有更高的亲和性,低浓度条件下具有更高的微管蛋白解聚能力,比秋水仙碱更有效。

离体培养条件下由于外植体类型不同,芽再生率有很大不同。西瓜茎尖具有非常高的增殖能力，容易成苗。西瓜子叶是诱导不定芽发生的适宜外植体，一般苗龄为 4～5 d、颜色由黄变绿时的子叶不定芽再生的频率较高。有研究表明：近胚轴端中心叶脉处的子叶组织再生能力最强，而远离胚轴的子叶边缘组织再生能力较差。未成熟胚再生频率更高，且受基因型的影响更小。采用二倍体西瓜自交授粉后 20～23 d 的西瓜未成熟胚子叶中部组织离体诱导四倍体的诱变率高，不易产生嵌合体。也有人通过愈伤组织获得四倍体植株，且诱变率高于通过芽丛与单芽的诱导率。

对甜瓜子叶再生四倍体进行的探索和研究中，认为从授粉后 18 d 到 22 d 的幼胚子叶再生植株中高达 50% 为四倍体，而从授粉后 34 d 的成熟胚子叶再生的植株中只有 7% 为四倍体。从子叶不同部位再生的植株，四倍体的频率也大不相同，近胚轴端子叶组织再生的植株四倍体频率显著高于从其他子叶部位再生的植株。在组织培养中，用叶作外植体的芽再生率略高于茎外植体的芽再生率，用叶外植体获得四倍体的频率为 40%，嵌合率较低。

将植物组织培养和染色体工程技术相结合在西瓜的研究中表明，子叶组织培养中不加任何诱变剂即可直接获得四倍体。无菌萌发是最基础的一环，从经济、省时、高质的角度出发，将去种壳的西瓜种子以 1.0%～1.5%NaCl 灭菌 6～9 min，黑暗中浸种催芽 15～17 h 后于 25～30 ℃下光培养 3～4 d 为最好。西瓜子叶组织培养的再生及四倍体出现频率受多种因素的影响：基本培养基 MS 的分化频率及增殖系数比 B5 高 3 倍左右；培养基适宜 pH 在 5.6～5.8 的一个小范围，尤以 pH5.8 为最好；培养温度应有一定的昼夜温差，昼温 25～30 ℃，夜温 20～25 ℃时效果较好；外植体以苗龄在转绿后 2～4 d、离柄 0～2 mm 处，且平放的子叶切块为最好；6-BA 浓度在 2.0～2.5 mg/L 时为最好。

利用诱变剂秋水仙碱、除草剂欧拉灵等处理西瓜子叶，分别进行不同浓度、不同处理时间、处理方式及预培养试验对四倍体离体诱导的影响进行了研究。秋水仙碱诱导四倍体的结果表明：液体处理方式诱导四倍体的效率优于固体处理方式，当用 200 mg/L 秋水仙碱处理子叶 12 h 时，最高的四倍体率为 57.1%。用除草剂欧拉灵诱导四倍体的结果表明：0.4 mg/L 的液体处理方法获得了 85.6% 的四倍体诱导率，高于同浓度的固体处理方式，其四倍体诱导率为 67.2%，但是固体处理方法的存活率高于液体处理方法的存活率（分别为 68.2% 和 53.7%）。

对不同小果型西瓜自交系进行离体组织培养诱导四倍体研究，观察不同秋水仙碱浓度、处理时间与再生途径对诱导率的影响，获得以下结果：利用授粉后 20～23 d 的西瓜未成熟胚子叶中部组织离体诱导四倍体，其诱导率高，不易产生嵌合体，用 0.03%～0.07% 秋水仙碱处理 4～9 d 是适宜的诱导范围，可获得四倍体植株。通过愈伤组织获得四倍体植株的诱导加倍率高于通过芽丛与单芽的诱导加倍率；利用成熟胚茎尖生长点离体诱导四倍体，秋水仙碱浓度为 0.05% 处理 36～48 h 是适宜的诱导范围。

以西瓜二倍体的纯合自交系为材料，使用化学药剂 oryzalin，分别采用田间滴苗法、浸种法和组织培养法对诱变西瓜四倍体的效果进行了研究。结果表明，不同浓度 oryzalin 滴苗处理对西瓜四倍体的诱变均有效，其中滴苗处理 6 d，3 个品种四倍体的诱变频率都在 15% 以上，最高达到 25.2%，不同品种在相同的浓度下随着处理天数的增加变异率明显增加。采用浸种法仅有一个西瓜品种在 34.6 mg/L 的浓度下出现了 1 株四倍体，变异率为 1.7%。田间滴苗法比浸种法的诱导效果更明显。采用组织培养法时，6 - BA 对子叶愈伤组织形成的影响最大，其最佳诱导浓度为 2.5～3.0 mg/L。于不同培养阶段的培养基中加入不同浓度的 oryzalin 进行四倍体不定芽的诱导，结果表明，不同浓度的 oryzalin 对西瓜子叶愈伤组织分化及已分化的愈伤组织有明显的抑制作用。

# 第二节 四倍体的鉴定

在四倍体的诱变过程中，准确及时地鉴定出四倍体可以缩短培养周期，提高四倍体育种的工作效率。四倍体西瓜由于染色体加倍了，其形态特征、显微特征、生理生化过程及生长发育特性（包括孕性）等方面均与原二倍体西瓜相比发生了明显变化，根据这些变化就可区别二倍体与四倍体。一般来说，四倍体西瓜的鉴定以外观检验方法观察处理后所形成的植物器官是否明显增大为基础，以组织结构、叶绿体计数为辅助，取根尖或花粉母细胞组织在电子显微镜下检查染色体数来鉴定，切忌以个别特征为依据妄言断之。目前常用的四倍体的鉴定方法如下。

## 一、形态学鉴定法

形态学鉴定法又称间接鉴定法，是最直观的鉴定方法。在对育成的多倍体材料进行鉴定时，整个生长期均可以从外部形态特征来判断。四倍体西瓜由于染色体加倍，其外部形态特征和二倍体有明显的差别，主要表现在根、茎、叶、花器和果实的形态和大小上。在植株生长的不同时期抓住这些肉眼易辨的典型特征，就能够有效地将诱变成四倍体的植株鉴定出来。

形态学鉴定是初步鉴定是否为四倍体的方法，也是最简单、最直观的方法，它可以为育种工作者减少大量工作量，但需要有相当的经验，对于初从事该工作的人难于准确鉴别。四倍体西瓜幼苗表现粗壮，节间较短，分枝力差；叶片钝圆，小而厚，茸毛较多，颜色深，叶缘多锯齿；花色较浓，花粉粒较大，孕性较二倍体低，有的甚至完全不孕；抗性增强，外果皮增厚，果实比二倍体小，呈圆球形或多角形，果实肉质较紧密；种子少而大，脐部宽，种皮厚而硬。在整个生长发育期观察记载西瓜植株的植物学性状和生物学特征，如茎的粗壮程度、叶厚、叶色、叶形指数、花和果实的大小、生长发育期等。在植株生长的幼苗期、营养生长期、开花期和果实发育期四个阶段植株的典型特征，都能够有效地将四倍体植株鉴别出来。

形态学鉴定的具体方法是：在幼苗期选择子叶增厚（浸种法）和真叶畸形的幼苗定植田间继续观察鉴定，淘汰子叶和真叶完全正常的幼苗。在生长期选择叶片肥厚、裂片宽大、叶色深绿、节间缩短、茎干粗壮的植株保留田间，淘汰叶形、叶色和茎蔓正常的植株。

在开花期选择花瓣颜色深黄，花朵变大，花瓣增宽、肥厚、皱折，花蕊和子房增大的植株进行人工袋套，本蔓或粗壮的茎干上的雄花自交授粉，使之结果并继续观察，淘汰叶片和花器正常的植株。

果实采收期采摘经过自交授粉果形指数变小、果皮上花纹增宽的果实进行室内解剖考种，保留单瓜种子继续进行鉴定，淘汰外观正常的果实。最后选择单瓜种子数少（几粒至百余粒）、种子增大加厚、横径和种脐部加宽的种子作为变异株种子保留。然后在温室或翌年春天播种部分种子，根据子叶的形态进行鉴定。子叶柄短粗、叶片近圆形并呈反扣的汤勺状，叶脉粗、叶肉厚的为变异四倍体种子。子叶柄较长、叶形椭圆规则、叶片较薄而光滑的为未发生变异的二倍体种子。

## 二、细胞学鉴定法

西瓜叶片保卫细胞的大小、单位面积上的气孔数及保卫细胞中叶绿体的大小和数目与倍性具有高度的相关性。根据叶片气孔保卫细胞长度、气孔保卫细胞中叶绿体数目、单位面积内气孔数、花粉粒发芽孔数目、花粉母细胞四分体时的小孢子数及小孢子所含的核仁数可以进行四倍体西瓜的鉴定。

撕取诱变后的材料与对照二倍体成年叶片的下表皮置于载玻片上，经碘-碘化钾染色后，在显微镜下观察和计数，表皮细胞和保卫细胞明显增大，细胞中的叶绿体体积增大，数目增多，单位面积上的气孔数明显减少的为变异（四倍体）植株。通过再生植株叶片每对保卫细胞中叶绿体数目多少鉴定二倍体和四倍体植株的研究表明，在四倍体西瓜植株中，平均每对保卫细胞有 19 个叶绿体，二倍体植株中每对保卫细胞只有 11 个叶绿体。这样，随着倍性从 2x 到 4x，每对保卫细胞叶绿体密度增加系数为 1.7。用荧光黄（FDA）对离体培养小植株的叶片进行染色，保卫细胞叶绿体经 FDA 染色后会发出荧光，用显微镜和 UV 光观察就可确定保卫细胞叶绿体数目，二倍体和四倍体植株中每对保卫细胞的叶绿体数目平均为 9.7 和 17.8。通过二乙酸盐荧光黄（FDA）荧光记数法观察 4x，3x 和 2x 的叶片保卫细胞中的叶绿体数目分别为 $15.9\pm2.2$，$11.5\pm1.5$，$9.9\pm3.4$，其比例约为 4∶3∶2，与西瓜的倍性一致。

研究不同倍性西瓜的叶表皮微形态特征结果表明，随着西瓜倍性的增加，叶片保卫细胞和表皮细胞增大，叶片单位面积上的气孔和表皮细胞的数目减少，细胞的大小与西瓜倍性呈正相关，单位面积上的细胞数目与西瓜倍性呈负相关。气孔大小、保卫细胞大小及叶绿体数与倍性呈显著正相关，相关系数达 0.8 以上，而气孔密度与倍性呈负相关。根据保卫细胞的大小、单位面积上的气孔数及保卫细胞中叶绿体的数目，可以有效区分西瓜的倍性。

不同倍性的西瓜的花粉粒大小、发芽孔的数目及其孕性都有明显差异。与二倍体相比，多倍体的花粉粒较大，花粉粒的大小与染色体数目的正相关性已完全被证实，并且多倍体花粉粒不萌发的数目多，形状变化明显。将诱变材料和对照植株的新鲜花粉直接涂于载玻片上，或将花粉经碘-碘化钾或醋酸洋红染色后置于显微镜下观察或测量。花粉粒的纵横径（涂片）或直径（经染色的）大于对照花粉者为变异（四倍体）植株。通过花粉粒特征进行倍性鉴定可了解胞原组织细胞的倍性水平，而且观察花粉粒特征的方法简便，进行倍性鉴定具有快速、简便、实用性强的优点。因此，研究花粉粒形状和大小的表现特征与材料倍性的关系，用花粉粒的特征进行倍性鉴定具有重要的应用价值。细胞学鉴定方法比较可靠，但需要一定的设备和条件，且费时费工。

## 三、杂交鉴定法

杂交鉴定法鉴定四倍体分正交法和反交法两种。正交法和反交法均可使用，但反交法比正交法更可靠，且简便易行。采用杂交鉴定法判断四倍体变异株的准确率达到100％。而且利用此法当代即可确认四倍体并获得三倍体，可以免去工作烦琐复杂的染色体计数。

正交法是以已知的四倍体西瓜为母本，待鉴定的诱变植株为父本，套袋隔离杂交，单瓜留种。有经验者根据杂交种子的形态进行鉴定。若所结种子是饱满的四倍体种子，说明被鉴定株已变成了四倍体。如果所结种子是中央凹的三倍体种子，说明被鉴定株是未发生变异的二倍体植株。无经验的人则需要将所结种子播种，使其结果。如果所结果实为有籽果实，说明被鉴定株已变成四倍体；若所结果实为无籽果实，说明被鉴定株未发生变异，仍是二倍体。

反交法则是以待鉴定的诱变植株为母本，已知二倍体植株为父本进行套袋隔离杂交，单果留种。若所结种子为具有种胚的正常种子，说明被鉴定株为未发生变异的二倍体植株。若所结种子为中央凹的三倍体种子，说明被鉴定植株是发生变异的四倍体植株。

## 四、染色体计数法

四倍体西瓜最本质的特征是染色体加倍，因此，染色体计数法是最直接、最准确的鉴定方法之一。该方法通常通过检查分生旺盛的器官、组织的染色体数来进行鉴定。它不但能区别倍性，而且还能鉴定是整倍性或非整倍性的变异。而且染色体制片技术早已成熟，可以观察诱变株根尖或花粉母细胞的染色体数目。但此法需要设备和技术条件较高，此法通常用于多倍体育种的后期阶段，以准确鉴定育种的结果。

观察和计数染色体的方法很多，但因西瓜的染色体比较小，有些观察方法观察西瓜的染色体比较困难。实验证明，植物染色体 F-BSG 法和去壁低渗法观察西瓜染色体的效果比较好。下面主要介绍 F-BSG 法的技术规程。

取材：取优质新种子进行浸种、嗑籽和催芽，待芽长 1.0 cm 左右时截取根尖作试材，也可以取茎尖和幼花蕾。

预处理：将准备好的根尖（茎尖或幼花蕾）用 0.002 mol/L 8-羟基喹啉在 18 ℃下处理 3 h 左右，然后用蒸馏水洗净。

前低渗：用 0.075 mol/L 氯化钾溶液在 18～28 ℃下低渗 20 min，蒸馏水洗净。

酶解：用 2.5％果胶酶和纤维素酶混合溶液，在 pH 5～5.5，18～28 ℃下酶解至根尖的分生组织接近脱落为度，一般 3 h 左右。

后低渗：蒸馏水浸泡 20 min。

固定保存：将酶解低渗后的材料用 3：1 的甲醇冰乙酸液固定，可以当时制片或固定 12 h 以后换 70％乙醇，置冰箱中保存 1 个月，随时取用制片。

火焰制片：截取 1～2 mm 根尖分生组织置于载玻片上，加少量固定液用镊子柄充分捣碎，再加 1～2 滴固定液于载玻片上，在酒精灯上火焰烤片至干燥。

染色：用 pH 6.8 的磷酸缓冲液稀释成 5％或 10％Giemsa 染液染色，在室温下染色需 10～30 min，高温下染色时间可以缩短，染色后的载玻片用蒸馏水冲洗净其上多余的染液，再将载玻片烘干或晾干。

封片观察：干后的片子用二甲苯透明 1 h 左右，取出晾干，用达玛胶封片。置于显微镜下观察，选择有丝分裂晚前期或早中期的分裂相，染色体分散的细胞 10 个以上计数并照相。

## 五、流式细胞仪分析法

流式细胞仪分析法可迅速测定细胞核内 DNA 的含量和细胞核大小，是鉴定倍性的快速有效的方法。其原理是用染色剂对细胞进行染色后测定样品荧光密度，荧光密度与 DNA 含量成正比，DNA 含量柱形图直接反映出不同倍性水平的细胞数，测定前用鸡红血细胞或鱼血细胞校正仪器。染色剂有碘化丙啶（Propidium iodide，PI）、溴化乙啶（Ethidium bromide，EB）、HO33342（Hoechst 33342）、异硫氰基荧光素（Fluorescein isothiocyanate，FITC）（Michael E et al.，1994）等。将样品放在冰水中可放置 2 d，整片叶子可储存一周而不影响倍性鉴定结果。张兴平等利用该仪器快速检测出了西瓜再生芽。

## 六、条件鉴定法

### （一）增殖系数法

西瓜四倍体在分化培养基中，较二倍体生长迟缓，生长期长，且增殖系数低，但二者都能在 30 d 内达到最大的分化频率，其平均增殖系数差异在 1.5～2 倍，故实验的判别临界点设定时给予 2/3 的系数。有实验表明，采用增殖系数法，西瓜不同品种在各自的判别临界点下基本能将试管苗的倍性判断出来，与细胞学验证的标准相比，平均符合度为88%（郭启高等，2000）。因而可采用此法进行大批量的多倍体鉴定。

### （二）高温胁迫法

西瓜属喜温作物，二倍体与四倍体在40 ℃及45 ℃下连续处理96 h以上，依然能够正常生长、分化。但在50 ℃时，只要处理超过15 h，二倍体与四倍体均全部死亡。连续处理5 h，二倍体有25%～70%的死亡率，但由高温引起植株受害而不能分化者达到50%以上；四倍体则能迅速恢复正常而进行生长、分化。处理10 h时，所有试验品种二倍体死亡率均在90%以上，由此受害的外植体达到100%；而四倍体无一死亡，85%以上的外植体还可正常发育。为此，选定50 ℃处理10 h为分辨二倍体与四倍体的临界点，以全部死亡的为二倍体，反之为四倍体。这样鉴定出的平均倍性符合度为90%（郭启高等，2000），此方法也可作为进行大批量的多倍体鉴定的途径之一。

### （三）低温胁迫法

西瓜对冷冻敏感，但在5 ℃和10 ℃下，不管倍性如何连续处理96 h以上都能正常发育。0 ℃下冷冻处理10 h以上二倍体与四倍体都全部死亡；处理5 h，二倍体达100%的死亡率，不同品种四倍体死亡率在10%～35%，但超过60%的外植体还能正常生长发育。若以0～5 ℃为低温胁迫法鉴定倍性的临界点，则与标准相比，鉴定倍性平均符合度达到80%（郭启高等，2000）。

## 七、分子水平的鉴定

随着分子生物学技术的发展，人们开始从分子水平入手研究多倍体，对其倍性、来源进行鉴定。在分子水平上进行多倍体研究，不仅可应用于倍性鉴定，还对其变异机制和后代性状预测研究有重要价值。目前就有用扫描细胞光度仪来测定单个DNA含量，再根据DNA含量比较来推断细胞倍性的报道。同时，原位杂交技术的日趋成熟也为多倍体的鉴定提供了全新的途径。GISH、FISH的应用不仅能鉴定细胞的倍性，而且还能鉴定其亲本的来源。此外，RAPD和RFLP技术也已成功地应用到本领域的研究中。

随着研究的深入，现有多倍体的诱变方法会不断地改进，尤其是生产上用得最多的化学诱变方法。因现在所使用的诱变剂属于生化制品，价格昂贵且对生物有毒害作用，故需要找到一种更适宜的诱变剂。随着分子生物学的发展，以及与各学科的相互渗透，必将有更简单、更直接的方法对多倍体进行鉴定。

目前，分子技术主要应用在西瓜多倍体育种中材料的选择，幼苗的纯度鉴定等领域。RAPD分子标记技术是目前鉴定异源多倍体最快、最准确的方法。但此法目前因受到操作环节及物种不同等多种因素影响，在鉴定倍性方面还不能广泛应用，但这仍是一个快速鉴定多倍体的发展趋势。已有研究利用分子标记的方法成功地对不同倍性的西瓜如纯合二倍体及其人工诱导的同源四倍体、三倍体进行了鉴定。这些技术的应用加快了多倍体材料的鉴定，缩短了育种时间。

# 第三节 四倍体品种的选育

## 一、选育方法

四倍体西瓜新品种选育的方法主要有秋水仙碱诱变、品种间杂交育种、天然变异的系统选育和组织培养育种等方法。在这几种方法中，一般认为秋水仙碱诱变育种方法最好。这种方法诱导四倍体的方向性最强，特别是选用符合育种目标的二倍体品种或自交系作材料时最经济、效果最好，所以秋水仙碱诱变是目前四倍体西瓜品种选育最有效的方法。

在四倍体资源相当丰富的情况下，可以采用四倍体品种间杂交育种，但采用这种育种方法时一次改造的性状不能太多，且最好是改造隐性性状，否则需要的群体大，时间长。自然变异发生的概率很小；组织培养变异的频率较小，影响的因素多，但所产生的四倍体植株较少畸形或生长不良的情况。因此，四倍体品种间杂交、天然变异的系统选育和组织培养育种等方法虽有成功的报道，但这三种方法在四倍体西瓜育种中一般只能作为辅助方法。另外，杂种优势的利用也可用于西瓜四倍体品种的选育。

## 二、选育目标及程序

### （一）育种目标

在新品种选育时，首先应制订出符合当时、当地需要的育种目标。根据所选育的四倍体的不同用途，四倍体西瓜育种的选育目标有所不同。选育四倍体西瓜主要有三种不同的用途：一是作选育无籽西瓜的母本；二是作四倍体杂交一代和杂交育种的亲本；三是直接生产栽培利用，以生产少籽西瓜。在这三种育种目标或用途中又以作选育无籽西瓜的母本为主。

1. 作无籽西瓜母本的四倍体选育的育种目标

如果所选育的四倍体西瓜品种是为了作无籽西瓜的母本，则四倍体西瓜品种的选育目标主要有以下 6 点。

（1）多籽、种子中等大。同源四倍体普遍存在的问题是孕性低，选育多籽四倍体单系对于提高三倍体的采种量有重要意义。由于胚大的四倍体配制的三倍体组合的秕籽相应增大，失去"无籽性"，所以应选育种子中等大、种皮薄、种胚发育好，单瓜种子数 80 粒以上的四倍体。

（2）坐果习性好。要求株形紧凑，雌花出现早而且着生节位密，容易坐果。

（3）果实圆正、果皮不易起棱，果皮薄而硬。果皮厚度小于 1.2 cm，硬度大于 15 $kg/cm^2$。

（4）果肉致密、含糖量高、品质优。果实中心可溶性固形物含量 11.0% 以上。糖梯度小，果实中心与近皮部可溶性固形物含量之差小于 3%。汁液多，无白筋，无异味，不空心，品质优。值得注意的是，异味明显是多倍体西瓜所特有的，在选育四倍体西瓜品种时应该特别注意异味的鉴定，凡是有异味的四倍体品系都应淘汰。

（5）配合力强。能与多个二倍体西瓜品种杂交，可以配出各具特色的多个优势三倍体西瓜组合。至于果实形状、果皮花纹和果肉颜色则无特殊要求，以多样化为好，以满足不同地区、不同消费习惯人群的需求。

（6）其他性状。叶柄短，叶片小，株形紧凑，抗病和抗风能力强。

2. 作杂交一代和杂交育种亲本四倍体的育种目标

与选育二倍体杂交一代亲本一样，选育四倍体杂交一代亲本，要求具有较多的优良性状，较少的不良性状，父、母本优势性状互补，配合力强等。

3. 作直接生产栽培利用的四倍体品种的选育目标

同直接生产栽培利用的二倍体西瓜品种一样，要求丰产性好、品质优、抗性强等。同时要求母本种子多、千粒重较大为好，种子大有利于种子发芽和出苗；父本种子少，所得的杂交种果实种子少、食用方便。

**（二）育种程序**

四倍体西瓜品种一般不直接在生产上利用，不以商品形式在市场销售，而主要用作三倍体无籽西瓜和四倍体杂交一代或杂交育种的亲本，即以中间品种形式存在。因此，四倍体西瓜的育种程序可以简化。当四倍体品种育成以后，一般需要进行配合力测定，若能用选育的四倍体西瓜育成优良的三倍体和四倍体西瓜品种，则表明该四倍体品种的优良性和适用性。因此，不一定进行品种比较试验、区域试验和品种审定，但可进行品种保护，往往一个四倍体母本可配许多杂交品种。四倍体西瓜的育种程序如图7-3所示。

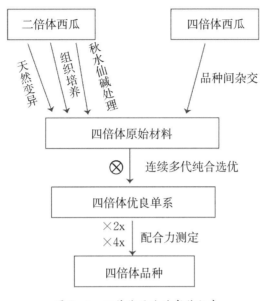

图7-3　四倍体西瓜的育种程序

## 三、变异后代的选择

### （一）选择的必要性

采用诱变等方法获得的四倍体材料称为"未成熟的四倍体"。未成熟的四倍体的获得仅是育种工作的开始，而不是结束。未成熟的四倍体是四倍体育种的原始材料，这些原始材料必须经过一系列的育种程序才能获得性状稳定的四倍体品种。这是因为多倍化后，原来二倍体水平上的生理生化过程发生了改变，一些微效基因在多倍体水平上由于基因数量的增多而产生的数量效应等，使得新获得的四倍体出现若干缺陷，如果皮厚、畸形、空心、有异味、孕性降低等。四倍体变异后代培育与选择的必要性主要表现在以下几个方面。

（1）秋水仙碱等虽不引起基因突变，但是西瓜是异交作物，有些性状受多个等位基因和微效基因控制。某些性状在二倍体水平上是一致的和稳定的，但诱变成四倍体以后，由于染色体和基因量都增加了一倍，它们的遗传基础变得更复杂了，在细胞分裂时染色体自由组合、非姊妹染色体间的交换和分配及胞质基因的作用等均比二倍体西瓜复杂得多，这样就会出现一些新类型，所以诱变后代的培育与选择是必要的。

（2）有些基因由于加倍后剂量增加，出现与原基因控制下完全不同的性状。例如二倍体笋瓜（*Cucurbita maxima*）本来是结梨形果，染色体加倍以后，所结果实为扁圆形。菠菜是雌雄异株植物，雌株基因型是 $XX$，雄株基因型是 $XY$，同源四倍体的 $X$ 和 $Y$ 基因有五种可能的组成：$XXXX$、$XXXY$、$XXYY$、$XYYY$ 和 $YYYY$，其中只有 $XXXX$ 基因型是雌株，其余四种基因型都是雄株，这说明 $Y$ 基因有很强的性别决定作用，更说明四倍体比二倍体基因组成的复杂性。

（3）由于秋水仙碱等的作用，正常的生理过程受到一些影响，特别是孕性大幅度降低，需要给予优越的培育条件使孕性和其他性状得以逐步恢复和充分表现。

（4）即使是利用固定品种的自交系诱变，诱变后的选择也是必要的。因为人工选择的能力是有限的，就目前人们的选择能力而言，最严密的人工选择也往往局限于在育种者所能分辨的有限的几个方面起作用，而且不能完全排除自然选择的作用。因此，任何一个经人工选育成功的品种中仍将会有大量被"遗漏"的基因是处于自然选择作用之下或者人工选择作用下的"中性"状态，至少不能排除像西瓜这种异花授粉作物中存在这类基因多型性的可能性。

### （二）变异后代的选择方法

采用秋水仙碱等方法诱变成的四倍体西瓜的选择方法一般采用系统选择法或纯系选择法。系统选择法是指在含有各种基因型的植物群体中首先进行个体选择，然后进行个体强制自交，自交几代以后再进行后代系统的比较，选择最符合育种目标的纯系作为新品种（图 7-4）。

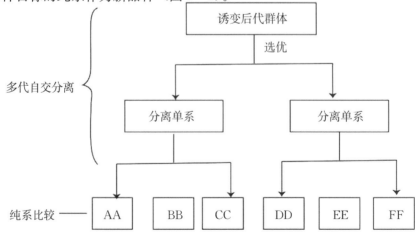

图 7-4　四倍体西瓜系统选育示意

四倍体西瓜的选育，目的是获得可以被利用的具有优良性状的稳定的四倍体品种或品系。在变异后代的选择过程中，除了按照育种目标进行系统选择外，四倍体的选育还应注意以下几点：

（1）四倍体西瓜的孕性。同源四倍体西瓜的孕性降低，种子数减少，特别是通过人工诱变刚刚获得的四倍体更是如此。育种实践证明，四倍体西瓜种子的多少，具有可遗传的特性。因此，对同源四倍体进行适当的连续选择，对孕性的提高是有效的。

（2）异味。在用四倍体西瓜和二倍体西瓜杂交所获得的三倍体西瓜中，有的果肉具有一种特殊的怪味。实践证明，西瓜四倍体果实异味大，而二倍体西瓜很少有异味，表明异味是多倍体果实所特有的。三倍体西瓜出现异味是四倍体亲本的作用。所以在四倍体的选育中，含有异味的四倍体变异后代一般都应予以淘汰。

## 四、杂交育种

无论是从自然界获得的天然变异四倍体西瓜，还是采用秋水仙碱等人工诱变产生的四倍体西瓜，都不可能完全满足人类的各种需求。为了改造某些不良性状，有时还需要进行四倍体西瓜品种间杂交育种。采用杂交育种方法育出的品种虽然没有诱变育种育出的品种多，但也有先例。例如，日本下间实（1961）以富民和旭大和四倍体为亲本育成富研四倍体西瓜品种。中国农业科学院郑州果树研究所 1973 年以四倍体 1 号为母本，郑州 2 号四倍体为父本杂交育成了高抗枯萎病的四倍体西瓜品种 730013。他们还以法国西瓜四倍体、华东 24 四倍体等为亲本育成了生产性状好、单瓜种子多的四倍体西瓜品种 790016 和高糖优质的花皮四倍体西瓜品种 730012。

四倍体西瓜的杂交育种与二倍体西瓜有类似之处，但又有所不同，四倍体西瓜的杂交后代的分离纯合比二倍体西瓜复杂得多。

### （一）杂交育种的特点

1. 四倍体杂交一代配子不完全纯合

控制 1 对相对性状的基因 A 和 a 的 2 个个体杂交，二倍体水平的杂交一代产生两种单倍体配子 A 和 a，这两种配子都是纯的，如果用这种配子（主要是花粉）进行组织培养，获得花粉植株后经过染色体加倍可以获得纯合的显性和隐性个体 AA 和 aa。而四倍体水平上的杂交一代则产生 AA、Aa 和 aa 三种配子，配子比是 1AA：4Aa：1aa，在 $F_2$ 代的表现型分离比是 35A：1a，其中只有 2 个为纯合体，其余 34 个都是杂合体。四倍体水平上的杂交一代产生的这三种配子并不都是纯合的，若采用组织培养方法获得显性纯合个体的难度就大多了。如果四倍体杂交一代进行自交或品种间杂交，后代的分离情况就更加复杂。

2. 四倍体后代需要较大的栽培群体

如前所述，同源四倍体杂交后代自交群体各世代的杂合率下降速率或自交群体纯合过程比二倍体慢得多。四倍体杂交后代进行自交纯合的速率无论哪种分离方式都比二倍体慢得多。二倍体在自交第五代纯合率达 96.88%，就已经基本上纯合，而四倍体在自交第二十代后纯合率才达到 96.97%～99.33%，其纯合率与二倍体自交第十代的纯合率差不多（表 7-3）。同源四倍体自交群体纯合过程慢是由于不但同源四倍体每一基因位点有多种杂合形式，而且还在配子阶段就增加了杂合的类型，因而同源四倍体比二倍体增加了杂合基因组成的机会，而相应地降低了纯合组成的机会。所以，同源四倍体自交群体内纯合个体的比例就比相应的二倍体自交群体要低得多。因此，同源四倍体必须种植比二倍体相应世代更大的杂交群体，才能达到预期的效率和选择目标；同时，同源四倍体即使是自交群体，如果仅通过隐性表型来淘汰某些隐性基因，其进程也是相当缓慢的。

表 7-3　四倍体和二倍体自交过程中的纯合化速度比较　　　　单位：%

| 倍数性 | 分离方式 | 自交世代 | | | | | | | |
|---|---|---|---|---|---|---|---|---|---|
| | | 0 | 1 | 2 | 3 | 4 | 5 | 10 | 20 |
| 四倍体 | 1 | 0 | 5.56 | 19.44 | 32.56 | 43.75 | 53.12 | 81.16 | 96.97 |
| | 2 | 0 | 9.18 | 26.85 | 43.06 | 55.33 | 64.91 | 89.38 | 99.05 |
| | 3 | 0 | 9.98 | 28.48 | 44.21 | 56.59 | 66.24 | 90.39 | 99.33 |
| 二倍体 | | 0 | 50 | 75 | 87.5 | 93.75 | 96.88 | 98.9 | |

例如，控制 1 对相对性状的基因在自交一代群体（$S_1$）中，二倍体纯合个体占 1/16，也就是说，种植 16 株 $S_1$ 代植株，其中就有可能 1 株是隐性或显性纯合个体。而在同源四倍体 $S_1$ 代群体中隐性纯合或显性纯合个体只占 1/36，也就是说，种植 36 株 $S_1$ 代植株才有可能得到 1 株隐性纯合或显性纯合个体。若是控制 2 对相对性状基因的个体杂交，$S_1$ 代的群体就需要更大了。二倍体 $S_1$ 代群体中纯合个体占 $1/16^2＝1/256$，即 256 株中就可能有 1 株隐性或显性纯合个体，而在四倍体 $S_1$ 群体中纯合个体占 $1/36^2＝1/1\,296$，即 1 296 株中才有可能有 1 株隐性

纯合或显性纯合个体。若是控制 $n$ 对相对性状的基因杂交 $S_1$ 代群体中四倍体隐性和显性纯合的个体只占 $1/36^n$。

3. 选育时间比二倍体需要较长

二倍体杂合体自交到第五代就基本纯合了，纯合率达 96.88%，而四倍体自交群体要到第二十代才能达到二倍体第十代的纯合水平（98.9%）。所以同源四倍体杂交育种需要较长的选育时间。

当然，以上所说的四倍体杂交后代纯合需要大群体和较长的育种时间是在自然选择的情况下。如果加以人工选择，特别是有经验的育种人员的人工选择，需要种植的群体可能会小一些，育种年限也可能会适当短一些。

4. 利用回交可加快育种进程

同源四倍体回交 $n$ 代的纯合速率只比二倍体的 $n-1$ 代的纯合化速率低 $1/6n$，即同源四倍体回交后代回交纯合过程大约只比二倍体晚 1 代。以控制 1 对相对性状的基因的 2 个个体杂交为例，二倍体回交第一代纯合率为 50%，四倍体回交第二代纯合率为 52.78%。二倍体在回交第五代就基本纯合了，纯合率达 96.88%，四倍体回交第六代也达到这个水平，纯合率为 96.88%，而四倍体自交则需到第二十代才基本达到这个水平（纯合率为 96.97%～99.33%）。所以，采用回交方法可以大大加速四倍体杂交后代的纯合进程。

### （二）杂交亲本的选择

四倍体西瓜的杂交育种除具有上述特点外，其育种方法、育种过程均与二倍体西瓜相同。四倍体亲本的选择非常重要，因为亲本的选择和选配是否得当是决定育种成败的关键。四倍体亲本的选择一般需注意以下几点：

（1）亲本必须是性状稳定、纯合的品种或自交系。

（2）双亲应具备尽可能多的优良性状和尽可能少的不良性状。

（3）双亲的优良性状与不良性状要互补。

（4）应尽可能选用差异大的品种或品系作亲本，例如选用远地域、不同生态型的材料作亲本等。

（5）要尽可能利用适应性强、栽培性状优良的品种或自交系作母本。

（6）尽可能多作杂交组合。

（7）必要时可采用多亲本复合杂交。

### （三）杂交育种方法

四倍体西瓜杂交育种与普通二倍体西瓜基本一样，也是采用杂交系谱法。

杂交系谱法就是为了创造新的重组基因型以获得改良的性状。通常采用人工杂交，并在以后的分离世代中采用连续多代自交的方法，同时按系统法进行比较和选择，直至优良株系纯合稳定。下面就各世代的育种要求分别予以说明。

$F_0$：在杂交当代，按育种目标配 2 个以上杂交组合，每个组合配制 2 个以上杂交单瓜以保证获得足够的种子供下代试验用。

$F_1$：播种几个杂交组合的种子，每组合种植 1 个小区，因为 $F_1$ 代具有一致性，种植株数不必过多，20 株左右即可。$F_1$ 代主要是按照育种目标选取最优的杂交组合 1~2 个；中选组合需在健康植株上进行单株人工自交，选留几个自交单瓜的种子供下一代播种用。

$F_2$：这一代按单株播种中选组合的种子，播种的种子数量应尽可能多一些，最少不得少于 36 株。为了增加选择的机会和效率，在人力物力条件允许的情况下应尽可能扩大 $F_2$ 代的种植群体，一般控制在 500 株左右。应尽可能扩大 $F_2$ 代的种植群体的原因如下：

（1）与二倍体西瓜一样，$F_2$ 代是大量分离的世代。

（2）四倍体西瓜比二倍体西瓜遗传基础更复杂。

（3）目标性状与其他非目标性状全部优良基因组合在 1 个个体的概率非常小。

（4）若目标性状为显性性状，选择纯合个体的难度就更大了。

$F_2$ 代要进行人工自交、单株选择。选择目标性状最优，非目标性状优良的单株若干，一般可按 5% 左右选取。中选单株进行人工自交，单瓜留种。

$F_3$：将 $F_2$ 代的中选单瓜种子播种，每单瓜播种 1 个小区。与 $F_2$ 一样，$F_3$ 也应种植较大的群体，并按照育种目标进行单株选择，中选单株人工自交，单瓜留种。

……

$F_n$：按上述方法进行单株选择数代之后，在一个单瓜播种形成的株系内，如果各单株表现性状一致而稳定，便可进行株系选择。每一个株系比一个单瓜种植的群体更大些，进行株系间比较，按照育种目标选几个最优株系为中选株系。

为了提高杂交育种选择的准确性，除尽可能增加群体的大小外，还应注意以下几点：

（1）试验方法，特别是田间试验的一致性、准确性和科学性。

（2）选样重点应放在遗传力强和易于识别的性状的选择或相关性状的选

择上。

（3）对具有显隐性的质量性状的选择，应放在隐性质量性状上，因为隐性性状一经表现便不再变化，易于识别。

如果选育的四倍体是为了作三倍体西瓜的母本和四倍体杂交一代西瓜的亲本，还需要与多个父本或母本（四倍体杂交一代）进行配合力测定，最后选取1~2个配合力强的符合育种目标的优良四倍体株系为中选株系，成为新育成的品种并定名。

如果所选育的四倍体是为了直接用于生产栽培，可不必进行配合力测定，只需与生产推广品种进行品种比较试验便可，目前我国选育直接用于生产栽培的四倍体品种很少。

## 五、杂种优势利用

四倍体西瓜在杂交一代优势的利用上与杂交育种一样，在确定了育种目标之后，要按照亲本组配的原则，选择适宜的亲本，配制多个组合，最后选出配合力最强、优势最显著的组合在生产中应用。因为四倍体西瓜杂交一代与二倍体西瓜杂交一代一样，不是任意两个品种杂交都具有优势和具有较高的利用价值和商品性，而是要受配合力的制约。杂交亲本的选择与组合选配基本与杂交育种中介绍的一样，下面主要介绍四倍体杂种一代优势利用的特点、性状表现等。

### （一）四倍体杂种优势的持久性

二倍体西瓜2个纯系或品种杂交，适宜组合杂交一代（$F_1$）杂种优势非常明显，而杂交二代（$F_2$）、三代（$F_3$）由于杂合率大幅度降低，以至完全无优势，加之性状分离就完全无利用价值了。但四倍体西瓜与二倍体西瓜则不一样，四倍体杂交后代的杂合速率降低缓慢，也就是说四倍体的杂种优势具有持久性。由于四倍体西瓜杂合速率降低非常缓慢，在人工自交条件下 $F_2$ 代的杂交率为94.44%，$F_3$ 代为80.56%，到 $F_5$ 代杂合率仍可达到46.88%，如果不是人工自交，而是自由授粉，四倍体西瓜杂合率下降就更慢，杂种优势具有持久性，我们可以利用这个特点直接利用四倍体杂交二代、三代，降低种子成本，当然商品果实的一致性也是一个必须考虑的问题。

### （二）四倍体西瓜杂交一代的性状表现

四倍体西瓜杂交一代（$F_1$）的大多数性状表现与二倍体西瓜杂交一代的性

状表现基本一致，一般表现为双亲的中间类型，或称不完全显性。其杂种优势在产量、品质和抗性方面的表现也与二倍体西瓜基本一致。但在孕性的优势表现上，四倍体西瓜与二倍体西瓜有较大的不同。二倍体西瓜杂交一代孕性的杂种优势一般不明显，即 $F_1$ 代单瓜种子数不一定增加，有时双亲种子都比较多，而杂交一代却表现少籽性状，例如少籽巨宝、少籽冠龙等。

而四倍体西瓜的杂交一代（$F_1$）则不同，它的品种间杂种的孕性一般都大幅度提高，即单瓜种子数增加明显，在组合适当时更是如此。不仅四倍体品种间，就是四倍体品种内自交系间的交配在生活力提高的同时，孕性也明显提高，单瓜种子数明显增加。例如，广州市果树研究所进行四倍体品种自交、株系间交配和品种间杂交的试验结果表明，$F_1$ 代单瓜种子数株系间交配和品种间杂交分别比自交增加 46％和 100.8％。四倍体品种或品系间杂交，不仅杂交种本身采种量提高，而且以它为母本所配的三倍体组合的采种量也大为提高。例如，郑州果树研究所（1973）利用四杂 20 四倍体杂交一代与蜜宝等 4 个二倍体西瓜品种配制的 4 个三倍体组合，比一般三倍体组合单瓜种子数多，其单瓜种子数为160～244 粒，平均单瓜种子数 192 粒。

### （三）四倍体西瓜杂种优势的利用

因为四倍体西瓜杂交后代在植株生长和品质上具有很强杂种优势，可直接利用后代杂种作为商品西瓜，也可考虑利用它们的杂交负势，分枝能力弱，进行高密度种植和机械化种植。

在种子生产方面，四倍体的杂交优势的利用主要有两个方面。一是用来提高四倍体西瓜自身的采种量，二是以该四倍体杂种为母本来提高三倍体种子的制种产量。一般可以选用两个果实性状相似的四倍体品种进行杂交，或利用同一品种的不同自交系进行交配，所得的种子在天然隔离的情况下通过天然传粉繁殖 2～3 代，然后用这样繁殖所得的四倍体种子作母本生产三倍体种子。这样既可以减少每年杂交授粉的麻烦，节省劳力，又可以提高母本四倍体和三倍体种子的产量，降低生产成本，提高经济效益。

## 第四节　四倍体西瓜典型品种的育种实例

### 一、邵阳 404 的选育

自 1939 年日本培育成功四倍体西瓜以来，世界各国先后开展了西瓜四倍体的选育与研究工作。我国四倍体西瓜的品种选育与研究始于 20 世纪 60 年代，先是用从日本引进的旭大和、富研和富民等四倍体材料进行系统选育，育成适应我国气候和土壤条件的四倍体品种。邵阳 404 就是从国外引进的品种中采用系统选育方法选育出的四倍体品种之一。

邵阳 404 是湖南省瓜类研究所于 1972 年从进口三倍体无籽西瓜种子中选出的四倍体种子，经 1972—1982 年自交纯化与定向选择系统选育而成，是一个综合性状优良、配合力强的优良四倍体西瓜品种。由该品种作母本育成了多个三倍体无籽西瓜品种，如雪峰 304 和雪峰花皮无籽等。

主要特征特性：该品种为中熟品种，全生育期 110 d 左右，果实发育期 35 d 左右。生长势较强，抗病性强，坐果性好。中果型，果实圆球形，果皮浅绿显网条，平均单果重 4～5 kg。皮厚 1.2 cm。果肉鲜红色，肉质致密，不空心，中心可溶性固形物含量 10.0% 以上，近皮部约 7.5%。种子稍大，黄褐色，大部分种皮纵裂明显。单瓜种子数 80～100 粒，千粒重 70 g 左右，种子发芽率高。

## 二、蜜枚四倍体的选育

由于采用从国外引进的品种进行系统选育方法选育出的四倍体品种有限，远不能满足我国幅员辽阔，气候、土壤类型多样的需要，于是国内相继开展了用秋水仙碱等化学试剂诱变四倍体和四倍体品种间杂交育种的研究。蜜枚四倍体就是采用秋水仙碱诱变方法选育出的四倍体典型品种之一。

蜜枚四倍体是中国农业科学院郑州果树研究所于 1975 年用秋水仙碱诱变杂合体二倍体蜜枚，经多代选择与定向培育，于 1980 年选育而成，是一个配合力强的优良四倍体西瓜品种。该品种可直接应用于生产，但更多的是用作四倍体杂交一代品种和三倍体无籽西瓜品种的亲本。该品种于 1990 年 7 月通过农业部技术鉴定，1991 年获农业部科技进步二等奖（谭素英等，1993）。利用该品种作母本选育出了多个优良无籽西瓜品种，蜜枚无籽 1 号和黑蜜 2 号是其代表品种，1996 年获得国家科技进步三等奖。现将蜜枚四倍体的选育过程简要介绍如下。

### （一）材料选择与四倍体诱变

为了克服当时的郑果 401 等四倍体品种的果肉疏松，配制的三倍体无籽西瓜早期果果皮厚、空心、瘪籽大，畸形果多的缺点，培育出超过郑果 401 的四倍体西瓜品种；同时为了获得既符合育种目标的四倍体品种，又能获得较多的四倍体材料，选用了二倍体蜜枚的田间自然杂交红黄肉单瓜的种子作诱变材料。

该材料植株生长势中等、抗病性较强、果皮薄而韧、果肉硬、含糖量较高、种子较小、果肉颜色正在发生分离。

1975 年春，用 0.05％秋水仙碱水溶液浸种或滴苗，1％秋水仙碱的羊毛脂膏涂抹子叶期幼苗的生长点，处理二倍体蜜枚的天然杂交单瓜种子和幼苗，获得 20 株变异植株，收获 4 个变异果实，281 粒变异种子。经形态学和细胞学鉴定为四倍体。

### （二）四倍体变异材料的选择与定向培育

1976 年播种 4 个变异单瓜的部分种子，获得 $C_1$ 代两个株系 750005（1）和 750005（24）。两个株系植株的田间表现基本一致。采收全部果实进行室内解剖测定，发现除果实外观外，其他性状分离较大，特别是果肉有红、黄和红黄三种。

1977 年从上年的两个株系中选择果皮薄、含糖量高、种子数多的红肉和黄肉自交单瓜共 6 个进行播种观察与定向选择。$C_2$ 代 6 个株系田间性状表现比较整齐一致，室内测定果实性状仍发生分离，但其中有一个红肉株系 750005（1－5）和一个黄肉株系 750005（24－8）果肉颜色一致，未发生分离。

1978 年从红肉株系 750005（1－5）中选出 3 个优良自交单瓜种子播种。$C_3$ 代的 3 个株系无论植株的田间生长情况和果实室内测定，均表现基本一致，特别是果肉均为红色。

从 $C_1$～$C_3$ 代的性状分离中观察到红肉单果一经分离出来就不再发生分离，而黄肉单果则分离时间较长，说明红肉由稳性基因所控制，黄肉由显性基因所控制。

1979 年以后继续从优良株系中选择果大、皮薄、含糖量高、种子多的单瓜培育，到 1980 年选育出的四倍体株系各项指标达到设计的育种目标，性状稳定一致，定名为蜜枚四倍体。

### （三）品种比较试验

1980—1982 年进行了品种比较试验，参试品种有蜜枚四倍体、郑果 401、4x 1 号、杂育 401、昌乐 4x、730013、豫枚 4x 和 WSB（从日本引进，作对照）8 个四倍体西瓜品种。与目标品种郑果 401 和国内主栽品种 4x 1 号的比较试验结果表明，蜜枚四倍体的果实大小、坐果指数、产量、含糖量等均超过郑果 401 和 4x 1 号，唯有单瓜种子粒数比较少，生育期较这 2 个品种长，成熟偏晚。蜜枚四倍体比对照 WSB 果皮薄、可溶性固形物含量高、易坐果、单瓜种子数多，果皮与果肉质地与对照相同，果实大小和产量接近对照，综合性状优于对照。其他四倍体品种则接近或不及对照。由此可见，蜜枚四倍体是供试 8 个品种中综合性状最优的品种。

### （四）主要特征特性

**1. 农艺性状**

中晚熟，全生育期 110～117 d，果实成熟期 37 d 左右，生长势、分枝力中等。雌花出现早，着生密，一般主蔓 3～4 节着生第一雌花，也有主蔓 1～2 节着生第一雌花的。以后每隔 3 节左右着生一朵雌花。易坐果，1 株可结 1～2 果。开花授粉期间的空气湿度对坐果影响较大，空气潮湿容易坐果。果实圆球形，果皮黑色被蜡粉，外观美。果皮薄而韧，果皮厚约 1.1 cm，硬度大于 20 kg/cm$^2$，耐贮运性好。果肉致密而脆，鲜红色，中心可溶性固形物含量 12% 左右，近皮部 8%～9%，不空心，品质优。平均单果重 4～5 kg，每亩产量一般 2 000～3 000 kg。种子中等大，褐色，单瓜种子数 80～100 粒，千粒重 64 g 左右，每亩产种子 4～5 kg。

**2. 配合力**

1981—1985 年以蜜枚四倍体为母本，先后与 11 个二倍体父本杂交，配制三倍体组合进行比较试验。试验结果表明，用蜜枚四倍体所配组合绝大部分表现为果实大、产量高、含糖量高、果肉致密、不空心、品质优、耐贮运等共同特点。由此可见，蜜枚四倍体是一个配合力很强的四倍体品种。

**3. 抗病性**

四倍体西瓜比二倍体西瓜有较强的抗病性。蜜枚四倍体田间表现对白粉病、枯萎病的抗性较强。为了更准确地了解蜜枚四倍体对枯萎病的抗性水平，1990 年进行了枯萎病孢子苗期接种鉴定。以感病品种苏蜜一号为对照，供试菌种为 *Fusarium oxsporum* f. sp. *niveum*（E. F. Sm.）Snyd & Hans 9810 新疆分离株（全国 10 个单位比较致病力最强的病株），孢子浓度为 2.7×10$^4$ 个/mL，在幼苗子叶平展期进行浸根接种，接种后第 14 天和第 18 天进行 2 次调查发病情况。结果是：蜜枚四倍体发病率分别为 14% 和 24%，病情指数分别为 0.09 和 0.23；对照品种苏蜜一号的发病率分别为 30% 和 70%，病情指数分别为 0.12 和 0.33。以上结果表明，蜜枚四倍体对枯萎病的抗性比对照强。根据全国西瓜抗病育种协作组对西瓜枯萎病的抗性分级标准，蜜枚四倍体达中抗水平。

# 第五节　四倍体西瓜品种简介

自从 20 世纪 60 年代以来，我国的科研工作者通过从国外引种及系统选育、化学诱变、杂交育种等途径，选育出了大量的四倍体西瓜品种和自交系，目前我国在生产上应用的四倍体西瓜品种或自交系很多，但不排除有相当一部分四倍体品种或自交系存在同物异名的现象，现将生产上应用较多的品种和自交系分类介绍如下。

## 一、杂种一代和直接生产栽培利用的品种

1. 雪峰少籽 1 号

湖南省瓜类研究所以邵选 404 为母本，80457 为父本配组而成的四倍体杂交一代，1987 年通过湖南省鉴定，定名为湘西瓜 4 号，1991 年获湖南省农业科技进步三等奖。具有高产，易栽培，耐湿、耐肥，抗枯萎病等特点，适用于直接栽培利用。该品种中熟，全生育期 98～100 d，从开花到果实成熟 32～33 d。叶片呈羽裂状，叶色浓绿，叶长 20.3 cm，叶宽 22.4 cm，叶柄长 14.0 cm。植株生长健壮，茎粗 0.83 cm，平均节间长 8.1 cm，主蔓长约 3 m，主蔓上 7～8 节着生第一雌花，其后间隔 6 节左右着生一朵雌花，坐果容易，坐果率高。果实圆球形，瓜型端正，果实大小均匀，果皮墨绿色，单瓜重 3.0～3.5 kg，大果可达 7.5 kg。皮厚 1.2 cm，果皮坚硬耐贮运。瓤色鲜红，肉质沙脆，不易空心，味甜，中心可溶性固形物含量 12% 以上，且分布均匀，中边梯度小，品质优良。单瓜种子数少，平均单果种子数为 97.6 粒。每亩产量一般 2 500～3 000 kg，高的可达 4 000 kg。

2. 雪峰少籽 2 号

湖南省瓜类研究所用诱变成功的 80452 为母本，80457 为父本配组而成的四倍体杂交一代，1987 年通过湖南省鉴定。具有高产，易栽培，耐湿、耐肥，抗枯萎病等特点，适用于直接栽培利用。该品种中晚熟，全生育期 102～105 d，从开花到果实成熟 34 d 左右。叶色浓绿，叶柄长 15.2 cm，叶长 21.2 cm，叶宽 24.4 cm。植株生长旺盛，茎粗 0.83 cm，平均节间长 1.52 cm，主蔓上 9～11 节着生第一雌花，其后间隔 7 节左右着生一朵雌花，坐果率高。果实圆球形，果皮

墨绿色，显隐花纹，单瓜重 3.5～4.5 kg，最大可达 8.5 kg。皮厚 1.2 cm，耐贮运。瓤色鲜红，肉质脆甜，中心可溶性固形物含量 12%，品质优良。单瓜种子数平均 74.1 粒。每亩产量一般 3 000～3 500 kg，高的亩产在 4 500 kg 以上。

3. 黑蜜少籽

中国农科院郑州果树研究所选育成的少籽西瓜良种。该品种中熟，从开花到果实成熟约 35 d，植株生长势旺盛，抗病性强，但自然授粉坐果较难，栽培时应采用人工辅助授粉，以提高坐果率。主蔓上 5～7 节着生第一雌花，以后每隔 3～5 节着生一朵雌花。果实圆球形，黑皮，平均单瓜重 3.5～4.5 kg。红瓤，肉脆，汁多味甜，中心可溶性固形物含量 11% 以上。每亩产量一般 3 000 kg左右。

## 二、采用化学诱变育成的品种

1. 农育 1 号

广东省农业科学院于 1964 年用二倍体富研西瓜诱变育成。主要在广东省利用，为粤蜜无籽西瓜的母本。该品种中熟，全生育期 110 d 左右，果实发育期约 32 d。坐果较早而整齐，果实圆球形，平均单果重 4 kg。果皮浅绿色显网条，果皮厚 1.2～1.4 cm，硬度大于 20 kg/cm$^2$。果肉桃红色，质脆。中心可溶性固形物含量 12%，近皮部 8.5% 左右。种子黄褐色，平均单瓜种子数约 60 粒。

2. 广西 401

广西壮族自治区农业科学院园艺研究所于 1974 年用二倍体西瓜桂引 3 号诱变育成。该品种中熟，全生育期 100～110 d，果实发育期约 30 d。植株生长旺盛，抗病耐湿，叶柄较短，坐果一般。果实圆球形，果皮墨绿、光滑，平均单果重 3～4 kg。果皮厚 1.2～1.3 cm。果肉鲜红色，质爽脆，中心可溶性固形物含量 12% 左右，近皮部 8%。单瓜种子数 40～60 粒，千粒重 62.5 g。

3. 蜜枚四倍体

中国农业科学院郑州果树研究所于 1975 年诱变杂合体二倍体蜜枚，经多代培育选择，1980 年育成。该品种配合力强，利用该品种作母本育出多个优良无籽西瓜品种，蜜枚无籽 1 号和黑蜜 2 号是其代表品种，1996 年获得国家科技进步三等奖。该品种中晚熟，全生育期 110～117 d，果实发育期 35 d 左右。植株生长势中等，分枝力中等，对枯萎病、白粉病有较强的抗性。雌花出现早，着生密，易坐果。果实圆球形，果皮黑色被蜡粉，平均单果重 4～5 kg。果皮薄而韧，果皮厚约 1.1 cm，硬度大于 20 kg/cm²，耐贮运。果肉致密而脆，果肉鲜红色，中心可溶性固形物含量达 12%，近皮部 8%～9%，品质优。种子中等大，褐色，单瓜种子数 80～100 粒，千粒重 64 g 左右。

4. 黄枚四倍体

中国农业科学院郑州果树研究所于 1980 年诱导杂合二倍体蜜枚，经多代培育，1989 年育成，是蜜枚四倍体的姊妹系。系郑抗无籽 4 号、金玫瑰无籽 2 号的母本。该品种中晚熟，全生育期 110～117 d，果实发育期 35 d 左右。植株生长势中等，抗病性强，分枝力中等。果实圆球形，果皮黑色被蜡粉，平均单果重 4～5 kg。果皮薄而韧，果皮厚约 1.1 cm，硬度大于 20 kg/cm²。果肉柠檬黄色，肉质酥脆，不空心，品质优，中心可溶性固形物含量为 11.5% 以上，近皮部大于 8.0%。种子中等大，褐色，平均单瓜种子数 80～100 粒，千粒重 64 g 左右。

5. 广西 404

广西壮族自治区农业科学院园艺研究所 1990 年用二倍体西瓜 $G_{10}$ 诱变而成。该品种中熟，全生育期 95～105 d，果实发育期约 30 d。植株生长势一般，抗病、耐湿、耐弱光能力较好。果实高圆球形，果皮浅绿色，光滑，平均单果重 4～5 kg。果皮厚 1.1～1.2 cm，坚韧。果肉鲜红色，肉质细密，中心可溶性固形物含量约 12%。单瓜种子数 80～110 粒，千粒重 72 g，每公顷采种 60～75 kg。

6. 广西 405

广西壮族自治区农业科学院园艺研究所 1991 年用二倍体西瓜 $H_{29}$ 诱变而成。该品种早中熟，全生育期 90～100 d。植株生长势较强，耐湿性好，易坐果。果实高圆球形，果皮墨绿色，光滑，平均单果重 4～5 kg。果皮厚约 1.2 cm，坚韧。果肉鲜红色，肉质细密、爽口。中心可溶性固形物含量约 12%。单瓜种子数 70～100 粒，千粒重 66 g，每公顷采种 45～60 kg。

7. 郑果 402

中国农业科学院郑州果树研究所以二倍体兴城红的姊妹系诱变后，经多代选择而成。是配制无籽西瓜的优良亲本。该品种中熟，植株抗性强。果实圆球形，浅绿皮有绿色细网状花纹，中果型，单瓜重 4 kg 左右。果皮厚 1.2 cm，果肉浅红，可溶性固形物含量 10.5%～11.0%，肉质细，品质优良，种子小。

8. 板叶 5 号四倍体

中国科学院新疆生物土壤沙漠研究所 1986 年诱变二倍体板叶 5 号而成。以其作母本配的三倍体无籽西瓜组合适应性较强。该品种中熟，植株生长势中等，叶片为全缘叶，植株自交坐果习性良好。果实圆球形，果皮浅绿色，平均单果重约 4 kg。皮厚 1.2 cm，果肉红色，肉质较细，可溶性固形物含量高。平均单瓜种子数 50 粒。

### 9. 四倍体 QB-3

湖南省岳阳市农业科学研究所 1989—1990 年从引进的 4 份全缘叶自交系二倍体西瓜品种中，连续进行二代自交选育，获得性状好的全缘叶二倍体 QB-3，然后经诱变选育而成。该品种中熟，全生育期 98 d 左右，雌花开放至果实成熟 32～34 d。叶片为全缘叶，无缺裂，肥大厚实，叶长 18.9 cm，宽 19.8 cm，柄长 18.0 cm，叶色绿。植株生长健壮，茎粗 0.82 cm，平均节间长 9.65 cm，主蔓长 471.0 cm，第 1 雌花着生节位为主蔓第 5～7 节，每隔 4～5 节连续出现雌花，雌花子房特大，剖径 1.8 cm。易坐果，平均单株坐果数达 1.85 个。果实大小均匀，正圆球形，浅绿底上显细网纹，有光泽，单瓜重 3.5～5.5 kg，大的达 7.0 kg。皮厚 1.2 cm 左右，质地坚韧，果皮硬度大于 16 kg/cm$^2$，耐贮运。果肉红色，肉质紧密嫩脆，不易空心，味甜爽口，品质优良，中心可溶性固形物含量 11.0%～12.5%，近皮部位 7.5%～9.5%。平均单瓜种子数为 108 粒，千粒重 64 g 左右。一般单产 2 500 kg/亩，高产 3 500 kg/亩以上。

### 10. 太阳四倍体

中国农业科学院郑州果树研究所 1996 年诱导二倍体 94 E1 经选育而成。是较合适的黄皮无籽西瓜的母本。该品种早中熟，全生育期 100～105 d，果实发育期 30 d 左右。生长势、分枝力均较弱，雌花出现早，着生密，易坐果，1 株可结多个果。果实圆球形，果皮金黄色，平均单果重 2～3 kg。果皮厚 1.1 cm，果皮硬度大于 18 kg/cm$^2$。果肉细脆，大红色，品质优，中心可溶性固形物含量 11% 左右，近皮部 9%。种子中等大，浅褐色，单瓜种子数 50 粒左右，千粒重约 50 g。

### 11. 四倍体 4301

中国科学院新疆生态与地理研究所由普通西瓜小青皮经由染色体加倍，多代自交系统选育而成。是无籽西瓜品种红宝石的母本，属于采种量较高的四倍体母本。该品种中早熟，果实发育期 30 d 左右。果实圆球形，果面色泽略深绿。瓜瓤大红色，肉质较细，品质极优，含糖量高，可溶性固形物含量约为 11.5%。自交单瓜可育种子数 60～70 粒，杂交三倍体单瓜可育种子数达 80～100 粒，四倍体种子千粒重 75 g，三倍体种子千粒重 60～65 g。

### 12. 红辉四倍体

中国科学院新疆生物土壤沙漠研究所 1992 年诱变红辉二倍体西瓜，经系统选育而成，是优良的花皮小果型三倍体无籽西瓜的母本。该品种早熟，植株生长势中等。小型果，果实圆球形，果皮浅绿色底显绿齿条，单瓜重 1.5～2.5 kg。肉色鲜红，含糖量高。平均单瓜种子数 25 粒，产种量低。

### 13. 花国四倍体

中国科学院新疆生物土壤沙漠研究所 1991 年诱变国光二倍体西瓜选育而成，是优良的花皮三倍体无籽西瓜的母本。该品种中熟，植株生长势强，自交坐果容易。果实大，果实圆球形，果皮浅绿色底显深绿齿条，平均单果重 6～8 kg。肉色鲜红，含糖量高，平均单瓜种子数 50～60 粒。

### 14. 红铃四倍体

中国科学院新疆生物土壤沙漠研究所 1992 年诱变红铃二倍体西瓜选育而成。该品种早熟，全生育期不足 100 d，果实发育期 28 d 左右。植株生长势中等，易坐果，单株可结果 2～3 个。小型果，果实椭圆形，果面浅绿色，单果重 1.5 kg 左右。果肉鲜红，品质优，中心可溶性固形物含量约为 11.5%。平均单瓜种子数 30 粒，千粒重 50 g，产种量低。

### 15. 天凤四倍体

中国科学院新疆生物土壤沙漠研究所 1993 年诱变天凤黄肉小西瓜选育而成。该品种可以作为小果型无籽西瓜的母本。该品种早熟，植株生长势中等，易坐果，单株可结 2～3 果。小型果，果实圆球形，果皮绿色底上带深绿齿条，单果重 1.0～1.5 kg。肉色浅橙黄色，中心可溶性固形物含量为 12%，品质风味佳。平均单瓜种子数 25 粒，产种量低。

### 16. 四倍体 21403

湖南省岳阳市西甜瓜研究所 1998 年春季选用优良二倍体西瓜品种进行秋水仙碱处理，获得的四倍体材料经过 3 年 9 代自交提纯和系统选育而成，是洞庭 8 号的母本。该四倍体自交系为小果型品种，果实圆球形，黄皮覆金色细条带，单瓜重 2.5～3.0 kg。皮厚≥0.9 cm。瓤色鲜黄，瓤质沙脆、爽口，中心可溶性固形物含量 12%左右，近皮部 9%左右。单瓜种子数 65～70 粒，千粒重 56 g。

### 17. 四倍体 21406

湖南省岳阳市西甜瓜研究所 1998 年春季选用优良二倍体西瓜品种进行秋水

仙碱处理，获得的四倍体材料经过 3 年 9 代自交提纯和系统选育而成，是洞庭 7 号的母本。该四倍体自交系为中果型品种，果实圆球形，黄皮覆金黄齿条带，单瓜重 4.0 kg。皮厚 0.8 cm。瓤色鲜黄，瓤质紧密，品质优，中心可溶性固形物含量大于 12%，近皮部 9% 左右。单瓜种子数 65 粒，千粒重 55 g。

18. 四倍体 8 - 4 - 11

合肥丰乐种业股份有限公司玉米瓜菜总公司 2000 年春季用 0.3% 秋水仙碱对黄瓤二倍体材料进行诱变加倍，然后经过 3 年 8 代的定向选择，于 2003 年选育出的黄瓤四倍体自交系，是晶瑞无籽的母本。该自交系生长势稳健，抗病性强，坐果性良好。大果型，果实高圆球形，浅绿皮覆中细齿条，单果重 6～8 kg。黄瓤，瓤质紧脆，中心可溶性固形物含量在 12% 左右。种子中等大小，平均单瓜种子数 120 粒，产种量高。

19. 四倍体 SB - 1

河南省农业科学院园艺研究所用天然杂交浅绿皮带细网纹、红瓤二倍体西瓜为材料，经秋水仙碱诱变而成的四倍体自交单果后代材料，经多代系统选育而成的稳定的四倍体自交系，是豫园翠玉的母本。该自交系中晚熟，全生育期 104 d。植株生长势中等，对炭疽病、疫病等常见病害的抗性较强。果实圆球形，果形指数 1，浅绿皮带细网纹，单果重 6.8 kg。皮厚 1.1 cm，瓤色大红，质地细脆，汁多味甜，中心可溶性固形物含量约 13%。种子黄褐色，千粒重 65 g。

20. 四倍体 M99 - 45

安徽省农业科学院园艺研究所用稳定的自交系经过秋水仙碱处理获得的四倍体材料，经系统选育而成，是早熟无籽小西瓜迷你红的母本。该自交系的熟性早，全生育期 86 d，果实发育期 30 d。抗病、耐湿，不裂瓜，坐果率高。果实圆球形，花皮。瓜瓤红色，瓤质细嫩、多汁、爽脆，中心可溶性固形物含量约 12%。

21. 四倍体 P1876

广西农业职业技术学院用二倍体有籽西瓜 P1870 为主的复合杂交后代选系，通过化学诱变获得四倍体优良变异，经系统选育而成，是花脸无籽西瓜的母本。该自交系一般配合力强，配制的三倍体杂交组合着色秕籽数量很少，制种产量稳定。该自交系生育期 97 d。果实圆球形，果形指数 0.95，果皮墨绿色有锯齿状花条，平均单果重 4.2 kg。果肉大红色，中心可溶性固形物含量约 12.4%，近皮部 7.6%。

### 22. 四倍体 W4-48-3

湖北省农业科学院蔬菜科技中心将引进的台湾材料 W-48 用秋水仙碱加倍处理后，经多代系统选育而成。是鄂西瓜 12 号的母本。该自交系中晚熟，果实发育期 37 d 左右。植株生长势强，耐湿、耐旱，抗病性强，易坐果。果实近圆球形，果形指数 0.97，果皮墨绿色，单果重 5～6 kg。皮厚 1.2 cm 左右，果肉大红色，中心可溶性固形物含量 11%～12%。

### 23. 四倍体 W4-36-l2

湖北省农业科学院蔬菜科技中心从美国引进的材料 W-36 中筛选的后代自交系，经诱变加倍选育而成，是黄瓤无籽西瓜新品种鄂西瓜 8 号的母本。该自交系植株生长势强，易坐果，果实发育期 35～38 d。果实圆球形，果形指数 0.98，果皮墨绿色，单果重 4 kg 左右。皮厚 1.2 cm 左右，瓜瓤鲜黄色，中心可溶性固形物含量 11%～12%。

### 24. 四倍体 98YB-1

天津科润蔬菜研究所 1997 年用适应性强的台湾新红宝自交选育的白皮、圆果、红瓤材料作为诱变供体，用 0.2% 秋水仙碱进行苗期诱变处理，经系统选育而获得的四倍体。是津蜜四号的母本。该自交系耐湿性强，坐果性好，平均单瓜重 5～6 kg，中心可溶性固形物含量约 10.5%，单瓜种子数 50 粒左右。

## 三、采用杂交育种方法育成的品种

### 1. 730013

中国农业科学院郑州果树研究所 1973 年用四倍体 1 号作母本，郑州 2 号四倍体作父本杂交，经多代选育而成。是比较理想的皮用加工品种和抗重茬栽培品种。该品种中熟，全生育期 110 d 左右，果实发育期 33 d 左右。植株生长势强，分枝力强，高抗枯萎病。果实大，果实圆球形，果皮绿色显网条，平均单果重 5 kg 以上，最大可达 14 kg。果皮厚 1.5～1.8 cm，果皮脆，硬度为 14 kg/cm$^2$。果肉大红色，质酥脆。中心可溶性固形物含量为 11% 左右，近皮部 8%。种子黑色，单瓜种子数 68 粒左右，种子较大，千粒重 75 g 左右。

### 2. 730012

中国农业科学院郑州果树研究所 1973 年以四倍体 1 号作母本，华东 24 号四倍体作父本杂交，经多代选育而成，是花皮无籽 1 号和金太阳 2 号无籽西瓜的母本。该品种中早熟，全生育期约 103 d，果实发育期 32 d 左右。植株生长势中等,分枝力中等,雌花出现早,着生密。果实圆球形,果皮浅绿色底上显数条墨绿色齿条,外形美观,平均单果重 4.5 kg 以上。皮厚约 1.2 cm,果皮韧,硬度大于 20 kg/cm²。果肉红色,品质优,中心可溶性固形物含量 12% 左右,近皮部约 9%。种子中等大,黄褐色,单瓜种子数 80 粒左右,千粒重 65 g。种子有在过熟瓜内发芽的现象。

3. 790016

中国农业科学院郑州果树研究所 1979 年用四倍体 1 号和法国西瓜四倍体杂交经多代选育而成。配制的三倍体采种量高,种子发芽率和成苗率高,是郑抗无籽 2 号和郑抗无籽 3 号等品种的母本。该品种中晚熟,全生育期 110 d,果实发育期 35 d 左右。生长势较强,分枝力较强,易坐果。果大,果实圆球形,果皮浅绿色显网条,平均单果重 4.5 kg 以上。皮厚 1.2 cm,果皮韧,硬度大于 20 kg/cm²。果肉大红色,肉质致密硬脆,剖面好,不空心,中心可溶性固形物含量 10% 以上,近皮部为 8%。种子中等大,饱满,土黄色,有纵裂,单瓜种子数 100 粒以上,千粒重 70 g 左右。

4. 790016B

中国农业科学院郑州果树研究所利用果实性状与 720002 相似的法西 A 四倍体与之杂交,经多代自交系选育而成,是流星雨无籽西瓜的母本。该品种生长势中等,抗病、耐湿性好,雌花着生密,易坐果。果实圆球形,绿皮带网条。瓜瓤鲜红色,瓤质硬脆,中心可溶性固形物含量 12.5% 以上,近皮部在 9% 以上。单瓜种子数 80～120 粒。

5. 790006

中国农业科学院郑州果树研究所 1979 年用黄金四倍体和华东 26 四倍体杂交,经多代选育而成。可用作黄肉无籽西瓜的复合母本。该品种中熟,全生育期 105 d 左右,果实发育期 32 d 左右。植株生长势较强,分枝力较强。果实圆球形,绿皮显窄网条,平均单果重 4 kg。皮厚 1.1 cm,果皮硬度大于 18 kg/cm²。果肉柠檬黄色,瓤质脆,中心可溶性固形物含量 11% 左右,近皮部 9%。种子中等大,平均单瓜种子数 95～105 粒,千粒重 55 g 左右。

6. 四倍体 MMD

中国农业科学院郑州果树研究所 1994 年选用 2 个果皮黑色、性状相似的四倍体西瓜品种进行杂交,经多代自交、分离选育而成,是郑抗无籽 5 号的母本。该四倍体自交系生长势中等,抗病、耐湿性好,雌花着生密,易坐果。果实圆球形，黑皮，覆蜡粉。瓜瓤鲜红色，瓤质硬脆，中心可溶性固形物含量 12.5%以上，近皮部 9.0%以上。单瓜种子数 60～80 粒。

7. 郑果 403

中国农业科学院郑州果树研究所用四倍体平湖马铃瓜与四倍体 1 号杂交选育而成，为黄瓤四倍体品种。该品种中熟，果实圆球形，果皮浅绿有深绿宽条带花纹，中果型，单瓜重约 3.5 kg。皮厚 1.5 cm 左右。果肉黄色，味较甜，质脆，不空心，可溶性固形物含量 10%左右。单瓜种子数较多。

8. 四倍体 $W_1$

广西农业科学院园艺研究所 1985 年春用果形端正，皮色浅绿，肉色鲜红，品质中等的四倍体西瓜作母本，用果形端正，皮色深黑，肉色深红，含糖量高，品质优良，抗病力强，但坐果欠佳，且结籽率低的四倍体西瓜作父本杂交，后代进行多代自交，在第 6 代再用四倍体父本进行回交，以后继续进行自交，定向筛选，经 6 年 12 代系统选育于 1990 年春育成。是广西 5 号的母本。该自交系抗病和抗逆性强，坐瓜稳定。果实高圆球形，皮色深绿。肉色鲜红，肉质细密、坚实、硬脆，可溶性固形物含量约 12.5%，单瓜结籽率高。

9. 黄皮 94 - 8 - 6

中国科学院新疆生物土壤沙漠研究所 1996 年由宝冠四倍体与大果型四倍体 P2 - 5 杂交育成。该品种中熟，植株生长势中强，自交坐果习性良好。果实高圆球形，单果重 4 kg 左右。果皮金黄色，肉色鲜红，可溶性固形物含量 10%以上。平均单瓜种子数 50 粒左右。

10. 北京二号

中国农科院品种资源所用早花、旭大和等四倍体品种进行复合杂交，经多代选择于 1974 年育成。该品种全生育期 110 d 左右，从开花到果实成熟约 35 d，抗病性强，结果性好。果实圆球形，皮色浅绿，显网纹，单瓜重 3～4 kg。皮厚 1.2 cm 左右，瓤色大红，质脆，汁多味甜，不易空心，可溶性固形物含量 10%以上。单瓜种子数 80～100 粒，种子黑色，小而饱满。

11. 四倍体 4R8889

厦门农利得种苗有限公司用来源于台湾的四倍体材料 T88 与来源于国内的四倍体材料进行杂交，经多代自交，定向选育而成，是无籽西瓜品种超 1 号的母本。该自交系前期长势中等，后期长势强，全生育期 110 d。果实不易畸形，果实圆球形，果皮深绿色有隐条斑，条斑清晰，表面有白色蜡粉，平均单果质量 8.0 kg。皮厚 1.0 cm，红瓤，不易空心，肉质脆甜，中心可溶性固形物含量约 13.5%。

12. 四倍体 W404-1

海南省三亚农优种苗研究所用来源于台湾的四倍体 W404 与日本引进的旭大和四倍体杂交，经多代自交、定向选育而成的高糖、优质四倍体自交系，是农优新 1 号的母本。该自交系早中熟，全生育期 85 d。植株生长势中等偏弱，果实高圆球形，果形指数 1.1，果皮浅绿色覆绿色条纹，平均单果重 3.5 kg。皮厚 1.0～1.2 cm。瓤色鲜红，质地细脆，汁多味甜，中心可溶性固形物含量约 13%。种子黄褐色，千粒重 60 g。

13. 四倍体 4N-5

天津市科润蔬菜研究所 1997 年利用台湾新 1 号 4X（浅绿皮）与日本黑皮 4X 杂交、回交后，经系统选育于 1999 年选育而成的黑皮台湾新 1 号型四倍体，是津蜜 3 号和津蜜 20 的母本。该自交系苗期生长势中等，耐湿性、抗病性较强。第一雌花出现在主蔓第 6～8 节，后间隔 4～5 节出现 1 朵雌花。易坐果，果实圆球形，果皮墨绿色，平均单瓜重 5 kg 以上。皮厚 1.1～1.2 cm，瓤色大红，瓤质脆，口感好，不空心，无中肋，中心可溶性固形物含量 11% 以上。单瓜种子数 70～80 粒。

## 四、系统选育和从国外引进的品种

1. 四倍体 1 号

四倍体 1 号即四倍体旭大和，是中国农业科学院郑州果树研究所 1960 年从日本引进的旭大和四倍体经系统选育而成。我国的第一批无籽西瓜如无籽 3 号、蜜宝无籽等均以该四倍体作母本育成。该品种中熟，全生育期 105 d，果实发育期约 33 d。植株生长旺盛，一般在主蔓 5～6 节上出现第一雌花，以后每隔 6 节再现 1 朵雌花。果实圆球形，果皮浅绿色，显网状条纹，中果型，平均单果重 4～5 kg。果皮厚约 1.2 cm，硬度大于 20 kg/cm²。果肉红色，质脆，汁多味甜。中心可溶性固形物含量 10% 以上，近皮部 8% 左右。种子中等大小，黄褐色，有的有纵裂现象，千粒重 62 g。

2. 72404

湖南省瓜类研究所于 1972 年从进口三倍体无籽西瓜种子中选出的四倍体种子，经 1972—1982 年自交系统选育而成。由该品种作母本育成的三倍体西瓜品种较多，如雪峰 304 和雪峰花皮无籽等。该品种中熟，全生育期约 110 d，果实发育期 35 d 左右。植株生长势较强、抗病性也较强，坐果习性好。果实圆球形，果皮浅绿显网条，中果型，平均单果重 4～5 kg。皮厚 1.2 cm。果肉鲜红色，肉质致密，不空心，中心可溶性固形物含量 10.0％以上，近皮部约 7.5％。种子稍大，黄褐色，大部分种皮纵裂明显。单瓜种子数 80～100 粒，千粒重 70 g 左右，发芽率高。

### 3. 广西 402

广西壮族自治区农业科学院园艺研究所 1974 年由台湾地区引进的屏东 1 号四倍体，经 1974—1978 年连续多代系统选育而成。该品种中熟，全生育期 105～115 d，果实发育期约 30 d。植株生长势强，抗病、耐湿。果实圆球形，果皮浅绿色显网条，平均单果重 4 kg 左右。果皮厚 1.1～1.2 cm，果肉大红色，质脆。中心可溶性固形物含量大于 11％，近皮部 8％左右。种子中等大小，千粒重 69 g。

### 4. 郑果 401

中国农业科学院郑州果树研究所于 1968 年从进口无籽西瓜生产田中选出的四倍体西瓜，经多代自交选育而成，是无籽西瓜品种郑果 301、郑果 302 的母本。由该品种配制的三倍体种子较多，平均单瓜种子数 150 粒以上，但种子发芽率较低。该品种中熟，全生育期 100～110 d，果实发育期约 33 d。植株生长旺盛，抗性较强。果实圆球形，果皮绿色光亮，显网条纹。中果型，平均单果重 4～5 kg。皮厚约 1.1 cm。果肉大红，肉质致密而脆，汁多味甜，中心可溶性固形物含量 10.0％～11.0％，近皮部约 8.5％。种子棕褐色，有麻点，单瓜种子数较多，平均 100 粒，多的达 200 粒。种子较大，千粒重 72 g 左右。

### 5. 黄金四倍体

中国农业科学院郑州果树研究所 1979 年从日本引进，是金宝等无籽西瓜的母本。以该品种作母本育成的三倍体西瓜采种量低，种子发芽率不高，但无籽西瓜果实的品质优。该品种中熟，全生育期 105 d 左右，果实发育期约 32 d。植株生长势较强。果实圆球形，果皮浅绿显窄网条，平均单果重 4.8 kg。果皮厚 1.2 cm，果皮硬度大于 18 kg/cm²。果肉柠檬黄色，质脆，汁液多，中心可溶性固形物含量 12.0％以上，近皮部 8.9％。种子中等大小，黑褐色，平均单瓜种子数为 50～60 粒，种子千粒重 65 g 左右。

### 6. 四倍体 M - 03

河南省郑州市农林科学研究所 1987 年从引进材料中选出，经系统选育而成的四倍体自交系,是昌蜜6号的母本。该自交系中熟,抗性强,植株生长健壮,生长势中等,第一朵雌花出现在主蔓第7~9节,以后每隔6~8节出现1朵雌花。易坐果,坐果稳。果实圆球形,幼果颜色较深,成熟后果皮为绿色。皮厚1.2 cm,瓜瓤鲜红色,中心可溶性固形物含量12.5%以上。单瓜种子数60~90粒。

7. 四倍体T93

河南农业大学林学园艺学院和开封市蔬菜研究所从台湾第一种苗股份有限公司引进的优良四倍体品种。是豫艺甘甜无籽的母本。该品种全生育期103 d左右,果实发育期32 d,抗病、耐湿,较易坐瓜。果实圆球形,果皮黑色,瓤色红,瓤质细脆,无粗纤维,汁多爽甜,中心可溶性固形物含量约11.0%。

8. 四倍体DH4

河南农业大学豫艺种业科技发展有限公司从台湾第一种苗公司引进的优良自交系,是豫艺菠萝蜜无籽的母本。该自交系中晚熟,果实发育期35 d。植株生长势一般,抗病性一般,易坐果,主蔓第一雌花着生节位为10~11节,以后每隔7~8节出现1朵雌花。果实圆球形,纯黑皮,外观漂亮,一般单果重7~8 kg。皮厚1.2~1.5 cm,不裂瓜,瓜瓤金黄,脆甜爽口,中心可溶性固形物含量约11.0%,近皮部9.5%。

9. 四倍体S312

河南省新乡市种子公司通过从美国卡罗来纳州引进的四倍体杂合体经定向选择,系统选育而成,是新乐1号的母本。该四倍体自交系中晚熟,全生育期98~115 d,果实从开花至成熟38 d。植株生长势强,分枝性稍弱,耐湿、耐热性好,抗病性强,坐果能力好,果实发育膨大迅速。果实圆球形,黑皮具隐形条带,一般单瓜重5~7 kg。皮厚1.6 cm,坚韧,果肉大红色,不空心,无白块,无黄筋,肉质细紧、质脆爽口,中心可溶性固形物含量约12%,近皮部8%。单瓜种子数120粒左右,种子浅黑色,千粒重78 g。

10. 四倍体94-08

新疆维吾尔自治区乌鲁木齐市农垦局种子公司利用美国引进材料经过多代分离提纯获得的性状稳定的优良四倍体自交系,是新优35号和新优40号的母本。该四倍体自交系植株生长势健壮,抗病性强,易坐果。果实圆球形,黑皮。瓤红质脆,汁多爽甜,风味佳,中心可溶性固形物含量11.0%左右。

11. 四倍体W3-5-18-4-1

广西壮族自治区农业科学院园艺研究所利用自己进行诱变和收集的$D_3$、$D_4$、

W$_3$、W$_5$ 等 10 多个四倍体材料连续进行多年多代的严格自交分离，系内交测定和室内鉴定，系统选育而成，是广西 3 号的母本。该自交系全生育期春茬 90～100 d，秋茬 70～80 d。长势一般，分枝性弱，但耐湿、耐热性好，抗病性强，耐低温和弱光能力较好，坐果能力极强，果实发育膨大迅速。果实高圆球形，果皮浅绿色，光滑饱满，一般单瓜重 5～6 kg。皮厚 1.1～1.2 cm，坚韧。果肉鲜红，不空心，无白块、无黄筋，肉质细密，甜脆爽口，可溶性固形物含量高，中心可溶性固形物含量约 12%。种子千粒重 72 g。

12. 四倍体 C2 - 3 - 1 - 1

广西壮族自治区农业科学院园艺研究所西甜瓜研究室 1995 年春通过大田普选，在原有的诱变材料 C$_2$ 株系中筛选出优良变异株 C$_{2-3}$，后经过 1996—1998 年进行回交和连续的自交、分离，于 1998 年系统选育而成，是桂系二号的母本。该自交系综合性状突出、遗传稳定，是一个优秀的中果型四倍体西瓜品种。抗病、抗逆性强，耐湿、耐热，坐果性较好。果实正圆球形，表皮浓黑有光泽，一般单果重 3 kg。皮厚 1.0～1.2 cm，果肉大红，质地细腻，不空心，汁多清甜，中心可溶性固形物含量约 11.5%。平均单瓜种子数 30～40 粒，果实结籽率低。

# 第八章  三倍体育种

日本的木原均、西山市三在1947年正式宣告了三倍体无籽西瓜的育成，当时轰动了整个生物界和育种界，被认为是育种史上的一大创举，在理论和实践上都具有深远的意义，从而引起世界各国育种学家的极大兴趣。到1950年，日本已育成无籽旭都、无籽旭大和无籽华凉等9个无籽西瓜品种。由于当时的无籽西瓜的采种量低，种子价格昂贵，常出现空心果、畸形果等不良现象，无籽西瓜的品质不好，产量也不高，使得无籽西瓜在当时日本的发展比较缓慢，到1953年才发展到400多公顷，仅占日本西瓜栽培面积的2%左右。但是，在1953年低温多雨的异常天气条件下，三倍体和四倍体西瓜表现了很好的耐湿性和抗病性，特别是对枯萎病的抗性比普通西瓜有显著提高，三倍体西瓜的这些优良表现开始引起人们的重视，从此以后，三倍体无籽西瓜在日本得到了迅速发展。

继日本育成三倍体无籽西瓜以后，美国、意大利、印度、罗马尼亚、匈牙利、智利、菲律宾、土耳其、以色列和苏联等国先后也开展了多倍体西瓜的研究。美国、苏联等国虽然也研究出了四倍体西瓜和无籽西瓜，但终因劳力、成本等原因使生产栽培受到很大的限制，至今未能在生产上大面积栽培。

我国台湾地区从1957年开始三倍体无籽西瓜育种研究，在台湾地区农科院的主持下，由地区农林试验所凤山热带园艺试验分所负责，于1959年育成9个三倍体无籽西瓜组合，经过全地区性区域试验和示范，选定凤山1号等品种于1961年进行大面积推广。现在台湾地区三倍体无籽西瓜的生产已非常先进，栽培面积超过1 500 hm²，主栽品种有凤山1号、农友新1号、农友新奇等品种。

我国内地从20世纪50年代末开始多倍体西瓜的研究，虽然起步晚，但发展迅速。江苏省农业科学院是国内最早开展多倍体西瓜育种的单位，他们于1957年首次诱变成功我国第一个四倍体西瓜品种华东24，并经配组选育出了三倍体无籽西瓜新秋3号。中国农业科学院郑州果树研究所进行多倍体西瓜研究起步也较早，1963年育成了无籽西瓜品种无籽3号，是我国第一个有生产价值和经济效益的无籽西瓜品种。山东省副食品公司于1972年育成蜜宝四倍体和蜜宝无籽西瓜，自 1974 年起销往港澳地区。

1974 年在南宁市召开了"全国第一次无籽西瓜科研协作会"，掀起了我国无籽西瓜科研和生产的高潮，相继育成了蜜宝无籽、郑果 301、昌乐无籽和红花无籽等三倍体无籽西瓜品种。建立了广西南宁和藤县、湖南长沙和邵阳、河南中牟、广东番禺、山东昌乐及北京通县等几个外销无籽西瓜生产基地。1981—1982 年组织了全国第一批无籽、少籽西瓜区域试验。在郑州和乌鲁木齐召开了两次全国性品种评比会，选出郑引 401、黄枚和杂育 401 等四倍体西瓜品种和广西 1 号、广西 2 号、郑引 301 等三倍体无籽西瓜优良品种。1985—1987 年组织了全国第二批无籽、少籽西瓜品种区域试验，选出了邵阳无籽 304 等 3 个优良无籽西瓜品种。1989 年在湖南省邵阳市召开了全国无籽、少籽西瓜育种和开发研讨会，同时正式成立了全国多倍体西瓜科研协作组，此次会议为促进 20 世纪 90 年代无籽、少籽西瓜科研、生产新高潮的到来起了决定性的作用。1990 年在湖北荆州和河南孟津等地建立无籽、少籽西瓜生产示范基地，激发了人们栽培无籽西瓜的积极性。紧接着又进行了第三批无籽西瓜新品种区域试验，为无籽西瓜生产准备后备品种。使我国的无籽西瓜事业得到了蓬勃发展，已成为具有相当规模的产业。现在全国的无籽西瓜栽培面积已经达到 20 万 $hm^2$ 以上。无籽西瓜商品生产面积在 6 700 多公顷以上的省、自治区有海南、广西、湖北、湖南、河南、陕西、山东、江西等。我国已经成为世界上第一个无籽西瓜科研、生产和出口大国。

# 第一节  三倍体西瓜的产生

## 一、三倍体西瓜的获得

普通西瓜细胞中有 22 条染色体，为二倍体。普通二倍体西瓜经人工诱变，使其染色体加倍而成为四倍体西瓜，其细胞中有 44 条染色体。用四倍体西瓜作母本、二倍体西瓜作父本进行杂交所得的种子即为三倍体种子，其细胞中有 33 条染色体。因为四倍体西瓜在进行减数分裂形成配子时，每个正常配子都获得了两套相同的染色体（n＝22）；二倍体西瓜在进行减数分裂时，每个正常配子都获得一套染色体（n＝11）。当四倍体母本与二倍体父本杂交时，四倍体的雌配子的 22 条染色体与二倍体的雄配子的 11 条染色体相结合，受精卵具有 33 条染色体，由该受精卵发育成的种子就是三倍体种子。播种三倍体种子长成的植株为三倍体植株。因为三倍体西瓜植株的染色体组是奇数的，在减数分裂时不能形成完整的染色体组，不能形成正常的配子，具有高度的不孕性。虽然三倍体西瓜的雌花形态正常，但由于雌、雄配子高度不育，雄花花粉败育，所以自交不结实。

种子植物在授粉、受精和种子发育过程中能产生大量内源激素供果实生长发育。而三倍体西瓜的雌配子和雄配子都高度不育，自交授粉或三倍体不同品种间授粉，花粉不能萌发，不能产生激素刺激子房发育，因而不能结实。但在有正常花粉的刺激作用下，可育花粉在雌花的柱头上萌发及花粉管在花柱和子房中生长及受精过程中，可以产生供果实生长发育的激素刺激子房生长发育，使三倍体西瓜的子房能发育成正常的果实，但由于胚珠高度不孕，不能完成双受精过程，不能正常受精形成合子，胚珠不能发育成种子，因而形成无籽西瓜（图8-1）。由于三倍体果实中无种子故又称三倍体西瓜为无籽西瓜。

如果以二倍体西瓜作母本、四倍体西瓜作父本杂交，一般不能结出具有种胚的正常种子，只结不具种胚的空种壳，即秕籽（图8-1）。

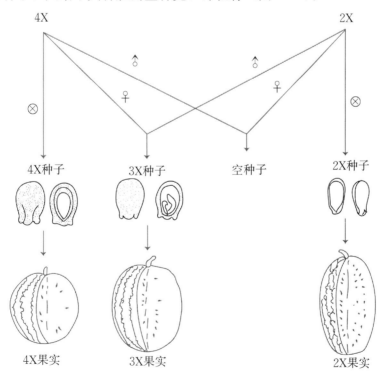

图8-1 三倍体无籽西瓜形成示意

因此，在三倍体西瓜生产中需配植一定比例的有籽西瓜植株，在三倍体西瓜雌花开放时，授以有籽西瓜的花粉，刺激子房发育成三倍体西瓜，这种供给正常花粉的西瓜品种被称为"授粉品种""助媒品种"或"花粉品种"。有报道，同一个三倍体西瓜组合采用种子大小不同的花粉品种授粉，对着色瘪籽的数目和大小有一定的影响。刘文革（1998）用 3 个性状差异较大的二倍体授粉品种对 12 个三倍体西瓜品种或组合进行授粉，统计分析结果表明，不同的二倍体授粉品种对三倍体西瓜的坐果、产量形成、中心可溶性固形物含量、果皮硬度和颜色、果肉颜色等均无明显影响。调查统计结果还显示，大籽授粉品种（中育十号）和小籽授粉品种（喜华、94E1）对三倍体西瓜的着色瘪籽没有明显影响。

按照遗传规律，西瓜的果实性状不存在果实直感，该性状的表型决定于植株本身的遗传组成，而与当代的授粉品种无关。以上结果表明，三倍体西瓜的主要性状不具有果实直感。因此，在生产上种植三倍体西瓜对授粉品种的选择并不需要太严格的要求，可选择当地主栽的优良二倍体西瓜品种，只要求其熟性、开花坐果期与三倍体西瓜品种一致，花期相遇，有利于授粉，以促进三倍体西瓜坐果。生产中用二倍体西瓜作授粉品种优于四倍体西瓜，因为二倍体西瓜花粉粒小而多，分散性好，生活力强，刺激三倍体西瓜坐果效果好。

## 二、三倍体西瓜的优势

三倍体西瓜是三倍体水平的杂交一代西瓜，它具有多倍体和杂种一代的双重优势。另外，由于三倍体西瓜的无籽性，无论是在果实发育过程中，还是在贮运过程中，均可减少营养物质和能量的消耗。据测定，形成 1 g 种子所消耗的营养物质是形成 1 g 果肉的 20 倍。因此，三倍体无籽西瓜具有优质、丰产和耐贮运的物质基础。三倍体西瓜具有的主要优势如下。

1. 植株生长健壮，抗逆性和适应性强

三倍体西瓜虽然在苗期生长势弱，成苗较难，但成苗移栽到大田后具有较强的适应性和抗逆性，特别是耐湿、耐热，在高温多湿的长江中下游地区栽培，抗性表现更为突出。三倍体西瓜的抗病、耐湿能力强，对多种病害有较强的抵抗力，枯萎病对二倍体西瓜是毁灭性病害，而三倍体西瓜对严重危害西瓜生产的枯萎病却有相当的抗性，对炭疽病和白粉病的抗性也较强。

普通二倍体西瓜对土壤湿度较为敏感，在灌溉后立即下雨或连续降雨造成土壤湿度过大的情况下，二倍体西瓜植株容易产生类似枯萎病症状的湿害，轻者减产，重者绝收。三倍体西瓜则耐湿能力强，在相同条件下能获得较好收成。这也是南方各省无籽西瓜面积大，甚至超过二倍体有籽西瓜的重要原因。

三倍体西瓜 2 叶期以后的幼苗和植株生长旺盛，分枝力强，容易管理。例如，三倍体西瓜的抗热和耐高温能力明显优于二倍体西瓜，在不良环境条件下仍能维持较强的光合效能，能获得较高收成，其蒸腾作用比二倍体高 45%，同化率比二倍体高 24%。

### 2. 品质优、耐贮运

三倍体无籽西瓜比相应的二倍体有籽西瓜含糖量高 1%～2%，糖分分布较均匀，梯度小，而且果糖含量高。由于细胞增大的结果，果肉汁液多，适口性好，瓤质脆，风味好，品质优。三倍体西瓜果实内不含种子，减少了贮藏期间种子后熟及呼吸作用对营养物质的消耗，而且三倍体无籽西瓜的适熟期较长，很少有过熟现象，其贮藏性能比有籽西瓜明显提高，且在一定的贮藏期间内，由于后熟作用，多糖类物质转化为甜度较高的单糖和双糖，品质会上升，可食率提高，耐贮运性好。而且三倍体西瓜无籽，食用方便，老少皆宜。

### 3. 丰产、稳产性好

三倍体西瓜果实内无种子，减少了营养物质和能量的消耗，且在坐果期果实营养中心不突出，因而连续坐果能力强，能 1 株多果、多次结果和结大果。依品种的不同，单果重从 4 kg（小果型）到 15 kg（大果型）不等；单株结 2～3 果极为常见，最多 1 株可结 5 果（三蔓式整枝），单果重约 4 kg，单株产量可达 20 kg。一般可结两茬瓜，栽培管理适当时可结三茬瓜，增产效果十分明显，比普通二倍体西瓜增产 25% 以上。所以，三倍体无籽西瓜不仅具有优异的商品性状，同时具有良好的栽培性状。

三倍体西瓜生长势旺，伸蔓以后即表现明显的优势。抗病、耐湿、耐热，后期坐果能力较强，结果持续时间也较普通西瓜长。如果加强后期管理，增产潜力很大。争取后期坐果，果形虽小，但在较高的温度条件下发育的果实，果形较好，果皮薄，白秕籽较少，品质优良。

### 4. 经济效益好

三倍体西瓜的价格一般比二倍体有籽西瓜高三成乃至一倍以上，加上三倍体西瓜的产量高和耐贮运性好，所以种植三倍体西瓜的经济效益好，如果采用果皮加工等果实综合利用措施，则经济效益更为可观。

# 第二节　育种目标

育种目标是针对当前生产中存在的主要问题，根据生产和市场需求，在一定的自然、经济条件下，育种工作者预期育成的新品种应该具备的一系列目标性状及其应达到的指标。育种目标是育种工作者的方向和灵魂，因为只有有了明确的目标，才能有目的地选择亲本、配制组合，进行品种鉴定，从中选育出符合要求的品种。同时，又可避免育种的盲目性，减少工作量，提高工作效率。

育种目标在一定时期内应是相对稳定的，体现育种工作者在一定时期的方向和任务。但育种目标还要有一定的前瞻性，而且可以随着生态环境变化、社会经济发展、人民生活水平的提高、市场需求以及种植制度的变革进行适当调整。

当今世界西瓜育种的主要目标是抗病、品质和特色育种。新的动态是生物技术已显身手，热点是研究 DNA 分子标记辅助育种。

## 一、制订育种目标的原则

### 1. 以生产和市场需求为导向

制订育种目标时，首先要遵循生产和市场需求为导向的原则。所以，在制订具体的育种目标前，要对生产和市场的发展变化做全面的调查，掌握无籽西瓜生产和市场对品种需求的趋势。三倍体无籽西瓜的育种目标是多样的、复杂的，因时间、地点的不同而有所不同。因此，在育种实践中要根据当时、当地生产中存在的问题及市场的需求确定育种目标。同时，育种需要一定的时间，育成 1 个品种少则几年，多则十几年，因此育种目标的制订还应考虑市场的发展、消费习惯的改变，以及经济社会和科学技术的发展，应具有前瞻性。育种目标的制订必须要有预见性，至少要看到 5 年以后生产及市场需求的变化。所以，育种目标的制订既要着眼于现实和近期内生产和市场的需要，也应尽可能兼顾长远发展的需要，应适时修正育种目标，提出新的育种任务，以便不断育出更多、更好的更新换代的新品种。另外，所提出的主要目标性状不仅要考虑比原有同类品种的改进与创新，还要考虑比国内外同行育种工作具备的相对优势，从而制订出处于优势竞争地位的育种目标。

## 2. 目标性状要有针对性并突出重点

在制订育种目标时，应该分析现有品种在生产中存在的主要问题，明确亟待改进的目标性状。要根据不同时期生产和市场的需求，明确主要目标性状和次要目标性状，坚持做到主次有别，落实突出目标性状具有针对性和重点的原则。由于生物遗传的局限性，任何优良品种不可能集所有优良性状于一身，只能在突出主要目标性状的前提下，分类型选育品种，而且一个品种的目标性状不能太多，一般不超过 2~3 个。育种工作者需要通过多种相关调查研究和综合分析，有针对性地确定主要和特需目标性状，才能达到预期目的。

另外，制订育种目标时仅仅笼统提出早熟、优质、高产、抗病的总目标是不够的，还必须对有关性状作具体分析，确定各目标性状的具体指标，应尽可能提出数量化的可以检验的客观指标，这样才能保证育种目标的针对性和明确性，同时，也可以为育种目标的最后鉴定提供客观的具体标准。

## 3. 注重品种选育的多样性

生产和市场对无籽西瓜品种的需求是多种多样的，而且选育一个能满足各种要求的品种往往是不可能的。因此，制订育种目标时，应注重品种选育的多样性和考虑品种的合理搭配问题。如生育期要求早熟、中熟、晚熟品种的配套；果实大小要求大果型、中果型、小果型配套；果实皮色要求各种花色配套等。至于每一个新品种的培育，在育种之前选定一个目标品种，或目标品种的某一个或某几个性状作育种目标，作主攻方向，有的放矢地去实践和实现。

随着市场经济和栽培方式的发展，所制订的育种目标应进一步适应市场和栽培需求，选育的品种应向专用型和系列化的方向发展。对育种工作者来说，从长远考虑也需要注重品种的多样性，以满足多元化的市场需求。

# 二、主要目标性状

无籽西瓜育种的主要目标性状包括以下几方面。

## 1. 提高品质

无籽西瓜以其品质优良而著称，因而提高品质是无籽西瓜育种的主要目标，品质育种应放到无籽西瓜育种的头等重要的位置。无籽西瓜的品质性状主要包括外观、含糖量、风味等性状。

## 2. 增加产量

高产性状是无籽西瓜的重要育种目标。西瓜产量的高低与植株的株形、生长势、雌花出现的早晚、雌花的密度、坐果的难易、果实的大小及坐果习性（1株结多果和多次结果）等有关。一般来说，选育株型紧凑、生长势较强、雌花出现早而着生密、易坐果、果个大，并具1株多果和多次结果习性的品种，其增产潜力大，是育种者追求的目标。生产上应用最多的许多大果型无籽西瓜品种，其产量不稳的原因主要是存在坐果问题。对于小果型无籽西瓜品种的选育，就不能盲目追求高产，要以品质和外观为主。

**3. 熟性**

一般用全生育期和果实成熟期表示西瓜的熟性。全生育期由于时间跨度太长，影响的因素（包括栽培季节、栽植方式、管理水平等）太多，因而实际生产中常用果实成熟期来区分一个品种的熟性。西瓜的熟性一般分为早熟、中熟和晚熟。果实成熟期30 d以下者为早熟品种，超过40 d者为晚熟品种，二者之间者为中熟品种。也有分得更细的，将果实成熟期在30～35 d的品种定为中熟品种，35～40 d的定为中晚熟品种。

20世纪80年代以前，我国的无籽西瓜多为早熟和中熟品种。这些早中熟品种常出现果实畸形、果皮厚和空心等缺陷，后来育种者培育出的中晚熟品种克服了上述缺点。从生产和市场两方面来考虑，熟性育种应以早、中、晚熟各种熟性品种配套为宜，但培育优质早熟品种还是目前我国三倍体西瓜育种的一道难题，今后无籽西瓜的熟性育种应在这方面多下功夫。

**4. 增强抗逆性**

无籽西瓜的抗逆性主要包括抗病性、耐湿性和耐低温弱光性等。随着经济社会的发展，可耕土地面积年年递减，重茬无籽西瓜已不可避免。需要培育高抗枯萎病的品种、抗多种病害的多抗品种。现在培育成的抗性较强的品种有郑抗2008、黑蜜5号、雪峰花皮等。这些年随着病毒病、细菌性果腐病、炭疽病等大量发生，选育抗病毒病、细菌性果腐病、炭疽病的品种也是无籽西瓜抗病育种的目标。

**5. 耐贮运性**

由于从产地到市场有距离，从货架到消费者食用有时间，所以要求无籽西瓜有较好的耐贮运性。虽然无籽西瓜的耐贮运性比普通有籽西瓜要好，但不同品种之间有差异。一般来说，耐贮运性与西瓜果皮的厚度和韧度、果肉的致密度有关。西瓜的果皮薄与耐贮运性强是一对矛盾，培育果皮较薄（1.2 cm以下）、韧度大、果肉致密的耐贮运品种是重要的育种目标之一。

6. 提高种子产量与种子发芽率、成苗率

与二倍体西瓜相比，三倍体无籽西瓜存在"三低"问题，即三倍体西瓜的种子产量低、发芽率低和成苗率低。除了用栽培手段解决无籽西瓜的"三低"问题以外，培育单瓜种子数多（每个瓜 150 粒以上）、种子质量好（发芽率 85% 以上，成苗率 95% 以上）的三倍体品种是无籽西瓜育种的重要目标。

由于三倍体种子是从四倍体果实内取得的，所以三倍体采种量的高低，与同源四倍体母本的孕性和双亲性细胞的亲和力有密切关系。关于同源四倍体孕性低的原因，目前还没有统一的认识，有人认为与四倍体在减数分裂时染色体配对不正常和多价体的形成有关；有人认为由于四倍体形态学上的改变影响了同化异化作用的进行；有人认为由于四倍体营养物质运转上的障碍，以致影响到性器官和种子得不到足够的养分等生理生化方面的因素；有人则认为同源四倍体的孕性低不仅是由于染色体多倍化的影响，而且也受基因的控制等。

在同源四倍体后代中选择结籽率高的四倍体，或者采取同源四倍体品种间杂交，是提高四倍体西瓜采种量有效的方法（尹文山，1985）。三倍体西瓜采种量的高低除了和四倍体母本的孕性有关外，还和三倍体组合的配合力有关。同一四倍体以不同的二倍体品种作父本，所获得的三倍体种子结实率差异很大，中国农业科学院郑州果树研究所的实验表明，"郑果 401"四倍体品种以蜜枚作父本，平均单瓜种子数为 96.6 粒，以华东 24 号作父本，平均单瓜种子数为 184 粒，以都三号作父本，平均单瓜种子数为 102.3 粒。因此，在努力提高四倍体种子结实率的同时，必须注意选择结实率高的组合。一般要求通过选择适当母本和适当组合，使杂交后代单瓜采种数 100 粒以上。

组合的选配对种子发芽率、成苗率、果实空心大小、果皮厚度、秕籽大小、果实形状、品质及产量等都有很大的影响。李文信等（1998）对不同亲本组配的三倍体无籽西瓜新组合的栽培测试的结果表明，三倍体无籽西瓜杂交制种采种量以及三倍体的种子质量在很大程度上取决于四倍体母本的遗传因子，而与二倍体父本遗传因子关系不大。但其杂交组合的优良经济性状与双亲的优良性状密切相关。因此，只有在选育优良四倍体的同时选育及选配优良的二倍体品种，才可望选育出优良的三倍体无籽西瓜组合（品种）。

7. 增加功能性成分含量

番茄红素、维生素 C、瓜氨酸等功能性成分是对人体有益的活性物质，培育高番茄红素、维生素 C、瓜氨酸等含量的无籽西瓜品种也是无籽西瓜育种的目标之一。

8. 其他

根据各地不同时期对无籽西瓜的不同需求，三倍体西瓜还有多种育种目标，如为了密植培育短蔓西瓜；为了管理方便培育无杈西瓜；为了早期鉴别无籽西瓜培育具有标记性状（叶片后绿、全缘叶、黄叶脉等）的品种。

# 第三节　育种方法与程序

三倍体无籽西瓜是通过以四倍体西瓜为母本，以二倍体西瓜为父本的杂交来获得的，即通过二倍性的雌配子（n=22）和单倍性的雄配子（n=11）的结合来实现。三倍体无籽西瓜是三倍体水平上的杂种一代，它综合了杂种优势和多倍体优势。由于三倍体无籽西瓜是多倍体水平上的杂种一代，而且对它的经济性状又有一些特定的要求，所以和二倍体杂种一代育种相比，又有许多不同的特点。

另外，三倍体产生的若干缺陷，不能像二倍体或四倍体西瓜一样通过系统选育加以改善，而只能通过对亲本的选择和组合的选配来实现。因此，并不是任意1个四倍体和任意1个二倍体杂交，都能得到优良的三倍体。在三倍体西瓜育种过程中，通过组合选配后，仅仅从亲本的表现很难推断所获得的三倍体表现究竟如何，所以三倍体育种是以三倍体的实际表现来决定取舍的。此外，三倍体西瓜尽管是杂种一代，但不一定都要具有杂种优势，有些组合的产生，往往是为了符合市场消费习惯，如改变无籽西瓜的肉色或皮色等。

## 一、育种方法

三倍体无籽西瓜育种主要采用有性杂交方法。杂交的方式主要是近缘种的二元杂交、三元杂交和四元杂交3种方法。

1. 二元杂交

二元杂交又称成对杂交，用通式 $4xA \times 2xB$ 表示。这种杂交只有2个（1对）亲本，且母本必须是四倍体西瓜，父本必须是二倍体西瓜。这2个亲本同属于1个种内的不同品种。例如蜜枚无籽1号由蜜枚四倍体与80-2、广西2号由广西402与长黑瓜、雪峰304由邵阳404与蜜宝、黑蜜2号由蜜枚四倍体与克仑生杂交而成等。三倍体西瓜育种最常采用这种二元杂交方式。

2. 三元杂交

三元杂交又称三亲杂交，用通式 4x（A＋B）×2xC 表示。为了提高三倍体西瓜种子产量，通常利用 2 个果实性状差异不大的四倍体品种或同 1 个品种的 2 个种性稍有差异的四倍体自交系的杂交一代作母本。

3. 四元杂交

四元杂交又称多亲杂交，用通式 4x（A＋B）×2x（C＋D）表示。由于四元杂交采用的亲本多，可以将更多的优良基因集中到 1 个后代中。因而可以育成具有多个优良性状的品种。采用这一育种方式时，作母本的 2 个四倍体和作父本的 2 个二倍体必须是果实性状基本一致或差异很小的品种或自交系，这样不会影响无籽西瓜的商品性，所以这种方法的局限性大。同时，采用这种育种方式需要的时间长，因而目前在三倍体西瓜的育种中很少采用，在美国和日本二倍体西瓜抗病育种中运用较多。

在实际育种过程中，三倍体西瓜的育种程序与二倍体杂交一代西瓜育种基本一致，其主要步骤包括：确定育种目标、亲本选择、组合选配、组合鉴定、品种比较、区域试验、生产试验（示范）、品种审（鉴）定等。

## 二、亲本选择与组合选配

亲本选择是指根据品种选育目标选用具有优良性状的品种作为杂交亲本。组合选配是指从入选亲本中选用两个（或几个）亲本配组杂交和配组的方式（如决定父母本、多亲杂交时哪两个亲本先配组等）。三倍体西瓜由于无籽，不能像普通二倍体那样通过后代选育使不良的园艺性状得到改善或提高，其育种的成功几乎全取决于对两个亲本的选择和选配。所以亲本选择与组合选配是决定无籽西瓜育种成败的关键。西瓜资源是育种工作的基础，只有在广泛收集和研究资源及其性状在三倍体水平的遗传表现后，才能真正选择出适宜的亲本，配较多的组合才能有效地育出符合育种目标的无籽西瓜新品种。

如果亲本选择与组合选配得当，可以较多地获得符合育种目标的组合，从而提高育种工作的效率。如果亲本选择与组合选配不当，即使选配出大量的杂交组合，也不一定能获得符合育种目标的组合类型，从而造成不必要的人力、物力和时间的浪费。无籽西瓜亲本选择和组合选配一般需遵循以下原则：

（1）双亲必须是经过多代自交的遗传性纯合、稳定的品种或自交系。

（2）双亲应具备尽可能多的优良性状和尽可能少的不良性状。某一不良性状如某一隐性不良性状不能在双亲中同时存在。

对于母本，除了皮色、肉质、肉色这些性状应符合育种目标外，还应具备四倍体品种（系）所必须具备的一系列特性，如果形端正、皮薄、品质优良、含糖量高、无异味、不空心、种子多但种子不是特别大或特别小、坐果容易等。

对于父本，除了皮色、肉质、肉色这些性状符合育种目标外，还要求父本具有优良的品质、高含糖量、果形端正等特性。另外，由于四倍体西瓜具有增厚的果皮，在选择父本时注意选择那些皮薄的品种，以改善三倍体果皮厚度，还应选用种子小和种皮薄的品种，因为父本的这一性状与它的三倍体杂种果实中退化种皮的大小和硬度有关，影响到三倍体无籽果实的无籽性。因小种子对大种子，小种子为显性，这对提高三倍体杂种的无籽性有积极的影响。同时，在母本确定后，考虑到二倍体父本与母本的亲和力直接影响到三倍体的种子产量和品质，应选用亲和力强的二倍体。最后，还应注意标志基因的利用。利用基因标志（即利用父本显性），可以简便地从外观上区别四倍体和三倍体，既可从果实性状上鉴别，也可用于苗期鉴定。

（3）应选择亲缘上、地域上和生态型等差异大的四倍体和二倍体西瓜作亲本。切忌用同一来源的 2 个不同倍性水平的西瓜品种作亲本。例如，如果用蜜枚四倍体和蜜枚二倍体作杂交亲本，因父母本的亲缘关系太近，杂交后代优势不显著。

三倍体无籽西瓜的组合选配，与二倍体杂种一代育种有相同的方面，如选择双亲性状差异大、性状能互补、亲本应为纯系以求得到性状一致和具有杂种优势的杂交一代，但也有不同的一面，即这个杂交种产生了染色体数目的改变。新产生的三倍体其体细胞中的染色体，母本提供了 2/3，父本只占 1/3，因此遗传性状的显隐性，与二倍体的表现并不一致。

（4）应选用适应性强、生产性状（易管理、易坐果等）好、配合力强的四倍体西瓜作母本。配合力又称组合力，是指一个亲本与另外的亲本杂交后，杂种一代所表现的生产力，即一个亲本在与其他亲本杂交后传递有利经济性状给其杂种后代的能力。例如，三倍体种子的采种量以产籽量高的四倍体亲本为基础，但在育种实践中往往出现不同的结果，这与双亲配子亲和力有关。因此，三倍体种子产种量的高低，决定于组合选配是否得当。

（5）参考前述性状的遗传表现，选择性状互补的四倍体母本和二倍体父本配组。父、母本的植株性状或果实性状应具有肉眼易于识别的明显差异，最好使三倍体无籽西瓜具有别于母本四倍体的标记性状，如黄叶、全缘叶、短蔓、果形、果实颜色与花纹等，以便鉴别纯度，鉴别无籽与有籽果实。

（6）必须选用1个四倍体母本与多个二倍体父本测交，或选用多个四倍体母本与1个二倍体父本测交，或选用多个四倍体母本与多个二倍体父本测交。即多做杂交组合，选出优势组合的概率才多。

应当指出的是，并不是三倍体西瓜的一切问题都能通过育种来解决，育种手段不是万能的。因此，许多通过育种还不能完全解决的问题，还要通过栽培技术来加以弥补。例如，在尚未选育出早熟三倍体西瓜品种时，可以通过早熟栽培来实现早上市的目标；在三倍体种子采种量低的情况下，可以通过增加母本田间栽植密度、增施磷钾肥料、多蔓多果等措施来提高采种量；对于三倍体无籽西瓜皮厚、畸形、产生着色秕籽等缺陷，可以通过提高坐果节位、充分授粉等措施来改善；而三倍体种子发芽率低、成苗率低的问题，则可通过在长日照、空气干燥而昼夜温差大的地区制种加以提高。

## 三、组合筛选

获得优良的无籽西瓜品种是三倍体育种的最终目标，而三倍体配组的好坏很难完全用亲本性状来估计，目前只能用实验（测交）的结果，才能对组合选配的成败加以确定。例如，三倍体西瓜果肉结构是三倍体无籽西瓜育种的一个主要指标。果肉纤维粗糙、质地疏松是造成三倍体空心的重要因素，而这一性状对果肉纤维细而紧凑是显性性状，但果肉纤维粗糙在二倍体或四倍体上并不一定表现空心，因而常常被忽视。所以不空心的2个亲本配组后可以产生空心的三倍体品种，因此，很多组合必须经过试验，以从中发现不空心的三倍体杂种。因此，在按照育种目标和工作计划进行组合选配后，需要按照规范的田间试验设计，进行组合鉴定与品种比较试验，通过田间观察、性状记载、生物统计分析，从中选出符合育种目标要求的强优势组合，以便参加新品种区域性试验和生产试验。

在进行三倍体西瓜育种的过程中，一般在组合选配以后，要进行小区观察比较试验，以便从大量的杂交组合中筛选出符合育种目标的组合，这就是组合鉴定，也叫组合比较试验，需要2～3年的时间。

筛选出来的目标组合再与当地当前生产主栽品种或育种前确定的目标品种

进行小区比较试验,这就是品种比较试验,品种比较试验也需要 2~3 年时间。

在实际育种过程中,为了省时间,很多育种者在组合比较的同时加入目标品种或生产推广品种作对照,从中直接筛选超过对照达到育种目标的组合,将组合鉴定和品种比较 2 个试验合成 1 个,可以节省 2~3 年的时间。

## 四、品种试验

品种试验包括为鉴定品种各种性状而设置的各类室内、室外试验,包括基本试验及为鉴定品种特殊性状而开设的各类相关试验。基本试验有区域试验、生产示范等,一般由各级品种审定委员会组织实施。相关试验有品质鉴定、抗病性鉴定等,一般由各级品种审定委员会指定专业研究单位进行。

区域试验主要是全国和省级区域试验。在一些气候、土质和地形多样的大省都设有区域试验。区域试验的目的是鉴定育出品种的区域适应性,为大面积推广提供依据。区域试验也是小区试验,采用随机区组排列,以各地的主栽品种为对照或以统一的区域适应性强的品种为对照,设重复 3 次。一般要经过 2~3 年的区域试验。

区域试验中表现优良的组合或品种可以扩大面积栽培,在接近大田生产的条件下进行,一般要求种植面积在 333 m² 以上,田间设计采取对比排列,可以不设重复,这就是生产试验或称生产示范,需要 2~3 年时间。

为了缩短育种年限,区域试验与生产试验可以穿插进行。即经过 1 年区域试验后,表现好的品种或组合可在第 2 年和第 3 年进行区域试验的同时也进行生产试验。这样可以节省 1~2 年的时间。

应该指出,组合比较试验、品种比较试验和区域试验都是小区试验。小区试验应严格按照农作物田间试验方法进行,注意试验的科学性、一致性和代表性。但由于三倍体无籽西瓜有其自己的特点,小区面积一般不小于 30 m²,栽植的株数不得少于 30 株。要求采用地膜覆盖定植带栽培,统一授粉品种,严格授粉时间(进行人工辅助授粉时)。选留第 2、第 3 雌花坐果,室内分析取样,每小区不得少于 10 个果。

## 五、品种审(认、鉴)定

优良的无籽西瓜新组合经过至少 2 个生产周期的区域试验和至少 1 个生产周期的生产试验,达到审(认、鉴)定的组合或品种,其育种单位或个人可向全国或省品种审定委员会申请品种审（认、鉴）定。申请品种审（认、鉴）定需填写农作物品种审定表，农业农村部指定的质量检测中心测定的品质分析报告，农业农村部指定的抗性检测中心的抗性鉴定报告，品种选育报告，品种介绍等材料一式若干份上报品种审定办公室，经品种审定委员会研究通过、批准，此时可由品种审定委员会统一定名，也可以自行定名。1个新的无籽西瓜品种从品种审定委员会批准之日起便宣告正式育成。从此该新品种可以在适应的地区推广与销售。

# 第四节　丰产性育种

无籽西瓜产量的高低除了与栽培技术和土壤、气候条件等有关外，主要取决于品种的丰产性。尽管随着人们生活水平的提高和消费习惯的改变，对西瓜品质的要求越来越高，而对西瓜品种的产量高低要求没有以前那么强调了，但丰产性是对一个品种的基本要求，所以丰产性育种仍是无籽西瓜育种的主要目标。

## 一、丰产性状与产量构成

### （一）主要的丰产性状

与西瓜的丰产性有关的性状主要有：西瓜的株形、生长势、雌花出现的早晚、雌花的密度、坐果的难易、果实的大小及坐果习性（1株结多果和多次结果）等，其中与丰产性直接相关的性状主要是果实大小、坐果习性与坐果的难易。一般来说，株型紧凑、生长势较强、雌花出现早而着生密、易坐果、果实大，并具1株多果和多次结果习性的品种丰产性好，是育种者追求的目标。

不同西瓜品种植株的生长势差异很大，生长势较弱的品种其坐果节位较低，坐果率较高；而生长势较强的品种其坐果节位较高，坐果率较低。生长势强的品种，在南方多雨的气候条件下，坐瓜比较困难，这是产量不稳的主要原因。生产上应用最多的无籽西瓜品种是大果型品种，许多大果型品种产量不稳的原因主要是存在坐果问题。

### （二）西瓜的产量构成

西瓜的生物学产量是指西瓜所有器官的总产量，即西瓜的根、茎、叶、花、果实的总产量；西瓜果实的产量则通常称为经济学产量。西瓜的产量构成可以用下列公式表示：

$$经济学产量（Y_x）＝生物学产量（Y_b）×经济系数（K）$$

从以上公式可以看出，西瓜的经济学产量由生物学产量和经济系数两个因素决定。只有通过提高生物学产量，加大经济系数，才能提高西瓜的经济学产量。

在西瓜正常生长情况下，生物学产量与经济学产量呈正相关，即生物学产量高，经济学产量也高。所以，生物学产量是影响经济学产量的主导因素。生物学产量可以用下面的公式表示：

$$生物学产量＝光合产量－消耗$$

以上公式表明，西瓜的光合产物越多，消耗越少，生物学产量就越高。所以必须通过提高光合产量和减少呼吸消耗等来提高生物学产量。西瓜品种丰产性的实现是在一定环境条件下，通过其光合作用，将太阳能转化为生物有机能的过程。所以西瓜对太阳能利用率的高低将直接影响其产量形成。因此，西瓜品种丰产性的表现实质是该品种在同等环境条件下，光合效率高低和积累能力强弱的具体体现。光合产量可以用下面公式表示：

$$光合产量＝光合面积×光合时间×光合效率$$

从以上公式可知，光合产量直接受光合面积、光合时间和光合效率的影响。除此之外，温度、水分、肥料和 $CO_2$ 浓度也影响光合产量。光合面积主要指叶面积，叶面积的大小直接影响光合产量的高低。所以单株叶面积与果实大小有密切关系。西瓜品种的单株叶片数多，叶面积大，不仅单瓜重，而且可溶性固形物含量也较高。

叶面积的大小一般用叶面积指数表示，一般西瓜品种理想的最大叶面积指数为 1.5～2.0。早、中熟小果型品种合理的叶面积指数，坐果期为 0.7 左右；在果实生长期最大叶面积指数以 1.5～1.8 为宜。西瓜的叶面积指数可以人为通过栽培措施来调节，不同的整枝方式、不同的栽培密度，其叶面积指数不同。叶面积指数过大，会造成通风透光不良，叶片重叠，容易枯黄早衰；叶面积过小，则不能充分利用光能，都会影响光合产量。西瓜是典型的喜光作物，光饱和点为 8 万 lx，光补偿点为 4000 lx，光照强度越接近光饱和点，光合效率越高。光合效率受光照强度、叶龄、叶位、叶片厚度及温度、水分、$CO_2$ 浓度、肥料的影响。影响光合效率最重要的因素是光照强度，在西瓜的栽培过程中，特别是在设施栽培条件下经常发生光照不足的情况而影响西瓜的产量和品质，所以选育耐弱光照的西瓜品种是西瓜育种的一个重要而艰难的任务。

综上所述，西瓜的经济学产量可以用如下公式表示：

经济学产量＝〔（光合面积×光合时间×光合效率）－消耗〕×经济系数

从栽培生理的角度考虑，要想提高西瓜的产量，关键是提高光合产量、减少呼吸消耗与加大经济系数。从育种的角度考虑，丰产性育种主要是提高西瓜植物的光合效率，通过株型、生长势等的改善来获得理想的株型、叶面积指数和提高坐果率，以及提高西瓜的单果重或增加单株坐果数。

因此，在实际应用中，西瓜的产量构成一般用下面的公式表示：

单位面积产量＝单位面积株数×单株收获果数×平均单果重

单位面积株数或种植密度，除与西瓜品种特性有关外，还与土壤肥力和整枝方式等有关；单株收获果数除与西瓜品种的坐果习性有关外，还与栽培方式有关；平均单果重量则主要由品种特性决定。

无籽西瓜的丰产性育种主要考虑单位面积株数、单株收获果数、平均单果重这三个因素，通过提高单位面积种植株数、增加平均单果重或增加单株收获果数来达到丰产的目的。单株收获果数和平均单果重之间一般呈负相关，即往往会出现单株坐瓜多而瓜形小或瓜形大而结瓜少的情况。所以在品种选育时可以通过两种途径来提高西瓜的单株产量以达到丰产的目的，一是提高平均单果重，二是提高平均单株收获果数。

## 二、丰产育种

### （一）丰产育种的技术要点

1. 制订合适的丰产育种目标

不同无籽西瓜类型的增产潜力不一样，例如，大果型品种的产量较高，而小果型品种的产量则较低；中晚熟品种的产量较高，而早熟品种的产量则较低。所以要根据不同的品种类型制订科学的丰产育种目标。

2. 丰产性改良的途径

根据西瓜的产量构成因素分析，影响西瓜产量这一性状的构成因素主要是单位面积栽培株数、单株收获果数和平均单果重三个因素。但是各个因素间往往呈负相关，例如，增加单株收获果数会导致平均单果重的减少。因此，西瓜的丰产性育种，不同类型西瓜品种（大果型或小果型品种、早熟或晚熟品种等）

应根据其影响产量的主要构成因素，采用不同的方法改良其丰产性，促使形成不同的群体结构来选育丰产类型。

（1）通过增加平均单果重来选育丰产品种。平均单果重是影响西瓜产量的重要因素，所以提高平均单果重是西瓜丰产育种最主要的方法，特别是对中、晚熟品种和大果型品种更是如此。

（2）通过增加平均单株收获果数来选育丰产品种。为了达到提高平均单株产量的目的，除了增加平均单果重外，还可以提高平均单株收获果数。对于小果型品种来说，主要通过增加平均单株收获果数来达到丰产的目的。

（3）通过增加单位面积栽培株数来选育丰产品种。西瓜的丰产性育种除了通过提高平均单株产量外，还可以通过增加单位面积栽培株数来达到丰产的目的。一般通过选育株型紧凑、分枝性较弱、生长势中等的适于密植的品种，以达到丰产的目的。

（4）丰产必须与稳产与优质相结合。丰产品种最好具备对多种病虫害的抗性强、抗逆性强、品质优等特性。

此外，丰产的西瓜品种还需要有理想的生理生态性状，例如：耐弱光能力强、光合效率高、$CO_2$ 补偿点低、光呼吸作用低、净光合速度高等能力。

3. 丰产亲本的选择与组合选配

西瓜亲本的丰产性状并不完全相同，有的是由于平均单果重大而丰产，有的是由于适于 1 株多果而丰产（小果型品种），有的则是由于适于密植而丰产。配组时对于亲本产量构成的复合性状要进行合理搭配，选择配合力高的组合。不仅要考虑丰产性状的选择和亲本不利性状之间的互补，而且要注意西瓜品质和抗性（抗病、抗逆性）的表现，以选育综合性状好的无籽西瓜品种。丰产性育种在不同的生态地区要因地制宜，既要注意扩大亲本选择的范围，又要重视本地资源的选择，因为本地品种资源聚集了与本地区生态环境条件相适宜的优良基因。

**（二）丰产育种的实例**

广西 3 号和广西 5 号是广西壮族自治区农业科学院园艺研究所于 20 世纪 80 年代末期选育成的比较典型的 2 个丰产性无籽西瓜品种。广西 3 号于 2002 年和 2003 年分别通过广西壮族自治区和贵州省农作物品种审定委员会审定，广西 5 号于 1996 年通过广西壮族自治区农作物品种审定委员会审定。这 2 个品种自 20 世纪 90 年代初先后在广西、广东、海南、湖北、江西、贵州、山东、河南、河北、辽宁、陕西、福建、浙江、江苏等省（自治区）推广应用。越南、马来西亚、印度尼西亚等国也进行了试种与推广，是 20 世纪 80 年代和 90 年代广西无籽西瓜出口东南亚国家的主栽品种。1998 年和 2004 年分别获得广西壮族自治区科技进步二等奖和一等奖；2005 年荣获中华人民共和国科技进步二等奖；2010 年荣获广西壮族自治区科学技术特别贡献奖。下面简要介绍这 2 个无籽西瓜品种的选育过程（洪日新等，2001；李文信等，1996）。

1. 选育背景及意义

随着生产和市场需求的不断变化，一些老的无籽西瓜品种已跟不上产业发展要求。广西 1 号、广西 2 号 2 个无籽西瓜品种在连续推广 10 多年后已逐渐被淘汰。为保证广西无籽西瓜生产和市场长盛不衰，无籽西瓜的育种必须与时俱进，审时度势地迎接挑战。广西壮族自治区农业科学院园艺研究所于 1986 年正式提出立项申请，确定了以丰产育种为主要目标的无籽西瓜育种研究，并按育种目标及任务要求进行品种选育。

2. 亲本的选育过程

母本选育：广西 3 号的母本为四倍体 W3－5－18－4－1，是广西壮族自治区农业科学院园艺研究所利用自己进行诱变和收集的 D3、D4、W3、W5 等 10 多个四倍体材料连续进行多年多代的严格自交分离，系内交田间测定和室内鉴定，经系统选育而成。该自交系全生育期春茬 90～100 d，秋茬 70～80 d。长势一般，分枝性弱，但耐湿、耐热性好，抗病性强，耐低温和弱光能力较好，坐果能力极强，果实膨大迅速。果实高圆球形，果皮浅绿色，光滑饱满，一般单瓜重 5～6 kg。皮厚 1.1～1.2 cm，坚韧。果肉鲜红，不空心，无白块、无黄筋，肉质细密，甜脆爽口，可溶性固形物含量高，中心可溶性固形物含量 12％。种子千粒重 72 g。

广西 5 号的母本为四倍体 W1，是广西壮族自治区农业科学院园艺研究所 1985 年春用果形端正、皮色浅绿、肉色鲜红、品质中等的四倍体西瓜作母本，用果形端正、皮色深黑、肉色深红、含糖量高、品质优良、抗病性强，但坐果欠佳、结籽率低的四倍体西瓜作父本杂交。后代进行多代自交纯化，在第 6 代再用四倍体父本进行回交，以后继续进行自交纯化，定向筛选，经 6 年 12 代系选育于 1990 年春育成。该自交系抗病和抗逆性强，坐瓜稳定。果实高圆球形，皮色深绿。瓤色鲜红，肉质细密、坚实、硬脆，可溶性固形物含量 12.5％，单瓜结籽率高。

父本选育：广西 3 号的父本为桂选 5 号（C5－5－3－21－7－2），是广西壮族自治区农业科学院园艺研究所利用收集的 H1（日本）、H2（日本）、H3（中国台湾）、H4（美国）、C3（中国台湾）、C5（中国台湾）为材料，进行交叉杂交，然后对杂交后代进行连续 4 年 8 代的自交分离、轮交、回交和抗病性筛选及室内鉴定，最后选育出可溶性固形物含量高、优质、抗病、遗传性状稳定的自交系 C5-5-3-21-7-2，定名为桂选 5 号。该自交系长势中等，抗病性强，早熟，全生育期春茬 90 d，秋茬 70 d。果实高圆形，果皮绿色间深绿色粗条纹，单果重 7 kg，瓤色大红一致，肉质密脆、多汁，中心可溶性固形物含量 12.5%，皮厚 0.6~0.8 cm，韧性好，种子褐色，千粒重 50 g。广西 5 号的父本为桂选 1 号经多代自交纯化后的 1 个自交系。

3. 三倍体杂交组合的选配与组合筛选

于 1986 年秋和 1987 年春，利用桂选 1 号、桂选 2 号、桂选 5 号、引 R1（美国）、引 R4（中国台湾）等 5 个二倍体自交系作父本，分别与 W3-5-18-4-1 和 D4-3-9-3-1 两个四倍体自交系杂交，共配制 10 个杂交组合。从 1987—1990 年共计 6 茬进行组合的小区测试与鉴评，从中筛选出 W3-5-18-4-1×桂选 5 号组合的性状表现稳定、高产稳产、综合性状突出，并定名为广西 3 号。

于 1990 年秋季用四倍体 W1 作母本，分别用广西长黑瓜，桂选 1 号、桂选 2、桂选 3 号和从国外、海外引进的 R1（美国）、R2（美国）、R3（日本）、R4（中国台湾）8 个优良二倍体西瓜自交系作父本，配制 8 个三倍体杂交组合。1991 年、1992 年对这 8 个三倍体杂交组合进行 2 年 2 茬的小区测试。初试的结果表明，三倍体组合 W1×桂选 1 号在长势、抗病性、抗衰能力、坐果率、果实外观、单果重、产量以及品质等方面均优于其他组合。根据多因素的综合评价，认为 W1×桂选 1 号是一个较优良的三倍体杂交组合，并定名为广西 5 号。

4. 品种比较试验和大面积生产示范

（1）品种比较试验。1991—1993 年，以当时出口创汇品种台湾农友新 1 号为对照，连续进行 3 年 5 个点不同区域的品比试验。试验结果表明，广西 3 号无籽西瓜产量的加权平均值为 3 323 kg/亩，在不同年份各试验点产量均明显高于对照品种农友新 1 号，增幅为 9.65%~18.43%，达到显著水平。表明广西 3 号对不同年份的气候条件和不同的地理条件以及不同的土壤肥力有较强的适应性，丰产、稳产性好。而且广西 3 号果实的可溶性固形物含量在不同年份不同试验点均高于农友新 1 号，品质相当或优于农友新 1 号。

1992—1994 年除了在省内进行区域性试验外，同时也在省外的一些地区进行了小区对比试验。试验结果表明，广西5号在各试验点的产量均明显高于对照品种广西2号和新一号，平均每亩产量为3574.64 kg，比对照品种广西2号、新一号分别提高21.3%和24.1%。说明该品种具有较广的适应性和较好的丰产性。

以上品种比较试验结果表明，这2个品种在广西不同区域的环境条件下栽培时表现出了广泛的适应性和丰产性，性状表现稳定，坐果性良好，丰产、稳产性好，品质优。

（2）大面积生产示范。广西3号于1994—1998年在广西各地进行了大面积生产示范，其中1995年、1996年在广西北海总示范面积4 200 hm²，抽样测产的结果为每亩平均产量分别为3 121 kg和3 071 kg，比农友新1号分别增产376 kg、358 kg。南宁市郊区1996年、1997年总示范面积1 240 hm²，抽样测产的结果为每亩平均产量分别为3 012 kg和3 180 kg，分别比农友新1号增产331 kg、413 kg。1996—1998年在海南三亚等地累计种植1 025 hm²，平均产量达2 886 kg/亩。

广西5号于1994年、1995年的大面积生产示范测产结果表明，藤县总示范面积为3 500 hm²，抽样测产的结果为每亩平均产量分别为2 810 kg、2 967 kg，比原主栽品种广西2号平均单产分别提高497 kg、535 kg。南宁市郊区2年总示范面积1 430 hm²，抽样测产的结果为每亩平均单产2 859 kg、2 980 kg，比原主栽品种广西2号平均单产分别提高620 kg、476 kg。湖北省监利县1994年种植1 730 hm²，平均单产2 940 kg/亩。

1998年和1999年，广西3号和广西5号连续2年参加全国无籽西瓜品种综合性测评栽培试验，在全国5个试验点表现抗病、耐湿，产量稳定，被评为优秀无籽西瓜品种。

5. 品种主要特征特性

（1）广西3号。广西3号是早熟、大果型、丰产稳产、外形美观、优质的无籽西瓜品种。该品种苗期生长矮壮，抗寒及抗病力强，幼苗移植大田后恢复生长快。倒蔓后长势逐渐变旺盛，侧蔓抽生快，分枝能力强。生长中后期长势始终稳健，耐湿耐热性强，不易衰老。在不同气候条件下坐果性稳定，容易获得高产稳产。较早熟，第1雌花着生节位8～10节，全生育期：春茬105～110 d，秋茬90～95 d。果实高圆形，果形指数1.05～1.1，果实外形整齐、端正，果皮深绿色，覆盖数条墨绿色清晰宽条带。果皮厚度1.2～1.3 cm，皮质坚硬，抗压力 32 kg/cm² 以上，耐贮运。瓜瓤深红一致，肉质细密，爽脆清甜，不空心裂瓤，可溶性固形物含量 11.5% 以上。白秕籽细而少，无着色秕籽。平均单果重 6.5 kg，最大单果重 11.6 kg。三倍体种子大小中等，大小一致，饱满。制种瓜单瓜种子数 70～90 粒，平均每亩采种量 6 kg 以上。种子发芽势好，发芽率 90% 以上。幼苗生长均匀一致，嫁接育苗容易。

（2）广西 5 号。广西 5 号是适应性广，高产稳产的无籽西瓜品种。苗期生长粗壮，抗病抗寒性较好。幼苗移植大田后恢复生长快，倒蔓后生长势逐渐增强，伸蔓期植株生长健旺。耐湿、耐热，抗枯萎病及其他病害比较强。在果实发育的膨大期至成熟期植株叶片仍保持青绿，不易衰老，生产上容易获得高产稳产。全生育期：春茬 115～120 d，秋茬 90～100 d。果实短椭圆形，果形指数 1.2～1.3。果形外观整齐、端正，畸形果极少。果皮墨绿色，有不明显细散网纹。果皮厚度 1.2 cm，皮质坚硬，抗压力 32 kg/cm² 以上。瓤色鲜红，肉质细嫩、爽口，实脆，不空心裂瓤，可溶性固形物含量 11% 以上。白秕种子细而少，品质极佳。平均单果重 7.3 kg，最大单果重 14.8 kg。三倍体种子大小中等，大小一致，较饱满。制种瓜单瓜种子数 60～80 粒，每亩平均采种 6 kg 以上。种子发芽势好，发芽率 85% 以上。幼苗生长均匀一致，嫁接育苗容易。

# 第五节　品质育种

品质育种即以提高品质为目标的育种。随着人们生活水平的不断提高，人们对西瓜品质的要求越来越高，西瓜生产已经从原来的数量型逐渐转变为现在的质量效益型。所以西瓜的品质决定着消费者对产品的需求和喜好。等量的西瓜产品，往往由于品质不同其经济价值可能相差悬殊。人们不仅要求西瓜具有美丽的外观，还要求有好的风味和较高的营养价值。因而，品质育种已成为我国西瓜育种的一个主要育种目标，改善西瓜品质已成为西瓜研究的重要课题。

## 一、主要品质性状及其育种目标

无籽西瓜的品质性状主要包括果实外观品质（或称商品品质）、风味品质（又称感官品质，如可溶性固形物含量等）与营养品质等性状。

### （一）外观品质

外观品质或称商品品质是无籽西瓜重要的商品指标，是在品质育种中需要首先关注的品质性状。西瓜果实的外观多种多样，主要包括果形、果皮颜色和花纹、果实大小和整齐度等。果形分为圆、高圆、椭圆和长椭圆等。果皮颜色分为白、浅黄、黄、浅绿、绿、深绿、墨绿和黑色。果皮花纹分网纹、网条、齿条、条带和放射状花纹。果形大小分小果型、中果型和大果型。果实整齐度分整齐和不整齐两类。果实圆整、光滑，品种内果实大小均匀一致（整齐），商品果率高，是优良无籽西瓜外观育种所追求的目标。果实的形状、大小、果皮颜色和花纹这些性状无好坏优劣之分，应视各地的消费习惯确定不同的育种目标。当然，考虑花色多样和更换花色品种也有必要。

传统无籽西瓜品种的果实都相当大，生产者也都看好果型大的西瓜。现在随着家庭的小型化，消费者已不欢迎果型太大的西瓜，小果型优质的"袖珍西瓜"受到青睐。过去对西瓜果皮的颜色和花纹不太重视，但近些年来，为适应不同消费地区市场的喜好和需求，选育不同皮色的西瓜品种也列为西瓜育种重要目标之一。当前黄皮西瓜育种已成为我国西瓜育种的热门话题。

现在国内选育的无籽西瓜品种以黑皮品种为主，占70%以上，代表品种有黑蜜5号、蜜枚无籽1号、洞庭1号、郑抗无籽5号、广西5号、津蜜5号、黑马王子等。这些年以纯黑皮的无籽西瓜品种在市场上比较受欢迎。其次是花皮类无籽西瓜，其代表品种有农友新1号、雪峰花皮、郑抗无籽1号、广西3号、翠宝5号等。特色品种黄皮无籽西瓜主要是调剂市场，代表品种有金太阳无籽1号。

另外，由于西瓜的成熟度与其果肉色泽、品质及贮藏性有密切关系，适时采收十分重要，但对于西瓜成熟度的判断迄今仍多凭经验，缺乏准确性。所以，选育外观特征与成熟度相关的西瓜品种，无论对生产者和消费者均有现实意义，也是今后西瓜育种的一个重要目标。

### （二）可溶性固形物含量

对西瓜品质而言，最重要的品质指标是可溶性固形物含量及其分布（中心糖和边糖的梯度）。西瓜可溶性固形物的含量与糖的含量呈高度正相关，常用折光仪测定可溶性固形物含量的高低来表示西瓜糖分含量的高低。一般要求无籽西瓜可溶性固形物含量在10%以上。根据育种主要目标的不同，对含糖量的要求不一样。如果以抗病、丰产等为主要育种目标，其含糖量的标准可以低一些，但最低不能低于10%。如果以品质育种为主要目标，其含糖量的标准应该高一些，一般要求11%以上。西瓜的甜味除与含糖量的高低有关外，还与糖的成分及其配比有关。西瓜主要含果糖、蔗糖和葡萄糖，这3种糖中果糖最甜，蔗糖其次，葡萄糖第三。在育种时应提高果糖和蔗糖在3种糖中的比重。

### （三）果肉品质

无籽西瓜的果肉品质包括肉质、肉色、风味、秕籽的数量和大小等。西瓜的肉质分粗、细、脆、沙、致密和松软几种类型。无籽西瓜的肉质应细、脆和致密，切忌粗、沙、松软。因为后者不仅食味差，还容易倒瓤，影响贮运性。特别是这些年西瓜的鲜切市场上需要瓤质硬脆，货价期长的西瓜，这就需要我们育成肉质硬脆的无籽西瓜品种。在风味方面，无籽西瓜与有籽西瓜有较大的不同，无籽西瓜有时有异味果出现，在育种时应果断淘汰有异味果的组合，选汁液多、风味正的组合。

西瓜的果肉颜色分白、浅黄、黄、鲜黄（柠檬黄）、橘黄、粉红、红、大红等几种。各种肉色无高低和优劣之分，育何种肉色的西瓜品种视各地的消费习惯而定，也可考虑肉色的多样化和不同肉色品种的更新。对于红肉品种而言，肉色越深越受消费者欢迎。因为人们习惯于以肉色深浅来判断果实的成熟度。近年来，人们对黄肉品种发生了兴趣，这种色调给人以清新的感觉，而且黄肉品种一般肉质细腻爽口，带有清新的风味。现在市场上无籽西瓜主要以红色果肉为主，黄色果肉无籽西瓜品种的推广有上升的势头，代表品种有郑抗无籽4号、洞庭6号等。

秕籽的大小、硬度和色泽是无籽西瓜品质优劣的重要标志。优良的无籽西瓜品种应该是秕籽小、薄而白嫩。大小一般在长×宽＝5 mm×3 mm以下。早熟的无籽西瓜品种，在低节位坐瓜时更容易出现着色秕籽。所以减少无籽西瓜着色秕籽和白色秕籽的数量和大小是无籽西瓜品质育种的重要目标性状。

### （四）功能性成分含量

西瓜中富含番茄红素、维生素C、瓜氨酸等，这些成分都是对人体有益的重要的功能性物质。多倍体西瓜中这些成分的含量都比二倍体西瓜含量高，培育高番茄红素、高维生素C、高瓜氨酸等含量的无籽西瓜品种，以满足人们的健康保健需求也是无籽西瓜育种的目标之一。高番茄红素含量无籽西瓜品种的番茄红素含量应不低于6 mg/100 g；高维生素C含量的无籽西瓜品种的维生素C含量应不低于7 mg/100 g，口感相当或超过目前主栽品种；高瓜氨酸含量品种的瓜氨酸含量应不低于1.5 mg/100 g。中国农业科学院郑州果树研究所已经培育出高瓜氨酸西瓜品种红伟无籽、高番茄红素品种莱卡红无籽1号、2号，高维生素 C 含量品种黄玫瑰无籽等。

总之，对于三倍体无籽西瓜的质量要求，除了具有育种目标中所制订的一些特殊要求外，一般要求果形端正、果肉颜色美观、肉质细致坚实、多汁爽脆、不空心。果皮厚度 1~1.2 cm，果实皮色、肉色符合市场习惯。果实糖度分布均匀，中心含糖量应在 11% 以上。果实内应完全没有着色秕籽，未发育的白秕籽应少而小，其长宽应在 0.6 mm×0.4 mm 以内。

## 二、品质育种方法与育种实例

### （一）品质育种的基本方法

1. 根据品质育种目标，搜集和鉴定优质种质资源

优质种质资源是西瓜品质育种的基础。因此，育种目标确定以后，应根据育种目标要求搜集和鉴定优质种质资源。由于西瓜原产非洲，引进和利用国外优质品种是一条便捷而有效的途径。

2. 根据品质育种目标的要求，进行亲本自交系选育

对搜集鉴定的优质种质资源采用常规育种方法进行不利性状的改造与提纯复壮，选育出符合配组要求的四倍体和二倍体自交系。

3. 高配合力三倍体杂交组合的选配

无籽西瓜具有多倍体优势和杂种优势双重优势。利用搜集和鉴定的优质西瓜种质资源选育出的亲本自交系，根据杂交组合和三倍体组合选配的一般原则选配配合力高的三倍体组合，以提高无籽西瓜的品质。在组合选配时，要考虑双亲应当尽量具备较多的符合品质育种目标要求的优良性状，且双亲各自的不良性状最好能够互补。

4. 生物技术育种

生物技术育种作为一种新的尝试，可以应用于西瓜的品质改良。对于高番茄红素、高维生素 C、高瓜氨酸含量育种，生物技术育种法将发挥重要作用。

### （二）品质育种的实例

雪峰蜜红无籽是湖南省瓜类研究所育成的外观美、品质优的无籽西瓜品种。2000 年 3 月通过湖南省农作物品种审定委员会审定，2002 年通过全国农作物品种审定委员会审定，并被定为全国重点示范推广品种。2003 年被湖南省认定为重点推广品种，并先后获湖南省邵阳市科技进步一等奖、湖南省科技进步三等奖。该品种是无籽西瓜品质育种的代表性品种，下面简要介绍这个优质无籽西

瓜品种的选育过程（邓大成等，2003）。

**1. 选育目标与选育经过**

早在 1995 年前，我国无籽西瓜栽培面积逐年递增，产品供不应求。而当时国内无籽西瓜品种虽多，但生产上栽培的无籽西瓜品种多数为黑皮品种，外观美、品质优的高产、抗病品种较少，适合南方低温、阴雨、寡照天气的优质品种更少。所以确定了果实外观美、品质优、坐果性好、抗病、高产的无籽西瓜育种目标。

1995 年选用新 80452 等四倍体自交系作母本，HF 等二倍体自交系作父本杂交，共配三倍体组合 38 个。1996—1998 年进行小区测试和组合筛选，结果表明：新 80452×HF 组合的果实品质、产量、抗病性等综合性状表现最优。1998—1999 年在湖南进行多点试验、生产试验，并参加了全国无籽西瓜区域试验。1999 年 6 月 30 日和 7 月 3 日通过省、市现场评议。2000 年、2002 年分别通过湖南省和全国农作物品种审定委员会审定并推广，定名为雪峰蜜红无籽。

**2. 亲本选育**

母本新 80452：是利用湖南省瓜类研究所的 80452 经过 7 年 10 代（其中 1989—1992 年在海南冬育 3 代）自交提纯复壮选育而成。新 80452 的果实圆球形，整齐度好，果皮浅绿有双隐纹，比原 80452 单瓜重大、品质更优、坐果性更好，抗病性增强。

父本 HF：是用日本引进的杂交一代西瓜品种经过多代自交纯化而成的高世代自交系。自交系 HF 的品质优，易坐果，抗病、抗逆性强，单瓜重大，果实圆球形，果皮绿色有虎纹状条带。

**3. 组合选配与小区测试**

用新 80452 等作母本，HF 等作父本于 1995 年共配杂交组合 38 个，1996 年进行组合的小区测试与配合力测定。小区长 7.4 m，宽 3 m，面积 22.2 $m^2$。双行定植，相向爬蔓，每小区种植 20 株。采用地膜覆盖栽培、三蔓整枝。通过田间性状观察和室内果实性状测定相结合的方法，从中筛选出新 80452×HF 等 8 个优良组合参加 1997 年的品比试验。

**4. 品种比较试验**

1997 年在湖南省洞口县竹市镇金龙试验场进行，以雪峰无籽 304 和广西 2 号作对照。小区面积 22.2 $m^2$，每小区定植 20 株，按随机区组排列，设 3 次重复。采用地膜覆盖栽培、双蔓整枝。

试验结果表明：雪峰蜜红无籽平均单株结果数 1.7 个，平均单瓜重 4 kg，小区平均产量 135 kg，产量排名第一，较雪峰无籽 304 增产 13.4%，较广西 2 号增产 30.2%，经 F 测验，产量极显著高于 2 个对照品种；雪峰蜜红无籽果实中心可溶性固形物含量为 12.3%，排名第二，较雪峰无籽 304 高 1 个百分点，较广西 2 号高 1.5 个百分点。

1998 年在邵东县蒋河乡黄草坪村玉皇殿农场进行，对照品种与田间设计与 1997 年相同。试验结果显示：雪峰蜜红无籽的产量和品质均排名第一。雪峰蜜红无籽的产量为 3 080 kg/亩，较雪峰无籽 304 增产 13.7%，较广西 2 号增产 20.3%，经 F 测验，较雪峰无籽 304 增产显著，较广西 2 号增产极显著；雪峰蜜红无籽果实中心可溶性固形物含量 11.9%，较雪峰无籽 304 高 1 个百分点，较广西 2 号高 1.1 个百分点。需要指出的是，1998 年气候异常，正值西瓜坐果期和幼果膨大期的 6 月份仅 3 个晴天，其余为连续阴雨、寡照天气，对坐果和果实膨大影响很大，其产量和品质均未达到应有的水平。

5. 区域试验、多点试验与生产示范

1998 年、1999 年连续 2 年参加了由全国多倍体西瓜协作组举办的全国无籽西瓜区域试验。1998 年参试品种 17 个，以农友新 1 号作对照，按统一的区试方案在全国设山东莱州，河北唐山，安徽合肥，湖北荆州、武汉，湖南长沙，贵州铜仁，江西芜湖，河南郑州、孟津等试验点。

试验结果：雪峰蜜红无籽产量综合评定第一名，超对照品种农友新 1 号 12%，品质与对照品种基本相当。1999 年参试品种 11 个，仍以农友新 1 号作对照，结果是雪峰蜜红无籽产量略超农友新 1 号，中心可溶性固形物含量较农友新 1 号低 0.4%，但中边梯度小 0.4%，品质也与对照品种基本相当。综合 2 年的区试结果，雪峰蜜红无籽综合性状略超过农友新 1 号。

1998 年、1999 年连续 2 年在湖南岳阳、娄底、邵阳、衡阳进行多点试验，以雪峰无籽和广西 2 号为对照。试验结果表明，雪峰蜜红无籽的耐病性和抗逆性强于 2 个对照品种；特别是品质如口感风味、无籽性好于 2 个对照品种，中心可溶性固形物含量较雪峰无籽 304 高 1.1 个百分点；每亩产量较雪峰无籽 304 增产 12.2%，较广西 2 号增产 23.4%；单株坐果数 1.68 个百分点，较雪峰无籽 304 多 0.29 个百分点，较广西 2 号多 0.45 个百分点。

1999 年，在湖南隆回、邵东、常德进行了多点生产示范。雪峰蜜红无籽表现生长势中等偏强，耐病，抗逆性强。中熟，全生育期 92～93 d，果实发育期

32～33 d。优质、高产,产量为 3 500～3 800 kg/亩,较雪峰无籽 304 增产 12%,较台湾金刚宝无籽增产 18.6%。因果实外形美观、品质优,所以销售快,市场售价一般比当地主栽无籽西瓜品种高 0.1～0.2 元/kg,每亩产值较当地主栽西瓜品种净增 911 元以上。

6. 主要特征特性

雪峰蜜红无籽为中熟无籽西瓜品种,全生育期 93～95 d,果实发育期 32～34 d。植株生长势和分枝力较强,田间耐病、抗逆性强。主蔓第 1 雌花着生节位 8～9 节,其后每隔 5～6 节再现 1 朵雌花。雌花初开时子房大,果柄粗、长,易坐果。果实圆球形,果形指数 1,果形圆正,果个均匀,坐果整齐度高。果皮浅绿色有深绿色虎纹状条带,外形美观。皮厚 1.2～1.3 cm,耐贮运。瓜瓤鲜红一致,无黄筋、硬块,纤维少,无着色秕籽,白色秕籽少而小,不空心。果实汁多味甜,质脆爽口,口感风味佳。中心可溶性固形物含量约 12%,中边差 3%～4%。一般单瓜重 5～6 kg,每亩产量 3 800 kg,高产可达 5 000 kg 以上。

# 第六节　小果型礼品西瓜育种

小果型西瓜是普通食用西瓜中果形较小的一类,单瓜重 1.0～3.0 kg,系东亚生态型,其外形美观、小巧、肉质细嫩、汁多味甜、品质极好,果皮极薄,一般只有 0.3～0.5 cm(无籽小果型西瓜品种的皮厚在 1 cm 以内),食用率高,是高档的礼品水果,故又称迷你西瓜、袖珍西瓜、礼品西瓜等。因其易于携带,适于现代人口少的小家庭食用,深受广大消费者青睐,已逐渐成为市场消费热点,是目前西瓜发展的趋势。

小果型西瓜的生长发育特性主要表现为:幼苗弱,前期生长慢,分枝性强,雌花出现较早且着生密,易坐果;果形小,果实发育期短;结果的周期性不明显,因养分输入的容量小,对植株自身营养生长影响不大,持续结果能力强,多采用多蔓多果栽培,可以多茬结果。小果型西瓜对栽培环境的适应性比普通西瓜强,可以采用多种栽培形式,采用设施栽培基本上可以实现一年四季栽培供应,价格比普通西瓜高 2 倍以上。因此,小果型西瓜的生产发展较快,种植面积迅速扩大。

传统的无籽西瓜育种以大果型品种为主,随着人们生活水平的提高和消费观念的改变，小果型礼品无籽西瓜品种的选育倍受重视。根据三倍体西瓜的遗传特性，在充分掌握三倍体西瓜主要性状遗传规律的基础上，国内诸多西瓜育种单位成功选育出了一系列小果型三倍体无籽西瓜新品种，如雪峰小玉红无籽、雪峰小玉黄无籽、金福无籽、桂系2号等品种。下面以雪峰小玉红无籽为例，简要介绍小果型礼品无籽西瓜的选育。

雪峰小玉红无籽西瓜是湖南省瓜类研究所选育的小果型无籽西瓜品种。该品种全生育期88～89 d，果实发育期28～29 d。植株生长势强，分枝力较强，耐病，抗逆性强，单株坐果数2～3个，栽培管理措施适当时一株可坐果4个。果实高圆球形，果形指数1.10，果形端正，果皮绿底覆深绿色虎纹状细条带。果肉鲜红，无黄筋、硬块，纤维少，无籽性好，果实汁多味甜，细嫩爽口，口感风味佳。皮厚0.6 cm左右，较耐贮运。果实中心可溶性固形物含量12%～13%，且中边梯度小。单果重1.5～2.5 kg，平均单瓜重2.2 kg。该品种的选育过程如下。

## 一、亲本的选育

父本是从日本引进的"红小玉"杂交一代品种经过3年6代自交分离纯化育成的高世代自交系，代号为ES203。该自交系早熟性好，品质极优，极易坐果，果实高圆形，果皮浅绿色上覆虎纹状细条带，平均单瓜重1.5 kg，瓤色红，种子千粒重29 g。

母本是从国外引进的小果型西瓜品种中发现的一株性状特征似四倍体的变异株，经过9年12代选育而成的一个四倍体自交系，代号为S05。该自交系早熟性好，生育期89 d，生长势强，坐果性好，平均单果重2 kg，果皮厚0.5 cm，食用风味沙脆，中心可溶性固形物含量13%，单果种子数130～150粒，种子千粒重48.2 g，比较适合于作无籽西瓜的母本。

## 二、组合选配与筛选

分别用S05、S54两个小果型四倍体姊妹系作母本，与来自不同地域、不同生态型的红小玉后代自交系ES201、ES203、ES204等8个二倍体亲本资源作父本，共配制16个小果型无籽西瓜组合。对各组合进行配合力测定，采取对比观察与测定植株田间性状和室内果实性状相结合的办法，筛选出综合性状表现突出的组合S05×ES203。

## 三、品种试验与品种审定

综合性状表现突出的组合 S05×ES203 经品比试验、多点试验、生产示范，成功选育出我国首个小果型无籽西瓜新品种——雪峰小玉红无籽。并于 2002 年 3 月、4 月分别通过湖南省品种审定委员会审定和全国农作物品种审定委员会审定（国审菜 2002031）。该小果型无籽西瓜品种的选育成功，克服了一般有籽西瓜的有籽、品质欠佳和无籽西瓜的皮厚、晚熟等缺点，现已在北京、湖南、湖北、上海、海南等 20 个省、市示范推广。

# 第七节　抗逆性育种

无籽西瓜的抗逆性主要包括耐湿性、耐低温弱光性、耐盐碱性，以及抗病虫性等。由于许多无籽西瓜品种耐湿性很好，在黄河以南推广面积比较大，在有些地区已经取代有籽西瓜。诸如郑抗无籽 5 号、洞庭 1 号、雪峰花皮等，耐湿性都比较好。随着塑料大棚和日光温室的普及，培育耐低温弱光的无籽西瓜品种，是摆在我们面前的重要任务。现在育成的代表品种有郑抗无籽 3 号等中果型品种。刘文革等（2003、2005）对不同倍性西瓜的耐盐性、耐淹性及预冷处理后的耐冷能力等进行了测定，结果表明多倍体西瓜的耐盐性、耐淹性及耐冷能力等都高于二倍体西瓜。

近年来，各种病害在一些西瓜产区频频发生，并有蔓延趋势。例如，西瓜枯萎病、西瓜炭疽病、西瓜花叶病毒病等对植株的侵害，严重地影响了西瓜的产量和品质，使瓜农遭受严重经济损失。在与病害的斗争中，采取药剂防治可以收到一定效果，但成本高、用工多，还存在环境污染等问题。应用以轮作换茬为主的综合栽培技术措施，对减少病害传播虽有一定作用，但在一些地区因种植规模和管理体制等问题，其实施受到日益增多的限制。

因此，生产上更期望得到具有抗病性的新品种，这对至今尚无有效药剂防治的土传病害和病毒病等更加显得重要。另一方面，从中国西瓜育种的进程和成就来看，生产上已实现良种化，市场上有比较丰富的各种类型的优质高产品种，但生产上迫切需要的抗病性水平高的品种却十分匮乏。因此，加快西瓜抗病育种的研究，尽快培育出抗病品种已成为西瓜科研和生产的重要任务之一。

所以，本节主要介绍抗病育种。

# 一、抗病育种概述

## （一）抗病育种的概念

抗病育种就是以实现选育耐病、抗病或免疫新品种为目标，利用作物不同种质对病害侵染反应的遗传差异，通过相应的育种方法和检测技术进行品种选育的过程。即通过引种、选种、杂优利用，以及分子育种和基因工程等多种手段创新种质，针对某种或某些病害，选育出高产、抗病、优质新品种的技术。西瓜抗病育种就是充分利用现代育种中各种方法，在掌握抗原材料和优良商品性生产种质的基础上，针对育种目标选用亲本材料，通过杂交、复合杂交、回交等手段进行抗病基因的转育，达到基因重组，从各杂交、回交后代中，通过多代接种筛选，在抗病性鉴定的基础上加强经济性状的选择，经多代自交固定和抗性筛选，得到既有抗病能力又具优良商品性的亲本材料或品种。

抗病育种是植物病害综合防治的重要手段之一。进行抗病育种，合理利用抗（耐）病品种是最为经济有效的控制病害危害的手段。选育抗病品种进行西瓜病害的防控，与其他病害防治的方法相比，有效果相对稳定、简单易行、成本低、能减轻或避免农药对产品和环境的污染，有利于保持生态平衡等优点。

## （二）抗病育种的基本原理

植物的抗病性是指植物避免、中止或阻滞病原物侵入与扩展，减少发病或降低损失程度的一类特性。也就是说，病原物在侵染寄主植物的过程中，并不是畅通无阻的，会遇到寄主某些方面的阻碍、抵抗、抑制，甚至伤害，这就是寄主植物的抗病性。寄主的抗病性并不是一种简单性状，而是由多种方式、多种因素所形成的综合性状。抗病性是植物普遍存在的、相对的性状。所有的植物都具有不同程度的抗病性，从免疫、高度抗病到高度感病存在连续性的变化。

1. 植物抗病性的分类

目前对植物抗病性的分类方法很多，现简述几种主要的分类系统。

（1）根据抗病性程度划分。根据抗病性程度的不同，植物的抗病性可以划分为4类。

1）免疫。免疫是指作物品种在任何情况下对某一病害都完全不感染，而同类作物的其他品种则会感染这种病害。事实上，真正的免疫品种是极为少见的。

2）抗病。抗病是指作物品种能抑制病原体和病害发展的特性。根据作物在受到病原体侵染之后所表现的损失程度，抗病性又可分为高抗、中抗和低抗。

3）耐病。耐病是指作物品种受到病害侵染后，表现症状或损失，但产量和品质不表现严重影响。

4）感病。感病是指作物品种极易受病原物侵染，受害以后的损失大于或等于一般品种的平均值。

其实，感病和抗病都是用以表示寄主和病原物之间引起某种相互作用的情况和程度。抗病和感病都是相对的，彼此也是相互联系的，没有定量的概念。

（2）根据抗病性表现形式划分。根据抗病性表现形式的不同，植物的抗病性可以划分为 3 类。

1）阻止侵染型。在作物品种中，有的表现为完全不允许病原物侵入植物组织，有的虽然侵入了，但会立即将病灶封闭，而不让其扩展。抗病品种阻止病原物侵入的方式最普遍的是过敏反应。植物病原真菌、细菌、病毒和线虫侵染抗病品种和非寄主植物后，其周围细胞组织迅速死亡，从而强化了周围的组织屏障，断绝向病灶输送养分，结果造成病原物本身死亡或丧失活性。这种过敏反应通常是出现一个坏死斑。

2）抑制增殖型。过敏反应是完全不允许病原体在植物体内增殖，而抑制增殖型则是限制病原体在植物体内的增殖量，结果使该病害的蔓延和危害程度都比感病品种明显降低。这种类型的抗病性不能完全阻止病害的发生，直接用幼苗接种鉴定时，其抗病性也不太明显，一般多在田间栽培时，与感病品种相比才能看出差别。所以，有人又把这种抗性称为田间抗性或场圃抗性。

3）潜隐型。病原体在植物体内的增殖与感病品种差不多，但通常不表现症状，或即使有症状也很轻微，这样的抗性叫作潜隐型抗病性。潜隐型在病毒病中较为常见。

（3）根据抗病性的遗传基因划分。根据控制抗病性遗传基因的多少的不同，植物的抗病性可以划分为 3 类。

1）单基因抗病。指参与抗病的基因只有一个。可以根据抗病基因在杂合状态下表现为显性或隐性，分为单基因显性或单基因隐性抗性。

2）寡基因抗病。指抗病性是由少数几个基因控制的抗性类型。

3）多基因抗病。指抗病性是由多个微效基因共同控制的抗性。

（4）根据抗病性变异划分。根据寄主、病原物变异的关联性，把植物抗病性分为垂直抗性和水平抗性。

1) 垂直抗性。垂直抗性是指病原物的变异和寄主植物的变异是关联的，表现为一种植物品种对病原菌一个或几个小种具有抗性，所以又称小种专化抗性。其特点是，寄主植物对某些病原菌小种具有高度的抗性，而对另一些小种有时则高度感染，即对不同生理小种具有"特异"反应或"专化"反应。例如，西瓜枯萎病抗性就存在生理小种的分化。

垂直抗病性往往表现为过敏坏死反应，抗病反应表现明显，易于识别，其最高程度可达到免疫。垂直抗性的遗传往往是单基因或少数基因决定的简单遗传，杂种后代的分离也较简单。

2) 水平抗性。水平抗性是指病原物的变异与寄主植物的变异无关，即两者变异不相关联，表现为一种植物或品种对病原物的所有小种都具有抗性，所以又称非小种专化抗性。这种抗性对病原物的不同生理小种没有什么"专化"或"特异"的反应。它对病原菌各小种的反应大体上接近一个水平，故称之为水平抗性。

水平抗性包括过敏坏死以外的多种阻止病原菌侵染或抑制增殖型的抗病性。其表现形式有侵染概率低、潜育期长、产生孢子量少和孢子堆小等特点。水平抗性的表现不如垂直抗性那样突出，多数表现为中等程度的抗病性。在遗传上，水平抗性是由多个微效基因所决定的，属于数量遗传范畴。

(5) 根据抗病性机制划分。植物的抗病性不可能完全依赖于一种机制和某种化合物，而是决定于多种机制，以不同方式和不同部位而表达的联合作用。根据抗病性机制的不同，植物的抗病性可以分为2类。

1) 被动抗病性。被动抗病性是植物在与病原物接触前即已具有的性状所决定的抗病性，如植物的株型、气孔的数量与开闭时间、体表角质层、体内薄壁组织厚度和硬度、各种抗菌物质等，也可称为既存的抗病性，可进一步分为组织结构抗病性和化学抗病性。

2) 主动抗病性。主动抗病性是指植物受病原物侵染或机械损伤后，其生理代谢和细胞壁结构发生一系列的变化，构成了阻止或限制病原物侵染的化学和物理障碍。这种反应在各类病原物侵染的病害中普遍存在，也称为侵染诱发的抗病性。

无论是被动抗病性还是主动抗病性，都包括组织结构或形态抗性与生理生化抗性两大部分。

2. 植物抗病机制

植物尚未进化到以一种基本机制就能有效地抗衡多种病原物的程度，而是以多种结构和生化防卫机制与病原物抗衡。许多研究结果表明，植物抵抗病原物侵染有主动和被动两个方面，包括多种抗病因素，可大体分为预先形成的抗病因素和侵染诱发的抗病因素。

（1）预先形成的抗病因素。

1）结构特征与抗病性。以下几种植物的结构特征与抗病性有关。

蜡质与茸毛：西瓜植物茎、叶表面的蜡质和茸毛的有无和多少，常成为抵抗病原物侵入的特征之一。蜡质层除了物理障碍外，还存在抑菌作用。茸毛可作为阻止侵染物生长的障碍，茸毛内还可能含有一种酚类物质，在受到外界刺激时便释放出来。

角质层和木栓层：表皮角质层中的角质和木栓层内的木栓质是天然存在于植物表面的结构成分。这些聚合物的作用是保护植物免于脱水和免受病原物的侵染。角质层和木栓层的厚度及硬度与抗真菌直接侵入关系密切。角质层和木栓层在抗侵入中除了物理机械障碍外，还发现有化学毒杀作用。此外，角质层的疏水性使可湿性孢子不能停留在叶面，因而降低了侵染概率。

气孔和水孔：对于由气孔或水孔侵入的病菌，植物表面气孔和叶缘水孔的密度、大小、构造及开闭习性等常成为抗侵入的重要因素。

寄主体内细胞壁结构：寄主表皮下的厚壁组织可有效地限制薄壁组织中的病原菌向外扩展。寄主组织内薄壁细胞的厚度和硬度对病菌菌丝体的扩展也有很大影响。在寄主导管组织内的病原菌，因导管的不同结构可影响病原菌的扩展。通常导管细胞壁厚而硬或管道窄的维管束可有效地抗扩展；相反，则抗扩展能力较弱。

2）化学物质与抗病性。植物组织中有许多预先形成的抗菌物质，使得大多数病原微生物不能在活植物组织中定殖。引起植物发病的细菌和真菌，通常也只能定殖在某一种植物中，即使在感病寄主植物中也只局限于特定的组织中。这些物质通常在健康的植物组织中的浓度均较高，有时在植物受到侵染后，这些物质便转化为更加有效的毒素。现已从植物组织中分离出数百种与抗病性有关的化合物。

（2）侵染诱发的抗病因素。植物受病原物侵染或机械损伤后，其生理代谢和细胞壁结构要发生一系列的变化，构成了阻止或限制病原物侵染的化学和物理障碍。这种反应在各类病原物侵染的病害中普遍存在。

1）细胞和组织屏障。主要包括以下几种。

细胞质的凝集：在侵染点，植物细胞质发生的凝集作用是一种局部形成的细胞障碍。通常，细胞质凝集作用的形成相当迅速，在细胞质凝集物中具有很多细胞器，可以向细胞壁分泌一些在寄主细胞壁的晕圈和乳突中发现的添加物。

晕圈和乳突：病菌侵染位点周围的寄主细胞壁成分和染色特性发生变化而形成的圆形或椭圆形圈叫晕圈。活的植物细胞表面一旦遭到病菌侵染或显微针刺伤后，在受刺激位点处的质膜与细胞壁之间形成的沉积物叫乳突，它是诱导形成的。一般而言，乳突一旦形成便能阻止病菌进入寄主体内，避免单个寄主细胞的死亡，实现以少量能量防御病害的目的。

细胞壁的填充：病菌一旦侵入某些植物组织，在侵入点的几个到多个寄主细胞的细胞壁上便能发生明显的填充现象。寄主这种反应的程度和时间与限制病菌扩展同步发生。

细胞壁木质化与木栓化：细胞壁木质化反应是植物组织对受伤和病菌侵染最普遍的反应之一。木栓质是受伤周皮的成分之一，具有封闭植物组织伤口，阻止病菌侵入的作用。木栓化细胞壁可以限制许多病害病斑的大小。

分生组织的障碍：植物对受伤或侵染的典型反应就是围绕受伤部位和侵染位点形成一层由分生组织细胞构成的薄壁组织。由于新分生组织产生的多层新细胞内填充了木质素、木栓质或酚类物质，因而能够限制侵染和腐烂。

2）生理生化特性。植物和病原物在共同进化、相互作用及相互识别的过程中，形成了错综复杂的关系。病原物在侵染寄主植物、获取营养的同时，也激发了寄主植物体内潜在的抗病能力，即激发产生一系列抗病生理生化反应，如过敏反应、植保素合成、酚类代谢等，以抵抗或限制病原物的侵染。

### （三）西瓜抗病育种的途径

1. 选择育种

在引入的品种、杂种后代中，利用自交、分离、鉴定，选择抗病材料，并在田间不断地选择培育。

2. 引种与抗原的搜集

从国内外引进抗病、优质、丰产的品种（系）和各种病害的抗原，经鉴定后可选育出抗病品种或可利用的抗原。此方法具有快速的优点，并有助于丰富种质资源。

　　抗原就是抗病的基因资源。抗原对抗病育种进度、新品种的抗病性、延长抗病品种的使用年限等都有重要作用。植物的抗病性是由寄主植物的遗传型和病原物的遗传型共同决定的，抗病种质资源与其他性状种质资源相比更加复杂，涉及生物间互作的问题。一般来说，抗原应包括以下几个方面：一是已鉴定出的抗病性基因；二是对材料已有初步了解，还未进行抗性基因鉴定，可能是优良基因的载体；三是根据生态型和该资源产地具体情况，可分析某地区某些资源可能具有的抗病基因，特别是对近缘的野生种，可用先搜集再鉴定、再利用的方法；四是人工诱变创造新的种质资源。

　　在抗原的搜集过程中，要尽可能地利用从地方品种和已在本地推广的外来品种中经过筛选鉴定的资源为材料。因为这两类品种适应当地环境并有综合的优良性状，且对当地病原物的优势小种有一定的适应性。另外，作物起源中心的原始栽培种和近缘野生种有极其丰富的抗原。

　　3. 杂交转育

　　采用有性杂交的方法使基因重组，获得抗病、耐病新种质。应重视选择具有多抗性的亲本或利用多个抗病亲本进行杂交，促使多抗性基因的合理聚合，易于育成多抗性种质材料。特别要注意利用地域相距较远的亲本材料，这些抗原的利用有助于子代产生更多的变异，从而增加选择的概率。

　　4. 人工诱变

　　采用物理的、化学的诱变方法，单独或综合地处理种子、花粉等材料，以便引起染色体断裂、基因点突变、染色体重组等效应。有可能诱发产生新的抗病基因，打破抗病基因与不良基因的连锁，改良抗病材料中的某些不良性状，获得理想的抗病种质材料。

　　5. 分子育种或基因工程育种

　　20 世纪 90 年代以来，在进行西瓜常规育种的同时，许多学者开展了利用基因工程技术进行西瓜品种遗传改良的研究。基因工程技术目前已经成为有效创新种质的一种生物技术。例如，肖光辉等（1997、1998、1999、2000）利用瓠瓜对西瓜枯萎病具有高度抗性或免疫的特点，通过外源 DNA 导入分子育种手段，成功地将瓠瓜的枯萎病抗性导入西瓜，获得了性状稳定、品质特性好的高抗西瓜枯萎病材料，创造了全新的西瓜种质资源。用瓠瓜 DNA 导入西瓜后选育的两份高抗枯萎病材料与感病品种“蜜宝”杂交进行抗性遗传研究的结果表明，枯萎病抗性遗传是受单基因或单 DNA 片段控制的显性遗传。利用这些抗性材料与栽培品种配组，选育出了优良的抗枯萎病杂交组合，为西瓜抗枯萎病育种创造了一种全新的方法并提供理论依据。

### （四）西瓜抗病育种的研究现状

一般来说，西瓜抗病育种需要的周期较长，难度也较大，这是因为：①西瓜的商品性强，既要抗病，又要优质、稳产、商品性好，而现有一些抗原材料往往与不良的经济性状相联系，优质与抗病两种性状的结合需要长时期的转育，选育过程比较复杂。②抗病育种涉及西瓜与病原两个截然不同的领域，既要掌握遗传育种的原理和方法，又要熟悉病理基础知识和操作技术，组织多学科协作攻关很有必要。③抗病性与其他质量性状不同，大多为多基因控制，遗传规律比较复杂；病原菌本身也在不断进化，某些病害的生理小种很多，要培育出能抵抗所有生理小种或要求兼抗多种病害就更加复杂、困难。

美国的西瓜抗病育种是以当地、当前主要流行病害为主攻目标。早在 19 世纪末，美国育种家 Orton 开创了西瓜抗病育种研究，他以抗西瓜枯萎病为目标，在 1911 年培育出第一个抗病品种 Conqueror，该品种是一个有价值的抗病亲本，被 Porter 利用培育出一些抗病性和商品性都较好的抗病品种。美国十分重视抗原的引进与收集，自非洲引进了高抗枯萎病的 Africa 8，随后自澳大利亚引进抗病性和商品性都好的 Hawkesbury，均成为重要抗病亲本。一些重要的高抗枯萎病品种如 Calhoun Gray、Summit、Texas W5，和兼抗枯萎病和炭疽病的 Charleston Gray 等，都有上述材料的血缘。一些野生资源也得到充分利用，如 PI 271778、PI 189225 等，为培育出抗西瓜炭疽病生理小种和西瓜蔓枯病取得突破性进展发挥了作用。

美国、意大利、以色列等一些国家的植物病理学家对导致西瓜枯萎病发生的尖镰孢菌的发现，对病原的专化型、生理小种分化的研究，对抗病性遗传的探讨，对病源分离鉴定技术等方面均积累了丰富的经验。由于遗传与病理的密切结合，自 20 世纪 50 年代以来美国先后推出一大批商品性好、抗枯萎病或兼抗炭疽病的品种，如 Charleston Gray、Jubilee、Smokylee、Calhoun Gray、Crimson Sweet、Dixilee、Mickylee 等。在抗西瓜蔓枯病（GSB）兼抗西瓜炭疽病生理小种 2 方面也获得 AU-Producer 和 AU-Jubilant 等，这些品种不仅是美国西瓜生产的主栽品种，有些还是重要的抗病亲本，早已流传世界各地，自 20 世纪 70 年代开始先后被中国引进，并成为抗病育种的重要材料。

中国西瓜抗病育种起步较晚，于 1986 年正式成立全国西瓜抗病育种协作组，针对生产上的迫切需要和各单位的现实情况，讨论并明确了研究方向和主要任务，决定以西瓜枯萎病为研究对象，在总体设计下，分别从育种和病理两个方面进行协作攻关。在国内外抗病育种经验的启示下，围绕弄清病源、收集鉴定抗原和制定切实可行的苗期接种鉴定技术规程等方面，初步达到预期目标，并逐步转入培育抗病品种的程序。先后获得了商品性和抗病性都较好的品系，1992 年开始在全国不同地区设点进行联合鉴定试验，同时进行生产性示范，在河南、江苏、北京和齐齐哈尔等地均显示出较好的耐重茬性，受到生产上的重视和欢迎。此外，在西瓜炭疽病、西瓜花叶病毒病等方面，也开展了病原调查、病理和接种技术等方面的研究，均获得可喜进展，为开展抗病育种打下基础。

今后我国西瓜的抗病育种应着重考虑以下几点。

（1）重视对各国及本国抗病资源的收集。抗病资源的收集是抗病育种的基础工作，必须充分重视。

（2）重点在于育出抗病的自交系。除了多亲杂交、回交等常规育种手段外，在育种上提倡采用多种手段聚合育种，效果更好。例如，浙江平湖市瓜豆研究所的西瓜航天育种、湖南省园艺研究所肖光辉的瓠瓜 DNA 导入西瓜、新疆西域集团的野生西瓜杂交砧木等，都育出了较好的抗病亲本自交系和砧木自交系。

（3）在选育过程中，仔细观察，慎重取舍。既要重视目标植株，又要注意选留突发的变异株。选择要有前瞻性、预见性、时代感，才会有与时俱进的创新。

## 二、主要病害的抗性育种

### （一）抗枯萎病育种

西瓜枯萎病又称萎蔫病或蔓割病，是一种严重的土传维管束病害，为西瓜的主要病害之一，世界各地均有发生。西瓜全生育期均可发生，植株患病典型症状是病蔓基部萎蔫变褐，茎皮纵裂，裂口处有溢出琥珀色胶状物。病蔓纵剖，维管束呈黄褐色，潮湿环境下病部常见粉红色霉状物，即病原分生孢子。病蔓萎蔫时中午明显，早晚可恢复，反复数日后整株萎蔫枯死。枯萎病菌在土壤中可存活 8 年左右，菌核和厚垣孢子可存活 15 年，因此连作地发病重。若选用感病品种、栽培管理粗放、地势低洼、排水不良、地下害虫危害重，都可诱发枯萎病严重发生。

目前，西瓜枯萎病已成为世界范围内导致西瓜产量和品质降低的重要原因之一。我国近年来由于西瓜栽培面积迅速扩大，重茬西瓜面积日趋增多，西瓜枯萎病的发生也随之普遍加重，在某些地区已经成为制约西瓜生产的限制因子。防治西瓜枯萎病的方法，因各国的具体情况而异。日本采用嫁接换根的方法，美国推行抗病育种，中国则实行以轮作换茬为中心的耕作栽培方式进行综合防治。在目前轮作换茬比较困难、嫁接栽培难以普及的情况下，选育抗病品种是防治西瓜枯萎病最经济、有效的方法。所以，抗枯萎病育种在我国西瓜生产中便愈加显得重要。

自从美国育种家 Orton 在 19 世纪末开创了西瓜抗枯萎病育种的研究以来，美国在西瓜枯萎病的病原、专化型、生理小种、抗病育种程序以及抗性遗传等方面的研究取得了可喜的成绩。我国西瓜抗枯萎病育种的研究是在 20 世纪 80 年代中期以后，随着西瓜种植面积的迅速扩大，西瓜枯萎病呈逐渐蔓延趋势的情况下才开始起步的。于 1985 年 10 月成立的全国西瓜抗病育种协作组，将西瓜抗枯萎病育种列为协作组的第一个协作研究课题。比较系统地做了病原菌的收集、病理学鉴定、专化型测定以及西瓜品种苗期接种与疫区直播抗病性鉴定；西瓜野生资源及抗病材料的利用；外源瓠瓜 DNA 的导入等工作，并选育出了一批对西瓜枯萎病的抗性较强而又具有良好商品性的品种或育种材料。

1. 西瓜枯萎病的病原

西瓜枯萎病的病原是尖孢镰刀菌西瓜专化型［Fusarium oxysporum f. sp. niveum（E. F. Smith）Suyber et Hansen］，属于半知菌亚门，丛梗孢目，瘤座孢科，尖镰孢属真菌。它是由美国植物病理学家史密斯（Smith）于 1899 年在美国南卡罗来纳州和乔治亚州首先发现的。Snyder 和 Hansen 于 1940 年将西瓜枯萎病菌定名为尖镰孢菌西瓜专化型（FON，即 Fusarium oxysporum f. sp niveum）。

西瓜枯萎病菌在植物体内主要以菌丝体、大小型分生孢子和厚垣孢子状态存在。病菌主要以菌丝体、厚垣孢子或菌核在未腐熟的有机肥和土壤中越冬，分生孢子也可附着在种子表面越冬。病菌从根部伤口或根毛顶端侵入寄主薄壁细胞间和细胞内，再进入维管束，阻塞导管，干扰新陈代谢，导致西瓜萎蔫，中毒枯死。

（1）病菌的分离与鉴定。通过西瓜的死秧调查，从枯萎病病株上采集样本，通过分离培养、镜检、单孢分离、再培养，按菌落、生长速度、颜色、分生孢子形态等，对分离出的病菌进行鉴定。

分离培养基为 PSA 基础培养基：马铃茹 200 g，蔗糖 20 g，琼脂 20 g，水 1000 mL。高压灭菌后，加入 Fe-Na-EDTA 0.01 g，牛胆盐 0.5 g，硫酸链霉素 0.3 g。土壤选择性分离时，用 10%磷酸溶液调 pH 值为 3.8±0.2，组织分离时调至 pH7.9。

（2）专化型鉴定。尖孢镰刀菌在葫芦科中有 7 种专化型：即黄瓜专化型 （Fusarium oxysporum f. sp. cucumerinum）、甜瓜专化型（Fusarium oxysporum f. sp. melonis）、西瓜专化型（Fusarium oxysporum f. sp. niveum）、丝瓜专化型（Fusarium oxysporum f. sp. luffae）、葫芦专化型（Fusarium oxysporum f. sp. lagenariae）、苦瓜专化型（Fusarium oxysporum f. sp. momordicae）和冬瓜专化型（Fusarium oxysporum f. sp. benincasae）。这 7 种专化型在瓜类植物中的致病性如表 8-1，从表 8-1 可知，西瓜专化型除使西瓜严重感病外，还使黄瓜、甜瓜和冬瓜轻度感病。除西瓜专化型外，甜瓜专化型、黄瓜专化型、冬瓜专化型也能使西瓜轻度感病。

表 8-1  尖孢镰刀菌不同专化型在瓜类植物中的致病性（戚佩坤，1995）

| 瓜类植物 | | 尖孢镰刀菌专化型 | | | | | | |
|---|---|---|---|---|---|---|---|---|
| | | 西瓜 | 甜瓜 | 黄瓜 | 冬瓜 | 丝瓜 | 葫芦 | 苦瓜 |
| 西瓜 | 幼苗 | ++ | —→++ | —→+ | —→+ | — | — | — |
| | 成株 | ++ | — | ±→+ | | | | |
| 甜瓜 | 幼苗 | +→++ | ++ | ±→++ | —→+ | —→± | | |
| | 成株 | —→+ | ++ | —→++ | — | | | |
| 黄瓜 | 幼苗 | —→+ | —→++ | ++ | —→+ | | | |
| | 成株 | — | —→+ | ++ | | | | |
| 冬瓜 | 幼苗 | —→+ | —→± | —→± | ++ | — | — | |
| | 成株 | — | — | | ++ | | | |
| 节瓜 | 幼苗 | ± | | ± | ++ | | | |
| | 成株 | | | | ++ | | | |
| 丝瓜 | 幼苗 | —→± | — | —→± | —→± | ++ | — | — |
| | 成株 | — | — | | — | | | |
| 苦瓜 | 幼苗 | | | | | | | ++ |
| | 成株 | | | | | | | |

续表

| 瓜类植物 | | 尖孢镰刀菌专化型 | | | | | | |
|---|---|---|---|---|---|---|---|---|
| | | 西瓜 | 甜瓜 | 黄瓜 | 冬瓜 | 丝瓜 | 葫芦 | 苦瓜 |
| 葫芦 | 幼苗 | − | | − | − | − | ++ | |
| | 成株 | | | | | | | |
| 瓠瓜 | 幼苗 | − | ++ | | + | − | ++ | |
| | 成株 | | | | | | | |
| 南瓜 | 幼苗 | − | − | | − | − | − | |
| | 成株 | − | − | | − | | | |
| 西葫芦 | 幼苗 | ± | | ± | −→± | | − | |
| | 成株 | | | | | | | |
| 白瓜 | 幼苗 | − | | ± | − | | | |
| | 成株 | | | | | | | |
| 笋瓜 | 幼苗 | | | | | | | − |
| | 成株 | | | | | | | |

注："−"表示发病率为 0；"±"表示发病率＜10％；"+"表示发病率为 10％～30％；"＋＋"表示发病率＞30％。

肖兰异等（1996）从湖南省园艺研究所西瓜、甜瓜、黄瓜枯萎病病株分离出的菌株，经纯化后，将不同菌株分别于苗期和成株期接种在西瓜、甜瓜、黄瓜、丝瓜、南瓜、冬瓜、瓠瓜上。苗期接种方法按全国抗病育种协作组统一制定的方法，成株期接种采用无菌土直播，7 叶期分别用针刺法，切根浇灌菌液法接种。试验结果也表明：从西瓜病株上分离的尖孢镰刀菌 *Fusarium oxysporium* 苗期接种，主要侵染西瓜，也能侵染甜瓜和黄瓜，但成株期接种只侵染西瓜。甜瓜枯萎病菌苗期主要侵染甜瓜，也侵染西瓜，而成株期只侵染甜瓜。黄瓜枯萎病菌苗期和成株期均只侵染黄瓜。所以，引起葫芦科作物枯萎的尖孢镰刀菌确实存在着明显的专化型分化，西瓜植株的枯萎病与其他作物的枯萎病无关，在湖南引起西瓜枯萎病的主要病原菌属尖孢镰刀菌西瓜专化型（*Fusarium oxysporium* f. sp. niveum）。

（3）生理小种分化。到目前为止，国际上报道的尖孢镰刀菌西瓜专化型的生理小种有 0、1、2 和 3 四种。意大利学者 Sleeth B.（1935）首次发现并指出西瓜枯萎病菌有生理小种分化现象。Cirulli M.（1972）根据病菌对西瓜抗、感品种表现出的抗感性的不同，将其分为生理小种 0 和生理小种 1。Netzer（1976）

在以色列发现了能引起所有抗病品种萎蔫的枯萎病菌小种，并将其命名为生理小种2。Zhou X G（2010）在美国发现并分离出了能使抗0号、1号和2号生理小种的PI 296341 - FR感病的尖镰孢菌西瓜专化型，将其命名为生理小种3。1号生理小种为各个地区的优势小种，但是2号生理小种的致病力更强。近年来生理小种2严重威胁美国10个主产区的西瓜生产，生理小种2在突尼斯已发展成为一些地区的优势小种。

我国的西瓜枯萎病菌也存在明显的生理小种分化，对上海、北京、新疆、河北、武汉、合肥，以及黑龙江等地区枯萎病菌分化的鉴定结果表明，我国西瓜枯萎病菌优势小种是生理小种1，但是也要防止生理小种2、3在我国西瓜产区的爆发。由于病原菌的菌株变异与致病力的不断分化，要求育种家不断培育出适合的西瓜枯萎病抗病品种。生理小种的判定是抗病育种的基础，因此，如何准确鉴定生理小种就显得尤为重要了。下面简要介绍西瓜枯萎病生理小种鉴定的研究进展。

1）鉴别寄主的应用。1972年，Cirulli根据西瓜枯萎病抗性遗传模式把来自意大利的西瓜枯萎病菌分离物进行研究并命名，最早提出了西瓜枯萎病菌鉴别寄主。感性品种Sugar Baby和Black Diamond对所有生理小种表现为感病，抗性品种Charleston Gray抗0号、1号小种而感2号小种，Calhoun Gray对0号、1号、2号小种都表现为抗病。Martyn和Netzer（1991）把来自南非的引种材料PI 296341接种经3代自交获得了抗2号生理小种的PI 296341 - FR，因此PI 296341 - FR就能作为区分生理小种2与更多新发现的生理小种的鉴别寄主。2010年，Zhou X G在美国发现并分离出了能使PI 296341 - FR感病的生理小种3。在该研究中还引入了鉴别寄主Dixielee，该品种抗生理小种0、1，感生理小种2、3。

我国从20世纪80年代开始，有多个研究单位利用不同的鉴别寄主对西瓜枯萎病菌生理小种开展了研究工作。张兴平等（1991）利用鉴别寄主Calhoun Gray、Charleston Gray、Sugarlee、Dixielee、Crimson Sweet对我国8个省市的西瓜枯萎病菌株进行了研究，将病原菌划分为生理小种0、1、2a与2b，他将生理小种2划分为a、b两种。王浩波等（1993）通过浸根接种法对全国8个省市的西瓜枯萎病菌10个分离物进行生理小种分化的鉴定研究，将病原菌分为生理小种0、1、2和3。对生理小种2的划分与张兴平（1991）的生理小种2a的抗、感表现相同，生理小种3只有Sugarlee表现为抗性，其他品种都表现为感病。显然，对于小种3的认定与国外近年报道的小种3标准不同。何素琴等（2008）

对分离自甘肃 3 个不同生态区、兰州及新疆昌吉的 13 个西瓜枯萎病菌株的致病力及其生理小种分化进行了研究，该研究将病原菌分为生理小种 0、1、2 和 3。对生理小种 2 来说，所有品种表现为感病，更接近国外划定的生理小种 3，但是缺乏 PI 296341 - FR 的证实。生理小种 3 除对 Dixielee 为部分抗病外，其他寄主均为感病。

　　由上可见，由于鉴别寄主的使用比较混乱，使得生理小种划分也没有统一的标准。耿丽华等（2010）综合国内外通用的鉴别寄主，建立了一套西瓜枯萎病菌生理小种鉴定技术体系（表 8 - 2），该鉴别体系全面系统地总结了各个鉴别寄主的抗感性，并且准确鉴定和区分出尖孢镰刀菌西瓜专化型生理小种 0、1 和 2，为研究西瓜枯萎病菌生理小种提供标准，可用于西瓜枯萎病种质资源和品种的筛选鉴定。但是，对于新近发现的生理小种 3 却无法鉴定，因此需要培育出抗生理小种 3 的鉴别寄主。由于枯萎病菌生理小种的不断分化，鉴别寄主在鉴定过程中的不确定性，以及环境对病原菌发病产生的影响，使得应用鉴别寄主鉴定生理小种的局限性凸显，鉴别寄主的应用遇到了极大的挑战。如果能从枯萎病菌入手找到致病基因、挖掘小种之间的分子差异，就会避免这些问题。

表 8 - 2　西瓜枯萎病菌生理小种鉴定技术体系

| 鉴别寄主 | 小种 0 | 小种 1 | 小种 2 |
| --- | --- | --- | --- |
| Black Diamond | S | S | S |
| Sugar Baby | S | S | S |
| Charleston Gray | R | MR | S |
| Crimson Sweet | R | LR | S |
| Calhoun Gray | R | R | S |
| PI 296341 - FR | R | R | R |

　　注：S—感病；R—抗病；MR—中抗；LR—轻抗。

　　2）分子标记技术鉴定。目前，使用鉴别寄主鉴定西瓜枯萎病菌生理小种是比较通用和普遍认可的方法，但是这种间接的鉴定方法，易受寄主自身条件、气候条件如温度，以及栽培条件的影响。因此，有一些学者对采用分子标记的方法鉴别生理小种进行了探索。

　　国内不少学者采用分子标记的方法对病原菌的专化型及其种内、种间的遗传多样性进行了研究。李伟等（2008）对来自 7 个西瓜产区的 31 株西瓜枯萎病菌株进行了苗期鉴定、RAPD 分析以及遗传距离聚类分析，结果表明，31 株菌株的致病力被分成了无致病性、弱致病性与强致病性 3 种，受试菌株的 DNA 存在明显的多态性，但这个多态性与致病性无关。聚类分析把 31 株菌株分成两大基因型，这两大基因型的划分与致病性关系不大。而且致病力、基因型的划分与地域也没有直接相关性。段会军等（2007）利用 10 个 RAMS（random ampli-fied microsatellites）分子标记对 3 个西瓜枯萎病菌株分离物各 10 个单孢菌株进行基因组多态性分析，结果表明，同一病株分离物的不同单孢菌株之间在分子水平上存在遗传差异性。可见，枯萎病菌致病力强弱及生理小种分化与基因型之间的关系还有待进一步去研究验证。

2. 抗病机制

目前，对西瓜枯萎病的抗病机制研究主要集中在组织病理学、分子生物学及生理生化学等方面。

一般认为，枯萎病菌侵入西瓜根系后，首先是受到维管束对孢子移动的机械阻碍，这种阻碍为西瓜防卫反应争取了时间。然后，经过一系列信号传递，启动抗性相关基因的表达，紧接着抗病品种识别病原菌并分泌一些与抗性相关的酶、毒性物质及其他生理生化因素抵抗枯萎病。这些物质在抗、感品种中均能产生，但是在抗性品种中产生的量明显高于感病品种。

组织病理学研究发现，导管的分布、数目及其木质纤维壁的加厚程度影响西瓜对枯萎病的抗、感性。导管集中分布于中央，管腔较大，中央细胞壁薄为感病品种；而高抗品种的导管分布分散，且中央导管少，管腔较小，细胞壁厚，胞壁内有一层加厚的细胞壁（张显，1989）。苗琛等（2004）的研究表明，西瓜抗、感品种在受到枯萎病菌侵染后，木质部导管中出现侵填体、管壁加厚而且在筛管中形成胼胝体，这种现象在抗性品种中发生更早、频率更高。

吕桂云（2010）利用绿色荧光蛋白为标记研究枯萎病菌在抗、感品种侵染、定殖的差异，结果发现，枯萎病菌侵入抗、感品种时无显著差异，但感病品种中有大量病菌定殖而抗病品种中没有，所以认为西瓜的抗性表现在抗定殖而不是抗侵入。程玉瑾等（1996）将西瓜抗病及感病品种接种枯萎病菌后发现，抗病品种中菌丝少、侵染速度慢，而感病品种中菌丝多、侵染速度快。因此，认为抗、感差异可能与酶、毒性物质或者其他生理生化因素有关。

通过平板培养计数法与变性梯度凝胶电泳（PCR-DGGE）方法，研究不同抗、感品种西瓜根围细菌和真菌群落结构，结果发现抗性品种根围细菌与放线菌数量远多于感性品种，而青霉菌、镰刀菌与曲霉菌等真菌数量却明显少于感病品种（$p < 0.05$）。结果表明，植物基因型对根围土壤微生物群落组成有极大的影响，根围微生物的不同产生不同的枯萎病抗性（An M. 等，2011）。因此，通过研究根际或者茎基部病菌群落，可以推断西瓜对枯萎病的抗病性（Zhou X G 等，2004）。

不同抗性的西瓜品种进行枯萎病接种后，种子和出土后子叶内的硬脂酸相对含量与枯萎病率呈正相关（王浩波等，1994）。许勇等（2000）与张显等（2001）的研究发现，随着病原菌对西瓜植株的侵染，根系中的乙酸和枸橼酸含量、维生素 C 氧化酶活性、木质素与富含羟脯氨酸糖蛋白（HRGP）含量及其形成的相关酶 POD、PAL、几丁质酶和 $\beta$-1，3-葡聚糖酶的活性在抗、感品种体内均有不同程度的提高，但抗病品种的增幅明显高于感病品种。侵染枯萎病菌后，提取西瓜根系总 RNA，用抑制性差减（suppression subtractive hybridization，SSH）方法构建西瓜 cDNA 文库，分析表明，文库中产生了大量激酶的 EST，这些 EST 在蛋白磷酸化中起作用。文库中还出现了大量的水解酶基因 $\beta$-1，3-葡聚糖酶（beta-1，3-glucanase，PR2）和几丁质酶（chitinase，PR3）以及与茉莉酸合成、木质素合成相关的酶和蛋白（吕桂云等，2010）。

3. 种质资源抗病性鉴定

全国西瓜抗病育种协作组通过对多种枯萎病抗性苗期接种鉴定方法的比较研究，筛选并制订出了统一的西瓜枯萎病苗期抗性接种鉴定方法和抗性分级标准。即采用浸根法在幼苗的子叶平展期进行枯萎病菌接种，孢子液浓度约为 $1 \times 10^5$ 个/mL，浸根时间 10 min。然后定植到珍珠岩中，置 25～28 ℃条件下进行发病观察。从接种后第 10 天开始，每隔 5 天调查一次发病情况，至第 25 天结束，统计病株率。分别以蜜宝、查理斯顿、灰卡红作感病、中抗和高抗对照品种。抗性分级标准为：高抗（HR），病株率为 0～20%；中抗（MR），病株率为 21%～50%；轻抗（SR），病株率为 51%～80%；感病（S），病株率为 81%～100%。

为充分利用现有的西瓜种质资源，寻找西瓜枯萎病抗原，对在全国范围内收集到的 513 份种质资源进行了苗期接种鉴定。结果表明，在所鉴定的 513 份材料中，没有发现对枯萎病具高抗（HR）反应的种质材料；具中抗（MR）反应的种质材料也只有 29 份，仅占 5.66%；具轻抗（SR）反应的材料有 41 份，占 7.99%。这表明，利用现有的种质资源进行抗枯萎病育种很难取得大的突破，必须从国外引进高抗西瓜枯萎病的种质资源，或采用生物技术进行种质创新，才有望取得西瓜抗枯萎病育种的突破。

所以，有针对性地收集抗原或抗病品种，是提高育种效率、获得西瓜抗枯萎病育种成功的关键。可供育种用的抗病亲本材料，包括半栽培类型的不能食用的抗原材料如饲料西瓜，也包括具有较好经济性状的抗病品种等。经过抗病性鉴定，对生理小种 0 和生理小种 1 表现高抗或中抗的品种及其亲本或来源如表 8-3。PI 296341 对致病力特强的生理小种 2 具有一定抗性，是重要的抗原。林德佩（1993）认为原产非洲的 PI 296341 是目前唯一抗枯萎病生理小种 0、1 和 2 的抗性材料，灰卡红（Calhoun Gray）抗小种 0 和 1，查尔斯顿（Charleston Gray）只抗小种 0。在美国南卡罗来纳州的征服者（Conqueror）、佛罗里达州的 Leesburg 和 Florida Seedling 124，都具有抗西瓜枯萎病基因。

表 8-3 抗病品种及抗病亲本（来源）

| 品种 | 亲本或来源 |
| --- | --- |
| Coqueror | Eden，Citron |
| Iowa King | Conqueror |
| Iowa Belle | Conqueror |
| Leesbury | Kleckley Sweet |
| Hawkesbury | 1936 年引自澳大利亚 |
| Florida Seedling 124 | Hawkesbury WR Leesbury |
| Calhoun Gray | Florida seedling 124 |
| Calhoun Sweet | Florida seedling 124，Dixie Queen |
| Garrisonian | Africa 8，Hawkesbury，Leesbury |
| Charleston Gray | Africa 8，Iowa Belle |
| Jubilee | Garrisonian，Iowa Belle |
| Crimson Sweet | Miles，Peacock，Charleston Gray |
| Texas W5 | Hawkesbury，Leesbury |
| Smokylee | Texas W5，Charleston Gray |
| Dixielee | Texas W5，WR Peacock 123，Summit，Fairfax，Graybelle |
| Sugarlee | Texas W5，Summit，Charleston Gray，Fairfax，Crimson Sweet |

4. 野生资源利用与抗病种质资源创新

（1）野生资源的利用。野生西瓜中不仅存在抗西瓜枯萎病基因，同时还存在一般栽培品种中少见的有利性状。利用常规育种手段可以将野生西瓜的有利性状转育到栽培西瓜品种上来。例如：肖光辉等（1999）分别以栽培西瓜品种新青、春蜜、蜜宝为母本，高抗枯萎病的野生西瓜 $S_{142}$、$S_{143}$、$S_{144}$ 和 $S_{148}$ 为父本进行杂交的后代，以及高抗西瓜枯萎病的非洲西瓜与栽培西瓜的杂交后代，在土壤带菌量为每克干土 $2.4 \times 10^2 \sim 4.3 \times 10^3$ 个孢子的病圃中直播，进行抗性筛选，同时进行自交纯化，淘汰感病单株或感病株系。抗病单株或株系下一年在病圃中分株系直播，继续进行抗性筛选和自交纯化，经过 1990—1996 年连续 7 代的抗性筛选和自交纯化，选育出了 9601～9604 4 份性状稳定的抗枯萎病种质材料（表 8-4）。枯萎病抗性苗期接种鉴定结果（表 8-5）显示，9601～9604 4 份材料接种后 20 天的病株率为 36.7%～46.7%，按全国西瓜抗病育种协作组统一规定的抗性分级标准，9601～9604 对西瓜枯萎病均达中抗水平。上述研究结果表明，野生西瓜的利用是西瓜抗枯萎病育种的一种有效方法。

表 8-4 抗性材料的主要性状和在病圃中的枯萎病抗性比较（肖光辉等，1999）

| 材料 | 果形 | 皮色 | 果形指数 | 平均单果重/kg | 皮厚/cm | 瓤色 | 中心糖/% | 边糖/% | 抗性 |
|---|---|---|---|---|---|---|---|---|---|
| 9601 | 圆球形 | 白色有绿网纹 | 1.02 | 5.36 | 1.21 | 红色 | 11.5 | 9.8 | 抗病 |
| 9602 | 圆球形 | 深绿色 | 1.01 | 5.17 | 1.20 | 红色 | 11.4 | 9.6 | 抗病 |
| 9603 | 圆球形 | 淡绿有条纹 | 1.02 | 5.42 | 1.19 | 红色 | 11.6 | 9.7 | 抗病 |
| 9604 | 长椭圆 | 绿色有网纹 | 1.72 | 6.28 | 1.21 | 红色 | 11.4 | 9.3 | 抗病 |
| 瓠瓜（供体） | 圆柱形 | 白色 | 3.98 | 1.08 | / | 白色 | 3.1 | 3.1 | 不发病 |
| 西瓜（受体） | 圆球形 | 深绿色 | 1.01 | 4.12 | 1.22 | 红色 | 11.5 | 9.5 | 感病 |
| $D_3-1$ | 长椭圆 | 白色 | 1.90 | 5.58 | 1.31 | 红色 | 11.4 | 9.0 | 不发病 |
| $D_3-2$ | 长椭圆 | 白色有网纹 | 1.85 | 6.60 | 1.30 | 红色 | 11.1 | 8.8 | 不发病 |
| $D_3-3$ | 圆球形 | 白色有网纹 | 1.01 | 5.57 | 1.28 | 红色 | 11.0 | 8.6 | 抗病 |
| $D_3-4$ | 圆球形 | 深绿色 | 0.99 | 5.54 | 1.31 | 红色 | 11.3 | 8.9 | 抗病 |

表 8-5  抗性种质材料枯萎病抗性鉴定结果（肖光辉等，1999）

| 材料 | 病株率/% | | 抗性级别 | 材料 | 病株率/% | | 抗性级别 |
| --- | --- | --- | --- | --- | --- | --- | --- |
| | 15 d | 20 d | | | 15 d | 20 d | |
| 9601 | 11.7 | 38.3 | MR | $D_3-1$ | 5.0 | 16.7 | HR |
| 9602 | 10.0 | 36.7 | MR | $D_3-2$ | 6.7 | 18.3 | HR |
| 9603 | 18.3 | 41.7 | MR | $D_3-3$ | 16.7 | 38.3 | MR |
| 9604 | 23.3 | 46.7 | MR | $D_3-4$ | 21.7 | 45.0 | MR |
| 蜜宝 | 36.7 | 83.3 | S | 瓠瓜（供体） | 0 | 0 | HR |
| 查理斯顿 | 13.3 | 48.3 | MR | 西瓜（受体） | 38.3 | 85.0 | S |
| 灰卡红 | 3.3 | 13.3 | HR | 未接种对照 | 0 | 0 | / |

（2）抗病种质资源创新。西瓜原产南非，我国的西瓜种质资源比较贫乏，抗枯萎病种质资源更为少见。而瓠瓜对西瓜枯萎病具有高度抗性或免疫，用瓠瓜作砧木进行西瓜嫁接栽培是防治西瓜枯萎病的一种有效方法。为了利用瓠瓜的枯萎病抗性进行西瓜抗病育种，肖光辉等（1997）率先采用分子育种技术，首次成功地将瓠瓜的 DNA 导入西瓜并获得了性状变异。采用浸胚法将瓠瓜 DNA 导入西瓜后，$D_1$ 代 308 株中，有 1 株的果形由圆球形变成高圆形，种子由黑褐色变成黄褐色，变异率为 0.32%。$D_1$ 代发生变异的植株在 $D_2$ 代性状变异很大。生长势明显增强，主要表现为叶片增大，叶色变深，叶柄变长，主蔓增长，节间长度增加，开花延迟，第 1 雌花着生节位提高。果实的变异非常明显，出现了 5 种类型（$V_1 \sim V_5$），变异率达 31.0%。其中 $V_1$ 和 $V_2$ 果实形状由圆球形变成长椭圆形，皮色由深绿变成白皮绿网纹或白色，较接近供体瓠瓜（图 8-2）。$D_2$ 代 5 种类型的变异株 $D_3$ 代在病圃中种植时，出现了 8 种类型的变异。$V_1$、$V_2$ 变异类型 $D_3$ 代的性状已趋于稳定，$V_3$、$V_4$ 和 $V_5$ 变异类型 $D_3$ 代的果皮颜色已稳定，但果实形状还有分离。$D_3$ 代 8 种类型的后代 $D_4$ 代继续在病圃中直播栽培，$D_3-1 \sim D_3-5$ 这 5 种类型的性状已稳定，果实形状和皮色均无分离现象，其他植物学性状也趋于稳定（表 8-6）。

变异后代材料在连作西瓜 3 年以上、前茬枯萎病发病率 30% 以上、土壤带菌量为每克干土 $4.3 \times 10^3$ 个孢子的病圃中直播时，表现抗枯萎病。$D_3$ 代在病圃中直播栽培时，$D_3-1$ 和 $D_3-2$ 不发病，$D_3-3$、$D_3-4$ 和 $D_3-5$ 的发病率分别为 1.85%、2.56% 和 5.17%，而受体西瓜的发病率为 48.3%。苗期接种鉴定的结果表明，$D_3$-1 和 $D_3$-2 对西瓜枯萎病高抗，$D_3$-3 和 $D_3$-4 中抗，$D_3$-5 中感（表 8-7）。$D_3$ 代 $D_3$-1~$D_3$-5 这 5 种类型 $D_4$ 代继续在病圃中直播栽培时，不仅性状稳定，而且 $D_3$-1、$D_3$-2 这 2 种类型 $D_4$ 代和供体瓠瓜一样，在病圃中不发病，$D_3$-3、$D_3$-4 和 $D_3$-5 类型 $D_4$ 代的发病率分别为 2.1%、3.3% 和 9.5%，而受体西瓜的发病率为 41.7%。苗期接种鉴定的结果是 $D_3$-1 和 $D_3$-2 高抗，$D_3$-3、$D_3$-4 中抗，$D_3$-5 中感（表 8-7），表明枯萎病抗性也较稳定。经多代抗性筛选和自交纯化，终于选育出了性状稳定的 $D_3$-1、$D_3$-2 两份高抗枯萎病材料和 $D_3$-3、$D_3$-4 两份中抗枯萎病材料（表 8-4 和表 8-5）。以这些抗性材料为亲本，选育出了商品性状优良的 3 个高抗、2 个中抗枯萎病的杂交组合新品系（肖光辉等，1999）。

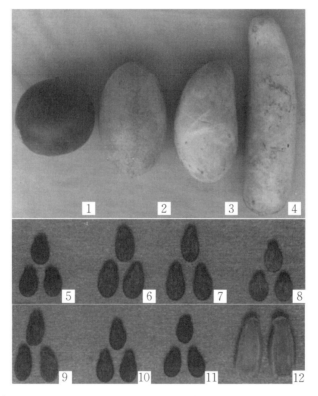

1. 西瓜（受体）；2. 长椭圆果，白皮绿网纹变异（$V_1$）；3. 长椭圆果，白皮变异（$V_2$）；4. 瓠瓜（供体）；5. 受体种子；6~11. 导入后代种子；12. 供体种子。

图 8-2 瓠瓜 DNA 导入西瓜后代（$D_2$）的果形和种子变异类型（肖光辉等，1996）

表 8-6 瓠瓜 DNA 导入西瓜后代的性状变异（肖光辉等，1999）

| 导入后代 | 变异类型及性状变异情况 | 变异株数 | 变异率/% |
|---|---|---|---|
| $D_0$ | 果实圆球形，果皮深绿色，种子黑褐色，生长势中等 | 0 | 0 |
| $D_1$ | 果实由圆球形变成高圆形，种子由黑褐色变成黄褐色 | 1 | 0.32 |
| $D_2$ | $V_1$ 类型：果实长椭圆形，果皮白色带绿网纹，生长势比受体强 | 6 | 7.1 |
| | $V_2$ 类型：果实长椭圆形，果皮白色，生长势比受体强 | 4 | 4.8 |
| | $V_3$ 类型：果实椭圆形，果皮白色带绿网纹，生长势比受体强 | 4 | 4.8 |
| | $V_4$ 类型：果实椭圆形，果皮白色，生长势比受体强 | 5 | 6.0 |
| | $V_5$ 类型：果实高圆形，果皮深绿色，生长势比受体强 | 7 | 8.3 |
| $D_3$ | $D_3-1$ 类型：果实长椭圆形，果皮白色，果形指数 1.80～2.00 | $V_2$ 后代 323 | 76.9 |
| | | $V_4$ 后代 69 | 16.8 |
| | $D_3-2$ 类型：果实长椭圆形，果皮白色带绿网纹，果形指数 1.80～1.90 | $V_1$ 后代 328 | 78.1 |
| | | $V_3$ 后代 78 | 18.8 |
| | $D_3-3$ 类型：果实圆球形，果皮白色带绿网纹，果形指数 1.00～1.02 | $V_3$ 后代 54 | 13.0 |
| | $D_3-4$ 类型：果实圆球形，果皮深绿色，果形指数 0.98～1.00 | $V_5$ 后代 117 | 28.4 |
| | $D_3-5$ 类型：果实圆球形，果皮白色，果形指数 0.99～1.01 | $V_4$ 后代 58 | 14.1 |
| | $D_3-6$ 类型：果实椭圆形，果皮白色，果形指数 1.70～1.80 | $V_2$ 后代 97 | 23.1 |
| | | $V_4$ 后代 284 | 69.1 |
| | $D_3-7$ 类型：果实椭圆形，果皮白色带绿网纹，果形指数 1.65～1.80 | $V_1$ 后代 92 | 21.9 |
| | | $V_3$ 后代 284 | 68.3 |
| | $D_3-8$ 类型：果实高圆形，果皮深绿色，果形指数 1.10～1.25 | $V_5$ 后代 295 | 71.6 |

表 8-7　瓠瓜 DNA 导入西瓜性状已稳定的材料 D$_3$ 和 D$_4$ 代枯萎病抗性鉴定（肖光辉等，1999）

| 材料 | D$_3$ 代在病圃中的发病率/% | 苗期接种鉴定病株率/% | | 抗性级别 | D$_4$ 代在病圃中的发病率/% | 苗期接种鉴定病株率/% | | 抗性级别 |
|---|---|---|---|---|---|---|---|---|
| | | 15 d | 20 d | | | 15 d | 20 d | |
| D$_3$-1 | 0 | 5.0 | 16.7 | HR | 0 | 3.3 | 15.0 | HR |
| D$_3$-2 | 0 | 6.7 | 18.3 | HR | 0 | 5.0 | 16.7 | HR |
| D$_3$-3 | 1.85 | 16.7 | 38.3 | MR | 2.1 | 16.7 | 38.3 | MR |
| D$_3$-4 | 2.56 | 21.7 | 45.0 | MR | 3.3 | 20.0 | 41.7 | MR |
| D$_3$-5 | 5.17 | 25.0 | 53.3 | MS | 9.5 | 23.3 | 51.7 | MS |
| 瓠瓜（供体） | 0 | 0 | 0 | HR | 0 | 0 | 0 | HR |
| 西瓜（受体） | 48.3 | 38.3 | 85.0 | HS | 41.7 | 36.7 | 85.0 | HS |
| 蜜宝（CK$_1$） | | 36.7 | 83.3 | HS | | 38.3 | 83.3 | HS |
| 查尔斯顿（CK$_2$） | | 13.3 | 48.3 | MR | | 13.3 | 46.7 | MR |
| 灰卡红（CK$_3$） | | 3.3 | 13.3 | HR | | 5.0 | 15.0 | HR |

5. 抗病品种选育

W. A. Orton（1907）选用野生抗病品种 Citron 与 Eden 杂交，获得了第一个抗病品种 Conqueror。因 Conqueror 的农艺性状差，未大面积推广。后通过 Conqueror 获得的抗病品种 Iowa Belle 和 Iowa King，使农艺性状得到了极大的提高。除此以外，还有许多抗病栽培品种 Calhoun Gray、Smokylee 和 Dixielee 也具有非常好的农艺性状。抗病品种可直接在生产上应用，如 Jubilee、Charleston Gray、Crimson Sweet 等；也可以利用不同类型的抗病亲本通过组合力测定、品种比较试验和生产鉴定，获得优质抗病的一代杂交种，如京抗 2 号、京抗 3 号（周凤珍，1993）等。

随着枯萎病菌生理小种的分化，育种家不断培育出有针对性的抗性品种，PI 296341-FR 是目前唯一一个抗生理小种 0、1、2 的品种，然而，对新近报道的生理小种 3 却没有抗性，现在还未培育出针对生理小种 3 的抗性品种。可见，随着病原菌的不断分化，抗病品种的抗性具有了局限性，需要育种家不断培育出具有广谱抗性的品种。但是，由于病原菌不断分化、病原菌的遗传规律复杂，再加上育种过程中抗病品种易受其他病菌侵染，使得西瓜枯萎病抗病育种进展缓慢。

我国通过杂交、回交等途径，利用辐射、组织培养、病圃筛选等方法，利用国内抗性资源及引进国外抗病种质资源，开展西瓜抗枯萎病育种，成功获得了一系列中抗或低抗品种：郑抗 1 号、西农 8 号、京抗 2 号、京抗 3 号、丰乐 5 号、抗病苏蜜、抗病苏红宝、秀丽、秀雅、9823、春宝、郑抗无籽 3 号、美抗 8 号等。但这些抗性品种的抗性水平普遍不如国外选育的抗性品种。下面简要介绍几个典型的抗枯萎病西瓜品种的选育过程。

（1）Jubilee。Jubilee 是通过重病区筛选获得抗炭疽病兼抗枯萎病的成功例子。佛罗里达大学 Leesburg 农业研究中心 J. M. Crall 于 1955 年引进具有抗炭疽病性状的大果型、花皮、长瓜 Garrisonian（当时已经选择 9 代），1956 年在西瓜枯萎病重病区直播，出苗 270 株，最后得到 2 个自然授粉瓜。1957 年 2 个瓜种子分别种在病区，第一个瓜 90 穴全部死亡，第二个瓜幸存 20 株，并获得自交种子。1958 年从中选了 6 个商品性较好的单瓜种植，得到幸存的 14 个自交瓜。1959 年继续筛选，幸存者中选出 1 个含糖量为 11％～13％的单株（F59-3），然后进一步从中选择固定，于 1963 年正式选育出抗病品种 Jubilee 并在生产上推广。Jubilee 晚熟、高产，商品性好，耐贮运，轻抗西瓜枯萎病兼抗炭疽病，曾是美国佛罗里达州的主栽品种。

在自然感病区经多代大量淘汰筛选是一个简单易行的选育方法，中国也有采用，如从 Crimson Sweet 中选出 118、从 Imperial 选出伊姆，它们对西瓜枯萎病分别具有中抗或轻抗能力。应该注意的是，利用这种方法选育出的品种，往往会出现抗病性衰退的现象，因此在扩大应用繁殖种子过程中，仍然要加强良种或原种的接种筛选，以保持品种的抗病性。

（2）Smokylee。Smokylee 是采用双亲杂交和系统选择，并结合土壤接种筛选的方法培育出的一个抗病品种。母本是高抗枯萎病但感炭疽病的 Texas W5，它具有高糖和优质等良好性状。父本是抗西瓜炭疽病生理小种 1，中抗西瓜枯萎病的 Charleston Gray。杂交后经 6 代自交选择、筛选，1968 年得到 3 个优良自交系，从中选出 F68-1 为 Smokylee 的原种，1971 年正式推出。该品种高抗西瓜枯萎病兼抗西瓜炭疽病（生理小种 1）。因该品种的外观和种子白色不受欢迎，推广使用面积不大，但对抗病育种有一定的应用价值。

（3）Sugarlee。Sugarlee 是采用多亲杂交和回交的方法，经多代接种筛选培育的一个抗病品种。自 1961 年开始，选用高抗西瓜枯萎病、品质优良的 Texas W5 为母本，分别与高抗枯萎病的 Summit 和中抗枯萎病兼抗炭疽病的 Charleston Gray 和抗炭疽病的 Fairfax 杂交，其中 3 对杂交一代用 Texas W5 回交，回交后代又分别与 Crimson Sweet 和 WR Graybelle 杂交，1968 年 2 对杂交后代再次杂交，1969—1975 年从中进行 7 代单株选择，得到 Florida 77-2 单系，经 4 年区域试验，于 1981 年正式命名 Sugarlee。

（4）京抗 2 号。京抗 2 号是利用抗病材料与优质品种经杂交、回交多代选择和逐代双接种筛选得到抗枯萎病兼抗炭疽的抗病亲本（父本和母本），经组合力测定选配的优良杂种一代。

### （二）抗炭疽病育种

炭疽病是 1867 年在意大利首次报道的，也是一种世界性病害，对西瓜的危害仅次于枯萎病，在潮湿多雨的南方地区发病更为严重。炭疽病是西瓜叶片和果实上最为严重的病害。叶部病斑边缘紫褐色，中心淡褐色，有同心轮纹和不太明显的小黑点，易穿孔。叶柄和瓜茎蔓上病斑呈梭形、长椭圆形凹陷斑。果实受害呈暗绿水渍状，稍凹陷暗褐色斑，病斑上产生许多黑色小粒点及粉红色黏状物，严重时引起瓜果腐烂。病菌以菌丝体和拟菌核在病残体或土壤中越冬，种子也可带菌。以菌丝从气孔和伤口侵入寄主，分生孢子通过流水、雨水、昆虫和人畜活动进行传播，重复侵染。高湿是诱发本病的主要因素，气温在 10～30 ℃均可发病，而以 20～24 ℃，相对湿度 90％以上最为适宜。重茬地、地势低洼、排水不良、重施氮肥、通风不良发病重。

1. 病原

病原为瓜类炭疽菌 *Colletotrichum orbiculare* （Berk. et Mont.） Ark，异名 *Colletotrichum Lagenarium* （Pass.） Ell. et. Halst。属于半知菌亚门、炭疽菌属真菌。*Colletotrichum orbiculare* 除危害西瓜外，还可侵害黄瓜和甜瓜，对南瓜和西葫芦的侵染不重。

Goode （1958） 首先报道了西瓜炭疽病菌存在生理小种分化现象，他发现一些抗炭疽病的品种如 Charleston Gray、Congo、Fairfax 等在北卡罗来纳州 4 个地区却严重感病，通过接种试验定为 *Colletotrichum orbiculare* 的 3 个生理小种（表 8-8）。Jenkins 等 （1964） 又报道了 4 个小种，其中小种 4 对所有鉴别寄主致病；小种 5 高感西瓜，轻感黄瓜；小种 6 高感西瓜，但对硬皮甜瓜的毒性较弱；小种 7 与小种 6 相似，但对黄瓜 Pixie 的毒性较弱。总之，西瓜炭疽病菌已发现有 7 个生理小种，其中小种 1、小种 2、小种 3 的分布较普遍、流行最广（山川，1978）。

表 8-8　西瓜炭疽病 3 个生理小种对不同瓜类致病性反应

| 供试品种 | | 1 号小种 rare 1 | 2 号小种 rare 2 | 3 号小种 rare 3 |
|---|---|---|---|---|
| 西瓜 | Charleston Gray | 2.1 | 5.0 | 1.1 |
| | Congo | 2.3 | 5.0 | 1.1 |
| | Fairfax | 2.3 | 5.0 | 1.1 |
| | Garrison | 5.0 | 5.0 | 5.0 |
| | N. H. Midget | 5.0 | 5.0 | 5.0 |
| 黄瓜 | Model | 5.0 | 5.0 | 4.9 |
| | Palmetto | 4.9 | 4.9 | 4.9 |
| 南瓜 | Butternut | 2.5 | 4.0 | 1.0 |

注：资料来自 Pytopathology Vol. 48：79-83。1—高抗；2—抗病；3—中抗；4—感病；5—高感。

2. 接种鉴定方法

（1）采集病原。取重病区叶片上的病斑，按常规方法分离、培养及单孢分离而得到纯化菌种，经回接鉴定及致病性试验以确认为西瓜炭疽病病原，分离出的菌落散布在 PSA 培养基上，放在 28 ℃条件下培养 7～10 d，用无菌水冲洗，收集分生孢子，稀释至需要的浓度。

（2）接种。温室苗期接种一般在出苗后 2 周，长出 1 片真叶时进行，孢子悬浮液浓度在 $1×10^4$～$1×10^6$/mL，接种方法多用喷雾法，也可用点滴法或涂抹法。接种后的幼苗应立即移到 25 ℃恒温室，100% 相对湿度和无光条件下经 48 h 后，再移到温室生长，1 周后开始发病。也可以采用离体状态接种（刘莉，1989），即将具有一片真叶的幼苗，剪下地上部，用无菌水冲洗后，吸干表面水分，用直径为 15 cm 的培养皿为容器，经干热灭菌后，皿内上下铺滤纸，再滴无菌水，使充分吸水，保持高湿度，然后将幼苗地上部放在培养皿内，并用 $1×10^6$/mL 孢子悬浮液喷雾接种。

田间苗期接种可在 2 叶期，采用喷雾法，于傍晚进行以保证较高湿度，夜间也利于孢子萌发。田间植株接种可在开始伸蔓时进行，蔓长约 30 cm，接种用菌量一般为 $5×10^4$ 个/mL（Suvanprakorn，1980），傍晚喷雾，10 d 后可出现病斑，接种 3 周后按 Suvanprakorn（1980）报道的 6 级制标准调查病情指数。病情指数分为 6 级的标准如下：

0 级：无伤害；

1 级：0～20% 叶面积坏死；

2 级：21%～40% 叶面积坏死；

3 级：41%～60%叶面积坏死；

4 级：61%～80%叶面积坏死；

5 级：81%～100%叶面积坏死。

病情指数是 0、1、2 的品种为抗病，病情指数是 3、4、5 的品种为感病。

3. 重要抗原介绍

（1）非洲 8 号、非洲 9 号和非洲 13 号。非洲 8 号、非洲 9 号和非洲 13 号是 Layton（1937）自南非引进的食用型品种，经鉴定对炭疽病表现抗性，但对枯萎病感染。

（2）W‐695。W‐695 是 Winstead（1959）从非洲饲料西瓜后代分离出来的品系，经鉴定对生理小种 2 有不完全抗性。

（3）PI 189225、PI 271775、PI 271778 和 PI 299379。PI 189225、PI 271775、PI 271778 和 PI 299379 是由 Sowell G. Jr.（1980）从 450 份原始材料中，经鉴定证实对炭疽病菌（包括生理小种 2）有抗性的材料。美国 Rnodes 和 Norton 博士的鉴定则以 PI 271779、PI 271775 和 PI 189225 较抗病，抗性由 1 个显性基因控制（吴明珠，2003）。

（4）K‐4598、K‐1298、K‐2814 和 K‐643。K‐4598、K‐1298、K‐2814 和 K‐643 是对炭疽病具抗性的野生西瓜。

4. 抗病品种的选育

（1）Black Kleckley。由爱阿华（Iowa）试验站 Dr. Layton 于 1974 年率先培育的抗炭疽病兼抗枯萎病的品种，它是利用非洲 8 号、非洲 9 号、非洲 13 号与 Iowa King、Iowa Belie 杂交，通过炭疽病菌苗期接种筛选后，移植到感染枯萎病的土壤中，将幸存者与 Klondike、Stone Mountain 和 Improved Kleckley NO. G 杂交，以提高品质，然后系选固定的品种。育种过程近 10 年。

（2）Congo、Fairfax、Charleston Gray、Garrisonian。该品种是由南卡罗来纳州查尔斯顿美国农业部蔬菜育种实验室 Dr. Andrus 主持培育的品种，其中 Charleston Gray 抗炭疽病兼抗枯萎病，该品种适应性广，早已流传世界各地，中国自 20 世纪 60 年代初引入，以上品种均有非洲 8 号 Iowa Ball 和 Hawkesbury 的血统。

（3）Crimson Sweet。该品种由 Kansas State University 的 D. V. Hall 于 1963 年培育的抗枯萎病兼抗炭疽病品种。自 20 世纪 70 年代传入中国，是重要的育种材料，已被利用配制了浙蜜 1 号、黑蜜无籽等优良杂种一代。

（4）Jubilee、Smokylee、Dixielee、Sugarlee。品种均由佛罗里达大学 Leesburg 农业研究中心 J. M. Crall 主持培育的抗枯萎病兼抗炭疽病小种 1 的优良品种。20 世纪 70 年代开始陆续引入中国，已被利用，成为一些优良杂种如红优 2 号、西农 8 号等的亲本材料。

（5）Au-Producer、Au-Jubilant。是由美国亚拉巴马州州立大学园艺系 Dr. Norton 等于 1983 年培育出的多抗新品种，即利用对炭疽病生理小种 2 和蔓枯病都具抗性的 PI 271778 和 PI 189225 分别与 Jubilee 和 Crimson Sweet 杂交，经多次回交、苗期接种筛选和反复自交选择等手段，培育成抗炭疽病、枯萎病和蔓枯病的品种。育种过程经历了 12 年。

### （三）抗病毒病育种

病毒病是西瓜三大主要病害之一，世界范围内均有发生。我国各西瓜产区都有发生，安徽、河南、河北、山东、山西、陕西等省是我国西瓜主产区，也是病毒病最严重的发生区，有些田块因病毒病严重而绝收。我国常年西瓜病毒病发病面积达 10 万 $hm^2$，年经济损失达 1.5 亿元。因目前西瓜病毒病尚无有效药剂防治，培育抗病毒病西瓜新品种是西瓜生产中亟待解决的难题。

**1. 症状**

病毒病的主要症状是：叶片呈浓绿与淡绿色和黄绿色斑驳相间的花叶，叶变小，叶面凸凹不平、皱缩或叶片变狭长，畸形。或为明脉，环斑、坏死斑，在幼嫩生长点更为明显。新生茎蔓短缩，植株矮化，生长点簇生等。果实发育不良，形成畸形果，小果，果面凸凹不平。瓜瓤暗褐色，品质差，产量低。

**2. 病原**

无籽西瓜病毒病主要种类有：西瓜花叶病毒（watermelon mosaic virus 2，WMV‐2）、甜瓜花叶病毒（wuskmelon mosaic virus，WMV）、番木瓜环斑病毒西瓜株系（papara ringspot virus type W，PRSV-W）、烟草花叶病毒（tobacco mosaic virus，TMV）、黄瓜绿斑驳花叶病毒（cucumber gyeen mottle mosaic virus，CGMMV）、番茄斑萎病毒（tomato spotted wilt virus，TSWV）、甜瓜坏死斑点病毒（melon necrotic spot virus，MNSV）、小西葫芦黄花叶病毒（zucchini yellow mosaic virus，ZYMV）、南瓜花叶病毒（squash masaic virus，SQMV）等。

**3. 病情分级**

目前，西瓜病毒病的分级还没有统一的标准，黄学森等（2004）将病毒病分为四级，分级标准如下：

0 级：无病；

1 级：植株 1/3 叶片表现病毒病症状，但不影响生长；

2 级：植株 1/2 叶片表现病毒病症状，轻度影响生长；

3 级：2/3 叶片表现病状，严重影响生长，不能坐瓜或果实失去商品性；

4 级：2/3 以上叶片表现病状，植株严重矮化萎缩或接近死亡，没有产量。

0、1、2 级一般通称为抗病植株，3、4 级通称为感病植株。病情指数 0～20 为高抗（HR），21～40 为中抗（MR），41～60 为抗病（R），61～80 为感病（S），81～100 为高感（HS）。

闫涛等（2009）则根据症状表现将病情划分为 0～5 级，其分级标准如下：

（1）CMV

0 级：无症状；

1 级：只表现褪绿斑或明脉；

2 级：轻度花叶，有明显花叶；

3 级：严重花叶，叶片皱缩，植株矮化 1/3 以下；

4 级：严重花叶，有疱斑，植株矮化 1/3～2/3，叶变窄；

5 级：严重花叶和畸形。

（2）WMV

0 级：无症状；

1 级：只表现褪绿斑或明脉；

2 级：轻度花叶，有明显花叶；

3 级：严重花叶，叶微皱缩；

4 级：严重花叶，叶皱缩，有疱斑；

5 级：严重花叶和畸形。

（3）ZYMV

0 级：无症状；

1 级：只表现褪绿斑或明脉；

2 级：轻度花叶，无蕨叶；

3 级：严重花叶，无蕨叶；

4 级：严重花叶，轻微蕨叶；

5 级：严重花叶和蕨叶，叶片畸形严重。

4. 毒原检测

植物病毒的检测方法有多种，有指示植物鉴别法、ELISA 法、PCR 技术检测法等。指示植物鉴别法操作比较简便，准确程度较高，但检测速度慢、灵敏度差并受季节限制，难以大量检测样本。常规方法是 ELISA 法，下面简要介绍碱性磷酸酶标记双抗体夹心——酶联免疫吸附法（DAS-ELISA）（潘秀清等，2002）。

材料的制备：将保存于 −80 ℃冰箱的材料取出，取发病明显的部位用研钵研碎，加 2 倍体积（重量/体积）的抽提缓冲液（0.1 mol/L 磷酸缓冲液，pH 7.4～7.5，0.5%BSA，0.5%硫基乙醇），12 000 r/min 离心 5 min，取上清液置于冰上用于检测。

抗血清及酶标抗体：黄瓜花叶病毒（CMV）、烟草花叶病毒（TMV）、西瓜花叶病毒 2 号（WMV‑2）、小西葫芦黄花叶病毒（ZYMV）、南瓜花叶病毒（SqMV）、夏威夷木瓜环斑病毒（PRSV）、苜蓿花叶病毒（AMV）、番茄不孕病毒（TAV）的抗血清及碱性磷酸酯酶标记抗体均由美国 ADI 公司生产。

DAS-ELISA 程序：用进口抗血清和丹麦 NUNC 公司进口的酶联板在保湿盒内 37 ℃孵育 1 h，加上待测样品抽提液，37 ℃孵育 2 h 或 4 ℃过夜，再加上特异碱性磷酸酯酶标记抗体 37 ℃孵育 1 h，以上每步之间都用洗液清洗 4 次，用 PNP 底物显色，ELISA 检测仪 410 mm 读数。每个酶标板每个病毒都设已知病毒阳性对照和健康植株阴性对照。

5. 抗病毒病的抗原

自然界存在的抗性基因是几千年进化的结果，这些抗性基因无疑对抵抗病毒病是最有效的。发现与搜集抗病毒病的种质资源材料是抗病育种的前提。Provvldenti 发现，PI 494528 和 PI 494532 对 WMV‑2 具有一定的抗性，并且该野生种与一些西瓜栽培种具有很强的亲和性，已被利用于抗病毒病育种。Munger 研究证明，西瓜高抗材料有 PI 295848、PI 381740、WM5‑4 等。此外，来自非洲的野生西瓜也显示出一定水平的抗 WMV‑2。北京农林科学院西瓜育种组对野生材料 Egun 的鉴定，初步表现为对 WMV‑2、ZYMV、CMV 等病毒高抗。但要直接把这些抗病基因转移到栽培种中还有一定的难度，利用自然抗病毒材料通过杂交育种产生抗病毒的西瓜新品种的进展不大。

6. 基因工程育种

1985 年，有美国学者发现，交互保护作用可通过转移病毒的外壳蛋白基因而获得。他们将 TMV 外壳蛋白的编码基因通过 Ti 质粒导入烟草和番茄的叶片，再生的转基因植株受病毒感染后，症状明显减轻，与不含这一基因的对照感病植株相比，转基因植株发病率降低 70%。美国 Asgrow 种子公司，采用生物技术的方法，将西瓜花叶病毒、黄瓜花叶病毒、小西葫芦黄化花叶病毒这 3 种病毒的外壳蛋白基因，成功转入西葫芦植株，获得了抗病毒病西葫芦新品种（Mare Fuchs et a1.，1997，1998），并已获准上市。我国新疆维吾尔自治区农业科学院核技术生物技术研究所通过生物技术，获得抗黄瓜花叶病毒甜瓜新品种。

有关西瓜转基因的研究，国内外有些报道，但都未进入实质性利用阶段。牛胜鸟等（2005）将西瓜花叶病毒外壳蛋白、西葫芦黄化花叶病毒基因和黄瓜花叶病毒复制酶基因导入西瓜植株，抗性达到中等水平。1991—1997 年，黄学森等将 WMV 的外壳蛋白基因导入西瓜植株，获得抗性材料，并获农业部批准进行安全释放试验。由于西瓜在大田遭受多种病毒的侵害，抗 1 种病毒的转基因抗病材料不能直接在生产中应用。1998—2003 年，中国农业大学生物技术国家实验室、新加坡国立大学、山西金鼎生物种业有限公司合作，针对危害西瓜的 3 种主要病毒，将西瓜花叶病毒（WMV）外壳蛋白基因、小西葫芦黄化花叶病毒（ZYMV）复制酶基因、黄瓜花叶病毒（CMV）复制酶基因，通过农杆菌介导，成功导入西瓜植株。经分子检测和抗病毒鉴定，外源基因均明显表达，具有耐病性，培育成了转基因抗病毒西瓜新材料 BH - 1。经温室及大田抗病毒病鉴定表明：其抗性达中抗以上水平，是我国第 1 个通过转基因获得的抗病毒病西瓜新材料。其抗性主要表现为耐病毒，在人工接种的情况下，较对照延缓 20 d 发病（黄学森等，2004）。黄学森等（2007）利用西瓜花叶病毒 2 号（WMV - 2）外壳蛋白（CP）基因、小西葫芦黄化花叶病毒（ZYMV）复制酶（NIb）基因和黄瓜花叶病毒（CMV）复制酶基因构建三价基因的植物表达载体，通过农杆菌介导转化四倍体西瓜植株，经分子检测证明目的基因成功地导入西瓜植株，并在后代中稳定遗传。经温室及大田接种鉴定，T3 代转基因西瓜抗病毒性达中抗水平，为抗病毒无籽西瓜新品种的培育提供了可能性。

### （四）抗蔓枯病育种

蔓枯病又叫黑腐病、黑斑病、褐斑病。近几年来，随着西瓜种植面积的扩大，在长江中下游一些产瓜区，西瓜蔓枯病时有发生，特别在多雨年份，已成为影响产量的重要病害之一。据浙江省的调查，1990 年原诸暨县发病田块一般减产 20%～30%，严重者 50%～60%。西瓜蔓枯病主要危害瓜蔓，叶部受害初期为淡褐色、近圆形小斑，逐渐扩展成不规则形大斑，褐色，多呈"V"字形楔形斑，病叶干枯。瓜茎蔓分叉处、叶柄、根茎蔓部受害，水渍灰绿色斑，后呈褐色，表皮龟裂不断分泌出橘红色胶汁，国外俗称GSB（Gummy stem blight），后期病茎上密生黑色小点。受害茎干枯萎凋，但与西瓜枯萎病不同，不是全株枯死，根部维管束也不褐变。果实表皮受害，水渍状病斑中央为褐色枯斑，并有同心轮纹和小黑点。

病菌以分生孢子器和子囊壳随病残体落在土壤中和未充分腐熟的有机肥中越冬，种子也可带菌。分生孢子借风雨、灌溉水传播，从气孔、水孔、伤口侵入，反复侵染蔓延。病菌发育温度范围为5～35℃，最适宜温度为20～24℃。连作地，降雨次数多，浇水过多，排水不良，种植过密，通风透光不足，偏施氮肥等条件下发病重。

1. 病原

有性世代为子囊菌亚门，球腔菌属，甜瓜球腔菌 *Mycosphaerella melonis* (Pass.) Chiu. et Walker ［＝*Mycosphaerella citrullina* (C. D. Smith) Gross］；无性世代为半知菌亚门，壳二孢属 *Ascochyta citrullina* (Chester.) Smith (＝ *Ascochyta cucumis* Fautr et Rohm)。

2. 接种鉴定

（1）接种用菌液。从西瓜病株上采样，经分离鉴定后，取单孢分离物接种到经高压灭菌的菜豆上（盛在125 mL三角瓶内），放在荧光灯下培养7～10 d，室温维持25℃±5℃，将2个培养菌源的三角瓶合在一起再加灭菌蒸馏水进行搅拌2 min，每升接种物都要按这一程序进行，将搅拌后的混合物通过Waterman 4号滤纸得到分生孢子液，用白细胞计数器计数，并调整接种浓度到$5 \times 10^5$/mL或$5 \times 10^6$/mL。

（2）接种方法。西瓜幼苗2片真叶时，用喷雾器反复喷洒孢子液直至叶面淌水，随即将已接种的瓜苗放到25℃±5℃、100%相对湿度的人工气候箱培养48 h，然后再移入温室生长，一般在接种后2周开始记载发病株数。

（3）病性指数。一般按感病植株占植株总数的百分比分5级，来表示抗病程度（Nortor，1979）。但感病植株并非病死植株，有的报道同时记载死亡率（Grover，1961）。病情指数的分级标准如下：

0级：不感病；

1级：感病率1%～20%；

2 级：感病率 21%～40%；

3 级：感病率 41%～60%；

4 级：感病率 61%～80%；

5 级：感病率 81%～100%。

3. 抗原及抗病品种

美国佐治亚州的引种试验站于 1961 年从 439 份材料中，经温室苗期接种和大田直播苗接种，鉴定出 PI 189225、PI 171392、PI 186975、PI 255136 和 PI 189317 等对西瓜蔓枯病的抗性均明显高于 Charleston Gray（表 8-9、表8-10），在发掘和鉴定抗原方面作出了贡献。其中 PI 189225 具有高抗水平并兼抗西瓜炭疽病生理小种 2，该材料为半野生型，味极浓，已被利用为育种材料。

表 8-9 西瓜苗温室接种西瓜蔓枯病感病情况

| 品种与材料 | 病情指数 | | 死株率/% | |
|---|---|---|---|---|
| PI 189225 | 2.6 | a | 33.1 | a |
| PI 189317 | 3.0 | ab | 43.8 | ab |
| PI 171392 | 3.1 | ab | 39.6 | ab |
| PI 186975 | 3.2 | ab | 41.0 | ab |
| PI 255136 | 3.3 | ab | 49.3 | ab |
| Charleston Gray | 4.7 | b | 73.0 | b |

注：资料引自 Plant Disease Reporter. 1962，Vol. 46：12。

表 8-10 西瓜幼苗田间接种蔓枯病的受害情况

| 品种与材料 | 病情指数 | | 死株率/% | |
|---|---|---|---|---|
| PI 171392 | 0.3 | a | 0.0 | a |
| PI 189225 | 0.3 | a | 9.5 | ab |
| PI 186975 | 0.7 | a | 15.8 | ab |
| PI 255136 | 2.2 | ab | 36.8 | bc |
| PI 189317 | 2.7 | b | 50.0 | bc |
| Charleston Gray | 4.0 | c | 79.0 | c |

注：资料来自 Plant Disease Reporter. 1962，Vol. 46：864。

1975 年 Sowell 又鉴定出 PI 271778 抗西瓜蔓枯病兼抗西瓜炭疽病生理小种 2。Norton 将 PI 271778 和 PI 189225 经多代转育，率先培育出抗西瓜蔓枯病的品种 Au-Jubilant 和 Au-Producer，已引入中国，可作抗病亲本。2 个抗病品种的抗病性和商品性见表 8 - 11。

表 8 - 11　Au-Jubilant 和 Au-Producer 抗病性和果实情况

| 品种 | 对西瓜蔓枯病病情指数 | 瓜重/kg | 中心糖/% | 果实硬度/ (kg/cm²) | 生长期/d |
|---|---|---|---|---|---|
| Au-Jubilant | 2.2 | 11.29 | 11.3 | $1.01 \times 10^6$ | 85 |
| Au-Producer | 1.7 | 9.2 | 11.8 | $9.2 \times 10^5$ | 77 |
| Charleston Gray | 5.0 | 9.88 | 11.2 | $1.04 \times 10^6$ | 80 |
| Crimson Sweet | 5.0 | 8.16 | 11.1 | $8.9 \times 10^5$ | 80 |
| Jubilee | 5.0 | 10.25 | 10.7 | $8.5 \times 10^5$ | 90 |

注：资料来自阿拉马巴州农业试验站。

美国从 1998—2001 年用 4 年时间做了美国资源库保存收集的 PI 系统材料对西瓜 Gummy stem blight（蔓枯病）的抗性鉴定，又发现有 12 个材料抗蔓枯病（吴明珠，2003）。这些材料是：PI 279461（Japan）、PI 164248（Libera）、PI 254744（Senegal）、PI 482284（Zimbabwe）、PI 482379（Zimbabwe）、PI 296332（South Africa）、PI 244019（South Africa）、PI 490383（Mali）、PI 526233（Zimbabwe）、PI 271771（South Africa）、PI 482276（Zimbabwe）、PI 379243（Yugo slavia）。

### （五）抗细菌性果腐病育种

西瓜细菌性果腐病也称果斑病（bacterial fruit blotch，简称 BFB），是一种典型的种子带菌传染性病害，是目前国际上西瓜甜瓜检疫的主要病害。从 1969 年美国弗吉尼亚州和佛罗里达州发现此种病害至今，瓜类细菌性果腐病在全球大多数西甜瓜种植区域均有发生。海南省和新疆维吾尔自治区作为全国瓜菜生产和良种繁殖的重要基地，是国内细菌性果腐病成灾最早、发病最重、经济损失最大的地区。近年来，该病的危害逐年加重，具有在全世界任何西甜瓜产区引发灾害的潜在能力，对瓜类的生产构成了极大威胁，特别是给我国的西甜瓜制种业和种子出口带来了严重冲击。细菌性果腐病的发生已经成为西瓜生产上亟须解决的问题之一。

1. 症状

细菌性果腐病主要侵染瓜类作物的幼苗和果实，果实上的症状最为明显，且容易鉴别，植株发育的其他时期此病害症状不是很明显。

幼苗发病后，最初在子叶背面叶脉中间出现水浸状暗黄色小斑点，后沿叶脉逐渐发展为黑褐色坏死斑，严重时幼苗倒伏、死亡。在第一、第二片真叶的近叶脉处出现水浸状，然后变黄，进而发展为褐色病斑。如果遇长时间阴雨天气或管理不善、苗床湿度过大，幼苗叶片水浸状病斑则不断扩大，直至幼苗死亡；相反，如果幼苗受到侵染，但苗床温湿度条件不利于发病，则在子叶上形成褐色病斑，或在前几片叶上也形成少量褐色病斑，随后植株可完全正常生长。

大田生长期间，通过叶片的症状对细菌性果腐病的诊断较困难，因为 BFB 叶片病症与其他叶部病害如角斑病、叶枯萎、炭疽病等病害在叶面上表现的症状十分相似，很难分辨出该病害是不是细菌性果腐病。叶片上病斑由点状扩展成角斑或不规则大斑，病害发生部位先呈现浅棕色，再变为微红棕色，然后从深棕色变为黑色。田间湿度大或有露珠时，叶背面病部沿叶脉分布，呈现水浸状。病斑上可见明显的乳白色菌脓，菌脓干涸后呈灰白膜覆在叶面。

病菌从叶和果实表面自然张开的气孔进入植株和果实。果实感染通常发生在果实发育的前期（坐果后的 1～3 周），而病症通常在果实成熟前的最后两周才表现出来。初期果实表面出现直径小于 2 cm 的无规律性水浸状斑点，随后症状因品种和天气条件的差异而略有不同。一些西瓜品种受到侵染后，当天气晴朗、空气湿度较小时，果实表面的水浸状小点会自然愈合呈疮痂状，同时果实内部受侵染部位会收缩变硬、木栓化；当天气阴暗、空气湿度较大时，果实表面的水浸状小点在 3～5 d 变成黄褐色，病斑扩大，变成更大的边缘不规则的水浸状病斑。病斑外圈水渍状，中心呈褐色坏死斑。严重时病斑会变棕褐色，果实表面开裂，并出现白色泡沫状分泌物，常溢出菌脓，果实逐渐腐烂。细菌侵入果肉，有时呈蜂窝状，果肉腐烂，种子带菌。

2. 传播途径与发病条件

病原菌主要在种子和土壤病残体上越冬，成为来年发病的初次侵染源，其次是带菌瓜苗和前茬收获后落在田间的种子，长出带菌自生苗也是重要的侵染源。带菌种子是该病的主要初侵染源，种子上的病菌在低温条件下能存活相当长的时间，贮存在 12 ℃下的带菌种子，一年后感病率也不会降低。病菌通过植物的伤口（如嫁接苗切口）或自然孔口（皮孔、气孔、水孔、蜜腺等）侵入。病斑上的菌液借助雨水的飞溅、气流风力、灌溉水和昆虫取食迁移以及农事操作等传播，形成多次重复侵染。病原菌可以在西甜瓜产地长期留存。

瓜类细菌性果腐病喜温暖、湿润的环境。在炎热、强光照及雷雨天，叶片和果实上的菌斑迅速扩展。高湿是决定病害流行的主要条件，当温度在22～

28 ℃时，遇到持续阴雨、多露的天气，连作田植株生长茂密，或保护地通风透光差，都有利于病害发生。

3. 病原

西瓜细菌性果腐病的病原为噬酸菌属燕麦噬酸菌西瓜亚种（*Acidovorax avenae* subsp. *citrulli* Wellems，简称 Aac）。瓜类细菌性果腐病菌存在丰富的遗传多样性，为抗病品种的选育增加了困难。阎莎莎（2011）用脉冲场凝胶电泳（pulsed field gel electrophoresis，PFGE）和多位点序列分型（multilocus sequence typing，MLST）两种方法研究了 118 株国内外瓜类果斑病菌的种内遗传多样性，结果表明果斑病菌在寄主上存在明显的遗传分化。

4. 人工接种与病菌检测

人工接种：在果实发育期（膨瓜期）采用针刺法进行人工接种标准细菌性果腐病病原菌，西瓜成熟后从病果中收获的种子就是带菌种子。

病菌检测：可以采用分子鉴定技术如 PCR 技术检测、酶联免疫试剂盒检测、种子浸提液培养基检测、保湿生长盒检测等技术鉴定种子的带菌情况。

5. 抗（耐）西瓜细菌性果腐病育种

据美国科学家的实验，西瓜不同品系对细菌性果腐病的抗感性差异很大。一般而言，三倍体西瓜远较二倍体抗病，而果皮较浅色的品系通常较深色者易感病。罗兹教授确认，Congo 为抗病品种（林德佩，1993），还有 PI 295843 材料，并认为此病由 1 个或多个显性基因控制（吴明珠，2003）。生产实践也表明，田间品种间的抗性有明显差异。所以进行抗病育种是克服细菌性果腐病蔓延的重要途径。

近 30 年来，随着分子生物学技术、组织培养技术的不断发展，我国的西瓜育种工作取得了长足的发展和显著的成就。目前我国西瓜主栽品种基本都由我国自主育成，所育成的一些丰产、优质、抗病或具有特殊性状的优良西瓜新品种已达到国际先进水平。但是，如此多的西瓜品种面对细菌性果腐病的威胁，虽然不同品种对该病的抗性存在着差异，却无一呈现出完全免疫性。由此可见，选育抗（耐）细菌性果腐病的西瓜品种是保证我国西瓜产业的可持续发展和夺取西瓜稳产的重要途径。因此，尽快育成抗（耐）细菌性果腐病的西瓜品种是我国育种工作的一项艰巨任务。

根据我国目前的实际情况，抗（耐）西瓜细菌性果腐病育种，应该首先从抗原引进和自有资源的诱变入手，鉴定和筛选出抗（耐）BFB 的抗原材料。结合国内研究成功的分子标记辅助选择技术系统，选育出可以应用的抗（耐）西瓜细菌性果腐病的自交系。再利用这些抗（耐）西瓜细菌性果腐病的自交系与品质优良的西瓜品种或高世代自交系进行配组，通过组合筛选、品种试验与抗性鉴定，选育出抗（耐）西瓜细菌性果腐病的新品种。

## 三、抗病育种的实例

黑蜜 2 号是中国农业科学院郑州果树研究所 1984 年选育成的抗病、丰产无籽西瓜品种。1993 年通过北京市农作物品种审定委员会审定并命名，1996 年荣获农业部科技进步三等奖。该品种抗性强、适应性广、丰产性好，我国南、北方都可栽培，一般每亩产量 4 500 kg（徐志红等，1997），是国内无籽西瓜种植面积最大的主栽品种，是我国一个比较典型的无籽西瓜抗病育种的代表性品种，下面简要介绍这个抗病无籽西瓜品种的选育过程。

### （一）亲本选育

母本：蜜枚四倍体，是 1975 年用秋水仙碱水溶液处理二倍体蜜枚西瓜的天然杂交种的种子和幼苗，获得染色体加倍的四倍体材料后，经过 1976—1980 年 5 年的观察、选择与定向培育而成。该四倍体生长势中等，雌花出现早，着生密，易坐果；果实圆球形，果皮黑色被蜡粉，果皮韧；果肉细腻致密，含糖量高；种子中等大，综合性状好。是较理想的无籽西瓜母本。更重要的是该四倍体的抗性强、适应性广，田间表现对白粉病、枯萎病的抗性较强。枯萎病苗期接种鉴定的结果表明，蜜枚四倍体对枯萎病的抗性达中抗水平（谭素英等，1993）。

父本：克仑生（Crimson Sweet），是美国生态型中表现抗病性强、丰产性好、品质较优、配合力强的优良花皮圆果型二倍体材料。是由 Kansas State University 的 D. V. Hall 于 1963 年培育的抗枯萎病兼抗炭疽病品种。自 20 世纪 70 年代传入中国，是重要的抗病育种材料。

### （二）组合选配与筛选

1984 年用蜜枚四倍体等四倍体材料与克仑生等二倍体亲本材料组配了 8 个三倍体组合。1985 年经小区测试，筛选出了抗病性强、综合性状好的组合蜜枚四倍体×克仑生，并定名为黑蜜 2 号。1986 年进一步进行小区试验，明确了黑蜜 2 号的适应范围和实用推广价值。

### （三）全国无籽西瓜品种联合试验

1985—1987 年参加了全国无籽西瓜品种联合试验。1985 年参试品种 14 个，以雪峰无籽和 WSBD 为对照，黑蜜 2 号比雪峰无籽增产 42.58%，比 WSBD 增产 4%，产量和品质均列第一位。1986 年参试品种 9 个，以雪峰无籽为对照，在全国 6 点试验中，黑蜜 2 号的产量均占前 4 名，6 个点中有 5 个点中选。1987 年参试品种 9 个，以广西 2 号为对照，在全国 5 点试验中，黑蜜 2 号全部中选。

连续三年试验的综合结果表明，黑蜜 2 号的产量较高，果形圆整较耐贮运，不空心，白色秕籽小而少，品质中上。特别是适应性广、抗逆性强、抗炭疽病和抗枯萎病等多种病害，是一个综合性状较好的无籽西瓜品种。

### （四）生产试验、示范及推广

从 1985 年开始，黑蜜 2 号陆续在全国各地试种示范，推广面积较大，且效益好的地区主要有北京、河南（孟津、中牟、唐河）、湖北（荆州）、江西（赣州）等地。

北京市农业技术推广站 1985 年试种 1.7 hm²，1986 年扩大到 48.3 hm²，到 1993 年推广面积已达 1 066.7 hm²，成为北京市无籽西瓜的第一主栽品种。

湖北省荆沙市荆州区（原湖北省西瓜主产区江陵县）农牧局从 1992 年引种推广黑蜜 2 号，1992—1995 年江陵县累计推广面积达 4 000 hm²，每亩产量一般在 2 500～4 000 kg，比栽培有籽西瓜每亩多获利 1 350 元。江西省赣州地区粮油食品土产进出口公司从 1985 年引种黑蜜 2 号后，成为赣州地区无籽西瓜出口的主栽品种，比广西 2 号每吨多创收 80～150 美元。

### （五）特征特性

黑蜜 2 号属中晚熟品种，全生育期 100～110 d，果实发育期 36～40 d。植株生长势旺、适应性广、抗病性强（抗炭疽病等）。第一次果采收后茎叶仍保持葱绿健壮，只要管理跟上，仍可二次结瓜，因此它的增产潜力较大，丰产水平较高。第一雌花一般在第 15 节左右出现，以后每隔 5 节或 6 节出现一个雌花。果实圆球形，果形指数 1.0～1.05，墨绿皮上带有暗宽条带。红瓤、质脆，味甜口感好，中心可溶性固形物含量 11% 以上，无籽性好，白色秕籽少而小。皮厚 1.1 cm，皮韧耐运，果皮硬度在 27.27 kg/cm² 以上，室温下可存放 20 d 以上。平均单瓜重 5～7 kg，每亩产量 4 500 kg 左右。

# 第八节　存在的问题与解决途径

我国三倍体无籽西瓜育种虽然得到了快速发展，但也存在一定问题，针对这些问题，我们提出一些相应的对策。

（1）四倍体西瓜种质创新没有突破，三倍体无籽西瓜品种更新缓慢。现在市场上推出的无籽西瓜品种，其四倍体亲本大都源于蜜枣四倍体和雪峰304母本，重复仿造育种多，同物异名多，独特创新育种不够，四倍体种质创新没有突破性进展。

针对以上问题，要联合全国高校和科研单位，加强科研协作，通过优异西瓜种质资源引进，加快四倍体西瓜种质创新。在选育高配合力优良四倍体西瓜、小果型无籽西瓜、多倍体西瓜抗病育种等方面进行联合攻关，打破西瓜多倍体育种的瓶颈，加强无籽西瓜的创新育种。

（2）西瓜多倍体研究深度不够。多数单位育种还停留在常规育种水平上，在细胞生物学、分子生物学等方面研究远远滞后。因此，需要加强常规育种与现代生物技术的结合，通过分子标记辅助育种、基因工程、离体组织培养、单倍体培养、辐射诱变等，搭建无籽西瓜品种的定向改良技术平台。同时，也要加强国际科研交流，追逐国际西瓜科研前沿，使我国无籽西瓜育种水平赶超国际先进水平。

（3）西瓜多倍体的抗病育种明显滞后，特别是针对西瓜枯萎病、蔓枯病、病毒病和细菌性果腐病的西瓜多倍体抗病育种更是落后于其他作物。近些年，一些无籽西瓜产区的病毒病、细菌性果腐病大量发生，但相应的研究缺乏，没有相应的抗病无籽西瓜新品种推出。今后应加大无籽西瓜抗病育种力度，选育生产上需要的抗病品种以满足市场需求。

（4）三倍体西瓜的品质育种在某些方面明显滞后于二倍体有籽西瓜。例如，8424、京欣、小果型早春红玉、新秀等有籽西瓜品种，由于口感风味好，含糖量高，一经推出便受到种植者和消费者的欢迎。无籽西瓜的品种选育也应该朝这方面努力，通过中小果型无籽西瓜品种的选育来提高品质。美国先正达的小果型无籽西瓜品种墨童和蜜童，在保护地栽培中已表现出其优越的品质性状。

# 第九节　主要三倍体无籽西瓜品种

自20世纪50年代江苏省农业科学院用华东24号西瓜品种诱导育成了四倍体西瓜，并选配出三倍体无籽西瓜新秋3号之后，中国农业科学院果树研究所

（郑州果树研究所）、湖南省瓜类研究所、广西壮族自治区园艺研究所等单位都相继开展了四倍体西瓜诱导和三倍体无籽西瓜品种选配的育种工作，育成了一批三倍体无籽西瓜品种在生产上推广应用。

特别是 20 世纪 90 年代以来，三倍体无籽西瓜品种的选育工作进入新的发展阶段，这一阶段育成了一批三倍体无籽西瓜品种，其中部分品种已经成为生产上的主栽品种。现将已经通过国家或省级农作物品种审定委员会审定（鉴定/认定）的三倍体无籽西瓜品种分类介绍如下。

# 一、大果型无籽西瓜品种

## （一）大果型花皮红瓤类品种

### 1. 雪峰花皮无籽（湘西瓜 5 号）

由湖南省瓜类研究所选育。2002 年通过全国农作物品种审定委员会审定（国审菜 2002011）。

中熟品种，全生育期 95～100 d，果实发育期 35 d 左右。抗枯萎病、疫病，耐湿。果实高圆形，果形指数 1.06；果形端正，均匀。果皮淡绿底上均匀分布 17 条宽绿条纹。果皮厚度约 1.14 cm，皮薄且硬，耐贮运。瓤色桃红，肉质细嫩，味甜，无黄筋、硬块，无籽性好。平均单果重 5 kg。果实中心可溶性固形物含量 12% 左右。每公顷产量 60 000 kg 左右，高者超过 75 000 kg。适宜在湖南、贵州等南方生态区种植。

### 2. 雪峰蜜红无籽（湘西瓜 14 号）

由湖南省瓜类研究所选育。2000 年 3 月通过湖南省农作物品种审定委员会审定。2002 年通过全国农作物品种审定委员会审定（国审菜 2002028）。

中熟品种，全生育期 93～95 d，果实成熟期 33～34 d。抗逆性强。果实圆球形，果形指数 1.0，果形端正，均匀。果皮浅绿底覆深绿色虎纹状条带，果皮厚度 1.2 cm。果肉鲜红一致，不易空心。果实中心可溶性固形物含量 12% 左右，口感风味佳。单瓜重 5 kg 左右，每公顷产量 60 000 kg 左右，高者可达 75 000 kg。适宜在湖南、湖北、重庆等南方生态区种植。

### 3. 雪峰新 1 号

由湖南省瓜类研究所选育。分别通过湖南省和广西壮族自治区农作物品种审定委员会审定。

中熟品种，全生育期 96 d 左右，果实成熟期 34 d 左右。植株生长势强，耐病，抗逆性强。易坐果，坐果整齐度高。果实高圆形，果形指数 1.06。果皮绿底覆墨绿色条带，果肉鲜红，无籽性好。果实汁多味甜，口感风味佳，耐贮运。果实中心可溶性固形物含量 12％左右，糖梯度小。单果重 5～6 kg，每公顷产量 52 500 kg 左右，高产者 75 000 kg 以上。适宜在湖南、湖北、重庆等南方生态区种植。

4. 雪峰全新花皮无籽

由湖南省瓜类研究所选育。通过湖南省农作物品种审定委员会审定。

中熟品种，全生育期 100 d 左右，果实成熟期 35 d 左右。该品种是雪峰花皮无籽的改良三交种品种，产量较雪峰花皮无籽更高。植株生长势强，耐病，抗逆性强，易坐果。果实圆球形，果形指数 1.01。皮厚 1.2 cm左右，耐贮运。果肉鲜红，口感风味极佳，无籽性好。果实中心可溶性固形物含量 12％左右，中边糖梯度小。单果重 6～7 kg，每公顷产量 60 000～67 500 kg，高产者 75 000 kg 以上。适宜在湖南、贵州等南方生态区栽培。

5. 洞庭 2 号

由湖南省岳阳市农业科学研究所选育。通过湖南省农作物品种审定委员会审定。

中熟品种，全生育期 95 d 左右，果实发育期 35 d 左右。植株生长势较强，耐湿。果实高圆形，果皮浅绿色覆有宽条带。果肉桃红，脆而多汁。单瓜重 5 kg，每公顷产量 60 000 kg 左右。适宜在湖南等南方生态区栽培。

6. 郑抗无籽 1 号（原名花皮无籽 2 号）

由中国农业科学院郑州果树研究所选育。2002 年通过全国农作物品种审定委员会审定（国审菜 2002032）。

中晚熟品种，全生育期 104～110 d，果实发育期约 39 d。植株生长势强，抗病耐湿，耐贮运性好。果实短椭圆形，浅绿色果皮上显数条深绿色条带，果皮厚 1.2～1.3 cm。果肉红色，脆肉，果实中心可溶性固形物含量 11％以上，近皮部超过 8％，白秕籽小而少，不易空心，不易倒瓤。平均单果重 6 kg，每公顷产量 60 000 kg 左右，高产者超过 75 000 kg。

7. 郑抗无籽 3 号西瓜（原名花皮无籽 3 号）

由中国农业科学院郑州果树研究所选育。2002 年通过全国农作物品种审定委员会审定（国审菜 2002053）。

中早熟品种，全生育期 95～100 d，果实发育期 30 d 左右。一株多果和多次结果习性强。果实圆球形，浅绿色果皮上显数条墨绿色齿状花条，外形美观。

果皮硬而薄，厚度为 1.2 cm。果肉大红、质脆，果实中心可溶性固形物含量
11.5％以上，近皮部超过 8.5％。白秕籽小，一般不产生着色秕籽，不空心、不
倒瓤。平均单果重 5 kg 左右，每公顷产量 52 500～60 000 kg，高产者超过
67 500 kg。适宜在河南、河北、山东、黑龙江、安徽等省及相同生态区栽培。

8. 丰乐无籽 1 号

由安徽合肥丰乐种业股份有限公司选育。2002 年通过全国农作物品种审定
委员会审定（国审菜 2002020）。

中熟品种，春播全生育期 100 d 左右，果实发育期 33～35 d。果实圆球形，果
皮绿色底覆墨绿色齿条，果面光滑，果皮厚度 1.3 cm。瓤色红，瓤质脆，纤维少，
白秕籽小且少，无着色籽。果实中心可溶性固形物含量 12.0％左右，边部 8.0％，
口感风味好。果实整齐度好，商品率高，畸形果少，果皮硬度强，耐贮运。在低
温阴雨条件下结果性好，平均单果重 6～8 kg，每公顷产量 45 000 kg 左右。适宜在
新疆、甘肃、吉林、河南、湖南、湖北等省、自治区栽培。

9. 丰乐无籽 2 号

由安徽合肥丰乐种业股份有限公司选育。2002 年通过全国农作物品种审定
委员会审定（国审菜 2002016）。

中熟品种，全生育期春播 105 d 左右，果实发育期 33 d 左右。果实圆形，果
皮浅绿色底上覆墨绿色齿条，果面光滑。果皮厚度 1.2 cm，剖面色泽一致，无
着色籽，白秕籽小且少，白筋、黄块少。瓤色红，瓤质脆，纤维较少。果实中
心可溶性固形物含量 11.5％左右，边部 7.8％，口感风味好。果实整齐度好，商
品率高。果皮硬度强，耐贮运。坐果性好，在低温阴雨条件下易坐果。平均单
果重 6～8 kg，每公顷产量 45 000 kg 左右。适宜在新疆、甘肃、河北、河南、
湖南、湖北、福建等省、自治区栽培。

10. 广西 3 号

由广西壮族自治区农业科学院园艺研究所选育。2000 年通过贵州省农作物
品种审定委员会审定，2002 年通过广西壮族自治区农作物品种审定委员会审定。

早熟品种，春播全生育期 90～100 d，秋播全生育期 70 d，果实发育期 30 d。
植株长势旺，抗病耐湿，较耐低温弱光。果实高圆形，果形指数 1.1。果皮绿底
有清晰的深绿色宽条带，外形美观。果肉深红色，肉质细密爽脆，果实中心可
溶性固形物含量 12％左右。白秕籽小而少，无着色秕籽。果实品质好。果皮坚
韧，皮厚 1.2 cm，耐贮运。单瓜重 6～8 kg。每公顷产量 52 500～60 000 kg。适

宜南方春季早熟种植。

11. 花蜜

由北京市农业技术推广站选育。1999 年通过北京市农作物品种审定委员会审定。

中熟品种，全生育期 100 d 左右，果实发育期 30～35 d。果实高圆形，果皮绿底覆深绿色宽条带。果肉红色，肉质细脆，果实中心可溶性固形物含量 12%左右，近皮部 8%以上。单瓜重 5～7 kg，每公顷产量 45 000 kg 左右。

12. 鄂西瓜 11 号

由湖北省荆州市农业科学院选育。2005 年通过湖北省农作物品种审定委员会审定。

中熟品种，全生育期 99 d，果实发育期 35 d。植株生长势较强，耐湿性较强，耐旱性中等。果实圆球形，果皮底色翠绿偏深，覆多条深绿色细条纹。红瓤，无空心，白秕籽少，果实中心可溶性固形物含量约 11.4%，边部 8.5%，品质优。耐贮运。单瓜重 5～7 kg，每公顷产量 37 000 kg 左右。适于湖北省种植。

13. 津蜜 1 号

由天津市蔬菜研究所选育。2000 年通过天津市农作物品种审定委员会审定。

中熟品种。易坐果，抗病性强。果实圆球形，绿底覆有宽条带花纹。红瓤，质细，果实中心可溶性固形物含量在 12%以上。白色秕籽少。单瓜重 7 kg，每公顷产量 60 000 kg 以上。

14. 津蜜 4 号

由天津科润蔬菜研究所选育。2004 年通过天津市农作物品种审定委员会审定。

中早熟品种，全生育期 112 d，果实发育期 32 d。植株易坐果，抗病性强。果实圆球形，绿底覆有宽条带花纹。红瓤，质细，果实中心可溶性固形物含量 12%以上，白色秕籽少。单瓜重 7 kg，每公顷产量 60 000 kg 以上。

15. 农友新 1 号

由台湾农友种苗公司选育。通过海南省农作物品种审定委员会审定。

中晚熟品种。生长势较旺，结果力较强，较耐枯萎病与蔓枯病，容易栽培，产量较高。果实圆球形，暗绿色果皮上覆有青黑暗条带。红瓤，肉质细，果实中心可溶性固形物含量 11%左右。皮韧耐贮运。单瓜重 6～10 kg，每公顷产量 45 000 kg 以上。

16. 新优 39 号

由新疆石河子市蔬菜研究所选育。2007 年通过新疆维吾尔自治区农作物品种审定委员会审定。

中熟品种，全生育期 90 d 左右，果实发育期约 33 d。果实圆形，果皮绿底覆深绿色条带。果皮厚约 1.0 cm。瓤色鲜红，质脆多汁，口感风味好，中心可溶性固形物含量 11.4％左右，白色秕籽小而少。平均单果重 4 kg，每公顷产量 52 500 kg 左右。

17. 雪峰新二号

全生育期 96 d 左右，果实发育期 34 d 左右。果实椭圆形，果皮硬，绿色覆墨绿花条，果肉红色，汁多味甜，无黄筋。中心可溶性固形物含量 12.2％。耐低温、耐弱光能力中等。亩产 3 500～4 000 kg〔植物新品种品种权号：CNA20161831. 1；品种登记编号：GPD 西瓜（2020）430286。〕。

### （二）大果型黑皮红瓤类品种

1. 黑蜜 2 号

由中国农业科学院郑州果树研究所选育。1996 年通过北京市农作物品种审定委员会审定。

中晚熟品种，全生育期 112 d，果实发育期 34～38 d。抗病性强，适应性广。果实圆球形，果形端正，均匀。果皮墨绿底显暗条带，皮厚 1.3～1.4 cm。瓤色粉红，肉质爽脆，果实中心可溶性固形物含量 11％左右。平均单果重 5～6 kg，每公顷产量 60 000 kg 左右，高产者达 75 000 kg 以上。

2. 黑蜜 5 号

由中国农业科学院郑州果树研究所选育。2000 年通过全国农作物品种审定委员会审定（国审菜 20000001）。

中晚熟品种，全生育期 100～110 d，果实发育期 33～36 d。植株生长势中等，抗逆性强。果实圆球形，墨绿底覆暗宽条带，果实圆整度好，很少出现畸形果。果皮厚度在 1.2 cm 以下。果肉大红，剖面均匀，纤维少，汁多味甜，质脆爽口。果实中心可溶性固形物含量 11.0％左右，最高可达 13.6％。无籽性好，白色秕籽少而小，无着色籽。平均单果重 6.6 kg 左右，最大可达 12 kg，每公顷产量 60 000～75 000 kg，高者可达 90 000 kg。适于华北、西北和长江中下游等生态区种植。

3. 蜜枚无籽 1 号

由中国农业科学院郑州果树研究所选育。1996 年通过河南省农作物品种审定委员会审定。

中晚熟品种，全生育期 110 d，果实发育期 33～35 d。生长势强，抗病、耐湿，易坐果。果实高圆形，果皮近黑色，光滑美观。皮厚 1.1 cm。果肉鲜红，果实中心可溶性固形物含量 11％以上，质脆，不易空心，白秕籽小。平均单果重 6 kg，每公顷产量 60 000 kg 以上。栽培适应性广。

4. 郑抗无籽 2 号（原名蜜枚无籽 2 号）

由中国农业科学院郑州果树研究所选育。2002 年通过全国农作物品种审定委员会审定（国审菜 2002052）。

中晚熟品种，全生育期 110 d，果实发育期 36～40 d。植株生长旺盛，抗病，耐湿，耐贮运性强。果实短椭圆形，近黑色果皮上显暗条带。果皮硬韧，厚 1.2 cm。果肉红色、质脆，果实中心可溶性固形物含量 11％～12％。不空心，不倒瓤，白秕籽小，一般不产生着色秕籽。平均单果重 6.5 kg，每公顷产量 67 500 kg 左右，高产者达 75 000 kg。适宜在河南、河北、陕西、山东、黑龙江、安徽等省及相同生态区栽培。

5. 郑抗无籽 5 号

由中国农业科学院郑州果树研究所选育。2005 年通过国家品种鉴定委员会鉴定。

中晚熟品种，全生育期 105～109 d，果实发育期 36～39 d。生长势较强，抗病耐湿，易坐果。果实圆球形，黑皮覆蜡粉，外形美观。瓤色鲜红，果实中心可溶性固形物含量 12％左右，硬脆，白秕籽小而少。皮厚 1.3 cm 左右，皮硬，耐贮运。平均单果重 6～8 kg，每公顷产量 67 500 kg 以上。栽培适应性广。

6. 雪峰无籽 304

由湖南省瓜类研究所选育。2001 年通过湖南省农作物品种审定委员会审定。

中熟品种，全生育期约 95 d，果实发育期 35 d。植株生长势较强，耐湿抗病，易坐果。果实圆球形，墨绿底覆有暗条纹。皮厚 1.2 cm。红瓤，瓤质清爽，无籽性能好，果实中心可溶性固形物含量 12％以上。单果重 7 kg，每公顷产量 60 000 kg 左右。

7. 雪峰蜜都无籽（湘西瓜 12 号）

由湖南省瓜类研究所选育。通过湖南省和江西省农作物品种审定委员会审定，2006 年通过国家品种鉴定委员会鉴定。

早中熟品种，全生育期 90 d 左右，果实发育期 30 d 左右。植株生长势和分枝力强，耐病，抗逆性强，易坐果。果实圆球形，果形指数 1.04，果皮墨绿有隐虎纹状条带，蜡粉中等。果肉鲜红，口感风味好，无籽性好。皮厚 1.0 cm，果皮硬韧，耐贮运。果实中心可溶性固形物含量 12% 左右，中边糖梯度小。单果重 5～6 kg，每公顷产量 52 500～60 000 kg。栽培适应性广。

8. 雪峰大玉无籽 5 号

由湖南省瓜类研究所选育。通过湖南省农作物品种审定委员会审定。

中熟品种，全生育期 95～100 d，果实成熟期 33 d 左右。植株生长势强，耐病，抗逆性强。果实圆球形，果形指数 1.0，果皮深绿色。果肉鲜红，无籽性好，汁多味甜，口感风味佳。皮厚约 1.2 cm，耐贮运。果实中心可溶性固形物含量 12% 左右，中边糖梯度小。单果重 6 kg 左右，每公顷产量 57 000～63 000 kg。栽培适应性广。

9. 雪峰黑马王子无籽

由湖南省瓜类研究所选育。通过湖南、湖北省农作物品种审定委员会审定。

中晚熟品种，全生育期 105 d 左右，果实成熟期 36 d 左右。植株生长势强，耐病，抗逆性强，坐果性好。果实圆球形，果形指数 1.03。果皮墨绿底覆蜡粉。果肉鲜红，无籽性好，汁多味甜，口感风味佳。皮厚 1.2 cm 左右，耐贮运。果实中心可溶性固形物含量 12%～13%，中边糖梯度小。单果重 6～7 kg，每公顷产量 60 000～67 500 kg，高产者达 75 000 kg。栽培适应性广。

10. 雪峰黑牛无籽

由湖南省瓜类研究所选育。通过湖南省农作物品种审定委员会审定。

中晚熟品种，全生育期 106 d 左右，果实发育期 36 d 左右。植株生长势强，抗逆性强，坐果性好。果实椭圆形，果形端正，果皮墨绿。果肉鲜红，汁多味甜，口感风味佳，无籽性好。皮厚 1.2 cm 左右，耐贮运。果实中心可溶性固形物含量 12% 左右，中边糖梯度小。单果重 6～7 kg，每公顷产量 60 000～67 500 kg，高产者达 75 000 kg。栽培适应性广。

11. 湘西瓜 11 号（洞庭 1 号）

由湖南省岳阳市农业科学研究所选育。1996 年通过湖南省农作物品种审定委员会审定，2002 年通过全国农作物品种审定委员会审定（国审菜 2002006）。

中晚熟品种，全生育期 105 d 左右，果实发育期 34 d 左右。植株生长势旺盛，抗病，耐湿性强。果实圆球形，果形指数 1.02，果皮墨绿底被蜡粉。果肉鲜红，肉质细嫩爽口，纤维少，中心可溶性固形物含量约 11.5%，近皮部 7.5%。皮厚 1.1 cm。单果重 5～6 kg，大的可达 8～10 kg，每公顷产量 37 500～45 000 kg。适宜在湖南、湖北、四川等省及南方生态区栽培。

12. 丰乐无籽 3 号

由安徽合肥丰乐种业股份有限公司选育。2002 年通过全国农作物品种审定委员会审定（国审菜 2002059）。

中熟品种，春播全生育期 105 d 左右，果实发育期 33～35 d。生长势中等，中抗枯萎病。坐果性好，在低温阴雨条件下易坐果。果实圆球形，果皮墨绿底覆隐窄条带，果面光滑。果肉红色，瓤质细脆，纤维少，汁液较多，剖面色泽一致，无着色籽，白秕籽小且少。中心可溶性固形物含量 12% 左右，边部 7.5%，口感风味好。果实整齐度好，商品率高，畸形果少。果皮硬度强，皮厚 1.2～1.3 cm，耐贮运。平均单果重 6～10 kg，一般每公顷产量 52 500 kg。适宜在湖南等省及相同生态区栽培。

13. 广西 5 号

由广西壮族自治区农业科学院园艺研究所选育。1996 年通过广西壮族自治区农作物品种审定委员会审定。

中晚熟品种，在当地春季种植生育期 105 d，秋季种植生育期 80 d，果实发育期 28～32 d。高抗枯萎病，耐湿。果实椭圆形，果皮深绿色。果肉鲜红，肉质细脆、爽口，不空心，果实中心可溶性固形物含量约 11%，白秕籽小而少，果实品质好。果皮坚韧，皮厚 1.1～1.2 cm，耐贮运。单果重 8～10 kg，每公顷产量 60 000 kg 以上。适合南方栽培。

14. 广西 6 号（桂冠 1 号）

由广西壮族自治区农业科学院园艺研究所选育。2006 年通过广西壮族自治区农作物品种审定委员会审定。

中熟品种，果实发育期 30 d。生长势较旺，抗病耐湿力强。果实高圆形，皮色墨绿。果肉大红，细嫩爽口，果实中心可溶性固形物含量约 11%。不空心，白秕籽小而少，品质好。皮厚 1.2 cm，耐贮运。一般单果重 7～9 kg，每公顷产量 52 500～60 000 kg。栽培适应性广。

15. 暑宝

由北京市农业技术推广站选育。1998 年分别通过北京市和湖北省农作物品种审定委员会审定。2006 年通过国家品种鉴定委员会鉴定。

中熟品种，全生育期 102 d，果实发育期 34 d。植株生长旺盛，耐湿性强。果实圆球形，果皮墨绿色且有隐性条纹。果肉红色，白秕籽少，汁多味甜，果实中心可溶性固形物含量 11.1%，边部 7.8%，品质优。平均单果重 5～8 kg，每公顷产量 60 000 kg 左右。适于北京、河南、湖北、江西等省及相同生态区种植。

16. 津蜜 20

由天津科润蔬菜研究所选育。2005 年通过国家品种鉴定委员会鉴定。

中晚熟品种，全生育期 110 d 左右，果实发育期约 35 d。植株生长势强，抗旱、耐湿性较强，抗病性强，较易坐果，果实整齐度较好。果实圆球形，果形指数 1.0，果皮黑色。瓜瓤大红，瓤质细脆，汁多爽口，中心可溶性固形物含量 11.5% 以上。皮厚 1.3 cm，皮韧耐贮运。单果重 5～7 kg，每公顷产量 52 500 kg 以上。

17. 鄂西瓜 12 号

由湖北省农业科学院经济作物研究所选育。2005 年通过湖北省农作物品种审定委员会审定。

中熟品种，全生育期 99 d，果实发育期 35 d。植株生长旺盛，耐湿，抗性较强。果实圆球形，果皮墨绿底覆隐锯齿细条纹，上被蜡粉。红瓤，无空心，白秕籽少，中心可溶性固形物含量约 10.9%，边部约 8.1%，品质优。耐贮运。单果重 7 kg 左右，每公顷产量 37 500 kg 左右。适于湖北省种植。

18. 新优 22 号（黑皮翠宝）

由新疆西域农业科技集团研究中心选育。2000 年通过新疆维吾尔自治区农作物品种审定委员会审定。

中熟品种，新疆露地覆膜直播全生育期 88～92 d，果实发育期 36～38 d。植株生长势较强，田间表现抗病性强。果实高圆形，墨绿底上有隐网纹。瓤色大红，质地脆甜，中心可溶性固形物含量 11.0% 以上。皮厚 1.3 cm，耐贮运。平均单果重 5.0 kg 以上，每公顷产量 60 000 kg 左右。

19. 菊城无籽 1 号

由河南省开封市农林科学研究所选育。2001 年通过河南省农作物品种审定委员会审定。

中晚熟品种，全生育期约 100 d，果实发育期 35 d 左右。植株生长势较强，分枝性强。耐寒性一般，耐涝，抗旱性较强，较抗枯萎病、病毒病和炭疽病。果实高圆形，墨绿皮。瓤红色，汁液多，纤维少，无空心，无着色秕籽，白秕籽小而少。中心可溶性固形物含量约 11.4%，边部约 8.9%，中边糖梯度小。皮厚 1.3 cm。耐贮运。平均单果重 7 kg，每公顷产量 52 500～60 000 kg。适宜河南省及周边地区种植。

20. 菊城无籽 3 号

由河南省开封市农林科学研究所选育。2004 年通过河南省农作物品种审定委员会审定。

晚熟品种，全生育期 104 d 左右，果实发育期 35 d 左右。植株长势健壮，分枝性强，抗逆性强，抗炭疽病、病毒病，轻抗枯萎病。果实圆球形，果形指数 1.03。果皮黑色，硬韧，耐贮运。瓜瓤红色，质脆，无着色秕籽，无空心，无白筋与硬块，白秕籽小。中心可溶性固形物含量约 11.7%。平均单果重 6 kg，每公顷产量 52 500 kg，高产可达 69 000 kg。适宜河南省及周边地区种植。

### （三）大果型黄皮或黄瓤类品种

1. 雪峰蜜黄无籽（湘西瓜 18 号）

由湖南省瓜类研究所选育。2002 年通过全国农作物品种审定委员会审定（国审菜 2002028）。

中熟品种，全生育期 93～95 d，果实成熟期 33～35 d。植株生长势中等偏强，分枝力较强，耐病，抗逆性强。果实圆球形，果形指数 1.0，果皮绿色覆有墨绿虎纹状条带。果肉鲜黄，汁多味甜，口感风味好，无籽性好。果实中心可溶性固形物含量 12%～13%。皮厚 1.2 cm，耐贮运。单果重 5～6 kg，每公顷产量 54 000～67 500 kg，高产者达 75 000 kg。栽培适应性广。

2. 雪峰大玉无籽 4 号

由湖南省瓜类研究所选育。通过湖南省农作物品种审定委员会审定。

中熟品种，全生育期 95～100 d，果实成熟期 35 d 左右。植株生长势强，坐果性好。果实圆球形，果形指数 1.04，果皮深绿色。果肉鲜黄，汁多味甜，无籽性好，口感风味佳。皮厚 1.2 cm，耐贮运。果实中心可溶性固形物含量 12% 左右。单果重 5～6 kg，每公顷产量 52 500～60 000 kg。栽培适应性广。

3. 湘西瓜 19 号（洞庭 3 号）

由湖南省岳阳市农业科学研究所选育。2002 年通过全国农作物品种审定委员会审定（国审菜 2002021）。

中晚熟品种，全生育期 103 d 左右，果实发育期 35 d 左右。生长势中等，抗病，抗湿性较强。果实圆球形，果皮墨绿，皮薄且硬。瓤色鲜黄，质脆爽口，纤维极少，无着色秕籽，白秕籽小而少。中心可溶性固形物含量 12.0% 左右，边糖 8.0%～10.2%，糖分梯度小。耐贮运性较好。一般单果重 5～7 kg，每公顷产量 52 500 kg 以上。适宜在湖南、湖北、四川、重庆等地种植。

4. 郑抗无籽 4 号

由中国农业科学院郑州果树研究所选育。2002 年通过河南省农作物品种审定委员会审定。

中晚熟品种，全生育期 100～110 d，果实发育期 33 d。植株生长势中等，抗病耐湿性好。果实圆球形，墨绿色果皮上覆有暗齿状花条。果肉柠檬黄色，质脆，中心可溶性固形物含量 11.0%以上，近皮部 8.5%左右，不空心，不倒瓤。皮厚 1.2 cm，耐贮运。平均单果重 5 kg 左右，每公顷产量 60 000 kg 左右。适应性广。

5. 黄宝石无籽西瓜

由中国农业科学院郑州果树研究所选育。2002 年通过全国农作物品种审定委员会审定（国审菜 2002003）。

中熟品种，全生育期 100～105 d，果实发育期 30～32 d。植株生长势中等，抗逆性强。果实圆球形，墨绿色果皮上覆有暗宽条带，果实圆整度好，很少出现畸形果。果肉黄色，剖面均匀，纤维少，汁多味甜，质脆爽口，中心可溶性固形物含量 11.0%以上，中边糖梯度较小，为 2.0%～2.5%。白色秕籽少而小，无着色籽。果皮较薄，在 1.2 cm 以下，果皮硬度较大，耐贮运。平均单瓜重 6 kg 左右，最大可达 10 kg，一般每公顷产量 45 000～67 500 kg，高者可达 75 000 kg。该品种适宜在陕西、甘肃、新疆、吉林、河南、湖南、安徽、河北、北京、天津等省、自治区、直辖市及生态条件类似的地区栽培。

6. 鄂西瓜 8 号

由湖北省农业科学院蔬菜科技中心选育。2004 年通过湖北省农作物品种审定委员会审定。

中晚熟品种，全生育期 105 d，果实发育期 35 d 左右。植株生长旺盛，易坐果。果实圆球形，果皮墨绿底覆隐暗条纹，其上覆蜡粉。果肉鲜黄色，剖面好，纤维少，无空心。果实中心可溶性固形物含量 11%左右，边部 7%～8%。果皮厚度 1.15～1.2 cm。平均单果重 5～7 kg，每公顷产量 45 000 kg 左右。

## 二、小果型无籽西瓜品种

1. 雪峰小玉红无籽

由湖南省瓜类研究所选育。2002 年通过全国农作物品种审定委员会审定

（国审菜 2002031）。

早熟品种，全生育期88～89 d，果实发育期28～29 d。早春保护地栽培的全生育期延长 15 d 左右，果实成熟期延长 4～5 d。植株生长势强，分枝力较强，耐病，抗逆性强，单株坐果数 2～3 个，坐果性好。果实高圆球形，果形指数 1.10，果形端正，果皮绿底覆深绿色虎纹状细条带。果肉鲜红，无黄筋、硬块，纤维少，无籽性好，果实汁多味甜，细嫩爽口，口感风味佳。皮厚 0.6 cm 左右，较耐贮运。果实中心可溶性固形物含量 12.5%～13%。单果重 1.5～2.5 kg，每公顷产量：地爬栽培 30 000～37 500 kg，立架栽培 45 000～52 500 kg。适宜在湖南、湖北、江苏、上海、河南等地种植。

2. 雪峰小玉无籽 2 号（金福无籽）

由湖南省瓜类研究所选育。通过湖南省农作物品种审定委员会审定，2007年通过国家品种鉴定委员会鉴定。

早熟品种，全生育期 89 d 左右，果实成熟期 29 d 左右，早春保护地栽培全生育期和果实成熟期分别延长 15 d 和 7 d 左右，秋延后栽培全生育期缩短 10 d 左右。植株生长势强，耐病，抗逆性亦强。春季正常气候条件下栽培，单株坐果 1～2 个，坐果性好。果实高圆球形，果皮黄底覆隐细条纹，皮厚 0.6 cm 左右。果肉桃红，无籽性好，口感风味好。果实中心可溶性固形物含量 12%～13%，中边糖梯度小。单果重 2～3 kg，每公顷产量：地爬栽培 31 500～37 500 kg，立架栽培 46 500～52 500 kg。栽培适应性广，适宜于多种栽培方式，特别适宜于保护地早熟和秋延后栽培。

3. 雪峰小玉无籽 3 号（雪峰小玉黄无籽）

由湖南省瓜类研究所选育。通过湖南省农作物品种审定委员会审定。

早熟品种，全生育期在春季正常气候条件下栽培 89 d 左右，果实发育期 29 d 左右，早春保护地栽培全生育期和果实发育期分别延长 15 d 和 5 d 左右，秋延后栽培全生育期缩短 10 d 左右。植株生长势强，耐病，抗逆性亦强。单株坐果 2～3 个，坐果性好。果实高圆球形，果皮浅绿底覆细虎纹。果肉鲜黄，汁多味甜，口感风味好，无籽性佳。果实中心可溶性固形物含量 12%～13%，中边糖梯度小。单果重 1.5～2.5 kg，每公顷产量：地爬栽培 30 000～37 500 kg，立架栽培 45 000～52 500 kg。栽培适应性广，特别适宜于保护地早熟栽培和秋延后栽培。

4. 桂系 2 号小无籽西瓜

由广西壮族自治区农业科学院园艺研究所选育。2003 年通过广西壮族自治区农作物品种审定委员会审定。

　　早中熟中小果型品种。果实高圆形，深绿底隐暗花纹，少量蜡粉。果实深红，剖面好，不空心，无白块黄筋，肉质细密，白秕籽细少。中心可溶性固形物含量 12.5%，清甜爽口，品质优。皮厚 1.0 cm，皮质硬韧，耐贮运。一般单瓜重 3～4 kg，每公顷产量 45 000 kg。适合广西露地和保护地栽培。

　　　　　　　　　　　　　　　　　　　　　　　　　（孙小武　肖光辉）

# 第九章　生物技术在西瓜育种中的应用

## 第一节　生物技术育种的发展

生物技术又称生物工程，它包括细胞工程、基因工程、酶工程和发酵工程四个方面。与西瓜育种关系密切的主要是细胞工程和基因工程。

细胞工程又分为动物细胞工程和植物细胞工程。西瓜育种主要利用植物细胞工程。植物细胞工程是以植物细胞为基本单位，在体外条件下进行培养、繁殖和人工操作，改变细胞的某些生物学特性，从而改良品种，或加速繁育植物个体，或获得有用物质的技术。通常使用的组织培养、单细胞培养、原生质体培养、单倍体培养，属于植物细胞工程。

基因工程即基因拼接技术或 DNA 重组技术，它是用人工的方法将所需要的某一供体生物的 DNA 提取出来，在离体条件下用适当的工具酶进行切割后，把它与作为载体的 DNA 分子连接起来，然后与载体一起导入某一受体细胞中，让外源基因在受体细胞中进行正常的复制和表达，从而获得新物种的一种崭新技术。

生物技术的发展首先是从组织培养开始逐渐发展起来的。1838—1839 年，德国科学家 Schleide 和 Schwann 发表了细胞学说，奠定了组织培养的理论基础。1902 年，德国植物学家 Haberlandt 根据细胞学说，提出单个细胞的植物细胞全能性（totipotency）理论。1904 年，Hanning 最先成功地培养了萝卜和辣根菜的胚。1922 年，Knudson 采用胚培养法获得大量兰花幼苗。1934 年，White 用番茄根尖建立起第一个活跃生长的无性繁殖系，从而使非胚器官的培养首先获得成功。组织培养技术从此很快发展起来。

西瓜尤其是无籽西瓜的组织培养与其他作物一样，在近三四十年得到了迅速的发展。美国北卡罗来纳州立大学最早报道了利用组织培养，离体繁殖无籽西瓜苗的方法。同年，上海植物生理研究所的许智宏等（1979）也成功进行了无籽西瓜的组织培养。随后，高新一等（1983）也成功地进行了无籽西瓜的茎段和茎尖培养。黄学森等（1994）研究了无籽西瓜子叶离体培养获得再生植株，由于这种再生技术能与外源基因导入很好结合，所以得到了很快的发展。王春霞等（1996）、郑先波等（2005）、常尚连等（2009）、肖守华等（2010）、陈克农等（2010）都相继进行了西瓜子叶离体培养技术的研究。在近 10 年内，我国各农业院校和从事西瓜、甜瓜研究的科研单位都具备了完善的组培条件，开展了多种无籽西瓜的离体培养，在取材、培养基、激素、培养条件等各个方面，都有了成熟的经验，并将组培技术与后来发展的转基因技术很好地结合在一起。

1964—1966 年，印度科学家 Guha 和 Maheswari 在曼陀罗花药培养中首次由花粉诱导得到了单倍体植株。薛光荣等（1981）进行了西瓜花药培养的研究，魏跃等（2005）、王开冻等（2008）也进行了西瓜花药愈伤组织诱导的研究。花药培养的研究目前还不够深入，技术上没有茎段、茎尖培养那么成熟。

自 Takebe 等（1971）首次利用烟草叶片分离原生质体，经培养获得再生植株，1972 年，Carlson 通过两个种的烟草原生质体融合培养，获得了第一个体细胞杂交的杂种植株。随后原生质体培养和细胞融合在全球开展起来，我国也得到了一定的发展。李仁敬等（1992）进行了西瓜原生质体培养的研究，林伯年（1994）进行了甜瓜、西瓜原生质体融合的研究。我国从事西瓜原生质体培养和融合研究的人员较少，发表的文章也不多，目前只获得愈伤组织，还没有完整植株，更没有商品品种。关于如何利用原生质体融合进行基因定位，细胞杂交和作物改良及利用原生质体转化进行外源基因的导入，基因的调控与表达方面的工作做得较少。如何建立和完善原生质体培养体系，提高分化频率，使之具有高度的可重复性和广泛的适应性，进而达到实用化，仍然是今后工作的重点。

1973 年，美国科学家科恩和博耶完成的重组 DNA 技术，开启了基因工程的序幕，转基因工程在植物、动物、微生物中迅速发展。甜瓜、西瓜，尤其是无籽西瓜的基因工程同样发展很快。20 世纪 80 年代末 90 年代初，Michigan 州立大学的 Fang 和 Grumet 首次报道了利用根瘤农杆菌改良株系 LBA4404 成功地将 *NPT2* 基因（抗卡那霉素基因）转入甜瓜品种，之后新加坡 Dong 及其合作者再次报道了利用农杆菌将抗病筛选基因 *NPT2* 和标记基因 *GUS* 转入甜瓜。日本 Yoshioka 报道了用农杆菌将有经济价值的黄瓜花叶病毒外壳蛋白基因 *CMV-CP* 成功地转入甜瓜。Fang 和 Grumet 将克隆的西葫芦黄斑花叶病毒外壳蛋白基因 *ZYMV-CP* 用农杆菌介导法转入甜瓜，转基因植株表现出对 ZYMV 的抗性。Cornell 大学的 Gonsalves 利用农杆菌和基因枪成功地将黄瓜花叶病毒白叶株系 CMV-WL 的外壳蛋白基因转入甜瓜品种，其转基因植株表现出对 CMV-WL 株系的抗性，但不同转基因植株个体间表现出不同的抗性差异。韩国学者 Choi 等

将筛选基因 *NPT*2 和标记基因 *GUS* 利用农杆菌改良株系 LBA4404 有效地转入了 2 个不同的西瓜品种。在 20 世纪 90 年代后期和 21 世纪以来，我国就有大量西瓜转基因育种的报道。研究的面和量以及深入程度都超过其他国家。1998 年中国农业科学院郑州果树研究所的黄学森等（1998）将西瓜花叶病毒-2 的外壳蛋白基因导入西瓜，外源基因在植株内明显表达，田间有一定抗性。王慧中等（2000）进行了根瘤农杆菌介导的甜瓜基因转化及其转基因植株的再生的研究，王慧中等（2003）又进行了转 *WMV*-2 外壳蛋白基因西瓜植株的病毒抗性的研究，王果萍等（2003）进行了几丁质酶基因导入西瓜植株及其抗病性鉴定研究，张志忠（2004）进行了几丁质酶基因和几丁质酶-葡聚糖酶双价基因导入西瓜的研究。中国农业大学、山西金鼎生物种业有限公司、新加坡国立大学合作，牛胜乌等（2005）将小西葫芦黄化花叶病毒的复制酶基因、黄瓜花叶病毒的复制酶基因、西瓜花叶病毒-2 的外壳蛋白基因同时导入西瓜植株，3 个外源基因在植株内明显表达，在田间对 3 种病毒都具一定的抗性。经农业部批准，在田间进行了释放试验。黄学森等（2007）将上述 3 个外源基因导入四倍体材料，外源基因在植株内很好表现，田间有一定抗性。张明方等（2006）进行了农杆菌介导西瓜转葡聚糖酶及几丁质酶双基因的研究。常尚连（2006）进行了西瓜糖代谢及甜瓜酸性转化酶反义基因的西瓜遗传转化的研究。刘丽峰等（2007）进行了小西葫芦黄花叶病毒外壳蛋白基因导入西瓜的遗传转化研究。孙治图（2008）进行了农杆菌介导的甜菜碱基因转化西瓜的初步研究。近年来不少高校的在读硕士、博士生选择基因工程作为研究课题，新的研究成果将会不断涌现。

随着分子生物学技术的发展，DNA 分子标记技术在近十年有了很大发展，已经在种质资源遗传多态性与亲缘关系鉴别、遗传图谱的构建、重要性状基因的定位、品种及杂交种纯度鉴定、分子标记辅助育种等方面得到了利用。赵虎基等（2000）、刘文革等（2004）、刘立功等（2004）、李晓慧等（2007）、段会军等（2007）、李艳梅等（2007）都进行过西瓜遗传多态性和亲缘关系的研究。张仁兵等（2003）、车克鹏等（2003）、易克等（2004）、郭绍贵等（2006）进行了西瓜遗传图谱构建研究。许勇等（1999）、张显等（2005）、刘海河等（2004）、马少芹等（2006）对西瓜基因进行了定位研究。欧阳新星等（1999）、闫鹏等（2007）、艾呈祥等（2006）进行了西瓜杂种一代纯度的研究。

# 第二节　组织培养技术与西瓜育种

无籽西瓜的育种与其他农作物育种的发展进程一样，由简单的选种发展到杂交育种，近年来逐步开展生物技术育种。而生物技术育种必须要有较好的组织培养再生技术，或者说组织培养技术是生物技术育种的一部分。

## 一、无籽西瓜组织培养的原理

植物组织培养的原理主要基于植物的再生能力和细胞的全能性。植物的再生能力就是指植物的任何器官、组织、细胞能再生成完整植株的能力。组织培养中的茎尖培养、茎段培养、花药培养，无性繁殖的扦插、压条等，都是因为植物有再生能力而得以成功，主要是由于生长调节剂调控的结果。在自然情况下，一些植物的营养器官或细胞再生困难，主要由于它们的内源激素调整缓慢或不完全之故。在人工控制条件下，通过对培养基成分的调整，特别是对生长激素等成分的调整和补充，就有可能使其发育成完整植株。

植物细胞的全能性是指植物的每个细胞都具有该植物的全部遗传信息，能发育成完整植株的能力。高等植物的有性繁殖一般都是通过雌雄配子的结合，形成一个特殊的单细胞——合子，由合子经过细胞有丝分裂发育成胚。一个完整植株就是由胚的一系列生长发育，器官的分化和形态发生而完成的。植物体的每个细胞都具有完整的遗传信息，具备遗传信息的传递、转录和翻译的能力。一些细胞由于受到所在具体器官或组织环境的束缚，只表现一定的形态和局部功能，但其遗传潜力并未丧失，一旦脱离所在器官或组织的束缚，成为游离状态时，在一定营养和刺激因素的作用下，就可以恢复其全能性，进一步发育成完整植株。一个已分化静止的细胞要恢复它的全能性，首先必须诱导细胞开始进行分裂，使其经过一个"去分化"的过程，改变细胞原有的典型性，使其回复到无结构的分生组织状态，然后再经过一个"再分化"的过程，最后发育成完整植株。

在无籽西瓜的组织培养中，再生植株的形态发生可以归纳为以下 3 种形式：①直接形成芽和根。②先形成愈伤组织，再形成芽和根。③直接形成胚状体，进一步发育成植株。如果旨在获得大量的植株，一般采用第一种发生形态；而旨在筛选或转导外源基因，一般采用第二、第三种发生形态，尤其是第三种发生形态。

## 二、无籽西瓜组织培养的主要形式

组织培养是指从植物体上分离出部分器官、组织、细胞等外植体，通过无菌操作技术，在人工控制的条件下进行培养，使其形成完整的植株的过程。根据外植体组织的不同，组织培养有多种形式。无籽西瓜的组织培养主要有以下几种形式。

### （一）子叶培养

取刚出芽的幼苗子叶，在生长调节剂的作用下，在人工培养基上进行培养，可以由伤口处分化出胚状体，然后发育成完整植株。本方法一般与转基因育种相结合。

### （二）茎尖、茎段培养

取西瓜植株的茎段或茎尖，在生长调节剂的作用下，在人工合成的培养基上，培养成完整植株。本办法可快速繁殖大量植株，又称"快繁"或"微体繁殖"。

### （三）花粉（花药）培养

选用处于单核期的花药，在人工培养基上通过生长调节剂的作用，由花药内的花粉粒产生单体胚状体，发育成单倍体植株，然后加倍成二倍体。也可直接用花粉培养，然后加倍成二倍体正常植株。操作难度大于前者，但获得纯合二倍体的概率大。本方法主要用于纯化杂合体后代。

### （四）细胞培养

取植株某一部分的组织，解体为分散的单细胞，在人工液体培养基中进行悬浮培养，通过生长调节剂的作用，发育成愈伤组织或胚状体，再进行固体培养基转移，最后获得完整植株。本方法主要用于细胞诱变和抗性筛选。

### （五）原生质体培养

取植株某一部分的组织，分解成单细胞，再脱去细胞壁，对游离的原生质体进行培养，使原生质体发展成细胞、细胞团、愈伤组织，最后发育成完整植株。本方法主要用于细胞诱变、抗性筛选、原生质体融合等。下面主要介绍子叶培养与茎尖、茎段培养两种组织培养形式。

# 三、子叶培养

子叶培养在无籽西瓜的组织培养中虽然发展较晚，但是发展比较快的一项生物技术。其主要优点是：繁殖系数大，能与转基因和四倍体诱变等技术相结合。三倍体无籽西瓜子叶培养的主要步骤如下。

## (一) 消毒接种

取三倍体西瓜种子脱壳取仁，在 0.1％升汞水溶液消毒 8～10 min，然后用无菌水冲洗 3 次。三倍体种子最好是选用采收半年以上的新种子。因为半年以内的新种子没有完成休眠期，种胚在培养基上萌发不一致，会影响组培进展；而 2 年以上的陈种子也会造成萌发不一致。

消毒液的选择用 0.1％升汞溶液最好，其价格低廉，消毒彻底。市场上销售的现成的消毒液一般是次氯酸钠溶液，不适合用于无籽西瓜的消毒，因氯离子对西瓜有严重的伤害。

将消毒好的种子接种到 1/2 MS 培养基上。用日光灯为光源，16 h 光照，8 h 黑暗，光照强度为 1 500～2 000 lx。培养温度：光照时 26 ℃±1 ℃，黑暗时 22 ℃±1 ℃。

## (二) 芽的诱导

一般培养 5 d 左右，当种子萌发，子叶平展并由黄变成浅绿时，切下子叶培养在 MS＋2.5 mg/L 6 - BA 的培养基上。切取子叶的时期很重要，过早过晚都不利于芽的分化。切口应尽量靠近生长点，芽的分化主要集中在子叶叶脉近生长点的地方，越靠近生长点越易分化出幼芽。切下的子叶整片培养，不要再切成小片或圆盘，因为切碎后的子叶其分化芽的能力没有整片子叶好。激素以 6 - BA 最好，浓度 1～5 mg/L，视不同品种而异，一般以 2.5 mg/L 最经济而有效。有研究认为在培养基中应再加入 0.5 mg/L 的 IAA，其实多数品种不用加 IAA，只有少数品种需要加入 IAA。

培养 1 周左右后，在切口的叶脉处出现微小的突起，这是胚状体而不是愈伤组织，能直接发育成小苗。所以，子叶培养比其他通过愈伤组织再发育出小苗的方法相比，其过程短、速度快。

培养 3 周左右就可形成芽丛，部分小植株生长到 1～2 cm。切下小植株转移到伸长培养基中，芽丛则继续培养。这样不断地切下小芽、不断地继代培养，就可获得很多的植株，达到增繁的目的。培养基每 2 周左右需更换 1 次。

伸长培养基为 MS+0.2 mg/L KT，小植株在伸长培养基中培养 2 周左右就能生长到 2 cm 以上。

### （三）根的诱导

把 2 cm 左右的小植株切下，转移到 MS+0.2 mg/L IAA 的培养基中，在组织培养室进行生根培养。

在生根培养中用激素 IAA 最好，许智宏等（1979）以 IAA、IBA、NAA 进行试验，结果表明，加入 0.2 mg/L 的 IAA 效果最好，这个结果也被后来的科技人员所证实。虽然使用 IBA 或 NAA 也能促进根的生长，发根率也高，但其形成的根往往表现不正常，短而粗，并容易形成愈伤组织。

有些科技工作者在生根培养基中增加铁盐等微量元素，其实由于西瓜植株生根很容易，无须添加更多的元素，以免增加不必要的工作量。如果遇到不易生根的品种，则应考虑增加一些微量元素，并调节最适宜的培养基 pH 值。

### （四）试管苗的炼苗

已生根的无籽西瓜试管苗，在移植到大田前必须进行炼苗，让它逐步适应大田自然环境。炼苗时将生根的试管苗取出，在无菌水中洗去附着在根上的培养基，移植到经高压灭菌的膨胀珍珠岩＋蛭石＋液体 MS 的培养基中，液体 MS 的量刚好将膨胀珍珠岩等固体基质湿润即可，待植株明显生长时逐步揭开瓶盖，直至全部暴露在空气中。然后移植到未经消毒的一般育苗基质中，先放置在人工气候箱内，然后移到温室内，最后移栽到温室的土壤上，或大田栽培直到开花结果。

### （五）试管苗嫁接

上面所介绍的试管苗的炼苗虽然方法简单，但手续繁杂，而且最后能移到大田成活的苗的比率并不高。如果采用试管苗嫁接则能较大幅度地提高成苗率。而且可省去根的诱导，缩短生产周期。

嫁接所用砧木与大田生产用砧木相同，可用二倍体西瓜、南瓜、葫芦等。用 8 cm×10 cm 营养钵在大棚或温室培育砧木苗，当砧木苗的两片子叶展平，刚露出真叶时为最适宜嫁接时期。

嫁接方法采用劈接法，嫁接时取 2 cm 左右长的试管苗，快速在基部切成楔形，插入砧木上，绑扎好，马上用密封的透明塑料杯将整苗盖上。试管苗在空气中暴露时间太长会萎蔫，所以操作过程一定要尽量快。嫁接好的幼苗放入人工气候箱培养，当接穗成活并开始生长时，逐步放开塑料杯，直至不覆盖。然后移栽到温室中，从适应弱光逐步到强光，最后让植株开花结果。

# 四、茎尖和茎段培养

西瓜是我国最早进行组织培养的农作物之一，无籽西瓜最早进行组织培养的是茎尖和茎段培养。无籽西瓜进行组织培养的主导思想是：无籽西瓜不结种子，要用四倍体与二倍体杂交，才能获得三倍体无籽西瓜的种子，每年繁种要耗费较多的人力、物力和土地；而且四倍体母本的结籽率低，制种产量低；三倍体种子的发芽率低，成苗率低。有时引进了一个很好的无籽西瓜品种，但还没有可供的种子来源，如果利用组织培养的方法，通过无性系的途径，快速繁殖无籽西瓜的植株是最好的选择。

通过许许多多科技人员的努力，无籽西瓜植株的离体培养，快速繁殖再生植株技术已相当成熟，但现在尚没有在生产上大规模使用。

## (一) 茎尖培养

### 1. 消毒接种

消毒接种方法与子叶培养相同。取三倍体西瓜种子脱壳取仁，在 0.1％升汞水溶液中消毒 8～10 min，然后用无菌水冲洗 3 次。将消毒好的种子接种到1/2 MS 培养基上，置于培养室内培养。

### 2. 芽的诱导

种子萌芽长出子叶后，切下带子叶的顶芽，培养在 MS＋2mg/L 6 - BA 的培养基中，置于培养室内。顶芽最先伸长，待顶芽生长到 2～3 cm 时切下，转移到生长培养基中。切下顶芽后，基部的叶腋间有许多很小的芽组成的芽丛，这是增繁植株的主要组织，将它们再放到原来的培养基上培养，每 2 周左右更换一次新的培养基。3 周左右就可形成含 10 个芽以上的芽丛，切下 2～3 cm 长的小植株转移到生根培养基中，芽丛继续培养，并将大的芽丛切成含 5～10 个芽的芽丛。这样不断地切下小芽，不断地继代培养，就可获得很多的植株，达到增繁的目的。诱导芽分化的激素以 6 - BA 最好，有人曾使用 6 - BA＋KT，但增效不明显。

根据对增殖芽分生组织的切片观察（许智宏等，1979），芽丛是芽分生组织进行细胞分裂不断形成叶原基，并在叶原基基部又形成芽原基的结果。根的诱导、试管苗炼苗、试管苗嫁接等都与子叶培养相同。

## (二) 茎段培养

茎段培养是直接用无籽西瓜的蔓切成茎段作为培养材料。如果蔓是取自无菌的试管苗，可直接放入 MS＋0～2 mg/L 6‑BA 的培养基中培养，待长出 2 cm 长的小苗后，再转移到生根培养基中培养，或嫁接到砧木上。如果瓜蔓取自温室、大棚或露地种植的植株，则要进行严格消毒。先在干净的自来水中冲洗 20～30 min，用 70％乙醇消毒 5 s，再在 0.1％升汞溶液中消毒 5 s，消毒液中加几滴吐温 20，用无菌水冲洗 5 次，切除较大的叶片，2 节为一段，然后接种到培养基上培养。培养自然生长的茎段时消毒较难，往往培养一段时间后还会出现污染，所以彻底消毒是能否成功的关键。出现污染时，在污染试管内切取新生长出来的植株或茎段，再次进行消毒、培养会获得较好的效果。

用组织培养繁殖三倍体无籽西瓜的技术已经比较成熟，但成本较高，出苗时间不一致，一次性大量出苗供大田批量生产比较困难，所以目前还没有开展一定规模的商品苗生产，而只是在育种中采用。

## 第三节　原生质体培养与细胞融合

原生质体培养是指将细胞用酶解的方法脱去细胞壁而获得原生质体（protoplast），再在离体培养条件下诱导原生质体再生壁，进而诱导细胞分裂形成愈伤组织，然后从愈伤组织经无性胚发生或芽器官发生，而获得小植株的整个离体培养操作过程。

细胞融合是指脱壁植物细胞通过物理、化学等因子的诱导，两个原生质体合并在一起形成融合细胞的过程。

进行原生质体培养研究的目的在于：通过原生质体培养过程揭示细胞生理生化特征；创造更多更广泛的无性变异；更重要的是通过原生质体融合获得因生殖隔离而不能获得的无性杂交种或细胞质杂种；或利用原生质体培养技术直接将外源基因导入西瓜基因组。细胞脱壁后在电击或用 PEG 化学物质处理的条件下，外源 DNA 可穿过原生质体膜进入细胞到达细胞核，从而有可能被整合到植物细胞基因组中，实现基因的转移。

原生质体因失去了坚固的细胞壁保护而十分脆弱，其操作的技术性很强，培养条件要求很高，是离体培养中难度最大的技术。原生质体培养的具体操作步骤如下。

## 一、原生质体的来源和预处理

用试管苗叶片作为游离原生质体的供体，取材方便，不受生长季节的影响，且不易污染，生理条件容易控制。李仁敬和孙勇如（1992）将种子剥去外种皮后，用 70％乙醇浸泡 50 s，再用 0.1％升汞液浸泡 10～12 min 进行表面消毒，然后用无菌水洗涤 3～4 次，接种于含有 1/2 MS 无机盐的固体培养基上，在 24～26 ℃培养，每天用 2000 lx 光照 12～14 h。约 3 周后无菌苗第二片真叶伸长至 2.0～2.5 cm 时取下子叶作为游离原生质体的供体。

有些学者认为，在原生质体分离之前，对供体进行预处理有利于原生质体的分离，比如将供体置于黑暗中 2 d，再转入 4 ℃冰箱中保持 8 h，原生质体的产量将大大提高。但这种处理办法还没有被大量实践所证实。

许多资料表明，基因型对原生质体培养细胞的分裂频率及再生植株的影响是很明显的，应选择适合的品种作为供试材料。制备原生质体的供体取自植物的各类器官、组织、细胞或是由之建立的细胞无性系，同一个基因型的植株生长在不同的环境条件中，它们的生理状态会有改变。即使是用生长在相同条件下各种类型的供体，如叶片、胚轴、子叶制备原生质体，其原生质体的产率、细胞分裂频率和再生能力都不相同。李仁敬和孙勇如（1992）认为，西瓜子叶是最好的供体，而且认为第 2 片真叶伸长至 2.0～2.5 cm 时，子叶的下表皮易于撕去，得到的原生质体外形好，细胞质饱满，叶绿粒呈亮绿色，原生质体活力最好。

## 二、原生质体的分离

用于原生质体分离的酶制剂基本上为纤维素酶和果胶酶，经常使用的酶类还有半纤维素酶、崩溃酶和蜗牛酶。酶的种类搭配、酶液的浓度、酶解时间长短对原生质体的游离有较大的影响。一般而言，酶液浓度纤维素酶为 1％～2％，果胶酶为 0.5％～1.0％，酶解时间为 5～15 h。酶液浓度高、酶解时间短时去壁率高，但原生质体破裂较多；酶液浓度低、酶解时间长时去壁率低，原生质体产量低。同时，去壁不彻底的原生质体在培养过程中生长停滞，几乎见不到分裂。

酶液的 pH 值对原生质体的游离也有很大的影响，对不同部位的植物供体酶液的 pH 值不尽相同。李仁敬和孙勇如（1992）分离西瓜子叶原生质体时，酶液中含 2.0% 纤维素酶，1.0% 果胶酶，甘露醇 $0.35\sim0.40$ mol/L，$CaCl_2\cdot2H_2O$ 10 mol/L，$KH_2PO_4$ 0.7 mmol/L，MES 600 mg/L，pH 5.7，抽滤灭菌，在 $30\sim32$ ℃ 的黑暗条件下静置 2 h，轻轻摇动三角瓶，再静置 $2.0\sim2.5$ h。酶处理后的悬浮液用 40 目镍丝网过滤，滤液经 500 r/min 离心 $30\sim60$ s，吸去上清液，再用清洗液（甘露醇 $0.35\sim0.40$ mol/L，$CaCl_2\cdot2H_2O$ 10 mol/L，$KH_2PO_4$ 0.7 mmol/L，MES 600 mg/L，pH 5.7）重新悬浮后再离心沉淀，重复 3 次，再用原生质体培养液洗一次。

## 三、原生质体的培养

培养植物细胞和原生质体在营养要求上非常相似，因此原生质体培养基基本上是模仿植物组织培养与细胞培养基加以修改而成，普遍使用的培养基是 Km8P 或 K8P。此外，改良的 D2a、NT、K3、P5 等培养基也有使用。外源生长调节剂对原生质体也是必需的，一般包括生长素类和细胞分裂素类。不同的品种对这两大类激素的种类和浓度需求不同，李仁敬和孙勇如（1992）利用的西瓜子叶原生质体培养液是 P5，有机成分同 MS，大量、微量元素、铁盐同 DPD。葡萄糖 $0.25\sim0.3$ mol/L，蔗糖 $0.05\sim0.1$ mol/L，pH 5.7。生长调节剂浓度是：2,4-D $0.5\sim1$ mg/L，6-BA $0.25\sim1.0$ mg/L，NAA $0.25\sim0.5$ mg/L。

原生质体的培养方式有液体培养法、固体培养法、液体固体结合培养法等。

液体培养法：是目前较常用的培养方法，一般适用于容易分裂的原生质体，它是将含有原生质体的培养液在培养皿底铺一薄层，封口进行培养。在原生质体培养过程中褐化现象较为常见，用液体浅层培养辅以 $15\sim20$ r/min 低速摇荡培养有利于避免沉淀，改善通气状况，因而有助于细胞的生长和分裂，可以减少褐化现象。

固体培养法：也称琼脂糖平板法，它是将原生质体纯化后，悬浮在液体培养基中，然后与热融并冷却到 45 ℃ 的琼脂糖按一定比例混合，轻轻摇动使原生质体均匀分布，凝固后封口培养。由于原生质体彼此分开并固定了位置，避免了细胞间有害代谢物的影响，便于定点观察，又利于追踪原生质体再生细胞的发育过程。

液体固体结合培养法：是在培养皿的底部先铺一层含或不含原生质体或细胞的固体培养基上进行原生质体的液体浅层培养。这种方法有利于固体培养基中的营养成分，或细胞有用代谢物缓慢地向液体培养基中释放，以补充培养物对营养的消耗，同时培养物所产生的有害物质也可被固体培养基吸收。在固体培养物中加入吸附剂、活性炭，则更有利于培养物生长。在固体培养物中加入同种或不同种的植物细胞共同培养能提高培养效率。融合细胞和不易培养的原生质体通常采用此方法。

原生质体的培养方法层出不穷，以上 3 种方法只是基本方法，近年来不同的研究工作者采用了不同的方法，产生了很好的效果。

## 四、再生植株的获得

原生质体培养可以通过两种方式获得再生植株：一是由胚状体途径发育成苗；二是从愈伤组织诱导形态分化成再生植株。胚状体途径分化成苗可以避免愈伤组织过程可能给分化带来的困难，而且能更好地保持再生植株的遗传稳定性，避免愈伤化可能产生的倍性和染色体变异。

愈伤组织诱导形态分化成再生植株是原生质体先形成愈伤组织，然后分别诱导芽和根，这一途径不定芽的诱导是关键，主要通过调节培养基中激素的种类和浓度来实现这一目的。在 $BA+ZT+GA_3$ 的培养基中，原生质体愈伤组织的增殖快，保存时间长，一些局部转绿并有较集中的绿点。一般认为，生长素（NAA）浓度的提高能加速愈伤组织的生长，增加细胞数量，积累特异蛋白、糖等必要物质，以便分化，但不同的愈伤组织对 NAA 的反应不相同。我国的西瓜原生质体培养还停留在获得愈伤组织的阶段，有关再生植株的获得有待进一步摸索。

## 五、原生质体融合

我国的原生质体融合研究不多，西瓜与甜瓜及野生甜瓜与栽培种甜瓜之间有报道，但没有得到再生植株。融合通常采用电融合和化学融合两种方法。林伯年（1994）采用电融合法，电融合条件为先交流 1 MHz，40 V，再直流 600 V，$50\mu s$，1 回，电极间隔 4 mm，成功地进行了原生质体电融合，重建细胞，形成了克隆愈伤组织。化学融合采用 PEG 溶合剂。

原生质体培养的研究在我国起步较晚，无论是再生品种，还是培养技术的成熟程度，迄今与国际上差距较大，应加强从事原生质体培养的基础技术研究者同育种实践者之间的联系，以便按育种要求完善技术体系，充分利用宝贵的再生植株为育种服务。

# 第四节　单倍体育种

很多植物的花药、花粉、未受精子房或胚珠可以离体培养获得单倍体植株。

## 一、单倍体育种的有关概念

单倍体（haploid）是具有配子染色体数的个体。单倍体育种是指利用人工诱导培养单倍体植株并进行染色体加倍形成纯合二倍体，或将单倍体植株进行辐射或化学处理，与各种常规育种方法结合起来创造新品种的技术。优点是缩短育种年限，提高选种效率，加速诱变育种的进程及克服远缘杂种的不孕性。

## 二、单倍体的特点

单倍体的形态、育性以及遗传都与二倍体有很大的差异。

### （一）形态特点

单倍体植株比二倍体植株细弱，矮小，生长势不强，很难在自然界生存。

### （二）育性特点

单倍体细胞减数分裂过程中不能形成可育配子，一般育性下降。

### （三）遗传特点

单倍体只有一个染色体组，所有基因都可以表达，单倍体加倍后，就成为纯合的能稳定遗传的二倍体。

## 三、单倍体在育种上的意义

### （一）缩短育种年限

一般的杂种需要经过4~6代才可以纯合。单倍体只要加倍，一个世代就可以纯合，大大缩短了育种年限，节省人力、物力和土地资源。利用杂种第一代的花粉进行单倍体育种，就可以代替5~6代杂交前的亲本自交和5~6代杂交后的杂种选择。

### （二）提高选种效率

单倍体显隐性都可以表达，选择效果快。

### （三）克服远缘杂种的不孕性

利用远缘杂种的花粉培养，可以获得单倍体植株，然后加倍，就可以获得具有双亲性状的远缘杂种。

## 四、单倍体的获得途径

单倍体可以通过自然突变产生，也可以从多胚苗中的珠心苗中选择。花药、花粉培养、未授粉的子房、胚珠的培养都可以获得单倍体。

利用辐射处理花粉，然后授粉，受精过程被影响，当卵细胞可以分裂形成单倍体植株。用二甲亚砜、萘乙酸、马来酰肼、秋水仙碱等处理，也可以诱导孤雌生殖产生多倍体。

用异种、异属的花粉授粉，可以刺激卵细胞分裂产生单倍体种子，形成单倍体植株。去雄后延迟授粉，可以提高多倍体的发生频率。

有时，精核进入卵细胞后，不和卵细胞融合，它们分别分裂产生两个单倍体胚。

## 五、单倍体育种的应用

单倍体植株小，不育。加倍后变成二倍体，才能正常发育。单倍体育种可以缩短育种年限，可以快速筛选出隐性基因，选择效率高。获得自交系的速度快。

## 六、单倍体育种的步骤

可以通过花药培养、花粉培养、未受精子房或胚珠培养来获得单倍体。

### （一）花药培养

花药培养是将处于单核期的杂种花药置于培养基上培养，获得单倍体植株。然后加倍染色体，筛选出纯合的二倍体的植株。

### （二）花粉培养

花粉培养是将花粉从花药中分离出来，培养单个花粉粒。

### （三）未受精子房或胚珠培养

未受精子房或胚珠培养是将提前套袋的当天开花的雌花进行切片和次氯酸钠处理后，置于培养基上培养，诱导胚珠再生，获得单倍体植株，最后加倍染色体，筛选出双单倍体植株。

## 七、单倍体的染色体检测与加倍

通过根尖染色体数目的观察可以快速鉴定出单倍体。

### （一）单倍体的鉴定

形态上，单倍体小型化，一般不育。通过显微镜观察分裂期的细胞也可以鉴定。

### （二）染色体加倍的方法

单倍体植物的花粉细胞能够自然加倍，但频率太低。所以可以利用秋水仙碱进行人工加倍，也可以通过愈伤组织组织培养，反复继代培养，也可以获得二倍体植株。

# 第五节　基因工程育种

随着生物技术的迅速发展，西瓜包括无籽西瓜的转基因育种，近十年在我国有了很大的进展。1994 年，韩国学者 Choi 在国际上第一个报道，将抗性筛选基因 *NPT*2 及标记基因 *GUS* 利用农杆菌导入了 2 个西瓜品种。随后我国就有大量西瓜转基因育种的报道，研究的面和量以及深入程度都超过其他国家。

## 一、西瓜转基因的途径

目前我国开展西瓜转基因的途径主要有农杆菌介导、花粉管介导和基因枪介导 3 种。

### （一）农杆菌介导

农杆菌介导是目前采用最多的一个转基因体系。农杆菌在侵染植物时，可将其质粒 T-DNA 中部分 DNA 插入植物细胞基因内，成为植物基因的一部分。农杆菌是天然的能够将外源基因导入植物体内的高手。科技工作者将 T-DNA 的肿瘤等不利基因去除掉，装上我们需要的基因，加上启动子、标志基因，就成为转基因的工具。

农杆菌介导的优点：可控性好，每一步都可检测，发现差错可以马上纠正；目的基因明确，都是事先设计好的，完全能按预定目标进行工作；外源基因在植株体内稳定，遗传性能好；基因导入相对容易，只要有好的再生技术配合，就能获得较多的转基因后代。

农杆菌介导的缺点：农杆菌只能侵染双子叶植物，对单子叶植物侵染率低。不过西瓜是双子叶植物，是它侵染的范畴。

### （二）花粉管导入

花粉管导入也称花粉管通道技术，又称授粉后外源基因导入植物技术，是指利用植物授粉后所形成的天然花粉管通道（花粉引导组织）经珠心将外源DNA携带进入胚囊，转化受精卵或其前后的生殖细胞（精子、卵子），由于这些生殖细胞仍处于未形成细胞壁的类似"原生质体"状态，并且正在进行活跃的 DNA 复制、分离和重组，所以很容易将外源 DNA 片段整合到受体基因组中，以达到遗传转化的目的。

花粉管通道法是一种建立在不依赖于植物细胞和组织培养的转化方法，在植物遗传转化和作物育种上有重要的应用价值。我国在棉花育种上，花粉管导入取得了很大成绩。在西瓜育种上，我国科技工作者也已开展了这方面的工作，但人数较少，没有像研究农杆菌介导方法那样深入。李涛等（1996）进行了黑籽南瓜 DNA 导入西瓜后子代 RAPD 标记的变化的研究。肖光辉等（1998）进行了瓠瓜 DNA 导入西瓜产生抗枯萎病变异的遗传研究。瓠瓜 DNA 导入西瓜已获得了性状变异，并对变异后代进行了细胞遗传学研究，证明西瓜后代的变异是瓠瓜 DNA 导入的结果（肖光辉等，1997；Xiao G. H. et al.，1999）。瓠瓜的枯萎病抗性已导入西瓜，获得了性状稳定、品质特性好的高抗西瓜枯萎病材料，创造了全新的西瓜种质资源（肖光辉等，1999），对瓠瓜 DNA 导入西瓜选育出的抗枯萎病材料的抗性遗传进行了研究，证明枯萎病抗性遗传是受单基因控制的显性遗传，并利用这些抗性材料与栽培品种配组，选育出了优良的抗枯萎病 $F_1$ 代杂交组合（肖光辉等，2000；Xiao G. H. et al.，2001）。

花粉管通道法的主要优点：受体范围广，任何单胚珠、多胚珠的单子叶、双子叶显花植物都能进行转基因工作；不依赖于植物细胞和组织培养的方法，得到的种子可以直接应用于常规育种，不需经过诱导再生植株等费时费力的过程；操作简便，成本低，适合普及应用。

花粉管通道法的主要缺点：只有在开花时期才能应用；转化植株可能带有少量目的性状基因以外的 DNA 片段；目的性状转化与否带有很大的机遇性，转化效率低。

### （三）基因枪导入

基因枪导入是将外源基因包在直径 $1\sim4\mu m$ 的金属粒表面，金属粒用高压氮气加速，高速运行的金属粒可穿破细胞壁进入细胞核，外源基因也随之进入细胞核，有机会被随机整合到植物基因组内。本方法主要用于不能被农杆菌侵染的单子叶植物，在西瓜转基因中应用很少。只有任春梅等（2000）作了基因枪介导的西瓜遗传转化的研究。

基因枪导入方法的优点：不受植物种类的限制，可用于单子叶和双子叶植物。主要缺点是：导入过程纯属机械过程，只有极少外源基因随机地整合到植物细胞内，转化率低；更为突出的缺点，获得外源基因的植物有时高度不育，或遗传不稳定。

在以上 3 种方法中，目前使用最多的是第一种，也是最好的方法，第二种次之，第三种用得很少。另外，有些科技工作者还研究了先让花粉粒导入外源基因，然后再授粉；用内外源基因的溶液浸种等方法，但这些方法还只是摸索，目前还没有用到育种的实践中。

## 二、应用的主要目的基因

目前在无籽西瓜及普通二倍体西瓜转基因育种中，使用的外源基因多数是抗病基因，其原因是：西瓜病害比较严重，尤其是病毒病、枯萎病。轻者减产，重则绝收，目前对病毒病、枯萎病还没有有效的农药防治，西瓜科技工作者理所当然地积极寻觅有效的防治方法。另一方面，从事生物基因工程的专家多数是从微生物基因作为切入点，微生物基因比较简单，了解、改造这些基因比较容易，经改造的这些基因具有抗病的特征。随着生物技术的发展，高等植物的功能基因正在进入科技工作者的研究视野，将来能使用的外源基因是丰富多彩的。现将几个目前通常使用的基因介绍如下。

### （一）外壳蛋白基因（CP 基因）

外壳蛋白是形成病毒颗粒的结构蛋白，它的功能是将病毒基因组核酸包被起来，保护核酸；与宿主互相识别，决定宿主范围；参与病毒的长距离运输等。1929 年麦克纳研究发现，当一种弱侵染性病毒侵染烟草后，在一定程度上能抵挡其他强病毒侵染，也就是说植物经病原物诱导后可产生一定的抗性，植物由此获得的抗性被称为诱导抗性。

后来的研究证明：病毒的外壳蛋白在交叉保护现象中起着关键性作用，而且两种病毒之间的外壳蛋白成分及结构越相似，交叉保护作用就越强。美国科学家 Beachy 根据交叉保护的机制，设计出了将病毒的外壳蛋白基因引入植物基因组的抗病毒基因工程方案，1986 年他们将这一设想付诸实施，并成功地获得了抗 TMV 的转基因植株。

关于病毒外壳蛋白的抗性机制，多数科技工作者认为，入侵病毒进入植物体内后，必须脱去外壳，裸露核酸才能翻译和复制。而当植物体内导入外源 CP 基因后，裸露核酸会立即被细胞中自由的 CP 重新包裹，从而阻止了入侵病毒核酸的翻译和复制。

转病毒外壳蛋白植物有以下特点：①外壳蛋白基因在植物中可稳定遗传。②对病毒的抗性具有特异性，即能抵抗与提供外壳蛋白基因的"供体"亲缘较近的病毒，而对亲缘关系较远的病毒不具抗性。③抗病毒能力与外壳蛋白基因在转基因植物体内的表达量成正比。

获得 CP 基因的具体做法是：从感染某种病毒的植株叶片或其他组织中的 RNA 分离出来，通过反转录酶将 RNA 反转录成 cDNA，克隆其中一段编码病毒外壳蛋白的 cDNA，在这一段 cDNA 的 $5'$ 末端接上一个很强的植物启动子（CaMV35S），然后通过 Ti 质粒体转化系统将这个基因整合到 Ti-DNA 组内。

### （二）复制酶基因

复制酶即特异性依赖于病毒 RNA 的 RNA 多聚酶。一般是在病毒核酸进入寄主细胞并结合到寄主核糖体之后形成的是病毒基因组编码的自身复制不可缺少的部分，特异地合成病毒的正负链 RNA。

在植物中表达不完整的病毒复制酶基因可以显著提高植物对病毒的抗性。1990 年，Golemboski 等报道，他们将 TMVU1 株编码的复制酶的一部分基因序列，即 54kD 蛋白基因转入烟草中得到的工程植株，用很高浓度的 TMVU1（$500\mu g/mL$）及 TMV RNA（$300\mu g/mL$）接种时，均表现出很高的抗性，比一般转外壳蛋白基因的植物抗病性高得多。

复制酶基因的作用机制还不十分清楚，大多数人认为表达的这些不稳定蛋白产物会干扰病毒复制过程中复制酶复合体的形成及其功能的行使，从而使工程植株具有抗病性。

复制酶基因的最大优点在于，即使对转基因植株使用很高浓度的病毒或其 RNA，抗性仍然明显。复制酶基因的获得，是将病毒的复制酶基因通过限制性内切酶切去其活性中心的 GDD 区域后，将缺损的基因通过 Ti 质粒体转化系统将这个基因整合到 Ti-DNA 组内。

### （三）几丁质酶基因

几丁质酶是一种以几丁质（聚乙酰氨基葡萄糖）为底物的水解酶，此酶之所以成为当今抗真菌病基因工程研究的焦点，主要基于以下发现：①真菌细胞壁含几丁质，一些杀菌剂的作用机制是抑制几丁质合成。②植物体内没有几丁质酶的天然底物，但当受到真菌、细菌、病毒为害时就能诱导出几丁质酶，因此植物几丁质酶可能是植物防御系统的一个组成部分。③提纯的几丁质酶具有抗真菌活性。④几种生防细菌的防病作用与几丁质酶活性相关。1991 年，Broglie 等首次报道转几丁质酶基因的植物抗真菌病害，证实了几丁质酶基因的作用和作用机制。

几丁质酶基因各种植物都能诱导，基因来源广泛，在西瓜以外的作物上已做了大量研究，对西瓜生物技术育种很有帮助。但几丁质酶基因的抗性是有选择性的，植物一生中所受的病害是多样性的，这使几丁质酶转基因西瓜在生产中的应用带来一定的难度。

### （四）葡聚糖酶基因

葡聚糖酶基因的来源和作用原理与几丁质酶基因相似，葡聚糖酶基因与几丁质酶基因经常联合使用，使抗性更强。

### （五）*Bt* 基因

*Bt* 基因是大家比较熟悉的基因，在棉花转基因品种上已广泛成功使用，但西瓜基本上还没有使用。主要原因有二：①西瓜是水果作物，*Bt* 基因的毒性可能会引起消费者的担心。②西瓜作物上蚜虫类害虫比较少，不会造成威胁性虫害。

目前比较广泛使用的基因，基本上是专职生物基因工程专家从事基础研究时构建的基因，西瓜育种专家目前基本上还没有从事基因的构建。这些基因的基因链都较短，大多从病毒等微生物中提取。在西瓜等植物本身有许多很有价值的基因还等待开发，如高维生素基因、高糖基因、抗旱基因、抗寒基因等。转基因无籽西瓜育种虽然有十分美好的远景，但也有很长的路程要走。

## 三、转基因育种的操作方法

在本节第一部分介绍了转基因育种的 3 种主要方法，即农杆菌介导、花粉管导入、基因枪导入。这里将使用比较多的前两种方法的操作步骤和方法进行介绍。

### （一）农杆菌介导的方法与步骤

根据育种目标，首先制备目的基因的片段，然后与标志基因、启动子等相关基因插入 Ti 质粒，再整合到农杆菌。长期保存的农杆菌固体斜面培养用作转基因的，采用液体培育。将固体培养基上的菌落刮到液态 LB＋Kan＋Sm 培养基中，在 26～28 ℃下培养 12～19 h，菌液 OD 260 约 0.8 时备用。

转化外植体采用子叶培养最好，子叶培养已在本章第二节中作了介绍。离体子叶在 MS＋2.5 mg/L 6－BA 固体培养基上培养 1 周左右，在近轴端的叶脉处，出现微小的愈伤突起时与农杆菌共培养。离体子叶与农杆菌共培养的不同时期明显影响转化率和再生率。切下子叶就与农杆菌共培养时，伤口面积大，易于农杆菌侵染，但对子叶的再生影响较大，不易获得再生植株，转化率低。超过子叶培养 1 周后再与农杆菌共培养时，再生植株多，但转化植株少。子叶在菌液中浸泡 2～5 min，滤纸吸去多余的菌液后放回原来的培养基，1 周后移入 MS＋2.5 mg/L 6－BA＋100 mg/L Kan＋100 mg/L Cb 的筛选培养基。

有的科技工作者主张，子叶与农杆菌共培后，马上放入上述含抗生素和卡那霉素筛选培养基中。子叶共培后表面还有一些农杆菌，它继续与子叶细胞发生作用，稍后杀死农杆菌有利于提高转化率，因农杆菌浓度不高，不会严重影响子叶的再生，同时让已转化的细胞有 1 周时间的增长，增加了对筛选化合物的抵抗力，有利于顺利发育成植株。以后每 2 周换一次同样的培养基，1 个月左右幼胚发育成芽丛，将这些芽丛转移到 MS＋0.2 mg/L KT＋100 mg/L Kan＋100 mg/L Cb 培养基中。2 周左右幼芽伸长到 2 cm 左右时，切下幼芽嫁接到砧木上，在人工气候箱炼苗，然后转入温室生长、开花、结果。或将切下的幼苗转入 MS＋0.1 mg/L NAA＋100 mg/L Kan＋100 mg/L Cb 生根培养基中。

在这里需要注意的是：在生根培养基中要继续加入抗生素和筛选物质，尤其是抗生素，否则农杆菌会再度繁殖，影响成活率。10 d 左右幼苗开始生根发育成完整的小植株。将已生根的小苗移入蛭石基质的生根培养基中，逐步揭盖通气，然后移入蛭石＋土壤的营养钵中，培养在人工气候箱内进一步通风锻炼，最后移入温室。

外源基因是否转入植株需要进行检测。虽然在外源基因中插入了可供苗期筛选的基因，所用的培养基是筛选培养基，但最后获得的再生植株多数检测不到外源基因。检测可分初步的 PCR 检测和 Southen-blot 检测。外源基因的 PCR 检测较简便，在小苗阶段就可进行。在切取小苗转代或嫁接时，同时取约 0.1 g 的叶片，按 SDS-KAc 方法提取植株总 DNA，用引物进行 PCR 扩增，在电脉上分辨阴性、阳性，保留并培育 PCR 阳性植株。Southern-blot 检测是当 PCR 阳性植株充分生长发育后，按照 SDS-KAc 方法较大量提取植株叶片的总 DNA，

HindⅢ酶切后 Southern-blot 验证。

经 Southern-blot 检测的阳性植株，让它开花结果，对后代作遗传分析，外源基因是抗性基因的，在当代或后代要作抗性鉴定。在推广之前，还要申请农业主管部门的安全释放检测。

### （二）花粉管介导的方法与步骤

花粉管介导在西瓜育种上的运用，目前只有很少的报道，研究尚在初级阶段。棉花转基因育种中，花粉管介导已经非常成功，无籽西瓜完全可以借鉴他们的经验。

外源基因的制作方法目前有两种。

一种是具目的基因作物的总 DNA，从作物中提取 DNA 后，用限制性内切酶把 DNA 切成不同长度的片段。这种方法的优点是制作简便，当作物中某种基因的调控机制、排列组合、大小长度不十分清楚时，这种方法就比较实用，在实践中已有成功先例。目前已将黑子南瓜、瓠子的总 DNA 通过花粉管导入西瓜，获得抗枯萎病的后代（肖光辉等，1998）。这种方法的缺点是得不到分子水平上的验证和明确的基因表达产物。

另一种外源基因的制作方法是与农杆菌介导法中制作目的基因一样，通过人工的分离、加工、检测、扩增等，外源基因是单一纯合的基因片段，如 CP 基因、复制酶基因、Bt 基因等。这种方法制作复杂，需要较好的仪器设备。优点是目的性强，能作分子水平上的检测，基因表达物明确。花粉管导入的具体导入实施方式有下列几种。

#### 1. 自花授粉后外源 DNA 导入植物技术

将供体总 DNA（不少于 $105 \sim 107$ Da）的片段，在受体自花授粉后一定时期涂抹于柱头上，使其能沿着花粉管通道进入胚囊，转化受精卵或其前后的性细胞。一般切除部分柱头后进行涂抹，这样可以减少 DNA 进入胚囊的距离，提高转化率，但会影响结实率。

#### 2. 受体花粉与供体 DNA 混合授粉法

将供体 DNA 与受体新鲜花粉混合后授粉，或用外源 DNA 溶液浸泡受体花粉，利用花粉萌发时吸收外源 DNA，通过授粉过程导入外源 DNA，使子代出现 DNA 供体的性状。

#### 3. 授粉前涂抹 DNA 法

除受体为雄性不育系外，一般事先人工套袋，隔日开花时用供体总 DNA 处理受体植株柱头 3~5 min，然后授以本株或同品种其他植株的花粉。

4. DNA 子房注射法

西瓜一般在授粉后 6~24 h 进行，先剪去部分柱头，再将 DNA 直接注射到子房下部的胚囊里。

### （三）影响花粉管导入的成功率的因素

不同植物的花器结构及授粉受精的过程不同，要求寻找合适的 DNA 导入时期。一般认为西瓜导入的最佳时间是授粉后 6~8 h。

DNA 浓度选择和注射时间的合理搭配。DNA 浓度较低时，受精后作用时间较长的转化率较高。DNA 浓度较高时，作用时间不需要太长可同样获得转化植株，也有比较稳定的转化率。

注射质粒 DNA 的大小会影响导入的成功率。如果花朵比较大，相应地花粉管通道的细胞间隙也较大，这使得注入的质粒 DNA 易于进入转化花器。但质粒 DNA 大小要适宜，片段小一些转化效率将会增高。

获得转基因植株后同样要进行检测，以判别是不是真正获得了外源基因。如果使用纯合的基因片段，如农杆菌介导方法中使用的外源基因，则采用农杆菌介导法中同样的检测方法，即 PCR -电脉初检和 Soutern-blot 检测。如果介导的是植株 DNA 混合基因片段，则检测比较困难，因导入的基因是随机的，无法确定哪个是外源基因片段，只能通过植株形态、生长特性、生理性能来识别。

## 四、无籽西瓜转基因育种存在的问题

无籽西瓜的转基因育种，虽然在我国发展很快，取得了很大成绩，但也存在不少问题。

如目前使用的目的基因，基本上都是基础生物工程学者构建的基因，主要集中在抗病、抗虫方面，涉及其他功能方面的基因较少。西瓜十分需要的糖分控制基因，维生素 C 控制基因，丰产、抗寒、抗涝、抗旱基因等研究较少。

目前的目的基因片段较小，能否导入较长片段的基因，使外源基因的内容更丰富，还需要进一步研究。

外源基因的表达强度还不能满足生产实践的需要。如已经获得 CP 基因、复制酶基因的四倍体材料，能延缓发病，但在高度病毒侵染时后期也发病，不便在生产中使用。提高外源基因的表达强度还有许多工作要做。

植物的病害是多种多样的，就是同一种病还有不同的生理小种。目前抗病的基因都有专一性，如果希望达到抗多种病害就要导入多种基因，这是非常困难的。研究广谱抗病基因也有许多工作要做。

目前转基因作物的管理政策也给育种者带来一定困难。获得转基因作物后要进行田间释放试验和食品安全试验，前者开支还不算很大，但后者的开支很大，而且要一年四季不间断地供给被测果品，这对农业育种者是相当困难的。

鉴于以上不足和困难，目前我国还没有一个转基因商品西瓜品种。但生物工程技术是有强大生命力的新兴技术，在无籽西瓜的育种上，生物工程技术育种一定能发挥巨大的作用。

# 第六节　分子标记辅助育种

## 一、DNA 分子标记及其应用

分子标记（molecular markers）是以个体间遗传物质内核苷酸序列变异为基础的遗传标记，是 DNA 水平遗传多态性的直接反映。DNA 水平的遗传多态性表现为核苷酸序列的任何差异，哪怕是单个核苷酸的变异。DNA 分子标记本质上是能反映生物个体或种群间基因组中某种差异的特异性 DNA 片段。分子标记揭示来自 DNA 的变异，检测手段简单、迅速。DNA 分子标记大多以电泳谱带的形式表现生物个体之间 DNA 的差异，通常也称为 DNA 的指纹图谱。其他几种遗传标记——形态学标记、生物化学标记、细胞学标记，都是以基因表达的结果为基础的，是对基因的间接反映；而 DNA 分子标记则是 DNA 水平遗传变异的直接反映。由于植物基因组变异极其丰富，分子标记的数量几乎是无限的。在生物发育的不同阶段，不同组织的 DNA 都可用于标记分析。

DNA 分子标记技术，在无籽西瓜育种上主要应用于种质资源遗传多态性与亲缘关系分析，基因遗传图谱的构建，重要性状基因的定位，品种及杂交种纯度鉴定，分子标记辅助育种等方面。

### （一）种质资源遗传多态性与亲缘关系分析

DNA 标记所检测的是植物基因组 DNA 水平的差异，因而非常稳定，在分子图谱的帮助下对品种之间进行比较，大大提高了结果的可靠性。分子标记一方面可用于品种资源的鉴定与保存，研究作物的起源与发展进化，确定亲本之间的遗传差异和亲缘关系，从而确定亲本间遗传距离，指导杂交育种亲本选配，减少杂交组合数，有效划分杂种优势群，为提高育种效率提供依据。另一方面，通过亲缘关系分析可以纠正形态分类中一些不恰当的结论，以及目前育种工作中存在的一些问题。

### （二）基因遗传图谱的构建

利用分子标记构建遗传连锁图谱，将对西瓜遗传育种极其重要性状基因的定位、克隆具有重要意义。目前已发表的西瓜分子遗传图谱有 10 余张，Hashizume 等（1993）用一个近交系和一个野生类型杂交获得的 $BC_1$ 群体构建了一个最初的西瓜分子遗传连锁图谱，该图谱包括 58 个 RAPD 标记，1 个同工酶标记，1 个 RFLP 标记和 2 个形态标记，分为 11 个连锁群，全长 524 cM。范敏等（2000）利用 97103×PI 296341 的 $F_2$ 群体构建了分子遗传图谱，其中包括 1 个抗枯萎病生理小种 1 基因。之后利用同一亲本材料杂交所得重组自交系 $F_8$ 的 117 个单株为作图群体，用西瓜的重组自交系构建了遗传图谱。此图谱包括 87 个 RAPD 标记，13 个 ISSR 标记和 4 个 SCAR 标记，15 个连锁群。

易克等（2003）利用可溶性固形物含量高、皮薄、感枯萎病的栽培西瓜自交系 97103 和可溶性固形物含量低、皮厚、抗病的野生西瓜种质 PI 296341 为亲本，获得 $F_8$ 的重组自交系群体，建立了包括 38 个 SSR 标记和 10 个 ISSR 标记组成的分子图谱，该图谱总长 558.1 cM，平均图距为 11.9 cM。Levi A 等（2001）利用西瓜的 $BC_1$ 群体，构建出总长 1295 cM，含有 17 个连锁群、155 个 RAPD 标记的遗传连锁图，之后又利用测交群体，构建了总长 1166.2 cM 的高密度遗传连锁图谱（Levi A. et al，2002）。Hawkins 等（2001）利用枯萎病抗、感不同西瓜品种杂交的 $F_2$、$F_3$ 群体，分别构建出涵盖 112.9cM 和 139.0cM 的 RAPD 连锁图，许多 RAPD 标记和枯萎病生理小种 1（Fom-1）和 2（Fom-2）的抗性基因有不同程度的连锁。张仁兵等（2003）、车克鹏等（2003）、易克等（2004）、郭绍贵等（2006）也都进行了西瓜遗传图谱的构建，操作技术日趋完善。

### （三）重要性状基因的定位

在西瓜重要性状分子标记研究方面已有一些成功的报道。野生西瓜材料耐冷性由单显性基因所控制，许勇等（1998）以耐冷的西瓜野生材料 PI 482322 和冷敏材料自交系 97103 为试材，运用 RAPD 技术进行了耐冷性基因连锁的分子标记研究，在其 $F_2$ 代群体中采用 BSA 方法，寻找得到了一个分子连锁标记 OPG12/1950 与耐冷基因连锁，其遗传距离为 6.98cM。

为了利用野生西瓜的枯萎病抗性基因，许勇等（1999）选用西瓜野生材料 PI 296341 和感病自交系 97103 为试材，运用 RAPD 技术，在其 $F_2$ 代群体中采用 BSA 方法进行了西瓜野生种质抗枯萎病基因连锁的分子标记研究。寻找得到了一个 RAPD 标记 OPP01/700 与其抗病基因连锁，其遗传距离为 3.0cM。后来将西瓜野生种质 PI 296341 抗枯萎病生理小种 1 的抗性基因连锁的 RAPD 标记 OPP01/700 转化为 SCAR 标记，初步建立了西瓜野生种质 PI 296341 抗枯萎病育种分子标记辅助选择技术系统（许勇等，2000）。

张显等（2005）应用 RAPD 分子标记技术，采用 BSA 法对西瓜隐性核不育材料 Sel8 的不育基因进行分子标记研究的结果表明，引物 S1167 在 12 个不育材料中的 138 个不育株全部扩增出特异性片段，可以区分不育株与可育株，对特异性片段进行回收、克隆和测序，显示 S1167 扩增特异片段有 2 391 个碱基对。刘海河等（2004）利用 RAPD 技术对西瓜 G17AB 隐性核雄性不育系的不育株和可育株基因组 DNA 进行了比较分析，筛选到了可育株与不育株的特异扩增条带 A123k 片段，确定了 A123k 与育性基因的遗传距离为 8.1cM。

马少芹等（2006）以抗病毒西瓜野生种质 PI 595203 与感病普通西瓜自交系 98R 为亲本，采用 BSA 法在 $F_2$ 代建立抗、感基因池，运用 RAPD 技术筛选得到一条与 ZYMV-CH 抗性基因连锁的谱带 AK13‐644，其遗传连锁距离为 8 cM，最后将其转化为 SCAR 标记 SCAK13‐644 作为西瓜抗病毒病辅助选择的标记。

### （四）品种及杂交种纯度鉴定

对作物品种鉴定与纯度检测是作物种子品质检验极为重要的部分。西瓜杂交种纯度的鉴定目前主要采用大田形态鉴定。大田形态鉴定的优点是直观、明确、成本低；缺点是耗时长、易受天气和环境的影响。用分子标记技术与形态鉴定技术相结合，能有效地对杂种一代纯度进行鉴定。

王鸣刚等（2003）以不同西瓜杂交种及亲本自交系为材料，研究了利用 RAPD 技术鉴定西瓜杂种的纯度及种质的方法，认为在反应条件适合、引物选择正确的情况下，RAPD 技术完全适合于西瓜杂交种纯度的鉴定。

## 二、主要分子标记技术

DNA 标记主要包括三大类：第一大类是基于 DNA 分子杂交的方法，主要指限制性酶切片段长度多态性（restriction fragment length polymorphism，

RFLP）。第二大类是基于聚合酶链反应（polymerase chain reaction，PCR）技术的 DNA 扩增方法。20 世纪 80 年代后期，由于 PCR 技术的出现，不仅为基因克隆提供了十分便利的方法，也由此而产生多个新的分子标记技术。由于 PCR 技术简单、方便可行，也为分子标记技术直接应用于育种实践提供了可能。基于 PCR 的分子标记又分为两类：一类是使用随机引物（arbitrary primer），这一类方法以随机扩增多态性 DNA（random amplified polymorphic DNA）为代表，简称 RAPD，它不需要预先知道任何基因组的 DNA 序列信息，其引物是通用的，无种属界限；另一类标记是利用特定引物，主要有 SCAR（sequence characterized amplified region），STS（sequence Tagged Site），小卫星 DNA（mini satellite DNA），微卫星 DNA（micro satellite DNA），SSR（simple sequence Repeat），ISSR（inter simple sequence repeat）等。第三大类是 PCR 与酶切相结合的方法，主要有扩增片段长度多态性（Amplified Fragment Length Polymorphism，AFLP）。

其中 RFLP 是第一代分子标记，RAPD 是第二代分子标记，SSR 是第三代分子标记，而新近发展起来的 AFLP 被称为是第四代分子标记。几种 DNA 分子标记技术的比较见表 9-1。

表 9-1 几种 DNA 分子标记技术的比较

| 标记技术 | RFLP | RAPD | SCAR | STS | SSR | AFLP |
|---|---|---|---|---|---|---|
| 检测基础 | 分子杂交 | PCR | PCR | PCR | PCR | PCR |
| 标记种类 | 共显性 | 显性 | 显性或共显性 | 显性或共显性 | 显性或共显性 | 显性或共显性 |
| DNA 用量 | 高 | 低 | 低 | | 低 | 低 |
| 多态信息量 | 较低 | 中 | 高 | 高 | 高 | 高 |
| 操作 | 复杂 | 简单 | 简单 | 简单 | 简单 | 较复杂 |
| 花费 | 高 | 低 | 低 | 低 | 较低 | 较高 |

目前广泛应用于农作物分子标记基因定位的分子标记技术主要是 RFLP、RAPD 和 AFLP。现将这 3 种分子标记技术简单介绍如下：

（一）RFLP

限制性酶切片段长度多态性（restriction fragment length polymorphism，RFLP），是最早发展的分子标记，它是指一个物种的 DNA 被某种特定的限制性内切酶消化所产生的 DNA 片段长度的变异性。是将作物的 DNA 提取后，用限制性酶切消化，电泳印迹，再用 DNA 探针杂交，从而得到与探针同源的 DNA 序列酶切后在长度上的差异。RFLP 分子标记的数量很大，而且还会随内切酶的增加而不断增加，RFLP 的检测不受植株发育阶段和环境条件的影响，RFLP 能检测基因组内编码区和非编码区的变异。由于上述的显著特点，RFLP 被广泛地应用于遗传图谱的构建，并进入利用 RFLP 进行基因定位的阶段。

## （二）RAPD

RAPD 全称为随机扩增多态性 DNA，是 Randomly Amplified Polymorphic DNA 的缩写，是从 RFLP 之后发展起来的一种新的 DNA 多态性检测技术。RAPD 是由美国的 Williams 和 Welsh 几乎同时提出的一种分子标记技术，它以一系列不同的随机排列的碱基顺序的寡核苷酸单链为引物，然后对所研究的基因组 DNA 进行单引物扩增，扩增出来的 DNA 片段的多态性就反映了基因组相应区域的 DNA 的多态性。

RAPD 是以 PCR 为基础，首先提取作物的 DNA，PCR 扩增产物与电泳上样液混匀，1.5％Agrose 胶电泳分析。PCR 的主要操作技术如下：取 0.5mL Epppondef 管，加入 Taq 酶缓冲液，$100\mu M$ 的 d NTP，引物 15ng，基因组模板 DNA 20ng，0.75 单位的 Taq 酶，加水至 $20\mu L$，再加入 $30\mu L$ 液状石蜡，离心后，进行 PCR 扩增。PCR 扩增参数：94 ℃变形 15 s，36 ℃退火 30 s，72 ℃延伸45 s，46 个循环，结束后，72 ℃延时 4 min。扩增参数因不同品种或不同目的可作适当调整。

## （三）AFLP

AFLP 全称是扩增的限制性内切酶片段长度多态性，是 Amplified Fragment Length Polymorphism 的简写。它是由荷兰科学家 Zabeau 和 Vos 发明的一项专利技术，实质上是 RFLP 和 RAPD 两项技术的结合。AFLP 也是通过限制性内切酶片段的不同长度检测 DNA 多态性的一种 DNA 分子标记技术。但是 AFLP 是通过 PCR 反应先把酶切 DNA 片段扩增，然后把扩增的酶切片段在高分辨率的序列分析胶上进行电泳，多态性即以扩增的片段长度和数量的不同而被检测出来。实践中，根据具体情况需要通过选择在末端上分别添加 1～3 个选择性核苷酸的不同引物，可以达到选择性扩增的目的。这些选择性核苷酸使得引物选择性地识别具有特异性扩增。这些选择性核苷酸数目的多少主要是由待测的样品 DNA 的基因组大小决定的，选择性核苷酸的数目多，选择性强，扩增产物就少；相反，它的数目少，则选择性差，扩增产物就多。AFLP 的基本反应程序可分为三个步骤：模板 DNA 的制备、酶切片段的扩增、凝胶电泳分析。

# 三、分子标记遗传图谱的构建和重要性状的基因定位

## （一）分子标记遗传图谱的构建

检测出的每个分子标记反映的都是相应染色体座位上的遗传多态性状态。为了有效地分析利用分子标记所提供的遗传信息，人们希望知道不同分子标记在染色体上的相对位置或排列情况，也就是要构建分子标记的遗传连锁图谱。利用 DNA 分子标记构建遗传连锁图谱在原理上与传统遗传图谱的构建是一样的。基本步骤包括：选择适合作图的 DNA 分子标记；根据遗传材料之间的 DNA 多态性，选择用于建立作图群体的亲本组合；建立具有大量 DNA 分子标记、处于分离状态的分离群体或衍生系；测定作图群体中不同个体或株系的标记基因型；对标记基因型数据进行连锁分析，构建标记连锁图。至今为止已构建了许多植物的高密度分子标记连锁图。

在作图中使用的 DNA 分子标记技术主要有 RFLP、RAPD、AFLP 等。这些分子标记技术的大体方法已在前面作了介绍，作图时亲本及组合的选择很重要，在这里作简单的描述。

要构建 DNA 分子标记连锁图谱，首先必须建立作图群体。建立作图群体需要考虑的重要因素包括亲本的选配、分离群体类型的选择及群体大小的确定等。

亲本的选择直接影响到构建连锁图谱的难易程度及所建图谱的适用范围。一般应从三个方面对亲本进行选择：首先，要考虑亲本间的 DNA 多态性。亲本之间的 DNA 多态性与其亲缘关系有着密切关系，这种亲缘关系可用地理的、形态的多态性作为选择标准。一般自交系间配制的群体就可成为理想的 RFLP 作图群体。在作物育种实践中，育种家常将野生种的优良性状转育到栽培种中，这种亲缘关系较远的杂交转育，其 DNA 多态性非常丰富。第二，选择亲本时应尽量选用纯度高的材料，并进一步通过自交进行纯化。第三，选配亲本时还应对亲本及其 $F_1$ 杂种进行细胞学鉴定。若双亲间存在相互易位，或多倍体材料，那么其后代就不宜用来构建连锁图谱。

$F_2$ 群体是常用的作图群体，迄今大多数植物的 DNA 标记连锁图谱都是用 $F_2$ 群体构建的。建立 $F_2$ 群体比较容易，这是使用 $F_2$ 群体进行遗传作图的最大优点。但 $F_2$ 群体的一个不足之处是存在杂合基因型，对于显性标记将无法识别

显性纯合基因型和杂合基因型。$F_2$ 群体的另一个缺点是不易长期保存，有性繁殖一代后群体的遗传结构就会发生变化。

$BC_1$ 回交一代也是一种常用的作图群体。$BC_1$ 群体中每一分离的基因座只有两种基因型，它直接反映了 $F_1$ 代配子的分离比例，因而 $BC_1$ 群体的作图效率最高，这是它优于 $F_2$ 群体的地方。$BC_1$ 群体还有一个用途就是可以用来检验雌、雄配子在基因间的重组率上是否存在差异，其方法是比较正、反回交群体中基因的重组率是否不同。

另外，RI 重组自交系、DH 单倍体，也可用于作图群体。

DNA 标记分离数据的数学处理是作图的重要步骤之一。从分离群体中，通过各种分子标记的方法获得不同个体的 DNA 多态性信息，是进行遗传连锁分析的第一步。通常各种 DNA 标记基因型的表现形式是电泳带型，将电泳带型数字化是 DNA 标记分离数据进行数学处理的关键。

下面以 RFLP 为例来说明将 DNA 分子标记带型数字化的方法。假设某个 RFLP 座位在两个亲本 P1、P2 中各显示 1 条带，由于 RFLP 是共显性的，则 $F_1$ 个体中将表现出 2 条带，而 $F_2$ 群体中不同个体的带型有三种，即 P1 型、P2 型和 $F_1$ 杂合体型。可以根据习惯或研究人员的喜好，任意选择一组数字或符号来记录 F2 个体的带型。例如将 P1 带型记为 1，P2 带型记为 3，F1 带型记为 2。如果带型模糊不清或由于其他原因使数据缺失，则可记为 0。假设全部试验共有 120 个 $F_2$ 单株，检测了 100 个 RFLP 标记，这样可得到一个 100 行×120 列的由简单数字组成的 RFLP 数据矩阵。

对于 $BC_1$、DH 和 RI 群体，每个分离的基因座都只有两种基因型，不论是共显性标记还是显性标记，两种基因型都可以识别，加上缺失数据的情况，总共只有 3 种类型。因而用 3 个数字就可以将标记全部带型数字化。

在分析质量性状基因与遗传标记之间的连锁关系时，也必须将有关的表型数字化，其方法与标记带型的数字化相似。例如，假设在 DH 群体中有一个主基因控制株高，那么就可以将株系按植株的高度分为高秆和矮秆两大类，然后根据亲本的表现分别给高秆和矮秆株系赋值，如 1 和 2。将质量性状经过这样的数字化处理就可以与 DNA 标记数据放在一起进行连锁分析。

DNA 标记数据的收集和处理应注意以下问题：①应避免利用没有把握的数据。由于分子多态性分析涉及许多实验步骤，很难避免出现错误，经常会遇到所得试验结果不清楚等问题。如果硬性地利用这样没有把握的数据，不仅会严重影响该标记自身的定位，而且还会影响其他标记的定位。因此，应删除没有把握的数据，宁可将其作为缺失数据处理或重做试验。②应注意亲本基因型对亲本基因型的赋值，如 P1 型为 1，P2 型为 2，在所有的标记座位上必须统一，千万别混淆。如果已知某两个座位是连锁的，而所得结果表明二者是独立分配的，这就有可能是把亲本类型弄错引起的。③当两亲本出现多条带的差异时，应通过共分离分析鉴别这些带是属于同一座位还是分别属于不同座位。如属于不同座位，应逐带记录分离数据。

遗传图谱的构建需要对大量标记之间的连锁关系进行统计分析。随着标记数目的增加，计算工作量常常呈指数形式增加，这是手工无法完成的。因此，必须借助计算机进行分析和处理。许多学者为构建遗传图谱设计了专用程序包，通过 Internet 网址 http：//linkage. rockefeller. edu/soft/list. html 可以获得各种专用程序的相关信息，如软件的名称及简要介绍，源程序编码语言、支持的操作系统、执行程序的名称、参考文献以及获取软件的网址等。应用于植物遗传连锁分析和遗传图谱构建的常用软件有 LINKAGE、MAPMAKER/EXP 等。LINKAGE 软件可通过 http：// linkage. rockefeller. edu/software/linkage 获得，该软件是利用最大似然法估计两座位或多座位间的重组率和 LOD 值。MAPMAKER/EXP 可通过 http：// ftp-genome. wi. mit. edu/distri-bution/software/mapmaker3 获得，该软件可以应用于各种类型的实验群体进行遗传作图，是目前应用最为广泛的作图软件之一。

最后，就可进行 DNA 标记连锁图谱的完善。把分子标记所建立的连锁群与经典遗传图谱联系起来，并将其归属到相应的染色体上，是构建一个比较饱和的分子图谱之后十分重要的工作。通常根据分子标记与已知染色体位置的形态标记的连锁关系来确定分子标记连锁群属于哪条染色体。要得到一个完整的遗传图谱，必须知道染色体上的标记与着丝粒之间的距离。一个完整的染色体具有着丝粒、缢痕、随体及端粒几个主要部分，这些基本结构在生物染色体的运动与复制等方面起着重要的作用，其结构也是遗传图谱制作中不可忽视的重要部分。

### (二) 重要性状的基因定位

基因定位 (gene location) 就是将基因定位于某一特定的染色体上，以及测定基因在染色体上线性排列的顺序和距离。存在于同一染色体上的基因组成一个连锁群。把基因定位在染色体的某一区带称为区域定位。

基因定位的传统方法有：标记基因系法、家系分析法、接合转移定位法、细胞学方法、体细胞杂交法、非整倍体法、相互易位系法等。

下面主要介绍利用分子标记进行基因定位的方法。

1. 限制性内切酶法

用限制性内切酶切割 DNA 分子可得到许多 DNA 片段，通过凝胶电泳可将长度不同的片段分开。如果 DNA 的碱基序列发生了改变，那么原有的酶切位点可能被破坏或出现新的切点，结果是 DNA 片段的长度也随之改变，这种变异称为限制性酶切片段长度多态性（RFLP）。利用 RFLP 进行基因定位的基本原理就是对定位基因与 RFLP 分子标记之间是否存在连锁性进行分析，若待定位基因支配的性状与某一 RFLP 分子标记连锁，即可推知待定位基因与该 RFLP 分子标记位于同一染色体上相邻的位置。此项技术正在迅速发展之中。

2. 染色体原位杂交法

这是一项利用标记的 DNA 探针与染色体上的 DNA 杂交，在染色体上直接进行检测的分子标记技术。首先用秋水仙碱处理组织培养的细胞，使其停止在细胞分裂的中期，然后将细胞固定，去掉内源 RNA，用碱、热、强酸或某些有机溶剂进行处理，使染色体的 DNA 变性成单链，然后将此变性的样品固定在载玻片上，用同位素标记的高度纯化的 mRNA 或与之互补的 cDNA 或已克隆的基因作为探针，与变性染色体杂交，通过放射自显影便可将基因定位在某染色体以及染色体的某一区段。近年来，由于植物染色体制片方法的改进以及生物素、经基毛地黄苷（DIG）和荧光素等非放射性标记探针方法的出现，植物染色体原位杂交技术得到了迅速推广。很难用其他方法进行基因定位的，宜用原位杂交技术。

3. 染色体步行和染色体跳跃法

染色体步行法是通过相互重叠的基因组克隆之间进行一连串的杂交而进行基因定位。首先用不同的限制性内切酶构建两个基因组文库，从 A 库中取出含一已知基因的克隆，并用它去探测 B 库，B 库中 1 个或多个克隆将会产生阳性杂交信号，表示这些克隆所带片段与探针所带片段有重叠，B 库中这些克隆之一又用于探测 A 库，原来的克隆和一些其他可能的克隆将会与之杂交，重复这种循环，最终探针与带有第 2 个已知基因的克隆产生杂交，至此，2 个基因的相对距离也就知道了。由于真核生物基因组中有许多重复序列，常使染色体步行发生差错，加之染色体步行法所用的基因克隆数太多，筛选的工作量大，为克服这些缺点，人们采用 C. R. Cantor 1984 年所创造的脉冲电场梯度凝胶电泳法分离大片断 DNA（数百万碱基对计），使用识别序列长的限制性内切酶设计出了染色体跳跃文库，可以跳数十万碱基对。染色体跳跃法是对染色体步行法的改进和补充。近年来还发展了酵母人工染色体（YAC），它可以容纳 1Mbp（106 bp）甚至更大的 DNA 片段。

### 4. DNA 全序列测定

基因是 DNA 分子中具有遗传效应的一段核苷酸序列，一旦染色体 DNA 全序列搞清楚了，基因在染色体上的位置也就阐明了，因此基因组的全序列测定是基因定位的最高目标。目前，基因组计划已开始将工作重点从作图转到对基因组的大规模测序。DNA 序列分析技术整体上仍是经典的末端终止法的改进和自动化，包括反应自动化、加样自动化等。所用仪器主要为 ABI 公司的 377 型自动测序仪。此外，还在尝试有可能加快测序速度的毛细管电泳自动测序仪。

### 5. 数量性状基因定位

数量性状受微效多基因控制，用传统的方法难以定位。分子标记将基因组染色体的全长划分成连续的若干小区，在世代传递过程中，DNA 分子标记追踪这些小区的遗传，使数量性状基因定位成为可能。近年来数量性状基因定位发展很快，目前主要是以两个相邻标记为基础，用最大似然法进行单区间作图，今后的发展方向是多区间的复合作图。

## 四、分子标记辅助育种技术

随着现代分子生物学的发展，现代生物技术为作物育种提供了强有力的工具，分子标记辅助选择（MAS）就是其中重要的一项技术，它不仅弥补了作物育种中传统的选择技术准确率低的缺点，而且加快了育种进程。其基本原理是利用与目标基因紧密连锁或表现共分离的分子标记对选择个体进行目标以及全基因组筛选，获得期望的个体，达到提高育种效率的目的。分子标记辅助选择是分子标记技术用于作物改良的重要领域，是传统育种技术和现代生物技术相结合的产物。

### （一）分子标记辅助选择的优越性

大量理论研究发现，MAS 比以表现型为基础的选择更有效。它不仅针对主基因有效，针对数量性状位点（QTL）也有效；不仅针对异交作物有效，针对自花授粉作物也有效。

可以在植物发育的任何阶段进行选择，对目标性状的选择不受基因表达和环境的影响，可在早代进行准确的选择，以加速育种进程，提高育种效率。有很多重要性状（如产量和后期叶部或果部病害抗性等）只有在成熟植株上才能表现出来，因此采用传统方法在播种后数月不能对其进行选择。而利用分子标记就可以对幼苗（甚至对种子）进行检测，从而大大节省培育植株所浪费的人力、物力和财力。

共显性标记可区分纯合体和杂合体，不需下代再鉴定，而且在分离世代能快速准确地鉴定植株的基因型。因而对分离群体中目标基因的选择，尤其是对隐性农艺性状的选择十分便利。

可有效地对抗病性、抗逆性和根部性状等表型鉴定困难的性状进行基因型鉴定。有些表型如抗病虫性、抗旱性或耐盐性等只有在不易界定或控制的特定条件下才能表现出来。在育种项目的初期，育种材料较少，不允许做重复鉴定，或要冒一定风险。利用分子标记技术则可克服基因型鉴定的困难。

可聚合多个有利基因，提高育种效率。基因聚合（gene pyramiding）就是将分散在不同品种（材料）中的有用基因聚合到同一个基因组中。基因聚合育种就是通过传统杂交、回交、复交技术将有利基因聚合到同一个基因组中，在分离世代中通过分子标记辅助选择含有多个目标基因的单株，从中再选出农艺性状优良的单株，实现有利基因的聚合，可以大大提高育种效率。

克服不良性状连锁，有利于导入远缘优良基因。在回交育种时，可有效地识别并打破有利基因和不利基因的连锁，快速恢复轮回亲本的基因型。对于一些主效基因，利用回交结合 MAS 的方法，可以很容易地将这些基因转移到轮回亲本中。

### （二）分子标记辅助选择的前提与基础

首先，构建好遗传图谱。分子标记连锁图谱也称为框架图谱，因为真正的基因将被定位于这个图谱上。显然，只有建立相对饱和的连锁图谱才能进行基因的精细定位。

其次，确立好目标基因与分子标记之间的连锁关系。分子标记辅助选择的可靠程度取决于目标性状基因座位与标记座位之间的重组率，二者之间的距离越近越好。如果在目标基因的两侧均能找到与之连锁的标记会大大提高选择的可靠性。

再次，选择较好的分子标记方法。植物育种中可利用的分子标记有许多种，常用的有 RFLP、RAPD、SSR 和 AFLP 等。RAPD 需要 DNA 量少，分析程序简单，但大多是显性标记，不能区分纯合和杂合型，且重复性差，在实际应用中存在一定的局限。RFLP、SSR 和 AFLP，大多是共显性标记，可区分纯合和杂合型。AFLP 的优点是多态性好，准确性高，灵活性强，但它的分析程序较复杂，而且成本较高，一般的育种单位难于接受。SSR 则结合了其他三种方法的优点，需要 DNA 量较少，多态性好，分析程序简单，重复性较高以及成本相对较低，是分子标记辅助育种中较理想的一种分子标记。在实际育种实践中，以上选择标准也并非绝对，要根据实际情况选择使用分子标记。例如，有的 RAPD 标记在某些植物分析中表现出共显性，且重复性很好，就可以用于分子标记辅助选择。总之，用于分子标记辅助育种的标记最好是基于 PCR 技术的分子标记，成本较低，技术较简单，在两个亲本之间有较好的多态性且带型清晰。

（黄学森　肖光辉）

# 第十章  亲本繁殖与种子生产技术

近年来，我国西瓜种子的生产、加工、经营已成为农业中的一项独立产业。改进西瓜制种技术，实现西瓜种子生产专业化、加工机械化、质量标准化、经营企业化、管理规范化、育繁销一体化、生产用种商品化，是我国西瓜种子产业发展的既定目标。围绕《种子法》实现西瓜种子生产标准化，依托瓜类种子产业增加农民收入，已成为我国许多地方发展农村经济的一条重要途径。西瓜种子生产技术在农业生产中的地位和作用，主要表现在以下几个方面。

（1）西瓜种子是西瓜种植业赖以延续的基础。只有通过种子生产，才能把优良的西瓜品种推向市场，服务于现代农业。

（2）西瓜种子是提高西瓜品质的关键。因为要提高西瓜的品质，最关键的措施还是采用优质的西瓜品种。

（3）西瓜种子是西瓜生产中增产的内因，田间其他农艺措施只是增产的外因。因此，采用优良的西瓜品种对瓜农的增产增收起着关键性的作用。

（4）优良的西瓜种子可有效地提高西瓜的抗逆性。通过西瓜品种选育，可有效地提高西瓜对不良环境的适应性和抵抗力。

## 第一节  西瓜的良种繁育体系

西瓜的良种繁育就是有计划、迅速、大量地繁殖西瓜优良品种的优质健康种子，它是育种工作的继续。在亲本繁殖和种子生产过程中，为了使西瓜品种的优良性状得到保持，从原原种种子的繁殖和保存到原种的繁殖、再到生产用亲本种子的扩繁，商品杂交一代种子和三倍体西瓜种子制种的全过程，都必须严格按照良种繁育技术操作规程和良种繁育程序进行。

原原种由育种家或育种者提供，其遗传性状应该是高度稳定一致的，一般为优良的自交单瓜系的单瓜种子。原原种经严格的单瓜自交防杂保纯生产原种。原种经自交或姊妹交保纯防杂即成为杂交一代制种的亲本。

# 一、良种繁育的意义

## （一）品种的混杂与退化

严格地说，品种的混杂和退化是两个概念。退化是指亲本自身的劣变，进而使繁殖的西瓜品种种性不良，在西瓜亲本种子生产中，因采用连续多代自交，容易发生种性退化现象。混杂则是亲本由于自然杂交或机械混杂方面的原因造成种性不纯，致使繁殖的西瓜品种性状不一致。

1. 品种混杂与退化的原因

西瓜属于异花授粉植物，在隔离不严或放任生长的情况下，很容易发生自然杂交。加之在亲本保存、扩繁，以及品种推广过程中的工作疏漏，亲本经连续多代单株自交及不良栽培条件的影响，常会导致亲本品种生产力衰退，从而引起西瓜品种的生物学混杂、机械混杂和种性退化，直接造成品种生活力、抗性、产量、品质和商品性的下降。西瓜种子混杂与退化的原因是多方面的，也较为复杂，有的是一种原因所引起，有的则是多种原因综合作用所造成，归纳起来，主要有机械混杂、生物学混杂等方面。

（1）机械混杂。机械混杂是指在繁殖的某个西瓜品种的种子中混杂有其他品种的种子，从而降低了品种种子的纯度。机械混杂的原因主要是由于人为的疏忽和失误造成的。从浸种、催芽、播种、定植、授粉，到种瓜收获、采种、清洗、晾晒、精选、包装、运输、贮藏等每个环节都可能造成混杂。

（2）生物学混杂。生物学混杂是品种间的天然杂交，俗称"串花"或"串种"。西瓜是异花授粉作物，在已发生了机械混杂的群体中，如果播种后没有及时去杂，该品种的植株就会与混杂的异品种植株于开花时相互杂交，从而引起生物学混杂。

另外，在亲本繁殖过程中，如果因隔离不严格使本品种雌花接受了其他品种的花粉，特别是在采用空间隔离自由授粉方法繁种时，如果两个以上的品种间隔距离不足 1 000 m，很容易发生天然杂交，产生一些杂合体，这些杂合体在继续繁殖过程中就会产生许多重组合的类型，使原品种群体的遗传结构发生很大变化，从而造成品种的混杂和劣变。

（3）品种本身发生自然变异。西瓜品种在繁殖过程中，经常会遇上外界环境条件的变化和机械、物理因素刺激，如低温、雷电、辐射、化学物质、微量元素以及生物伤害等，这些都有可能诱发基因突变。尽管对表现型影响较大的

突变发生频率不高，但一些微小的突变却时有发生，且一般突变中出现有利的
变异少，而不利的变异多。一般来说，任何高纯度的品种，其群体的基因型都
是不会绝对纯的，投入生产以后，由于其品种内在因素的差异，品种本身的遗
传性也会发生变化。

（4）没有进行科学的选种与留种。在品种繁育过程中，如果没有按照良种
繁殖操作规程进行科学的选种与留种，必能导致品种退化。西瓜植株当代的遗
传型一般要到下一代才能表现出来，所以，一粒西瓜种子是纯种还是杂种，当
代从种子上是无法区别的，这就给我们人工选留带来很大的困难。

（5）不适宜的自然条件和栽培技术的影响。当留种田的自然条件和栽培管
理条件不利于该品种主要经济性状的表现时，品种的优良特征特性未能及时发
挥，无法根据个体间的差异来选优去劣。这样经过多次留种后就会导致品种的
退化。例如，选择早熟的品种只有在温度较低的春季进行早熟栽培时，才能比
较准确地判断植株的早熟性状，而在晚熟栽培的条件下进行选择，久而久之就
会导致品种的退化。

2. 克服品种混杂与退化的措施

在西瓜种子生产过程中，首先要防杂保纯。如果只种不选，待良种发生了
严重退化后再进行提纯，就会花费较长时间，而且不易取得明显的成效。因此，
西瓜种子生产应防杂重于去杂，保纯重于提纯。克服品种混杂与退化的具体措
施是：

（1）严格防止人为的机械混杂。机械混杂涉及西瓜种子从生产到销售的全
过程。所以，必须严格把好播种前种子处理、播种、定植、采种、晾晒、装袋、
入库、出库等各个环节，并必须确定专人负责。

1）在种瓜采摘、取种、清洗、晾晒、消毒、贮藏、种子处理和播种等操作
中，事先都应对场所和用具进行清洁，并认真检查，清除以前残留的种子。晾
晒种子时不同品种间要保持较大的距离，以防风吹或人畜践踏而引起品种的
混杂。

2）种子收获时，不同品种要分别堆放。如用同一容器或运输工具，在更换
品种时必须彻底清除前一品种残留的种子。

3）在包装、贮藏和种子处理时容器内外均应附上标签，写明品种名称、数
量、等级、采种时间、采种人等，以免差错发生。

4）留种地品种的田间布置要适当。留种地必须注意品种间保持一定距离，

尽可能采用单一品种种植和留种。

（2）注意防止生物学混杂。西瓜为异花授粉作物，必须采取严格的隔离措施，避免昆虫传粉造成生物学混杂。隔离的方式主要有以下几种：

1）机械隔离。机械隔离是在开花期进行人工夹花（或套袋），利用西瓜的花瓣作为隔离屏障，用铝片、发卡或细铅丝等将花瓣的上端夹住或用指形小帽套花，以免昆虫进入花内传粉。人工夹花（或套袋）应在雌花和雄花开放的前1天下午进行，在开花的当天清晨，取下夹片或指形小帽进行人工授粉，然后再次夹花或套袋隔离。这种方法主要用于少量品种的保纯，原原种和原种生产和杂种一代种子的生产中。

2）花期隔离。花期隔离主要采取分期播种、分期定植，使不同品种的开花期前后错开，以避免天然杂交。但由于西瓜作物为连续开花的植物，雄花开放比雌花早，且持续至生长末期，因而同季节的时间内隔离十分困难。唯一有效的办法是错开季节播种，同季节内实行严格的单一品种种植，或采用不同品种分年种植的办法。

3）空间隔离。空间隔离是良种繁育中经常采用的办法，它既不需要人工夹花，也不需要采取调节花期的措施，而只要将容易发生天然杂交的品种、自交系之间相互隔开适当的距离进行留种即可。故空间隔离在固定品种和自交系的良种繁育中经常采用。采用空间隔离的首要条件是种植种性纯正单一品种，一般要求播种在隔离区内同一品种纯度在99％以上，与异品种的隔离距离应不小于1000 m，并要求在隔离区附近杜绝人工放蜂。

（3）加强选择，彻底去杂去劣。去杂去劣是西瓜种子生产过程中不可缺少的技术措施。这项工作必须由对该品种特征特性有透彻了解、经验丰富的技术人员进行。

1）连续多代的定向选择，使品种的典型性得以保持，而不致发生种性退化。

2）在品种特征特性容易鉴别的时期，分阶段对留种植株进行多次选择和淘汰，如根据叶形、坐瓜节位、果形、皮色、花纹、瓤色、果实品质、种子大小和颜色等进行选择，以保证留种株在生育期各阶段的特征特性达到该品种的典型性。

3）生产原种时要进行严格的株选，生产用种的繁殖可以进行混选。对于伪、劣、病株都应严格拔除，伪株为非本品种植株，劣株为生长不良或畸形株，病株为感染病害的植株。

4）原种繁殖时选留的植株，一般不能少于50株，并避免来自同一个株系，以免品种群体内基因型单纯化和遗传基因贫乏，而导致品种生活力降低和适应性减弱。

5）加强栽培管理以创造适宜品种生长发育的环境条件。如果栽培管理粗放，环境条件不适宜，品种的优良特性不能充分表现与巩固发展，也会导致品种发生退化。从发展的观点看，大规模、低成本、高质量的西瓜良种繁育应当充分利用我国南北各地的自然条件，因地制宜地选择最适合西瓜留种的地方建立制种基地。通过异地制种，增强品种的适应性和生活力。

### （二）良种繁育的意义与作用

良种繁育是保持西瓜优良品种种性最关键、最重要的技术环节。没有良种繁育，育成的优良品种就不可能在生产上大面积推广应用，以发挥其应有的作用；没有良种繁育，已在生产上推广的优良品种会很快发生混杂、退化现象，使优良品种失去其应有的优良特性。所以良种繁育是西瓜育种工作的继续，是种子工作的重要组成部分，也是发展西瓜生产的一项基本建设。

西瓜良种繁育工作的主要任务有两个方面：一方面是迅速大量繁殖和推广西瓜良种，及时供应生产上需要的良种种子；另一方面是在繁殖过程中，保持和改善良种种性，提高良种的丰产性和产品的品质，使已退化了的品种恢复优良种性。为了保证良种繁育工作的质量，必须建立一套完整的良种繁育工作制度，采用最先进的栽培技术进行良种繁育，并且要加强种子的检验工作。

三倍体无籽西瓜良种繁育（制种）的具体工作如下。

（1）建立亲本种子的保存、繁殖及扩大繁殖体系，繁殖种性纯正的母本四倍体和父本二倍体种子。

（2）严格按照制种操作技术规程生产商品三倍体西瓜种子。

（3）建立健全西瓜种子质量检验制度。种子是生产资料，是特殊商品。三倍体西瓜种子的生产，首先应由政府主管部门（各省、市、县种子管理站）颁发生产许可证，生产出来的种子，必须通过种子主管部门检验质量（纯度、发芽率、水分、千粒重等）后取得合格证，并经植检部门检疫，发给植物检疫证后方可准许销售。销售的地区和范围一般不应超出引种试验和区域试验的范围，不允许盲目经营销售，以免给生产带来损失。

## 二、原种的生产

原种是育成品种的原始种子，即通过品种审定以后，用育种单位提供的原原种直接繁殖的种子，或是被授权生产原种的单位，按原种生产技术操作规程生产出来的与该品种原有性状完全一致的种子。如果育种者或有关部门无原原种可以提供，则需要用适当的选择方法，对已有原种进行提纯复壮，将其性状全面恢复到原有的优良水平上，获得原原种，然后再用原原种繁殖出原种，这是国内生产西瓜原种的主要方法。

原种生产的程序和方法，现在普遍采用的是分系比较法。该方法能迅速地克服良种的混杂退化现象，而且还可能选择出新的类型，选育成新品种。原种的生产，选择是主要手段，防杂去劣是保证，获得纯度高、质量好的原种种子是目的。原种生产的程序一般是按二圃制或三圃制进行，繁殖的种子质量必须符合国家有关种子管理及技术监督部门颁发的标准（表 10 - 1）。

表 10 - 1　西瓜亲本种子的质量标准（GB16715.1—2010）　　　　单位：%

| 级别 | 纯度 | 净度 | 发芽率 | 含水量 |
|---|---|---|---|---|
| 原种<br>大田用种 | ≥99.7<br>≥99.0 | ≥99.0 | ≥90.0 | ≤8.0 |

### （一）二圃制繁殖原种

二圃制繁殖原种的程序与方法如图 10 - 1 所示。

第一年（季），将新育成的优良品种的亲本原始种子，或通过提纯复壮纯度和品质很高的亲本种子（原原种），或上季选出的优良单瓜，以单瓜种子为单位，设立播种小区，每一个单瓜的种子播种一小区，称为单瓜圃。各单瓜圃的植株均以同株进行人工自交授粉。单瓜圃的选择分 2 次进行，第一次在第 2、第 3 朵雌花（留瓜节雌花）开放时，第二次在果实成熟时。为了使品种的性状充分表现，应选主蔓第 2 朵或第 3 朵雌花授粉留果。

收获时以单瓜圃为单位进行，对圃内每一单株依照品种综合性状标准，进行鉴定选择，淘汰不良单株。如果圃内淘汰株率超过 5%，则整个单瓜圃应予以淘汰。入选的所有单瓜圃的种子全部混合留种，供下年原种圃播种。另外，在鉴定选择的同时，应在入选单瓜圃内再选留一定数量的优秀单瓜，选留一些单瓜种子作原原种。

第二年（季），将上年或上季单瓜圃中入选的单瓜圃中的混合种子，播种成为原种圃。在植株全生育期各主要阶段及果实成熟时，分次进行严格的去杂去劣。原种圃内自交，混合留种。收获的种子按照原种种子标准进行检验。检验合格的种子即为原种。

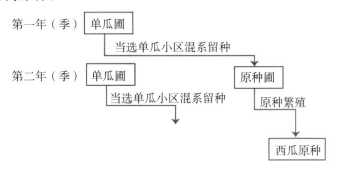

图 10-1　原种二圃制生产程序示意

## （二）三圃制繁殖原种

三圃制繁殖原种（图 10-2）的繁种技术及要求基本与二圃制相同，只是进行 3 年繁殖，其繁殖的原种种子质量更加优良。

第一年（季），与二圃制一样以每一个优良单瓜种子为播种小区组成单瓜圃。收获时按品种性状进行鉴定和选择，但在选择后不是把入选小区的种子全部混合，而是以"圃"为单位留种，每一圃各单瓜的种子混合，组成单系（单瓜系）分别保留。

第二年（季），以各入选单系（单瓜系）种子为一个播种小区，这样的小区称为单系圃。在植株各生育阶段对各单系圃的植株分别进行去杂去劣。成熟时

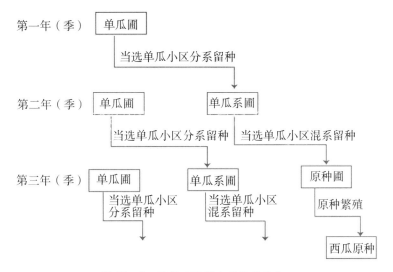

图 10-2　原种三圃制生产程序示意

对各单系圃的果实和种子进行鉴定、选择与淘汰。同样，淘汰株率超过 5% 的单系圃应予淘汰。最后将入选的各单系圃的种子全部混合留种供繁殖原种用。

第三年（季），将上年或上季入选单瓜系圃中的全部种子（混合种子）播种于原种圃。并在整个生育期各阶段分次进行严格的去杂去劣。收获的种子经过种子质量检验后，符合原种种子质量标准的种子即为原种。

### （三）原种繁殖的关键技术

**1. 单瓜选择**

单瓜选择应在纯度较高的种子田中进行。在西瓜的生长发育过程中，单瓜选择一般分 3 次进行。

第一次选择在主蔓上第 2、第 3 雌花（留瓜节位的雌花）开放时进行，此时主要根据植株形态、叶形、叶色，第 1 雌花出现的节位、雌花间隔节数、花的特征以及植株抗逆性等性状，选择符合原品种特征特性的单株，做好标记，并在留瓜节位的雌花开放的前 1 天，分别将该节位的雌花及同日开放的雄花套袋（或夹花冠），次日上午严格进行人工分单株套袋自交，以便保纯。

第二次选择在第一次中选单株中，当套袋自交单株的果实成熟时进行。此次主要根据果实的形状、皮色、花纹、坐果性及果实生长天数、植株的抗逆性等性状，选择符合原品种特征的单株，并做好标记。

第三次选择在第二次中选单株中，在收获的自交果实进行室内剖瓜考种时进行。此次主要是根据果实的果形指数、果皮厚度、皮肉比、肉质、瓤色、纤维粗细、折光糖含量与梯度、风味、耐贮运性以及种子的形状、大小、色泽等性状，选择符合原品种特征特性的果实，进行单瓜编号、单瓜留种。

选择数量：要求自交授粉雌花不少于 300 个，果实采收和室内考种不少于 100 个，经解剖鉴定中选的单瓜不少于 30 个。

**2. 单瓜圃**

单瓜圃应选择地面平整、肥力均匀、土层深厚、排灌方便，3 年以上未种植过葫芦科作物，隔离条件好（与其他西瓜品种相距 1 000 m 以上）的地块，每个中选的单瓜种 40 株，为一个小区。小区长 20 m，宽 2.2 m，株距 50 cm，小区间走道宽 30 cm。采用间比排列，不设重复，每隔 5～10 个小区设一个小区同品种的原种作对照。单瓜圃的四周设保护行。移植或直播后应按单瓜选择时的编号绘制田间种植图。田间管理与大田生产要求基本相同。

单瓜圃选择的时间、标准和方法与单瓜选择相同。第一次中选单瓜小区中的每个单株都须对留瓜节位的雌花进行人工套袋自交保纯，自交授粉数要求为本单瓜小区内植株的 1/3 以上。凡是杂异株率大于 5% 的单瓜小区或其特征特性与原品种不同的单瓜小区应予以淘汰。收获时，先收劣杂单瓜行和对照行，然后再收中选单瓜行。在收获中选单瓜小区时，应先将个别杂株、劣株去掉，然后在单瓜小区内进行混合收获，混合采种。

3. 单瓜系圃

选作单瓜系圃的田块要求与单瓜圃相同。将入选单瓜分别种植在单瓜系圃内进行系间比较，每一个单瓜系种一个小区，每个小区种 100 株左右，全圃设一个对照区，间比排列，不设重复。单瓜系圃选择的时间、标准和方法与单瓜选择相同。第一次中选单瓜系中的各单株也应对留瓜节位的雌花进行人工套袋自交保纯，在以后的各次选择中，进一步淘汰不良单瓜系，而将最后入选的单瓜系混合采种，进入原种圃。

4. 原种圃

田块选择、隔离条件等要求与单瓜圃相同。将入选单瓜系的种子混合种植于原种圃内，成片种植面积要求 1/3 以上，原种圃应与其他品种进行空间隔离或机械隔离。空间隔离的距离最好在 1 500 m 以上。生产中应创造良好的栽培条件和进行精细管理。在西瓜开花期、果实生长中期和收瓜、采种时，分别进行观察鉴定，严格去除病株、杂株、劣株，以进一步提高种子的纯度和质量，要求纯度不低于 99.7%，入选种瓜混合采种后即为原种。

5. 原种比较试验

获得原种以后，还必须对原种进行鉴定。鉴定的方法是取原种圃繁殖的原种，以原原种为对照进行比较鉴定，试验设计和方法与品种比较试验同。

由于原种的繁殖需 2～3 年（季）才能完成一个繁育周期，因此原种繁殖时的原种量通常应使一次原种繁殖的种子量能供 3～5 年亲本种子扩繁用。

## 三、亲本种子的扩繁

繁殖的原种可用于亲本种子的扩繁，再供商品西瓜种子的生产。亲本的扩繁应有良好的亲本良种繁育基地和技术熟练的专业技术人员，以及较完备的种子清选、检验、保管等设备。以保证在亲本扩繁过程中能有效地防止混杂和种性退化，确保繁殖出优良的亲本种子。

### （一）亲本种子的生产制度

亲本种子的扩繁一般按二级留种制进行（图 10 - 3）。即用原种播种育苗，适时定植在隔离区（原种一代种子田）中，在第 2 雌花开放前拔除杂株、劣株，同时按品种标准性状严格选留优良单株，进行人工自交授粉。种瓜成熟后，自交优株混合留种用作原种二代种子；其余植株混合留种用于亲本扩繁，生产生产用亲本种子。以后可按此方法生产原种三代、四代等原种级种子及各年的生产用亲本种子。大约在原种四代前后可能会出现种子的混杂与退化问题，此时可用库存原种开始新一轮亲本种子生产。

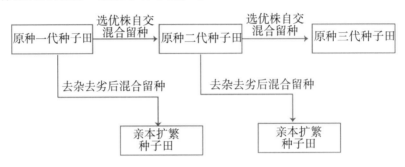

图 10-3　二级留种亲本种子生产程序

## （二）亲本种子生产技术要点

亲本种子生产一般应选择适宜西瓜生长发育的气候条件，选择土质肥沃，灌排方便的地方进行生产。而且栽培管理应比一般大田生产更精细，以保证西瓜生长发育良好，使品种的优良特征特性得到充分的表现，以便于根据个体间的差异进行选择，及时选优去劣。气候干燥且具有灌溉条件的地方，是西瓜种子生产最好的区域。我国以西北地区最适合西瓜亲本种子的生产；其次是黄河、淮河流域；长江流域灾害性天气多，种子生产风险较大。西瓜亲本种子生产的主要技术要点如下。

### 1. 适时播种

播种前种子要进行精选和处理，以提高种子品质及生活力。一般是春播育苗，地膜覆盖栽培，个别为了加代扩繁也在秋季采种或于海南冬季种植采种。在春播条件下生产亲本种子，因不需抢早收瓜上市，播种期可比大田栽培推迟 7~10 d，以避开早春的不良天气，提高种子产量。华中地区一般 4 月上中旬播种，7 月中下旬种瓜成熟收获。

### 2. 合理密植

各地经验证明，为了提高种子产量，栽培密度应比商品瓜栽培的密度大，一般栽培密度应在 12 000 株/hm$^2$ 以上。

3. 建立隔离区

西瓜是典型的异花授粉作物，自然杂交率很高，极易引起品种退化，要生产高纯度的种子，必须采取严格的隔离措施。如果两个品种间没有森林、山丘等屏障，空间隔离距离应在 1 000 m 以上。栽培过程中还应经常在田间观察，多次进行严格的去杂去劣。

4. 留瓜部位的确定

一般应进行人工辅助授粉。西瓜低节位的果实种子数少，中、后期坐的瓜种子数多。主蔓上第 2～3 朵雌花所结的瓜，种子质量最好。因此，采种的果实应选择具有本品种特性、瓜形端正的第 2 或第 3 雌花形成的果实。西瓜在坐果后 3 个星期左右，其种子就具有发芽能力。达到商品成熟期的果实，已具有较高的发芽能力，但充分成熟的果实，其种子千粒重大，发芽率更高。

5. 多施基肥，适当增施磷钾肥

为了提高种子饱满度，坐瓜后当果实鸡蛋大小时每 6～7 d 喷施 0.1%～0.2%磷酸二氢钾 1 次，连续喷 2～3 次。

# 第二节　四倍体亲本的繁殖

四倍体母本作为无籽西瓜制种的亲本之一，其良种繁育体系、原种生产、亲本种子扩繁的原理与方法和上述二倍体亲本的基本一样，但由于四倍体亲本的染色体加倍而产生的低稔性，使得西瓜四倍体亲本的繁殖又具有其特殊性。

## 一、四倍体西瓜的繁殖特性

低稔性是四倍体西瓜的重要繁殖特性。稔性（孕性）低是四倍体西瓜的一个非常突出的特点。衡量四倍体西瓜孕性的高低常以其单瓜种子量为最后鉴定标准。四倍体西瓜的孕性低，也就是意味着四倍体西瓜的繁殖系数低。多年来科技工作者一直在研究同源四倍体孕性低的机制，并在不断探索提高四倍体西瓜孕性或提高四倍体西瓜采种量的途径和方法。

### （一）四倍体西瓜低稔性的机制

同源四倍体西瓜的孕性低，种子数少，特别是通过人工诱变刚获得的四倍体更是如此。一般而言，孕性降低是多倍体植物的一个普遍现象。在同源四倍体植物中，除极少数植物以外，绝大多数植物的稔性都低于原二倍体，四倍体西瓜的低稔性尤为明显。二倍体西瓜的单瓜种子数一般为 300～600 粒，而四倍体西瓜的单瓜种子数一般只有几十粒至百多粒，仅为二倍体西瓜的 1/5～1/10，有时还会更低，并常产生很多发育不全的白色种皮。

关于四倍体西瓜稔性低的原因和机制，不少学者进行过长期的探讨，并取得了很大的进展。有基于细胞学基础的配子多价体学说，还有基于遗传学、生理学和胚胎学原因的解释等，归纳起来主要有以下几种观点。

1. 配子多价体学说

Darlington（1937）和 Kosloff（1940）等认为，四倍体西瓜的低稔性是由于小孢子母细胞减数分裂不正常。引起同源四倍体孕性低的原因是四倍体减数分裂时，染色体配对不正常而造成的。因为同源四倍体的染色体大多是同质的，在减数分裂时产生大量多价体（Ⅳ、Ⅲ）和单价体，而使染色体不能均等地分配到配子中去，结果影响了配子的生活力，致使四倍体西瓜的孕性降低，即"配子多价体"学说。日本的木原均和西山（1949）也认为，同源四倍体西瓜孕性降低是由减数分裂不规则引起的。而牟钦（1936）、Randoph（1941）及鲍文奎、严育瑞（1956）等则持有不同的看法。

2. 基因剂量和基因互作效应的改变

伦道尔夫等（1941）认为，关于四倍体西瓜低稔性的原因，减数分裂的染色体行为是次要的，而本身的遗传性是主要的，因为有大量的事例表明，异源多倍体和品系间杂交的减数分裂过程中常产生多价体等染色体不平衡现象，而结实率却大为提高；减数分裂过程中的染色体配对不正常，配子可孕性只降低 5%～15%。认为孕性是受基因控制的，基因剂量和基因互作效应的改变是造成四倍体西瓜的低稔性的主要原因。四倍体西瓜低稔性的遗传学原因是，同源四倍体由于染色体伴随的基因和其他物质的加倍，使得控制结实的多基因平衡关系和修饰基因系统的调节遭到破坏，以及同质结合使生活力下降。所以，采用适当的育种方法如混合选种、品种间杂交等措施可使孕性提高。

3. 营养物质交换与运输受阻

Muntzing（1936）、Ranaolph（1941）、Schwanitzf（1950）、С. С. Сербин（1954）、鲍文奎和严育瑞（1956）等认为减数分裂不正常，配子的染色体不平衡不是或不完全是同源四倍体孕性低的主要原因，他们认为生理原因是主要的。因为有实验表明，有的四倍体作物形成很多四价体，孕性却很高；有的作物都形成二倍体，孕性却很低；配子不正常只能降低孕性 10% 左右等。所以认为四倍体西瓜孕性低的原因主要是营养物质交换与运输受阻等生理上的原因造成的。由于同源四倍体细胞核和细胞的体积增大，细胞的表面积与体积之比减小，营养物质的交换和营养物质转移到生殖器官受阻或破坏，性因素减弱（如胚珠、雄蕊及花粉粒的数目减少，花脱落等），使种子得不到足够的养料所致。例如，很多实验证明，采用增施磷、钾和镁、硼等微量元素促进同化物质的运转等农业措施可以提高孕性。

4. 胚胎发育不正常

谭素英、梁毅等（1998）以蜜枚四倍体和黄枚四倍体为试材，原蜜枚和黄枚二倍体西瓜为对照，从授粉、受精和胚胎发育的角度进行了试验研究。研究结果表明，四倍体西瓜的花粉萌发率低，花粉管生长不正常，授粉、受精过程慢，胚囊受精率低，胚乳过早解体，大多数胚在发育过程中败育，是同源四倍体西瓜低稔性的胚胎学原因。因为他们的试验结果已证明：四倍体西瓜的花粉萌发率低。在一般情况下，西瓜授粉后 2 h 花粉萌发率达到最高。在授粉后 2 h 检测花粉萌发率时，四倍体西瓜自交花粉萌发率低仅为 65.9%，而对照二倍体为 98.2%。

四倍体西瓜的花粉管生长不正常。四倍体西瓜的花粉管粗细不均匀，花粉管在生长过程中出现畸形现象，花粉管在柱头内扭曲，顶端膨大，分叉，有双花粉管和三花粉管，花粉管在柱头中呈结节状分叉或末端膨大成球状，花粉管生长缓慢，授粉后 12 h 才到达花柱基部。二倍体西瓜花粉管粗细均匀，生长速度一致，未观察到异常现象，授粉后 9 h 即到达花柱基部。四倍体西瓜花粉管比二倍体西瓜花粉管生长速率慢，比对照二倍体西瓜慢 3 h。

四倍体西瓜的授粉、受精过程慢。四倍体西瓜自交，虽然受精过程正常，但花粉在柱头上萌发及花粉管在柱头与花柱中生长受到抑制，导致进入胚囊花粉管数少，受精过程较慢，双受精频率低。授粉后 42 h 花粉管才进入胚囊，4~6 h 后才完成双受精，受精率仅为 35.84%，而对照二倍体授粉 20 h 后开始受精，2~4 h 完成双受精，受精率达 97.53%。

四倍体西瓜只有少数胚发育成成熟种子：四倍体西瓜自交不但胚胎发育慢，而且大多数胚由于游离核或细胞化胚乳的异常解体，在原胚或球形胚阶段败育，部分胚分化到心形胚、鱼雷形胚后，由于细胞化胚乳过早解体，胚停止分化而败育。只有少数胚发育到成熟，形成有活力的种胚而形成成熟种子。

总之，四倍体西瓜孕性低可以分为功能性不孕和生理性不孕。多倍体性器官及其他组织细胞结构的特异性，使同化物质的运输、分配发生变化，以致配子得不到足够的营养，造成功能性不孕，可通过育种途径加以解决。由染色体配对不平衡，同质结合引起生活力降低，是生理性不孕，应通过改善栽培管理条件，部分可以得到克服。

### （二）解决四倍体西瓜低稔性的方法

虽然环境条件不是影响同源四倍体孕性的决定性因素，但其作用是不可忽视的。所以，合理地利用环境因素，改善栽培管理条件，配合育种措施，对于提高四倍体西瓜的孕性是行之有效的。根据四倍体西瓜低稔性产生的原因，解决其低稔性的方法主要有以下几种。

**1. 合理施用磷、钾肥和硼等微量元素**

关于四倍体西瓜低稔性的原因，生理学认为，是营养物质的交换和营养物质转移到生殖器官受阻或破坏，种子得不到足够的养料所致。由于磷、钾肥和硼等微量元素可以促进植物体内的生理生化过程和同化物质的运转，所以增施磷、钾、镁和硼等微量元素可以提高四倍体西瓜的孕性。

例如，陕西省果树研究所（1973）的试验结果表明，增施磷肥的地块四倍体西瓜采种量增加 25%，郑州果树研究所（1974）以磷、钾肥并用，提高四倍体采种量 49.3%～53.0%；山东昌乐唐吾乡南村和城关南源村，采用增施磷肥的方法，使四倍体西瓜种子产量由当时的每公顷 15 kg 左右提高到每公顷 38.76 kg。

**2. 多籽性西瓜的定向选育**

关于四倍体西瓜低稔性的原因，遗传学认为是受基因控制的。所以，结实力或单瓜种子数是一个可以遗传的性状。在同一品种内个体之间的结实力有差异。有的个体果实内含种子多，有的含种子少。一般来说，多籽个体其后代种子多，少籽个体其后代种子少，因此，通过连续多代选择可以提高采种量。但是在隔离区内自由授粉的情况下采种，如果不注意淘汰少籽的个体，就会在群体中逐年扩大它的比例，使多籽的个体受到品种内少籽个体株间杂交的影响，并且在它的后代中分离。因此，在自然授粉的情况下，多籽种瓜的后代也会产生少籽的个体，这样造成选择的效果不理想。

由此可见，四倍体西瓜多籽单系的选择，应对每个个体单瓜种子数做仔细的观察，选择产籽量多的个体相互杂交，再在后代中选择，当产籽量提高到一定水平以后，仍应严格选择，使产籽量稳定在一定的水平，才能取得理想的结果。在诱变四倍体的时候，扩大四倍体的诱变群体，从中选择出孕性高的多籽个体进行连续多代的自交选择，或从已有的四倍体西瓜品种内选择多籽单瓜进行连续自交选择，淘汰少籽个体，这样经过连续多代选择都可获得产籽量高的品种或品系。例如，广东省澄海县白沙良种场（1975）对富研四倍体的多籽单瓜进行了 4 代选择，使单瓜种子数从 31 粒增加到 94 粒，第 4 代的单瓜种子数比原品种种子数增加 203.2%。

### 3. 利用多籽四倍体品种选育多籽西瓜新品种

有的四倍体西瓜品种各种经济性状都很好，但单瓜种子数太少，若用这样的四倍体西瓜作三倍体西瓜母本，采种量太低，生产成本高，无直接利用价值。为了提高这样的四倍体西瓜的孕性，我们可以采用杂交育种的方法，将这样的四倍体西瓜品种与多籽品种杂交，从中选出经济性状基本同原品种，而种子数目增加的单瓜留种，经过连续多代的选择就可以得到一个优良的多籽四倍体西瓜新品种。郑果 401 是一个多籽四倍体品种，平均单瓜种子数超过 100 粒，200粒以上的单瓜也常见，少数在 300 粒以上，是一个培育多籽品种的好亲本。

### 4. 品种间杂交一代的利用

同源四倍体为同质结合，经过多代自交以后生活力降低，因而影响其孕性。利用四倍体品种间杂交一代在提高植株的生活力的同时，孕性也大幅度得到提高。所以，品种间杂交是提高四倍体西瓜生活力和种子产量的有效措施。例如，下间实（1961）用四倍体富民和四倍体旭大和杂交的 $F_1$ 代，种子结实率较亲本提高 1 倍左右。1977 年广东省番禺县石集供销社用农育 1 号四倍体与北京 2 号四倍体杂交，$F_1$ 代比农育 1 号四倍体采种量提高 48.2%，用 $F_1$ 配制的三倍体种子比用农育 1 号配制的三倍体种子采种量提高 27.1%。

但利用四倍体品种间杂交一代时应注意：不是任何两个四倍体品种杂交都能达到目的，要进行组合选配，适宜的组合才能提高孕性；所选用的两个品种的经济性状要优良并互补，果实性状一致，这样才有实用价值。

### 5. 品种内姊妹系间交配

四倍体西瓜品种内个体之间生活力、孕性等都存在差异。为了保持原有品种的种性又要提高生活力，可以采用品种内不同个体间杂交，来增加种子的采种量。例如，将有差异的个体分别自交形成自交系，选择经过 6～7 代自交的性状一致的品种内姊妹系在隔离区内自由授粉或进行品种内杂交，在提高生活力的同时也可以提高孕性。例如，广州市果树研究所对四倍体 1 号进行姊妹交，单瓜种子数增加了 46％。

6. 利用适宜的季节繁种

四倍体西瓜授粉受精对环境的温度、湿度条件要求严格。温度过高或过低，湿度过小或过大，都不利于四倍体西瓜授粉受精和果实发育。这些不利条件不仅影响花粉的发育、萌发和生长，而且影响整个植株的生理状态，进而影响种子的形成。所以不良的环境条件会造成单瓜种子数明显降低。例如，中国农业科学院郑州果树研究所（1974）观察发现，在郑州，6 月上、中旬最高气温为 30 ℃左右，平均气温 22～26 ℃，空气相对湿度 60％～80％的气候条件下，四倍体西瓜单瓜种子数最多。广州市果树研究所也作过类似的观察。在广州春季气温为 25～28 ℃，空气相对湿度 80％～85％的条件下，春作西瓜花粉生活力最强，授粉采种量最高。而秋作西瓜即使温度与春作西瓜相似，但因空气干燥，四倍体西瓜的采种量明显低于春作。因此，调节播种期，创造适宜的条件，控制授粉受精和胚胎发育的时期在适宜的季节内，是提高采种量的又一重要措施。

7. 进行异地繁种

调查结果表明，如果将常年在某一地区繁殖的四倍体品种或自交系放到气候、土壤等生态环境差异较大的异地进行繁种，在提高四倍体和三倍体种子产量上可收到很好的效果；如果将异地繁殖的四倍体种子与当地繁殖的种子混植，使其在隔离条件下自由交配，对提高四倍体种子产量更为有效。近年来内地很多单位到西北地区繁殖四倍体种子，在内地繁殖三倍体种子，或在内地繁殖四倍体种子，到西北去生产三倍体种子，其中一个重要原因就是利用这个道理。

另外，还有一些其他农业措施，例如人工辅助授粉，大量授粉等可比自由授粉显著提高四倍体西瓜种子产量。

## 二、四倍体西瓜的繁殖

四倍体西瓜的繁殖，是指通过健全的良种繁育体系和制度，以及严格的良种繁育技术，在亲本扩大繁殖和商品种子的繁殖过程中，保持原四倍体西瓜品种种性的稳定性。四倍体西瓜繁育的任务是：建立亲本原种的保存、繁殖体系，繁殖种性纯正的四倍体种子；严格按亲本繁种技术生产西瓜种子，防止四倍体西瓜品种的混杂与退化。

造成四倍体西瓜品种混杂与退化的原因与二倍体西瓜一样，主要是由于机械混杂与生物学混杂。但四倍体西瓜的生物学混杂只能是在四倍体品种间发生。若四倍体与二倍体之间发生自然杂交，一种情况是四倍体雌花接受二倍体的花粉，其后代必然是产生三倍体无籽西瓜种子；另一种情况是二倍体雌花接受了四倍体的花粉，则产生空种壳，这两种情况都不能产生后代，也无所谓退化问题。

种性退化的主要表现是生活力、抗性的下降，品质、产量及商品性的劣变等。造成种性退化的原因主要有以下两种。

### （一）长期多代自交引起种性退化

因为西瓜属于异花授粉作物，四倍体西瓜品种即使是原种，严格地说仍是一个并非完全纯合的群体。如果在品种保存或繁殖过程中长期自交，甚至为了纯化进行多代同株自交，必然会导致生活力下降、抗性降低等种性退化现象。

### （二）选种、留种过程中的选择不当引起种性退化

西瓜许多性状的遗传属于数量性状遗传，它的稳定和变异是一个长期渐进的过程。因此，在选种时对某些单株的选留过程中，如果片面强调某一性状，忽视综合性状的选择，多代之后必然会造成一些性状的劣变。对于不熟悉四倍体西瓜品种亲本性状的人员，在留种、选种工作中更会加速这一变异的发生，甚至会将已发生生物学混杂的亲本加以选留。

应当指出的是，由于栽培环境的恶劣，常会直接使植株的生长发育和性状表现不良，但这一变化并不会在后代中遗传传递，只要环境条件改善，植株性状就能恢复正常。所以，在选种、留种时要区别是真正的品种退化，还是环境原因造成的不良表现。

在四倍体西瓜的繁殖过程中，要使四倍体西瓜品种种性得到保持，主要是要对亲本原种留种实行同株自交和严格品种内植株间自交交替进行，以保持品种健全的生活力、抗性及优良性状。同时，在后代选择时要按品种特征特性进行综合选择，使品种种性稳定。

防止四倍体西瓜品种的混杂与退化与二倍体西瓜一样。

首先，是杜绝机械混杂的发生。所以，必须制定和完善种子管理制度。从播种到种子采收，从种子精选入库到种子贮藏全过程，每个环节都要认真细致地按制度进行操作与检查。每项工作有专人负责，主要环节有人核查。对于种子繁殖过程中所用器具，包括口袋、网筛、晾晒工具和场地、精选机具等，每次使用后要彻底清理干净，以防遗留或黏附种子。种子入库贮存时，要在种子

袋的内、外放好标签，标明品种名称、重量、采种地、采种人、采种日期和经办人等，并要登记以备核查。

其次，是严格防止生物学混杂。采用空间隔离方法繁种时，在繁种区内只能安排四倍体西瓜亲本品种 1 个。制种区内的四周必须保证有 1 000 m 以上的空间隔离区，且最好进行人工辅助授粉。采用人工控制方法繁种时，对要授粉植株的雌花，在开花前及授粉后用纸帽等器具进行隔离；用于授粉的雄花，授粉前要套袋隔离，或在开花之前采摘，贮存待用，防止昆虫传粉。

为了使四倍体西瓜品种的优良性状得到保持，从原种的保存和繁殖、生产用亲本种子的扩繁到商品四倍体西瓜种子生产的全过程，都应始终坚持按良种繁育体系和良种繁育技术进行操作。

四倍体西瓜原种是指新育成的四倍体西瓜品种的亲本原始种子（原原种），或通过提纯复壮后纯度和质量都很高的种子，或按原种繁殖程序从原种圃扩繁所获得的种子。原种的繁殖应严格按照原种生产程序进行，即按照二圃制和三圃制繁种程序进行原种扩繁，所繁殖的种子质量应符合国家有关种子管理及技术监督部门颁发的质量标准。

四倍体西瓜的繁殖技术与二倍体西瓜繁殖大体一致，但在栽培上应着重注意以下几个环节：

（1）早播种晚定植。适于用温床育苗，催芽与育苗温度应适当比二倍体西瓜提高 1～2 ℃，最好采用破壳催芽，以利加速种子发芽。

（2）适当密植。采用单、双蔓整枝，密度一般在 12 000～15 000 株/hm² 以上。

（3）地膜覆盖栽培。必须覆盖地膜，以促进四倍体植株加速生长。

（4）增施肥料。总施肥量比普通西瓜增加 20%～30%，尤其应增施磷、钾肥，以提高种子的产量和质量。

（5）加强后期管理，延长结果期，以增加单株采种量。

（6）合理灌溉，及时防治蚜虫，防止病毒病为害。

# 第三节　三倍体西瓜健康种子生产技术

三倍体无籽西瓜种子生产和杂交一代种子生产一样，只是三倍体无籽西瓜种子是以四倍体西瓜作母本，二倍体西瓜作父本的一代杂交种。四倍体西瓜果实内种子少，只有普通西瓜的 25％ 左右，因此繁殖系数低，其制种程序如图 10-4 所示。

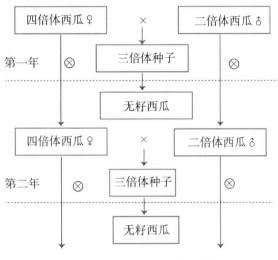

图 10-4　三倍体无籽西瓜制种程序

　　制种时，一定不能让种子带上病原菌。例如西瓜细菌性果腐病，也称果斑病（bacterial fruit blotch，BFB），是近几年来呈上升趋势的一种病害，对瓜类的生产构成了极大地威胁，已经成为西瓜生产上亟须解决的问题之一。由于该病害是一种典型的种子带菌传染性病害，给我国的西瓜制种业和种子出口带来了严重冲击。怎样预防、及早发现并进行有效地防治也成为西瓜种子生产的首要任务。

　　目前，西瓜细菌性果腐病已经在我国瓜类良种生产基地不断蔓延。种子是西瓜细菌性果腐病的初次侵染源，幼苗期和果实成熟期是西瓜细菌性果腐病病害的主要发病期。由于西瓜细菌性果斑病菌能够在西瓜的种子内存活，只有从制种环节彻底杀灭病菌，同时做好西瓜幼苗期和果实成熟期的病害防治工作，生产不带病的健康种子，才能杜绝西瓜细菌性果腐病病害的灾难性爆发。所以生产不带细菌性果腐病菌的种子是西瓜健康种子生产的重要内容。

　　黄瓜绿斑驳花叶病毒病是西瓜等葫芦科作物上的一种毁灭性病害，其病原为黄瓜绿斑驳花叶病毒（CGMMV）。黄瓜绿斑驳花叶病毒病已被农业部 2006 年 12 月发布的 789 号公告列为全国农业植物检疫性病害，主要为害西瓜等葫芦科瓜类作物，是一种通过种子进行远距离传播的病毒性病害。尽管西瓜种子携带的病毒会随着贮藏时间的延长其致病力逐渐下降，但病毒在种子内可存活 8～18

个月。

另外，这种病毒可通过授粉传播，田间调查结果表明，用病株花粉授粉，1个月后71％的果实出现绿斑，17％的叶片出现花叶；病株自花授粉发病率可达100％（古勤生，2007）。西瓜的黄瓜绿斑驳花叶病毒病在我国的辽宁省盖州市、新民市、大石桥市，河北滦县、新乐市和北京市平谷区的部分地区（任小平，2007），以及浙江温州的乐清市、台州的温岭市等地（林燚等，2012）均有发现，对我国的西瓜生产特别是西瓜种子的生产构成很大的威胁。

因此，在制种前应对制种基地进行实地考察，严禁在疫区进行西瓜种子生产，加强对制种基地的产地检疫工作，从制种环节杜绝该病的发生，生产不带黄瓜绿斑驳花叶病毒病的健康种子，是防止该病的蔓延与爆发最根本的方法，也是生产健康种子的重要内容。

# 一、人工控制授粉法

## （一）播种前的准备

### 1. 亲本种子的准备

生产三倍体无籽西瓜种子的母本四倍体和父本二倍体种子，必须达到原种标准，即母本种子纯度不低于99.0％，父本种子纯度不低于99.7％。

三倍体西瓜制种时，通常每公顷制种田需四倍体母本种子2.4 kg，父本二倍体种子75 g。生产上应根据所需繁殖的三倍体西瓜种子量和制种面积，备足亲本种子。

### 2. 种子处理

播种前应充分晒种一次。结合浸种，用1％硫酸铜或100倍甲醛溶液浸种2～3 h，然后用清水反复冲洗干净后催芽播种。

应加强西瓜亲本种子的检疫，以防止细菌性果腐病、黄瓜绿斑驳花叶病毒病等通过亲本种子进行传播与蔓延。播种用的亲本种子要有病菌检测证明，以确认此批种子是细菌性果腐病和黄瓜绿斑驳花叶病毒病检测呈现"阴性"的健康种子方可用于制种。

如果发现种子携带细菌性果腐病菌，可用苏纳米（Tsunami）等药剂进行消毒处理，以杀死种子表面的果腐病病菌，最大限度地防止此病的传播与蔓延。用1.2 mol/L的Physan - 20或80倍Tsunami 100原液浸种0.5 h，可使BFB病菌致死。BFB病菌在浓度为80 mg/mL的过氧乙酸悬浊液中浸泡30 min后也可致死。

如果发现种子携带黄瓜绿斑驳花叶病毒病，播种前必须对种子进行消毒处理，以杀灭种子内、外病毒。种子可在 70 ℃下干热处理 3 d 或采用 10％磷酸三钠溶液浸种 10～15 min，进行种子消毒，10％磷酸三钠处理种子钝化病毒的效果为 56.9％。

3. 整地施肥

一般选择地势平坦、土壤肥沃的沙质壤土，在选定的制种区域内没有发生过细菌性果腐病和黄瓜绿斑驳花叶病毒病，并有充分的轮作年限，避免重茬。在制种区除了规定的母本和父本品种外，其他的西瓜品种必须隔离 500～1 000 m（丘陵地带 500 m）或以上，所以制种田要求相对集中连片。播种前 2 周，清除种植田和灌溉设施周边杂草，植株残体，并集中进行烧毁。

在头一年秋茬作物收获后即行深耕，入冬前结合撒施堆肥再耕翻冻垡。种瓜前耕翻耙平地块，进行整地。结合整地施足基肥，肥料种类和施肥量基本与商品瓜栽培相同，但应适当增施磷、钾肥，以提高种子质量。一般每公顷施肥量折合纯氮 105～120 kg、$P_2O_5$ 150 kg、$K_2O$ 180 kg。施肥时结合深翻，采用沟施法施在宽 50～60 cm、深 20～30 cm 的瓜行内。整地方式同当地的商品瓜栽培一样，南方地区一般做成龟背形的高畦，开深畦沟、垄沟，与瓜地四周围沟相通，多雨时利于排水防渍。

4. 地膜覆盖

按种瓜行于播种前或定植前铺盖地膜，以利于早春土壤增温保墒，促进出苗、保苗和植株生长。

（二）播种、育苗与定植

1. 亲本的配置

无论直播还是育苗移栽，亲本在制种田的种植方式上，都应考虑到有利于人工授粉的操作。因此，四倍体母本及二倍体父本一般采取分别集中种植的方法。父本与母本的种植比例一般为 1∶（8～10）。即每种植 8～10 株母本，需配植 1 株父本。为便于采取雄花，父本品种可种植于母本品种区内的一端。

2. 播种期

种子生产大多在春夏季进行，并且采用地膜覆盖露地栽培。南方地区一般在 3 月下旬至 4 月上旬，华北地区一般在 4 月上中旬，西北和东北地区一般在 5 月上旬播种。为保证母本植株在雌花开花期有足够的父本雄花供杂交授粉，父本品种应较母本品种早播 10～20 d。父本早播时如果早春气温较低，必须采取相应的防寒措施，如温床育苗、小拱棚栽培和地膜覆盖等，以预防早春低温寒害。

3. 种植密度

种植密度即单位面积母本适宜的定苗数，可根据气候条件和栽培水平等而定。南方多雨地区适当稀植，以利于坐瓜，一般行距 2 m，株距 25～30 cm，每公顷保苗 15 000～19 500 株为宜。北方因气候干旱，容易坐瓜，通常采用密植栽培，一般行距 1.6 m，株距 20～25 cm，每公顷保苗数 24 000～30 000 株。但父本的株距要加大到 40～50 cm。实践证明，增加种瓜个数比增加单瓜重量更有利于提高种子产量。

4. 间苗或定植

北方多采用直播，南方则以营养钵、营养袋育苗移栽为主，以便于苗期集中管理。不论哪种方法，一般都需将种子催芽后播种。播种量因播种方法不同而不同，直播栽培较育苗移栽的用种量增加 2～3 倍。以种子千粒重 50 g 为例计算，育苗移栽每公顷约需四倍体母本种子 2.4 kg，二倍体父本 75 g，而直播则需母本种子 4.8 kg 以上，父本 150 g 以上。

大田直播应及时间苗，间苗一般在子叶平展期或幼苗 1 片真叶时进行。每穴选留 1 株健壮的苗。育苗移栽宜在幼苗 2～3 片真叶期适时定植。定植前 2 d 苗床应喷洒农药和根据苗情酌情追肥。定植时应浇足定根水，然后培土盖地膜。

如果亲本种子携带黄瓜绿斑驳花叶病毒病，播种前虽进行了种子消毒处理，在移植前还应用抗血清或 RT-PCR 进行检测，以确保无带毒苗进入大田。

### （三）授粉前的植株调整

当瓜苗开始伸蔓时，视长势酌情追施伸蔓肥，保持瓜秧有良好的生长状态，以提高坐果率。在北方地区制种，四倍体母本全部采用单蔓式（一条龙）整枝，需要进行多次打杈，摘除全部侧蔓，直至坐住瓜后才停止。在南方多雨地区制种，大多采用二蔓整枝方式，留主蔓和一条侧蔓，多余的侧蔓尽早摘除。瓜蔓长至 0.5 m 时进行压蔓，以后每隔 5～6 节再压蔓一次，直至坐住果后停止整枝和压蔓。一般每株留 1 个果。也有采用稀植多蔓式整枝方式栽培的，一株可留多果。

### （四）亲本植株的鉴别和去杂、去劣

为了提高杂交种子纯度和提高种子的健康度，在制种田应对亲本进行植株形态的鉴别和病害调查，并及时清除杂异植株、病株和劣株。杂异株的出现往往是由于生物学混杂和机械混杂西瓜种子长成的植株。植株形态鉴别的方法主

要是依据母本四倍体西瓜品种和父本二倍体品种所特有的植株形态特征，诸如叶形、株型、雌花花蕾和子房的形状以及幼果果面色泽等。特别是父本二倍体西瓜必须在授粉前进行彻底除杂。鉴别亲本中杂异株的工作应自种子准备阶段挑选种子时开始，贯穿植株整个生育期直至新种子采收。

在大面积三倍体西瓜种子生产时，母本四倍体植株群体中常会有数量较少的二倍体西瓜植株的存在。这部分植株的叶片和茎蔓与四倍体植株有显著区别，而果实果面色泽和果实形状与四倍体一致，但单瓜种子数很多，且种子的形状和大小与四倍体不同。因此，母本植株进入伸蔓后，应及时进行检查并拔除这些二倍体植株。

健康种子生产先从花粉开始，为了保证所制杂交种子健康无菌，防止细菌性果腐病、黄瓜绿斑驳花叶病毒病在授粉过程中的传播，对父本植株在采摘雄花前要全面鉴定健康程度，对带有细菌性果腐病病斑、黄瓜绿斑驳花叶病毒病的植株全部拔除深埋或焚烧，不能用于采集花粉；母本植株田间发现病株也要及时拔除深埋或焚烧。

在生产过程中，田间不定期使用抗生素淋浴植株根部和喷洒叶面，可以达到不断清理和消除病菌的作用，开花坐果后到果实成熟阶段是重点防治期。田间管理操作过程中的整枝打杈、去雄套袋、杂交授粉等环节中使用的操作工具，可用 75％乙醇溶液浸泡消毒，以预防病菌交叉感染。

### （五）母本去雄、套帽、除幼果

1. 授粉前摘除母本植株的幼果和已开放的花

人工杂交授粉前，部分母本植株会坐少量的果实，这些果实不仅影响同一植株雌花的再形成和坐果，而且会影响三倍体种子纯度。因此，在进行人工授粉之前，必须对整个制种地的四倍体母本植株进行仔细检查，及时摘除未经人工授粉已凋谢的雌花和幼果，以及已开放的所有花朵，以保证所采杂交种子的纯度。

2. 母本去雄

为了提高三倍体西瓜种子纯度，应将母本植株每条蔓上的雄花在蕾期全部摘除干净，这是保证种子质量的关键，也是最重要的环节。母本去雄一般随整枝压蔓时一同进行，直至杂交授粉结束，种瓜坐住为止。在整枝压蔓时，应先去雄再压蔓。去雄应做到"根根到顶，节节不漏"。

对于少数具两性雌花的四倍体母本，必须提前 1 天实行人工去雄。剥开花冠除掉柱头周围的雄蕊，去雄后立即套帽（袋）隔离。

**3. 母本雌花套帽**

人工杂交授粉前 1 天下午对雌花花冠的隔离，是保证三倍体西瓜种子纯度的重要措施。雌花套袋隔离自正式开始人工授粉起，每天 16：00 后进行。

制作纸帽：提前用报纸等制作纸帽。制作方法：将旧报纸或旧书纸裁成 5 cm×7 cm 的纸片，卷成长 2～3 cm、直径 1～1.5 cm 一头封口的圆筒。纸帽的大小应兼顾隔离效果和操作快捷两方面。

套帽：西瓜理想的坐瓜节位是第 2～3 雌花，根瓜不宜留种。雌花的套帽隔离一般在授粉期每天 16：00 以后进行，方法是把次日将开花的雌花蕾（花冠膨大稍微松动，微黄色，硬挺）套上纸帽。一般应准备两种颜色的纸帽，以醒目的红色和白色为好。开花先天下午套帽时用红色纸帽，便于次日清晨授粉容易找到，杂交授粉后套帽时换成白色纸帽，以便于识别。

## （六）杂交授粉

**1. 父本确认**

在采摘雄花之前，应针对父本植株品种特有的形态特征，进行认真的确认，经确认后方可采摘雄花。

**2. 父本雄花的采集**

人工授粉前应进行二倍体父本雄花的集中采集，雄花的采集方式有两种。

第一种方式是，在授粉当天清晨，日出前采摘当天将要开放、但花冠尚未张开的父本雄花。要求采摘的雄花花冠颜色呈新鲜黄色，为含苞待放的花蕾。采摘后置于搪瓷杯、罐头瓶或饭盒等器皿内，待其自然开放，雄花花药散粉时进行人工授粉。在采集雄花时注意不能摘取已开放过的雄花。开放过的雄花花瓣虽已收拢，但花冠呈淡黄色，花药呈褐色。在父本植株雄花开放盛期，雄花花朵供过于求时，会有较多的雄花留在植株上，采集时稍有疏忽就容易采错。另外，还应防止采摘当日不开的花蕾，以防影响当日和次日的授粉。

第二种方式是，授粉前 1 天下午采集次日将开放的父本雄花，贮藏于阴凉条件下，用于第二天上午授粉。这一方式可以延长人工授粉时间，增加人工授粉花朵数目。一般在大面积制种、人工紧缺时应用，天气不良时也可采用此种方法。具体做法是，先天 16：00 以后进入二倍体父本植株种植区，采集次日将要开放的雄花蕾（花冠呈新鲜黄绿色），带回室内。用脸盆装清水半盆，将采集的雄花蕾倒入盆中，用手压浸 3～5 min，使花朵保持一定湿度，然后捞入纱网袋中，随手甩去多余水分。再将花蕾放入有盖的纸箱等容器内，上盖一块湿布，盖上箱盖，置于温暖处。经这样处理在室温下贮放的雄花，要比授粉当天早晨采集的雄花早散粉 1.5～2 h。如置于低温处也可推迟花药散粉时间。因此，次日清晨进入制种地即可进行人工授粉，授粉时雌花柱头上可授的花粉量也多。

**3. 授粉时间**

在正常天气下，西瓜的花在 5：30 到 7：00 之间盛开，到 13：00 完全闭合。人工杂交授粉在开花后要尽可能早进行，一般从 6：00 开始，10：00 之前结束。这是授粉的最佳时段。

**4. 杂交授粉与做标记**

杂交授粉：授粉时取出雄花，撕去花瓣，将雌花上所套的红色纸帽轻轻取下，拿着雄花花柄将雄蕊在雌花柱头上轻轻涂抹，使柱头黏附上雄花花粉。一般 1 朵雄花可以授 2～3 朵雌花。授粉后取白色的纸帽，立即轻轻地合拢雌花花冠再套上纸帽。操作时注意不要用手捏住子房，以免碰伤子房，影响坐果。

做标记：授过粉的雌花除立即套上纸帽外，还应做上明显的杂交标记。一般采用在花柄上套上红色塑料环（用直径 2～3 cm 的塑料软管剪成）或在坐果节上系上醒目的不易腐烂的塑料线绳之类。西北地区多用大头针或红线绳等在坐瓜节前打上明显的杂交标记。

在正常气候条件下，植株生长正常和瓜蔓长势均匀一致时，一般授粉期为一周时间左右。

## （七）护幼果与除自交果

当每株已授粉的花朵数在 2 朵以上，基本上每株都有 1 个授粉的果实，幼果开始膨大时，杂交授粉即可结束。授粉结束后，立即拔除父本植株。

随着幼果的膨大，套在雌花上的纸帽会被自然涨破，因而一般不必特意脱帽；若遇高温天气，为保护幼果不在袋内脱水而死，应在授粉后第三天去掉纸帽。如果结果多而且瓜蔓长势较弱时，应及时疏果，一般保留每株 1 果。另外，必须全面彻底检查每个果实，发现自然授粉的自交果实（没有标记者）应将其及时摘除，以防后期误收造成伪杂种。

授粉后当幼果长到鸡蛋大时，应适时追施膨瓜肥和灌膨瓜水，并在瓜下铺麦秆或垫草圈。同时，预防各种病虫害的发生。

## （八）种瓜的采摘及处理

**1. 种瓜的采摘**

在种瓜采摘前，应检查整个制种地块的母本植株，再次清除未授粉的果实和株形、果形、果面色泽杂异的植株，以保证所采收的三倍体西瓜种子的纯度。

为了保证所制杂交种子健康不带病菌，防止细菌性果腐病、黄瓜绿斑驳花叶病毒病通过种子进行传播，在种瓜采摘前需进行全面检查，剔除病株、病瓜，以保证采收种子健康无菌。一般在坐果后种瓜采摘前每3～4 d就要检查一次西瓜植株是否有异常变化，一旦发现疑似细菌性果腐病和黄瓜绿斑驳花叶病毒病的植株和病果，就要马上连带果实整株拔除，并在远离瓜田处挖深坑喷洒消毒液后掩埋病株和病果，并在病株区撒入生石灰进行消毒。

种子质量的好坏、发芽率的高低与种子成熟时的生理变化密切相关。充分成熟的种子，发芽率高于没有成熟的种子，尤其是无籽西瓜的种胚不充实，如果其果实和种子在成熟过程中生长发育不完全，会直接影响种子的发芽率和子代的生长发育，故种瓜（四倍体瓜）必须充分成熟后才能采收。大部分四倍体西瓜品种从雌花开花到果实成熟约需35 d。因此，采摘日期的确定主要依据记录的授粉日期进行推算。也可结合种子的测产工作，解剖种瓜观察其成熟度，以确定采摘日期。

种瓜的采摘以充分成熟为宜，不宜太早，也不宜太晚。过早采摘不但种子产量低，而且质量也差。种子易在瓜内发芽的品种可稍微提早采摘。但种瓜的延期过熟采摘不仅不会增加种子的千粒重，提高种子产量，反而因过熟瓜烂在地里，而降低种子产量与质量。因此种瓜采摘应分批进行。在采摘种瓜时要避免践踏损伤植株茎蔓，影响晚成熟瓜的生长。

2. 剖瓜取种子

从种瓜中剖取种子包括从瓜瓤中分离、清洗、晾晒、精选种子等过程。剖瓜时应剔除腐烂的瓜，剖瓜取种子应在晴天的上午进行，以利种子晾晒、及时干燥种子。剖瓜时如发现有种子小而量多的"返祖"二倍体西瓜种子，应予以淘汰。从瓜瓤中掏出的种子应置于木盆、塑料盆或陶瓷缸中，切忌用铁制容器盛装。三倍体种子掏出后应立即用水清洗干净，快速去除瓜瓤、白籽、瓜皮及部分空壳，漂除秕籽，直接晾晒，不宜进行酸化处理。试验表明，未经酸化（即当天取籽当天洗晒）的种子发芽率为78.7%，高的达95%。酸化一昼夜（即把种子连同西瓜汁液一起存放在容器内发酵一昼夜）的发芽率降低到65.2%。酸化还会使种壳表面产生麻纹，失去光泽，影响种子的外观。

经清洗后的种子应立即晾晒干燥，切忌堆放过久。最好薄摊在竹席或纱网上晾晒，不宜直接摊在热水泥地或其他不透气物体上，避免高温、高湿状态下种子窒息而降低发芽率和发芽势。

晾晒过程中注意勤翻动，使种子干燥均匀。晾晒场所要求通风，种子摊铺厚度不超过 2 cm。值得注意的是，白天未晾晒干的种子过夜时，应将种子摊开用电风扇吹干，切不可堆放过夜，因为湿种子堆放容易发热，而使种子降低或丧失发芽能力。种子应充分干燥，使含水量降至 8% 以下。种子干燥也可采用烘干法，但在进行加热烘干时，加热的温度不应高于 43 ℃。

3. 西瓜细菌性果腐病和黄瓜绿斑驳花叶病毒病的处理

无籽西瓜种子单位面积产量低，制种户分散，采种时种子与瓜瓤分离阶段又是防控种传性病害的关键时期，因此，一般应在专业技术人员的指导下进行剖瓜取种子，并结合药剂浸泡种子防控种传性病害通过种子传播蔓延。

西瓜细菌性果腐病和黄瓜绿斑驳花叶病毒病都是种传病害，为了防止种子带病，首先，必须确保种瓜在无细菌性果腐病和黄瓜绿斑驳花叶病毒病的情况下才能剖瓜取种子；其次，种子采收后进行药剂处理或干热杀菌是减少种子带菌的有效措施，即取种后迅速清洗并立即用药剂处理，然后迅速干燥，再进行干热杀菌。

防止细菌性果腐病的种子处理方法：取种后迅速清洗种子，并用药剂苏纳米 100（Tsunami 100）1.25%、过氧乙酸溶液 2.5% 或过氧化氢溶液 2.0% 处理消毒 15~30 min，清洗后立即甩干迅速干燥种子。另外，利用干热杀菌机对已干燥的种子（湿度在 3% 以下）在 71 ℃ 温度条件下干热杀菌 4 d，对杀死种子携带的细菌和病毒病，防止种子传播病害具有明显效果。

防止黄瓜绿斑驳花叶病毒病的种子处理方法：黄瓜绿斑驳花叶病毒属烟草花叶病毒属，是正单链 RNA 病毒。病毒粒为杆状，长 300 nm，直径 15 nm，10 min 致死温度为 80~90 ℃，稀释终点为 $10^{-6}$，体外保毒期 240 d 以上（20 ℃），是一种很稳定的病毒（任小平，2007）。种子的药液处理方法可用 10% 磷酸三钠溶液浸种 10~15 min，其钝化病毒的效果为 56.9%。也可采用干热处理法，即种子在 70 ℃ 下干热处理 3 d。

为了防止西瓜细菌性果腐病和黄瓜绿斑驳花叶病毒病通过种子进行传播与蔓延，建议在当地植保植检部门的指导下，每个大的西瓜种子生产基地建立西瓜种子消毒场。生产的所有西瓜种子先进行药剂处理消毒后，再利用干热杀菌机对已干燥的种子（湿度在 3% 以下）在 71 ℃ 温度条件下进行干热杀菌 4 d，杀死种子可能携带的细菌和病毒。然后经当地植检部门检测合格后发给检疫合格证明，在种子包装袋上明显标明检疫合格字样才得出售。

4. 种子精选

三倍体西瓜种子晾晒干燥后，应进行风选，剔除秕籽，再进行人工粒选，剔除畸形、色泽不良的种子和石块等杂物。晾晒过程中要有专人负责，标明品种名称或组合代号，防止机械混杂。

三倍体西瓜种子由于种胚不充实，种子不饱满、扁平，种壳表面有凹陷感，种脐部比四倍体种子稍宽，种壳纵裂明显，与四倍体西瓜、二倍体西瓜种子有明显差异。在人工粒选时，要注意区分剔除二倍体和四倍体种子。

# 二、简约化生产技术简介

## （一）空间隔离、人工去雄、自由授粉法

这种方法在采种量大、具备空间隔离条件时采用。隔离区应在 1 000 m 内没有其他西瓜品种栽培，且无人工放蜂活动。其技术关键是母本要彻底去雄，自然授粉，使得母本四倍体全部接收父本的花粉受精，从而使得到的种子全部都是三倍体种子。

具体做法是：父母本按 1∶4 的比例间隔种植，在授粉期每天都要对母本植株进行彻底去雄。母本去雄可随整枝压蔓一同进行，直至杂交授粉结束为止。为了确保母本能去雄彻底，应于前 1 天傍晚和当天清晨雄花开放前对母本进行第二次去雄，以保证不漏掉一个雄蕾。

## （二）网室隔离、人工去雄、蜜蜂授粉法

在没有空间隔离的条件下，可以利用网室栽培进行隔离。其技术关键是母本四倍体必须彻底去雄，人工放养蜜蜂传粉，使得母本四倍体全部接收父本的花粉受精，从而使得到的种子全部都是三倍体种子。

具体做法是：父母本按 1∶4 的比例间隔种植在用 40 目的防虫网搭建的网室内，在授粉期每天都要对母本植株进行彻底去雄。为了确保母本能去雄彻底，还应于前 1 天傍晚和当天清晨雄花开放前对母本进行第二次去雄，以保证不漏掉一朵母本雄花。同时在网室内人工放养蜜蜂进行传粉。还应特别注意的是，网室必须严格密闭，防止室外的昆虫进入网室内进行传粉，以免影响杂交种子的纯度。

## （三）空间隔离、自然授粉制种法

采用该方法制种时，在制种田四周 500 m 以内的隔离区内不准种植任何其

他西瓜品种。制种田内按 1 ：4 的比例间隔种植父母本植株。开花期内，不去雄，不套帽，任其自然授粉或人工辅助授粉。果实成熟后，从母本植株上采摘果实，剖瓜取种。因为在没有去雄的情况下，一些四倍体雌花的柱头可以接受二倍体父本的花粉形成三倍体种子，另一些四倍体雌花的柱头可以接受四倍体母本的花粉形成四倍体种子，还有一些四倍体雌花的柱头可以同时接受二倍体父本和四倍体母本的花粉，在一个果实内可能产生三倍体和四倍体两种种子。所以，这样采得的种子是三倍体和四倍体的混合种子。

种子收获后，利用空闲时间，根据三倍体和四倍体西瓜种子形态上的差异，将三倍体、四倍体种子人为分开。三倍体、四倍体种子形状上相似但饱满度差异很大，四倍体种子饱满、圆壮、表面看和用手触摸种皮有向两面凸起之感觉。三倍体种子由于种胚发育差，种子不饱满，薄而扁平，表面看上去和用手触摸则有向中间凹陷的感觉。一般熟练的工人，鉴别四倍体和三倍体种子的正确率可达 80％。

此法虽然可以大大简化制种程序和节省劳力，但是由于获得的三倍体西瓜种子比例不高，纯度也不能绝对保证，故以前在地多人少的地方曾采用过。现在由于种子纯度达不到种子质量标准，一般不再采用这种方法制种。

# 第四节 提高三倍体西瓜种子产量与质量的途径

## 一、影响三倍体西瓜种子产量和质量的原因

三倍体西瓜种子产量低、发芽率低和成苗率低的"三低"特性，是无籽西瓜生产上普遍存在的现象。探索影响三倍体西瓜种子产量和质量的因素，找出有针对性的措施，对充分发挥品种优势，提高制种产量和种植的经济效益，具有非常重要的意义。

影响三倍体西瓜种子产量和质量的原因除了四倍体西瓜的孕性低，三倍体种子的种胚发育不良、贮藏的营养物质较少，种性退化等内在原因以外，主要还有以下几种原因。

### （一）三倍体组合的亲和力

三倍体无籽西瓜采种量的高低，除了与母本四倍体西瓜的孕性高低有关外，还与双亲性细胞的亲和力强弱密切相关。曾有人做过试验，用同一个四倍体西

瓜品种作母本，用不同的二倍体西瓜作父本，所配制的三倍体组合，其种子产量有差别，差别大的可相差1倍左右。另有试验表明，即使是少籽的四倍体母本，只要双亲选配的亲和力高，也能得到产种子量高的三倍体组合。因此，在提高四倍体西瓜孕性的同时，还必须注意选配结实率高的三倍体西瓜组合。

有研究表明，双亲的亲和力还直接影响无籽西瓜种子的生活力，表现在发芽率和成苗率上有很大差异。用同一四倍体作母本与不同二倍体作父本，和用同一二倍体作父本、不同四倍体作母本，得到的三倍体种子的发芽率和成苗率有极大的不同。例如，同样以北京三号作母本，以海田红宝作父本，三倍体种子的发芽率和成苗率分别为90%和84%；而以神农199作父本，三倍体种子的发芽率和成苗率分别为61.3%和52.6%。同样以京欣的父本作父本，用1084纯绿作母本配制的三倍体种子的发芽率和成苗率分别为41.7%和29.2%，而以美引三号作母本配制的三倍体的发芽率和成苗率分别为75.8%和67.5%。

### （二）栽培因素

栽培因素对三倍体无籽西瓜制种的种子产量和质量影响较大。不良的栽培条件会直接影响亲本品种特性的展现，如果环境条件不适宜或栽培技术措施不适当，不但不利于果实的生长与发育，而且也不利于营养物质向种子转移、积累，很容易造成种胚发育不良，也容易发生各种病害，导致种子带菌。

1. 温度、湿度对单瓜产种量的影响

无籽西瓜制种时采种量与气候条件关系相当密切，在适宜的栽培季节里，授粉期的夜温应不低于16～17 ℃，日均气温以24 ℃左右为宜，同时还要有较长的日照、较大的昼夜温差和较高的空气相对湿度。

当开花坐果期的平均气温为22～26 ℃、相对湿度为60%～80%时，结籽率比较高、单瓜种子量比较多。温度过高或过低，湿度过小或过大，都会影响花粉的发育、萌发和生长，从而影响授粉受精及果实发育，进而影响种子的形成。坐果期如果遇高温，不但对坐果率、果实发育影响较大，而且还容易遭受病毒病等的危害，严重影响植株生长及种子产量的形成（刘宏，2004）。张勇等（1999）研究结果也认为：在相对湿度相同的条件下，温度在22～27 ℃的范围内，产籽量较高，高于或低于此温度范围时，单果产种量都会明显下降。在温度相同的条件下，相对湿度在70%～85%范围，产种量较高，超过或低于此湿度范围时，产种量则会明显下降（表10-2）。

表 10－2 温度、湿度对单瓜产种量的影响

| 授粉时间<br>（月/日） | 天气<br>情况 | 温度<br>/℃ | 相对湿度<br>/% | 调查果数<br>/个 | 平均单果<br>产种量/粒 |
|---|---|---|---|---|---|
| 5/15 | 晴 | 20 | 85 | 50 | 82.2 |
| 5/16 | 晴 | 22 | 85 | 50 | 94.4 |
| 5/17 | 阴 | 23 | 80 | 50 | 95.8 |
| 5/18 | 小雨 | 22 | 95 | 50 | 78.6 |
| 5/19 | 阴 | 22 | 90 | 50 | 83.4 |
| 5/20 | 晴 | 25 | 85 | 50 | 97.0 |
| 5/23 | 晴 | 25 | 80 | 50 | 95.4 |
| 5/25 | 晴 | 26 | 75 | 50 | 86.8 |
| 5/29 | 晴 | 27 | 65 | 50 | 74.2 |
| 5/31 | 晴 | 28 | 60 | 50 | 64.6 |
| 6/2 | 晴 | 30 | 55 | 50 | 58.4 |

2. 不同生态地区和季节对种子产量和质量的影响

在不同的生态地区生产无籽西瓜种子时，其产量差异很大。南方地区阴雨多湿，制种的采种量最低，每公顷产量仅 15～30 kg；华北地区比南方地区干燥，采种量稍高，每公顷产量 30～60 kg；采种量最高的是西北干燥少雨的新疆和甘肃河西走廊一带，一般每公顷产量可达 100 kg。所以，近年来新疆无籽西瓜制种面积迅速扩大，目前已成为我国面积最大、最集中的无籽西瓜优质制种生产基地。

此外，不同季节与不同年份的采种量也不一样，这主要与气候条件的变化有关。无籽西瓜制种不宜进行反季节栽培。在温度由高到低的华南地区，秋季条件下制种时往往结籽率很低，没有实际利用价值。海南省三亚、陵水、乐东等暖热地带，秋播（10 月份播种）时，极易出现几乎没有种子的种瓜而宣告制种失败，故不宜进行无籽西瓜的制种。

3. 不同坐果节位对单果产种量的影响

安徽合肥丰乐种业股份有限公司（1999）对黑蜜 2 号母本、丰乐无籽 1 号母本在坐果盛期同一天坐果的不同雌花节位的果实进行调查，结果发现，主蔓第 3 雌花坐的果产种量最高，分别达 92.2 粒和 91.4 粒；第 2 雌花次之，分别为

89.6 粒和 88.5 粒；第三为第 4 雌花，分别为 81.5 粒和 79.6 粒；而第 1 雌花单瓜产种量仅分别为 64.8 粒和 61.2 粒。因此，在无籽西瓜制种时，原则上不留第 1 雌花，不考虑第 4 雌花，应力争第 2 雌花坐果，并在第 3 雌花上完成授粉（表 10‑3）。

表 10‑3　不同雌花节位对单果产种量的影响

（安徽合肥丰乐种业股份有限公司，1999）　　　　　　　　单位：粒

| 品　　种 | 产种量 | | | |
|---|---|---|---|---|
| | 第 1 雌花 | 第 2 雌花 | 第 3 雌花 | 第 4 雌花 |
| 黑蜜 2 号母本 | 64.8 | 89.6 | 92.2 | 81.5 |
| 丰乐无籽 1 号母本 | 61.2 | 88.5 | 91.4 | 79.6 |

4. 栽培密度对采种量的影响

适当增加四倍体西瓜母本播种量，进行合理密植，通过增加单位面积植株数量来增加单位面积种瓜数，可有效达到提高单位面积采种量的目的。例如，郑州果树研究所（1976—1977）的试验指出，每公顷株数 12 000～15 000 株的采种量较每公顷 9 000 株提高 20% 以上，但密植的果形小，单果种子数相应也稍有减少。山东昌乐县副食品公司（1974）的试验说明，每公顷 9 375 株比 7 500 株采种量提高 24%。新疆维吾尔自治区昌吉地区四倍体母本每公顷播种量 1.5 kg，保苗 12 000 株，采种量仅 52.5 kg；播种量为 2.4 kg，保苗 19 500～21 000 株，采种量可达 82.5 kg；当播种量 3.0 kg，保苗达 27 000 株时，采种量可达 105 kg。

## 二、提高三倍体西瓜种子产量和质量的途径

从影响三倍体西瓜种子产量和质量的原因可以看出，无籽西瓜制种时，制种地区、栽培季节、四倍体品种、亲本组合、栽培措施、种瓜的采摘、种子的剖取、精选、保存等多种因素对种子的产量和质量都有直接影响。提高种子产量和质量的主要途径如下。

### （一）选择生态条件适宜的地区制种

利用西北地区日照充足、昼夜温差大的有利生态条件，繁殖四倍体西瓜种子或进行三倍体西瓜制种，对提高产种量均有很好的效果。此外，不论是用内地繁殖的四倍体西瓜种子去新疆配制三倍体种子，还是用新疆繁殖的四倍体西瓜种子到内地配制三倍体种子，实行异地制种对提高单位面积采种量和种子质

量均有一定效果。

## （二）选择最佳季节制种

同一品种单瓜种子数随授粉期的温度、湿度而变化，温度在 25～28 ℃，相对湿度 80%～85% 时授粉，花粉的生活力最高，采种量也较高。温度过高或过低，湿度过小或过大，均不利于四倍体西瓜授粉受精和果实发育。因此，选择最佳季节播种，使植株开花授粉期处于适宜的气候条件下，对提高三倍体无籽西瓜的采种量是切实可行的。

## （三）提高单瓜种子数

### 1. 选择多籽的四倍体品种作母本

三倍体西瓜的种子来源于四倍体果实，同源四倍体母本的孕性直接决定三倍体西瓜种子采种量的高低。所以，选择产籽率高和配合力高的四倍体品种作母本，是提高无籽西瓜种子产量的重要途径。

### 2. 选用亲和力高的三倍体组合

三倍体无籽西瓜采种量的高低与双亲性细胞的亲和力强弱密切相关。如中国农业科学院郑州果树研究所（1973）以郑果 401 为母本，以华东 24 号作父本，平均单瓜种子数 184 粒，而以早花为父本的平均单瓜种子数只有 85 粒。少籽的四倍体母本，只要双亲选配的亲和力高，也能得到种子产量高的三倍体组合。因此，必须注意选配结实率高的三倍体组合。

### 3. 利用四倍体杂交一代作母本

利用两个果实性状相似的四倍体品种或株系杂交，再以它们的杂交种与二倍体父本杂交，可提高植株的生活力，从而提高其可孕性，也是提高三倍体西瓜制种单瓜种子数的有效途径之一。据中国农业科学院郑州果树研究所试验，用四倍体杂交一代做母本，配制黑蜜 2 号，采种量每公顷可达 129 kg，比对照普通黑蜜 2 号每公顷采种量 76.5 kg 高出 68.6%。邵阳地区农业科学研究所（1972）、浙江农业大学园艺系（1974）及广东番禺县石基供销社（1977）都取得相同的研究结果。

利用四倍体西瓜杂交一代虽可不同程度提高三倍体西瓜的采种量，但并非任何组合都可获得理想的结果。同样，也应注意亲本选择和组合力的测定，同时还要求四倍体一代杂种与父本品种配制的组合的其他经济性状方面表现优良。

### 4. 提高杂交授粉质量

自然授粉时由于花粉量不足或昆虫活动少，授粉不够充分。所以，在雌花开放后1~2 h应尽快授粉，并且尽可能使柱头多接受花粉。只有在充分授粉的前提下，才能提高三倍体西瓜的种子产量。有试验表明，授粉方式对采种量有很大的影响，采用人工辅助授粉可以明显提高单瓜种子数（表10-4）。另据湖南省园艺研究所（1972）的试验表明，采用多量授粉方法可比自然授粉的单瓜种子数增加46.2%~54.1%，尤以授粉后用雄花罩花的效果更好。

表10-4 授粉方式与三倍体采种量的关系

| 品种组合 | 自由授粉 | | 人工套袋授粉 | | 对比/% |
|---|---|---|---|---|---|
| | 饱满种子数 | 孕性/% | 饱满种子数 | 孕性/% | |
| 农育1号×都3号 | 72.6 | 84.4 | 86.0 | 89.6 | 134.4 |
| 北京2号×蜜宝 | 82.0 | 88.9 | 104.1 | 92.8 | 127.0 |

注：单瓜种子数为20个种瓜的平均数值。

### （四）增加单位面积结果数

1. 合理密植

单位面积采种量由株数、每株果数和单瓜种子数构成，要提高单位面积采种量，除了注意提高单瓜种子数外，合理密植，增加株数和每株果数，从而增加单位面积总果数，是提高采种量的一项重要措施。例如，江西省果树研究所（1976）进行的密度与采种量的试验结果表明，密植增加了单位面积结果数，单瓜重有下降趋势，但对单瓜种子数和种子的千粒重影响不大，从而提高了单位面积采种量（表10-5）。适宜的种植密度为：南方地区每公顷种植12 000株；北方地区采用双蔓整枝时每公顷种植15 000~18 000株，单蔓整枝时每公顷种植22 500~30 000株。

表10-5 种植密度与三倍体采种量的关系（江西省果树研究所，1976）

| 种植密度/（株/hm²） | 收果数/（个/hm²） | 种子产量 | | | 种子千粒重/g |
|---|---|---|---|---|---|
| | | 单瓜种子数 | 产量/（kg/hm²） | 为对照/% | |
| 6 000 | 8 100 | 65.9 | 26.7 | 100 | 55.3 |
| 9 000 | 9 810 | 67.1 | 37.05 | 124 | 53.6 |
| 12 000 | 11 040 | 63.1 | 35.1 | 132 | 52.8 |
| 15 000 | 9 750 | 63.2 | 30.9 | 115 | 53.9 |

注：品种为四倍体1号×马兰瓜。

### 2. 多蔓多果

通过加强管理，以增加单株结果数，也是提高三倍体制种产量的另一有效途径。例如，采用稀植栽培时，每株留 4～6 蔓，一株坐 2～3 个果。当然，坐果过多，后期果实偏小，会影响成熟种子数，故每株最多留 3 个果为宜。

### 3. 延长结果期

加强肥水管理和病虫害防治，使植株结 2～3 次果。

### （五）增加种子千粒重

#### 1. 加强肥水管理，促进种胚发育

四倍体西瓜要求肥水条件较高，施肥量应比生产普通西瓜时适量增加，尤其是要增施磷、钾肥。磷、钾等元素对碳水化合物、脂肪和蛋白质的转化和运输起着重要作用，有利于促进四倍体西瓜的生殖生长。因此，增施磷、钾肥不但能提高种子产量和品质，而且对提高四倍体种子孕性，增加单瓜种子数，促进种胚发育，及对提高三倍体种子的千粒重、发芽率都有明显的作用。

昌乐县副食品公司（1974）的试验表明，增施磷肥对提高三倍体西瓜制种时的单瓜种子数和单位面积采种量的效果明显。每公顷施 375 kg 过磷酸钙的采种量增加 11.4%，而每公顷施 750 kg 过磷酸钙则可提高采种量 31.3%，且种子千粒重差异不大（表 10-6）。中国农科院郑州果树研究所的试验表明，磷、钾肥并用时效果更好，单瓜种子数和千粒重都会明显增加，每公顷采种量可提高 1.5 kg 左右（张存松等，2002）。

表 10-6　增施磷肥对提高三倍体采种量的效果

| 施磷肥量/ (kg/hm²) | 单瓜平均种子数 | | | 种子产量 | | 种子千粒重/g |
|---|---|---|---|---|---|---|
| | 成熟种子 | 败育种子 | 孕性/% | 产量/ (kg/hm²) | 对照/% | |
| 375 | 124.2 | 13.5 | 90.2 | 30.9 | 111.4 | 59.2 |
| 750 | 143.5 | 9.3 | 93.9 | 35.55 | 131.6 | 59.4 |
| 0 | 100.5 | 28.5 | 77.9 | 27 | 100 | — |

注：品种为四倍体 1 号×蜜宝；母本与父本以 2:1 种植。

三倍体的受精胚从发育前期开始就比二倍体受精胚发育缓慢，由于种性的原因造成所采种子不饱满，父本基因对受精胚的发育速度有一定的影响。因此，选择理想的组合，并在栽培上维持结瓜期植株旺盛生长，延长叶片功能期，以增加碳水化合物的积累量，是提高种子千粒重和发芽率的重要条件（张玉灿等，

1997）。

## 2. 提高种子饱满度

果实发育天数对三倍体西瓜种子千粒重影响较大。例如，丰乐无籽西瓜在合肥地区春季制种的果实发育天数为 37 d，秋季为 31 d，而在海南制种时的果实发育天数为 33 d。在这三个不同环境条件下生产的种子的千粒重分别为 56.1 g、51.4 g 和 53.2 g，其相应的发芽率分别为 92%、80%、85%。

另外，为了提高三倍体西瓜种子的饱满度，必须保证种瓜充分成熟，而且种瓜采收后最好还要进行后熟处理。例如，丰乐无籽 1 号在合肥春季制种时，分别在坐果后 30 d、35 d 采收，放至 40 d 时进行考种，其种子千粒重分别为 54.8 g 和 56.2 g，其相应的发芽率分别为 89% 和 95%。同时对坐果后 30 d、35 d 而不进行后熟处理的果实考种，结果是种子千粒重分别为 51.42 g 和 54.7 g，发芽率分别为 53% 和 84%。从以上结果可以看出，无籽西瓜制种时必须采收充分成熟的种瓜，而且种瓜采收后进行后熟处理很有必要。所以充分成熟的种瓜采收后，一般需经 3~5 d 的后熟处理，以增加种子的千粒重和提高种子的发芽率。

### （六）及时防治病虫害

三倍体无籽西瓜制种时，必须加强病虫害的综合防治。制种田如果发现病虫危害，要及时进行防治，以防止病虫害的蔓延而影响制种产量和质量，特别是要加强种传病害的防治，以减少种子带菌的机会。在苗床上已发现或栽培地块一年内出现过细菌性果腐病的制种田，瓜苗定植后要每周喷 1 次铜制剂或抗生素预防，坐果后每周用药 1 次。新植霉素对细菌性果腐病表现出很好的防病效果。用 800 倍的苗菌敌＋1 500 倍乐无病或 500 倍加收米混合喷洒植株，每隔 3~5 d 喷施 1 次，共 2~3 次，也可以有效地防治细菌性果腐病的发生。

枯萎病可在发病初期用重茬抗枯灵等灌根，发病重的植株应连根拔除、烧毁。防治病毒病的重点是从苗期开始防好蚜虫，防止接触传染，或拔除病株烧毁。蔓枯病可用 70% 代森锰锌或甲基托布津 500 倍液，每 7 d 喷 1 次，病情发展较快的地块可每 3~4 d 喷 1 次。

# 第五节 种子质量检验

## 一、概述

种子检验（seed testing）是指按照规定的种子检验程序，确定给定农作物种子的一个或多个质量特性进行处理或提供服务所组成的技术操作，并与规定要求进行比较的活动。在实践中，我国目前采用国际种子检验协会（ISTA）的习惯称谓，将上述含义中的种子检验程序（testing procedure）或者种子检验方法（Testing method）称为检验规程（testing rules），如国家发布的 GB/T 3543《农作物种子检验规程》。质量特性俗称质量指标，由特性（如发芽率、水分）和特性值组成。

种子质量是由不同特性综合而成的。种子质量特性可分为四大类：一是物理质量，采用净度、其他植物种子计数、水分、重量等项目的检测结果来衡量；二是生理质量，采用发芽率、生活力和活力等项目的检测结果来衡量；三是遗传质量，采用品种真实性、品种纯度、特定特性检测（转基因种子检测）等项目的检测结果来衡量；四是卫生质量，采用种子健康等项目的检测结果来衡量。尽管种子质量特性较多，但我国开展的主要还是净度、水分、发芽率和品种纯度等特性检测。

农业生产中最大的威胁之一是播下的种子没有生产潜力，不能使所希望的栽培品种获得丰收。开展种子检验工作就是为了在播种前评定种子质量，将这种威胁的风险降到最低。也就是说，种子检验是通过对品种的真实性和纯度、净度、发芽率、生活力、种子健康、水分和千粒重等项目进行检验和测定，评定种子的实用价值，以指导农业生产、商品交换和经济贸易活动。开展种子检验，其最终目的就是选用高质量的种子播种，杜绝或减少因种子质量所造成的缺苗、减产的危险，减少盲目性和冒险性，控制有害杂草和有害生物的蔓延，以充分发挥栽培品种的丰产性，确保农业生产安全。

西瓜种子检测是一项细致的工作，可以保证和提高西瓜种子质量，实现西瓜种子标准化的一项重要措施。目的是了解西瓜种子的使用价值，为生产提供可靠的优质西瓜种子，避免因西瓜种子质量不好而给生产带来损失。

种子检验的作用是多方面的，一方面是种子企业质量管理体系的一个重要支持过程，也是非常有效的质量控制的重要手段；另一方面又是一种非常有效的市场监督和社会服务的手段，既可以为行政执法提供技术支撑，也可以为方便经济贸易、解决经济纠纷等活动提供多方面的服务。种子检验的作用主要体现在以下几个方面。

### （一）把关作用

通过对种子质量进行检验、测定、鉴定，最终实现两重把关：一是把好商品种子出库的质量关，可以防止不合格种子流向市场；二是把好种子质量监督关，可以避免不符合要求的种子用于播种生产。

### （二）预防作用

从过程控制而言，对上一过程的严格检验，就是对下一过程的预防。通过对种子生产过程中原材料（如亲本）的过程控制、购入种子的复检，以及种子贮藏、运输过程中的检验等，可以防止不合格种子进入下一过程。

### （三）监督作用

种子检验是种子宏观控制的主要形式，通过对种子的监督抽查、质量评价等形式实现行政监督的目的，监督种子生产、流通领域的种子质量状况，以便达到及时打击假劣种子的生产经营行为，把假劣种子给农业生产带来的损失降到最低。

### （四）报告作用

种子检验报告是国内外种子贸易必备的文件，可以促进国内外种子贸易的发展。

### （五）调解种子纠纷的重要依据

监督检验机构出具的种子检验报告，可以作为种子贸易活动中判定种子质量优劣的依据，对及时调解种子纠纷有重要作用。

### （六）其他作用

种子检验可以提供信息反馈和辅助决策的作用等。

种子检验的内容分为扦样、检测和结果报告三部分。通常执行种子检验工作的部门是国家各级种子管理站或经国家相关种子管理部门授权获准进行种子质量检验的单位。只有获得有关种子管理部门颁发种子生产许可证的单位或个人，方具有申报种子质量检验的权利。申报种子质量检验的时间应在种子收获前1～2个月，以便使国家或地方相关种子管理和技术监督部门统筹安排扦样及室内和田间鉴定计划。种子检验必须根据种子检验规定的程序（图10-5）进行操作，不能随意改变。

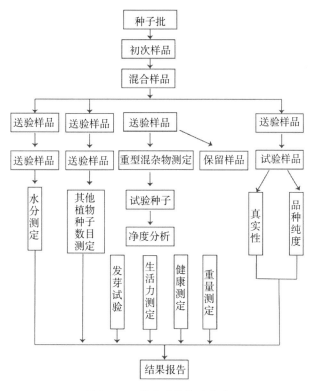

图 10-5 种子质量检验程序

## 二、西瓜种子质量分级标准

我国2011年公布的农作物种子质量标准（GB16715.1—2010《瓜菜作物种子瓜类》）规定的西瓜种子的质量标准见表10-7。

表 10-7 西瓜种子的质量标准（GB16715.1—2010） 单位:%

| 种子类别 | | 品种纯度 | 净度 | 发芽率 | 水分 |
|---|---|---|---|---|---|
| 亲本 | 原种 | ≥99.7 | ≥99.0 | ≥90 | ≤8.0 |
| | 大田用种 | ≥99.0 | ≥99.0 | ≥90 | ≤8.0 |
| 二倍体杂交种 | 大田用种 | ≥95.0 | ≥99.0 | ≥90 | ≤8.0 |
| 三倍体杂交种 | 大田用种 | ≥95.0 | ≥99.0 | ≥75 | ≤8.0 |

## 三、扦样

扦样是种子检验的重要环节，扦取的样品有无代表性，决定着种子检验结果是否有效。扦样的基本原则是要有代表性，被扦种子批均匀一致是扦样的前提。扦样时常常从种子批中一次扦取部分种子，称为初次样品或小样。将从一批种子中取出的初次样品全部混合起来，称为混合样品。从混合样品中分出一定量的种子作检验种子质量个别项目之用的样品，称为送验样品。

扦样的具体操作方法是：由一批种子各个代表性包装中取小样，将小样合并为混合样品，由混合样品分为送验样品，由送验样品再分为试验样品，这样扩大取样的覆盖面，取出的种子又经合并，并多次等分取样，其目的是扦取有代表性的、数量不太大的种子供检验用。

扦样应由种子检验部门会同制种单位共同进行。根据 2006 年《国际种子检验规程》及 1995 年实施的《中华人民共和国农作物种子检验规程》中的规定，西瓜种子批（指同一品种、外观一致的种子）的最大重量为 20 000 kg，每批送验样品的最低重量为 1 kg。若为委托农户繁种的，原则上应以每一制种户为单位抽样检验。三倍体西瓜种子样品抽取量按每 100 kg 取 0.5 kg 比例进行，一份样品至少不能少于 2 000 粒。样品取好后，用分样器或四分法将样品分成两份，一份供室内和田间鉴定使用，另一份封存备查。如果要求对果腐病进行检验，按有关规定和要求，每份样品不能少于 30 000 粒种子。

当前国内使用的分样器有钟鼎式分样器、横格式分样器。在无分样器的情况下，可采用四分法分样。四分法分样的方法是用分样板及有边框的分样台，将种子倒在台上，经纵横向多次混合均匀后铺成四方形，用分样板就对角线划成四个三角形，除去对角的两个三角形，剩下两个三角形，让其混合均匀，然后继续按上述方法进行分样，直至达到所需数量为止。

## 四、种子质量检验

西瓜种子的质量检验，分室内和田间检验两部分。室内检验项目主要有：净度、发芽率、水分和千粒重等；田间检验项目主要是纯度。随着分子生物学技术的发展，利用分子标记技术也可在室内进行纯度检测。

### （一）净度检验

种子净度即种子清洁干净的程度。种子净度是指种子批或样品中净种子、杂质和其他植物种子组分的比例及特性。净度分析的目的是通过对样品中净种子、其他植物种子、杂质三种成分的分析，了解种子批中洁净可利用种子的真实重量。测量种子净度可为计算播种量提供必要的依据。

净度分析是用规定重量的一份试样或两份半试样（试样重量的一半）进行分析，试样称重后一般采用人工方法进行分离和鉴定。也可以借助一定的仪器将样品分为净种子、其他植物种子和杂质。分析结束后对各组分别称重，称重精确度与试样称重时相同。然后将各组重量之和与原试样重量进行比较，核对增失，如果损失超过原试样 5%，必须重做；如果增失小于原试样重量的 5%，则计算各组百分比。

送验样品有重型混杂物时，最后种子净度分析结果应按如下公式计算：

净种子：

$$P_2 = P_1 \times \frac{M-m}{M} \times 100\%$$

其他植物种子：

$$OS_2 = OS_1 \times \frac{M-m}{M} + \frac{m_1}{M} \times 100\%$$

杂质：

$$I_2 = I_1 \times \frac{M-m}{M} + \frac{m_2}{M} \times 100\%$$

式中：$M$——送验样品的重量（g）；

　　　$m$——重型混杂物的重量（g）；

　　　$m_1$——重型混杂物中的其他植物种子重量（g）；

　　　$m_2$——重型混杂物中的杂质重量（g）；

　　　$P_1$——除去重型混杂物后的净种子重量百分率（%）；

　　　$I_1$——除去重型混杂物后的杂质重量百分率（%）；

　　　$OS_1$——除去重型混杂物后的其他植物种子重量百分率（%）；

最后应检查：$P_2 + I_2 + OS_2 = 100.0\%$

种子净度分析结果也可简化按如下公式计算：

净种子：

$$P_1 = \frac{净种子重量}{送检样品的重量} \times 100\%$$

其他植物种子：

$$OS_1 = \frac{其他植物种子重量}{送检样品的重量} \times 100\%$$

杂质：

$$I_1 = \frac{杂质重量}{送检样品的重量} \times 100\%$$

最后应检查：$P_1 + I_1 + OS_1 = 100.0\%$

粗略计算播种量的种子净度，可按如下公式计算：

$$种子净度 = \frac{试样重 - 其他植物种子重 - 杂质重}{试样重} \times 100\%$$

净度分析的结果保留 1 位小数，各种组分的百分率总和必须为 100.0%。

### （二）发芽率检验

发芽率检验的目的是测定种子批的最大发芽潜力，根据发芽率的检测结果可以比较不同种子批的质量，也可以估测田间播种价值。三倍体西瓜种子发芽率检测时需将种子人工"破壳"，催芽的适宜温度应比普通二倍体西瓜稍高，应为 33～35 ℃，而二倍体西瓜的发芽温度一般应为 25～30 ℃，且发芽时不需要进行破壳处理。

具体检测的方法是：从经过净度检验的净种子中随机取样 4 份，每份 100 粒种子，浸种 6～12 h 后洗净擦干，三倍体西瓜种子必须进行"破壳"处理，可以在浸种之后也可以在浸种之前进行"破壳"。然后放入发芽床中在适当的温度条件下进行催芽。

发芽床可使用 27 cm×47 cm 的专用发芽纸，使用时把双层发芽纸打湿展开，将 100 粒已处理过的种子均匀地撒在半边发芽纸上，另一半折盖在种子上，将纸卷成筒，下口用橡皮筋扎好，并挂上样品标签，直立在发芽架或发芽箱中。二倍体西瓜保持 25～30 ℃、三倍体西瓜保持 33～35 ℃的恒温进行催芽。使用发芽架催芽时需在发芽架外边罩上塑料布，保持湿度。当发现纸卷外层干了时可适量喷水。发芽床上的种子发芽后全部子叶向上，根尖向下，均匀地分布在发芽床上。一般经 24～36 h 开始发芽，统计发芽 5 d 后正常幼苗、不正常幼苗、新鲜不发芽种子、硬实和死种子的百分率。

$$种子发芽势 = \frac{规定时间内（5 d）正常幼苗数}{供检种子数} \times 100\%$$

$$种子发芽率 = \frac{规定条件和时间内（14 d）正常幼苗数}{供检种子数} \times 100\%$$

由于测定样品有 4 个重复，因此发芽率应取 4 个重复结果在容许误差范围内的平均值，并根据修约值最近似整数的原则修为整数。

### （三）水分检验

种子中的水分有三种形式：即自由水、束缚水和化合水。自由水又称游离水，存在于种子细胞间隙中，在 0 ℃时会结冰，很容易从种子中蒸发出来。束缚水又称胶体结合水，它与种子中的亲水胶体如淀粉、蛋白质相结合，很难从种子中蒸发出来，在 100～105 ℃需烘干 8 h 左右才能彻底排出。化合水又称组织水，它并非真实水分，而是碳水化合物中含有一定比例的水分子，是构成种子的必要成分，测定时不应该使它排出，用 105 ℃温度烘干种子时也不损失。

水分测定是测定游离水及胶体结合水的含量，化合水是不应除去的。所以种子水分是指种子内自由水和束缚水的重量占种子原始重量的百分率。种子水分标准检验是在相对湿度 70％以下的室内进行。检验时将盛样品的铝盒预先烘干和称重，再用感量为 0.001 g 的天平准确称取 5 g 样品放入铝盒内。再将装有样品的铝盒置于烘箱中，关闭烘箱，使箱温在 5～10 min 升至 105 ℃。在 105 ℃±2 ℃的范围烘 8 h 后断电，然后打开烘箱，取出样品，放在干燥器内冷却至室温，即可称重。根据称重的数据计算出种子水分，计算公式如下：

$$种子水分 = \frac{试样烘前重（g）-试样烘后重（g）}{试样烘前重（g）} \times 100\%$$

计算结果保留 1 位小数。若一个样品的两次测定之间的差距不超过 0.2％，其结果可用两次测定值的算术平均数表示。否则，需重做两次测定。

### （四）千粒重测定

种子千粒重是指在含水量为 8％时 1 000 粒种子的重量，以克（g）为单位。种子千粒重是检验种子饱满、充实、粒大、均匀等项品质的指标。千粒重大，种子内贮藏物质丰富，萌发时能量充足，有利于种子发芽和培育壮苗。

测定千粒重的种子是从经过净度检验充分混合的净种子中随机取一定量的种子，一般分取两份试样（重复），每份试样 500 粒种子，用感量 0.1 g 的天平称量，检查重复间的容许误差，取其平均数。两个重复重量的差数与平均数之比不应超过 5％，如超过允许误差应测第三个试样（重复），然后取误差小的两个重复的重量平均数乘以 2 计算实测千粒重。计算方法如下：

$$种子千粒重 = \frac{第一份试样千粒重（g）+第二份试样千粒重（g）}{2} \times 2$$

### （五）纯度检验

品种真实性（cultivar genuincess）和品种纯度（varietal purity）是构成种

子质量的两个重要指标，是种子质量评价的重要依据。品种纯度检验包括两方面内容，即品种真实性和品种纯度。品种真实性是指一批种子所属品种、种或属与文件描述是否相符。如果品种真实性有问题，品种纯度检验就毫无意义了。

品种纯度是指品种个体与个体之间在特征特性方面典型一致的程度。即指样品中本品种的种子数（或植株数）占供检样品种子总数（或总株数）的百分率。在纯度检验时主要鉴别与本品种不同的异型株（off-type plant）。纯度检验主要方法有室内检验和田间鉴定，以田间鉴定为主。

1. 室内检验

主要根据种子形态和种子颜色进行鉴定。方法是随机取样 2 份。每份 500 粒，分别统计本品种和异品种种子数，依据下列公式计算纯度：

$$品种纯度 = \frac{供检样品种子数 - 异品种种子数}{供检样品种子数} \times 100\%$$

室内形态和种子颜色只能从表观鉴定种子的纯度，但不十分可靠。目前，在室内表观鉴定的基础上，正在研究采用 RAPD、AFLP、SSR、SRAP、RSAP 等分子标记技术对品种纯度进行鉴定，其结果更可靠。

2. 小区种植鉴定

田间检验是指在种子生产过程中，在田间对品种真实性进行验证，对品种纯度进行评估，同时对作物的生长状况、异作物、杂草等进行调查，并确定其与特定要求符合性的活动。从作用来说是对种子质量控制的前控。

田间小区种植鉴定是监控品种是否保持原有的特征特性或是否符合种子质量标准要求的主要手段之一。小区种植鉴定的目的，一是鉴定种子样品的真实性与品种描述是否相符，即通过对田间小区内种植的被检样品的植株与标准样品的植株进行比较，并根据品种描述判断其品种的真实性；二是鉴定种子样品纯度是否符合国家规定标准或种子标签标注值的要求。从其作用来说属于对种子质量控制的后控。

田间小区种植鉴定需具有能使被鉴定性状正常发育的气候、土壤及栽培条件，并对病虫防治有相对的保护措施。具体鉴定方法是，西瓜种子收获后立即从原始样品中取样，并统一编号。每一样品设一小区，每小区种植株数不少于 200 株，待西瓜植株果实至九成熟时，直接进行检测。田间直接检测主要依据果形、果皮色泽与条纹，以及果实剖开后的瓤色、种子特性等内容进行鉴别。品种纯度的计算公式是：

$$品种纯度＝\frac{小区被鉴定总株数－变异株（非典型株）数}{小区被鉴定总株数}×100\%$$

应该注意的是，田间小区种植鉴定种植株数的确定应符合 4N 原则。例如，若品种纯度标准为不低于 98.0%，则杂株率最高标准为 2.0%（即 1/N＝1/50，N＝50），其小区种植株数至少应为 4N＝4×50＝200 株。若田间小区种植的鉴定株数过少，则该份样品的纯度鉴定结果不可靠。

### （六）种子健康度鉴定

西瓜种子健康鉴定是种子质量鉴定的重要环节，种子健康的鉴定主要是对种子带菌情况进行评价和鉴定，测定种子是否携带有病原菌（如真菌、细菌及病毒）、有害的动物（如线虫及害虫）等健康状况。由于种子带菌情况复杂，往往单一的鉴定不能全面准确地测定。为了确保鉴定结果的可靠性和客观性，需要采用多种方法结合进行综合评价。

1. 细菌性果腐病（BFB）的检测

针对细菌性果腐病（BFB）的检测方法主要有：保湿生长盒检测；培养基分离检测；选择性培养基法；酶联免疫检测；聚合酶链式反应检测；免疫磁分离和 PCR 技术检测；实时荧光 PCR 等。Hydros Environmental Diagnostics Inc. 利用酶联免疫反应原理研发出用于细菌性果腐病病菌检测的快速检测套剂，可直接利用。

实际操作中可以采用保湿生长盒检测、培养基分离检测和聚合酶链式反应检测相结合的方法进行检测。用透光的塑料盒中装入蛭石、珍珠岩或河沙，然后将已破壳的种子撒播其上，也可浸种破壳催芽后播于其上，密封后放入温度 25 ℃左右的生长室中保持湿度在 85% 以上，大约 2 周后即可观察到植株病苗。最初在西瓜幼苗上的症状是子叶和叶子背面出现暗深色水浸状斑，随后出现坏死性损伤并时常伴有褪绿环斑，幼苗损害出现在下胚轴。此后，随子叶和真叶的生长沿叶脉扩展成黑褐色坏死斑。严重时幼苗生长点会干渴枯死。观察样本发病特征，与果腐病苗期发病特征标准挂图进行比较，确定并统计其带菌率。对可疑检测样本可以通过培养基分离培养结合聚合酶链式反应进行精确检测。

2. 黄瓜绿斑驳花叶病毒病（CGMMV）的检测

带有黄瓜绿斑驳花叶病毒病的西瓜种子出苗后，幼苗的瓜蔓先端幼叶出现不规则的褪色或淡黄色花叶，继而绿色部分隆起，叶面凹凸不平，叶片老化后症状逐渐不明显，与健叶无大的区别。接种病株后经 10～15 d 开始显示病症，叶片硬化凹凸卷曲，有时也黄化，主要出现斑驳，斑驳是该病最主要也是与多数常见瓜类病毒病相区别的显著特征。病果表面出现浓绿色略圆的斑纹。果肉周边接近果皮部呈黄色水渍状，进而种子周围的果肉变成紫红色或暗红色水渍状，果肉内出现块状黄色纤维，逐渐成为空洞。成熟果果肉全部变成暗红色，内有大量空洞呈丝瓜瓤状，味苦不能食用。

黄瓜绿斑驳花叶病毒病的鉴定方法主要有以下几种。

（1）生物学鉴定。生物学鉴定是利用病株汁液摩擦健株或指示植物，通过症状进行初步鉴定。例如，可以用本生烟（*Nicotiana benthamiana*）作为测定寄主，用未经处理的种子摩擦接种，本生烟发病率可以达 83.7％（古勤生，2007）。据日本报道，该病毒存在 3 个株系，即西瓜株系、黄瓜株系和 Yodo 株系。其中黄瓜株系和 Yodo 株系在曼陀罗上产生局部褪绿斑，而 Yodo 株系还在苋色藜上产生局部枯斑（任小平，2007）。生物学鉴定的结果不稳定，工作量大。

（2）电镜观察。病毒粒子存在于叶片、叶肉、表皮、薄壁组织、木质部、韧皮部、伴胞及其他各部的细胞质和细胞液泡内。病毒的初提纯液及病叶浸渍液经负染后在电子显微镜下观察，可见大量直杆状病毒粒子，典型粒子长度约300 nm。

（3）血清学鉴定。利用黄瓜绿斑驳病毒的专化性抗血清来检测病毒，采用酶联免疫吸附方法进行测定。这种方法具有灵敏度高、特异性强、操作简单等优点，可检测出 1～10 ng/mL 的病毒。

（4）分子生物学鉴定。采用 RT-PCR 扩增技术，设计上游引物 P（＋）：5′-TTTCTGGTGTATGGAACGTA‐3′，下游引物 P（－）：5′‐CTCGAAACTA-AGCTTTCG‐3′，提取病毒 RNA 并扩增，对扩增产物在琼脂糖凝胶电泳上进行分析，并与黄瓜绿斑驳花叶病毒病的西瓜株系、黄瓜株系和 Yodo 株系的外壳蛋白氨基酸序列和核苷酸序列进行同源性比较。PCR 技术具有快速、简便、灵活度高、所需样品少和特异性强等特点。在样品量极少或病毒在组织中含量很低时，用血清学方法检测有困难，而用 PCR 方法则会获得理想的效果。

# 五、质量检测报告

当上述各项质量检测项目检测结束后，由国家或地方有关种子管理和技术监督部门根据检测结果汇总作出种子质量检测报告。此外，由上述国家或地方机构授权进行种子质量检测的单位在通过室内和田间检测后也可作出质量检测报告。质量检测报告中至少应包括如下内容（表 10 - 8）：

表 10 - 8 西瓜种子质量检测报告

| 受检单位 | | 采种地 | |
|---|---|---|---|
| 品种或组合 | | 数量 | |
| 净度/% | | | |
| 水分/% | | | |
| 发芽率/% | | | |
| 杂交纯度/% | | 千粒重 | |

报告人：_____  审核：_____  日期：　　年　　月　　日

# 第六节　种子加工、包装与贮藏

晒干的西瓜种子经风选后立即进行水分测定，样品检验水分不合格的应立即再进行翻晒或烘干处理；水分测定合格的三倍体无籽西瓜种子，精选后还要进行手工粒选，剔除异类、异形种子，然后装入布袋或麻袋内贮藏。袋内外均要有标签，详细标明品种名称或组合代号、采种日期、采种地、采种人、制种户、重量等，以备核查。

## 一、种子加工

无籽西瓜种子的加工工序主要包括：预精选→干燥→精选→人工粒选→干热杀菌、种子引发→分级→包衣等。

在种子加工的过程中不管是清选、干燥、精选，还是干热杀菌、种子引发、分级、包衣等任何环节，均要注意防止种子机械混杂，病菌感染。种子入袋后内外均要贴有标签。

### （一）种子干燥

无籽西瓜种子清选后应及时干燥，正确及时干燥好的无籽西瓜种子发芽率、外观色泽好。西瓜种子的干燥主要有自然干燥法和烘干机快速烘干两种方式。

1. 自然干燥法

自然干燥法是利用自然风风干和太阳晒干的方法，使种子的含水量降低到或接近种子安全贮存水分的标准。条件有限的地区、单位或个人一般利用自然干燥的方法对种子进行干燥。国内的西瓜种子生产多采用这种方法进行种子的干燥。

具体做法：晒场地面平铺一层塑料油布，防止地面上的病菌因风力随灰尘带入种子内。用木棍将纱网的四周固定做成 1 m×3 m 规格的长方形晒网，两头加可拆的活动立柱。将种子直接均匀地平铺在晒网上进行晾晒，使种子随晒网悬空，四周通风并有阳光照射。晾晒过程中需要经常翻动种子，使种子干燥均匀。

晾晒过程中要特别注意防止种子机械混杂，更换品种时需彻底清理干净晒网上遗留的种子，特别是晒网边缘和四个角等易隐藏种子的死角。晒网清洁干净后统一使用 Sunami 100 药剂进行消毒，防止病菌接触交叉感染。

种子晾晒要有专人负责，严禁种子淋雨泡水，表面水分初步干燥的种子千万不可再过二遍水，否则种子发泡，失去原来光泽，严重影响种子外观。这种干燥方法的优点是：成本费用低；不耗用能源燃料，节能环保；安全，无危险。缺点是：干燥速度缓慢，需要几天，若遇雨天甚至需要时间更长；而且受气候条件和晾晒场地的限制，每次干燥的量有限；干燥时容易受外界因素影响，在空气湿度大的地区干燥效果不佳，种子水分难以达到规定的标准。

2. 利用种子烘干机进行快速烘干

利用烘干机加热快速干燥种子，是指利用加热空气作为干燥介质直接通过种子层，使种子水分汽化，从而达到干燥种子的目的。在加热干燥时，对空气介质进行加温，以降低介质的相对湿度，提高介质的持水能力，并使介质作为载体向种子提供蒸发水分所需的能量。

无籽西瓜种子干燥一般采用高温加热，将种子放入滚筒式干燥机内，使种子随滚筒转动，从而使种子快速干燥，以免干燥时间过长，影响种子发芽率。有条件的单位多采用种子烘干机烘干种子。采用种子烘干机对种子进行快速干燥时，要有专人负责，并熟悉机械设备的操作，参数设置要合理，以避免操作不当造成烧种或损坏设备。

国外西瓜种子的生产多采用这种方法进行种子干燥，国内一些大型种子公司（如先正达种子公司、雪峰种业有限公司）也开始引进和采用种子烘干机进行种子的快速烘干。采用种子烘干机进行种子的快速烘干能使种子含水量快速达到贮藏安全标准。

其优点是：不受天气条件的限制，随时都可以进行种子干燥；干燥的时间短，一般在1～2 d可以使种子完全达到贮藏安全含水量；因而种子质量有保障。缺点是：基本设备成本和保养费用较高；需要耗用燃料或用电；安全性比自然风干和晒干差，要求操作人员的责任心强，否则有失火的危险。

湖南省瓜类研究所使用的种子烘干机，利用电热风干燥和红外线烘干的方法，提高了干燥能力，增加了安全性。

### （二）种子精选

1. 预精选

西瓜种子采收后，一般先由制种农户自己采用自然晒干的方法进行种子干燥，然后用风车进行风选或用筛子筛等方法进行预精选。有条件的制种户可用精选机进行风选，也可人工进行风选和粒选，以便剔除畸形种子、色泽不良和未成熟的种子以及各类夹杂物。

2. 精选

西瓜种子生产企业或种子公司把西瓜种子从各制种农户收购上来后，还必须对种子进一步精选，以提高种子质量。国内西瓜种子公司由于成规模的专业公司不多，西瓜种子的精选方法和能力各异，大多借用用于粮食作物的种子精选机械来进行精选。三倍体无籽西瓜种子由于种仁不饱满，种子比重小，机械精选的难度较大，而且一般精选机对西瓜种子进行精选时容易出现机械混杂。

湖南省瓜类研究所引进的自动风选机可以解决以上问题。自动风选机的基本原理是利用微控重力精选，其精选操作科学严格，进料斗到出料口路径较短，便于清扫，而且透明可观，不会产生机械混杂，精选效果好，精选后无空壳种子，种子净度高。

3. 人工粒选

三倍体无籽西瓜种子一般粒大、皮厚，饱满程度不一致。有些霉变的种子、烂种子、小粒的饱满种子很难用机械精选去除。所以，三倍体无籽西瓜种子用机械精选后，还需再进行人工逐粒精选，以解决自动风选机不能逐粒精选的缺陷，最大限度地提高种子质量。

人工粒选主要是去除霉变种子、烂种子、粒型不同于该品种典型种子形状和色泽的种子，以提高种子的质量。人工粒选需由经过严格培训的人员进行，只有熟悉三倍体种子典型形状的、经过严格培训的人员才能胜任人工粒选工作。湖南省瓜类研究所拥有专门的人工粒选大车间，培训了专门的人工粒选人员，常年拥有 100 多名"选种能手"，大大提高了种子的质量。

无籽西瓜种子的人工粒选分以下两步进行：首先，通过感官识别，去除霉变种子、烂种子、小籽、碎籽、半秕籽、外观大小色泽形状明显与本品种特征不相符的种子，使之达到基本质量要求。其次，重点去除四倍体自交种和二倍体还原种。无籽西瓜种子生产用的母本为四倍体，与三倍体无籽西瓜种子相比，四倍体母本种子在外观形态上较为丰满，俗称"胖肚"，人工粒选可将相当一部分的四倍体自交种子去除，以达到提高无籽西瓜种子纯度的目的。

另一方面，由于三倍体无籽西瓜种子是采用四倍体与二倍体西瓜杂交后产生的种子，四倍体西瓜是由二倍体西瓜加倍而来，四倍体西瓜在加代过程中，在一定条件下会有少量的植株还原成二倍体，俗称"返祖"现象。还原的二倍体西瓜与四倍体西瓜除在苗期叶片形态有明显差异外，在田间果实外观表现与四倍体差异不明显，通过田间去杂很难彻底清除，而它们的种子在外观上区别十分明显，二倍体种子变小、变尖，俗称"尖嘴"。虽然在生产过程中通过苗期去杂和机械精选过程中均可以去除部分还原的二倍体西瓜种子，但很难彻底去除干净，必须通过人工粒选过程逐粒选择将还原的二倍体种子彻底去除。

### （三）干热杀菌

无籽西瓜种子在经过人工粒选后再进行干热杀菌，有效杀死种子内部及表面的病菌，以提高种子的质量。

大多数资料显示，52 ℃的温度处理只可以杀死植物种子上的一般病原细菌，但有些耐高温细菌的致死温度最高也不超过 70 ℃，68 ℃是病毒的致死温度。干热杀菌是用干热杀菌机对种子进行干热杀菌处理。种子的干热杀菌目前主要是国外的一些大型种子公司和国内少数大型种子公司采用。

例如，湖南省瓜类研究所和日本南都株式会社合资组建的南湘种苗公司，从日本引进了干热杀菌机，并根据相关原理自行研发了几款专门用于无籽西瓜种子干热杀菌处理的温湿度控制设备，广泛用于无籽西瓜种子的干热杀菌处理，能杀死多种耐热病菌以及果腐病，并在出口种子上试用了多年，该设备在国内具领先水平。该公司为了生产健康西瓜种子，每批种子经人工粒选后都进行干热杀菌。干热杀菌的基本原理是在 28～30 ℃预热并喷雾使空气湿度保持在 60%～70%，激活种子表面携带的病原菌后，使温度上升到 52 ℃的恒温杀死一般病菌，然后再使温度上升到 72 ℃杀死耐高温的病菌，而且变温处理可以缩短灭菌时间，最后自然冷却至常温，完成整个干热杀菌处理过程。

由于无籽西瓜种子在干热杀菌过程中经历了从低温到高温再到低温，湿度随设置参数发生了一系列的变化，种子内的贮存物质、种子活力也发生了一系列的变化，当种子经干热杀菌处理后短时间内其发芽率会有一定程度的下降。据湖南省瓜类研究所试验，发芽率为 90％的无籽西瓜种子经一个周期的干热杀菌处理后，其发芽率下降到 80％。因此无籽西瓜种子在经过干热杀菌处理后应通过一定的技术处理使其提高发芽率或快速恢复发芽率。

### （四）种子引发免破壳技术

三倍体西瓜种子由于受其遗传特性和自身结构等因素的影响，种植前需要人为"磕壳"来提高其发芽率和出苗率。通过产前处理种子提高种子活力的方法很多，Heydecher 等（1973）最早提出了种子引发（seed priming），也称渗透调节（osmotic-conditioning），即通过一定方式把种子暴露在较低水势溶液中，控制其水合作用，促进其萌发代谢，确保胚根不伸出种皮并回干种子。回干是吸水后的种子再脱水干燥回到原来重量的过程。

湖南省瓜类研究所与湖南农业大学合作，历时四年专门研究种子引发问题。经反复试验，通过种子引发使无籽西瓜种子在经过干热杀菌处理后发芽率能快速恢复原有水平，该技术已获国家专利（专利号：ZL201010586900.0）。具体做法就是通过温湿度调节，配以相关药剂处理使种子在漂浮（悬浮）状态下持续一定时间以达到恢复发芽率的目的。同时经引发后的无籽西瓜种子在生产过程中可以免人工破壳。

为了克服三倍体种子出苗率低和防止通过种子传播细菌性果腐病菌，冯建军等（2007）利用 $KMnO_4$、$CuSO_4$ 和 $ZnSO_4$ 的不同浓度溶液对无籽西瓜种子进行不同时间的引发处理，通过滤纸发芽试验，观测其对种子发芽和幼苗生长的促进作用；借助平板法测定引发溶液对细菌性果腐病菌 FC247 的抑制作用，免疫凝聚试纸条和传统 PCR 检测引发处理对种子人工接菌 FC247 的消毒效果。结果表明：0.1％ $CuSO_4$ 溶液引发处理 4 h 和 0.2％$ZnSO_4$ 溶液引发处理 24 h，分别比未引发处理的无籽西瓜种子发芽率提高 71.1％和 73.3％，并能显著提高发芽整齐度和幼苗素质；同时，引发溶液对细菌性果腐病菌有显著抑制作用，并对人工接菌种子表现出一定程度的消毒效果。

湖南农业大学兰相祎通过不同超声波温度、时间和功率做正交试验处理未破壳无籽西瓜种子，发现超声波 25 ℃、20min、240W 条件下处理浸种 4 h 的种子能促进其萌发，与对照（不经超声波处理）相比，能有效提高种子活力、增强幼苗素质，提高种内抗氧化酶活性等。其中，"大玉 4 号"无籽西瓜种子发芽率、发芽势、发芽指数比对照提高 103％、189％、139％，且种子浸泡液电导率比对照降低 61.76％，种内抗氧化酶 SOD、POD、CAT 活性分别比对照提高 89％、140％、305％，MDA 含量比对照降低 34.76％，促进效果显著。

值得注意的是，无籽西瓜种子的干热杀菌和种子引发处理的技术含量相当高，需要有专业人员操作，技术参数设置必须合理，并经反复试验后方可投入使用，切忌盲目仿效，以免造成不必要的损失。

### （五）种子分级与包衣

精选后的种子经检验合格后，一般根据种子检验结果和国家种子检验规定的标准对种子进行分级。无籽西瓜种子的分级，一般需根据国家种子检验规定的标准和种子实际质量检验的结果进行。

1. 种子分级

无籽西瓜种子分级时，需结合无籽西瓜种子籽粒大小、形态和饱满程度定制不同规格的专用筛片，利用分级机进行机械化分级。由于种子分级机主要是采用反复运动的平面筛结构，在筛片反复运动下达到分级的目的。因此，在实际操作过程中，要注意分级机的电磁振动给料器喂料均匀、一致。喂入量由随机提供的控制器严格控制，可以通过人为调节使喂料速度与筛片振动频率相协调，从而有效地实现无籽西瓜种子自动分级。

2. 种子包衣

种子包衣又称薄膜包衣，是一项种子处理新技术。它利用胶体稳定原理和高分子聚合物成膜原理，在种子表面包上一层相当薄，且厚度均匀，能透水透气，但对植物无毒的成膜剂（或称种衣剂）。种衣剂主要成分是杀虫剂、杀菌剂、微肥、激素、成膜剂、界面活性剂等多种化学物质。种衣剂的种类很多，无籽西瓜种子包衣所采用的种衣剂一般多选用能促进作物生长的种衣剂。种衣剂在土壤中遇水只能吸胀而不能溶解，从而使药剂和微肥等种衣物质随着种子的萌动、发芽、出苗和生长而逐渐被植株根系吸收并传导到幼苗植株各部位，使种子及幼苗对种子带菌、土壤带菌及地下、地上害虫起到防治作用。药膜中的微肥可在底肥借力之前充分发挥效力。因此，包衣种子苗期生长旺盛，叶色浓绿，根系发达，植株健壮，从而实现增产增收的目的。这一特点刚好弥补了无籽西瓜种子因种子内营养物质相对较少、苗期长势较慢的缺点。

无籽西瓜种子包衣主要有机械包衣法和人工包衣法两种。机械包衣法主要适宜大型种子公司，如湖南雪峰种业有限责任公司采用 YZ2515 型种子包衣机专门用于无籽西瓜种子包衣。该包衣机最大优点在于种衣覆盖均匀，包衣效果好，质量高，操作简易，易于掌控。同时种子通道可视，易于清扫，防止机械混杂。

人工包衣法主要用于少量种子的包衣，根据需要包衣种子的多少一般采用塑料袋、大瓶、小桶、圆底大锅等作容器。取一定数量的种子和相应数量的种衣剂一并倒入容器内，立即快速摇动或用铲子、木棒快速翻动拌匀，使种衣剂在种子表面均匀迅速地固化成膜。

尽管种衣剂低毒高效，但操作使用不当也会造成环境污染和人员中毒事故，且我国大部分地区无籽西瓜种子播种时需要人工破壳催芽，因此，包衣的无籽西瓜种子需在明显的位置注明严禁人工用嘴嗑籽破壳，防止发生意外，这也是我国无籽西瓜种子包衣技术使用相对较少的主要原因。此外，包衣好的种子贮藏时间不宜过长，最好按计划包衣一批，出库一批，播种一批。

与欧美等农业发达国家种子包衣已经发展成为种子领域中的一个成熟产业相比，我国的种子包衣还需要进行全方位地提高，特别是无籽西瓜种子包衣更需要不断摸索实践，这是一个任重道远的历程。可喜的是，国家对这个产业的投入不断增加，种子企业对其的关注不断提高。我们相信，通过正确的引导，理论的完善，科研水平的不断进步以及整个种业领域对质量要求的不断提高，在不久的将来，我们一定会逐渐缩短与发达国家的差距，在全国范围广泛推广和使用无籽西瓜种子包衣技术。

## 二、种子包装

经精选和分级的健康种子，一般先装入布袋或麻袋内贮藏，袋内外都要有标签，详细标明品种名称或组合代号、采种日期、采种地、采种人、种子级别等，以备核查。销售时再根据不同规格和要求进行种子包装。

现行《种子法》规定了宜于包装的农作物种子应当经加工包装后方可销售，西瓜种子属于包装种子，因此，西瓜种子必须进行包装后方可销售。《种子法》的实施办法还针对包装制定了制作要求，同时对标签标注内容等也有规定。此外，在进行种子包装时还需遵守有关法定计量单位使用规则、计量器具强制检定等法规。

种子包装是指将种子按一定规格的数量进行封装后，直接销售给种子使用者的销售包装或不可再分割的包装。

无籽西瓜种子包装一般流程为：称量或计数→装袋或装罐→封口机封口→喷码→贴标（粘贴防伪标签）→装箱→入库或销售。

目前无籽西瓜种子包装主要有按种子重量包装和种子粒数包装两种，按重量包装的常见计量规格有 10 g、25 g、50 g、100 g；按种子粒数包装的根据市场需求一般有 100 粒、500 粒、800 粒等不同规格。

为适应种子定量包装和定数包装的市场需要，种子包装机械也有与之相匹配的两种类型。定量包装的需有精确度高的计量器，如天平、定量包装计量秤等；定数包装的需有高灵敏度的种子数粒仪，如湖南雪峰种业有限责任公司采用美国进口高精确度的 KL50ic 数粒仪用于无籽西瓜种子定数包装，精确度高达 99.8%，方便快捷、省时省力。值得注意的是，定数包装的无籽西瓜种子必须净度高，才能减少仪器感应出错而造成数粒不准。

无籽西瓜种子包装容器材料通常有两种，一种是利用聚酯薄膜或铝箔作软包装，另一种是利用马口铁金属罐。利用聚酯薄膜或铝箔作软包装时，主要是利用聚酯薄膜的透明、柔韧、可热封及铝箔水汽透过率很低的特点，可很好地保护种子不受外界环境影响而降低种子质量，不过单独用铝箔包装种子效果不是很理想，一般结合其他材料制成复合型材料，采用铝箔同聚乙烯薄膜的复合制品作为无籽西瓜种子包装的软包装物，其防湿抗裂强度更好，透湿率极低，一年内种子含水量基本上不会发生变化。采用马口铁制成金属罐包装种子时，根据需要可做成筒形、扁形或其他具个性化的异型罐，封口得当可以绝对防止种子受潮，并隔绝气体、避光、防淹水、防有害烟气、防虫、防鼠，适于高速自动包装和封口，同时可增加商品的商品性，提高卖相。

先进国家和我国的一些大型无籽西瓜种子生产企业，种子包装已基本上实现自动化或半自动化操作，种子从散种仓库通过重力或空气提升机、皮带输送机、升降机等机械运动送到加料筒中，然后进行自动称量或计数，当达到预定的重量或数量时，设备会自动切断种子流，接着种子进入包装机，通过轨道输送至包装容器口，流入包装容器，种子袋或种子罐随传送带进入自动封口，再传送至喷码、贴标、装箱工作台，全套过程瞬间完成。操作人员只需蹲守在电脑旁进行数控即可。

值得注意的是，无籽西瓜种子包装不应违反现行的《种子法》，应结合《种子法的实施办法》做好包装物的标签标注工作，《种子法》规定的内容在包装物上应一一标注；同时，无籽西瓜种子包装也应遵守有关法定计量单位使用规则，计量器具必须进行强制检查等。《种子法》还规定了种子包装不能用不干胶等易于改变的粘贴标注。

## 三、种子贮藏

将经过加工、分级、检验合格的种子，装袋后入库贮藏。西瓜种子的贮藏多堆码放置于低温仓库中进行保存，并定期检查种子低温仓库的温度和湿度变化，及时通风，防鼠、防霉、防虫，定期检测种子的发芽率。

西瓜种子的贮藏应做到五防：一是防杂，即防止种子混杂，特别要防止种子品种间混杂，严格保持品种纯度；二是防潮，防止种子吸水受潮，使种子保持干燥，可用生石灰或其他干燥剂吸收掉种子周围空气中的水分，尽量保持种子的含水量在安全含水量8%以下；三是防热，就是防止种子温度过高，要使种子经常保持在10~15℃的低温冷凉条件下，以避免种子丧失生活力；四是防病虫，在种子贮藏之前，可用药剂熏蒸的办法对种子、贮藏容器和场所进行杀虫灭菌，以免种子在贮藏过程中受虫蛀和霉变；五是防鼠，西瓜种子营养丰富，老鼠极喜啮食，要特别注意老鼠危害，可用磷化锌拌入作废的西瓜种子进行诱杀。

种子贮藏的作用是延缓种子劣变衰老，延长种子寿命。三倍体无籽西瓜种子内积累贮藏的营养物质少，贮藏过程中由于呼吸作用消耗养分，发芽率降低很快，因此，无籽西瓜种子贮存必须严格、规范、谨慎。无籽西瓜种子贮存时入库前种子含水量必须要达标，贮存仓库需进行消毒防虫处理后方可使用，消毒方法见表10-9。贮藏应选用低温冷藏库，尽最大限度改善库内的温湿度环境，达到低温干燥的最佳贮藏条件。贮藏过程中应定期检查种子贮藏仓库的温度和湿度变化，及时通风，防鼠、防虫、防霉，定期抽检种子的发芽率，随时观察降温、除湿、通风等设备仪器的运转情况。

表 10-9  无籽西瓜种子贮存仓库消毒药剂及使用方法一览表

| 药名 | 浓度/% | 用药方法 | 用药量/（kg/m²） |
|------|--------|----------|------------------|
| 敌敌畏 | 0.5～1.0 | 喷雾 | 0.05 |
| 敌敌畏 | 0.1～0.2 | 喷雾 | 0.05 |
| 敌敌畏 | 原液 80 | 挂条 | 0.01～0.02 |

贮藏的温度和湿度对种子寿命的影响极大，据试验，发芽率在 80% 以上的新种子，在高温潮湿的南方经过一个夏季发芽率可降低到 36%，经过两个夏季发芽率降低到 7.5%，三倍体西瓜种子在高温潮湿条件下寿命最多只有 2 年。所以，改善贮藏条件可以延长西瓜种子的寿命。

种子贮藏通常需要两个关键条件：一是低温（0～5 ℃）；二是干燥（水分 7% 以下）。两个条件均具备时种子寿命最长，有人将三倍体西瓜种子在干燥冷库和冰箱中贮藏 20 年之久，种子仍有发芽率。如果三倍体无籽西瓜种子含水量在 7% 以下，贮藏温度 5 ℃，空气湿度 40% 以下，所贮藏的种子寿命可达 5 年，甚至更长，而发芽率降低幅度在 10% 以内。只具备其中一个条件（低温或者干燥）时种子寿命可延长几年。如在室温下放入干燥器中贮藏 4～5 年的三倍体种子仍能正常发芽。群众采用盛有生石灰的瓦缸贮藏大量三倍体种子 2～3 年，种子仍有发芽率，但要注意更换受潮的生石灰。在没有任何贮藏条件的情况下，只要经常晾晒种子，不使种子受潮，使种子含水量控制在 7% 以下，贮藏 2～3 年也没有问题。

（孙小武　肖光辉）

# 附录

## 附录 A  西瓜(含无籽西瓜)行业标准

中华人民共和国农业行业标准

NY/T584—2002 西瓜(含无籽西瓜)

Watermelon (include seedless watermelon)

2002 - 11 - 05 发布

2002 - 12 - 20 实施

中华人民共和国农业部发布

## 前 言

本标准由农业部种植业管理司提出。

本标准由中国农业科学院郑州果树研究所负责起草,湖南省瓜类研究所、河北省农业科学院蔬菜花卉研究所参加起草。

本标准主要起草人:俞正旺、孙小武、潘秀清、李子云、钟泽。

### 1  范围

本标准规定了收销鲜食西瓜的要求、检测方法、检验规则以及包装、标志、运输和贮存方法。

本标准适用于西瓜(含无籽西瓜)的商品收购、贮存、运输和销售,不适用于饲用西瓜和籽用瓜。

### 2  规范性引用文件

下列文件中的条款通过本标准的引用而成为本标准的条款。凡是注日期的引用文件,其随后所有的修改单(不包括勘误的内容)或修订版均不适用于本标准,然而,鼓励根据本标准达成协议的各方研究是否可使用这些文件的最新版本。凡是不注日期的引用文件,其最新版本适用于本标准。

GB2762—1994  食品中汞限量卫生标准

GB4810—1994  食品中限量卫生标准

GB/T500911—1996  食品中总砷的测定方法

GB/T5009.12—1996　食品中铅的测定方法

GB/T5009.17—1996　食品中总汞的测定方法

GB/T5009.20—1996　食品中有机磷农药残留量的测定方法

GB/T5009.38—1996　食品中多菌灵残留量的测定方法

GB5127—1998　食品中敌敌畏、乐果、马拉硫磷、对硫磷最大残留限量标准

GB/T6543—1986　瓦楞纸箱

GB/T8855—1988　新鲜水果和蔬菜的取样方法

GB/T12295—1990　水果、蔬菜制品可溶性固形物含量的测定折射仪法

GB14869—1994　食品中百菌清最大残留限量标准

GB14870—1994　食品中多菌灵最大残留限量标准

GB14878—1994　食品中百菌清残留量的测定方法

GB149284—1994　食品中溴氰菊酯最大残留限量标准

GB/T14929.4—1994　食品中氯氰菊酯、氰戊菊酯、溴氰菊酯残留量测定方法

GB14935—1996　食品中铅限量卫生标准

## 3　术语和定义

下列术语和定义适用于本标准。

### 3.1　西瓜

西瓜包括有籽西瓜和无籽西瓜。

#### 3.1.1　有籽西瓜

果实中有种子的西瓜，此处指二倍体西瓜，不含四倍体西瓜。

#### 3.1.2　无籽西瓜

果实中没有种子的西瓜，此处指三倍体无籽西瓜。

### 3.2　果形

本品种果实成熟时应具有的形状。

注：果形有圆、高圆、椭圆、长椭圆。果形端正是指同本品种应具有的形状相比，果实没有不正常的明显凹陷或突起，以及外形偏缺的现象，反之即为畸形果。常见的畸形果有葫芦形果、偏头果、扁平形果、哑铃形果、三棱果等。

### 3.3　良好

果实无病害或虫蛀咬，适合人类食用。

### 3.4　洁净

果面无泥土、虫体、虫粪、鸟粪、严重的灰尘等影响外观或有碍卫生的污

物、化学残留物等。

3.5 异味

果实吸收其他物质的不良气味或因果实变质而产生不正常的气味或口味。

3.6 成熟

果实的发育已经达到该品种应具有的各项特征即为成熟。

注：成熟度即西瓜成熟的程度。一般早熟品种的果实和需要贮运的果实可在完全成熟前采收，中晚熟品种的果实和在当地立即销售的果实应完全成熟时采收。

3.7 品种特征

本品种果实成熟时应具有的各项特征。

注：品种特征包括果实形状、果面底色和花纹、果皮厚度、瓤色、果肉质地、种子的大小、颜色、多少、单瓜重、可溶性固形物含量、口感风味等。

3.8 果面底色和条纹

本品种果实成熟时果面应具有的基础色调和条纹。

注：果面底色有浅绿色、黄绿色、绿色、深绿色、暗绿色、墨绿色、浅黄色、金黄色。果面条纹的形状有细网纹、网纹、网条、窄条带、中条带、宽条带。果面条纹的颜色有绿、深绿、墨绿、深黄。

3.9 单果重

单个果实的重量。是确定果型大小的依据，以千克（kg）为单位。

注：凡单果重大于 5.0 kg 的为大果型，单果重 2.5～5.0 kg 的为中果型，单果重小于 2.5 kg 的为小果型。

3.10 果皮厚度

成熟果实去除可食部分后剩下果皮的厚度，以厘米（cm）为单位。

3.11 剖面

通过果蒂和果脐的纵切面。

3.12 果面缺陷

人为或自然因素对果面造成的损伤。

3.13 日灼

因受强烈日光照射，果面温度过高而引起果面组织灼伤坏死，尔后形成的变色斑块或干疤。

3.14 碰压伤

采摘时或采摘后由于外力碰撞或受压造成的人为损伤。

注：轻微伤是指果面未破，损伤凹面较浅而未伤及果肉。

#### 3.15 刺划磨伤

采摘前后各环节中由于受到刺、划、磨而形成的人为创伤，致使瓜皮损坏，易受病菌侵染。

注：轻微伤指果皮受损，未伤及果肉，伤面较小，无流汁现象。

#### 3.16 雹伤

果实在生长期间被冰雹击伤。

注：轻微雹伤是指果实伤处已经愈合，形成小块斑痕，或果皮未破，伤处略现凹陷。凡伤及果肉，伤部面积大以及未愈合良好者为重度雹伤。

#### 3.17 病虫斑

果实受病、虫侵害造成的损伤斑痕。虫伤面积包括伤口及周围已木栓化的部分。

#### 3.18 病害

主要有脐腐病、肉质恶变果、冷害、病毒病、炭疽病、白粉病、细菌性果腐病等。

#### 3.19 着色秕籽

无籽西瓜果实中存在的种皮发育正常，外观上与正常种子无异，但没有种胚的"假种子"。

#### 3.20 白色秕籽

无籽西瓜果实中存在的白色种皮。

#### 3.21 可溶性固形物

果实汁液中所含能溶于水的糖类、有机酸、纤维素、可溶性蛋白、色素和矿物质等，主要成分为糖类，果实中心可溶性固形物是指果实纵切面从果蒂至果脐连线中心部位的可溶性固形物。

注：可溶性固形物是衡量西瓜甜度的一个主要指标。

#### 3.22 容许度

由于西瓜在采收分级中可能存在疏忽，以及在采后的贮运过程中可能产生的品质变化，规定一个低于本等级质量的允许限度，称为容许度。

### 4 分类

#### 4.1 有籽西瓜

按果型大小分为大果型、中果型和小果型。

## 4.2　无籽西瓜

按果型大小分为大果型、中果型和小果型。

## 5　要求

### 5.1　感官指标

51.1　有籽西瓜感官指标见表 A.1。

表 A.1　有籽西瓜感官指标

| 项目 | | 等级 | | |
|---|---|---|---|---|
| | | 优等品 | 一等品 | 二等品 |
| 基本要求 | | 果实完整良好、发育正常、新鲜洁净、无异味、无非正常外部潮湿，具有耐贮运或市场要求的成熟度。 | 果实完整良好、发育正常、新鲜洁净、无异味、无非正常外部潮湿，具有耐贮运或市场要求的成熟度。 | 果实完整良好、发育正常、新鲜洁净、无异味、无非正常外部潮湿，具有耐贮运或市场要求的成熟度。 |
| 果形 | | 端正 | 端正 | 允许有轻微偏缺，但仍具有本品种应有的特征，不得有畸形果。 |
| 果面底色和条纹 | | 具有本品种应有的底色和条纹，且底色均匀一致、条纹清晰。 | 具有本品种应有的底色和条纹，且底色均匀一致、条纹清晰。 | 具有本品种应有的底色和条纹，允许底色有轻微差别，底色和条纹的色泽稍差。 |
| 剖面 | | 均匀一致，无硬块。 | 均匀一致，无硬块。 | 均匀性稍差，有小的硬块。 |
| 单果重 | | 大小均匀一致，差异<10%。 | 大小较均匀，差异<20%。 | 大小差异<30%。 |
| 果面缺陷 | 碰压伤 | 无 | 允许总数5%的果有轻微碰压伤，且单果损伤总面积不超过 5 cm²。 | 允许总数10%的果有碰压伤，单果损伤总面积不超过 8 cm²，外表皮有轻微变色，但不伤及果肉。 |
| | 刺磨划伤 | 无 | 占总数5%的果有轻微伤，单果损伤总面积不超过 3 cm²。 | 占总数10%的果有轻微伤，且单果损伤总面积不超过 5 cm²，无受伤流汁现象。 |
| | 雹伤 | 无 | 无 | 允许有轻微雹伤，单果总面积不超过 3 cm²，且伤口已干枯。 |

续表

| 项目 | | 等级 | | |
| --- | --- | --- | --- | --- |
| | | 优等品 | 一等品 | 二等品 |
| 果面缺陷 | 日灼 | 无 | 允许5%的果有轻微的日灼，且单果总面积不超过5 cm²。 | 允许总数10%的果有日灼，单果损伤总面积不超过10 cm²。 |
| | 病虫斑 | 无 | 无 | 允许干枯虫伤，总面积不超过5 cm²，不得有病斑。 |

5.1.2　无籽西瓜感官指标见表 A.2。

表 A.2　无籽西瓜感官指标

| 项目 | | 等级 | | |
| --- | --- | --- | --- | --- |
| | | 优等品 | 一等品 | 二等品 |
| 基本要求 | | 果实完整良好、发育正常、新鲜洁净、无异味、无非正常外部潮湿，具有耐贮运或市场要求的成熟度。 | 果实完整良好、发育正常、新鲜洁净、无异味、无非正常外部潮湿，具有耐贮运或市场要求的成熟度。 | 果实完整良好、发育正常、新鲜洁净、无异味、无非正常外部潮湿，具有耐贮运或市场要求的成熟度。 |
| 果形 | | 端正 | 端正 | 允许有轻微偏缺，但仍具有本品种应有的特征，不得有畸形果。 |
| 果面底色和条纹 | | 具有本品种应有的底色和条纹，且底色均匀一致、条纹清晰。 | 具有本品种应有的底色和条纹，且底色均匀一致、条纹清晰。 | 具有本品种应有的底色和条纹，允许底色有轻微差别，底色和条纹的色泽稍差。 |
| 剖面 | | 均匀一致，无硬块。 | 均匀一致，无硬块。 | 均匀性稍差，有小的硬块。 |
| 单果重 | | 大小均匀一致，差异<10%。 | 大小较均匀，差异<20%。 | 大小差异<30%。 |
| 果面缺陷 | 碰压伤 | 无 | 允许总数5%的果有轻微碰压伤，且单果损伤总面积不超过5 cm²。 | 允许总数10%的果有碰压伤，单果损伤总面积不超过8 cm²，外表皮有轻微变色，但不伤及果肉。 |

续表

| 项目 | | 等级 | | |
|---|---|---|---|---|
| | | 优等品 | 一等品 | 二等品 |
| 果面缺陷 | 刺磨划伤 | 无 | 占总数 5%的果有轻微伤，单果损伤总面积不超过 3 cm²。 | 占总数 10%的果有轻微伤，且单果损伤总面积不超过 5 cm²，无受伤流汁现象。 |
| | 雹伤 | 无 | 无 | 允许有轻微雹伤，单果总面积不超过 3 cm²，且伤口已干枯。 |
| | 日灼 | 无 | 允许 5%的果有轻微的日灼，且单果总面积不超过 5 cm²。 | 允许总数 10%的果有日灼，单果损伤总面积不超过 10 cm²。 |
| | 病虫斑 | 无 | 无 | 允许干枯虫伤，总面积不超过 5 cm²，不得有病斑。 |
| 着色秕籽 | | 纵剖面不超过 1 个。 | 纵剖面不超过 2 个。 | 纵剖面不超过 3 个。 |
| 白色秕籽 | | 个体小、数量少。 | 个体中等但数量少，或数量中等，但个体小。 | 个体和数量均为中等，或个体较大，但数量少；或个体小，但数量较多。 |

### 5.2 理化指标

5.2.1 有籽西瓜理化指标见表 A.3。

表 A.3 有籽西瓜理化指标

| 项目 | 分类 | 等级 | | |
|---|---|---|---|---|
| | | 优等品 | 一等品 | 二等品 |
| 果实中心可溶性固形物/% | 大果型 | ≥10.5 | ≥10.0 | ≥9.5 |
| | 中果型 | ≥11.0 | ≥10.5 | ≥10.0 |
| | 小果型 | ≥12.0 | ≥11.5 | ≥11.0 |
| 果皮厚度/cm | 大果型 | ≤1.2 | ≤1.3 | ≤1.4 |
| | 中果型 | ≤0.9 | ≤1.0 | ≤1.1 |
| | 小果型 | ≤0.5 | ≤0.6 | ≤0.7 |

5.2.2　无籽西瓜理化指标见表 A.4。

表 A.4　无籽西瓜理化指标

| 项目 | 分类 | 等级 | | |
| --- | --- | --- | --- | --- |
| | | 优等品 | 一等品 | 二等品 |
| 果实中心可溶性固形物/% | 大果型 | ≥10.5 | ≥10.0 | ≥9.5 |
| | 中果型 | ≥11.0 | ≥10.5 | ≥10.0 |
| | 小果型 | ≥12.0 | ≥11.5 | ≥11.0 |
| 果皮厚度/cm | 大果型 | ≤1.3 | ≤1.4 | ≤1.5 |
| | 中果型 | ≤1.1 | ≤1.2 | ≤1.3 |
| | 小果型 | ≤0.6 | ≤0.7 | ≤0.8 |

5.3　卫生指标

5.3.1　汞含量按 GB2762—1994 执行。

5.3.2　砷含量按 GB4810—1994 执行。

5.3.3　铅含量按 GB14935—1996 执行。

5.3.4　有机磷农药残留量按 GB5127—1998 执行。

5.3.5　多菌灵残留量按 GB14870—1994 执行。

5.3.6　百菌清残留量按 GB14869—1994 执行。

5.3.7　溴氰菊酯按 GB14928.4—1994 执行。

## 6　检验方法

6.1　抽样

抽样方法按 GB/T8855—1988 新鲜水果和蔬菜的取样方法中有关规定执行。

6.2　检验工具

a）切瓜刀；

b）台秤；

c）直尺；

d）游标卡尺。

6.3　检验方法

6.3.1　感官指标检验

6.3.1.1　果形、果面底色与条纹用目测检验。

6.3.1.2　果面缺陷由目测结合测量检验。在同一个果上兼有两项或两项以上不同的果面缺陷时，只可记录其中对品质影响较重的一项。

6.3.1.3 单果重用台秤来称量，精确到小数点后一位。

6.3.1.4 成熟度根据果实的外观特征及切剖进行观察检验。

6.3.1.5 着色秕籽进行切剖检验。

6.3.1.6 白色秕籽进行切剖检验。

6.3.2 理化指标检测

6.3.2.1 可溶性固形物检测：将所抽检的样品从阴阳交界处纵向剖开，测量果肉中心部位。具体测量方法按 GB/T12295—1990 的规定进行。

6.3.2.2 果皮厚度的测定：将果实从阴阳交界面纵向剖开，去除可食部分剩下果皮，用游标卡尺测量果实中部果皮的厚度，精确到小数点后一位。

6.3.3 卫生指标检测

6.3.3.1 汞含量按 GB/T5009.17—1996 测定。

6.3.3.2 砷含量按 GB/T5009.11—1996 测定。

6.3.3.3 铅含量按 GB/T5009.12—1996 测定。

6.3.3.4 有机磷农药残留量按 GB/T5009.20—1996 测定。

6.3.3.5 多菌灵残留量按 GB/T5009.38—1996 测定。

6.3.3.6 百菌清残留量按 GB14878—1994 测定。

6.3.3.7 溴氰菊酯按 GB/T14929.4—1994 测定。

# 7 检测规则

## 7.1 基本要求

7.1.1 同品种、同等级、同时收购、贮运、销售的西瓜作为一个检验批次。

7.1.2 报检单填写的项目应与实物相符，凡货单不符，品种、等级混淆不清，应由交货单位重新整理后，再行抽样。

## 7.2 检验程序

将抽取的样品逐件（或逐个）铺放在检验台上，按标准规定检验项目检出不合格果，进行分项记录，每批样果检验完后，计算检验结果，评定该批果品的等级品质。

## 7.3 评定规则

7.3.1 感官指标中的果面缺陷，一等品不得超过 2 项，二等品不得超过 3 项。

7.3.2 检出的不合格果，按报验单所列项目分单项以果重或果数为基准计算其百分率，精确到小数点后一位，按式（1）计算：

单项不合格果率＝ 单项不合格果数（或果重）/检验总果数（或总果重）×100％ ∙∙∙∙∙∙∙∙∙∙∙∙∙∙∙∙∙∙∙∙∙∙∙∙∙∙∙∙∙∙∙∙∙∙∙∙∙∙∙∙∙∙∙∙∙∙∙∙∙∙∙∙∙∙∙∙∙ （1）

各单项不合格果百分率的总和，即为该批西瓜不合格果总数的百分率。

7.4　检重

在验收时，每件包装内果实的净重必须符合规定重量，如有短缺，应按规定重量补足（散装果总量应吻合）。

7.5　检验容许度

7.5.1　优等品中允许不符合本等级规定的果不超过总数的 4％，不合格果不得低于一等品的要求。

7.5.2　一、二等品中允许不符合本等级规定的果不超过总数的 8％，一等品不合格果不得低于二等品的要求，二等品不合格果中不得有严重碰压伤果、裂果、病果、烂果。

7.6　复验

经检验不符合本等级规定的果实，可按实际品质等级验收。如交售一方不同意变更等级时，可经加工整理后再申请收购单位抽样复验，以复验结果为准，复验以一次为限。

## 8　包装、标志

8.1　西瓜可根据果型的大小和商品价值的高低采用相应材料进行包装或散装。

8.2　同一批货应包装一致，每一包装件内应是同一产地、同一品种、同一等级的西瓜。

8.3　西瓜的包装材料有纸箱、塑料网袋等。

8.4　纸箱：用瓦楞纸板制成，在两端箱面上应留适当数量的通气孔，纸箱图案应鲜明、美观，突出产品的风格和自有的品牌。其他应符合 GB/T 6543—1986 的要求。

8.5　西瓜用纸箱包装时，视果实的大小实行单个或单层装果。装果应装满，防止箱内果实晃动，如有孔隙，须用清洁柔软的物料填满，有条件时应用发泡塑料网套包装后再装入纸箱，纸箱缝合处用胶带封严。

8.6　尼龙网袋应无毒、无异味、无污染，结实牢固，不可过大，以搬运方便为原则。

8.7 包装纸箱应在箱的外部印刷或贴上标志（尼龙网袋内应放置标志卡片），标明产品名称、品种、等级、商标、毛重、净重、产地和验收日期，要求字迹清晰易辨，不易褪色。

## 9 运输、贮存

9.1 西瓜采收后立即按本标准规定的品质条件分等、包装，尽快交售、验收。

9.2 验收后的西瓜，应根据果实的成熟度和品质情况，迅速组织调运或贮存，按等级品质分别存放。

9.3 西瓜在装卸运输中要轻装轻放。运输工具应清洁卫生。运输散装瓜时，运输工具的底部及四周与果实接触的地方要加苫垫物，以防机械损伤，运输中应防曝晒、雨淋。

9.4 若须临时贮藏，应在阴凉、通风、干净的地方进行。堆码整齐，防止挤压损伤，严防日晒、雨淋。

9.5 需较长时间贮存时，应存入低温冷库，存入前须逐步降温预冷。冷库应保持 5～6℃和85％的空气相对湿度。

9.6 进行长时间贮存的果实应清洁、表面无水分、无污染、无病虫害、无内伤。在贮存过程中，应经常进行检查，发现病果应立即清除。

9.7 西瓜在贮运过程中，严禁与有毒、有异味、有害及传播病虫害的物品混合存放、运输。

# 附录 B  西瓜品种的性状调查与评价方法

## 1  品种试验的设计要求

### 1.1  品种试验田间设计

#### 1.1.1  品种试验地点

品种试验地点的气候和生态条件，应能够满足西瓜品种试验植株的正常生长及其性状的正常表达。

#### 1.1.2  品种试验地的环境条件要求

应选择远离污染源、村庄、高大建筑物、树木等干扰，无人畜侵扰，无遮阴、不重茬、地势平整、灌排方便、土层深厚、土质疏松的沙壤土地块作为品种试验地。

#### 1.1.3  品种试验栽培技术条件

以露地地膜覆盖西瓜的栽培管理为例：

中原地区一般 3 月下旬至 4 月上旬催芽播种育苗，其他地区按当地生产习惯适期播种。育苗采用塑料小拱棚营养钵阳畦冷床育苗，营养钵大小为 8 cm × 8 cm。每品种重复 3 次，随机排列，每个重复育苗 40 株。

4 月下旬至 5 月上旬，当幼苗长至两叶一心时定植于露地，地膜覆盖，分区栽培，每品种重复 3 次，随机排列，每个重复（小区）栽苗 30 株，单行栽培，北方一般行距 2 m，株距 0.5 m，并按 10∶1 比例栽培同一普通二倍体西瓜作授粉株。

试验地按中等肥水的水平管理，三蔓整枝打杈，明压蔓，坐果期人工辅助授粉，同时挂牌标记授粉日期，自然留瓜，不疏瓜，果实充分成熟后采收，并按小区、按单瓜进行果实性状调查。

#### 1.1.4  对照品种和保护行设置

进行品种的形态特征和生物学特性观测试验，应设置对照品种，试验地周围应设保护行和保护区。

### 1.2  数据采集

品种的形态特征和生物学特性观测试验、原始数据的采集应在西瓜正常生长情况下获得。如遇自然灾害等因素严重影响植株正常生长，应重新进行试验和数据采集。每个性状需有 3 年的数据，每年试验有 3 次重复，每次重复至少取

5个样本以上。其中数值数据的采集需有两人同时操作，目测、鼻嗅、品尝等感官数据的采集需具有专业知识的人员3人以上同时进行。

### 1.3　数据统析和校验

每品种的形态特征和生物学特性观测数据均依据对照品种进行校验。对所采集的数量性状的数据，根据3年的观测校验值，计算每份品种性状的平均值、变异系数和标准差，并进行方差分析，判断试验结果的稳定性和可靠性。取校验值的平均值作为该品种的性状值。对所采集的质量性状的数据，应根据3年试验结果综合评价。

## 2　品种的基本信息采集

### 2.1　种名代号

记录国内品种的原始名称和国外引进品种的中文译名。如果有多个名称，可以放在括号内，用逗号分隔，如"品种名称1（品种名称2，品种名称3）"；国外引进品种如果没有中文译名，可以直接填写品种的外文名。没有品种名称的填代号，两者都有的品种，代号放在品种名称之后括号内。

### 2.2　品种外文名代号

记录国外引进品种的外文名和国内品种的汉语拼音名。国内品种的汉语拼音名每个汉字的汉语拼音之间要空一格，而且首写字母大写，如"Hei Beng Jin"。国外引进品种的外文名应注意大小写和空格。没有品种名称的填代号，两者都有的品种，代号放在品种名称之后的括号内。

### 2.3　品种来源

国内西瓜品种（组合）一般需标注引种来源的省、县名称，国外引进品种需标注来自的国家、地区或国际组织名称。

### 2.4　品种系谱

记录西瓜选育品种（组合）的亲缘关系。例如蜜枚无籽1号的系谱为：蜜枚四倍体×SBD。

### 2.5　选育单位

记录选育西瓜品种（组合）的单位名称或个人。单位名称应写全称，例如"中国农业科学院郑州果树研究所"。

### 2.6　育成年份

西瓜品种（组合）培育成功的年份。例如"1980""2002"等。

## 2.7 选育方法

西瓜品种（组合）的育种方法。例如"杂交""三交"等。

## 2.8 图像

西瓜品种的图像文件名，图像格式为 .jpg。图像文件名由品种名称加半连号"-"、加序号、加".jpg"组成。如有两个以上图像文件，图像文件名用分号分隔，如"蜜枚无籽 1 号-01.jpg；蜜枚无籽 1 号-02.jpg"。图像对象主要包括植株、果实、特异性状等。图像要清晰，对象要突出。

## 2.9 观测地点

西瓜品种形态特征和生物学特性观测地点的名称，记录到省和县，如"河南省中牟县"。

## 3 品种的形态特征和生物学特性描述

### 3.1 子叶颜色

西瓜子叶表面所呈现的颜色。在幼苗一叶期，以整个小区幼苗为观测对象，采用目测的方法观察。参照标准色卡上最接近代码的颜色特征分级如下：

1 黄绿（FAN3141C）

2 浅绿（FAN3134D）

3 绿（FAN3134B）

4 深绿（FAN3135A）

5 其他

### 3.2 子叶形状

西瓜子叶表面所呈现的形状。在幼苗一叶期，以整个小区幼苗为观测对象，采用目测的方法观察。分级如下：

1 抱合形（子叶中间折叠形成抱合，抱合顶部稍凹陷）

2 椭圆形（子叶纵径大于横径，基部和顶部宽窄基本相同）

3 卵圆形（子叶纵径大于横径，基部宽度明显窄于顶部，形状较尖）

4 三角形（子叶纵径大于横径，基部宽度明显窄于顶部，顶部平直，缺刻不明显）

5 心形（子叶纵径大于横径，基部宽度明显窄于顶部，顶部中间有缺刻）

6 其他

### 3.3 子叶表面形状

西瓜子叶表面平展情况。在幼苗一叶期，以整个小区幼苗为观测对象，采用目测的方法观察。分级如下：

  1 对折（沿子叶主脉对折）

  2 凹（子叶四周上翘，中部凹入）

  3 平（子叶基本生长在同一个平面上）

  4 凸（子叶四周下垂，中部凸起）

  5 其他

3.4 子叶斑点

  西瓜子叶表面和子叶颜色不一致的斑点。在幼苗一叶期，以整个小区幼苗为观测对象，采用目测的方法观察。分级如下：

  0 无（子叶具一致颜色，无异色斑点）

  1 有（子叶不具一致颜色，有异色斑点）

3.5 子叶长度

  子叶表面从基部边缘到顶部边缘之间的最大距离。在幼苗一叶期，每小区取幼苗10株，每份品种共取30株为观测对象，按图B.1所示，用直尺测量子叶的长度。单位为cm，数值精确到0.1 cm。

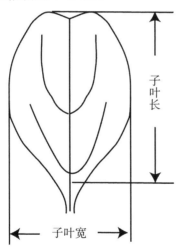

图 B.1 子叶长度和宽度

3.6 子叶宽度

  子叶表面与子叶主脉垂直方向两边缘之间的最大距离。以3.5中选取的西瓜幼苗为观测对象，按图B.1所示，用直尺测量子叶的宽度。单位为cm，数值精确到0.1 cm。

### 3.7    子叶叶形指数

子叶长度和宽度的比值。以 3.5 中选取的西瓜幼苗为观测对象，在测量子叶长度和宽度后，计算出每个子叶的叶形指数。计算公式为：$CI = L/W$

式中：$CI$—子叶叶形指数；$L$—子叶长度；$W$—子叶宽度。

数值精确到 0.1。

注意事项：子叶的长度和宽度值必须是同一个子叶。

### 3.8    子叶叶形平展指数

同一组合内不同个体之间子叶平展程度的比较。根据所测子叶自然宽度的平均值计算其平展指数。

### 3.9    下胚轴高度

幼苗下胚轴从地表面到子叶基部之间的距离。以 3.5 中选取的西瓜幼苗为观测对象，按图 B.2 所示，用游标卡尺测量下胚轴的高度。单位为 cm，数值精确到 0.1 cm。

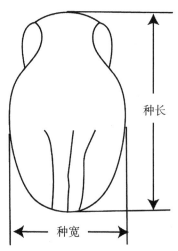

图 B.2    下胚轴高度和粗度

### 3.10    下胚轴粗度

幼苗下胚轴中间部位的直径。以 3.5 中选取的西瓜幼苗为观测对象，按图 B.2 所示，用游标卡尺测量下胚轴中部的直径。单位为 mm，数值精确到 0.1 mm。

注意事项：下胚轴的高度和粗度值必须是同一株幼苗。

3.11　　播种至伸蔓天数

自播种到70％植株主蔓抽生到10 cm长时的天数。在植株开始伸蔓期，以整个小区植株为观测对象，用目测的方法，观察和记载小区70％植株主蔓抽生到10 cm长时的日期，统计出播种至伸蔓的天数。统计公式为：$Dv = D2 - D1$

式中：$Dv$—播种至伸蔓的天数；$D2$—小区70％植株主蔓抽生到10 cm长时的日期；$D1$—播种日期。

单位为d，数值精确到个位数。

3.12　第1雌花节位

植株主蔓第1个开放雌花所着生的节位。在植株开花坐果初期，每小区取主蔓最早开放雌花的植株10株，每份品种共取30株为观测对象，用目测的方法观察和记载。

3.13　播种至第1雌花开放天数

自播种到70％植株主蔓第1雌花开放的天数。在植株开花坐果初期，以整个小区植株为观测对象，用目测的方法，观察和记载小区70％植株主蔓第1雌花开放的日期，再进行统计。统计公式为：$Df = D3 - D1$

式中：$Df$—播种至第1雌花开放的天数；$D3$—小区70％植株主蔓第1雌花开放的日期；$D1$—播种日期。

单位为d，数值精确到个位数。

3.14　雌花间隔节位

植株主蔓上第1、第2雌花之间相距的节数。在植株开花坐果初期，每小区取主蔓最早出现第2雌花的植株10，每份种共取30为观测对象，用目测的方法观察和记载每株主蔓上第1之间相距的节数。单位为节，数值精确到个位数。

3.15　雌花花瓣颜色

雌花开放当时花瓣所呈现的颜色。在植株开花坐果盛期，以整个小区植株为观测对象，在第2雌花开放当时，用目测的方法，观察植株主蔓第2雌花花瓣的颜色。参照标准色卡上最接近代码的颜色特征分级如下：

1浅黄（FAN14B）

2黄（FAN16AB）

3其他

### 3.16 柱头颜色

雌花开放当时柱头所呈现的颜色。在植株开花坐果盛期，以整个小区植株为观测对象，在第2雌花开放当时，用目测的方法，观察植株主蔓第2雌花柱头的颜色。参照标准色卡上最接近代码的颜色特征分级如下：

1 黄（FAN14B）

2 黄绿（FAN3149C）

3 其他

### 3.17 雌花花冠大小

雌花开放当时花冠的最大直径。在植株开花坐果盛期，每小区取开放雌花的植株10株，每份品种共取30株为观测对象，在主蔓第2雌花开放当时，按图B.3所示，用直尺测量花冠直径。单位为cm，数值精确到0.1 cm。

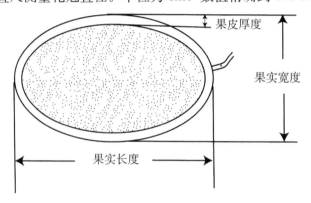

图 B.3  雌花花冠大小

### 3.18 子房形状

雌花的子房侧面（纵切面）所呈现的形状，与果实形状基本一致。在植株开花坐果盛期，以整个小区植株雌花花冠大小为观测对象，在主蔓第2雌花开放当时，用目测的方法观察。分级如下：

1 圆（子房纵径和横径基本相同。圆形和高圆形果实的品种多属于此类子房）

2 椭（介于圆和长椭圆之间的类型。一般椭圆形果实的品种多属于此类子房）

3 长椭（子房纵径明显大于横径，子房显得细长。长形和橄榄形果实的品种多属于此类子房）

### 3.19　子房茸毛

雌花子房上分布茸毛多少和质地的差异。在植株开花坐果盛期，以整个小区植株为观测对象，在主蔓第 2 雌花开放当时，用目测的方法观察。分级如下：

1 少（子房上分布较少的茸毛，子房边缘清晰可见）

2 中（子房上分布较多的茸毛，子房边缘模糊可见）

3 多（子房上分布大量茸毛，子房边缘看不清楚）

4 其他

### 3.20　叶气味

成熟叶片所散发出的特殊气味。在幼果期，以整个小区植株为观测对象，选择无风晴天用鼻嗅的方法鉴定，鉴定部位为主蔓坐果部位前后 2 个叶片。分级如下：

0 无（叶片没有特殊气味）

1 有（叶片有特殊气味）

### 3.21　叶片姿态

成熟叶片伸展的方向与地平面之间的夹角大小。在幼果期，以整个小区植株为观测对象，用目测和量角器测量相结合的方法观测，观测部位为主蔓坐果部位前后 2 个叶片。分级如下：

1 直立（叶片伸展的方向与地平面之间的夹角≥30°）

2 水平（−15°＜叶片伸展的方向与地平面之间的夹角＜30°）

3 下垂（叶片伸展的方向与地平面之间的夹角＜−15°）

### 3.22　叶面皱褶

成熟叶片及裂片边缘向上卷曲的程度。在幼果期，以整个小区植株为观测对象，用目测的方法观察，观察部位为主蔓坐果部位前后 2 个叶片。分级如下：

0 无（叶片及裂片生长在同一个平面上，叶片平展，裂片形状一目了然）

1 轻（叶片及裂片边缘稍有上卷，叶片比较平展，裂片形状可以看清）

2 重（叶片及裂片边缘严重上卷，叶片不平展，裂片形状自然状态时看不清）

### 3.23　叶面蜡质

成熟叶片表面覆着的一层蜡状物质。在幼果期，以整个小区植株为观测对象，用目测的方法观察，观察部位为主蔓坐果部位前后 2 个叶片。分级如下：

0 无（无蜡状物质覆着，叶片表面明显发绿，没有灰白色斑块，叶色比较均匀）

1 有（有蜡状物质覆着，叶片表面明显发白，有的甚至有灰白色斑块）

### 3.24 叶片颜色

成熟叶片所呈现的颜色。在幼果期，以整个小区植株为观测对象，用目测的方法观察，观察部位为植株主蔓坐果部位前后 2 个叶片。参照标准色卡上最接近代码的颜色特征分级如下：

1 黄 （FAN18B）

2 黄绿 （FAN3141C）

3 浅绿 （FAN3134D）

4 绿 （FAN3134B）

5 深绿 （FAN3135A）

6 其他

### 3.25 叶脉颜色

成熟叶片叶脉所呈现的颜色。在幼果期，以整个小区植株为观测对象，用目测的方法观察，观察部位为植株主蔓坐果部位前后 2 个叶片。参照标准色上最接近代码的颜色特征分级如下：

1 浅黄 （FAN18D）

2 绿白 （FAN3149D）

3 浅绿 （FAN3142D）

4 其他

### 3.26 叶片斑点

成熟叶片上有和叶色明显不一样的色斑。在幼果期，以整个小区植株为观测对象，用目测的方法观察，观察部位为主蔓坐果部位前后 2 个叶片。分级如下：

0 无 （叶片上没有和叶色明显不一致的色斑）

1 有 （叶片上有和叶色明显不一致的色斑）

### 3.27 叶片缺刻类型

成熟叶片沿主脉对称性成对发生的羽状缺刻多少。在幼果期，以整个小区植株为观测对象，用目测的方法观察，观察部位为主蔓坐果部位前后 2 个叶片。分级如下：

0 无 （叶片完整，无缺刻，俗称全缘叶或甜瓜叶，整个叶只有一个裂片）

1 一对 （叶片有一对羽状缺刻，整个叶至少有 3 个裂片以上）

2 两对 （叶片有两对羽状缺刻，整个叶至少有 5 个裂片以上）

3 三对（叶片有 3 对羽状缺刻，整个叶至少有 7 个裂片以上）

4 四对（叶片有 4 对以上羽状缺刻，整个叶至少有 9 个裂片以上）

5 其他

3.28　叶片缺刻级数

成熟叶片基部对称的两裂片上继续发生缺刻次数的差别。在幼果期，以整个小区植株为观测对象，用目测的方法观察，观察部位为主蔓坐果部位前后 2 个叶片。分级如下：

1 一级（叶片只沿主脉两边发生羽状缺刻）

2 二级（叶片在一级羽状缺刻的基础上，最基部的裂片上还会发生缺刻）

3 三级（叶片在二级羽状缺刻的基础上，最基部的裂片上还会发生缺刻）

3.29　叶片缺刻深浅

成熟叶片缺刻口深入叶片的程度。在幼果期，以整个小区植株为观测对象，用目测的方法观察，观察部位为主蔓坐果部位前后 2 个叶片。分级如下：

1 浅（叶片缺刻口深入叶片部分较浅，叶片沿叶脉两边残存的叶片较宽，裂片一般较大）

2 中（介于 1 和 3 之间的缺刻类型）

3 深（叶片缺刻口深入叶片部分较深，叶片沿叶脉两边残存的叶片较窄，裂片一般较小）

3.30　叶片裂片形状

成熟叶片缺刻后边缘留下的片状部分的形状，一般以叶片顶部裂片最典型。在幼果期，以整个小区植株为观测对象，用目测的方法观察，观察部位为主蔓坐果部位前后 2 个叶片。分级如下：

1 圆（裂片纵径和横径基本相等，裂片顶端较圆，裂片呈圆形）叶片长度

2 中（介于 1 和 3 之间的裂片类型）

3 长（裂片纵径明显比横径长，裂片顶端较尖，裂片窄而长，呈橄榄形）叶片宽度

3.31　叶片裂片重叠程度

成熟叶片的裂片相互交叉覆盖的情况。在幼果期，以整个小区植株为观测对象，用目测的方法观察，观察部位为主蔓坐果部位前后 2 个叶片。

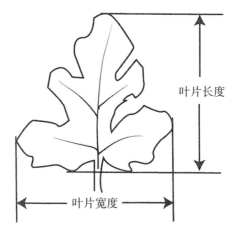

图 B.4　叶片长度和宽度

分级如下：

0 无（叶片缺刻较宽，裂片之间相距较远，不重叠）

1 少（叶片缺刻较窄，裂片之间相距较近，甚至有少量重叠）

2 多（叶片缺刻极窄，裂片之间相互交叉和严重重叠）

3.32　叶片长度

成熟叶片从基部边缘到顶端边缘之间的最大距离。在幼果期，每小区取植株 10 株，每份品种共取 30 株为观测对象，按图 B.4 所示，每株用直尺测量植株主蔓坐果部位前后 2 个叶片中最大叶的长度。单位为 cm，数值精确到 0.1 cm。

3.33　叶片宽度

成熟叶片与叶片主脉垂直方向两边缘之间的最大距离。以 3.32 中选取的叶片为观测对象，按图 B.4 所示，每株用直尺测量植株主蔓坐果部位前后 2 个叶片中最大叶的宽度。单位 cm，数值精确到 0.1 cm。

3.34　叶形指数

成熟叶片长度和宽度的比值。以 3.32 中选取的叶片为观测对象，测量其长度和宽度后，计算出叶形指数。计算公式为：$YI = L/W$

式中：$YI$—叶形指数；$L$—叶片长度；$W$—叶片宽度。

数值精确到 0.1。

注意事项：叶片长度和叶片宽度值必须是同一个叶片。

3.35　叶柄姿态

成熟叶片叶柄的伸展方向与地平面之间的夹角大小。以 3.32 中选取的叶片为观测对象，用目测和量角器测量相结合的方法观测，观测部位为主蔓坐果部位前后 2 个叶片。分级如下：

1 直立（叶柄伸展的方向与地平面之间的夹角＞60°）

2 半直立（30°＜叶柄伸展的方向与地平面之间的夹角＜60°）

3 水平（叶柄伸展的方向与地平面之间的夹角＜30°）

3.36 叶柄长度

成熟叶片的叶柄从和瓜蔓的连接处到和叶片的连接处之间的距离。以 3.32 中选取的叶片为观测对象，用游标卡尺测量其叶柄的长度。单位 cm，数值精确到 0.1 cm。

3.37 叶柄粗度

成熟叶片的叶柄中间部位的直径。以 3.32 中选取的叶片为观测对象，用游标卡尺测量其叶柄中部的直径。单位 mm，数值精确到 0.1 mm。

注意事项：叶柄长度和粗度值必须是同一个叶柄。

3.38 节间长度

植株主蔓中部相邻两叶之间的蔓长。在幼果期，每小区取植株 10 株，每份品种共取 30 株为观测对象，用直尺测量，测量部位为主蔓坐果部位前后 2 个节间。单位 cm，数值精确到 0.1 cm。

3.39 主蔓长度

植株主蔓从子叶节到蔓顶端的最大距离。在果实成熟期，每小区取植株 10 株，每份品种共取 30 株为观测对象，用钢卷尺测量主蔓的长度。单位为 m，数值精确到 0.1 m。

3.40 主蔓粗度

植株主蔓基部 3～5 节处的直径大小。以 3.39 中选取的植株为观测对象，用游标卡尺测量。单位为 cm，数值精确到 0.1 cm。

3.41 坐果指数

单位面积内坐果数和植株数的比值。在果实成熟期，以整个小区植株的果实为观测对象，先用目测的方法统计出坐果个数，再计算出坐果指数。计算公式为：$Gs = n/N$

式中：$Gs$—坐果指数；$n$—小区坐果个数；$N$—小区株数。

数值精确到 0.1。

注意事项：坐果个数应包括田间烂果数。

### 3.42　坐果距离

从子叶节到坐果节位之间的瓜蔓长度。在果实成熟期，每小区取坐果最近的植株 10 株，每份品种共取 30 株为观测对象，用钢卷尺测量。单位为 m，数值精确到 0.1 m。

### 3.43　畸形果率

畸形果是指果实不能正常发育，果形发生畸变的种类。一般包括顶腐（果实顶部不能正常膨大，果皮软化、皱缩不周正，甚至褐腐。不论是长果形或圆果形的西瓜均可发生）、葫芦形（一些长形西瓜果柄端不能正常膨大，果形顶端大，柄部小，呈葫芦形或叫瓶颈形的现象）、枕形（又叫冬瓜果，一些长果形西瓜果实中部不能正常膨大，果形两头较大，中间较小，果实常伴有厚皮、空心的现象）、扁平形（又叫南瓜果，一些圆形西瓜果实不能正常膨大，果形长度明显小于粗度，果实常伴有厚皮、空心的现象）等。在果实成熟期，以整个小区植株的果实为观测对象，用目测的方法观察和统计畸形果发生的比率。计算公式为：$Gn = n/N \times 100\%$

式中：$Gn$—畸形果率；$n$—小区畸形果个数；$N$—小区坐果个数。

以％表示，数值精确到 0.1％。

注意事项：坐果个数应包括田间烂果数。

### 3.44　裂果率

果实成熟采摘前，单位面积内田间裂果的数量与总果数的比率。在果实成熟期，以整个小区植株的果实为观测对象，先用目测的方法统计出裂果个数，再计算出裂果率。计算公式为：$Gc = n/N \times 100\%$

式中：$Gc$—裂果率；$n$—小区裂果个数；$N$—小区坐果个数。

以％表示，数值精确到 0.1％。

注意事项：裂果均指自然裂果。

### 3.45　果粉

成熟果实表面附着的一层白色粉状物。在果实成熟期，以整个小区植株的果实为观测对象，用目测和手拂的方法观测果面粉状物。分级如下：

0 无（果实表面没有一层白色的粉状物，用手拂过时不会看到明显的果粉脱落现象，俗称"油皮"瓜）

1 少（果实表面有一薄层白色的粉状物，用手拂过时会看到果粉脱落现象）

2 多（果实表面有一厚层白色的粉状物，用手拂过时会看到明显的果粉脱落

现象）

### 3.46 果光滑度

成熟果实表面的平滑程度。在果实成熟期，以整个小区植株的果实为观测对象，用目测和手摸的方法观测。分级如下：

1 光滑（果面平整，没有大的凸起或凹陷）

2 瘤（果面不平整，有瘤状凸起）

3 沟［果面有沿果实纵轴方向（或覆纹方向）产生的、较窄的凹陷］

4 棱［果面有沿果实纵轴方向（或覆纹方向）产生的、较窄的凸起］

5 其他

### 3.47 果实形状

果实在成熟时所呈现的形状。在果实成熟期，以整个小区植株的果实为观测对象，用目测的方法观察。分级如下：

1 圆形（果实形状圆整，纵切面基本呈圆形，其中根据果形指数的大小分为高圆、圆、扁圆三种）

2 椭圆形（果实形状圆整，纵切面呈椭圆形，其中根据果形指数的大小分为长椭圆、椭圆、短椭圆三种）

3 橄榄形（果实形状不太圆整，纵切面中间较粗，两端明显变尖，呈菱形，或叫纺锤形）

4 圆柱形（果实形状不太圆整，纵切面两端较齐，宽度与中间差不多，呈方形。这种果形的品种较少）

5 其他

### 3.48 果柄大小

果柄顶部的大小。在果实成熟期，以整个小区植株的果实为观测对象，用目测的方法观察。分级如下：

1 小（果柄朝果实结合部方向生长一样粗）

2 中（果柄朝果实结合部方向生长逐渐变粗）

3 大（果柄朝果实结合部方向生长明显变粗，呈开张状）

### 3.49 果柄长度

连接果实和瓜蔓之间的柄状物的最大长度。在果实成熟期，每小区取植株10株，每份品种共取30株的果实为观测对象，用游标卡尺测量。单位为cm，数值精确到0.1 cm。

3.50 果柄粗度

果柄中部的直径。以 3.49 中采集的瓜样为观测对象，用游标卡尺测量。单位为 cm，数值精确到 0.1 cm。

注意事项：果柄长度和粗度值必须是同一个果柄。

3.51 果皮底色

果实表面最底层的颜色或覆纹间的颜色，也叫主要颜色或第一颜色。在果实成熟期，以整个小区植株的果实为观测对象，用目测的方法观察。参照标准色卡上最接近代码的颜色特征分级如下：

1 浅黄（FAN14B）

2 黄（FAN16A）

3 深黄（FAN117A）

4 绿白（FAN4192D）

5 浅绿（FAN3134C）

6 黄绿（FAN3149B）

7 绿（FAN3140A）

8 深绿（FAN3135A）

9 墨绿（FAN4189A）

3.52 果皮覆纹颜色

覆盖在果皮底色上、具有一定形状或条纹的颜色，也叫次要颜色或第二颜色。在果实成熟期，以整个小区植株的果实为观测对象，用目测的方法观察。参照标准色卡上最接近代码的颜色特征分级如下：

1 无

2 浅黄（FAN14B）

3 黄（FAN16A）

4 深黄（FAN117A）

5 浅绿（FAN3134C）

6 绿（FAN3140A）

7 深绿（FAN3135A）

8 墨绿（FAN4 189A）

3.53 果皮覆纹形状

果皮覆纹所呈现的形状。在果实成熟期，以整个小区植株的果实为观测对象，用目测的方法观察。分级如下：

1 网条（覆纹呈网状，所经过的地方果皮底色可见，边缘不明显，连续）

2 齿条（覆纹呈条状，所经过的地方果皮底色看不见，边缘明显，有锯齿状突出，较窄，连续）

3 条带（覆纹呈条状，所经过的地方果皮底色看不见，边缘不明显，有斑状突出，较宽，连续）

4 放射条（覆纹呈条状，所经过的地方果皮底色看不见，边缘不明显，呈斑块辐射状，不连续）

5 其他

3.54　果皮覆纹数量

单个果实表面上覆纹的个数。在果实成熟期，每小区取植株 10 株，每份品种共取 30 株的果实为观测对象，用目测的方法统计。其中，条状覆纹必须具有超过果面中心的长度并占有一个覆纹位置的才算数。单位为条（个），精确到个位数。

3.55　果皮覆纹宽窄

果皮覆纹中部两边缘之间的距离。以 3.52 中选取瓜样为观测对象，用钢卷尺测量。测量以覆纹最宽处（一般在果实中部）两边缘平行线之间的最短距离为准。单位为 cm，数值精确到 0.1 cm。

3.56　果顶花痕大小

在成熟果实顶部果皮上，原来着生花冠的地方留下的一个圆形、锈色、表面粗糙的痕迹斑的直径。以 3.55 中取样为观测对象，用直尺测量。单位为 cm，数值精确到 0.1 cm。

3.57　果实重量

成熟果实的平均重量。在果实成熟采收期，以整个小区植株的果实为观测对象，用秤称出小区果实的总重量，再计算出每个果实的平均重量。计算公式为：

$$G = \sum g / N$$

式中：$G$—果实重量；$\sum g$—小区果实总重量；$N$—小区坐果个数。

单位为 kg，数值精确到 0.1 kg。

3.58　公顷产量

每公顷西瓜的果实产量。在果实成熟采收期，以整个小区植株的果实为观测对象，用秤称出小区果实的总重量，再计算出公顷产量。计算公式为：$Gp =$

$\sum g \times S/s$ 或者 $GP = G \times Gs \times N$

式中：$Gp$—每公顷产量；$\sum g$—小区果实总重量；$G$—果实重量；$Gs$—坐果指数；$N$—每公顷栽培株数；$s$—小区面积；$S$—每公顷面积，为 10 000 $m^2$。

单位为 kg，数值精确到 0.1 kg。

3.59 果实发育期

从雌花开放坐果到成熟采收之间的天数。在果实成熟采收期，每小区取植株 10 株，每份品种共取 30 株的果实为观测对象，记载每个果实的授粉期和成熟采收期，统计出每个果实的发育期天数。计算公式为：$Dg = D5 - D4$

式中：$Dg$—果实的发育期；$D5$—果实成熟采收日期；$D4$—果实授粉日期。

单位为 d，数值精确到个位数。

3.60 全生育期

从播种到果实成熟采收之间的天数。在果实成熟采收期，以整个小区植株的果实为观测对象，记载 70% 果实成熟采收的日期，统计出全生育期天数。计算公式为：$D = D6 - D1$

式中：$D$—全生育期；$D6$—70% 果实成熟采收日期；$D1$—播种日期。

单位为 d，数值精确到个位数。

3.61 果皮硬度

果皮阳面中部用硬度计测量的硬度值。在果实成熟期，每小区取植株 10 株，每份品种共取 30 株的果实为观测对象，用硬度计测量。单位为 kgf/cm²，数值精确到 0.1 kgf/cm²。

3.62 果肉颜色

果实纵切后果肉所呈现的颜色。以 3.61 中所取的瓜样为观察对象，用刀沿果实中心纵切后，用目测的方法观察。参照标准色卡上最接近代码的颜色特征分级如下：

1 白

2 乳白（FAN4 N155B）

3 浅绿（FAN3128D）

4 浅黄（FAN14C）

5 黄（FAN15A）

6 橙黄（FAN117B）

7 粉红（FAN155B）

8 桃红（FAN267BC）

9 红（FAN143AB）

10 橘红（FAN1N25A）

11 大红（FAN145AB）

3.63　果实长度

果实纵切面从基部边缘到顶部边缘之间的最大距离。以 3.62 中所取的瓜样为观测对象，按图 B.5 所示，用直尺测量。单位为 cm，数值精确到 0.1 cm。

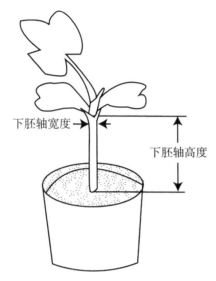

图 B.5　果皮长度、宽度和厚度

3.64　果实宽度

果实纵切面与果实纵轴垂直方向两边缘之间的最大距离。以 3.62 中所取的瓜样为观测对象，按图 B.5 所示，用直尺测量出果实的纵切面宽度。单位为 cm，数值精确到 0.1 cm。

3.65　果形指数

果实长度和宽度的比值。以 3.62 中所取的瓜样为观测对象，测量出果实的长度和宽度后，计算出其果形指数。计算公式为：$FI = L/W$

式中：$FI$—果形指数；$L$—果实长度；$W$—果实宽度。

数值精确到 0.1。

3.66　果皮厚度

果皮阳面中部从外果皮到内果皮（果皮与果肉分界线）之间的距离。以 3.62 中所取的瓜样为观测对象，按图 B.5 所示，用直尺测量出果皮的厚度。单位为 cm，数值精确到 0.1 cm。

注意事项：果实长度、宽度和果皮厚度值必须为同一个果实。

3.67 种子形状

种子平放时上下表平面所呈现的形状。以当年收获的批量西瓜种子为观测对象，采用目测的方法观察。分级如下：

1 椭圆形（种子纵径大于横径，种子尾部和喙部宽度基本一致）

2 卵圆形（种子纵径大于横径，种子尾部较宽，喙部较窄、尖）

3 其他

3.68 种子表面光滑度

种子表面的光滑程度或裂纹种类。以 3.67 中所取的西瓜种子为观测对象，采用目测和手触摸的方法观测。分级如下：

1 光滑（种子表面手感光滑，甚至有反光）

2 粗糙（种子表面有颗粒状凸起，手感不光滑）

3 裂纹（种子表面尤其在脐端有裂纹状凹陷，纹路较窄，手感不光滑）

4 裂刻（种子表面有裂纹状凹陷，纹路较宽，纹底露白色，手感不光滑）

上述没有列出的其他类型，需要另外给予详细的描述和说明。

3.69 种皮底色

种子表面最底层的颜色，也叫主要颜色，或叫第一颜色。以 3.67 中所取的西瓜种子为观测对象，采用目测的方法观察。参照标准色卡上最接近代码的颜色特征分级如下：

1 白

2 黄白（FAN4158D）

3 灰黄（FAN4161D）

4 黄（FAN110AB）

5 红黄（FAN126A）

6 浅红（FAN152C）

7 红（FAN146A）

8 红褐（FAN4N187B）

9 灰褐（FAN4202B）

10 黑（FAN4202A）

11 绿（FAN4190）

12 灰绿（FAN4198A）

### 3.70 种皮覆纹特征

覆盖在种子表面底色上的颜色，也叫次要颜色，或叫第二颜色，或外观图案。以 3.67 中所取的三倍体西瓜种子为观测对象，采用目测的方法观察。分级如下：

0 无（种皮只有一种颜色，即底色，没有第二种颜色，皮色很纯净）

1 灰褐色斑点（覆纹较小，为灰褐色点状）

2 灰褐色斑纹（覆纹较大，为灰褐色斑点组成的纹状）

3 黄白色斑块（覆纹较大，为黄白色斑状）

4 黄红色斑块（覆纹较大，为黄红色斑状）

5 黄褐色斑块（覆纹较大，为黄褐色斑状）

6 黑色斑块（覆纹较大，为黑色斑状）

7 其他

### 3.71 种脐斑

种子表面喙部两边的眼状图案与种子表面不一致的颜色。以 3.67 中所取的三倍体西瓜种子为观测对象，采用目测的方法观察。分级如下：

0 无（种脐部位颜色和种子表面的颜色一致）

1 红（种脐部位有和种子表面颜色不一致的红色）

2 黑（种脐部位有和种子表面颜色不一致的黑色）

3 其他

### 3.72 种子长度

种子喙部边缘到尾部边缘之间的最大距离。以 3.67 中所取的西瓜种子为观测对象，抽取 30 粒种子，用游标卡尺测种长量。单位为 mm，数值精确到 0.1 mm。

### 3.73 种子宽度

种面与种子纵轴垂直方向两边缘之间的最大距离。以 3.72 中所取的三倍体西瓜种子为观测对象，观测种子长度和宽度，抽取 30 粒种子，用游标卡尺测量。单位为 mm，数值精确到 0.1 mm。

### 3.74 种形指数

种子长度和宽度的比值。以 3.72 中采集的种子样为观测对象，测量出每个种子的长度和宽度后，再分别计算出每个种子的种形指数。计算公式为：$SI = L/W$

式中：$SI$—种形指数；$L$—种子长度；$W$—种子宽度。

数值精确到 0.1。

3.75 种子厚度

种子平放时上下表面之间的最大距离。以 3.72 中所取的三倍体西瓜种子为观测对象，用游标卡尺分别测量。单位为 mm，数值精确到 0.1 mm。

注意事项：种子长度、宽度和厚度值必须为同一个种子。

3.76 种皮厚度

种子外壳的厚薄程度。以 3.72 中所取的三倍体西瓜种子为观测对象，采用目测和手指甲掐的方法观测。分级如下：

1 薄（种子无外种皮，只有内种皮，种皮膜状，用手指甲很容易掐透）

2 较厚（种子有外种皮但较薄或较软，用手指甲能够掐透）

3 厚（种子外种皮较厚、较硬，用手指甲很难掐透）

4 极厚（种子外种皮厚而坚硬，用手指甲不能掐透）

3.77 种子千粒重

1 000 粒种子的群体重量。以 3.67 中所取的三倍体西瓜种子为观测对象，每次随机数取 1 000 粒种子用千分之一的天平称重，重复三次。单位为 g，数值精确到 0.1 g。

## 4 品种的果实品质特性描述

4.1 果肉剖面

果实纵切后果肉的外观状况。以 3.60 中选取的瓜样为观测对象，用目测的方法观察。分级如下：

1 均匀（果肉色泽均匀，无裂缝、空心、黄筋和纤维块）

2 裂缝（果肉色泽均匀，疏松，有窄长的新撕裂）

3 空心［果肉色泽均匀，中心有较宽大的、陈旧性的纵裂或横裂（空洞），裂痕表面已老化了］

4 黄筋（果肉色泽不均匀，有较多的、明显的黄白色条状纤维）

5 纤维块（果肉色泽不均匀，有明显的黄白色块状纤维）

6 其他

4.2 果肉白色秕籽大小

果肉剖面上种皮发育不成熟的白色秕籽的大小。以 3.60 中所取的瓜样为观测对象，用目测的方法观察。分级如下：

1 小（白色秕籽大小在 3 mm 以下）

2 中（白色秕籽大小在 3～5 mm）

3 大（白色秕籽大小在 5 mm 以上）

4.3　果肉白色秕籽多少

果肉剖面上种皮发育不成熟白色秕籽的多少。以 3.60 中所取的瓜样为观测对象，用目测的方法观察。分级如下：

1 少（剖面最大秕籽密度为 1 个/cm²）

2 中（剖面最大秕籽密度为 1～3 个/cm²）

3 多（剖面最大秕籽密度为 3 个/cm²以上）

4.4　果肉着色秕籽多少

果肉剖面上种皮发育成熟的有色秕籽的多少，少数有种仁。以 3.60 中所取的瓜样为观测对象，用目测的方法观察。分级如下：

1 无（剖面上无着色秕籽）

2 少（剖面上可见着色秕籽 1～3 粒）

3 多（剖面上可见着色秕籽 3 粒以上）

4.5　中心果肉可溶性固形物含量

果实中心果肉可溶性固形物的含量值。以 3.60 中所取的瓜样为观测对象，用手持折光仪测量。以％表示，数值精确到 0.1％。

4.6　近皮部果肉可溶性固形物含量

果实近皮部果肉可溶性固形物的含量值。以 3.60 中所取的瓜样为观测对象，用手持折光仪测定。以％表示，数值精确到 0.1％。

4.7　果肉质地

果肉在食用过程中，口感的软硬、致密程度和汁液多少的综合评价。以 3.60 中所取的瓜样为观测对象，用品尝的方法鉴定。分级如下：

1 绵（果肉质地较松，汁液少）

2 沙（果肉质地松，汁液少）

3 酥脆（果肉质地较实，汁液多）

4 脆（果肉质地实，汁液较多）

4.8　果肉硬度

用果肉硬度计直接测量，单位为每平方厘米千克力数（kgf/cm²）。以 3.60 中所取的瓜样为测定对象，测定部位为瓜中心点。

4.9　果肉纤维

果肉在食用过程中，口内残留渣滓的多少。以 3.60 中所取的瓜样为观测对象，用品尝的方法鉴定。分级如下：

1 少（果肉食用时在口内不残留渣滓）

2 中（果肉食用时在口内有很少的残留渣滓）

3 多（果肉食用时在口内有很多残留渣滓）

4.10　果肉异味

果肉在食用过程中，口感有甜味以外的其他味道。以 3.60 中所取的瓜样为观测对象，用品尝的方法鉴定。分级如下：

0 无（果肉食用时，只有甜味）

1 酸味（果肉食用时，明显感觉有酸味）

2 奶味（果肉食用时，除了甜味和酸味外有奶的味道）

3 其他

4.11　果肉风味

果肉在食用过程中，综合口感的好坏。以 3.60 中所取的瓜样为观测对象，用品尝的方法鉴定。分级如下：

1 差（果肉食用时，总体感觉一般）

2 中（果肉食用时，总体感觉较好）

3 佳（果肉食用时，总体感觉良好）

## 5　品种的抗病性

5.1　枯萎病抗性

西瓜枯萎病是由真菌半知菌亚门镰孢霉属尖镰孢菌西瓜专化型 ［*Fusarium orysporum* f. *sp. niveum*（E. F. Smith）Snyderet Hansen］侵染所致的病害。人工接种鉴定的方法是：用人工繁殖的病原物，仿照自然情况创造发病条件，按一定菌量接种，根据接种对象发病程度的高低来确定西瓜品种的抗性强弱。鉴定时一定要附加感病和高抗的对照品种，以检验试验结果的可靠性。试验设 3 次重复，每次重复 30 株幼苗，随机区组排列，每份品种需苗 90 株。人工接种鉴定程序如下：

供试材料幼苗的准备：经粒选的种子用 0.1% 升汞液消毒 10 min，用清水冲洗干净，浸种 8～12 h 即可捞起，破壳后用纱布包好放在 33℃ 的恒温箱内催芽，大约 36 h 后胚根长到 5～7 mm 时，播种在盛有经消毒的珍珠岩育苗盘内，置于

28℃左右的温室内生长。

接种体的准备：为了克服因多次转管而使分离物致病力减退的现象，贮藏在试管内的菌株必须经过活化和复壮，通过重新接种在寄主上再分离病原，或者直接取自发病植株根部维管束的样品，经单孢分离培养得到病原。将病原移植于装有马铃薯蔗糖制作的液体培养基的三角瓶中，放置在 25～28℃ 条件下，并保持每分钟 110～120 次的振荡条件下培养 7～10 d 后，将培养菌液通过 4～8 层消毒纱布过滤，滤去菌丝，把滤液置于 3 000 r/min 的瓶内离心 10 min 后，将离心瓶上清液倒掉，再用无菌水将沉淀瓶底的孢子冲洗至烧杯内并稀释，在显微镜下用血球计数板统计菌液中的孢子数，加无菌水配制成浓度为 $1 \times 10^6$ 个/ mL 的接种孢子液。

接种方法：在西瓜幼苗真叶露心时准备接种。接种前将育苗盘放在水中浸泡几分钟，以避免幼苗掘出时断根。接种时先将根部用水轻轻冲洗干净，用吸水纸吸去水分，放入配好的菌液中浸泡 10 min 后，再将幼苗移栽到盛有珍珠岩的塑料钵中，放在 20～28℃ 的温室内培养。接种后 2 d 内可酌情遮阴。

病情调查：接种后 10 d 左右开始发病，35 d 调查发病情况，记录枯萎病株数，计算出枯萎病发病率。计算公式为：$R = n/N \times 100\%$

式中：$R$—枯萎病发病率；$n$—发生枯萎病株数；$N$—接种株数。

抗性评价标准：根据枯萎病发病率的高低作为品种抗性评价标准，分 5 级。

1 高抗（HR）（$R<20\%$）

3 抗（R）（$20\%<R<40\%$）

5 中抗（MR）（$40\%<R<60\%$）

7 感（S）（$60\%<R<80\%$）

9 高感（HS）（$R>80\%$）

5.2 病毒病抗性

西瓜病毒病主要是由小西葫芦黄花叶病毒（Zucchini yellow mosaic virus，ZYMV）、西瓜花叶病毒［Watermelon mosaic virus，WMV］、黄瓜花叶病毒（Cucumber mosaic virus，CMV）、番木瓜环斑病毒西瓜株系（Papaya ringspot virus-watermelon strain，PRSV-W）和南瓜花叶病毒（Squash mo-saic virus，SqMV）侵染引起的病害。人工接种鉴定的方法是：采取自然繁殖的病原物，仿照自然情况创造发病条件，按一定病毒量接种，根据接种对象发病程度的高低来确定西瓜品种的抗性强弱。鉴定时一定要附加感病和高抗的对照品种，以检验试验结果的可靠性。试验设 3 次重复，每次重复 30 株幼苗，随机区组排列，每份品种需苗 90 株。人工接种鉴定程序如下：

供试材料幼苗的准备：西瓜种子在经充分洗净后，45℃温水中浸种 6 h（让水温在浸种过程中自然降至室温），然后充分洗净，破壳后用布包裹种子并拧干水，在搪瓷盘中用湿毛巾保湿，置于 30℃恒温箱中培养催芽，大约 36 h 后胚根长到 5～7 mm 时，播种在盛有经消毒的珍珠岩的育苗盘内，放在 28℃左右的温室内生长。

接种体的准备：试验前将要接种的病毒接种到相应的寄主上，在温室内培养使其发病，长出病叶。接种前将研钵经高压灭菌后放置在－20℃冰箱中预冷后，加入—20℃冰预冷的 0.01 mmol/L PB 缓冲液、充分研磨病毒病病叶（1：10，$W/V$）的接种病毒液。

接种方法：当西瓜幼苗一片叶时进行接种，在西瓜叶片上方轻轻弹撒金刚砂，使之覆盖一薄层，然后戴上一次性手套蘸取病毒液进行摩擦接种。每份材料设空白对照（用 0.01 mmol/L PB 缓冲液接种）。

病情调查，接种 1 周后开始观察症状表现，接种后 35 d 记录发病情况。病情分级标准如下：

0 无症状

1 叶片褪绿斑或明脉

2 轻度花叶，无蕨叶

3 严重花叶，无蕨叶

4 严重花叶，轻微蕨叶

5 严重花叶和蕨叶，叶片严重畸形

计算平均病情级数，计算公式为：$RI = \sum x_i n_i / N$

式中：$RI$—平均病情级数；$x_i$—病害级别；$n_i$—相应病害级别的叶片数；$i$—病害分级的各个级别；$N$—调查总叶片数。

抗性评价标准：以平均病情级数作为抗性评价标准，分 5 级。

1 高抗（HR）（$RI < 1.0$）

3 抗（R）（$1.0 < RI < 2.0$）

5 中抗（MR）（$2.0 < RI < 3.0$）

7 感（S）（$3.0 < RI < 4.0$）

9 高感（HS）（$RI > 4.0$）

# 参考文献

[1] AN M, ZHOU X, WU F, et al. Rhizosphere soil microorganism populations and community structures of different watermelon cultivars with differing resistance to *Fusarium oxysporum* f. sp. *niveum* [J]. Can J Microbiol, 2011, 57 (5): 355 – 365.

[2] BOUGHALLEB N, MAHJOUB MEL. Detection of races 0, 1 and 2 of *Fusarium oxysporum* f. sp. *niveum* and their distribution in the watermelon-growing regions of Tunisia [J]. Bulletin OEPP, 2005, 35 (2): 253 – 260.

[3] CIRULLI M. Variation of pathogenicity in f. sp. *niveum* and resistance in Union Fitopatol [J]. Mediter Oeiras, 1972 (3): 491 – 500.

[4] COMPTON M, BARNRTT N, GRAY D. Use of fluorescein diacetate (FDA) to determimne ploidy of in vitro watermelon shoots [J]. Plant Cell, Tissue and organ Culture, 1999, 58 (3): 199 – 203.

[5] HAWKINS L K, DANE F, KUBISIAK T L, et al. Linkage mapping in a watermelon population segregating for *Fusarium* wilt resistance [J]. J. Amer. Soc. Hort. Sci., 2001, 126 (3): 344 – 350.

[6] LEVI A, THOMAS C E, JOOBEUR T, et al. A genetic linkage map for watermelon derived from a testcross population: ( *Citrullus lanatus* var. *citroides* × *C. lanatus* var. *lanutus* ) × *Citrullus colocynthis* [J]. Theor. Appl. Genet., 2002, 105 (4): 555 – 563.

[7] LEVI A, THOMAS C E, ZHANG X P, et al. A genetic linkage map for watermelon based on randomly amplified ploymorphic DNA markers [J]. J. Amer. Soc. Hort. Sci., 2001, 126 (6): 730 – 737.

[8] LIU W, YAN Z H, ZHAO S J, et al. Triploid seedless watermelon production in China. Cucurbitaceae, 2006.

[9] FUCHS M, JAMES R, MCFERSON D M, et al. Cantaloupe line CZW – 30 containing coat protein genes of cucumber mosaic virus, zucchini

yellow mosaic virus and watermelon mosaic Virus – 2 is resistant to those three viruses in the field [J]. Molecular Breeding, 1997 (3): 279 – 290.

[10] FUCHS M, MCFERSON D M, TRICOLI K L, et al. Comparative virus resistance and fruit yield of transgenic sqush with single and multiple coat protein genes [J]. Plant Disease, 1998 (12): 1350 – 1356.

[11] MARTYN R D, NETZER D. Resistance to races 0, 1 and 2 of *Fusarium* wilt of watermelon in Citrullus sp. PI296341 – FR [J]. Horticulture Science, 1991, 26: 429 – 432.

[12] NETZER D. Physiologieal races and soil population level of *Fusarium* wilt of watermelon [J]. Phyto Pathology, 1976 (4): 131 – 136.

[13] ORTON W A. A study of disease resistance in watermelons [J]. Science, 1907, 25: 288.

[14] SLEETH B. *Fusarium niveum* the cause of watemrelon wilt [J]. West Va Agric. Exp. Sta. Bull, 1935 (257): 23.

[15] TODD C WEHNER. Gene list for watermelon [J]. Cucurbit Genet Coop Rpt, 2007, 30: 75 – 88.

[16] WILLEM A, GOAR M THIELEMANS S, GILLS M, et al. Transfer of several Phytopathogenic Pseudomonas species to Acidovorax as Acidovorax avenae subsp. avenae subsp. nov., comb. nov., Acidovorax avenae subsp. citrulli, Acidovorax avenae subsp. cattleyae, and Acidovorax konjaci. Int. J. Syst [J]. Bacterial, 1992 (42): 107 – 119.

[17] XIAO G H, LIU J X, XIAO L Y, et al. Utilization and Inheritance of Watermelon Resistance to *Fusarium oxysporum* f. sp. *niveum* Introduced from Bottle Gourd [J]. Hunan Agricultural Science & Technology Newsletter, 2001, 2 (4): 13 – 15.

[18] XIAO G H, WU D X, LIU J X, et al. Variations in the Characters of Watermelon Offsprings Induced by Exogenous Bottle Gourd DNA Introduction [J]. Hunan Agricultural Research Newsletter, 1999, 6 (1): 5 – 9.

[19] XIAO W S, XIAN Z, YUE M, et al. China seedless watermelon research and application [M]. Beijing: China Agriculture Press, 2009.

[20] ZHANG H Y, WANG H, GUO S G, et al. Identification and validation

of acore set microsatellite markers for genetic diversity analysis in watermelon, *Citrullus lanatus* Thunb. Matsum. &Nakai [J]. Euphytica, 2012, 186 (2)：329-342.

[21] ZHOU X G, EEVERTS K L, BRUTON B D. Race 3, A new and highly virulent race of *fusarium oxysporum* f. sp. *niveum* causing *fusarium* wilt in watermelon [J]. Plant Disease, 2010, 94：92-98.

[22] ZHOU X G, EVERTS K L. Quantification of root and stem colonization of watermelon by *Fusarium oxysporum* f. sp. niveum and its use in evaluating resistanc [J]. Phytopathology, 2004, 94 (8)：832-841.

[23] 艾呈祥, 余贤美, 刘庆忠, 等. 利用 SSR 标记鉴定西瓜杂交种纯度的研究 [J]. 西北植物学报, 2006, 26 (10)：2006-2010.

[24] 安美君, 吴凤芝, 刘博. 黑龙江省西瓜枯萎病菌生理小种鉴定及部分西瓜品种抗病鉴定 [J]. 上海交通大学学报 (农业科学版), 2009, 27 (5)：494-500.

[25] 柴兴容, 王云鹤, 魏华武. 三倍体黄皮无籽西瓜的培育 [J]. 中国西瓜甜瓜, 1993 (1)：7-8.

[26] 常高正, 荆艳彩, 徐小利, 等. 花皮无籽西瓜新品种豫园翠玉的选育 [J]. 中国瓜菜, 2007 (2)：16-18.

[27] 常尚连, 张立宾, 于德花, 等. 西瓜子叶组织培养及植株再生的研究 [J]. 湖北农业科学, 2009 (3)：533-535.

[28] 常尚连. 西瓜糖代谢及甜瓜酸性转化酶反义基因的西瓜遗传转化的研究 [D]. 泰安：山东农业大学, 2006.

[29] 车克鹏, 许勇, 梁春阳, 等. 西瓜核心种质的 AFLP 指纹图谱和 SCAR 标记 [J]. 植物学报, 2003, 45 (6)：731-735.

[30] 陈克农, 朱子成, 王欣, 等. 西瓜子叶再生体系的初步建立 [J]. 北方园艺, 2010 (6)：156-158.

[31] 程玉瑾, 乐锦华, 王志源. 西瓜幼苗枯萎病早期侵染的组织学和细胞学研究 [J]. 石河子大学学报 (自然科学版), 1996, 36 (4)：25-30.

[32] 仇恒通. 杂交西瓜栽培技术 [M]. 合肥：安徽科学技术出版社, 1986.

[33] 崔德祥, 范恩普, 黄蔚, 等. 全缘叶西瓜新品系新凯的选育与遗传分析 [J]. 西南农业学报, 1996, 9 (1)：125-127.

[34] 戴照义, 郭凤领, 李金泉, 等. 无籽西瓜新品种鄂西瓜 12 号的选育 [J].

中国蔬菜，2007（5）：37-38.

[35] 戴照义，邱正明，郭凤领，等. 黄瓤无籽西瓜新品种鄂西瓜8号的选育［J］. 中国西瓜甜瓜，2004（6）：5-7.

[36] 单福成，王如英，谭俊杰. 西瓜果实营养物质积累规律的研究［J］. 中国西瓜甜瓜，1990（2）：22-24.

[37] 邓大成，左浦阳，欧小球，等. 雪峰蜜红无籽西瓜新品种的选育［J］. 中国西瓜甜瓜，2003（2）：13-15.

[38] 丁建成，张其安，方凌，等. 西瓜新品种抗枯萎病鉴定［J］. 中国瓜菜，2005（6）：27-29.

[39] 丁群英. 西瓜枯萎病生理小种2抗性基因的分子标记研究［D］. 咸阳：西北农林科技大学，2005.

[40] 段会军，马崎英，张彩英，等. 西瓜品种间亲缘关系的AFLP分析［J］. 河北农业大学学报，2007，30（1）：27-30.

[41] 段会军，张彩英，李喜焕. 河北省西瓜枯萎病菌鉴定与AFLP分析［J］. 中国农业科学，2007，40（5）：925-931.

[42] 范敏，宫国义，张瑞麟，等. 美国资源库西瓜种质的初步观察与数量分类［J］. 中国西瓜甜瓜，2001（4）：1-3.

[43] 范敏，许勇，张海英，等. 西瓜果实性状QTL定位及其遗传效应分析［J］. 遗传学报，2000，27（10）：902-910.

[44] 范守学，祁永胜. 无籽西瓜新品种新乐1号的选育与栽培技术［J］. 农业科技通讯，2005（12）：45-46.

[45] 房超，林德佩，张兴平，等. 西瓜多倍体育种新方法：利用组织培养诱导四倍体西瓜［J］. 中国西瓜甜瓜，1996（4）：7-9.

[46] 冯午，刘春清. 培育多倍体西瓜的初步报告［J］. 北京大学学报，1962（2）：303-308.

[47] 冯午，刘春清. 培育多倍体西瓜的续报［J］. 北京大学学报（自然科学版），1965（2）：223-225.

[48] 高新一，林翔鹰，杨春燕，等. 无籽西瓜无性繁殖的研究［J］. 中国农业科学，1983（2）：58-62.

[49] 耿丽华，郭绍贵，吕桂云，等. 西瓜枯萎病菌生理小种鉴定技术体系的建立和验证［J］. 中国蔬菜，2010（20）：52-56.

［50］龚宗俊. 西瓜多倍体育种的新进展［J］. 中国西瓜甜瓜，1993
（3）：22－23.

［51］顾卫红，王燕华，宋荣浩. 上海地区西瓜枯萎病病原菌生理小种初探［J］.
上海农业学报，1994，10（3）：63－67.

［52］关佩聪. 瓜类生物学和栽培技术［M］. 北京：中国农业出版社，1994.

［53］郭启高，宋明，杨天秀，等. 西瓜试管苗中四倍体鉴定方法研究［J］. 西
南农业大学学报，2000，22（3）：261－263.

［54］郭启高. 利用生物技术快速培育四倍体西瓜的系统方法研究［D］. 重庆：
西南农业大学，2001.

［55］郭绍贵，许勇，张海英，等. 不同环境条件下西瓜果实可溶性固形物含量
的 QTL 分析［J］. 分子植物育种，2006，4（3）：393－398.

［56］韩金星，周林，黄金艳，等. 西瓜种质资源的研究进展［J］. 长江蔬菜，
2009（10）：1－4.

［57］合肥市种子公司. 杂交西瓜［M］. 合肥：安徽科学技术出版社，1989.

［58］何苏琴，金秀琳，王春明，等. 甘肃省西瓜枯萎病菌的致病力及生理小种
分化［J］. 中国食用菌，2008，27（suppl.）：1－8.

［59］何毅，洪日新，樊学军，等. 优质中果型无籽西瓜新品种"桂系二号"选
育及栽培要点［J］. 中国农学通报，2005，21（9）：332－333，351.

［60］洪日新，李天艳，樊学军，等. 无籽西瓜新品种广西 3 号的选育［J］. 中国
西瓜甜瓜，2001（1）：2－3.

［61］侯坤，杜绍印，李宗华. 三倍体无籽西瓜的生育特点及高产栽培要点［J］.
蔬菜，2000（1）：26.

［62］湖南农学院遗传蔬菜教研室. 西瓜同源四倍体的诱导与细胞学鉴定［J］.
中国果树，1980（1）：58－63.

［63］黄仕杰. 全缘叶西瓜新品种重凯 1 号的选育及利用［J］. 瓜类科技通讯，
1988（4）：13－21.

［64］黄仕杰. 全缘叶西瓜新品种：重凯 1 号的选育及利用［J］. 中国西瓜甜瓜，
1988（1）：15－19.

［65］黄学森，焦定量. 西瓜子叶离体培养获得再生植株［J］. 中国西瓜甜瓜，
1994（3）：15－16.

［66］黄学森，牛胜鸟，王锡民，等. 转基因抗病毒病四倍体西瓜的培育［J］.

中国瓜菜，2007（6）：1-4.

[67] 中国园艺学会西瓜甜瓜专业委员会. 中国西瓜甜瓜研究进展［M］//黄学森，万莉. 西瓜花叶病毒外壳蛋白基因的克隆及转入西瓜植株. 北京：中国农业科学技术出版社，1998：58-61.

[68] 黄学森，张学炜，焦定量，等. 西瓜部分品种抗枯萎病特性在 $F_1$ 代中遗传表现的初步探讨［J］. 中国西瓜甜瓜，1991（2）：11-15.

[69] 黄学森，牛胜鸟，王锡民，等. 西瓜转基因抗病毒新材料 BH-1［J］. 中国西瓜甜瓜，2004（1）：5-7.

[70] 黄学森，张学炜. 耐重茬西瓜新品种：郑抗1号和郑抗2号［J］. 中国西瓜甜瓜，1993（1）：2-4.

[71] 吉加兵. 西瓜抗炭疽病育种进展［J］. 中国西瓜甜瓜，1993（3）：24-25.

[72] 贾文海. 西瓜花芽分化的研究［J］. 瓜类科技通讯，1984（1）：14-17.

[73] 贾文海. 西瓜栽培［M］. 济南：山东科学技术出版社，1984.

[74] 贾文海. 西瓜几个数量性状遗传力的研究［J］. 瓜类科技通讯，1985（2）：8-10.

[75] 蒋有条. 克服无籽西瓜三低和提高产量的研究［J］. 浙江农大学报，1979（1）：15-16.

[76] 蒋有条，余杭. 西瓜品种间杂种一代的利用［J］. 浙江农业科学，1979（2）：56.

[77] 焦定量，段爱民，张艳宁，等. 无籽西瓜新品种津蜜3号的选育［J］. 中国西瓜甜瓜，2003（3）：11-13.

[78] 焦定量，段爱民，张艳宁，等. 花皮中早熟无籽西瓜新品种津蜜四号的选育［J］. 天津农业科学，2004，10（2）：27-29.

[79] 焦定量，段爱民，张艳宁，等. 无籽西瓜新品种津蜜20的选育［J］. 中国瓜菜，2006（3）：16-19.

[80] 景士西. 园艺植物育种学总论［M］. 北京：中国农业出版社，2000.

[81] 李步勋，陶抵辉，阮万辉. 西瓜离体组织细胞染色体加倍技术的研究和应用［J］. 陕西农业科学，1999（3）：21-24.

[82] 李立志，何毅，卢煜光，等. 黄皮西瓜化学诱变及四倍体利用研究初报［J］. 中国蔬菜，2002（3）：8-11.

[83] 李朋飞，霍秀爱，程永强，等. 基于 SRAP 的西瓜种质资源遗传多样性评

价 [J]. 中国农业科技导报, 2013, 15 (2)：89 - 96.

[84] 李仁敬, 孙勇如. 西瓜子叶原生质体再生愈伤组织的获得 [J]. 新疆农业科学, 1992 (5)：218 - 220.

[85] 李世奎, 侯光良, 欧阳海, 等. 中国农业气候资源和农业气候区划 [M]. 北京：科学出版社, 1988.

[86] 李曙轩. 蔬菜栽培生理 [M]. 上海：上海科学技术出版社, 1979.

[87] 李涛, 谢伟军. 黑籽南瓜 DNA 导入西瓜后子代 RAPD 标记的变化 [J]. 果树科学, 1996, 13 (3)：175 - 177.

[88] 李伟, 孙文秀. 西瓜枯萎病菌致病型的遗传多样性分析 [J]. 河南农业科学, 2008 (2)：70 - 74.

[89] 李文信, 冯以史, 李天艳, 等. 无籽西瓜新品种广西 5 号的选育 [J]. 中国西瓜甜瓜, 1996 (3)：11 - 12.

[90] 李文信, 李天艳. 无籽西瓜新组合选育研究 [J]. 广西农业科学, 1998 (2)：66 - 68.

[91] 李晓慧, 王从彦, 张四普, 等. 西瓜二倍体及同源多倍体 SRAP 多态性分析 [J]. 分子植物育种, 2007, 5 (F11)：61 - 63.

[92] 李艳梅, 段会军, 马峙英, 等. 西瓜种质资源的遗传多样性及亲缘关系的 AFLP 分析 [J]. 华北农学报, 2007, 22 (B08)：177 - 180.

[93] 林伯年. 甜瓜、西瓜原生质体电融合及其杂种分子生物学鉴别 [J]. 园艺学报, 1994, 21 (3)：302 - 304.

[94] 林德佩. 西瓜的生态型和杂交优势的利用 [J]. 中国果树, 1980 (2)：45.

[95] 林德佩. 西瓜杂种优势利用的现状和发展趋势 [J]. 瓜类科技通讯, 1985 (3 - 4)：11 - 15.

[96] 林德佩. 国外西瓜遗传育种研究新进展 [J]. 新疆农业科学, 1993 (1)：45 - 46.

[97] 林德佩, 仇恒通, 孙兰芳, 等. 西瓜甜瓜优良品种与良种繁育技术 [M]. 北京：农业出版社, 1993.

[98] 林尤胜, 孙裕蕴, 张世天. 无籽西瓜新品种农优新 1 号的选育 [J]. 中国西瓜甜瓜, 2005 (1)：11 - 12.

[99] 刘海河, 侯喜林, 张彦萍. 西瓜核雄性不育育性基因的 RAPD 标记 [J]. 果树学报, 2004, 21 (5)：491 - 493.

[100] 刘立功，许勇，张雪平，等. 西瓜品种和育种材料的 DNA 指纹分析 [J]. 果树学报，2004，21（6）：573 - 578.

[101] 刘丽锋，古勤生，胡京昂，等. 小西葫芦黄花叶病毒外壳蛋白基因导入西瓜的遗传转化 [J]. 果树学报，2007，24（4）：496 - 501.

[102] 刘莉，王鸣. 西瓜种质资源苗期对炭疽病抗性的研究 [J]. 中国瓜菜，1990（1）：9 - 13.

[103] 刘文革，谭素英，阎志红，等. 黑皮大果无籽西瓜新品种郑抗无籽 5 号的选育 [J]. 中国瓜菜，2006（3）：12 - 15.

[104] 刘文革，王鸣，阎志红. 不同倍性西瓜花粉形态观察 [J]. 园艺学报，2003，30（3）：328 - 330.

[105] 刘文革，王鸣，阎志红. 西瓜二倍体及同源多倍体遗传差异的 AFLP 分析 [J]. 果树学报，2004，21（1）：46 - 49.

[106] 刘文革，王鸣. 西瓜甜瓜育种中的染色体倍性操作及倍性鉴定 [J]. 果树学报，2002，19（2）：132 - 135.

[107] 刘文革，阎志红，赵胜杰，等. 流星雨无籽西瓜新品种的选育 [J]. 中国瓜菜，2007（6）：17 - 19.

[108] 刘文革. 无籽少籽西瓜研究进展 [J]. 北方园艺，1999（2）：35 - 37.

[109] 刘秀芳，丁建成，丁爱冬. 九省（市）西瓜枯萎病菌形态及致病性比较 [J]. 中国西瓜甜瓜，1990（1）：45 - 46.

[110] 柳李旺，陈崇顺，陈锋，等. 生物技术在西瓜遗传育种研究中的应用 [J]. 果树学报，2004，21（5）：472 - 476.

[111] 卢良恕. 21 世纪中国农业科技展望 [M]. 济南：山东科学技术出版社，1993.

[112] 吕桂云，郭绍贵，张海英，等. 西瓜与枯萎病菌非亲和互作的表达序列标签分析 [J]. 中国农业科学，2010，43（9）：1883 - 1894.

[113] 吕桂云. 西瓜与枯萎病菌互作的组织学和转录组学初步分析 [D]. 北京：中国农业科学院，2010.

[114] 马国斌，陈海荣，谢关兴，等. 矮生西瓜的研究与利用 [J]. 上海农业学报，2004，20（3）：58 - 61.

[115] 马少芹，许勇，张海英，等. 西瓜抗小西葫芦黄花叶病毒基因的连锁分子标记研究 [J]. 植物病理学报，2006，36（1）：68 - 73.

［116］马双武，王吉明，邱江涛. 我国西瓜甜瓜种质资源收集保存现状及建议［J］. 中国西瓜甜瓜，2003（5）：17－19.

［117］马双武，王吉明，韦小敏. 我国西瓜特异种质资源研究利用进展［J］. 植物遗传资源学报，2006，7（4）：484－487.

［118］马双武，韦小敏，王吉明. 我国西瓜种质资源的创新研究［J］. 北方园艺，2006（5）：55－57.

［119］马长生，刘军，刘廷志，等. 黑皮黄瓤西瓜新品种豫艺菠萝蜜无籽的选育［J］. 中国西瓜甜瓜，2004（6）：3－5.

［120］马长生，刘军，张洁，等. 西瓜新品种豫艺甘甜无籽的选育［J］. 中国西瓜甜瓜，2002（4）：10－11.

［121］苗琛，尚富德，江静，等. 西瓜枯萎病抗性的细胞学研究［J］. 四川大学学报（自然科学版），2004，41（4）：877－880.

［122］牟哲生，夏锡桐. 西瓜［M］. 沈阳：辽宁科学技术出版社，1984.

［123］牛胜鸟，黄学森，王锡民，等. 三价转基因抗病毒西瓜的培育［J］. 农业生物技术学报，2005，13（1）：10－15.

［124］农业部科技委科技司. 中国农业科技工作40年［M］. 北京：中国科学技术出版社，1989.

［125］欧阳新星，许勇. 应用RAPD技术快速进行西瓜杂交种纯度鉴定的研究［J］. 农业生物技术学报，1999，7（1）：23－27.

［126］潘秀清，武彦荣，朱水芳，等. 河北省西瓜病毒病普查及毒原检测［J］. 华北农学报，2002，17（2）：143.

［127］戚佩坤. 瓜类枯萎病菌专化型研究简介［J］. 华南农业大学学报，1995，16（4）：110－114.

［128］清水达夫. 西瓜抗病砧木葫芦的特性与栽培［J］. 魏大钊，译. 国外农学（果树），1986（2）：30－33.

［129］全国无籽西瓜科研协作组. 无籽西瓜栽培与育种［M］. 北京：中国农业出版社，2001.

［130］任春梅，董延瑜，洪亚辉，等. 基因枪介导的西瓜遗传转化研究［J］. 湖南农业大学学报（自然科学版），2000，26（7）：432－435.

［131］上海市农科院园艺所，浙江农业大学园艺系，江苏省农科院园艺室. 怎样种西瓜［M］. 2版. 上海：上海科学技术出版社，1984.

［132］尚建立，王吉明，马双武. 西瓜种质资源若干性状描述与数据采集［J］. 中国瓜菜，2010，23（6）：39 - 41.

［133］邵阳市农科所经作室. 四倍体杂交西瓜新组合雪峰少籽 1 号和雪峰少籽 2 号［J］. 湖南农业科学，1987（6）：30 - 31.

［134］石晓云，中书兴，张成合，等. 利用组织培养进行四倍体西瓜育种［J］. 河北农业大学学报，2002，5（25）：125 - 128.

［135］寿绍武. 西瓜需水规律及灌溉周期的初步研究［J］. 瓜类科技通讯，1984（1）：13 - 18.

［136］蔬菜种子生产研究会. 蔬菜育种技术［M］. 李家文，译. 郑州：河南科学技术出版社，1986.

［137］宋荣浩，顾卫红，戴富明，等. 国外西瓜抗病种质在我国抗病西瓜育种中的应用［J］. 上海农业学报，2009，25（1）：124 - 128.

［138］孙小武，张显，马跃，等. 中国无籽西瓜研究与应用［M］. 北京：中国农业出版社，2009.

［139］孙玉宏，曾红霞，李煜华，等. 武汉地区西瓜枯萎病菌生理小种分化研究［J］. 河南农业科学，2009（11）：90 - 91.

［140］孙治图. 农杆菌介导的甜菜碱基因转化西瓜的初步研究［D］. 重庆：西南大学，2008.

［141］谭素英，黄秀强，刘济伟. 提高西瓜四倍体诱导率的研究［J］. 华北农学报，1993，8（4）：12 - 15.

［142］谭素英，黄秀强，刘文革. 三倍体无籽西瓜的优越性及系列无籽西瓜新品种［J］. 中国西瓜，1994（4）：22 - 23.

［143］谭素英，刘济伟，黄秀强. 西瓜新品种"蜜枚四倍体"的选育研究［J］. 果树科学，1993，10（2）：87 - 91.

［144］谭素英. 无籽少籽西瓜科研生产及其协作的回顾与展望［J］. 中国西瓜甜瓜，1992（1）：8 - 10.

［145］谭素英. 三倍体无籽西瓜的奥秘［J］. 中国西瓜甜瓜，2005（1）：40 - 41.

［146］童莉，王欣. 三倍体无籽西瓜新品种红宝石的培育及栽培要点［J］. 新疆农业科学，2000（1）：34 - 36.

［147］王成荣，武继承，王金召. 花皮无籽西瓜新品种昌蜜 6 号的选育［J］. 中国瓜菜，2007（1）：18 - 21.

[148] 王春霞，简志英."京欣一号"西瓜子叶组织培养的研究 [J]. 园艺学报，1996，23 (4)：401-403.

[149] 王冬梅，王纯利，曲丽红，等. 新疆西瓜枯萎病菌生理小种初探 [J]. 新疆农业大学学报，1998，1 (2)：115-118.

[150] 王凤辰，王浩波，谢启名，等. 黄瓤无籽西瓜新品种晶瑞无籽的选育 [J]. 中国瓜菜，2007 (6)：23-25.

[151] 王果萍，王景雪，孙毅，等. 几丁质酶基因导入西瓜植株及其抗病性鉴定研究 [J]. 植物遗传资源学报，2003，4 (2)：104-109.

[152] 王浩波，陈会中. 西瓜种质资源及种质创新研究进展 [J]. 中国西瓜甜瓜，2003 (3)：35-38.

[153] 王浩波，戴祖云，杨坤，等. 合肥地区西瓜枯萎病菌分化鉴定及部分西瓜材料抗病鉴定 [J]. 安徽农业科学，2001，29 (4)：520-521.

[154] 王浩波，王鸣. 西瓜枯萎病菌生理小种分化研究 [J]. 西北农业学报，1993，2 (4)：67-70.

[155] 王浩波，王鸣. 西瓜品种脂肪酸组分与抗枯萎病关系研究 [J]. 北方园艺，1994 (4)：35-36.

[156] 王惠章，樊永贵，张延增，等. 开封西瓜栽培 [M]. 郑州：河南科学技术出版社，1986.

[157] 王慧中，李亚南. 根癌农杆菌介导的甜瓜基因转化及其转基因植株的再生 [J]. 浙江大学学报（农业与生命科学版），2000，26 (3)：287-290.

[158] 王慧中，赵培洁. 转 WMV-2 外壳蛋白基因西瓜植株的病毒抗性 [J]. 遗传学报，2003，30 (1)：70-75.

[159] 王吉明，马双武. 西瓜甜瓜种质资源的收集、保存及更新 [J]. 中国瓜菜，2007 (3)：27-29.

[160] 王坚，蒋有条，林德佩，等. 西瓜栽培与育种 [M]. 北京：农业出版社，1993.

[161] 王坚，蒋有条，林德佩，等. 中国西瓜甜瓜 [M]. 北京：中国农业出版社，2000.

[162] 王坚. 无籽少籽西瓜科研生产现状与我国的发展前景 [J]. 瓜类科技通讯，1986 (3)：4-8.

[163] 王坚. 郑杂系列西瓜品种的选育与开发利用 [J]. 中国西瓜甜瓜，1991

（1）：1-8.

[164] 王坚，尹文山，魏大钊，等. 西瓜 [M]. 北京：科学出版社，1981.

[165] 王建明，郑经武，贺运春，等. 西瓜枯萎病菌在植物体内的存在状态、数量分布及扩展规律的研究 [J]. 中国农业科学，1993，26（3）：69-74.

[166] 王开冻，魏跃. 西瓜花药培养中不定芽的诱导与增殖 [J]. 安徽农业科学，2008，36（16）：6826-6827，6859.

[167] 王鸣，杨鼎新. 染色体和瓜类育种 [M]. 郑州：河南科学技术出版社，1981.

[168] 王鸣. 西瓜种质资源及育种研究Ⅱ：西瓜杂种优势的研究 [J]. 瓜类科技通讯，1987（1）：4-10.

[169] 赵尊练，王鸣，文生仓，等. 非洲西瓜种质资源的抗病性鉴定及其 POD 同工酶分析 [J]. 西北农业学报，1994（2）：87-91.

[170] 张兴平，王鸣. 西瓜种质资源及育种研究Ⅲ：西瓜性状的亲子相关表型相关及通径分析 [J]. 西北农林科技大学学报（自然科学版），1987（1）：82-87.

[171] 王鸣，张兴平. 非洲珍贵西瓜种质资源的研究与利用 [J]. 果树科学，1988（3）：109-115.

[172] 张显，王鸣. 西瓜枯萎病抗性机制的研究 [J]. 西北农业大学学报，1989，17（4）：29-35.

[173] 张兴平，王鸣. 西瓜枯萎病复合抗性筛选程序探讨 [J]. 长江蔬菜，1991（2）：34-35.

[174] 王鸣. 高产抗病西瓜新品种：西农 8 号 [J]. 中国西瓜甜瓜，1993（1）：5-6.

[175] 王浩波，王鸣. 西瓜品种脂肪酸组分与抗枯萎病关系研究 [J]. 北方园艺，1994（3）：35-36.

[176] 仇志军，郑素秋，王鸣，等. 西瓜品种资源亲缘关系同工酶分析 [J]. 湖南农学院学报，1994（3）：222-227.

[177] 文生仓，王鸣. 西瓜炭疽病人工接种鉴定的新方法：离体叶接种和 AD 评价法 [J]. 西北农林科技大学学报（自然科学版），1994（1）：17-22.

[178] 王鸣刚，谢放，郭小玲. 利用 RAPD 方法鉴定西瓜杂种纯度的研究 [J]. 厦门大学学报（自然科学版），2003，42（1）：112-116.

[179] 王培伦. 子叶在西瓜幼苗生长中的作用 [J]. 中国西瓜甜瓜，1992 (2)：20 - 22.

[180] 王世杰，陈豫梅，梁耀平，等. 无籽西瓜新品种花脸的选育 [J]. 长江蔬菜，2006 (8)：51 - 52.

[181] 王燕华. 上海地区西瓜枯萎病病变菌鉴定 [J]. 上海农业学报，1988 (1)：25 - 29.

[182] 魏大钊. 西瓜 [M]. 西安：陕西科学技术出版社，1984.

[183] 魏晓明，王文华，魏达. 四倍体少籽西瓜栽培特点和技术要求 [J]. 北方园艺，2005 (2)：29.

[184] 魏跃，龚义勤，邓波，等. 西瓜花药愈伤组织的诱导 [J]. 湖北农业科学，2005 (5)：93 - 95.

[185] 温筱玲. 西瓜的花芽分化与幼苗形态 [J]. 中国果树，1981 (3)：63 - 64.

[186] 温扬真. 国外西瓜生产科研的情况 [J]. 瓜类科技通讯，1984 (3)：15 - 24.

[187] 文生仓，王鸣. 用生物间遗传学原理和方法研究西瓜炭疽病菌抗性基因 [J]. 中国西瓜甜瓜，1993 (3)：10 - 13.

[188] 吴明珠. 当前西瓜甜瓜育种主要动态及今后育种目标研讨 [J]. 中国西瓜甜瓜，2003 (3)：1 - 3.

[189] 西南农业大学. 蔬菜育种学 [M]. 北京：农业出版社，1988.

[190] 夏锡桐. 西瓜雄性不育两用系选育初报 [J]. 瓜类科技通讯，1985 (2)：4 - 5.

[191] 肖光辉，刘建雄，肖兰异，等. 瓠瓜枯萎病抗性导入西瓜的遗传研究与利用 [J]. 湖南农业大学学报（自然科学版），2000，26 (2)：90 - 92.

[192] 肖光辉，吴德喜，刘建雄，等. 瓠瓜 DNA 导入西瓜获得抗枯萎病材料的初步研究 [J]. 中国蔬菜，1999 (2)：36 - 37.

[193] 肖光辉，吴德喜，刘建雄，等. 外源 DNA 导入创造抗枯萎病西瓜种质资源 [J]. 湖南农业大学学报（自然科学版），1999，25 (6)：453 - 457.

[194] 肖光辉，吴德喜，刘建雄，等. 西瓜种质创新途径及创新种质的抗病性鉴定 [J]. 作物品种资源，1999 (2)：38 - 40.

[195] 肖光辉，吴德喜，肖兰异，等. 外源瓠瓜 DNA 导入西瓜引起后代性状变异 [J]. 园艺学报，1997，24 (3)：295 - 297.

［196］肖光辉，吴德喜，肖兰异，等. 瓠瓜和野生西瓜在西瓜抗病育种中的利用 ［J］. 北方园艺，1998，3（4）：8－11.

［197］肖光辉，肖兰异，罗赫荣，等. 瓠瓜 DNA 导入西瓜产生抗枯萎病变异的遗传研究 ［J］. 中国西瓜甜瓜，1998（1）：5－8.

［198］肖光辉，郑素秋，肖兰异，等. 外源瓠瓜 DNA 导入西瓜的研究初报 ［J］. 湖南农业大学学报，1996，22（6）：551－555.

［199］肖光辉，刘建雄. 小果型西瓜栽培技术 ［M］. 长沙：湖南科学技术出版社，2010.

［200］肖光辉. 西瓜形态学性状基因和抗性基因综述 ［J］. 湖南农业大学学报（自然科学版），2012，38（6）：567－573，封 2.

［201］TODD C. WEHNER. 西瓜基因目录（2007）［J］. 肖光辉，译. 中国瓜菜，2012，25（6）：45－48.

［202］TODD C. WEHNER. 西瓜基因目录（2007）［J］. 肖光辉，译. 中国瓜菜，2013，26（1）：45－50.

［203］肖兰异，郑素秋. 湖南西瓜抗枯萎病育种研究初报 ［J］. 湖南农业大学学报（自然科学版），1996，22（1）：24－28.

［204］肖守华，李国生，焦自高，等. 西瓜高效再生体系的建立 ［J］. 中国瓜菜，2010，23（3）：11－14.

［205］徐锦华，羊杏平，高长洲，等. 四倍体西瓜种质资源的抗枯萎病性鉴定及其遗传规律初探 ［J］. 江苏农业学报，2006，22（2）：141－144.

［206］徐锦华，羊杏平，高长洲，等. 无籽西瓜枯萎病抗性的遗传分析 ［J］. 中国蔬菜，2006（6）：19－21.

［207］徐润芳. 美国西瓜抗病育种进展 ［J］. 中国西瓜甜瓜，1990（2）：1－4.

［208］徐润芳，陈振武，郭辉. 西瓜的品种与栽培 ［M］. 南京：江苏科学技术出版社，1986.

［209］徐润芳，杨鼎新. 我国西瓜抗枯萎病育种的进展与前景 ［J］. 中国西瓜甜瓜，1992（1）：2－5.

［210］徐志红，徐永阳，刘君璞. 黑蜜 2 号无籽西瓜的特征特性及栽培技术 ［J］. 河南农业科学，1997（10）：23－24.

［211］许华顺，赵庆华. 西瓜优质丰产栽培法 ［M］. 北京：金盾出版社，1987.

［212］许勇，欧阳新星，张海英，等. 与西瓜野生种质抗枯萎病基因连锁的

RAPD 标记 [J]. 植物学报，1999，41 (9)：952 - 955.

[213] 许勇，欧阳新星，张海英，等. 西瓜野生种质耐冷性基因连锁的 RAPD 标记 [J]. 园艺学报，1998，25 (4)：397 - 398.

[214] 许勇，王永健，葛秀春，等. 枯萎病菌诱导的结构抗性和相关酶活性变化与西瓜枯萎病抗性的关系 [J]. 果树科学，2000，17 (2)：123 - 127.

[215] 许勇，张海英，康国斌，等. 西瓜抗枯萎病育种分子标记辅助选择的研究 [J]. 遗传学报，2000，27 (2)：151 - 157.

[216] 许智宏，卫志明，刘桂云，等. 用离体培养无性繁殖三倍体无籽西瓜 [J]. 植物生理学报，1979，5 (3)：245 - 247.

[217] 薛光荣，等. 西瓜花药培养诱导成植株 [J]. 园艺学报，1981 (8)：9 - 12.

[218] 闫鹏，张建农，陈雨. 西瓜和甜瓜杂种一代种子纯度的 RAPD 鉴定 [J]. 甘肃农业大学学报，2007，42 (2)：43 - 46.

[219] 闫涛，彭斌，吴会杰，等. BTH 诱导西瓜甜瓜抗病毒病研究 [J]. 中国瓜菜，2009 (4)：4 - 7.

[220] 阎莎莎. 瓜类细菌性果斑病菌种内遗传多样性的研究 [D]. 北京：中国农业科学院，2011.

[221] 杨红娟，顾卫红，宋荣浩，等. 抗病早熟优质的西瓜新种质选育与评价 [J]. 上海农业学报，2009，25 (3)：35 - 38.

[222] 杨香诚. 利用激素生产无籽西瓜 [J]. 甘肃农业科技，1979 (3)：40 - 42.

[223] 乜春兰，王如英. 西瓜果实发育期间源库关系与产量形成的研究 [J]. 中国西瓜甜瓜，1992 (2)：10 - 13.

[224] 叶新才，邓云龙，金则安，等. 无籽西瓜新品种超 1 号的选育 [J]. 中国蔬菜，2007 (5)：35 - 37.

[225] 易克，徐向利，卢向阳，等. 利用 SSR 和 ISSR 标记技术构建西瓜分子遗传图谱 [J]. 湖南农业大学学报（自然科学版），2003，29 (4)：333 - 337.

[226] 易克，许勇，卢向阳，等. 西瓜重组自交系群体的 AFLP 分子图谱构建 [J]. 园艺学报，2004，31 (1)：53 - 58.

[227] 于思勤，王守正. 西瓜品种抗枯萎病鉴定方法的研究 [J]. 中国农业科学，1990 (1)：31 - 36.

[228] 张明方，于天祥，杨景华，等. 农杆菌介导西瓜转葡聚糖酶及几丁质酶双基因 [J]. 果树学报，2006，23 (3)：475－478.

[229] 张其安，方凌，董言香，等. 优质无籽小西瓜迷你红的选育 [J]. 安徽农业科学，2005，33 (1)：27－28.

[230] 张仁兵，易克，许勇，等. 用重组自交系构建西瓜分子遗传图谱 [J]. 分子植物育种，2003，1 (4)：481－489.

[231] 张显，王鸣，张进升，等. 西瓜隐性核雄性不育基因的 RAPD 标记 [J]. 园艺学报，2005，32 (3)：438－442.

[232] 张显，王鸣. 西瓜枯萎病抗性及其与体内一些生化物质含量的关系 [J]. 西北农业学报，2001，10 (4)：34－36.

[233] 张显. 西瓜枯萎病抗性机制研究 [J]. 西北农业大学学报，1989，17 (4)：29－34.

[234] 张显. 瓜类作物细菌性果腐病防治 [J]. 科学种养，2006 (6)：26.

[235] 张显. 西瓜种质资源苗期对枯萎病的抗性研究 [J]. 陕西农业科学，1988 (3)：30－31.

[236] 张显，王鸣. 西瓜枯萎病抗性与西瓜幼苗根系中某些有机酸含量关系的研究 [J]. 中国西瓜甜瓜，1990 (2)：18.

[237] 张兴平，王鸣. 我国西瓜枯萎病生理小种分化研究初报 [J]. 中国西瓜甜瓜，1991 (1)：39－43.

[238] 张兴平. 生物技术在西瓜甜瓜遗传改良中的应用 [J]. 园艺学年评，1996 (2)：107－129.

[239] 张学炜，钱笑丽. 西瓜病害及其发生情况调查报告 [J]. 中国瓜菜，1990 (1)：42－44.

[240] 张一帆. 西瓜地膜覆盖栽培 [M]. 北京：科学技术文献出版社，1986.

[241] 张志忠. 几丁质酶基因和几丁质酶：葡聚糖酶双价基因导入西瓜的研究 [D]. 福州：福建农林大学，2004.

[242] 赵虎基，乐锦华. 西瓜种染色体核型与品种（系）间亲缘关系研究 [J]. 北方园艺，2000 (1)：22－23.

[243] 赵家英. 无籽西瓜扦插无性繁殖研究成功 [J]. 瓜类科技通讯，1987 (2)：15－16.

[244] 赵瑞，赵鸿钧，杨广东. "菜用西瓜" 种质资源的发现与观察初报 [J].

蔬菜，1998（2）：24.

[245] 赵胜杰，朱红菊，路绪强，等. 无籽西瓜品种 SSR 指纹图谱构建及遗传多样性分析 [J]. 植物遗传资源学报，2013，14（6）：169-174.

[246] 赵廷昌，王建荣，孙福在，等. 哈密瓜细菌性果斑病及其防治 [J]. 植物保护，2001，27：46-47.

[247] 赵廷昌，王建荣，孙福在，等. 哈密瓜细菌性果斑病综合治理指南 [J]. 植保技术与推广，2003（4）：17-18.

[248] 浙江农业大学. 遗传学 [M]. 北京：农业出版社，1979.

[249] 浙江农业大学种子研究室. 种子学 [M]. 上海：上海科学技术出版社，1980.

[250] 郑世杰，贺洪军. 西瓜早熟栽培 [M]. 北京：农业出版社，1988.

[251] 郑先波，粟燕，张恒涛，等. 无籽西瓜子叶离体培养及植株再生研究 [J]. 中国农学通报，2005，21（8）：43-45，48.

[252] 中国农业科学院蔬菜研究所. 中国蔬菜栽培学 [M]. 北京：农业出版社，1989.

[253] 中国农业科学院郑州果树研究所，中国园艺学会西甜瓜专业委员会，中国园艺学会西甜瓜协会. 中国西瓜甜瓜 [M]. 北京：中国农业出版社，2001.

[254] 周凤珍，康国斌. 北京地区西瓜枯萎病生理小种分化研究 [J]. 植物保护，1996（4）：14-16.

[255] 周凤珍. 抗枯萎病炭疽病西瓜新品种京抗 2 号和京抗 3 号的选育 [J]. 中国西瓜甜瓜，1993（1）：4-8.

[256] 周光华. 西瓜生育周期性的研究 [J]. 山东农学院学报，1965（10）：10-11.

[257] 周光华. 西瓜 14C 同化物运转规律的研究 [J]. 中国西瓜甜瓜，1989（1）：25-27.

[258] 周谟兵，林友毫，彭金光，等. 利用秋水仙碱组培技术诱导四倍体西瓜的研究 [J]. 长江蔬菜，2007（9）：43-44.

[259] 周泉，朱别房. 中小果型黄皮黄瓤无籽西瓜新品种洞庭 7 号和洞庭 8 号的选育 [J]. 中国西瓜甜瓜，2004（1）：8-10.

[260] 周泉. 全缘叶四倍体 QB-3 西瓜选育初报 [J]. 中国西瓜甜瓜，1993

(2)：6-8.

[261] 周树彬，汪泉. 无籽西瓜新品种新优 35 号的选育 [J]. 中国蔬菜，2006 (9)：33-34.

[262] 周树彬，汪泉. 无籽西瓜新品种新优 40 号的选育 [J]. 中国瓜菜，2007 (4)：14-16.

[263] 周维玉. 无籽西瓜栽培与制种技术 [M]. 长沙：湖南科学技术出版社，1988.

[264] 周长久，王鸣，吴定华，等. 现代蔬菜育种学 [M]. 北京：科学技术文献出版社，1996.

图书在版编目（ＣＩＰ）数据

中国无籽西瓜育种学 / 孙小武，张显主编. — 长沙：
湖南科学技术出版社，2024.5
（中国种业创新系列丛书. 第一辑）
ISBN 978-7-5710-2263-1

Ⅰ．①中… Ⅱ．①孙… ②张… Ⅲ．①无籽西瓜－瓜果
园艺 Ⅳ．①S651

中国国家版本馆CIP数据核字(2023)第110430号

ZHONGGUO WUZI XIGUA YUZHONGXUE

## 中国无籽西瓜育种学

主　　编：孙小武　张　显
出 版 人：潘晓山
责任编辑：任　妮　张蓓羽　李　丹　欧阳建文
出版发行：湖南科学技术出版社
社　　址：长沙市芙蓉中路一段416号泊富国际金融中心
网　　址：http://www.hnstp.com
湖南科学技术出版社天猫旗舰店网址：
　　　　　http://hnkjcbs.tmall.com
邮购联系：0731-84375808
印　　刷：长沙超峰印刷有限公司
　　　　　（印装质量问题请直接与本厂联系）
厂　　址：湖南省宁乡市金州新区泉洲北路100号
邮　　编：410600
版　　次：2024年5月第1版
印　　次：2024年5月第1次印刷
开　　本：787mm×1092mm　1/16
印　　张：31.5
字　　数：524千字
书　　号：ISBN 978-7-5710-2263-1
定　　价：168.00元